CHANYE ZHUANLI
FENXI BAOGAO

产业专利分析报告

(第71册)——混合增强智能

国家知识产权局学术委员会◎组织编写

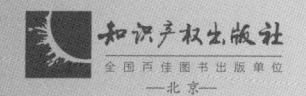

知识产权出版社
全国百佳图书出版单位
—北京—

图书在版编目（CIP）数据

产业专利分析报告. 第71册，混合增强智能/国家知识产权局学术委员会组织编写. —北京：知识产权出版社，2020.6
ISBN 978-7-5130-6981-6

Ⅰ. ①产… Ⅱ. ①国… Ⅲ. ①专利—研究报告—世界 ②人工智能—专利—研究报告—世界 Ⅳ. ①G306.71②TP18

中国版本图书馆 CIP 数据核字（2020）第 099041 号

内容提要

本书是有关混合增强智能行业的专利分析报告。报告从该行业现状与政策解读入手，在着重分析混合增强智能三大技术分支的基础上，辅之以当下热点的关键技术分支分析及重要创新主体分析，力图给读者呈现一幅混合增强智能行业的专利全景图。本书是了解该行业技术发展现状并预测未来走向，帮助企业做好专利预警的必备工具书。

责任编辑：卢海鹰　王瑞璞	责任校对：潘凤越
封面设计：博华创意·张冀	责任印制：刘译文

产业专利分析报告（第71册）
——混合增强智能
国家知识产权局学术委员会　组织编写

出版发行：知识产权出版社有限责任公司	网　　址：http://www.ipph.cn
社　　址：北京市海淀区气象路50号院	邮　　编：100081
责编电话：010-82000860 转 8116	责编邮箱：wangruipu@cnipr.com
发行电话：010-82000860 转 8101/8102	发行传真：010-82000893/82005070/82000270
印　　刷：天津嘉恒印务有限公司	经　　销：各大网上书店、新华书店及相关专业书店
开　　本：787mm×1092mm　1/16	印　　张：30.25
版　　次：2020年6月第1版	印　　次：2020年6月第1次印刷
字　　数：675千字	定　　价：138.00元
ISBN 978-7-5130-6981-6	

出版权专有　侵权必究
如有印装质量问题，本社负责调换。

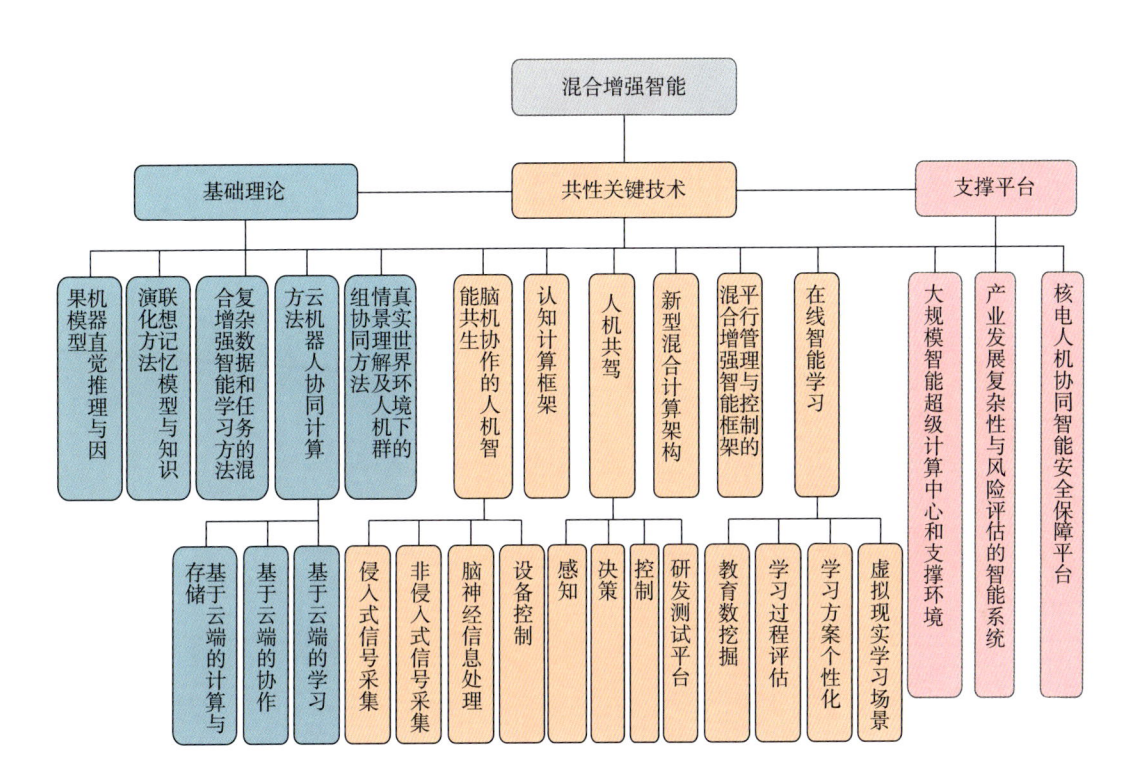

```
                            混合增强智能
                                 │
        ┌────────────────────────┼────────────────────────┐
      基础理论              共性关键技术                 支撑平台
```

- 基础理论:
  - 机器直觉推理与因果模型
  - 联想记忆模型与知识演化方法
  - 复杂数据和任务的混合增强智能学习方法
  - 云机器人协同计算方法
    - 基于云端的计算与存储
    - 基于云端的协作
    - 基于云端的学习

- 共性关键技术:
  - 真实世界环境下的情景理解及人机群组协同方法
  - 脑机协作的人机智能共生
    - 侵入式信号采集
    - 非侵入式信号采集
    - 脑神经信息处理
    - 设备控制
  - 认知计算框架
  - 人机共驾
    - 感知
    - 决策
    - 控制
  - 新型混合计算架构
  - 平行管理与控制的混合增强智能框架
    - 研发测试平台
  - 在线智能学习
    - 教育数据挖掘
    - 学习过程评估
    - 学习方案个性化
    - 虚拟现实学习场景

- 支撑平台:
  - 大规模智能超级计算中心和支撑环境
  - 产业发展复杂性与风险评估的智能系统
  - 核电人机协同智能安全保障平台

图3-1-1 混合增强智能技术分解表

（正文说明见第43页）

产业专利分析报告（第71册）

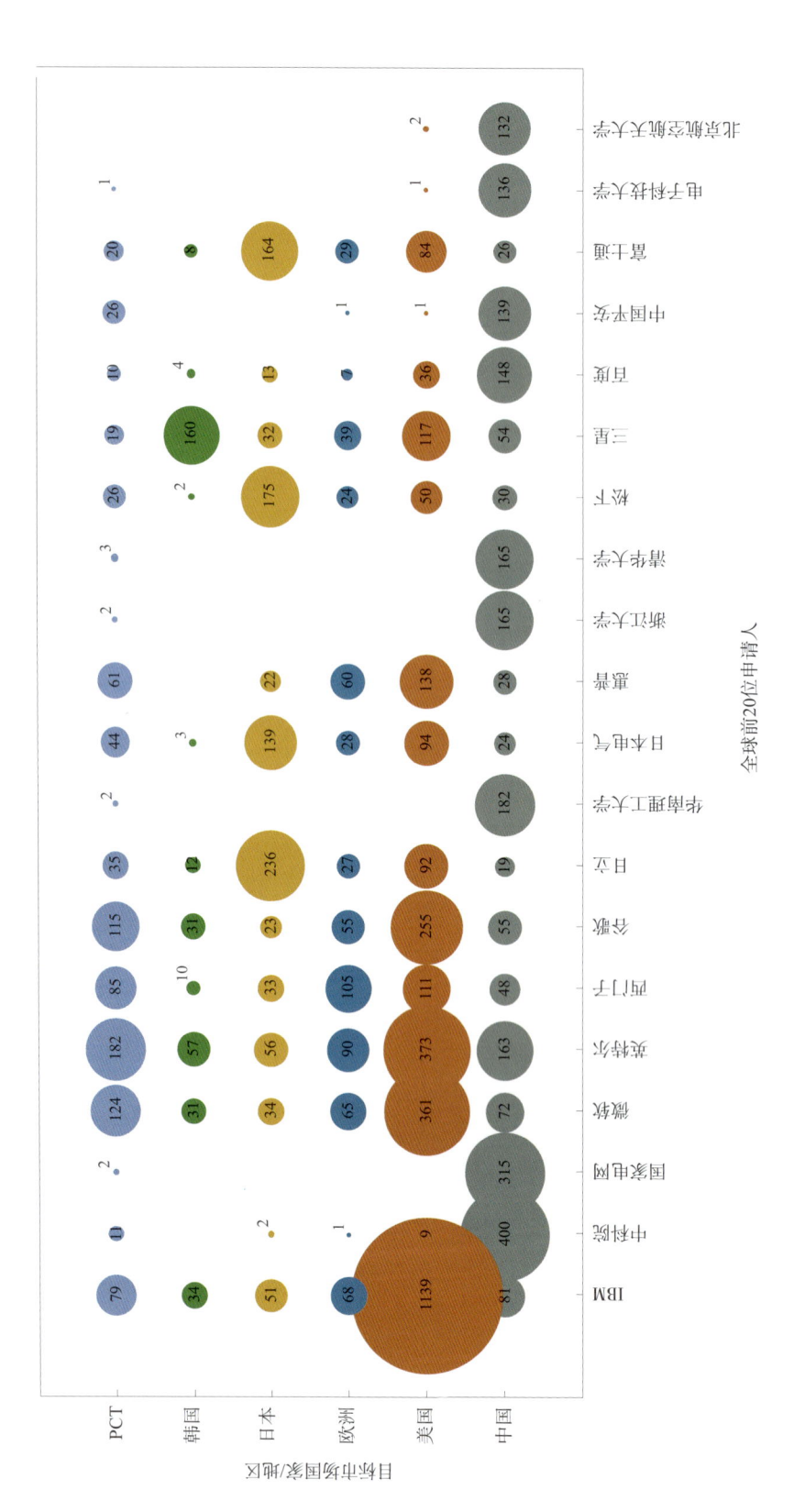

2

图4-1-9 基础理论领域全球主要申请人布局区域分布

全球前20位申请人

（正文说明见第87页）

注：图中数字表示申请量，单位为项。

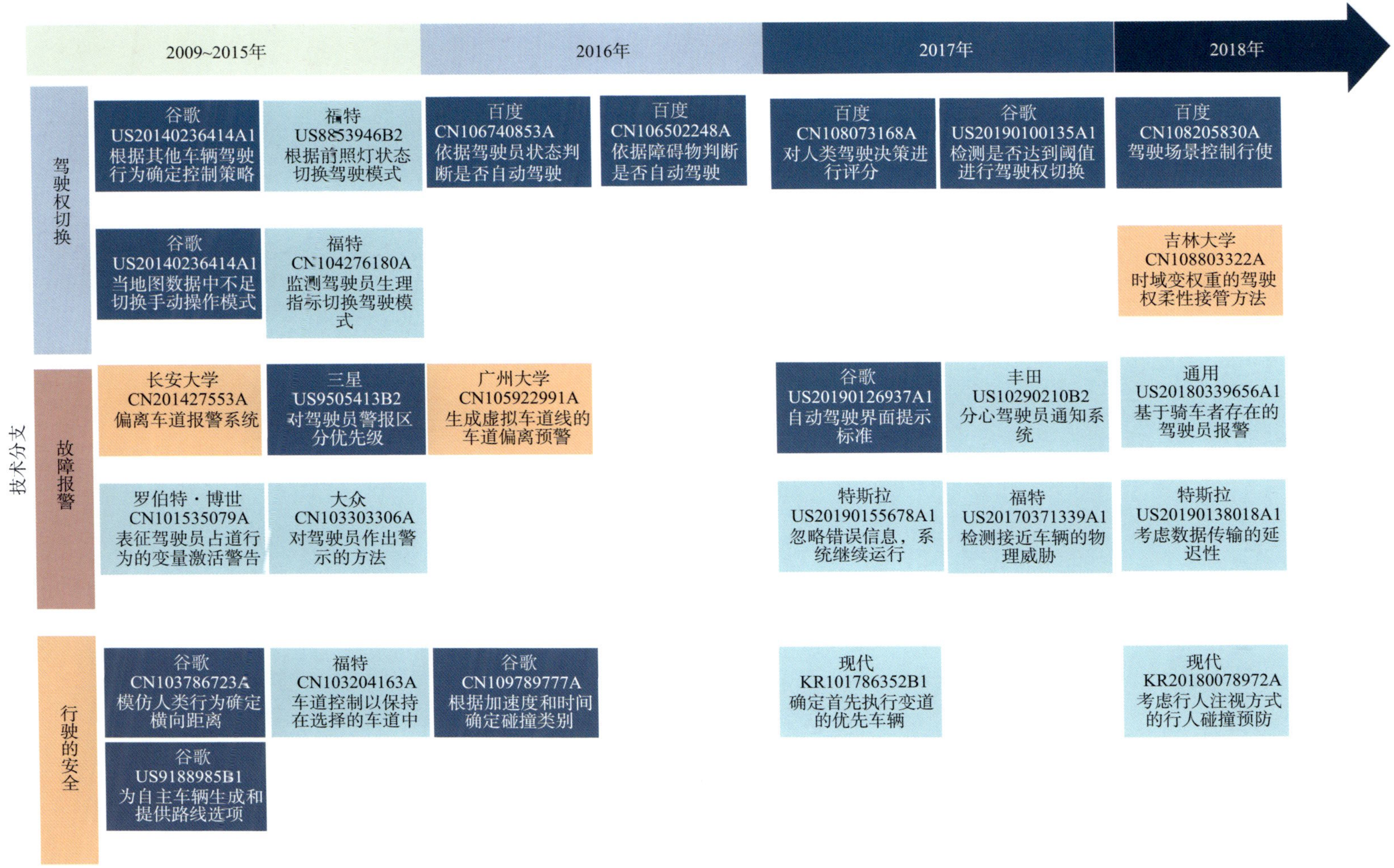

图7-3-27 安全标准相关专利的技术脉络

（正文说明见第349~350页）

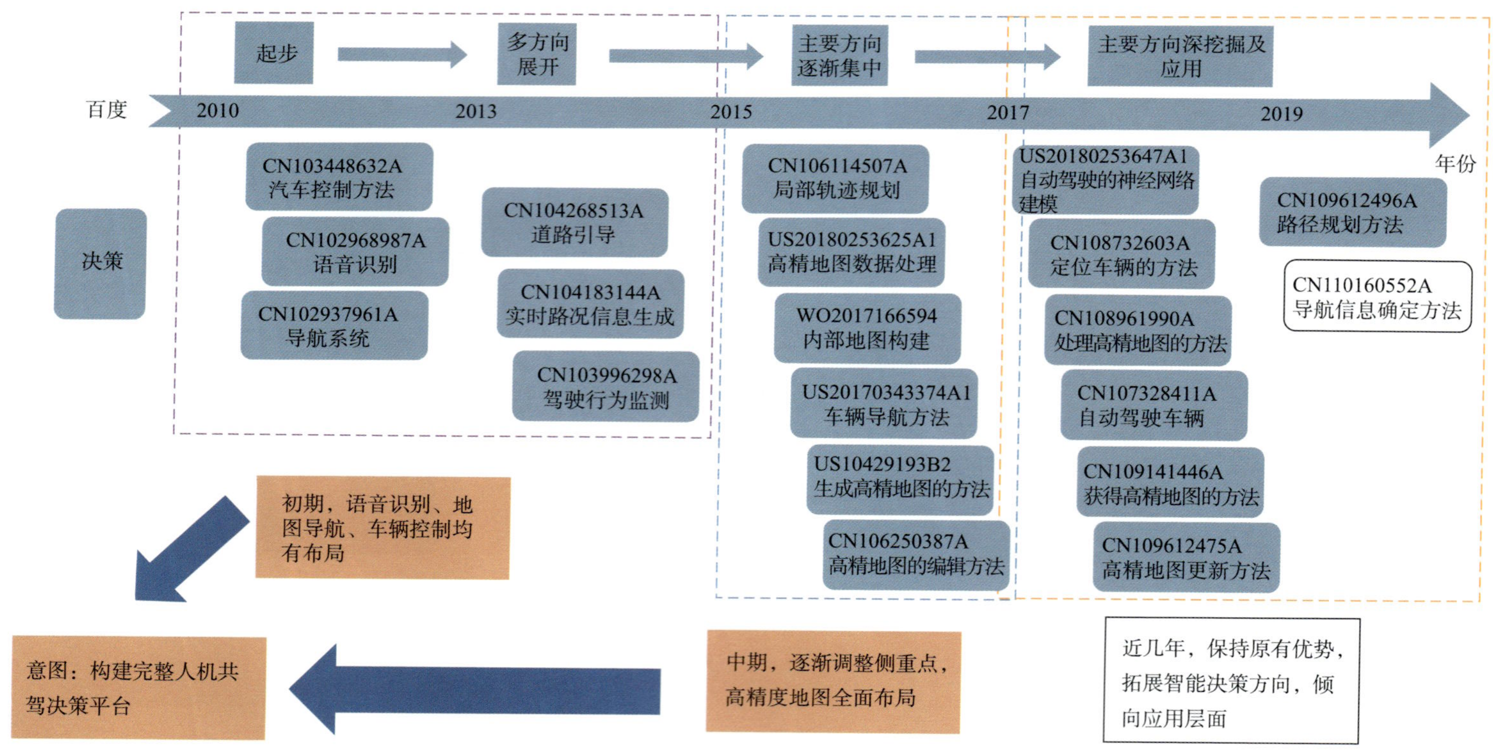

图8-3-4 百度人机共驾领域决策分支技术路线

（正文说明见第400~402页）

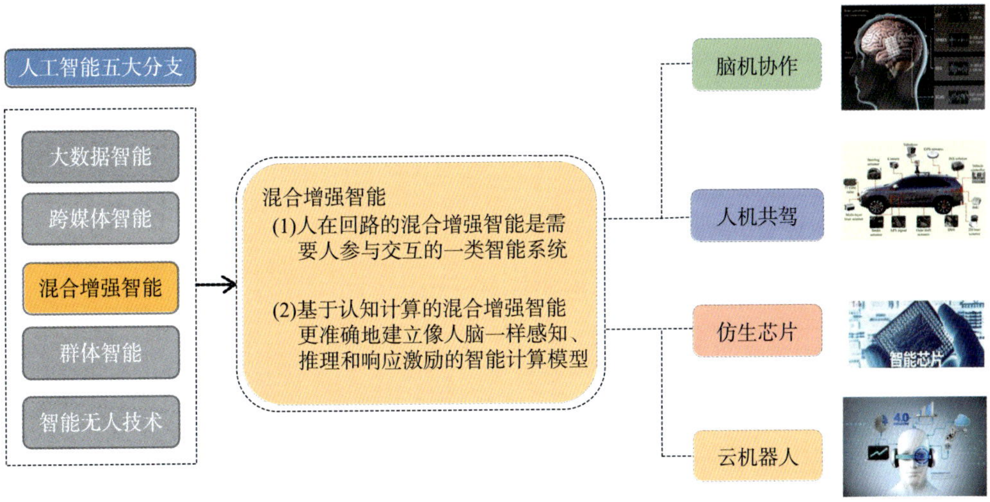

图10-1-1 混合增强智能技术

（正文说明见第425页）

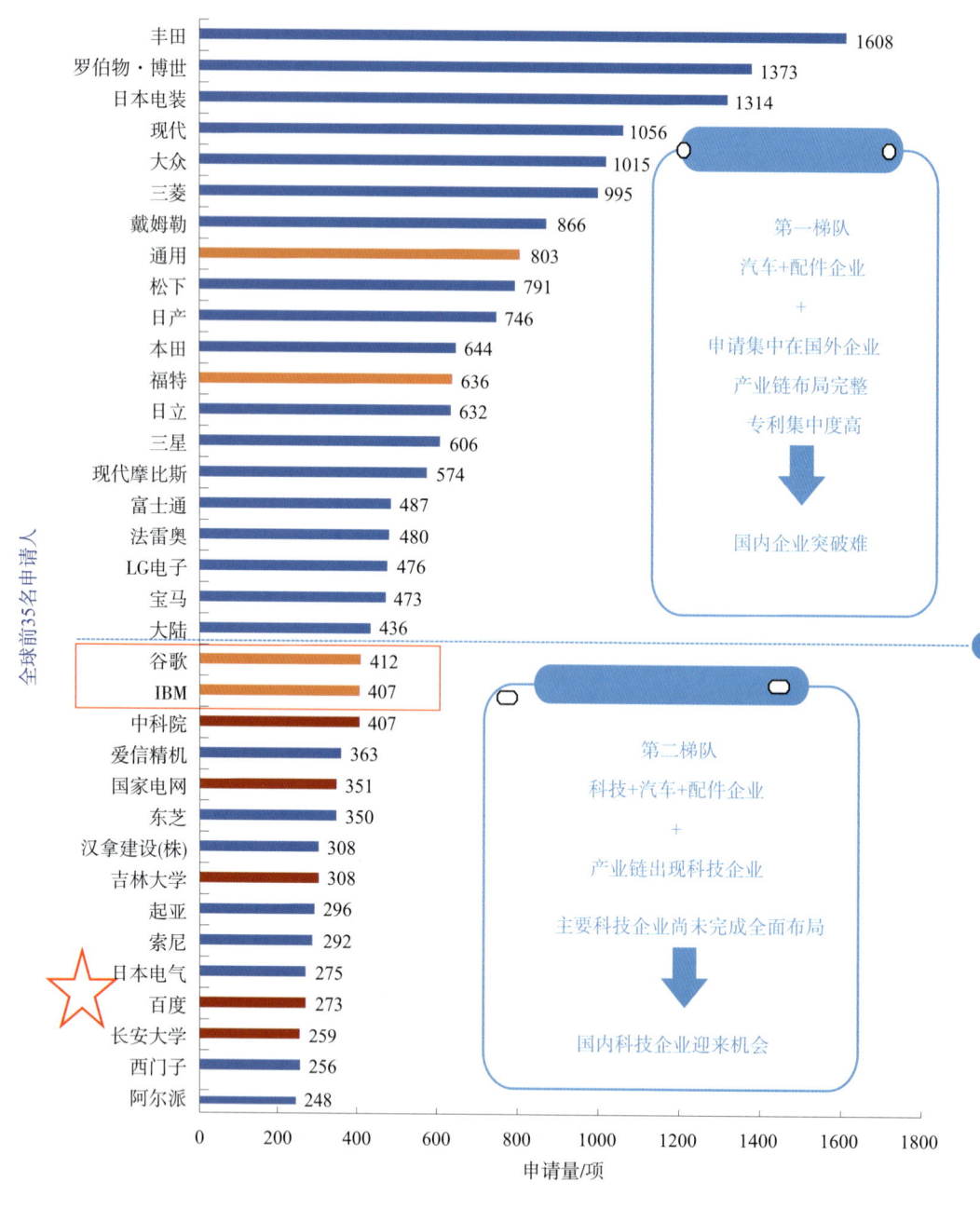

申请人	申请量/项
丰田	1608
罗伯特·博世	1373
日本电装	1314
现代	1056
大众	1015
三菱	995
戴姆勒	866
通用	803
松下	791
日产	746
本田	644
福特	636
日立	632
三星	606
现代摩比斯	574
富士通	487
法雷奥	480
LG电子	476
宝马	473
大陆	436
谷歌	412
IBM	407
中科院	407
爱信精机	363
国家电网	351
东芝	350
汉拿建设(株)	308
吉林大学	308
起亚	296
索尼	292
日本电气	275
百度	273
长安大学	259
西门子	256
阿尔派	248

第一梯队
汽车+配件企业
+
申请集中在国外企业
产业链布局完整
专利集中度高
↓
国内企业突破难

第二梯队
科技+汽车+配件企业
+
产业链出现科技企业
主要科技企业尚未完成全面布局
↓
国内科技企业迎来机会

图10-6-1 人机共驾领域全球前35位申请人情况

（正文说明见第433~434页）

编委会

主　任：贺　化

副主任：郑慧芬　雷春海

编　委：张小凤　孙　琨　朱晓琳　刘　稚

　　　　李　原　闫　娜　邹文俊　杨　明

　　　　鄢春根　甘友斌　江洪波　范爱红

　　　　郭　荣

前　言

2019年是中华人民共和国成立70周年，是全面建成小康社会、实现第一个百年奋斗目标的关键之年。在以习近平同志为核心的党中央的坚强领导下，国家知识产权局认真贯彻落实党中央、国务院决策部署，聚焦创新驱动和改革开放两个轮子，强化知识产权创造、保护、运用。为推动产业高质量发展，围绕国家重点产业持续开展专利分析研究，深化情报分析，提供精准支撑，充分发挥知识产权在国家治理中的作用。

在国家知识产权局学术委员会的领导和指导下，专利分析普及推广项目始终坚持"源于产业、依靠产业、推动产业"核心原则，突出情报分析工作定位和功能，围绕国家100余个重点产业、重大技术和重大项目开展研究，形成一批高质量的研究成果，通过出版《产业专利分析报告》（第1～70册）推动成果落地生根，逐步形成与产业紧密联系和互动合作的良好格局。

这一年，专利分析普及推广项目在求变求新的理念引领下，锐意进取，广开渠道，持续引导和鼓励具备相应研究能力的社会力量承担研究工作，得到社会各方的热情支持和积极响应。10项课题经立项评审脱颖而出，中国科学院、北京空间科技信息研究所等科研院所，清华大学、北京大学等高校，江西省陶瓷知识产权信息中心、中国煤炭工业协会生产力促进中心等企事业单位或单独或联合承担了具体研究工作。各方主动发挥独特优势，组织近150名研究人员，历时7个月，圆满完成了各项研究任务，形成一批凸显行业特色的研究成果和方法论。同时，择优选取其中8项成果以《产业专利分析报告》（第71～78册）

系列丛书的形式出版。这8项报告所涉及的产业方向分别是混合增强智能、自主式水下滑翔机技术、新型抗丙肝药物、中药制药装备、高性能碳化物先进陶瓷材料、体外诊断技术、智能网联汽车关键技术、低轨卫星通信技术，均属于我国科技创新和经济转型的核心产业。

专利分析普及推广项目的发展离不开社会各界一如既往的支持与帮助，各级知识产权局、行业协会、科研院所等为课题的顺利开展贡献了巨大的力量，近百名行业和技术专家参与课题指导工作，《产业专利分析报告》（第71~78册）的出版凝聚着社会各界智慧。

专利分析成果的生命力在于推广和应用。在新冠肺炎疫情期间，国家知识产权局结合实际，组织力量编制并发布多份抗击新冠病毒肺炎专利信息研报，广泛推送至科研专班和相关专家，充分发挥专利信息对疫情防控科研攻关的专业支撑与引导作用，助力打赢疫情防控阻击战。希望各方能够充分吸收《产业专利分析报告》的内容，积极发挥专利信息对政策决策、技术创新等方面的智力支撑作用。

由于报告中专利文献的数据采集范围和专利分析工具的限制，加之研究人员水平有限，报告的数据、结论和建议仅供社会各界借鉴研究。

《产业专利分析报告》丛书编委会
2020年5月

项目联系人

孙　琨　010-62086193/sunkun@cnipa.gov.cn

混合增强智能产业专利分析课题研究团队

一、项目指导

国家知识产权局：贺　化　郑慧芬　雷春海

二、项目管理

国家知识产权局专利局：张小凤　孙　琨　王　涛

三、课题组

承担单位：国家知识产权局专利局专利审查协作北京中心

课题负责人：朱晓琳

课题组组长：姚宏颖

统　稿　人：姚宏颖　沈敏洁

主要执笔人：姚宏颖　王　晶　王　璐　杨　栋　郭翠霞　麻芙阳
　　　　　　　曾　璇　姜　峰

课题组成员：朱晓琳　姚宏颖　沈敏洁　王　晶　胡百乐　杨　栋
　　　　　　　麻芙阳　姜　峰　王　璐　郭翠霞　曾　璇　姚　楠

四、研究分工

数据检索：胡百乐　杨　栋　麻芙阳　姜　峰　王　璐　郭翠霞
　　　　　　曾　璇　姚　楠

数据清理：胡百乐　杨　栋　麻芙阳　姜　峰　王　璐　郭翠霞
　　　　　　曾　璇　姚　楠

数据标引：胡百乐　杨　栋　麻芙阳　姜　峰　王　璐　郭翠霞
　　　　　　曾　璇　姚　楠

图表制作：胡百乐　杨　栋　麻芙阳　姜　峰　王　璐　郭翠霞
　　　　　　曾　璇　姚　楠

报告执笔：姚宏颖　沈敏洁　王　晶　胡百乐　杨　栋　麻芙阳
　　　　　　姜　峰　王　璐　郭翠霞　曾　璇　姚　楠

报告统稿：姚宏颖　沈敏洁

报告编辑： 沈敏洁　王　晶　胡百乐　杨　栋　麻芙阳　姜　峰
　　　　　　　王　璐　郭翠霞　曾　璇　姚　楠

报告审校： 姚宏颖　沈敏洁　王　晶

五、报告撰稿

姚宏颖： 主要执笔第1章、第2章

姜　峰： 主要执笔第3章、第5章第5.5.6节

郭翠霞： 主要执笔第4章第4.4节、第4.5节、第4.7节，第7章第7.2节

王　璐： 主要执笔第7章第7.1节、第8章第8.1~8.2节

曾　璇： 主要执笔第5章第5.5.5节、第5.6~5.7节，第7章第7.3.5节、第7.4.1节

麻芙阳： 主要执笔第5章5.1.5~5.1.6节、第5.3~5.4节，第7章第7.3.3节、第7.4.2节、第7.4.5~7.4.6节

杨　栋： 主要执笔第5章第5.5.1~5.5.2节、第9章

胡百乐： 主要执笔第7章第7.3.4节、第7.3.6节，第8章第8.3节

王　晶： 主要执笔第4章第4.3节，第5章第5.2节，第7章第7.3.1~7.3.2节、第7.4.3~7.4.4节，第8章第8.4~8.5节，第10章

姚　楠： 主要执笔第5章第5.1.1~5.1.4节、第5.5.3~5.5.4节，第6章

沈敏洁： 主要执笔第4章第4.1~4.2节、第4.6节

六、指导专家

行业专家

王　骞　百度在线网络技术（北京）有限公司

技术专家（按姓氏音序排序）

李荣娟　国家知识产权局专利局通信发明审查部移动通信处

石　清　国家知识产权局专利局电学发明审查部计算机二处

郑　锦　北京航空航天大学计算机学院

专利分析专家

陈　燕　中国知识产权研究会

目 录

第1章 概 述 / 1
　1.1 从人工智能到新一代人工智能 / 1
　　1.1.1 人工智能 / 1
　　1.1.2 新一代人工智能 / 3
　　1.1.3 混合增强智能 / 6
　1.2 相关技术发展概览 / 9
　　1.2.1 国内外技术发展现状 / 9
　　1.2.2 我国面临的主要问题 / 11
　1.3 课题研究的目的、思路和主要内容 / 11
　　1.3.1 研究目的 / 12
　　1.3.2 研究思路 / 12
　　1.3.3 主要研究内容 / 12
　　1.3.4 相关事项说明 / 14

第2章 人工智能产业和政策分析 / 15
　2.1 产业现状：全球快速增长，中美双核驱动 / 15
　　2.1.1 全球市场快速增长，全产业链基本形成 / 15
　　2.1.2 美国基础层领先，应用层重点领域引领 / 26
　　2.1.3 中国迅速发展，局部突出，未来可期 / 28
　　2.1.4 美中成为全球发展核心驱动力 / 30
　　2.1.5 国内产业痛点 / 30
　2.2 政策现状：各国高度重视，中国紧随美国，各有侧重 / 32
　　2.2.1 主要国家人工智能相关政策 / 32
　　2.2.2 主要国家人工智能相关政策特点 / 40
　2.3 小 结 / 42

第3章 混合增强智能整体专利状况分析 / 43
　3.1 技术分解表及基本检索情况说明 / 43
　3.2 专利申请态势分析 / 43
　3.3 专利布局区域分析 / 44

3.3.1　全球布局区域分析 / 44
3.3.2　中国布局区域分析 / 45
3.4　主要技术分支分析 / 46
3.4.1　全球主要技术分支分析 / 46
3.4.2　中国主要技术分支分析 / 46
3.4.3　全球/中国主要技术分支分布 / 47
3.5　主要申请人分析 / 48
3.5.1　全球主要申请人分析 / 48
3.5.2　中国主要申请人分析 / 52
3.6　技术迁移分析 / 53
3.6.1　全球区域迁移 / 54
3.6.2　技术热点迁移 / 59
3.6.3　重要技术迁移 / 62
3.6.4　潜在重要技术近期迁移 / 74
3.7　小　结 / 79

第4章　基础理论技术专利状况分析 / 81
4.1　总体状况分析 / 81
4.1.1　全球/中国申请和授权态势分析 / 81
4.1.2　主要国家或地区申请量和授权量占比分析 / 82
4.1.3　全球/中国主要申请人分析 / 83
4.1.4　全球布局区域分析 / 85
4.1.5　全球/中国主要技术分支分析 / 85
4.1.6　全球/中国主要申请人布局重点分析 / 86
4.2　机器直觉推理与因果模型技术 / 92
4.2.1　全球/中国申请和授权态势分析 / 92
4.2.2　主要国家或地区申请和授权量占比分析 / 93
4.2.3　全球/中国主要申请人分析 / 94
4.2.4　全球布局区域分析 / 96
4.2.5　全球/中国主要申请人布局重点分析 / 96
4.3　联想记忆模型与知识演化方法技术 / 99
4.3.1　全球/中国申请和授权态势分析 / 99
4.3.2　主要国家或地区申请和授权量占比分析 / 101
4.3.3　全球/中国主要申请人分析 / 101
4.3.4　全球布局区域分析 / 102
4.3.5　全球/中国主要申请人布局重点分析 / 103
4.4　复杂数据和任务的混合增强智能学习方法技术 / 107
4.4.1　全球/中国申请和授权态势分析 / 107

4.4.2　主要国家或地区申请和授权量占比分析 / 109
4.4.3　全球/中国主要申请人分析 / 110
4.4.4　全球布局区域分析 / 112
4.4.5　全球/中国主要申请人布局重点分析 / 113
4.5　云机器人协同计算方法技术 / 118
4.5.1　全球/中国申请和授权态势分析 / 118
4.5.2　主要国家或地区申请和授权量占比分析 / 119
4.5.3　全球/中国主要申请人分析 / 120
4.5.4　全球布局区域分析 / 122
4.5.5　全球/中国主要申请人布局重点分析 / 123
4.6　真实世界环境下的情景理解及人机群组协同方法技术 / 128
4.6.1　全球/中国申请和授权态势分析 / 128
4.6.2　主要国家或地区申请和授权量占比分析 / 129
4.6.3　全球/中国主要申请人分析 / 130
4.6.4　全球布局区域分析 / 131
4.6.5　全球/中国主要申请人布局重点分析 / 132
4.7　小　结 / 135

第5章　共性关键技术专利状况分析 / 137
5.1　总体状况分析 / 137
5.1.1　全球/中国申请和授权态势分析 / 137
5.1.2　全球/中国申请量和授权量占比分析 / 138
5.1.3　全球/中国主要申请人 / 139
5.1.4　全球布局区域分析 / 141
5.1.5　全球/中国主要技术分支分析 / 141
5.1.6　全球/中国主要申请人布局重点分析 / 142
5.2　脑机协作的人机智能共生技术 / 150
5.2.1　全球/中国申请和授权态势分析 / 150
5.2.2　主要国家或地区申请和授权量占比分析 / 151
5.2.3　全球/中国主要申请人分析 / 152
5.2.4　全球布局区域分析 / 153
5.2.5　全球/中国主要申请人布局重点分析 / 154
5.3　认知计算框架 / 158
5.3.1　全球/中国申请和授权态势分析 / 158
5.3.2　主要国家或地区申请和授权量占比分析 / 160
5.3.3　全球/中国主要申请人分析 / 160
5.3.4　全球布局区域分析 / 162
5.3.5　全球/中国主要申请人布局重点分析 / 163

5.4 新型混合计算架构 / 168
 5.4.1 全球/中国申请和授权态势分析 / 168
 5.4.2 主要国家或地区申请和授权量占比分析 / 168
 5.4.3 全球/中国主要申请人分析 / 170
 5.4.4 全球布局区域分析 / 172
 5.4.5 全球/中国主要申请人布局重点分析 / 173

5.5 人机共驾技术 / 178
 5.5.1 全球/中国申请和授权态势分析 / 178
 5.5.2 全球/中国申请量和授权量占比分析 / 180
 5.5.3 全球/中国主要申请人分析 / 181
 5.5.4 全球布局区域分析 / 184
 5.5.5 全球/中国主要技术分支分析 / 185
 5.5.6 全球/中国主要申请人布局重点分析 / 211

5.6 在线智能学习 / 216
 5.6.1 全球/中国申请和授权态势分析 / 216
 5.6.2 主要国家或地区申请量和授权量对比分析 / 218
 5.6.3 全球/中国主要申请人分析 / 218
 5.6.4 全球布局区域分析 / 220
 5.6.5 全球/中国主要申请人布局重点分析 / 221

5.7 平行管理与控制的混合增强智能 / 226
 5.7.1 全球/中国申请态势分析 / 227
 5.7.2 中国主要申请人分析 / 227
 5.7.3 中国主要申请人布局重点分析 / 228

第6章 支撑平台技术专利状况分析 / 230

6.1 总体状况分析 / 230
 6.1.1 全球/中国专利申请和授权态势分析 / 230
 6.1.2 全球/中国专利申请量和授权量占比分析 / 231
 6.1.3 全球/中国主要专利申请人分析 / 231
 6.1.4 全球专利布局区域分析 / 233
 6.1.5 全球/中国主要技术分支分析 / 234
 6.1.6 全球/中国主要专利申请人布局重点分析 / 235

6.2 人工智能超级计算中心及支撑环境 / 241
 6.2.1 全球/中国专利申请和授权态势分析 / 241
 6.2.2 全球/中国专利申请量和授权量占比分析 / 242
 6.2.3 全球/中国主要专利申请人分析 / 242
 6.2.4 全球专利布局区域分析 / 243
 6.2.5 全球/中国主要专利申请人布局重点分析 / 244

6.3 产业发展复杂性分析与风险评估的智能系统 / 249
 6.3.1 全球/中国专利申请和授权态势分析 / 249
 6.3.2 全球/中国专利申请量和授权量占比分析 / 250
 6.3.3 全球/中国主要专利申请人分析 / 250
 6.3.4 全球专利布局区域分析 / 252
 6.3.5 全球/中国主要专利申请人布局重点分析 / 252
6.4 核电人机协同智能安全保障平台 / 257
 6.4.1 全球/中国专利申请和授权态势分析 / 257
 6.4.2 全球/中国专利申请量和授权量占比分析 / 258
 6.4.3 全球/中国主要专利申请人分析 / 258
 6.4.4 全球专利布局区域分析 / 259
 6.4.5 全球/中国主要专利申请人布局重点分析 / 260

第7章 关键技术分支分析 / 265

7.1 脑机协作的人机智能共生技术 / 265
 7.1.1 关键问题及研究方向 / 265
 7.1.2 技术热度变化趋势 / 266
 7.1.3 中美主要申请人竞争格局 / 267
 7.1.4 国内主要申请人技术路线及核心专利 / 268
 7.1.5 中美专利布局情况比较 / 276
 7.1.6 小　　结 / 287
7.2 云机器人协同计算方法技术 / 287
 7.2.1 云机器人协同计算方法技术概述 / 287
 7.2.2 云机器人协同计算方法技术发展现状 / 288
 7.2.3 全球主要申请人竞争格局 / 289
 7.2.4 中美主要申请人技术发展路线及核心基础专利分析 / 291
 7.2.5 中美主要申请人专利布局情况比较 / 296
 7.2.6 云机器人协同计算方法领域"337调查"及应对策略实例分析 / 302
 7.2.7 小　　结 / 310
7.3 人机共驾技术 / 311
 7.3.1 人机共驾技术概述 / 311
 7.3.2 人机共驾技术和产业发展现状 / 314
 7.3.3 人机共驾各分支专利布局对比 / 315
 7.3.4 热点分支专利布局情况分析 / 322
 7.3.5 人机共驾专利与标准的关联分析 / 344
 7.3.6 小　　结 / 359
7.4 在线智能学习 / 360
 7.4.1 在线智能学习技术概述 / 360

7.4.2　在线智能学习技术发展现状 / 361
7.4.3　全球主要申请人技术格局 / 362
7.4.4　全球主要申请人技术发展路线及核心基础专利分析 / 368
7.4.5　国内主要申请人技术发展路线及核心基础专利分析 / 377
7.4.6　小　　结 / 384

第8章　重要创新主体分析 / 385

8.1　重要创新主体综合评价 / 385
8.2　天津大学 / 385
8.2.1　专利态势分析 / 385
8.2.2　技术布局分析 / 386
8.2.3　技术路线分析 / 387
8.2.4　重要发明人分析 / 394
8.2.5　小　　结 / 397
8.3　百　　度 / 398
8.3.1　专利态势分析 / 399
8.3.2　技术布局分析 / 399
8.3.3　技术路线分析 / 400
8.3.4　小　　结 / 403
8.4　三　　星 / 403
8.4.1　专利态势分析 / 404
8.4.2　原创地和目标市场地分析 / 405
8.4.3　技术路线分析 / 405
8.4.4　小　　结 / 408
8.5　IBM / 409
8.5.1　专利态势分析 / 409
8.5.2　原创地和目标市场地分析 / 410
8.5.3　技术路线分析 / 411
8.5.4　小　　结 / 414

第9章　空间可视化分析 / 415

9.1　原创信息的可视化分析 / 415
9.2　布局信息的可视化分析 / 418
9.3　中美对比的可视化分析 / 420
9.4　小　　结 / 423

第10章　主要结论及措施建议 / 425

10.1　混合增强智能多角度分析结论 / 425
10.2　混合增强智能专利态势分析主要结论 / 426
10.3　基础理论分支专利态势分析主要结论 / 427

10.4 共性关键技术分支专利态势分析主要结论 / 429
10.5 支撑平台分支专利态势分析主要结论 / 430
10.6 重要技术分支专利技术及风险分析结论 / 432
10.7 面向政府的措施建议 / 436
10.8 面向企业及高校和科研院所的措施建议 / 442

图索引 / 445
表索引 / 453
参考文献 / 457

第1章 概 述

1.1 从人工智能到新一代人工智能

1.1.1 人工智能

18世纪晚期,曾经出现过一个可以自动下棋的傀儡,名为"土耳其行棋傀儡"。在1857年,土耳其行棋傀儡的秘密被公开,《西洋棋月刊》发表了系列文章,证实会自动下棋的机器是一个骗局,是由隐藏在里面的人操作的。然而,关于机器像人一样或者人类制造的物件具有生命,这样的思考一直存在,并且慢慢由想象变成了现实。

人工智能(Artificial Intelligence,AI)自从诞生以来,经过了约60年的发展。人工智能在诞生之初的概念是:让机器像人那样理解、思考和学习,并且逐渐发展为符号主义、连接主义和行为主义三大学派。

总体上,人工智能发展大致经历了三次发展浪潮。

(1)第一次浪潮(1956~1979年)

1956年的达特茅斯会议成为人工智能诞生的标志。达特茅斯会议之后,美国国防部高级研究计划局(DARPA)给麻省理工学院、卡内基·梅隆大学的人工智能研究组投入大量经费,人工智能的研究迎来第一次发展的高峰时期。

1964年,雷·所罗门诺夫引入通用的贝叶斯推理和预测方法,奠定了人工智能的数学理论基础。1965年,约瑟夫·维森班开发了ELIZA——一个进行对话的交互程序。虽然ELIZA的知识有限,但还是让很多用户以为他们是在和真人对话。1965年,美国斯坦福大学开始研究DENDRAL系统,并在1968年研究成功。DENDRAL是历史上第一个专家系统,能够自动作决策,解决有机化学问题。

虽然这一阶段有一定的成果,但由于最开始的期望过高,没有客观地看待事物发展的基础和规律,最终没有实现最开始的预想。当承诺无法兑现时,相应的资助就被缩减或者取消了,由此,人工智能发展第一次由盛转衰。

(2)第二次浪潮(1980~1996年)

人工智能回暖是在专家系统盛行的时期,这一阶段的人工智能转向实用。1980年,卡内基·梅隆大学为数字设备公司设计了一个名为XCON的专家系统,这套系统在1986年之前每年能为数字设备公司节省4000万美元。有了商业模式,相关企业自然应运而生,比如Symbolics、Lisp Machines等硬件公司和IntelliCorp、Aion等软件公司。这个时期,仅专家系统产业的价值就有5亿美元。1981年,日本经济产业省拨款8亿5000万美元支持第五代计算机项目,目标是制造出能够与人对话、翻译语言、解释图像,并且能像人一样推理的机器。但是专家系统的发展并不顺利,台式机性能的瓶颈以及专家系统数据积累和植入的困难,让专家系统热度渐渐消失。人们逐渐失望,甚至于提出人工智能寒冬的说法,投资大量减少,人工智能研究再次遭遇发展的低谷。

但在这一阶段,仍然出现了一个影响巨大的基础成果。那就是在1982年,物理学家约翰·霍普菲尔德证明使用神经网络可以让计算机以崭新的方式学习并处理信息。在几乎同一时间,戴维·鲁梅哈特等人推广了反向传播算法(BP算法),使得大规模神经网络训练成为可能。到今天为止,这种多层感知器的误差反向传播算法还是非常有价值的基础算法,现在的深度网络模型基本上都是在BP算法的基础上发展出来的。

(3)第三次浪潮(1997年至今)

人工智能前两次的低谷没有阻止人们对它的研究,在人工智能第二次遇冷后,里程碑式的研发成果仍在一一出现。1997年,IBM研发的深蓝(Deep Blue)击败了人类国际象棋冠军卡斯帕罗夫,这场人机大战让人工智能再次回归人们的视野。各种人工智能领域的成果随后问世,而其中对于新一代人工智能来说最为关键的论文出现在2006年。2006年,杰弗里·辛顿和他的学生在《科学》杂志上发表 *Learning Multiple Layers of Representation*,重新激活了神经网络的研究,开启了深度神经网络的新时代。根据他的构想,可以开发出多层神经网络。这种网络包括自上而下的连接点,可以生成感官数据训练系统,指引新一代人工智能走向深度学习。这种思路在当时受到一些专家的悲观论点影响,并不被看好,深度学习还需要一个机会证明自己。

在时间相近的阶段,2009年,李飞飞和她的团队发表了ImageNet数据集的论文,在当时并不被大众所关注,因为那时的人工智能并没有意识到大数据的作用。但是后来,ImageNet大规模视觉识别挑战赛成为业界公认的标杆,足以说明大数据在新一代人工智能中重要的地位。

在2009年6月,斯坦福大学的Rajat Raina和吴恩达合作发表论文 *Large-scale deep unsupervised learning using graphic processors*,提出采用GPU芯片代替CPU芯片实现大规模的深度无监督学习。传统的CPU架构,关注点不在于并行处理。而GPU诞生以来的主要任务就是在最短时间内显示更多的像素,它的核心特点就是同时并行处理海量的数据,因此在芯片设计时专门优化用于处理大规模并行计算,这与神经网络的计算工作不谋而合。

至此,新一代人工智能的三大要素都已经聚齐:作为核心推动力的算法、用于支持算法进化迭代的大数据和支撑高效运算的硬件芯片,人工智能迎来了第三次的快速新发展,新的突破和思想更加迅速地展示在人们面前。

2012年,辛顿的学生Alex Krizhevsky构建的深度学习模型AlexNet在ImageNet图像识别比赛中一举夺冠,并且大幅度超越传统方法的分类性能,证明了深度学习的潜力。2012年6月,《纽约时报》披露了Google Brain项目,引起了公众的广泛关注。这个项目是由著名的斯坦福大学机器学习教授吴恩达和大规模计算机系统方面的世界顶尖专家杰夫·迪恩共同主导,用16000个CPU Core的并行计算平台去训练含有10亿个节点的深度神经网络,使其能够自我训练,对2万个不同物体的1400万张图片进行辨识。

2014年3月，基于深度学习方法，Facebook的DeepFace项目使得人脸识别技术的识别率已经达到了97.25%，只比人类识别97.5%的正确率略低，几乎可媲美人类。

2016年3月的人工智能围棋比赛中，位于英国伦敦的谷歌旗下公司DeepMind开发的AlphaGo战胜了世界围棋冠军、职业九段选手李世石，并以4∶1的总比分获胜。2016年末至2017年初，AlphaGo在两个公开围棋网站上与中国、日本、韩国数十位围棋高手进行快棋对决，连胜60局无一败绩，包括对当今世界围旗第一人柯洁连胜三局。2017年2月，卡耐基·梅隆大学的人工智能系统Libratus在长达20天的德州扑克大赛中，打败4名世界顶级德州扑克高手，赢得177万美元筹码（参见图1-1-1）。

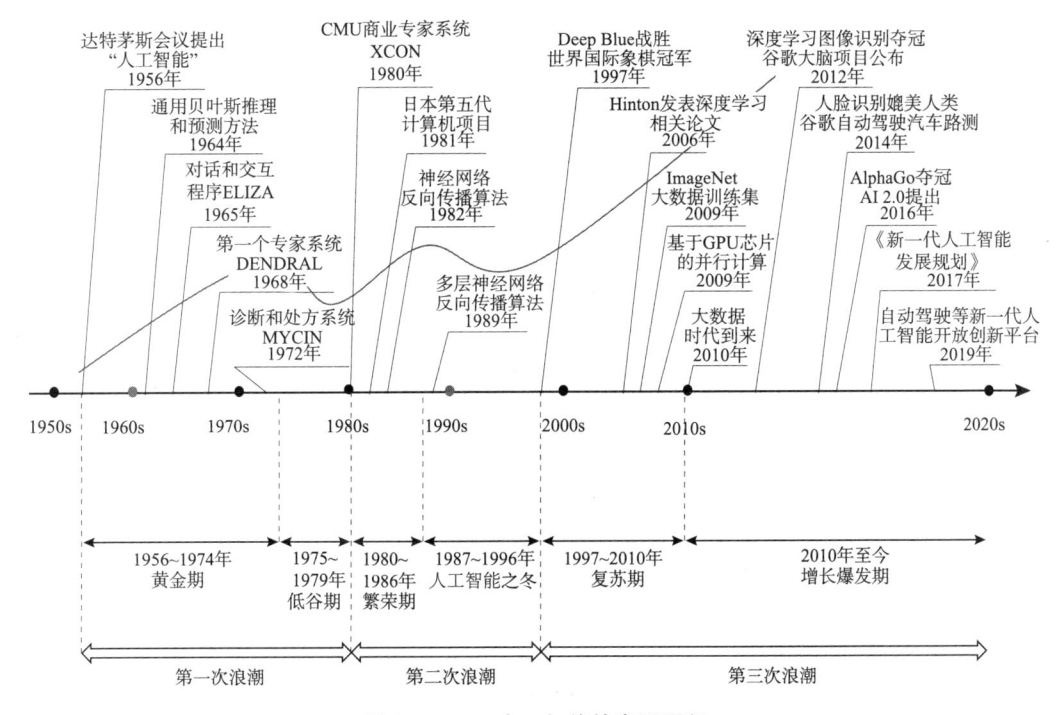

图1-1-1 人工智能的发展历程

除了上述软件方面的进展，应用硬件方面也有极大的进展。谷歌从2009年开始秘密研发自动驾驶汽车，2014年在美国内华达州通过了驾驶测试，近几年，自动驾驶汽车在部分国家的地区已经可以上路行驶。2013年，美国波士顿动力公司为主开发的自主和监督的Atlas机器人也公开亮相。此后，波士顿动力还推出了多种机器人，能够完成双足行走、自动开关门等动作。自此，人工智能真正地进入了大众视野，成为全球追逐的热点。

1.1.2 新一代人工智能

随着互联网的普及、传感网的渗透、大数据的涌现、信息社区的崛起，以及数据和信息在人类社会、物理空间和信息空间之间的交叉融合与相互作用，当今人工智能发展所处的信息环境和数据基础已经发生了深刻变化，人工智能的目标和理念正面临重要调整，科学基础和实现载体也面临新的突破，人工智能正进入一个新的阶段。

2016年，潘云鹤院士在《人工智能走向2.0》一文中指出，在新的外部环境下，已出现若干新的技术变化，并表现在近几年来的人工智能技术前沿中。新一代人工智能"人工智能2.0"的初步定义是：基于重大变化的新的信息环境和新的发展目标的新一代人工智能。新的信息环境包括互联网、移动终端、网络社区、传感器网络和大数据。新的发展目标是指智能城市、智能经济、智能制造、智能医疗、智能家居、智能驾驶等从宏观到微观的社会需求。可望升级的新技术有：大数据智能、互联网群体智能、跨媒体智能、自主智能和人机混合增强智能等。

人工智能2.0研究内容如图1-1-2所示，不仅包括人工智能基础理论、发展支撑体系，还包括大数据智能、跨媒体智能、群体智能、智能无人技术和混合增强智能五大技术方向。这些技术可广泛应用在智能制造、智能医疗、智能城市、智能农业等具体领域。

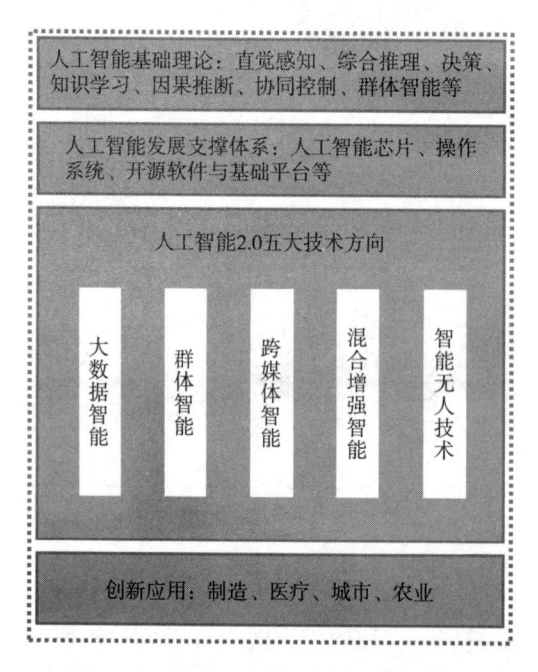

图1-1-2 人工智能2.0研究内容概况

2018年中国电子学会发布的《新一代人工智能发展白皮书（2017年）》中指出，在数据、运算能力、算法模型、多元应用的共同驱动下，人工智能的定义正从用计算机模拟人类智能演进到协助引导提升人类智能，通过推动机器、人与网络相互连接融合，更为密切地融入人类生产生活，从辅助性设备和工具进化为协同互动的助手和伙伴。

新一代人工智能的主要技术特点表现在如下几个方面。

（1）大数据作为新一代人工智能的基础

传统机器学习采用知识表达技术的方式进行知识学习，也就是知识驱动的人工智能。早期的人工智能方法通常在这样的假设下运行：智能可以通过知识库和符号操作来实现。知识驱动的人工智能在早期为人工智能带来巨大的发展，特别在逻辑证明方面，知识库也在专家系统领域具有出色的表现。知识驱动的人工智能能够实现快速应用，但说不上智能和理解，并且对特征和模型的优化是机器学习是否能够成功的关键因素，流程相对比较复杂。

随着新一代信息科学技术水平的快速发展，硬件计算能力、大数据存储和处理能力以及处理速度方面都有了长足的进步，在深度学习算法实现突破之后，大数据的价值得以展现。与早期传统机器学习的基于推理逻辑的人工智能不同，新一代人工智能是由大数据驱动的。知识驱动的人工智能需要提供数据、特征和模型，而大数据驱动下的新一代人工智能只需要提供数据和自动特征学习模型，通过给定的学习框架，不断根据当前设置及环境信息修改、更新参数，从数据中学习各层次的特征，具有极大的潜力。但以深度学习为主的大数据驱动算法与知识驱动的人工智能相比，具有不可解释性的缺点。

一个大数据驱动的实际例子，在输入30万张人类对弈棋谱并经过3千万次的自我对弈后，人工智能 AlphaGo 具备了媲美顶尖棋手的棋力。此外，智能终端和传感器的普及、互联网社区和应用等软件和硬件设施的加入使得海量数据能够快速累积，伴随而来的是基于大数据的人工智能获得了持续而快速的发展动力源。

（2）从单一媒体信息到多种媒体之间的跨媒体交互

目前，人工智能已经实现了对单一形式的媒体数据进行推理分析的方法，例如图像识别、语音识别、文本识别等。这些技术是人工智能的基础学科，并且近年来在深度学习兴盛和大数据知识驱动的背景下发展循序，成果斐然，成功应用于无人驾驶、智能搜索等垂直行业。但是，对单一的媒体数据进行推理分析还无法做到智能和理解。例如图像识别技术，虽然目前一些图像识别项目的准确率已经接近人类，但人工智能依然会被随机图像愚弄而得出完全错误的答案，这说明单一媒体信息的推理还存在缺陷。

与此同时，随着智能终端的大量普及，交互式社交网络飞速发展，短文本社交网络、照片与视频分享网站兴起和普及，多媒体数据呈现爆炸式增长，并以网络为载体在用户之间实时、动态传播，数据之间具有极大的关联性，文本、图像、语音、视频等信息突破了各自属性的局限，不同平台的不同类型的信息紧密地混合在一起，形成了一种新的知识，也就是跨媒体的媒体表现形式。跨媒体信息能够表现出综合性的知识，未来人工智能逐步向人类智能靠近，利用跨媒体知识，能够模仿人类综合地利用视觉、语言、听觉等多种感知信息，实现对人类信息的识别、理解，并进一步地做到类似人类的推理、设计、创作、预测等功能。

（3）从单个智能体到基于网络的群体智能技术

早期的群体智能通常指的是模仿昆虫行为的群体智能（Swarm Intelligence），但是现在面向人类群体的群体智能被称为 Crowd Intelligence 或 Collective Intelligence。群体智能能够对个体智能形成增强或放大作用，在群体层次上的智能远超每一个单一的个体。

互联网技术的出现打破了物理时空对于大规模人类群体协同的限制，促进了基于互联网的人类群体的出现。利用互联网，任何地域分布的人类都能够组合成一个具有联系的组织群体。互联网促使人类信息的总量、信息传播的速度和广度都在飞速地增长，这构成了基于互联网的群体智能技术的基础。互联网的发展促成了基于网络的群体智能现象，其涉及的领域包括知识收集、文本识别、产品设计、科学研究和软件开发等。目前，比较常见基于网络的群体智能技术包括互联网群体智能软件开发，例如开源软件、软件众包、应用程序商店等。进一步地，未来的人工智能研究焦点，也会从过去单纯地用计算机模拟人类智能、打造单个智能体，向打造多智能体协同的群体智能转变。群体智能在需要形象思维或者不确定性知识的处理方面，具有更大的优势。

（4）自主智能系统的进一步发展

自主智能系统（智能无人系统）源于机器人发展的第三阶段，即智能机器人。目前，智能机器人已经得到了广泛的应用，工业机器人、扫地机器人等均已经是常用的机器人。随着无人机、自动驾驶汽车、水下无人潜航器、医疗机器人、服务机器人等类型的智能机器人的出现，自主智能系统已经不再是传统意义上的工业机器人，被赋予了更广泛的内涵。目前，工业机器人的自动化已经解决了自动控制的问题，但还没有解决智能自主控制的问题。

长期以来，在人工智能的发展历程中，对仿生学的结合和关注始终是其研究的重要方向，如美国军方曾经研制的机器骡以及各国科研机构研制的一系列人形机器人等，但均受技术水平的制约和应用场景的局限，没有在大规模应用推广方面获得显著突破。当前，随着生产制造智能化改造升级的需求日益凸显，通过嵌入智能系统对现有的机械设备进行改造升级成为更加务实的选择，也是推动中国制造业升级、德国工业4.0、美国工业互联网等国家战略的核心举措。在此引导下，自主智能系统正成为人工智能的重要发展及应用方向。例如，沈阳机床以i5智能机床为核心，打造了若干智能工厂，实现了"设备互联、数据互换、过程互动、产业互融"的智能制造模式。

（5）人机协同形成新的智能形态

经过几十年的发展，人工智能的发展思路已经从使用机器实现人类的智能转变为人类和机器互相协作。将人类智慧和机器智慧结合在一起，能够实现增强型的混合智能，两者能够共同促进，进一步提高人类智力活动能力，陪伴人类完成更多复杂的任务。这就催生了混合增强人工智能。混合增强人工智能作为本课题的研究对象，具体内涵在下一节进一步详细介绍。

1.1.3 混合增强智能

在人工智能刚出现的时期，普遍认为人工智能可以替代人类。但经过几十年的发展，人工智能还无法替代人类，虽然在一些领域能够实现接近人类甚至超过人类的效果，例如图像识别，但这样的结果仍然存在很多的前提，例如深度学习的图像识别需要利用预先标记好的、有标签的图像。人类在感知、推理、归纳和学习等方面具有机器智能无法比拟的优势，机器智能则在搜索、计算、存储、优化等方面领先于人类，两种智能具有很强的互补性。

人类面临的许多问题具有不确定性、脆弱性和开放性，人类也是智能机器的服务对象和最终"价值判断"的仲裁者，因此，人类与机器智能的协同是贯穿人工智能发展历程的始终的。任何智能程度的机器都无法完全取代人类，这就需要将人的作用或认知模型引入人工智能系统，形成混合增强智能形态。混合增强智能形态可以提升人工智能系统的性能，使人工智能成为人类智能的自然延伸和拓展，通过人机协同更加高效地解决复杂问题。

混合增强智能形态可分为两种基本形式：人在回路的混合增强智能和基于认知计算的混合增强智能。人在回路的混合增强智能是指需要人参与交互的一类智能系统。基于认知计算的混合增强智能是指通过模仿人脑功能提升计算机的感知、推理和决策能力的智能软件或硬件，以更准确地建立像人脑一样感知、推理和响应激励的智能计算模型，尤其是建立因果模型、直觉推理和联想记忆的新计算框架。

（1）人在回路的混合增强智能

将人的作用引入智能系统中，形成人在回路的混合智能范式。在这种范式中，人始终是这类智能系统的一部分，当系统中计算机的输出置信度低时，人主动介入，调整参数给出合理正确的问题求解，构成提升智能水平的反馈回路。

把人的作用引入智能系统的计算回路中，可以把人对模糊、不确定问题分析与响应的高级认知机制与机器智能系统紧密耦合，使得两者相互适应，协同工作，形成双向的信息交流与控制，使人的感知、认知能力与计算机强大的运算和存储能力相结合，构成"1+1>2"的智能增强智能形态。

在当前大数据、深度学习在不同领域不断取得突破性成果之际，更需要清楚认识到，即使为人工智能系统提供充足甚至无限的数据资源，也无法排除人类对它的干预。例如，面对人机交互系统中对人类语言或行为的细微差别和模糊性的理解，特别是将人工智能技术应用于一些重大领域（如产业风险管理、医疗诊断、刑事司法、自主驾驶、社会舆情分析、智能机器人等）时，如何避免由于人工智能技术的局限性而带来的风险、失控甚至危害？这就需要引入人类的监督与互动，允许人参与验证，提高智能系统的置信度，以最佳的方式利用人的知识，最优地平衡人的智力和计算机的计算能力，从而实现大规模的非完整、非结构化知识信息的处理，有效避免由当前人工智能技术的局限性而引发的决策风险和系统失控等问题。

（2）基于认知计算的混合增强智能

在人工智能系统中引入受生物启发的智能计算模型，构建基于认知计算的混合增强智能。这类混合智能是通过模仿生物大脑功能提升计算机的感知、推理和决策能力的智能软件或硬件，以更准确地建立像人脑一样感知、推理和响应激励的智能计算模型，尤其是建立因果模型、直觉推理和联想记忆的新计算框架。

对当前人工智能而言，解决某些对人类来说属于智力挑战的问题可能是相对简单的，但是解决对人类来说习以为常的问题却非常困难。例如，很少有三岁的孩童能下围棋（除非受过专门的训练），但所有的三岁孩童都能认出自己的父母，且不需要大量经过标注的人脸数据集的训练。人工智能研究的重要方向之一是借鉴认知科学、计算神经科学的研究成果，使计算机通过直觉推理、经验学习将自身引导到更高层次。

另外，在现实世界中，人们无法为所有问题建模，例如条件问题（Qualification Problem）和分支问题（Ramification Problem），既不可能枚举出一个行为的所有先决条件，也不可能枚举出一个行为的所有分支。而人脑对真实世界环境的理解、非完整信息的处理、复杂时空关联的任务处理能力是当前机器学习无法比拟的，还有人的大脑神经网络结构的可塑性，以及人脑在非认知因素和认知功能之间的相互作用，是形式化方法难以甚至不能描述的。人脑对于非认知因素的理解更多地来自直觉，并受到经验和长期知识积累的影响。人脑所具有的自然生物智能形式，为提高机器对复杂动态环境或情景的适应性以及非完整、非结构化信息处理和自主学习能力，构建基于认知计算的混合增强智能提供了重要启示。

认知计算架构可以将复杂的规划、问题求解与感知和动作模块相结合，有可能解释或实现某些人类或动物行为以及其在新的环境中学习和行动的方式，可以建立比现有程序计算量少得多的人工智能系统。在认知计算的框架下，可以构建更加完善的大规模数据处理和更多样化的计算平台，也可为多代理系统解决规划和学习模型的问题，以及为新的任务环境中的机器协同提供新的模式。

人工智能追求的长期目标是使机器能像人一样感知世界和解决问题。当前的人工智能已不是一个独立、封闭和自我循环发展的智能科学体系，而是通过与其他科学领域的交叉结合融入人类社会进化的过程中，并将深刻改变人类社会生活，改变世界。

混合增强智能形态具体包括混合增强智能的基础理论、共性关键技术、支撑平台三部分技术内容。其中混合增强智能的基础理论包括人在回路的混合增强智能、脑机协作的人机智能共生、机器直觉推理与因果模型、云机器人协同计算方法等内容，主要解决了人机协同共融的情境理解与决策学习框架，有助于实现直觉推理、因果模型、记忆和知识演化。混合增强智能的共性关键技术包括混合增强智能核心技术、认知计算框架、人机共驾等内容，旨在将人类的认知能力与计算机的快速运算以及海量存储能力有机结合起来，实现人的知识的最佳利用、人的智力和计算机的计算能力最优平衡。混合增强智能支撑平台包括人工智能超级计算中心、大规模智能超级计算支撑环境、在线智能教育平台等，其着重建设人工智能超级计算中心，为复杂智能计算提供服务化、系统化、开放的技术平台和解决方案。

混合增强智能包括新一代人工智能体系中多项关键技术，如直觉感知、因果推断、知识学习、脑机协作、协同计算、人机共驾、人工智能芯片以及基础平台等关键技术点，因此，混合增强智能是新一代人工智能的典型特征。

1.2 相关技术发展概览

放眼世界,广阔的应用前景和重要的战略意义,让人工智能越来越成为社会各界的关注焦点。基础理论创新和关键技术不断突破,产生了丰硕的成果。混合增强人工智能作为人工智能这一大概念的细分领域,分享着这些基础、关键的技术,呈现出共同的发展特点。在这一发展过程中,中国不断追赶世界潮流,在一些方面,目前亦可于世界之巅占有一席之地,但也有自己的痛点与短板,需加以正视。本节将就相关内容加以概述。

1.2.1 国内外技术发展现状

(1) 专用人工智能有突破性进展

面向特定领域的人工智能(专用人工智能,也被称为"弱人工智能")由于应用背景需求明确,领域知识积累深厚,建模相对简单可行,形成了较大的突破,在具体的单项测试中可以超越人类的智能。

近年来,最为吸引社会关注的人工智能 AlphaGo 就是此类人工智能的典型代表。此外,专用的人工智能成功应用在图像识别与检测、自然语言处理(包括语音识别、机器翻译等)领域,目前在这些领域人工智能都有非常不错的表现。

在图像识别领域,2014 年,Facebook 在 CVPR2014 上提出的 DeepFace 方法,是深度卷积神经网络在人脸识别领域的奠基之作。2015 年,谷歌推出 FaceNet,在 LFW 上取得了 99.63% 的准确率。2017 年 3 月苹果发布 3D 感知新专利利用景深信息进行人脸识别。目前,深度学习在人脸识别界具有统治地位,基于分类的训练方法是主流,其将每个人当作独立的类别,并使用 Softmax 进行分类训练。近两年,SphereFace、CosFace 以及 InsightFace 进一步引入了边界裕量(Margin)来提高识别网络的可扩展性,在公开测试集上取得了领先性能。

中国科学院自动化研究所谭铁牛团队在虹膜识别领域,突破了虹膜识别领域的成像装置、图像处理、特征抽取、识别检索、安全防伪等一系列关键技术,建立了虹膜识别比较系统的计算理论和方法体系,建成了目前国际上最大规模的共享虹膜图像库,并在 70 个国家和地区的 3000 多个科研团队推广使用,有力推动了虹膜识别学科发展。中国的人脸识别技术发展和商业应用也不断发展,2018 年 11 月,在 NIST 公布的最新测评报告中,依图科技、商汤科技、中国科学院深圳先进技术研究院以及旷视科技均取得优异成绩,位列前十,在人脸识别算法领域取得了全球领先的地位。

在自然语言处理领域,2018 年 3 月,微软宣布,其机器翻译系统在通用新闻报道的中译英测试集上达到了人类专业译者水平,成为首个在新闻报道的翻译质量和准确率上媲美人类专业译者的翻译系统。2018 年 5 月,谷歌在其年度 Google I/O 大会上推出一款 Google Assistant,在与真人的对话过程中没有出现任何滞后和逻辑错误,完美通过图灵测试。最近两年,该领域发生了天翻地覆的技术变革,进入了技术井喷的快速发展期，而这一巨变是由 Bert 为代表的预训练模型及新型特征抽取器 Transformer 的快速发展与普及带来的。最近一年也陆续出现了大量效果突出的改进模型，比如 XLNet、RoBERTa、ALBert、Google T5 等一系列改进。

2018 年科大讯飞的机器翻译首次达到专业译员水平；机器阅读理解首次超越人类平均水平。2019 年，云从科技与上海交通大学基于原创 DCMN 算法，提出了一种全新的模型，使机器阅读理解正确率提高了 4.2 个百分点，并在高中测试题部分首次超越人类（机器正确率 69.8%，普通人类 69.4%）。可以看出，在自然语言处理领域，中国的一些成绩已经位于国际最先进水平之列。

（2）走向开源与全世界开发者共享

以 2015 年谷歌开源 TensorFlow 机器学习库为开端，人工智能（尤其是深度学习）的开源框架百花齐放，其中有 Facebook 的 PyTorch、特利尔学习算法研究所（MILA）的 Theano、Keras、Microsoft Cognitive Toolkit 以及 Apache MXNet 等。除了 TensorFlow 以外，谷歌旗下的 Deepmind 也将其人工智能训练平台开源，并改名为 DeepMind Lab。其他互联网巨头企业也都拿出了自己的开源项目，例如 Facebook 的 FastText，专门针对超大型数据库的文本处理。还有微软的 CNTK，在语音识别社区具有很高的知名度。这些机器学习项目的开源让人工智能技术的进入门槛变得空前得低，推进了技术发展，代码开发的速度更快，项目功能更加多样和灵活。

我国开源开发平台建设也正在积极推进中。在一系列国家规划的指引下，我国已建成第一批百度自动驾驶开放平台、科大讯飞智能语音开放平台、腾讯智能医疗开放平台、阿里城市大脑开放平台、商汤科技智能视觉开放平台五大人工智能开源开放创新平台，并在数据开放共享、科研成果转化和应用场景梳理等多领域持续作出贡献。2019 年 8 月，我国又批准华为等企业建设基础软硬件等 15 个第二批国家人工智能开源开放创新平台。

（3）人工智能加速与其他学科领域交叉渗透

人工智能本身是一门综合性的前沿学科和高度交叉的复合型学科，研究范畴广泛而又异常复杂，其发展需要与计算机科学、数学、认知科学、神经科学和社会科学等学科深度融合。一方面，人工智能会促进脑科学、认知科学、生命科学甚至化学、物理、天文学等传统科学的发展。例如，随着超分辨率光学成像、光遗传学调控、透明脑、体细胞克隆等技术的突破，脑与认知科学的发展开启了新时代，能够大规模、更精细解析智力的神经环路基础和机制。另一方面，借鉴脑科学和认知科学的研究成果是人工智能的一个重要研究方向，混合增强智能中的脑机接口技术是典型应用。人工智能将进入生物启发的智能阶段，依赖于生物学、脑科学、生命科学和心理学等学科的发现，将机理变为可计算的模型。人机混合智能旨在将人的作用或认知模型引入人工智能系统中，提升人工智能系统的性能，使人工智能成为人类的自然延伸和拓展，通过人机协同更加高效地解决复杂问题。在美国、欧洲以及韩国的脑计划中，人机混合智能都是重要的研发方向。

中国也积极参与其中，2018 年 3 月，在《信息与电子工程前沿》（*Frontiers of*

Information Technology & Electronic Engineering）的人工智能 2.0 特刊中，潘云鹤院士撰写了社论 *2018 Special Issue on Artificial Intelligence 2.0*：*Theories and Applications*，内容涵盖人工智能基本理论问题（如可解释性深度学习和无监督学习）、类脑学习（如脉冲神经网络和记忆增强推理）、人在回路的智能学习（如众包设计和数字大脑）等重要理论成果。

1.2.2 我国面临的主要问题

（1）起步晚追赶快，将与美国激烈竞争

中国相较于国外起步晚，每个阶段的核心观点和论文都是其他国家的科学工作者提出的，中国在人工智能方面早期一直属于跟随的状态。但经过多年的积累，中国目前已经属于全球人工智能领域的第一梯队，在人工智能领域的论文发表数量、专利申请量上都已经居于国际的前列，在语音识别、机器视觉、机器翻译领域属于全球领先的水平。从中外技术发展态势可以预见，美国作为全球人工智能技术发展的引领者，必然将中国视为最大竞争对手，未来冲突不可避免，而知识产权将成为重要角力场。

（2）局部突出短板明显，基础算法、基础硬件亟待提升

我国在自然语言处理、图像识别等领域已经具有全球领先的技术。但和国外相比，短板也比较明显。我国的人工智能技术研究还较多地停留在应用层面，而更为关键的基础理论、核心算法、高端芯片等成果还比较少。和领军的美国相比，中国在基础层、技术层均还不占优势，影响力也比较小。例如，让人工智能再次回暖的深度学习算法，核心研究人员目前都在美国。对于大数据的利用，目前美国的 IBM 已经开发出利用大数据知识的问答系统 Watson，以及谷歌旗下的 DeepMind 研发的利用大数据驱动进行知识学习的 AlphaGo，而中国目前针对大数据只开发了一定的智能应用，例如智能推荐系统等。给深度学习提供运算基础的芯片技术也是美国较为发达，在传统计算芯片的领域中，美国有英特尔、英伟达这样的全球领先公司，我国无力抗衡。欧美发达国家的机器人技术也具有扎实的研究基础，比中国更为先进。例如美国波士顿动力自主研发的 Atlas 双足机器人、BigDog 四足机器人等，基于人类的条件反射给机器人建立一套类似的神经系统。中国尚未出现性能近似的产品。总体而言，我国目前的人工智能技术局部有突破，但短板也比较突出，在未来还需要多方面平衡发展。

1.3 课题研究的目的、思路和主要内容

在前文所述的大背景之下，混合增强智能是我国科学家基于机器智能和人类智能的互补性提出的概念。我国在这方面有较好的基础，不仅多次举办专题学术讨论会和专题论坛，还推出了混合智能支撑平台 Cyborgware。在新一代人工智能的概念体系下，我国混合增强智能发展迎来了对美国"弯道超车"的机会，因此更要从知识产权角度做好准备。2018 年完成的课题"新一代人工智能产业专利分析报告"对新一代人工智能进行了相关研究，对混合增强智能的研究尚未深入开展，这一空白亟待填补。为此，

我们对混合增强人工智能这一专题开展了专项研究。

1.3.1 研究目的

发展新一代人工智能已经成为国家重要发展战略之一。随着国家和产业对该领域关注和投入的持续加大，基于以上我国面临的问题，有必要从专利技术的角度对新一代人工智能混合增强智能的内涵、技术分支和技术边界进行清楚的确定，明确我国在发展混合增强智能中面临的机遇以及潜在风险，并提出抓住机遇、抵御风险的方法，解决产业问题。同时，从专利视角为国家宏观政策、产业发展提出建议，为国内企业等创新主体的技术发展和保护提出建议。

1.3.2 研究思路

课题组以《新一代人工智能发展规划》为指导，从发现问题－解决问题的思想出发确立课题的研究思路。本课题拟定按照以下思路展开研究：

① 通过产业和政策调研，厘清全球混合增强智能产业、政策现状，明晰我国在发展混合增强智能中面临的问题。

② 从专利角度确定混合增强智能的技术内涵、技术分支和技术边界。

③ 通过关键字组合等方法为混合增强智能精准画像，从技术分支入手进行检索式构建和检索，确定混合增强智能专利技术范围。

④ 对混合增强智能的专利进行原创技术、专利布局等态势分析，结合主要申请人和重点技术分支梳理，明晰我国在全球混合增强智能中的位置，找出我国混合增强智能技术发展的机遇和风险。

⑤ 针对上述我国面对的机遇以及风险，结合对一级、二级技术分支概况的全面分析，以及对重点二级技术分支和三级技术分支的重点分析，点、面结合，提出抓住机遇、抵御风险的具体举措。

⑥ 结合上述分析，从专利视角，为国家宏观政策、产业发展提出建议，为国内企业等创新主体的技术发展和保护提出建议。

⑦ 在研究中创新分析工具，提高点、面结合的研究效率，为快速数据分析提供工具支撑。

1.3.3 主要研究内容

课题组通过多方情报收集，整理研究政策规范类文件6份，行业报告类文件29份，课题报告类文件20份，技术资料类文件165份，详细研究了解行业技术要点和行业、政策现状后，先采取电话或者邮件等方式和产业、政策专家进行了交流，修正了课题组初步拟定的技术分解表。然后课题组于2019年6~10月先后在以下单位进行了实地调研：①百度；②中国知识产权培训中心举办的"人工智能与知识产权国际研讨会"。

课题组中的骨干成员参与为期1天的"人工智能与知识产权国际研讨会"，了解五局合作（IP5）和世界知识产权组织（WIPO）各自在人工智能方面的政策及实践规定，然后听取产业界和代理机构代表提出的其所关注的人工智能专利获权中存在的重要问题与挑战，同时同与会代表重点围绕人工智能相关专利的可授权客体、创造性和充分公开等共同关心的问题所开展务实交流。

课题组成员全体赴百度与百度的知识产权部门就其当前所关注的所有人工智能领域技术、产业、专利问题进行了深入的交流并开展了热烈的讨论，明确了我国自动驾驶领域目前所处的地位和可能面临的难题或者挑战。

调研中对混合增强智能行业、政策的特点、技术分解、技术难点等进行了了解或确认，之后通过数据清洗、分析等工作，最终形成本报告。

本报告包括以下主要内容：

从专利的视角出发，基于混合增强智能可望升级的新技术及其主要技术特点，将混合增强智能划分3个一级分支、14个二级分支、15个三级分支。在此基础上，课题组全面检索了各个一级分支，并深入检索了所有的二级和三级分支，从整体发展状况的层面上分析了这些专利所反映出的专利申请态势、竞争区域、重点技术分支、申请人状况等；其中，一级分支的专利数量为全球188400项，中国95304件。

在产业调研和专利整体发展状况分析的基础上，选出基础理论部分的"云机器人协作"以及共性关键技术部分的"脑机协作""人机共驾"和"在线智能教育"4个重点二级技术分支，按照点面结合的原则，对3个一级分支、14个二级分支进行了态势分析和总结。在此之上，深入研究了4个重点二级分支及其三级技术分支。

对于云机器人协作分支，根据三级技术分支占比走势，分析了研发热点和全球主要申请人竞争格局；对中美主要申请人的技术发展路线和核心基础专利进行了梳理，基于对主要申请人的技术布局策略、区域布局策略和合作策略的分析，对中美专利布局的差异进行了比较。同时，对云机器人领域的龙头企业iRobot发起的"337调查"的诱因及结果进行分析，在此基础上，为企业提供了面对专利诉讼等风险时的有效应对策略。

对于脑机协作分支，基于三级技术分支占比走势分析了技术发展趋势；基于主要申请人的分支分布分析了申请人的细分分支布局情况；通过大量的专利阅读梳理出主流技术的技术发展脉络及专利申请的重点和热点；梳理出国内主要申请人的技术发展路线和核心基础专利；对中国和美国主要申请人的专利价值进行对比，并进一步对中国和美国申请人的布局策略进行比较；明确了我国在重点技术领域的专利以及高价值专利所面临的发展机遇和专利风险。其中，深入地对中国和美国的高价值专利走向进行了对比，发现我国有不少高价值专利并没有得到好的维护和运用。

对于人机共驾分支，通过对人机共驾全球和中国专利布局的整体分析，确定中国目前在全球的格局和技术发展状况，并进一步对人机共驾的4个三级技术分支进行具体分析，明晰了中国的优势和劣势、竞争对手等具体状况。基于上述分析结果，进一步深入研究人机共驾的专利信息，通过创新主体的竞争对比、技术发展路线的梳理，确定热点技术分支之一为决策分支，继而通过海外布局力度所体现的竞争格局确定控制分支为另外一个热点分支。基于这两个分支专利布局特点，确定中国未来的发展机遇在于决策分支。并且针对中国的薄弱之处，提出通过标准的制定促进中国人机共驾产业发展。

进一步地，对于在线智能教育分支，对产业发展情况和专利发展情况进行对比分析发现：在产业方面，虽然国内外"人工智能+教育"关注的领域不同，但两者的产业整体发展状况都处于一个上升期。但在专利申请方面，除了国内的科大讯飞、广东小天才、百度有少量专利申请，其他在产业上表现比较突出的企业，例如学霸君、清睿教育、猿题库（猿辅导）、作业帮、阿凡题等均很少有专利申请，国外的专利申请情况也是一样。这和产业上的火爆程度形成了鲜明的对比。

通过广泛调研和基础专利分析，将混合增强智能作为技术范围广泛的热点领域，实时掌握其各个区域、各个分支的发展趋势、状况、热点变化等情况非常重要。因此，课题组结合大数据分析及可视化分析工具在之前课题研究的初级动态专利地图的基础上进行了全面升级，能够动态地呈现各个国家的目标国和原创国变迁情况，以及各个原创国家专利的布局变化情况。通过国家的选定可以将我国和感兴趣的国家进行各个维度的动态对比，更为直观地展示我国与全球主要国家之间的差别，明晰我国所处的位置。

1.3.4　相关事项说明

本节对本报告中反复出现的各种专利术语或现象，一并给出解释。

专利同族： 同一项发明创造在多个国家或地区申请专利而产生的一组内容相同或基本相同的专利文献出版物，称为1个专利族或同族专利。从技术角度来看，属于同一专利族的多件专利申请可视为同一项技术。在本报告中，针对技术和专利技术首次申请国分析时对同族专利进行了合并统计，针对专利在国家或地区的公开情况进行分析时各件专利进行了单独统计。

项： 同一项发明可能在多个国家或地区提出专利申请，德温特世界专利索引数据库（以下简称"DWPI数据库"）将这些相关的多件申请作为一条记录收录。在进行专利申请数量统计时，对于数据库中以一族（此处"族"指的是同族专利中的"族"）数据形式出现的一系列专利文献，计算为"1项"。一般情况下，专利申请的项数对应于技术的数目。

件： 在进行专利申请数据量统计时，例如为了分析申请人在不同国家、地区或组织所提出的专利申请的分布情况，将同族专利申请分开进行统计，所得到的结果对应于申请的件数。1项专利申请可能对应于1件或多件专利申请。

第 2 章 人工智能产业和政策分析

通过对产业现状和政策发展历程的梳理，可以明晰我国在全球人工智能发展中所处的位置以及存在的问题，进一步准确把握我国所面临的机遇和风险。由于混合增强人工智能虽然在技术概念上属于人工智能技术的下位概念，但二者在基础技术上共享、交叉颇多，在产业形态上很难切割彻底，在政策导向上也具有共性，因此在本章并不明确将混合增强智能专门切分出来，而是在人工智能的大框架下进行整体分析。

2.1 产业现状：全球快速增长，中美双核驱动

人工智能技术经历快速的发展，正逐渐为社会生产模式带来新的变革，并且已经对国民经济的各个产业产生巨大的影响。

2.1.1 全球市场快速增长，全产业链基本形成

如图 2-1-1 所示，《全球人工智能发展白皮书》指出，全球人工智能市场将在未来几年经历现象级的增长。报告中预测未来 2025 年世界人工智能市场将超过 6 万亿美元，2017~2025 年复合增长率达 32.1%。报告进一步指出，我国的人工智能核心产业规模目前已超过 1000 亿元，预计到 2020 年将增长至 1600 亿元，带动相关产业规模超万亿。❶

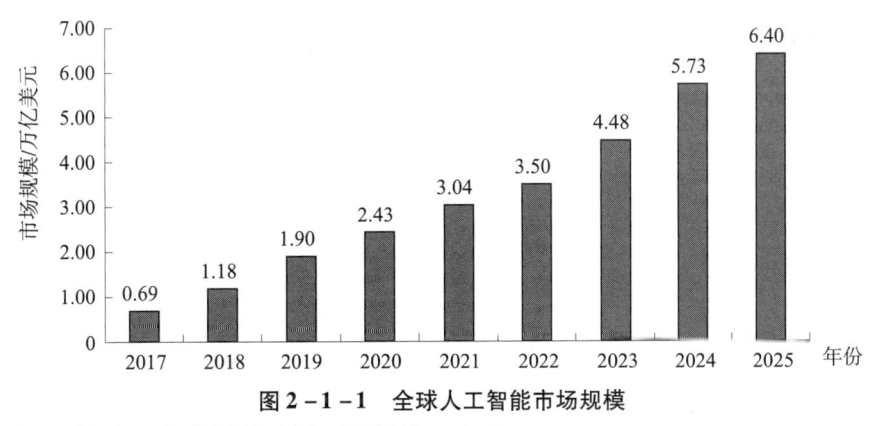

图 2-1-1 全球人工智能市场规模

数据来源：《全球人工智能发展白皮书》（德勤研究，2019）。

---

❶ 其中，中国数据只预测到 2020 年，且该数据主要用于描述人工智能市场体量，是否精确到 2020 年之后，整体上无根本性影响，后文不再赘述。

随着人工智能理论和技术的日益成熟，应用范围不断扩大，人工智能既包括城市发展、生态保护、经济管理、金融风险等宏观层面，也包括工业生产、医疗卫生、交通出行、能源利用等具体领域。专门从事人工智能产品研发、生产及服务的企业迅速成长，真正意义上的人工智能产业正在逐步形成，不断丰富，相应的商业模式也在持续演进和多元化。

通过梳理从研发到应用所涉及的产业链各个环节，中国电子学会发布的《新一代人工智能发展白皮书（2017 年）》中进一步将新一代人工智能在当前的核心产业分为基础层、技术层和应用层；结合目前常见应用场景，依据产业链上下游关系，再将其主要划分为既相对独立又相互依存的若干种产品及服务。

2.1.1.1 基础层

基础层主要包括智能传感器、智能芯片、算法模型，其中，智能传感器和智能芯片属于基础硬件，算法模型属于核心软件。随着应用场景的快速铺开，既有的人工智能基础产业在规模和技术水平方面均与持续增长的市场需求尚有差距，倒逼相关企业及科研院所进一步加强对智能传感器、智能芯片及算法模型的研发及产业化力度。预计到 2020 年，全球智能传感器、智能芯片、算法模型的产业规模将突破 270 亿美元，我国相关的产业规模将突破 44 亿美元。

（1）智能传感器

智能传感器属于人工智能的神经末梢，是实现人工智能的核心组件，是用于全面感知外界环境的最核心元件。利用微处理器实现智能处理功能的传感器，必须能够自主接收、分辨外界信号和指令，并能通过模糊逻辑运算，主动鉴别环境，自动调整和补偿适应环境，以便于大幅减轻数据传输频率和强度，显著提高数据采集效率。各类传感器的大规模部署和应用是实现人工智能不可或缺的基本条件。随着传统产业智能化改造的逐步推进以及相关新型智能应用和解决方案的兴起，对智能传感器的需求将进一步提升，预计到 2020 年全球智能传感器的产业规模将超过 54 亿美元，其中我国智能传感器的产业规模为 11 亿美元。

主要产品：智能传感器已广泛应用于智能机器人、智能制造系统、智能安防、智能人居、智能医疗等各个领域。例如，在智能机器人领域，智能传感器使机器人具有视觉、听觉和触觉，可感知周边环境，完成各种动作，并与人发生互动，包括触觉传感器、视觉传感器、超声波传感器等。在智能制造系统领域，利用智能传感器可直接测量与产品质量有关的温度、压力、流量等指标，利用深度学习等模型进行计算，推断出产品的质量，包括液位、能耗、速度等传感器。在安防、人居、医疗等与人类生活密切相关的领域，智能传感器也广泛搭载于各类智能终端，包括光线传感器、距离传感器、重力传感器、陀螺仪、心律传感器等。

典型企业：智能传感器市场主要被国外厂商占据，集中度相对较高。由于技术基础深厚，国外厂商通常多点布局，产品种类也较为丰富，较为典型的有霍尼韦尔、美国压电、意法半导体、飞思卡尔。霍尼韦尔生产的产品包括了压力传感器、温度传感器、湿度传感器等多个产品类型，涉及航空航天、交通运输、医疗等多个领域。美国压电生产的产品涵盖了加速度传感器、压力传感器、扭矩传感器等，并涉及核工业、石化、水力、电力和车辆等多个不同领域。相比之下，我国厂商经营内容仍较为单一，如高德红外主要生产红外热成像仪，华润半导体主要生产光敏半导体，但其中也出现了华工科技、中航电测等少数试水扩大布局范围的企业。

（2）智能芯片

智能芯片是人工智能的核心，与传统芯片最大的差别在于架构不同。传统的计算机芯片均属于冯·诺依曼体系，智能芯片则仿照大脑的结构设计，试图突破冯·诺依曼体系中必须通过总线交换信息的瓶颈。深度学习已成为当前主流的人工智能算法，这对于处理器芯片的运算能力和功耗提出了更高要求，需要通过应用 GPU 和现场可编辑门阵列（FPGA）提高运算效率，支持对深度学习至关重要的并行计算能力，加快算法训练过程。当前各大科技巨头正积极布局人工智能芯片领域，初创企业纷纷入局，随着市场的进一步打开，预计到 2020 年全球智能芯片的产业规模将接近 135 亿美元，其中我国智能芯片的产业规模近 25 亿美元。

主要产品：数据和运算是深度学习的基础，可以用于通用基础计算且运算速率更快的 GPU，迅速成为人工智能计算的主流芯片。2015 年以来，英伟达公司的 GPU 得到广泛应用，并行计算变得更快、更便宜、更有效，最终导致人工智能大爆发。同时，与人工智能更匹配的智能芯片体系架构的研发成为人工智能领域的新风口，已有一些公司针对人工智能推出了专用的人工智能芯片，如 IBM 的类脑芯片 TureNorth 及神经突触计算机芯片 SyNAPSE，高通的认知计算平台 Zeroth，英特尔收购的 Nervana，浙江大学与杭州电子科技大学的学者合作研制的类脑芯片"达尔文"，寒武纪的思元 270 芯片，华为的昇腾 910、麒麟 810 以及麒麟 980，地平线自主研发的"征程"系列处理器和"旭日"系列处理器，紫光展锐的虎贲 T710 芯片，阿里巴巴的"含光"800 芯片。

典型企业：作为核心和底层基础，智能芯片已经成为各大公司布局的重点领域。目前传统芯片巨头如英特尔、英伟达，大型互联网公司如谷歌、微软已经在该领域发力。这些公司资金实力雄厚，除了自行研发外，通常还采用收购的方式快速建立竞争优势。例如，谷歌继 2016 年发布第一代 TPU 后，于 2017 年在谷歌 I/O 大会上推出了第二代深度学习芯片 TPU，英特尔则以 167 亿美元收购 FPGA 生产商 Altera 公司。由于智能芯片刚刚兴起，技术、标准都处于探索阶段，我国芯片厂商"换道超车"的机会窗口闪现，涌现出了一批优秀的公司，如寒武纪、紫光展锐、地平线、深鉴科技和华为等。

（3）算法模型

算法创新是推动本轮人工智能大发展的重要驱动力，深度学习、强化学习等技术的出现使得机器智能的水平大为提升。人工智能的算法是让机器自我学习的算法，通常可以分为监督学习和无监督学习。随着行业需求进一步具体化，及对分析要求进一步的提升，围绕算法模型的研发及优化活动将越发频繁。当前，算法模型涉及的图片识别、机器翻译、语音识别、决策助手、生物特征识别等领域相关产业已初具规模，预计到 2020 年全球算法模型产业规模将达到 82 亿美元，我国算法模型产业规模将突破 8 亿美元。

主要产品：目前，随着大数据环境的日渐形成，全球算法模型持续取得应用进展，深度学习算法成为推动人工智能发展的焦点，各大公司纷纷推出自己的深度学习框架，如谷歌的 TensorFlow、IBM 的 System ML、Facebook 的 Torchnet、百度的 PaddlePaddle。更为重要的是，开源已成为这一领域不可逆的趋势，这些科技巨头正着手推动相关算法的开源化，发起算法生态系统的竞争。与此同时，服务化也是算法领域未来发展的重要方向，一些在算法提供商正将算法包装为服务，针对客户的具体需求提供整体解决方案。

典型企业：目前，在算法模型领域具备优势的企业基本均为知名的科技巨头，正在通过构建联盟关系、扩展战略定位等方式布局人工智能产业。2016 年 9 月，Facebook、亚马逊、谷歌 Alphabet、IBM 和微软自发聚集在一起，宣布缔结新的人工智能伙伴关系；同年 10 月，谷歌更是调整战略方向从移动优先转变为人工智能优先。我国科技企业也纷纷落子人工智能，2017 年 3 月，阿里巴巴正式推出"NASA"计划，腾讯成立人工智能实验室；同年 5 月，百度将战略定位从互联网公司变更为人工智能公司，发展人工智能已经成为科技界的共识。

2.1.1.2 技术层

技术层主要包括语音识别、图像视频识别、文本识别等产业，其中语音识别已经延展到了语义识别层面，图像视频识别包括人脸识别、手势识别、指纹识别等领域，文本识别主要是针对印刷、手写及图像拍摄等各种字符进行辨识。

随着全球人工智能基础技术的持续发展与应用领域的不断丰富，人工智能技术层各产业未来将保持快速增长态势。预计到 2020 年，全球语音识别、图像视频识别、文本识别等人工智能技术层产业规模将达到 342 亿美元，我国人工智能技术层产业规模将突破 66 亿美元。

（1）语音识别：正在步入应用拉动的快速增长阶段

语音识别技术是将人类语音中的词汇内容转换为计算机可读的输入，例如按键、二进制编码或者字符序列。语音识别技术与其他自然语言处理技术（如机器翻译及语音合成技术）相结合，可以构建出更加复杂的应用及产品。在大数据、移动互联网、云计算以及其他技术的推动下，全球的语音识别产业已经步入应用快速增长期，未来将代入更多实际场景，预计到 2020 年全球语音识别产业规模将达到 236 亿美元，国内语音识别产业规模达到 44.2 亿美元。

主要产品：伴随着移动互联网技术的发展与智能硬件设备的普及，人类已经不再满足于键盘输入和手写输入等传统人机交互方式。语音识别技术在电子信息、互联网、医疗、教育、办公等各个领域均得到了广泛应用，形成了智能语音输入系统、智能语音助手、智能音箱、车载语音系统、智能语音辅助医疗系统、智能口语评测系统、智能会议系统等产品，可以通过用户的语音指令和谈话内容实现陪伴聊天、文字录入、事务安排、信息查询、身份识别、设备控制、路径导航、会议记录等功能，优化了复杂的工作流程，提供了全新的用户应用体验。

典型企业：语音识别领域具有较高的行业技术壁垒，在全球范围内，只有少数的企业具有竞争实力。目前，Nuance、苹果、三星、微软、谷歌、科大讯飞、云知声、百度、阿里巴巴、凌声芯、思必驰等知名企业均在重点攻克语音识别技术，推出大量相关产品。Nuance曾经是全球最大的语音识别技术提供商，侧重于为服务提供商提供底层技术解决方案，随着企业战略目标以及商业环境的改变，目前转型为客户端解决方案提供商；苹果以Siri语音助手为平台关联iOS系统相关应用与服务，倾向于改善用户的智能手机使用体验和创新商业模式；科大讯飞作为国内智能语音和人工智能产业的领先者，中文语音识别技术已处于世界领先地位，并逐渐建立中文智能语音产业生态；云知声重点构建集机器学习平台、语音认知计算和大数据交互接口三位一体的智能平台，垂直应用领域集中于智能家居和车载系统；阿里巴巴人工智能实验室借助"天猫精灵"智能音箱构建基于语音识别的智能人机交互系统，并通过有效接入第三方应用实现生活娱乐功能的进一步拓展。

（2）图像视频识别：在安防监控市场具有巨大增长潜力

图像识别（Image Recognition，IR）技术是指利用计算机对图像进行处理、分析和理解，以识别各种不同模式状态下的目标和对象，包括人脸、手势、指纹等生物特征。围绕以上特定需求，图像预处理技术、特征提取分类技术、图像匹配算法、相似性对比技术、深度学习技术等构成了图像视频识别的核心技术体系框架。随着人类社会环境感知要求的不断提升和社会安全问题的日益复杂，人脸识别和视频监控作用更加突出，图像视频识别产业未来将迎来爆发式增长，预计到2020年全球图像视频识别产业规模将达到82亿美元，国内图像视频识别产业规模达到15.2亿美元。

主要产品：随着工业生产及生活消费领域影像设备的日益普及，每天都会产生海量蕴含丰富价值和信息的图片及视频，单靠人力无法进行分拣处理，需要借助图像视频识别功能进行集中快速获取与解析。目前，智能图片搜索、人脸识别、指纹识别、扫码支付、视觉工业机器人、辅助驾驶等图像视频识别产品正在深刻改变着传统行业，针对种类繁杂、形态多样的图形数据和应用场景，基于系统集成硬件架构和底层算法软件平台定制综合解决方案，面向需求生成图像视频的模型建立与行为识别流程，为用户提供丰富的场景分析功能与环境感知交互体验。

典型企业：近年来，国内外从事图像视频识别的公司显著增加，谷歌、Facebook、微软、旷视科技、商汤科技、云从科技、图普科技、格灵深瞳等国内外知名企业重点在人脸识别、智能安防和智能驾驶等领域进行技术研发与产品设计。国外公司大多进行底层技术研发，同时偏重于整体解决方案的提出，积极建立开源代码生态体系，如谷歌推出Google Lens应用实时识别手机拍摄的物品并提供与之相关的内容，Facebook开源三款智能图片识别软件，鼓励研发者们围绕其图像视频识别技术框架开发各类功能丰富的应用产品。国内企业直接对接细分领域，商业化发展道路较为明确，如旷视科技目前重点研发人脸检测识别技术产品，加强管控卡口综合安检、重点场所管控、小区管控、智慧营区等领域的业务布局，图普科技在阿里云市场提供色情图像和暴恐图像识别的产品和服务，确定准确率超过99.5%，满足了云端用户的安全需求。

（3）文本识别：全面进入云端互联时代

文本识别技术是指利用计算机自动识别字符，包括文字信息的采集、分析与处理、分类判别等内容。文本识别主要由摄像头、麦克风和触摸屏采集获取文本信息，在此基础上将模板匹配技术、字符分割技术、光学字符识别技术（Optical Character Recognition，OCR）、逻辑句法判断技术等需要与应用程序编程接口（API）技术、智能终端算法技术、云计算技术等结合，形成面向云端与移动互联网的文本识别能力，文本识别可以有效提高如征信、文献检索、证件识别等业务的自动化程度，将在工业自动化流程与个人消费领域取得长足发展，预计到2020年全球文本识别产业规模将达到24亿美元，国内文本识别产业规模达到6.6亿美元。

主要产品：当今信息社会背景下，文本信息不仅体量巨大，而且表现形式也日趋复杂，包括印刷体、手写体以及通过外接设备输入计算机系统的字符图形。同时，随着世界不同语言文明地区交流逐渐增多，对实时语言文本翻译系统的需求更加强烈。目前，基于文本识别技术开发的文件扫描、名片识别、身份证信息提取、文本翻译、在线阅卷、公式识别等产品正在金融、安防、教育、外交等领域得到广泛应用，通过不同的授权级别，为企业级用户部署专业的文档管理、移动办公与信息录入基础设施，同时为个人用户提供个性化的人脉建立、信息咨询和远程教育服务。

典型企业：随着文本识别在各类垂直应用领域的逐渐普及，国内外企业也结合自身业务和区域发展特色积极展开布局。谷歌、微软、亚马逊等跨国科技巨头在自身产品服务中内嵌文本识别技术，以增强产品使用体验和用户黏度，如谷歌在线翻译系统提供80种语言之间的即时翻译，并将自身的语音识别技术与文本识别相结合，提高了翻译效率。国内公司在中文文本识别领域也有多年积累，具备良好的技术优势与产业背景，汉王科技、百度、腾讯等均有较为成熟的产品推出。

2.1.1.3 应用层

应用层主要包括智能机器人、智能金融、智能医疗、智能安防、智能驾驶、智能搜索、智能教育、智能制造系统及智能人居等产业。其中，智能机器人产业规模及增速相对突出；智能金融、智能驾驶、智能教育的用户需求相对明确且市场已步入快速增长阶段；智能安防集中于行业应用和政府采购，市场集中度相对较高；智能搜索、智能人居的产品尚未完善，市场正在逐步培育；智能医疗则涉及审批机制，市场尚未放量。预计到2020年，全球人工智能应用层产业规模将达到672亿美元，其中，智能机器人、智能驾驶、智能教育、智能安防及智能金融的产业规模将超过68%，同时我国人工智能应用层产业规模将突破110亿美元。

（1）智能机器人

智能机器人是指具备不同程度的类人智能，可实现"感知决策－行为－反馈"闭环工作流程，可协助人类生产，服务人类生活，可自动执行工作的各类机器装置。受智能工业机器人助推智能制造升级和智能家用服务机器人率先放量的带动，智能机器人全球产业规模在2020年会接近90亿美元，我国将达到25亿美元。

主要产品：智能机器人的主要类型包括智能工业机器人、智能服务机器人和智能特种机器人等。智能工业机器人，运用传感技术和机器视觉技术，具备触觉和简单的视觉系统，更进一步运用人机协作、多模式网络化交互、自主编程等技术增加自适应、自学习功能，引导工业机器人完成定位、检测、识别等更为复杂的工作，替代人从事工业生产，或应用在人工视觉难以满足要求的场合。智能家用服务机器人重点应用移动定位技术和智能交互技术，达到服务范围全覆盖及家用陪护的目的。智能医疗服务机器人，重点突破介入感知建模、微纳技术和生肌电一体化技术，以达到提升手术精度、加速患者康复的目的。智能公共服务机器人重点运用智能感知认知技术、多模态人机交互技术、机械控制和移动定位技术等，实现应用场景的标准化功能的呈现和完成。智能特种机器人，运用仿生材料结构、复杂环境动力学控制、微纳系统等前沿技术，替代人类完成高危环境和特种工况作业。

典型企业： 在智能工业机器人领域，国际四大巨头仍占据较高市场份额，日本发那科和安川、德国库卡、瑞士 ABB、意大利柯马侧重具有分拣和装配能力的智能工业机器人，英国 Meta、德国 Scansonic、日本安川聚焦激光视觉焊缝跟踪系统；国内智能工业机器人三巨头新松、云南昆船和北京机科占据国内 90% 市场份额，均有典型产品推出，新松重点提供自动化装配与检测生产线、物流与仓储自动化成套设备，云南昆船侧重烟草行业服务，北京机科主要应用于印钞造币、轮胎及军工领域。在智能服务机器人领域，美国 iRobot、中国科沃斯、美国 Intuitive Surgical、以色列 Rewalk、荷兰 Hot‐Cheers 分别聚焦于清洁、手术、康复及分拣等细分领域。在智能特种机器人领域，波士顿动力围绕着拥有液压驱动核心技术的 BigDog 机器人，不断构筑技术壁垒；大疆在国内消费级无人机领域占有率达 75%，成为估值超百亿美元的"独角兽"企业；美国 Howe and Howe Techonologies 则专注生产消防机器人，应用于应急救援场景。

（2）智能金融

金融行业与整个社会存在巨大的交织网络，每时每刻都能够产生金融交易、客户信息、市场分析、风险控制、投资顾问等多种海量数据。为促进人工智能技术与金融行业相融合，语音识别、自然语言处理、计算机视觉、生物特征识别和机器学习等技术得到了广泛应用，在前端可以增强用户的便利性和安全性，在中台支持授信、各类金融交易和金融分析中的决策，在后台用于风险防控和监督。这将大幅改变金融行业现有格局，推动银行、保险、理财、借贷、投资等各类金融服务的个性化、定制化和智能化。受智能客服、金融搜索引擎及身份验证入口级产品的广泛普及和应用的影响，智能金融全球产业规模在 2020 年会接近 52 亿美元，我国将达到 8 亿美元。

主要产品： 基于电话、网页在线、短信及 APP 等多模式多频次的金融信息及服务获取渠道，相对较为成熟并已经逐步推广的产品包括智能客服、金融搜索引擎和身份验证，通过构建知识图谱实现理解答复及信息关联体系，提供远程开户和刷脸支付等便捷方式帮助金融机构节省人力成本。同时，随着用户消费及信贷能力的逐步提升，也涌现出一批征信和风险控制的产品。此外，金融类或资产管理类公司为持续提供用户理财和升值的资产组合推出了智能投顾产品，可根据历史经验和新的市场信息来预测金融资产的价格波动趋势，以此创建符合风险收益的投资组合。

典型企业：智能客服、身份验证和金融搜索引擎领域创新企业较多，着重于引流扩量。智齿科技、网易七鱼及美国 Digital Genius 均着重通过用户体验提升客户量，旷视科技、商汤科技及依图科技围绕着人脸识别的核心技术进入金融领域，融360、好贷网、资信客聚焦垂直领域打造金融服务的入口。征信及风控领域企业以大数据为壁垒，逐步出现行业龙头。启信宝和美国 Zest Finance 不断扩容数据基础，形成"平台黑洞"优势，启信宝通过提取 100 多家官方网站数据，产品侧重呈现客观数据整合，Zest Finance 则使用谷歌的大数据模型建立信用评分体系。智能投顾多为金融机构专业人才或者投资顾问公司转型而来，美国 Wealthfront、弥财、财鲸等主要通过投资 ETF 组合达到资产配置，理财魔方、钱景私人理财则专注基金产品的覆盖，雪球和金贝塔等以对量化策略、投资名人的股票组合的跟投为内容展开资讯传递和信息交流。

（3）智能医疗

促使智能机器和设备代替医生完成部分工作，更多地触达用户，只是智能医疗功用的部分体现。运用人工智能技术对医疗案例和经验数据进行深度学习和决策判断，显著提高医疗机构和人员的工作效率并大幅降低医疗成本，才是智能医疗的核心目标。借助图像识别、语音语义识别技术可充分获取患者的饮食习惯、锻炼周期、服药习惯等个人生活习惯信息以对症下药，深度学习技术可通过计算机模拟预测药物活性、安全性和副作用，降低药物研发周期，并辅助医生工作实现更精准诊断和治疗。同时，通过人工智能的引导和约束，促使患者自觉自查、加强预防，更早发现和更好管理潜在疾病，也是智能医疗在未来的重要发展方向。

主要产品：期待健康长寿的意愿随着人们生活质量的提高持续增强，适用于生活化身体管理的智能健康管理产品率先成为热点，以数据形式引导个人生活习惯以达到基于精准医学的健康管理。同时，医生能进行更精准并且效率更高的诊断和治疗，往往会围绕着医疗领域过往积累的大量病理案例，不断从预防的角度规避疾病或提前预测药物的可行性。智能影像、智能诊疗等智能医疗产品快速兴起，逐渐取代经验诊断，通过大量的影像数据和诊断数据模拟医疗专家的思维、诊断推理和治疗过程，从而给出更可靠的诊断和治疗方案。

典型企业：智能健康管理多面向消费端客户，创新企业大量涌现，大部分集中在美国。如 Next IT、Sensely 和 AiCure 均是从日常健康管理切入移动医疗，Welltok 则通过可穿戴设备进行健康干预。智能诊疗领域取得显著进展，IBM Watson 以肿瘤为重心，在慢病管理、精准医疗、体外检测等九大医疗领域中实现突破，美国 MedWhat，英国 Babylon Health 和中国拍医拍、康夫子正在聚焦智能诊疗的单个应用，进入该领域。智能影像领域以创新企业为主，围绕影像数据源竞争激烈。美国 Butterfly Network 和中国推想科技着重打造影像设备，美国 Enlitic 则重点关注癌症监测，中国 Deepcare 围绕 SaaS 模式为行业提供"算法＋有效数据"服务。

（4）智能安防

随着高清视频、智能分析、云计算和大数据等相关技术的发展，传统的被动防御安防系统正在升级成为主动判断和预警的智能安防系统。安防行业也从单一的安全领域向多行业应用、提升生产效率、提高生活智能化程度方向发展，为更多的行业和人群提供可视化、智能化解决方案。依托于视频和卡口产生的海量数据，目标检测、目标跟踪和目标属性提取等视频结构化技术，以及海量数据管理、大规模分布式计算和数据挖掘等大数据技术，可实现异常探测、风险评估、目标识别和跟踪等功能。随着智慧城市、智能建筑、智慧交通等智能化产业的带动，智能安防也将保持高速增长，预计在2020年全球产业规模实现106亿美元，我国会达到20亿美元。

主要产品：为避免社会不稳定事件频频发生的影响，各国对治安和安防的需求都在不断上升，这对更高效、更精准、覆盖面更广的安防服务提出了新的需求，公安、交通、楼宇这些代表性的行业都已开始积极利用基于人工智能的硬件及定制化系统。智能公安管理系统汇总海量城市级信息，可对嫌疑人的信息进行实时分析，将犯罪嫌疑人的轨迹锁定时间由原来的几天缩短到几分钟，同时其强大的交互能力还能与办案民警进行自然语言方式的沟通，真正成为办案人员的专家助手。智能交通管理系统实时掌握城市道路上通行车辆的轨迹信息、停车场的车辆信息以及小区的停车信息，预测交通流量变化和停车位数量变化，合理调配资源、疏导交通，提升整个城市的运行效率。智能楼宇管理系统综合控制着建筑的安防、能耗，对于进出大厦的人、车、物实现实时的跟踪定位，监控大楼的能源消耗，使得大厦的运行效率最优。

典型企业：从提供的产品类型来看，智能安防领域的企业主要分为人工智能芯片、硬件和系统、软件算法三大类别。在人工智能芯片领域，跨国巨头企业占较高市场份额，如美国英伟达和英特尔。在硬件和系统领域，各国均以采购本国产品为主，国内主要采购对象为海康威视、大华集团，海康威视具有深厚的技术积累和成规模的研发团队，大华集团持续构建广泛的营销网络；美国ADT、DSC、OPTEX等高端品牌占据了安防市场大部分份额。在软件算法领域，美国谷歌、Facebook、微软开源代码并提供整体解决方案，中国旷视科技、商汤科技、云从科技等企业也专注于技术创新研发。

（5）智能驾驶

智能驾驶通过车上搭载传感器，感知周围环境，通过算法的模型识别和计算，辅助汽车电子控制单元或直接辅助驾驶员作出决策，从而让汽车行驶更加智能化，提升汽车驾驶的安全性和舒适性。智能驾驶技术应用计算机视觉对周围的交通环境进行识别，应用深度学习和知识图谱技术构建理解、规划、决策以及经验，应用机器学习操控汽车，如方向盘转位、油门刹车档位协调等。根据智能化水平的不同，同时参考国际自动机工程学会（SAE）的评级标准，可将智能驾驶由低到高分为五个级别，依次是驾驶支援、部分自动化、有条件自动化、高度自动化、完全自动化。在未来各国智能驾驶相关政策法规逐渐成形、行业内技术不断完善、智能驾驶企业积极推动应用落地的情况下，智能驾驶产业规模将保持持续扩大趋势，预计在2020年全球产业规模实现95亿美元，我国会达到12亿美元。

主要产品：智能驾驶核心依靠感知探测一定范围内障碍物，并依据已设置好的路线规划实施驾驶行为，各式车载雷达、传感器、辅助驾驶系统和高精地图可以实现驾驶、车和路的交互与融合。车载雷达可探测路肩、车辆、行人等的方位、距离及移动速度,视觉传感器用来识别车道线、停止线、交通信号灯、交通标志牌、行人及车辆等信息,定位传感器用来实时获取经纬度坐标、速度、加速度、航向角等高精度定位,车身传感器通过整车网络接口获取诸如车速、轮速、档位等车辆本身的信息,高级辅助驾驶系统(ADAS)实时收集车内外的环境数据以及时察觉潜在危险,高精度地图实现地图匹配、辅助环境感知、路径规划的作用。

典型企业:智能驾驶分为三层金字塔供应链格局,顶层包括整车及整体解决方案,中层是指高级辅助驾驶系统,底层是指零部件供应商。在整车及整体解决方案层级,传统车企占有最大份额,科技型公司也凭借在人工智能、人机交互方面的优势抢占市场份额。特斯拉通过成熟硬件和机器学习打造智能驾驶商用化车型,谷歌则重点完善智能驾驶方案并向整车制造能力延伸。在高级辅助驾驶系统层级,供应商基本由跨国巨头垄断。德国罗伯特·博世在传感器、自动驾驶、控制、软件等领域拥有多项专利,美国德尔福则通过资本手段布局全产业链,以色列 Mobileye 在摄像头视觉系统领域占据国际领先地位。在底层零部件供应商层级,中国厂商比重日益增强,围绕某些部件实现技术突破,打造细分市场龙头,如四维图新的车载芯片,拓普集团的智能刹车系统 IBS,索菱股份的车载智能系统 CID,宁波高发的 CAN 总线控制系统,兴民智通的智能用车系统驾宝盒子,盛路通信的夜间驾驶辅助系统、车道偏移提醒系统、盲区检测系统及万安科技的电子制动产品等。

(6) 智能搜索

智能搜索是结合了人工智能技术的新一代搜索,除了能提供传统的快速检索、相关度排序等功能,还能提供用户角色登记、用户兴趣自动识别、内容的语义理解、智能信息化过滤和推送等功能,具有信息服务的智能化、人性化特征,允许采用自然语言进行信息的检索,为用户提供更方便、更确切的搜索服务。

智能搜索具体应用到的技术包括:语音识别、图像识别和文本识别,可全方位识别搜索信息输入属性,提升搜索的便捷性和准确度。启发式搜索算法、智能代理技术及自然语言查询可根据相关度及用户兴趣的评价函数选择最匹配信息链接,自动地将用户感兴趣的、对用户有用的信息提交给用户,并引入用户反馈来完善检索机制,实现自然语言的信息检索。

主要产品:随着信息技术的迅速发展和互联网的普及,网络上信息量成几何级数的增长,传统的搜索引擎技术在日益庞大的信息量面前逐渐显得力不从心,多样化的搜索方式和更精准的搜索算法产品应运而生。淘淘搜和百度搜图、听歌识曲、高德地图和百度地图、墨迹天气等产品,分别满足用户在图像搜索、语音搜索、定位搜索、天气搜索等场景的信息匹配和推送。出门问问、呱呱财经等产品则聚焦于垂直类智能搜索领域,实现用户对某具体领域单点信息需求的充分筛选。

典型企业:在提供智能搜索算法的企业中,传统搜索引擎巨头以升级为主,创新企业多聚焦垂直领域。科技巨头如美国谷歌、Wolfram Alpha,中国百度、雅虎、搜狐等专注技术驱动,创新企业如齐聚科技则侧重服务驱动。

(7) 智能教育

智能教育侧重启发与引导，关注学生个性化的教育和交互，学生能够获得实时反馈和自动化辅导，家长可以通过更为便捷和成本更低的方式看到孩子实时学习情况，老师能收获更丰富的教学资源、学生个性化学习数据来实现因材施教，学校也能提供高质量的教育，政府则将更容易为所有人提供可负担、更均衡的教育。智能教育通过语音语义识别、图像识别、知识图谱、深度学习等技术，收集学生学习数据并完成自动化、个性化辅导和答疑，预测学生未来表现，智能推荐最适合学生的内容，以提升学习效果。自动化辅导优先通过搜题的应用取得爆发式增长，预计2020年全球智能教育产业规模可达108亿美元，我国将接近10亿美元。

主要产品：对教师人力资源的过度依赖是教育行业问题根本所在，能够辅助教育过程，提升教师效率，同时激发学生自主学习兴趣的产品，率先得到市场的认可。目前相对成熟的产品有自动化辅导、智能测评和个性化学习。自动化辅导可在两秒内反馈出答案和解题思路，手写题目的识别正确率也已达到70%以上，大幅提升学生的学习效率。智能测评不仅可以对用户跟读进行语音测评和指导，同时还能通过手写文字识别、机器翻译、作文自动评阅技术实现规模化阅卷的作业测评。个性化学习基于学习行为的数据分析，推荐适合学生水平的学习内容。

典型企业：从事自动化辅导和个性化学习的企业均聚焦单一产品功能和教育区间，目前主要通过融资方式持续补贴用户提升获客能力。美国的Volley和中国的猿题库、作业帮、学霸君和阿凡题聚焦K12教育的题库辅导和答疑，均推出拍照搜题完成题库答疑或老师答疑，中国郎播网、英语流利说和多邻国等侧重语言辅导，美国Newsela、LightSail等建立阅读数据库，个性化提供阅读材料。智能测评企业主要集中在英语科目，如中国科大讯飞以智能语音技术为核心推出智能阅卷系统，批改网和美国LightSide通过数据库匹配完成文本测评。

(8) 智能人居

智能人居以家庭住宅为平台，基于物联网技术和云计算平台构建由智能家居生态圈、传感器和通信设备对人居环境进行监测形成的数据流，会通过云计算和深度学习建立相应模型，再依托家用物联网对室内的电器设备乃至整个建筑的实时控制，将模型对应的参数和状态优化方案反馈到人居环境中，为人居生活的计划、管理、服务、支付等方面提供支持。

主要产品：涵盖智能冰箱、智能电视、智能空调等智能家电，智能音箱、智能手表等智能硬件，智能窗帘、智能衣柜、智能卫浴等智能家居，智能人居环境管理等诸多方面，可实现远程控制设备、设备间互联互通、设备自我学习等功能，并通过收集、分析用户行为数据，为用户提供个性化生活服务，使家居生活安全、舒适、节能、高效、便捷。

典型企业：具备智能人居解决方案提供能力的龙头企业众多，可大致分为传统家电厂商、智能硬件厂商、互联网电商及创新企业，各家布局方式互不相同。海尔、美的聚焦智能家居终端，小米侧重于面向众多开发者提供硬件开放式接口，华为致力于提供软硬件一体化楼宇级解决方案，京东通过轻资产、互联网化的运营模式号召合作伙伴加入其线上平台和供应链，国安瑞通过数据挖掘提供覆盖操作终端硬件、系统智能云平台、建筑智能设备的闭环解决方案提升室内人居感受。

基于前述分析，可以直观感受到，在当前的人工智能产业中，中、美两国最为活跃。我们可以进一步切片出中、美两国的产业发展特点加以对比分析，以发现我国长项、瓶颈与机遇。

2.1.2 美国基础层领先，应用层重点领域引领

2017年8月，腾讯研究院发布了《中美两国人工智能产业发展全面解读》。报告显示，截至2017年6月，美国人工智能产业人才总量约为78700名，约为中国的2倍。分领域来看，在基础层领域，美国人才量为17900人，约为中国的13倍，在技术层领域，约有29400人，在应用层领域，约有31400人，全产业链上产业人才规模处于领先地位。此外，美国在全产业链上均存在优势企业。

2.1.2.1 基础层

（1）芯片

从计算机芯片市场看，美国几乎垄断了全球计算机芯片市场。英伟达和AMD两大公司则几乎瓜分了全球GPU市场。而目前整个FPGA市场主要由美国的赛灵思、Altera主导，两者共同占有85%的市场份额，2015年，Altera被英特尔收购。从手机芯片市场看，全球手机芯片提供商主要有高通、苹果、三星和华为等。2019年11月15日，市场调研机构Strategy Analytics发布2019年第二季度智能手机应用处理器市场份额报告。报告中指出，全球智能手机应用处理器市场收益占比方面，高通以40%高居第一，苹果以20%位居第二，美国公司仍是全球手机芯片市场的领头羊。

（2）基础算法

目前，随着大数据环境的日渐形成，全球算法模型持续取得应用进展，深度学习算法成为推动人工智能发展的焦点，而深度学习模型都必须进行预训练，这就需要使用深度学习框架，各大公司纷纷推出自己的深度学习框架，如美国的谷歌的TensorFlow、IBM的System ML、Facebook的Torchnet、Apache的MXNet、Python的Keras。这些深度学习框架极大地提升了人工智能算法性能，2016年9月，谷歌发布神经机器翻译系统GNMT，将多种语言的翻译误差降低了55%~85%。据2018年全球院校计算机科学领域实力排名的开源项目CSranking统计，在人工智能（包括人工智能、计算机视觉、机器学习与数据采集、自然语言处理、网页信息检索）、系统（包括计算机架构、计算机网络、计算机安全、数据库、自动化设计、嵌入式实时系统、高性能计算、移动计算、测量及性能分析、操作系统、编程语言、软件工程）、理论（包括算法和复杂性、密码学、逻辑和验证）、跨学科领域（包括计算生物与生物信息学、计算机图形学、经济学与计算、人机交互、机器人、可视化）四大方向的全球高校综合排名前20中，美国高校占据16位。

2.1.2.2 应用层

随着人工智能术不断突破，尤其是以语音识别、自然语言处理、图像识别及人脸

识别为代表的感知智能技术取得显著进步,围绕语音、图像、机器人、自动驾驶等人工智能技术的创新创业大量涌现,相关技术开始从实验室走向应用市场,特别是在交通、医疗、工业、农业、金融、商业等领域应用加快,带动了一批新技术、新业态、新模式和新产品的突破式发展。由于新一代人工智能产业尚处于商业化和产业化初期阶段,在众多领域国际上尚未形成具有绝对优势的垄断企业,但美国具有先发优势,在一些细分技术领域中已经占据先机,在以下几个细分领域中的表现尤为瞩目。

智能驾驶:特斯拉通过成熟硬件和机器学习打造智能驾驶商用化车型,谷歌则重点完善智能驾驶方案并向整车制造能力延伸。在高级辅助驾驶系统层级,供应商基本由跨国巨头垄断。美国德尔福则通过资本手段布局全产业链,以色列 Mobileye 在摄像头视觉系统领域占据国际领先地位,于 2017 年被英特尔收购。

一方面,美国主要车企,如通用、福特、特斯拉等,在自动驾驶方面积极规划,不断推出系统平台和整车系统,抢占市场。

另一方面,美国科技巨头公司也积极切入无人驾驶。科技公司从汽车智能化的核心软件技术入手,切入无人驾驶领域。谷歌在决策判断方面处于世界领先水平,Uber 在无人货运方面已有布局,苹果开发了智能防撞系统。

智能机器人:在智能服务机器人领域,美国 iRobot、Intuitive Surgical 分别聚焦于清洁、手术等细分领域。智能特种机器人领域,波士顿动力围绕着拥有液压驱动核心技术的"大狗"机器人,不断构筑技术壁垒;美国 Howe and Howe Techonologies 则专注生产消防机器人,应用于应急救援场景。

智能医疗:智能健康管理多面向消费端客户,创新企业大量涌现,大部分集中在美国。智能影像领域以创新企业为主,围绕影像数据源竞争激烈。美国 Butterfly Network 着重打造影像设备,Enlitic 则重点关注癌症监测。美国 Nuance 主要经营医疗、企业、图形、移动 4 个业务模块,其医疗语音解决方案在美国医疗机构中的覆盖率高达 72%,其客户分布在全球 30 余个国家和地区,已经有 50 万名临床医师和 1 万台医疗设备采用其医疗语音解决方案。

2.1.2.3 美国的产业优势

首先,美国人工智能布局基础层具有领先优势,尤其是在芯片、算法和数据等产业核心领域,积累了强大的技术创新优势。美国人工智能产业的发展,得益于过去几十年来高校、科研院所没有停止过的探索,也使美国成为世界人工智能人才的最大输出地。美国是人工智能概念的诞生地,多数大院校都有人工智能专业和研究方向。

其次,美国巨头公司不仅满足于基础层优势,更是致力于全产业链布局,在技术层和应用层占据了诸多先发战略要点。例如,谷歌跨界非常广泛,跨越了芯片、机器学习平台、软件、云计算等各个领域,其人工智能学习系统 Tensor Flow 目前是全世界应用最为广泛的人工智能软件平台。IBM 推出的 WDC(Watson Developer Cloud),已经有很多应用程序编程接口公布出来,如知识图谱、语音识别、计算机视觉、性格分析、对话管理等。这些接口使得 IBM 可以在智能教育领域和芝麻街合作,用游戏的方式辅导儿童学习,在智能医疗和美敦力(Medtronic)合作,提前两三小时就可以准确预测一个人的血糖指标。亚马逊、微软、英伟达、高通等企业也在多元应用方面有诸多部署。

最后，未来人工智能领域不仅仅是单一的技术和产品，而是一个整合的"生态系统"，美国的科技巨头正致力于此。从 IBM、苹果，到谷歌、Facebook、英伟达，所有的美国人工智能巨头都在尝试软件、硬件、应用场景的联通，不再单一专注于自己的传统业务，而是着眼布局未来，注重"生态系统"的建设。例如，应用于智能手机终端中的操作系统和人工智能基础架构，目前已形成苹果 IOS 和谷歌 Android 两大系统的垄断局面。

2.1.3 中国迅速发展，局部突出，未来可期

近些年在多项政策的大力推动下，我国人工智能产业呈现良好发展态势。

在投融资方面，市场持续火热，据《2018 世界人工智能产业发展蓝皮书》（中国信通院，2018 年 9 月）统计，2016～2018 年我国人工智能融资规模分别为 265 亿美元、325 亿美元、325 亿美元，占全球人工智能融资规模的比例分别为 55.8%、46.1%、55.6%，年均维持在 52.5% 左右，持续保持较高的资金投入。

在企业活动方面，《全球人工智能产业数据报告（2019Q1）》（中国信通院，2019 年 5 月）指出，截至 2019 年 1 季度，我国拥有的规模以上的"独角兽"企业数量为 17 家，仅次于美国的 18 家，位列第二，远高于排名第三位至第五位的日本（3 家）、印度（1 家）、德国（1 家）的数量总和，中国与美国共同领跑全球。

在研究活动方面，据《中国新一代人工智能发展报告 2019》（科学技术部新一代人工智能发展研究中心等，2019 年 5 月）统计，中国人工智能相关文献数量和占比自 2012 年起快速增长，到 2017 年占比达到 47%，我国人工智能领域的科研水平质量获得较大程度提升。其中在高被引用次数前 1% 论文数量方面，中国以 1166 篇紧随美国（1345 篇），位列第二，远高于排名第三位的英国（382 篇）、第四位的澳大利亚（219 篇）、第五位的德国（213 篇）。

从学者数量来看，据《2018 世界人工智能产业发展蓝皮书》统计，中国发文学者数量全球占比 11%，排名第二位。虽然与美国 47% 的占比仍存在较大差距，但明显高于其他国家（加拿大 7%、英国 6%、澳大利亚 5%）。

据中国信息通信研究院数据，截至 2018 年 9 月，中国（不包含港澳台地区）共有 1122 家人工智能企业，这些企业分布于人工智能产业链的各个环节。

（1）基础层有所发展

人工智能芯片领域正值风起云涌、英雄角逐之时，虽然国内目前发展仍处于奋力追赶状态，但在政策和资本的双重推动下，中国人工智能芯片企业纷纷涌现，包括寒武纪、比特大陆、地平线、深鉴科技、云天励飞、西井科技、依图科技、中星微、杭州国芯、耐能、眼擎科技、熠知电子、启英泰伦、鲲云科技、触景无限、深思考人工智能、上海芯仑光电等。市调机构 Compass Intelligence 在 2018 年所发布的 AI Chipset Index TOP24 榜单中，国内晶片企业如华为海思、Imagination（2017 年被中国资本收购）、寒武纪、地平线等企业皆进入该榜单，其中华为海思排名第 12 位，寒武纪排名

第23位，地平线排名第24位，产业前景可期。

（2）技术层局部突出

自然语言处理领域代表企业科大讯飞，在语音合成、语音识别、口语评测、语言翻译、声纹识别、人脸识别、自然语言处理等智能语音与人工智能核心技术上已经达到了国际最高水平。

在最新公布的人脸识别数据库LFW（Labeled Faces in the Wild）测试结果显示，平安集团旗下平安科技的人脸识别技术以99.84%的识别精度和最低的波动幅度领先国内外知名公司，位居世界第一；腾讯优图以99.80%的识别率排名第二位；而大华股份以99.78%的识别率排在第三位。目前，中国企业已经在人脸识别算法领域掌握核心技术，位于全球领先的地位。

（3）应用层百花齐放

作为国内人工智能产业重要的参与者，互联网巨头BAT❶在人工智能技术、平台、应用场景和对外投资层面都已完成了布局。BAT专注的业务领域也反映到了其在人工智能产业的布局上，总体来说，百度围绕平台与自动驾驶；阿里巴巴侧重人工智能在数据服务领域的应用和底层技术；腾讯侧重平台和技术开放，对外均衡布局。

随着BAT等巨头纷纷完成在各自赛道的布局，2018年，几家巨头在人工智能产业应用落地上都交出了自己的答卷。7月的百度大会上，李彦宏宣布百度L4级别自动驾驶巴士阿波龙已实现量产；11月，李彦宏在百度世界大会上宣布百度将推出人工智能智能城市"ACE计划"，同时宣布的还有百度Apollo、一汽红旗量产L4级别自动驾驶乘用车以及百度与沃尔沃合作生产电动自动驾驶汽车的计划。2018年3月的世界移动通信大会（Mobile World Congress，MWC）中，阿里巴巴将城市大脑展现在全球媒体面前；6月，高德地图联手阿里云今日发布城市大脑·智慧交通战略，城市大脑·智慧交通公共服务版也亮相。阿里高德城市大脑·智慧交通将首批在北京、上海、广州、杭州等50个城市落地，其愿景是平均为每个用户每次出行节省10%的时间。2018年6月，腾讯正式发布人工智能医学辅助诊疗开放平台，宣布开放旗下首款人工智能+医疗产品"腾讯觅影"的人工智能辅诊引擎，助力医院HIS系统、互联网医疗服务实现智能化升级，构建覆盖诊前、诊中、诊后的智慧医疗生态。11月，腾讯AI Lab发布人工智能辅助翻译产品Transmart，这款基于腾讯自研神经网络机器翻译引擎的产品，能提供实时译文片段智能推荐，并为合作伙伴提供辅助翻译应用程序接口（API）与定制化服务。目前头部的人工智能"独角兽"创业公司集中在计算机视觉、语音识别、人工智能芯片、智慧金融、智慧医疗等技术成熟或应用场景广泛的赛道内。商汤科技、云从科技、旷视科技、依图科技四家明星"独角兽"公司均在金融和安防这两个容易落地且市场广阔的领域广泛布局，除金融和安防外，在医疗、交通、零售等领域这四家公司也存在不同程度的竞争。

从行业应用来看，智能机器人、智慧医疗和智慧金融仍然受到各家投资机构的青

---

❶ BAT指中国互联网公司百度（Baidu）、阿里巴巴集团（Alibaba）和腾讯公司（Tencent）。

睐。在智慧机器人赛道中，优必选科技以 8.2 亿美元的 C 轮融资额成为仅次于商汤科技的年度融资亚军，达闼科技、Geek+（极智嘉）、图灵机器人等企业也均获得资本垂青完成融资；在智慧医疗领域，汇医慧影、推想科技、深睿医疗等的项目都在融资上有所斩获；智慧金融赛道的第四范式也于近期完成 10 亿元 C 轮融资，这家人工智能技术与服务提供商以 12 亿美元的估值成为行业内的新晋"独角兽"。

从以上数据可以看出，我国近些年在投融资规模、企业创新活力、科研力量以及从业人员等方面积蓄了充足的产业发展驱动力，未来发展可期。

2.1.4 美中成为全球发展核心驱动力

据《全球人工智能产业数据报告（2019Q1）》统计数据显示，截至 2019 年 3 月底全球活跃人工智能企业达 5386 家，美国排名第一位，拥有 2169 家，中国拥有 1189 家，排名第二位，远高于排名第三位至第五位的英国（404 家）、加拿大（303 家）和印度（169 家）。

据《2018 世界人工智能产业发展蓝皮书》统计，从城市维度看，全球人工智能企业数量排名前 20 的城市中，美国占 9 个，中国占 4 个，加拿大 3 个。排名前五位的城市中，美国和中国各 2 个。其中，北京是全球人工智能企业数量最多的城市，拥有企业数量为 412 家；其次是旧金山，拥有企业数量为 289 家；上海位于第四，拥有企业数量为 211 家；纽约位于第五，拥有企业数量为 188 家；深圳作为我国重要创新城市，位于第六，拥有企业数量为 122 家。

结合上述数据和前面章节所述的各方面数据看，从市场规模、企业数量、尖端企业、科研成果的数量和质量、人才储备水平等各个维度看，我国均紧随美国位于产业发展的第一梯队，无疑中美已经成为全球人工智能产业发展最重要的两大动力。

2.1.5 国内产业痛点

（1）企业产业链分布失衡，应用层繁荣，基础层薄弱

据《2018 世界人工智能产业发展蓝皮书》统计，从全球范围来看，全球人工智能企业主要集中在人工智能+（各个垂直领域）、大数据和数据服务、视觉、智能机器人领域。其中人工智能+企业主要集中在商业、医疗健康和金融领域。

具体到产业链各层来看，我国在全产业链上均有涉及，在应用层有不少企业在作研究，百花齐放，但是在基础层和关键技术层，企业分布比例失衡，有力的企业较少，全球影响力仍有待提高。据《全球人工智能产业数据报告（2019Q1）》统计，截至 2019 年 2 月，应用层人工智能企业占比最高，为 75.20%；技术层企业居第二位，占比为 22.00%；基础层企业占比最少仅为 2.8%。以芯片产业为例，据美国市场调研公司 IC Insights 统计，2018 年美国芯片公司全球市场份额占比超过 50%，而中国占比 13%，仍有较大差距。

从人工智能投融资分布来看，根据《从中美投资差异看国内人工智能产业发展趋势》（广证恒生，2019），2013~2017 年中国人工智能投资呈现爆发式增长，其中以技

术层和应用层为主，对基础层的投资比较保守。2016年投资事件数为170笔，达到顶峰，此后持续降低，2018年只有87笔基础层投资。我国人工智能领域一直由应用层引领，2013~2017年，应用层投资由134笔上升到1062笔，年复合增长率达67.8%，且一直遥遥领先于技术层和基础层的投资笔数。相较之下，美国在基础层的投入更多。截至2017年上半年，美国在人工智能九大领域中累计投资额排名前三的领域为：芯片/处理器领域融资308亿元，占比31%；机器学习应用领域融资207亿元，占比21%；自然语言处理领域融资134亿元，占比13%。在人工智能芯片领域，美国作为全球领先强国，技术基础扎实，且持续保持高比例投资。

从人才分布角度而言，我国人工智能领域人才分布不均匀，主要集中于应用层。据Diffbot于2018年底发布的《机器学习报告2018》统计，我国人工智能基础层、技术层和应用层的人才数量占比分别为3.3%、34.9%和61.8%，基础层人才比例严重偏低，不利于底层基础理论研究及重大科技创新。相比之下，美国人工智能领域三个环节的人才数量占比分别为22.7%、37.4%和39.9%，人才分布更加合理均衡，更有利于产业的持续发展。

（2）产学研合作程度低，高层次人才稀缺

如图2-1-2所示，从校企合作论文量来看，美国高居全球第一，产学研合作紧密，校企协同创新能力强；以色列虽然论文总量较少，但其校企合作论文的占比全球第一，产学研高度协同；反观中国的情况，仍以高校为主，校企合作程度较弱，校企协同创新转化能力亟待提高。

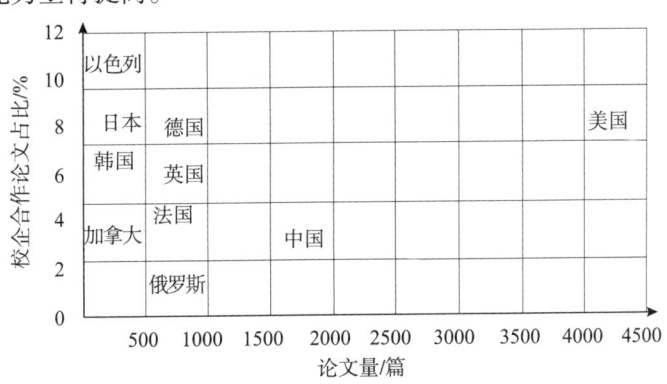

图2-1-2 全球人工智能校企合作论文情况

数据来源：《2019中国新一代人工智能发展报告》。

从人才数量和质量角度而言，我国人工智能领域高端专业技术人才数量相对而言并不充足，经验也不丰富。美国人工智能高端人才数量仍然遥遥领先于世界。据2019年Linkedin发布的《2019全球AI人才报告》（Global AI Talent Report 2019）统计，在由2017~2018年两年出版物的被引用情况所表示的影响力方面，具备高影响力作者的国家主要集中在美国（1095）、中国（255）、英国（140）、澳大利亚（80）以及加拿大（45），其中美国高影响力人才数量远大于中国、英国、澳大利亚以及加拿大的总和，显示出巨大的发展潜力。

2.2 政策现状：各国高度重视，中国紧随美国，各有侧重

通过梳理全球主要国家人工智能相关政策，可以进一步厘清全球人工智能发展竞争格局，明晰我国在人工智能相关政策上的特点和不足。

2.2.1 主要国家人工智能相关政策

2.2.1.1 美　国

美国充分认识到人工智能的战略意义，从人工智能诞生之初，美国政府对其高度重视并且给予联邦研究基金的支持和军方的支持，大量项目和研究得以开展。表 2-2-1 列出近年来美国在人工智能方面政策变化。

表 2-2-1　人工智能领域美国政策大事件

时间	事件	事件要点
2013 年 3 月	发布《机器人技术路线图：从互联网到机器人》	强调了机器人技术在美国制造业和卫生保健领域的重要作用，同时也描绘了机器人技术在创造新市场、新就业岗位和改善人们生活方面的潜力
2013 年 4 月	美国政府启动"脑计划"	2014 年将"脑计划"预算提高 4 倍，到了 2017 年，财政年度预算中"脑计划"的预算已增至 4.34 亿美元，是 2014 年的 4 倍多，和 2016 财年相比增幅也达到近 45%
2014 年	美国交通运输部与美国智能交通系统联合项目办公室共同发布"ITS 战略计划"	发展网联汽车和自动驾驶
2014 年	启动"先进制造业伙伴计划 2.0"	重点发展工业、医疗、宇航机器人等
2015 年	美国国家经济委员会和科技政策办公室联合发布《美国国家创新战略》	重点关注九大战略领域：先进制造、精密医疗、大脑计划、先进汽车、智慧城市、清洁能源和节能技术、教育技术、太空探索和计算机新领域
2016 年 5 月	美国白宫成立"人工智能和机器学习委员会"	协调全美各界在人工智能领域的行动，探讨制定人工智能相关政策和法律
2016 年 8 月	美国国防高级研究计划局（DARPA）发布"可解释的人工智能（XAI）"的项目	帮助人与机器更好地合作

续表

时间	事件	事件要点
2016年10月	美国白宫发布《为人工智能的未来做好准备》《国家人工智能研究与发展战略规划》两份报告	将人工智能上升到美国国家战略高度,确定了美国在人工智能领域七项长期战略。具体包括:开发人机协作的有效方法;理解和应对人工智能带来的伦理、法律和社会影响;开发人工智能共享数据集和测试环境平台;建立标准和基准评估人工智能技术等
2016年10月	美国国家科学基金会等赞助《2016美国机器人发展路线图——从互联网到机器人》报告发布	在研究创新、技术和政策方面提出建议,以确保美国将在机器人领域继续领先
2016年12月	美国白宫发布《人工智能、自动化与经济》报告	深入考察人工智能驱动的自动化将会给经济带来的影响并提出了国家的三大应对策略
2017年7月	《人工智能与国家安全》报告	分析人工智能对美国家安全的巨大影响,为美国政府人工智能政策提供建议
2017年7月	通过《自动驾驶法案》	将首次对自动驾驶汽车的生产、测试和发布进行管理
2017年10月	美国信息技术产业理事会(ITI)发布首份《人工智能政策原则》	从人工智能发展和创新的角度回应舆论关于失业、责任等的担忧,呼吁加强公私合作,共同促进人工智能益处的最大化,同时最小化其潜在风险
2018年5月	科技政策办公室主办美国工业人工智能峰会	讨论了人工智能的未来,以及实现对美国人民的承诺,并使美国保持人工智能时代的世界领先地位所需的政策
2018年11月	美国商务部工业安全署(BIS)出台了一份针对关键技术和相关产品的出口管制框架,同时将开始对这些新兴技术的出口管制面向公众征询意见	清单中,人工智能和深度学习被列为一大类。其中包括:神经网络和深度学习、强化学习、计算机视觉等十一类。此外,被纳入出口管制的技术还包括与人工智能关系密切的微处理器、先进计算、机器人、脑机接口技术等
2019年1月	出口管制框架正式进入实施阶段	美国在全球范围内独具特色的出口管制政策,缩紧了人工智能领域的技术共享
2019年2月	美国总统签署了13859号行政令《保持美国在人工智能领域的领导地位》,启动"美国人工智能倡议"	旨在促进和保护美国的人工智能技术和创新,确保美国在人工智能领域的领导力

续表

时间	事件	事件要点
2019年6月	美国白宫科技政策办公室（OSTP）人工智能特别委员会发布了《2019年国家人工智能研发战略规划》报告	该报告是自2016年首版发布后的第一次更新，旨在指导美国国家人工智能研发与投资，为改善和利用人工智能系统提供战略框架，主要目标为开发人机协作方法，解决人工智能的安全、伦理、法律和社会影响等相关问题，为人工智能培训创建公共数据集，并通过标准和基准评估人工智能技术
2019年8月	美国国家标准与技术研究院（NIST）发布关于政府如何制定人工智能技术和道德标准的指导意见	概述了多项有助于美国政府推动负责任地使用人工智能的举措，并列出了一些高级原则，这些原则将为未来的技术标准提供指导

2.2.1.2 中国

虽然我国人工智能相关政策出台较晚，但在国家高度重视下，科研投入增加与人才红利注入预期将加速产业变革。我国的人工智能战略覆盖了广泛的研究和应用领域，力图实现人工智能产业的全面发展。如表2-2-2所示，相关政策在智能交通工具、服务机器人、工业机器人、智能感知、模式识别、脑功能的计算机模拟、脑信号等细分领域均有所关注。

表2-2-2 人工智能领域中国政策大事件

时间	事件	事件要点
2015年5月	国务院印发《中国制造2025》	部署全面推进实施制造强国战略。根据规划，通过"三步走"实现制造强国的战略目标，"智能制造"被定位为中国制造的主攻方向。统筹布局和推动智能交通工具、智能工程机械、服务机器人、智能家电、智能照明电器、可穿戴设备等产品研发和产业化
2015年7月	国务院印发《国务院关于积极推进"互联网+"行动的指导意见》	大力发展智能制造，促进人工智能在智能家居、智能终端、智能汽车、机器人等领域的推广应用

续表

时间	事件	事件要点
2016年4月	工业和信息化部、国家发展和改革委员会、财政部联合发布《机器人产业发展规划（2016—2020年）》	为"十三五"期间我国机器人产业发展描绘了清晰的蓝图。规划中指出，在工业机器人领域，聚焦智能生产、智能物流，攻克智能机器人关键技术；在服务机器人领域，重点发展消防救援机器人、手术机器人、智能型公共服务机器人、智能护理机器人等4种标志性产品
2016年5月	国家发展和改革委员会、科学技术部、工业和信息化部和中共中央网络安全和信息化委员会办公室联合印发《"互联网+"人工智能三年行动实施方案》	提出未来3年将在3个大方面、9个小项推进智能产业发展。智能家居、智能可穿戴设备、智能机器人等都将成为发展的重点扶持项目
2016年7月	国务院印发《"十三五"国家科技创新规划》	在"新一代信息技术"中提到：人工智能。基于大数据分析的类人智能方向取得重要突破，实现类人视觉、类人听觉、类人语言和类人思维等智能感知和模式识别方向的突破，明确人工智能作为发展新一代信息技术的主要方向
2016年9月	《国家发展改革委办公厅关于请组织申报"互联网+"领域创新能力建设专项的通知》	将人工智能技术纳入专项建设内容：①深度学习技术及应用国家工程实验室；②类脑智能技术及应用国家工程实验室；③虚拟现实/增强现实技术及应用国家工程实验室
2016年9月	工业和信息化部、国家发展和改革委员会印发《智能硬件产业创新发展专项行动（2016-2018年）》	智能硬件是指具备信息采集、处理和连接能力，并可实现智能感知、交互、大数据服务等功能的新兴互联网终端产品，是"互联网+人工智能"的重要载体。该行动指出，到2018年，中国智能硬件全球市场占有率超过30%，产业规模超过5000亿元，海外专利占比超过10%
2016年11月	国务院发布《"十三五"国家战略性新兴产业发展规划》	进一步发展壮大新一代信息技术、高端装备、新材料、生物、新能源汽车、新能源、节能环保、数字创意等战略性新兴产业

续表

时间	事件	事件要点
2017年7月	国务院颁布了具有纲领性作用的《新一代人工智能发展规划》	该计划是所有国家人工智能战略中最为全面的,包含研发、工业化、人才发展、教育和职业培训、标准制定和法规、道德规范与安全等各个方面的战略,目标是到2030年使中国人工智能理论、技术与应用总体达到世界领先水平,成为世界主要人工智能创新中心
2017年10月	人工智能写入十九大报告	要求"推动互联网、大数据、人工智能和实体经济深度融合",强调规划实施要构建开放协同的人工智能科技创新体系,把握人工智能技术属性和社会属性高度融合的特征,强化人工智能对科技、经济、社会发展和国家安全的全面支撑
2017年11月	科学技术部公布首批4家国家新一代人工智能开放创新平台	包括依托百度建设自动驾驶国家新一代人工智能开放创新平台
2017年12月	工业和信息化部印发《促进新一代人工智能产业发展三年行动计划（2018—2020年)》	从推动产业发展角度出发,结合《中国制造2025》,对《新一代人工智能发展规划》相关任务进行了细化和落实,以信息技术与制造技术深度融合为主线,以新一代人工智能技术的产业化和集成应用为重点,推动人工智能和实体经济深度融合
2018年3月	《2018年国务院政府工作报告》再次提及加强新一代人工智能研发应用	在医疗、养老、教育、文化、体育等多领域推进"互联网+";发展智能产业,拓展智能生活
2018年3月	北京脑科学与类脑研究中心正式成立	成为中国脑科学研究项目的首批具体项目之一,这是继欧盟的人类脑计划、美国的大脑计划以及日本的脑/思维计划后的又一重要脑计划项目
2018年4月	教育部印发《高等学校人工智能创新行动计划》	为我国新一代人工智能发展储备人才、提供战略支撑
2019年3月	"智能+"首次写入《2019年国务院政府工作报告》	报告中指出,要坚持创新引领发展,培育壮大新动能。其中提到,要推动传统产业改造提升,特别是要打造工业互联网平台,拓展"智能+",为制造业转型升级赋能。"智能+"已经开始接棒"互联网+",人工智能正成为今后改造传统行业的新抓手

续表

时间	事件	事件要点
2019年4月	教育部办公厅发布《2019年教育信息化和网络安全工作要点》	推动在中小学阶段设置人工智能相关课程,逐步推广编程教育
2019年6月	中国国家新一代人工智能治理专业委员会发布了《新一代人工智能治理原则——发展发责任的人工智能》	旨在更好协调人工智能发展与治理的关系,确保人工智能安全可控可靠发展。这是从规范的角度对人工智能的发展进行约束
2019年8月	发布十个国家新一代人工智能开放创新平台	包括:视觉计算平台——上海依图网络科技有限公司,基础软硬件平台——华为技术有限公司,视频感知平台——杭州海康威视数字技术股份有限公司,图像感知平台——北京旷视科技有限公司,安全大脑平台——北京奇虎科技有限公司,智慧教育平台——北京世纪好未来教育科技有限公司
2019年9月	科学技术部印发《国家新一代人工智能开放创新平台建设工作指引》	文件明确,新一代人工智能开放创新平台重点由人工智能行业技术领军企业牵头建设,鼓励联合科研院所、高校参与建设并提供智力和技术支撑。原则上每个具体细分领域建设一家国家新一代人工智能开放创新平台,不同开放创新平台所属细分领域应有明确区分和侧重
2019年10月	六市获批国家新一代人工智能创新发展试验区	包括:北京、上海、合肥、杭州、天津、深圳六个城市

但是,我们也可以明显看出,中国的相关政策虽然出台较为密集,但总体上在出台时间上相比美国略有滞后,显示出跟随之态,前瞻性稍有不足。此外,中国由国家部委牵头出台的多项政策,虽然也涉及具体领域,如智能交通、智能驾驶、机器人、脑科学等,但整体上仍稍显宏观,可操作性和对具体领域的指导性可能稍显不足。

2.2.1.3 欧洲地区

(1)欧盟

2013年1月,欧盟将"人脑项目"选定为未来新兴技术旗舰项目之一,为基于信息通信技术的新型脑研究模式奠定技术基础,并以此加速脑科学研究成果转化。

2013年12月,欧盟委员会与欧洲机器人协会合作完成了SPARC计划,资助机器人领域的创新。

2014年，欧盟委员会发布了《2014—2020欧洲机器人技术战略》报告以及《地平线2020战略——机器人多年发展战略图》，旨在促进机器人行业和供应链建设，并将先进机器人技术的应用范围拓展到海陆空、农业、健康、救援等诸多领域，以扩大机器人技术对社会和经济的有利影响，提高生产力，减少资源浪费，希望在2020年欧洲能够占到世界机器人技术市场的42%以上，以此保持欧洲在世界的领先地位。

2015年12月，SPARC发布了机器人技术多年路线图，为描述欧洲的机器人技术提供一份通用框架，并为市场相关的技术开发设定一套目标。

2016年5月，欧盟议会法律事务委员会发布《对欧盟机器人民事法律规则委员会的建议草案》。同年10月，又发布《欧盟机器人民事法律规则》，积极关注人工智能的法律、伦理、责任问题，建议欧盟成立监管机器人智能的专门机构，制定人工智能伦理准则，赋予自助机器人法律地位，明确人工智能知识产权等。欧盟在人工智能伦理与法律的研究上已走在世界前列。

2018年4月，欧盟委员会发布政策文件《欧盟人工智能》。该报告提出欧盟将采取三管齐下的方式推动欧洲人工智能的发展：增加财政支持并鼓励公共和私营部门应用人工智能技术；促进教育和培训体系升级，以适应人工智能为就业带来的变化；研究和制定人工智能道德准则，确立适当的道德与法律框架。

2019年4月，欧盟委员会发布《人工智能道德准则》。该准则的出台，标志着欧盟在寻求推广人工智能产业发展的同时，将立足于强化产业道德水准。欧盟委员会表示，应提升人们对人工智能产业的信心架构，确保人工智能产业发展，将不会做出伤害民众的事。欧盟委员会副主席安德鲁斯·安西普强调，有道德的人工智能是双赢立场，可以成为欧洲的竞争优势，作为人们可以信任的以人为本的人工智能领导者。

（2）德国

2011年，德国推出"工业4.0"国家战略。这是一个革命性的基础性科技战略，拟从最基础的制造层面上进行变革，从而实现整个工业发展质的飞跃。"工业4.0"囊括了人工智能、机器人等领域的诸多相关研究与应用。

2014年，德国发布新高科技战略，提出推动协同创新与技术转移，扩大产学研合作，支持中小企业创新等举措，以稳固德国在科技和经济领域的领先地位，并成为创新世界领导者。

2015年，德国经济部启动"智慧数据项目"，以千万级欧元的资金资助了13个项目，人工智能也是其中的重点。

2018年7月，德国联邦政府发布《联邦政府人工智能战略要点》文件，要求联邦政府加大对人工智能相关重点领域的研发和创新转化的资助，加强同法国人工智能合作建设、实现互联互通；加强人工智能基础设施建设，以将德国对人工智能的研发和应用提升到全球领先水平。

2018年11月，德国正式推出国家层面的人工智能发展战略，①全面思考了人工智能对社会各领域的影响；②定量分析了人工智能给制造业带来的经济效益；③重视人工智能在中小企业中的应用。

(3) 法国

2017年3月，法国制定了国家人工智能战略，对发展人工智能的具体政策提出了50多项建议，包括完善科研成果商业化机制，培养领军企业、扶持新兴企业，加大公私合作、寻求大量公私资金资助，给予国家政策倾斜并建立专门执行机构等，以动员全社会力量共同谋划促进人工智能发展。

2018年3月，法国总统公布了法国人工智能发展战略，将重点结合医疗、汽车、能源、金融、航天等法国较有优势的行业来研发人工智能技术。

(4) 英国

2016年10月，英国下议院科学和技术委员会发布《机器人技术和人工智能》报告，阐述了人工智能的创新发展带来的潜在伦理道德与监管挑战，侧重阐述了英国将会如何规范机器人技术与人工智能系统的发展，以及如何应对其带来的伦理道德、法律及社会问题。

2016年11月，英国政府科学办公室发布了《人工智能：未来决策的机会与影响》报告，阐述了人工智能对个人隐私、就业的影响，并指出人工智能在政府层面大规模使用的潜在可能性，就如何利用英国的独特人工智能优势、增强英国国力提出了建议。

2017年3月，英国政府公布数字战略，其中包括对人工智能的评论以决定政府和企业将如何能提供进一步的支持。

2017年10月，英国政府发布了《在英国发展人工智能》报告，对当前人工智能的应用、市场和政策支持进行了分析，从数据获取、人才培养、研究转化和行业发展四方面提出了促进英国人工智能发展的重要行动建议。该报告被纳入英国政府2017年《政府行业策略指导》白皮书中，成为英国发展人工智能的重要指引。

2018年4月，英国政府发布了《人工智能行业新政》报告，涉及推动政府和公司研发、STEM教育投资、提升数字基础设施、增加人工智能和领导全球数字道德交流等方面内容，旨在推动英国成为全球人工智能领导者。

2.2.1.4 日　本

2015年5月，日本政府计划先期投入10亿日元在东京成立"人工智能研究中心"，集中开发人工智能相关技术。同年9月，日本经济产业省、文部科学省与总务省计划携手成立"项目推进委员会"，积极推进人工智能领域的研究。

2016年1月，日本政府颁布第5期科学技术基本计划，提出"超智能社会5：创新综合战略2016"体系。与此同时，日本还成立机器人革命实现委员会、人工智能学会伦理委员会和人工智能技术战略会议辅佐产业发展。

2016年5月，日本政府制定高级综合智能平台计划（AIP），提出集人工智能、大数据、物联网、网络安全于一体的综合发展计划，为开展创新性研究的科研人员提供支持；日本政府产业竞争力会议汇总了增长战略的草案，将重点放在活用机器人和人工智能以提高生产效率。

2016年10月，日本政府举办"结构改革彻底推进会议"，加紧推进人工智能和机器人等尖端技术成果转化。

2017年3月,日本人工智能技术战略委员会发布《人工智能技术战略》报告,阐述了日本政府为人工智能产业化发展所制定的路线图,计划分3个阶段推进利用人工智能技术,大幅提高制造业、物流、医疗和护理行业效率。第三阶段要实现通过人工智能分析潜在意识,可视化"想要的东西"。

2.2.1.5 韩　　国

2016年3月,韩国政府宣布人工智能"BRAIN"计划,以破译大脑的功能和机制,开发用于集成脑成像的新技术和工具。

2016年8月,韩国政府确定九大国家战略项目,其中包括了人工智能、无人驾驶技术、智慧城市、虚拟现实等,争取10年后韩国人工智能技术水平赶超发达国家。

2018年5月,韩国政府制定了人工智能发展战略,将从人才、技术和基础设施三方面入手,计划在2020年前新设6所人工智能研究生院,推动人工智能技术发展,追赶人工智能世界强国。

2.2.1.6 其他国家

(1)印度

2018年5月,印度政府智库发布国家人工智能战略,旨在实现"AI for all"的目标。该战略将人工智能应用重点放在健康护理、农业、教育、智慧城市和基础建设与智能交通五大领域上,以"AI卓越研究中心"(CORE)与"国际AI转型中心"(ICTAI)两级综合战略为基础,加快人工智能在整个产业链中的应用。

(2)俄罗斯

2016年,俄罗斯发布《2025年前发展军事科学综合体构想》,明确提出将分阶段强化国防科研体系建设,以促进创新成果的产出,并将人工智能技术、无人自主技术作为俄罗斯军事技术在短期和中期的发展重点。

2017年,《2018—2025年国家武器装备计划》提出为俄罗斯武装力量提供基于新物理原理的武器,以及超高声速武器样机、智能化机器人系统和新一代常规武器装备。

2019年10月,俄罗斯总统普京签署命令,批准2030年前俄罗斯国家人工智能发展战略。这一战略目的在于促进俄罗斯在人工智能领域的快速发展,包括强化人工智能领域科学研究、为用户提升信息和计算资源的可用性、完善人工智能领域人才培养体系等。

2.2.2　主要国家人工智能相关政策特点

全球范围内各个主要国家都将人工智能技术视为未来重要的关键技术,都从各个方面大力发展人工智能技术。但各自整体人工智能技术水平、数据资源、法律法规存在很大差异,资源基础也不尽相同,因此各国人工智能政策的关注焦点、预期目标也逐渐呈现出差异化特点。

(1)美国意图长期保持领先

美国在人工智能的研发和技术应用等方面都处于世界最前列,各项政策也旨在维护其全球的技术领先地位。2016年以来,美国出台政策的密度和力度正逐步加大,从技术、经济、社会、伦理等多个方面提出应对人工智能变革的制度、计划和政策。2019 年 2 月，美国总统签署了 13859 号行政令《保持美国在人工智能领域的领导地位》，意图确保美国在人工智能技术标准的制定方面处于世界领先地位，并且还通过关键技术和相关产品的出口管制框架、"实体清单"等手段限制技术出口。由此可见，在全球人工智能日益激烈的竞争环境下，美国主动收紧了对相关技术的分享。从美国近期的政策可以发现，面对全球范围内的挑战，美国试图通过立法、制定标准、主导全球合作规则、限制技术出口等多方面手段维护其全球领导地位。

（2）欧洲试图以道德引领全球

欧洲各国在人工智能高端人才、数据资源方面相较美国并无优势，因此其更为关注人工智能对人类社会的影响，其研究内容涉及数据保护、网络安全、人工智能伦理道德等社会科学方面，强调人工智能伦理、道德、法律体系研究，积极推进人工智能伦理框架的确立，力争在人工智能发展浪潮中占领道德高地。2016 年 5 月，欧盟议会法律事务委员会发布《对欧盟机器人民事法律规则委员会的建议草案》。同年 10 月，又发布《欧盟机器人民事法律规则》，积极关注人工智能的法律、伦理、责任问题。2019 年 4 月，欧盟委员会发布《人工智能道德准则》。该准则的出台，标志着欧盟在寻求推广人工智能产业发展的同时，将立足于强化产业道德水准。法国十分赞同欧盟对人工智能伦理开展研究的做法，也在积极部署开展相关工作，探索解答人工智能带来的伦理性和政治性问题。英国的战略对人工智能的伦理道德和法律方面关注较多，并且强调解决途径，增强公众对于政府的信任。2016 年，英国科学和技术委员会相继发布《机器人和人工智能》《人工智能：未来决策的机会和影响》两份报告，呼吁政府介入监管，建立透明、可归责机制。

（3）中国全面追赶美国，以产业化驱动技术创新

从相关政策出台时间来看，美国在 2013 年提出《国家机器人技术路线图：从互联网到机器人》，中国则在 2015 年国务院印发的《中国制造 2025》中对机器人领域作出部署，并随后于 2016 出台《机器人产业发展规划（2016—2020 年）》；美国在 2013 年提出"脑计划"，中国政府则在 2014 年开始部署脑科学研究整体规划的研究，于近期计划出台国家层面的脑研究计划；美国于 2016 推出《国家人工智能研究与发展战略计划》，中国于 2017 年推出《新一代人工智能发展规划》，基于美国全球领先的地位，中国密切关注美国发展路线。

从战略架构来看，中国与美国的人工智能战略在顶层设计上相似，都把人工智能纳入国家战略层面，出台了发展战略规划，在国家层面建立了相对完整的促进机制，并且都有相关部门推动战略规划落地。美国政府设立专职负责机构，先后成立了隶属于美国白宫科技政策办公室（OSTP）的国家科技委员会（NSTC）、机器学习与人工智能分委会（MLAI）和网络与信息技术研究发展分委会（NITRD）帮助产业和科技发展，推动人工智能落地。中国在 2017 年颁布了具有纲领性作用的《新一代人工智能发展规划》后，科学技术部、工业与信息化部、教育部等部门相继出台政策，确保落实规划内容。

从具体内容来看，中美两国的人工智能战略在内容上也存在许多差异。在目标上，中国的《新一代人工智能发展规划》是所有国家人工智能战略中最为全面的，包含了研发、工业化、人才发展、教育和职业培训、标准制定和法规、道德规范与安全等各个方面的战略。该规划目标是推动经济发展，侧重于推动应用层的产业化落地，以应用层产业化成果反哺基础层、技术层，推动整体技术的进步；美国基于其基础层、技术层的领先地位，更侧重于技术研发和保障体系完善，对人工智能可能伴生的风险予以关注。在政府的职责上，中国在人工智能的发展进程中，通过确定多家国家人工智能开放创新平台、出台《国家新一代人工智能创新发展试验区建设工作指引》等措施，以企业为主体推进，政府则从资源配置、保障措施等方面进行扶助和引导；美国方面则更注重由联邦政府主导的人工智能发展路线，无论是从科研投入，还是就业保障方面，都突出了政府的主导地位。

2.3 小　　结

通过上述调研，课题组了解到，在人工智能领域，从技术上讲我国并非全面落后，掌握部分核心技术。具体看来，在人工智能的全产业链中，中国所处的竞争格局是：①应用层：百花齐放，有不少优势企业走出国门。②技术层：中国紧紧跟随传统巨头，有机可乘，关键技术有所突破。③基础层：核心技术缺乏，处于劣势，尝试反击，核心器件依靠进口。

总结我国当前的人工智能产业现状为：技术上，并非全面落后，掌握部分核心技术；政策上，资金总量投入巨大，针对性不强；资金上，国家战略性政策紧跟美国，细分领域政策尚待完善。混合增强智能作为人工智能的分支领域，也具有同样的技术分层，共享着相同的基础技术和关键技术，因此也呈现出类似的产业态势。

面对上述产业现状，目前混合增强智能产业不同类型的创新主体关心的主要问题是：企业不知当前领先技术如何保护，未来的研究热点是什么，如何应对可能的专利风险，科研院所的研究方向是否有产业价值，如何产学研结合，未来的市场在哪个国家。科研院所拥有先进技术却缺乏高价值专利的敏感性，核心专利不知道保护、不知道转让给谁。国家希望好钢用在刀刃上，资金用在缺口上。

本课题将围绕解决上述不同类型创新主体所关心的主要问题展开分析。一方面考虑通过专利分析，如何为技术突破提供支撑；另一方面考虑如何运用专利辅助我国创新主体的技术成果发挥最大的效用。

第3章 混合增强智能整体专利状况分析

人工智能自诞生以来,经过约60年的发展,随着当今信息环境和数据基础的深刻变化,正进入一个新的阶段,人机协同的混合增强智能是新一代人工智能的典型特征。本章以全球和中国范围内的专利数据为数据源,对混合增强智能的专利进行总体分析,并将其分为基础理论、共性关键技术和支撑平台三个分支进行分析。

3.1 技术分解表及基本检索情况说明

本节对关于混合增强智能技术的专利申请总体情况进行研究。

本课题对国内外专利文献进行了初步检索,了解了技术和产业相关信息,结合全球和中国的专利文献的初步检索状况,确定了技术分解表如图3-1-1(见文前彩色插图第1页)所示。

(1)检索策略

本次检索工作基于专利检索与服务系统(Patent Search and Service System)中的多个数据库展开。其中,中文主要基于CNABS,全球数据主要基于DWPI数据库等。转库后的数据统计也同样如此。

(2)检索情况说明

混合增强智能领域主要技术方向专利经过检索后的数量为中文95304件、全球188400项。后面的统计分析基于上述筛选得到的中国专利情况和全球专利情况。检索日期截至2019年05月31日。表3-1-1中体现各技术分支的专利数量情况。有些专利由于涉及数种技术,在表中可能被重复分类。

表3-1-1 混合增强智能领域专利数量

主要技术分支	中国/件	全球/项
基础理论	13159	24435
共性关键技术	63316	132268
支撑平台	22873	38451
混合增强智能整体	95304	188400

3.2 专利申请态势分析

图3-2-1显示了混合增强智能技术1963~2019年在全球和中国范围内专利申请态势。

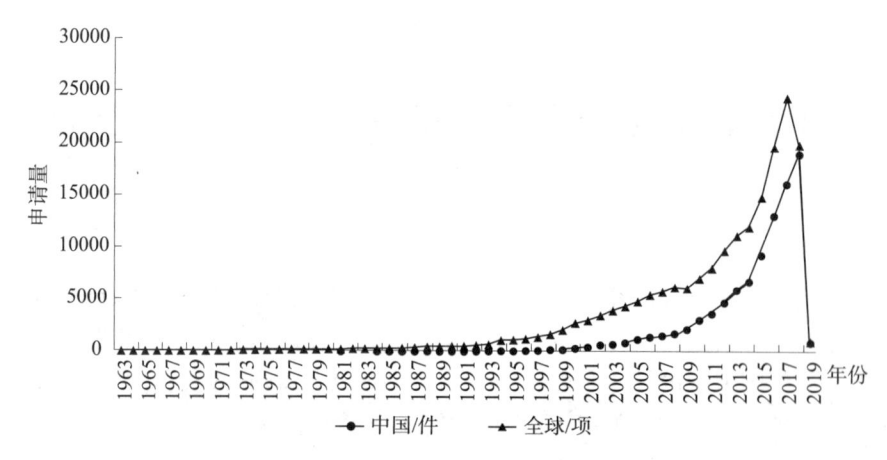

图 3-2-1 混合增强智能领域全球和中国专利申请态势

从全球申请态势来看，1963~1993 年，全球的申请量处于低位。在这 30 年的时间内，申请量从个位数增长到 600 余项，呈现缓慢增长的态势，表明这个阶段技术处于萌芽阶段，进步缓慢。1994~2010 年，全球的申请量进入快速增长的阶段，迅速由 600 余项上升到 7000 多项，这得益于互联网的发展、大数据的涌现等外在变化以及人工智能的目标和理念出现新的调整。例如 2006 年，被誉为人工智能之父的辛顿在神经网络的深度学习领域取得突破。2010 年以后，申请量进入爆发式增长的阶段，在短短几年时间内，申请量暴增至 2 万余项，移动互联网、大数据、云计算等新一代技术的加速演进，海量化的数据，持续提升的运算力，不断优化的算法模型（例如类脑计算），强化学习等一系列新技术不断推动混合增强智能技术向前发展。

从中国申请态势来看，中国的技术萌芽期出现较晚，一直到 1999 年，申请量都处于低位，增长缓慢；2000~2010 年，申请量的增长速度增加；2010 年之后，申请量同样进入爆发式增长的阶段，与全球的增长趋势同步。

3.3 专利布局区域分析

本节对混合增强智能技术在全球和中国的专利布局进行分析，研究了全球目标市场和原创国/地区占比情况，以及在中国申请的原创国/地区占比情况。

3.3.1 全球布局区域分析

图 3-3-1 显示了混合增强智能技术中全球目标市场的占比情况。可以看出，美国是最大的目标市场，其次是中国，中国作为人口众多的国家和快速崛起的经济体，潜藏着巨大的商业机会，因此吸引了中外各创新主体的目光。美国作为拥有众多人工智能科技公司的领头者，同样吸引了创新主体的注意，随后是日本、韩国和欧洲，其占比相差无几。值得注意的是，除了中国、美国、欧洲、日本、韩国等主要国家或地区外，其他国家或地区作为目标市场的比例高达 15%，可见创新主体对其他国家或地

区也是非常重视的。

图3-3-2显示了混合增强智能技术中全球原创国家或地区的占比情况。可以看出，中国占比40%，这可能得益于中国近年来对于人工智能领域大力的政策扶持，使得本土创新主体受到较大鼓励，拥有较多产出，特别是众多大学、科研院所在国家基金的支持下，在该领域开展了广泛的研究。其次是美国，占比27%，美国拥有众多人工智能知名企业，例如IBM、谷歌、微软和英特尔等，其创新实力强大，紧随其后的是日本和韩国，而德国申请量相对较少。

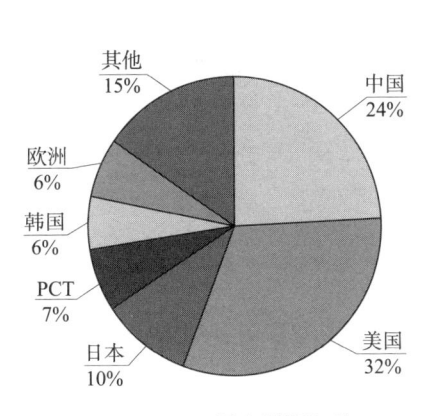

图3-3-1 混合增强智能领域全球目标市场占比

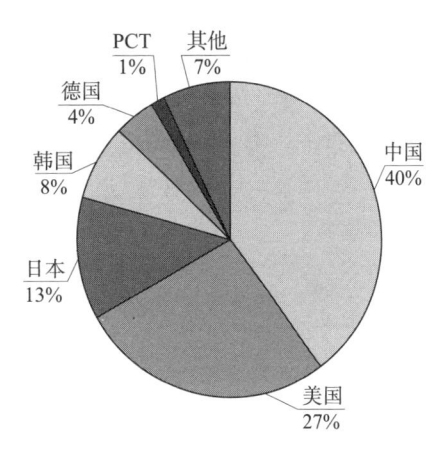

图3-3-2 混合增强智能领域全球原创国或地区占比

3.3.2 中国布局区域分析

图3-3-3显示了混合增强智能技术中在中国申请的专利技术的原创国或地区占比情况。可以看出，中国的占比是最大的，这是由于基本所有申请人都会采取在本国拥有最大申请量这样的专利布局策略。排名第二位的是美国，占在中国专利申请量的9%，其次是日本，4%，然后是韩国和欧洲，均是2%。可见在国外申请人当中，美国是最为重视中国市场的。

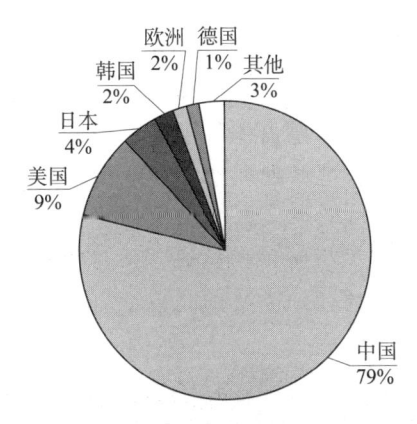

图3-3-3 混合增强智能领域中国申请原创国或地区占比

3.4 主要技术分支分析

本节对混合增强智能技术在全球和在中国的专利申请主要技术分支进行分析。

3.4.1 全球主要技术分支分析

图 3-4-1 显示了混合增强智能领域全球主要技术分支申请态势。可以看到,共性关键技术的申请量最高,并且最早呈现出明显的上升趋势,由此可见共性关键技术是研发重点;基础理论的申请量相对较少,且在很长一段时间内呈现平稳增长的趋势,表明基础理论是混合增强智能的研发难点;支撑平台的申请量在 2005 年之前与基础理论基本保持同步,之后相比于基础理论部分迅速增长,增长趋势与共性关键技术是一致的,可见支撑平台的研发在 2005 年之后热度增长,并在近两年保持着强劲的增长势头。

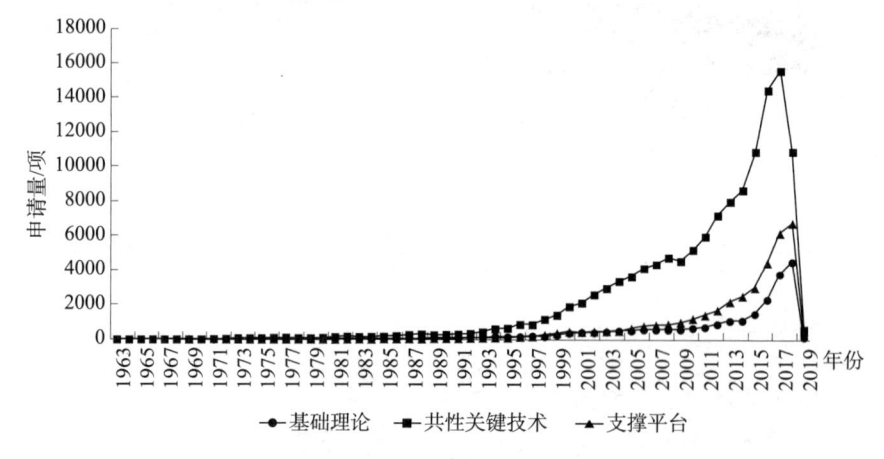

图 3-4-1 混合增强智能领域全球主要技术分支申请态势

3.4.2 中国主要技术分支分析

图 3-4-2 显示了混合增强智能领域中国主要技术分支申请态势。可以看到,三个分支的专利申请时间均晚于全球约 20 年的时间,可见我国研发开始的时间较为滞后。在申请量上,三个分支的申请量占比与全球保持同一态势,即共性关键技术申请量最高,其次是支撑平台,最后是基础理论。在申请趋势上,共性关键技术最早呈现出明显的上升趋势,可见在中国共性关键技术同样是研发重点;基础理论的申请量较少,且在很长一段时间内呈现平稳增长的趋势,这与全球趋势是一致的;而支撑平台略微晚于共性关键技术,早于基础理论呈现明显上升趋势,可见在中国支撑平台是近期研发热点。

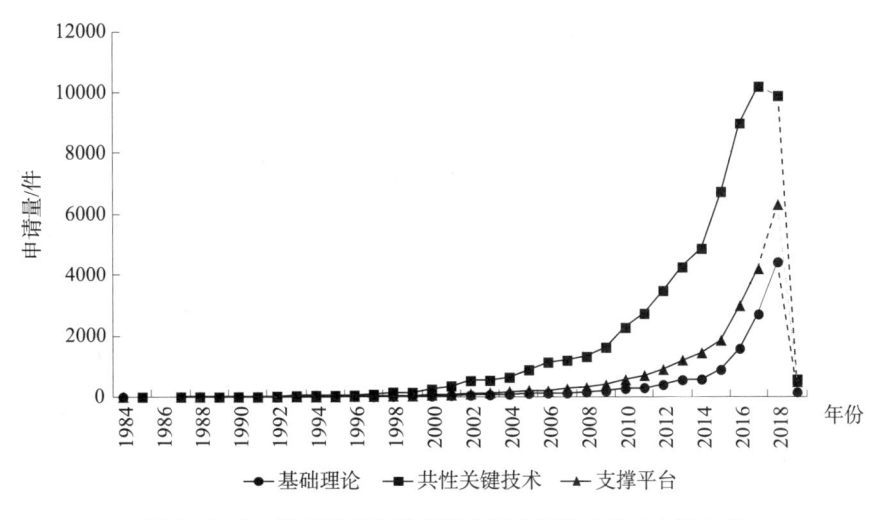

图 3-4-2 混合增强智能领域中国主要技术分支申请态势

这三个分支在进入 21 世纪之后在中国的增长趋势均与世界保持一致，特别是 2015 年之后均呈现出爆发式的增长，表明中国虽然在混合增强智能领域起步较晚，但是追赶势头强劲，特别是近两年的发展与世界基本保持同步。近些年，我国科技企业也纷纷落子人工智能，2017 年 3 月，阿里巴巴正式推出 NASA 计划，腾讯成立人工智能实验室，5 月，百度将战略定位从互联网公司变更为人工智能公司，发展人工智能已经成为中国科技界的共识。

3.4.3 全球/中国主要技术分支分布

图 3-4-3 显示了混合增强智能领域在全球和中国的主要技术分支申请量分布情况。可以看出，在各分支中，中国的申请量均较大。这一方面可能是由于中国近年来

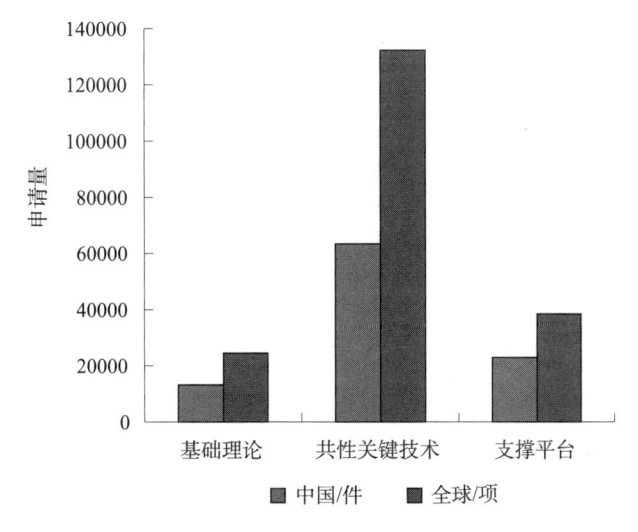

图 3-4-3 混合增强智能领域全球/中国主要技术分支申请量分布

在人工智能领域积极地进行政策引导和产业规划，大量中国申请人投入该领域研究，特别是众多高校、科研院所在国家基金的支持下，在该领域开展了广泛的研究。另外，中国作为快速崛起的全球重要经济体，潜藏着巨大的商业机会，因此也吸引了国外各创新主体的目光，更积极地在中国进行专利布局。

3.5 主要申请人分析

本节对混合增强智能技术在全球和中国提出专利申请的申请人进行分析。

3.5.1 全球主要申请人分析

图3-5-1显示了混合增强智能技术领域全球申请量排名前20位的主要申请人。全球申请量排名前20位的申请人，分别来自中国、美国、日本、韩国和德国，中国申请人占据两个席位，分别是中国科学院（以下简称"中科院"）和国家电网，分列第三位和第六位。

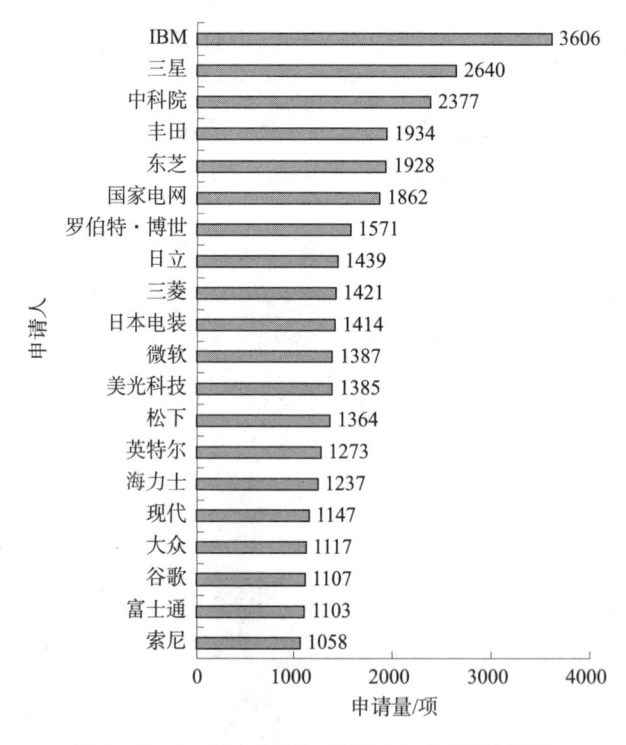

申请人	申请量/项
IBM	3606
三星	2640
中科院	2377
丰田	1934
东芝	1928
国家电网	1862
罗伯特·博世	1571
日立	1439
三菱	1421
日本电装	1414
微软	1387
美光科技	1385
松下	1364
英特尔	1273
海力士	1237
现代	1147
大众	1117
谷歌	1107
富士通	1103
索尼	1058

图3-5-1 混合增强智能领域全球主要申请人

（1）美国申请人

在全球申请量排名前20位的主要申请人中，美国占据5个席位，分别是IBM、微软、美光科技、英特尔、谷歌。其中，IBM排在第一位，作为混合增强智能领域的技术领先者，IBM拥有着众多细分领域的核心技术。在投资方面，IBM重点围绕Watson

平台的功能完善开展投资并购，收购 Blekko 丰富和深化 Watson 认知计算的能力，收购 AlchemyAPI 加强 Watson 人工智能与计算服务能力，收购 Cognea 增强 Watson 系统对话的能力。在谷歌和微软分别开源其机器学习平台后，IBM 也开源了其深度学习平台 SystemML。IBM 主推的认知计算平台也向开发者开放了 Watson 的认知计算能力，加速人工智能的部署。

微软在 2016 年整合微软研究院、Cortana 和机器人等团队建立"微软人工智能与研究事业部"，现有 7000 多名计算机科学家和工程师。同年，微软发布了其深度学习工作包 CNTK。微软投资了 Agolo 和 Bonsai 公司，分别致力于布局开发先进摘要软件和部署智能系统。

美光科技是全球最大的半导体储存及影像产品制造商之一，其主要产品包括 DRAM、NAND 闪存和 CMOS 影像传感器。美光科技 2012 年 7 月 2 日宣布，以 25 亿美元收购日本芯片制造商尔必达。在收购尔必达以后，美光科技成为全球重要 DRAM 存储芯片厂商。美光科技于 2007 年 3 月 21 日首次在中国西安设立了工厂，主要生产 DRAM 和 NAND 快闪存储器。

近年来，英特尔也在人工智能领域进行了大量的投入，在硬件和软件方面积累了较多的技术基础。在硬件方面，推出了针对人工智能领域的第二代至强可扩展处理器，也推出了面向人工智能的 FPGA（Stratix、Arria 10 等系列产品），公布了 Movidius VPU 以及 Nervana NNP 神经网络处理器等人工智能领域所需的产品。在软件方面，英特尔推出了面向深度神经网络的数学核心函数库（MKL-DNN）、数据分析加速库（英特尔 DAAL）、面向英特尔架构优化的深度学习框架、Analytics Zoo（为大数据构建大规模的 E2E 分析与人工智能应用程序）以及 OpenVINO 工具套件。

谷歌在机器学习方面颇有建树，并在其代表性产品如 AlphaGo、AlphaZero 中均有所应用。2017 年 CB Insights 的研究报告显示，谷歌自 2012 年以来共收购了 11 家人工智能创业公司，标的集中于计算机视觉、图像识别、语义识别等领域，是所有科技巨头中最多的；苹果、Facebook 和英特尔分别排名第二位、第三位和第四位。谷歌在研发方面依托人工智能改善搜索功能并开源机器学习系统，通过收购 Wavii、Moodstocks、SayNow 等完成文本识别、图像视频识别、语音识别的技术布局，收购深度学习技术公司 DeepMind 完善开源平台能力，收购 Kaggle 扩大在开发者层面和人工智能开源平台方面的优势。谷歌在 2011 年成立人工智能部门，由机器学习驱动的产品和业务包括谷歌搜索、Google Now、Gmail 等，同时还向其开源 Android 手机系统中注入大量机器学习功能。2011 年第一代机器学习系统，从大量的 Youtube 图片中学会了识别猫；2015 年，谷歌将内部采用深度学习的技术整理到一起，发布第二代人工智能系统 TensorFlow，并宣布将其开源。这是一套包括很多常用深度学习技术、功能和例子的框架。得益于庞大的计算和数据资源，谷歌大脑在深度学习方面取得了显著的成果。在几次人机大战中大放异彩的 DeepMind 公司自 2014 年被谷歌收购后，陆续发表了 207 篇顶级期刊论文，为谷歌带来了大量研究人才。上述美国申请人全部为与人工智能发展密切相关的知名公司，构成了美国全面的综合实力并通过投资并购围绕人工智能构筑了差异化竞争力。

人工智能的常见开发框架包括谷歌的 TensorFlow、Facebook 的 Torch、微软的 CNTK 以及 IBM 的 SystemML。这些框架的地位类似于人工智能时代的 iOS、Android。开源也成为这些软件开发框架共同的策略。上述创新主体争相开源，致力于建立人工智能的数据场景和生态，以图占领产业应用核心。这些领先公司纷纷拥抱开源有两方面原因：第一，通过开源来构建生态和"护城河"。无论是谷歌、亚马逊还是 BAT 都已经拥有云计算基础设施，谷歌、微软一直在讲的开源本质上并无差别，都是为了赋予自家云端客户更强的数据处理能力。在现有的云服务市场中，科技巨头占据多数，构建基于人工智能的云服务将成为巨头的下一个主战场。人工智能是信息基础设施的一个升级，是今后产业发展的巨大引擎。巨头都想把握升级过程中涌现的大量机会，赋能全行业。第二，开源是一种开放式创新。通过开源深度学习平台，不仅可以吸引大量开发者，还可以为机器学习提供大量的数据支持以及大量的现实场景。

（2）中国申请人

1）中科院

中科院作为中国重要的科研院所，对混合增强智能的基础理论、共性关键技术和支撑平台等各个分支均有涉及。这可能与中科院拥有庞大的专家团队相关，例如，中科院大学成立了人工智能学院，中国科学院自动化研究所（以下简称"中科院自动化所"）下设脑网络组研究中心、智能感知与计算研究中心、类脑智能研究中心。

中科院大学人工智能学院成立于 2017 年 5 月 28 日，由中科院自动化所担任主承办单位，中科院计算技术研究所、沈阳自动化研究所、软件研究所、声学研究所、深圳先进技术研究院、数学与系统科学研究院、重庆绿色智能技术研究院等为共同承担单位。人工智能学院聚焦人工智能领域核心科学和关键技术，下设模式识别、人工智能基础、脑认知与智能医学、智能人机交互、智能机器人、智能控制等六个教研室，拥有模式识别国家重点实验室、复杂系统管理与控制国家重点实验室、国家专用集成电路设计工程技术研究中心、中科院分子影像重点实验室等研究机构。

中科院自动化所下设的脑网络组研究中心主要研究方向是利用各种成像技术及电生理技术在宏观、介观及微观尺度上建立人脑和动物脑的脑区、神经元群或神经元之间的连接图，在此基础上研究脑网络拓扑结构、脑网络的动力学属性、脑功能及功能异常的脑网络表征、脑网络的遗传基础，并对脑网络进行建模和仿真，以及实现这些目标所要的超级计算平台。

中科院自动化所下设的智能感知与计算研究中心致力于研究泛在智能感知理论与技术以及与之相伴的海量感知数据的智能分析与处理。面向国家公共安全、智能产业发展等重大战略需求，着眼于基础理论创新与关键技术突破以及系统解决方案的研制，目前主要在多模态智能计算、生物识别与安全、生物启发的智能计算、智能感知基础理论四个方面展开科学研究。

中科院自动化所下设的类脑智能研究中心致力于融合智能科学、脑与认知科学的多学科优势，研究创新性的认知脑模型，实现类脑信息处理、类脑智能机器人等相关领域理论、方法与应用的突破。主要研究方向包括：多模态感知、自主学习与记忆、思维、决策等相关的认知脑模拟、类脑多模态信息处理，以及基于神经机制的类脑机器人。

2）国家电网

在2019年WIPO发布的《技术趋势2019：人工智能》报告中，国家电网成为前20名中的唯一一家中国企业。国家电网在电网控制、配电用网、智能配电变压器、新能源、智能巡检机器人等多方面都有人工智能技术应用，并且落地到真实应用场景。2019年1月，国家电网提出"三型两网、世界一流"的战略目标，即瞄准世界一流，打造枢纽型、平台型和共享型企业，建设运营好坚强智能电网和泛在电力物联网。"三型两网"的战略实施将人工智能赋能电力行业。同年3月，国家电网《泛在电力物联网建设大纲》正式发布，泛在物联是指任何时间、任何地点、任何人、任何物之间的信息连接和交互。

(3) 日本申请人

日本申请人占据8个席位，分别为丰田、东芝、日立、三菱、日本电装、松下、富士通和索尼，这些企业在各自领域均是知名企业。日本的技术分散在各个细分技术领域，例如丰田在人机共驾技术开发上有优势，有很多人机共驾领域的专利，也产出了部分样车。东芝是日本最大的半导体制造商。日立将2016年度之后的研发费用较2015年度预期增加约30%，增至每年5000亿日元左右，资金将集中投向传感器、人工智能和机器人。日本电装和东芝已达成一项基本协议，共同开发一种名为"深度神经网络－知识产权"（Deep Neural Network－Intellectual Property，DNN－IP）的人工智能技术，该人工智能技术将用于一直由两家公司自主开发的图像识别系统，以帮助实现先进的驾驶员辅助和自动驾驶技术。松下旗下电器半导体有限公司是全球重要的半导体供应商，提供尖端半导体解决方案及软件，相关产品包括MEMS陀螺仪传感器。

(4) 韩国申请人

韩国占据3个席位，包括三星、海力士和现代，其中三星的申请量位居第二。韩国的技术同样分布在不同领域。三星一直在人工智能技术上押下重注，将其作为新的增长引擎之一。2018年，三星宣布在人工智能、5G网络、未来汽车和生物制药等新技术上投资25万亿韩元。该公司在韩国、美国、加拿大、俄罗斯和英国等5个国家运营了7个人工智能研究中心。海力士是全球重要的DRAM制造商。

(5) 德国申请人

德国占据2个席位，分别是罗伯特·博世和大众。1995年罗伯特·博世首次量产MEMS传感器，2005年成立了Bosch Sensortec公司，专注智能手机等消费电子领域。在MEMS传感器方面，罗伯特·博世拥有超过1000项MEMS相关的专利，从MEMS的设计到制造，都拥有核心专利。罗伯特·博世的MEMS传感器，应用领域不仅包括目前热门的智能手机市场，而且在可穿戴设备、智能驾驶、智能家居以及工业4.0等各个领域都有渗透。

3.5.2 中国主要申请人分析

图3-5-2显示了混合增强智能技术在中国申请量排名前20位的申请人。其中，中国占据12位，美国占据5位，日本、德国和韩国都是1位。排名前两位的申请人是中科院和国家电网，中科院由于拥有强大的专家团队，因此积累了众多的专利成果；国家电网积极致力于将人工智能与产业相融合，走在创新的前列。因之前已介绍了中科院和国家电网，现主要介绍其他中国申请人。

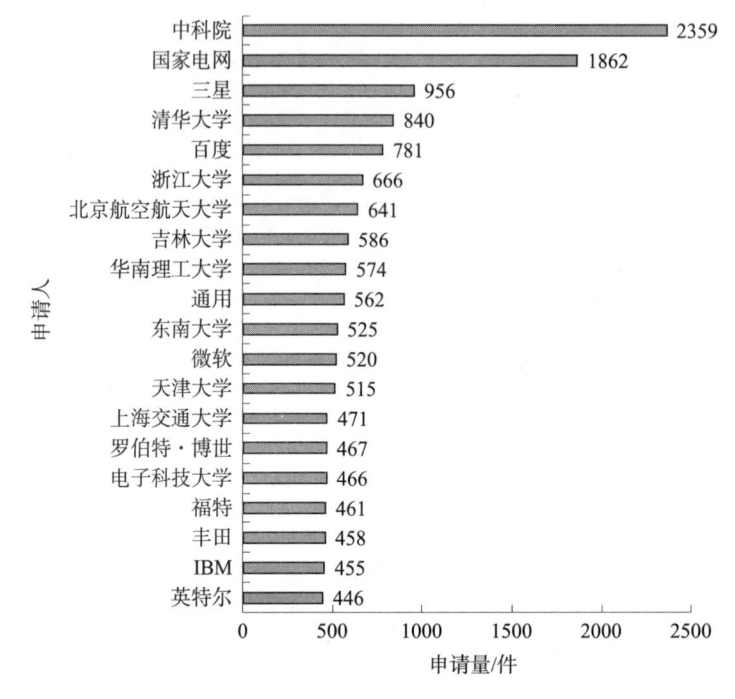

申请人	申请量/件
中科院	2359
国家电网	1862
三星	956
清华大学	840
百度	781
浙江大学	666
北京航空航天大学	641
吉林大学	586
华南理工大学	574
通用	562
东南大学	525
微软	520
天津大学	515
上海交通大学	471
罗伯特·博世	467
电子科技大学	466
福特	461
丰田	458
IBM	455
英特尔	446

图3-5-2 混合增强智能领域中国主要申请人

（1）清华大学

清华大学在人工智能方面的研究具有一定的基础，1987年7月筹建智能技术与系统国家重点实验室，清华大学主要从事人工智能（基本原理和方法）的基础与前瞻性研究，智能信息处理，智能机器人，与认知神经科学、心理学等的交叉学科等方面的研究，以及与这些理论相关的应用研究与系统集成。2018年6月，清华大学人工智能研究院成立。截至目前，清华大学人工智能研究院下设7个研究中心，包括：视觉智能研究中心、知识智能研究中心、听觉智能研究中心、基础理论研究中心、智能人机交互研究中心、智能机器人研究中心、智能信息获取研究中心。

（2）浙江大学

浙江大学是我国较早研究人工智能的高校之一，在1978年开始人工智能领域的科学研究和人才培养，在1982年创建了人工智能研究室（1987年升级为研究所），涉及人工智能理论、计算机图形学、多媒体、数据挖掘等领域，具有较高水平。浙江大学与阿里巴巴、百度、腾讯、科大讯飞、海康威视、网易、地平线等企业联手，依托之江实验室等创新平台，不断在智能制造、智慧城市、智能农业、智慧医疗、智能金融、智能司法、智慧教育等领域开展人工智能的技术转移和成果转化。

（3）其他中国申请人

在中国的12位申请人当中，以中科院、清华大学、浙江大学为代表的高校和科研院所与企业的比例为10:2。由此可见，在中国，高校和科研院所仍然是研发的主力军，企业虽然只占2席，但是其排名较为靠前，这对于专利的转化是有利的。百度排名第五位，先后与北汽集团、罗伯特·博世、大陆、哈曼、联想之星等企业达成战略合作协议，投资语音识别公司涂鸦科技和感知视觉公司xPerception。国内互联网巨头阿里巴巴（第51位）、腾讯（第55位）虽然排名靠后，但借助自身行业领先优势，积极布局人工智能相关产业。2017年以来，纷纷加大力度进行战略合作与投资并购，预期未来发展强劲。阿里巴巴投资混合智能汽车导航企业Way Ray，菜鸟物流与北汽集团和东风汽车成为战略合作伙伴。腾讯注资特斯拉和AR初创企业Innovega，并依托腾讯AI Lab发布"AI in All"战略。2018年，国内平台层面资源加速整合，大企业通过投资并购迅速获得相应细分领域中的前沿核心技术，降低研发失败的风险，在行业资源整合中发挥越来越重要的作用。百度将以人机共驾作为核心，着力打造技术驱动的应用型平台生态；阿里巴巴以云服务为生态基础，注重消费级人工智能产品研发，将人工智能赋能于商业生态；腾讯围绕用户体系组建软硬件融合的人工智能服务生态。国内科技巨头的行业优势，将加速中国混合增强智能的产业化落地速度。

在外国申请人当中，来自美国的申请人最多。鉴于中国市场的巨大吸引力，美国申请人较为重视在中国市场的专利布局。微软、IBM以及英特尔作为全球混合增强智能技术领域的领先者，也较为重视在中国的专利布局，分别排在中国申请人的第12位、第19位以及第20位。排名第十位的通用，2017年宣布成立人工智能公司，致力于利用数据分析、机器人和人工智能技术，为油气、运输和能源行业等提供先进的检测服务。目前，通用已经开始了对用于炼油厂、工厂、铁路以及其他工业设施检测的自主无人机和机器人"爬虫"的检测工作。2018年11月通用推出新的Edison人工智能平台，帮助医院和卫生系统更好地利用人工智能；同期宣布与英伟达开展合作，将人工智能和分析技术引入石油和天然气行业。排名第17位的福特，2017年通过向人工智能公司Argo AI投资10亿美元，促进其无人驾驶汽车技术的发展，Argo AI专门为福特的无人驾驶汽车开发软件。同年，福特宣布已组建机器人和人工智能研发团队。

3.6 技术迁移分析

本节主要分析混合增强智能技术及主要技术分支、主要申请人随时间迁移的技术变化情况。

3.6.1 全球区域迁移

3.6.1.1 原创技术区域迁移

从图3-6-1可以看出，混合增强智能技术的原创技术核心区域，从最早的20世纪60年代的美国、德国迁移到20世纪七八十年代的美国、苏联，再到20世纪90年代的美国、日本。专利技术的发展与经济的发展紧密相关，2000年，韩国经济在经历1997年的经济危机后，在1999年迅速复苏，从而带动包括人工智能在内的诸多产业蓬勃发展。在经历2007年爆发的经济危机后，日本产业创新活力下降，对于包括认知计算的机器实现、脑机接口、超算中心等在内的混合增强智能相关技术没有及时跟进研究，从而逐渐失去了在混合增强智能领域的持续创新能力。美国作为混合增强智能技术长期的技术原创核心国家，保持了长期的创新活力。中国在2003年以后，随着经济的蓬勃发展，支撑了混合增强智能相关技术的快速发展，而随着2017年《新一代人工智能发展规划》的出台，中国在混合增强智能领域将迎来新的爆发式增长。

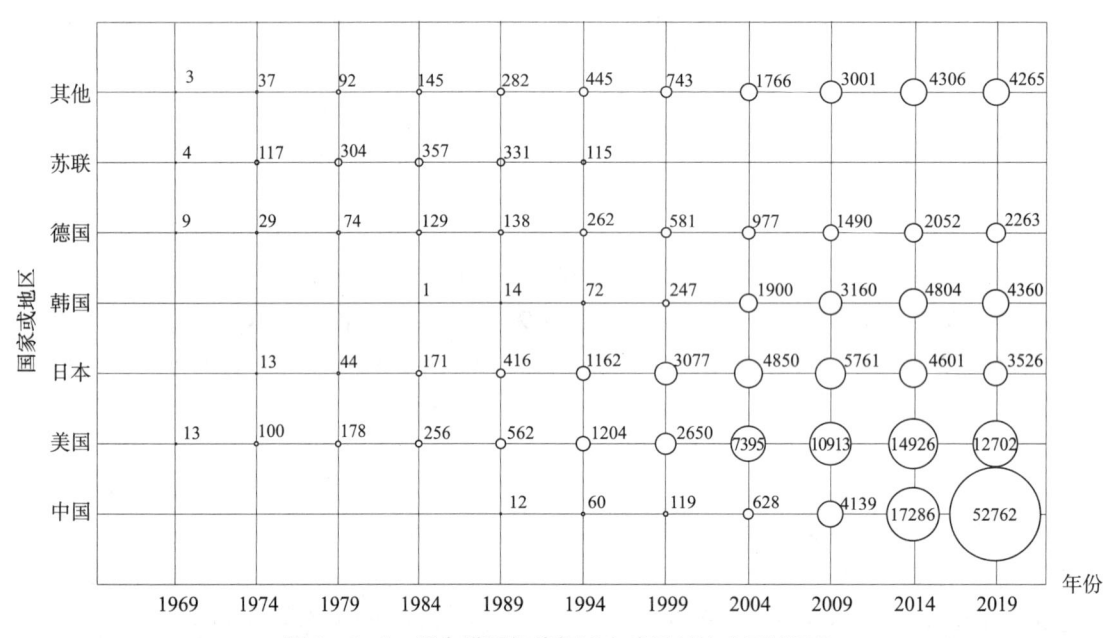

国家或地区	1969	1974	1979	1984	1989	1994	1999	2004	2009	2014	2019
其他	3	37	92	145	282	445	743	1766	3001	4306	4265
苏联	4	117	304	357	331	115					
德国	9	29	74	129	138	262	581	977	1490	2052	2263
韩国				1	14	72	247	1900	3160	4804	4360
日本		13	44	171	416	1162	3077	4850	5761	4601	3526
美国	13	100	178	256	562	1204	2650	7395	10913	14926	12702
中国					12	60	119	628	4139	17286	52762

图3-6-1 混合增强智能领域全球原创技术区域迁移

注：图中数字表示申请量，单位为项。

3.6.1.2 布局热点区域迁移

（1）全球重点布局热点迁移

图3-6-2表示混合增强智能领域全球重点布局热点迁移情况。可以看出，随着混合增强智能技术的发展，发展初期布局重点区域主要包括美国、德国、法国、英国、日本、加拿大，均为这一时期的主要经济发达国家；1975~1987年，技术经历发展低谷期以及短暂的繁荣期，这一时期主要布局地区为美国、德国、日本、苏联、法

国和英国。1988~1997年，技术再一次进入发展低谷，经历苏联解体，世界经济迎来新格局，美国、日本成为这一阶段的布局重点；同时，德国、英国、法国、澳大利亚以及加拿大均得到一定关注，这一阶段，中国和韩国逐渐开始起步。1998年以后，技术迎来复苏期，美国布局发展迅速，申请量遥遥领先其他国家，经历这一时期的发展，美国也奠定了其全球主要市场的地位。同期，伴随本土市场规模的快速增长，日本、韩国以及中国的布局快速发展，紧随美国；德国、英国、法国布局增速放缓，澳大利亚、加拿大布局稳步增长。2010年以后，人工智能技术迎来爆发期，美国、日本、韩国、德国、英国、法国、澳大利亚、加拿大布局稳步发展，而中国呈现爆发式增长，于2015年专利布局量跃升第一位。经历长期的发展，中国、美国、日本、韩国以及以德国为主的欧洲地区成为专利布局的重点区域。

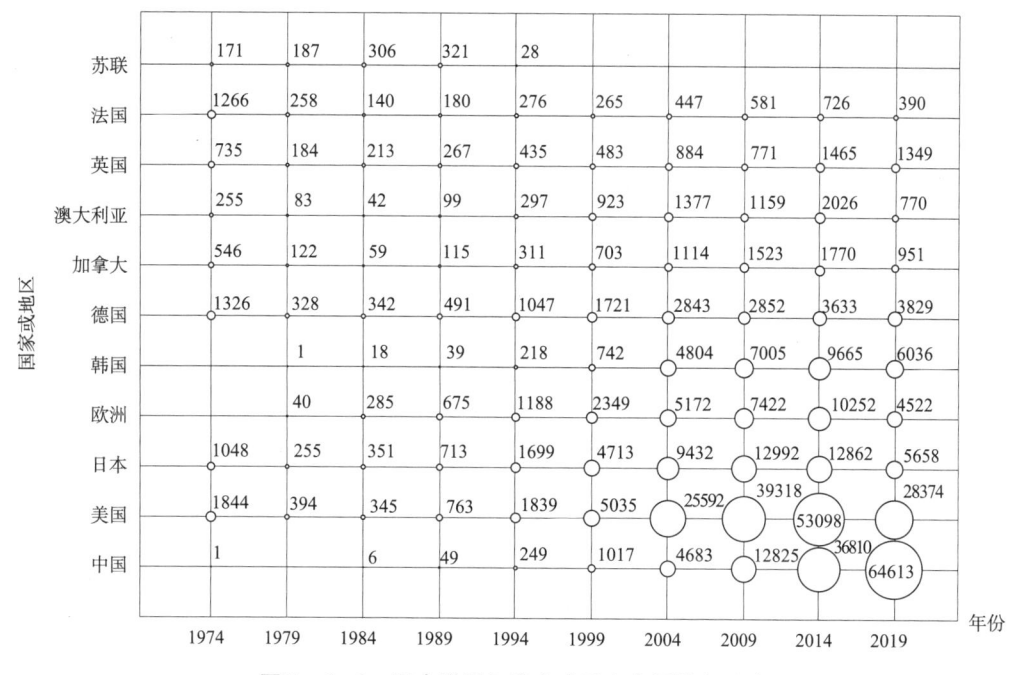

国家或地区	1974	1979	1984	1989	1994	1999	2004	2009	2014	2019
苏联	171	187	306	321	28					
法国	1266	258	140	180	276	265	447	581	726	390
英国	735	184	213	267	435	483	884	771	1465	1349
澳大利亚	255	83	42	99	297	923	1377	1159	2026	770
加拿大	546	122	59	115	311	703	1114	1523	1770	951
德国	1326	328	342	491	1047	1721	2843	2852	3633	3829
韩国		1	18	39	218	742	4804	7005	9665	6036
欧洲		40	285	675	1188	2349	5172	7422	10252	4522
日本	1048	255	351	713	1699	4713	9432	12992	12862	5658
美国	1844	394	345	763	1839	5035	25592	39318	53098	28374
中国	1		6	49	249	1017	4683	12825	36810 / 64613	

图3-6-2 混合增强智能全球重点布局热点迁移

注：图中数字表示申请量，单位为项。

（2）近期布局热点迁移

图3-6-3可以看出，中国的专利布局快速发展，目前是全球专利布局的首要市场地区；美国、日本、韩国、英国、加拿大、澳大利亚、法国经历前期快速发展后，处于稳步发展阶段。

英国作为国际重要市场之一，吸引着以美国为主的，包括中国、德国、韩国、日本在内的主要混合增强智能全球原创国家进行专利布局。作为英国重要的国际合作伙伴，美国从混合增强智能发展初期就开始重视在英国的专利布局。自1996年起，美国在英国的年均专利布局数量持续稳步发展，而中国、日本、韩国、德国在英国专利布局规模与美国有较大的差距。目前，英国形成了以伦敦、剑桥、爱丁堡等高校集中城

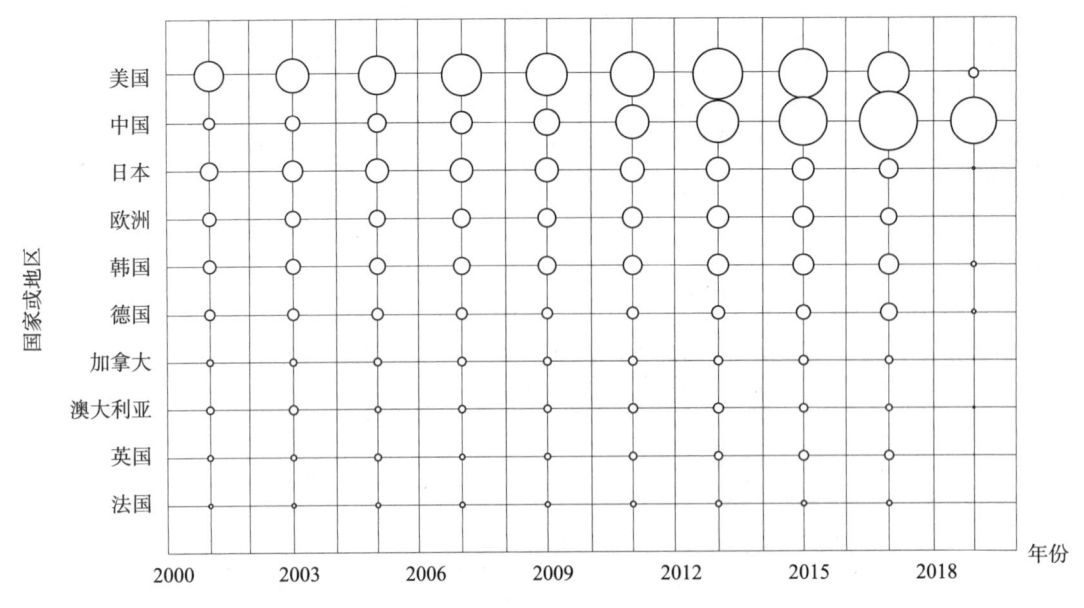

图 3-6-3 混合增强智能全球重点布局近期热点迁移

注：图中气泡大小表示申请量多少。

市为中心的人工智能产业集群，不仅拥有像 DeepMind 公司、"快键"公司（SwiftKey）、巴比伦公司（Babylon）等在人工智能领域占有重要地位的科技公司，还孕育了克莱奥公司（Cleo）、思维追溯公司（MindTrace）等在理财、自动驾驶行业开拓的人工智能初创公司。

加拿大作为美国重要的邻国，与美国市场高度融合。美国创新主体在加拿大积极进行专利布局。自 1998 年起，美国在加拿大的年均专利布局数量持续稳步发展，近些年也保持了稳步增长。而中国、日本、韩国、德国在加拿大专利布局规模也与美国有较大的差距。在过去的几十年里，许多计算机科学家和研究人员（包括人工智能专家深度、机器学习的教父杰弗里·辛顿），汇聚加拿大，研究神经网络、强化学习、自然语言处理、机器学习、深度学习和其他人工智能技术。

伴随着人工智能的发展，在经历早期专利布局的稳步发展阶段后，德国近两年专利布局也出现快速发展趋势。其中，来自德国的专利布局占比较大，其次美国在德国进行了大量专利布局，近几年保持较快增长，日本、韩国稳步布局，中国初步布局。2018 年中德双边贸易额达到 1839 亿美元，同比增长 9.4%，创历史新高。随着中德双边贸易的快速发展，未来德国预期将在 5G、智能网联汽车、制造业等领域将逐渐加强与中国的进一步合作。

澳大利亚作为国际重要市场之一，吸引着以美国为主的，包括中国、德国、韩国、日本在内的主要技术原创国家进行专利布局。作为重要的国际合作伙伴，美国从混合增强智能发展初期就开始重视在澳大利亚的专利布局，自 20 世纪 70 年代已经具有一定规模的专利布局，1996 年起，美国在澳大利亚的年均专利布局数量持续稳步发展。而中国、日本、韩国、德国在澳大利亚专利布局规模较小，尚未形成规模化布局。澳大利亚本身在人工智能领域长期深入研究,如迪肯大学(Deakin University)开发了一款可远程控制的超声触觉反馈机器人,可供医生远程实施带有深度信息的腹部超声探查,并将探查的触觉反馈给医生,使医生仿佛就在患者身边检查一样,使得远程医疗的准确率大幅提升。悉尼大学(University of Sydney)与中国的优必选科技合作成立的人工智能研究中心,由全球知名的人工智能学者陶大程教授领衔,重点研究诸如机器人、自动驾驶汽车和无人机等智能设备的人工智能难题。同样在悉尼大学,澳大利亚野地机器人中心(ACFR)已经在自主远程感知系统领域,尤其是相关技术在农林环境领域的应用开展了十余年的深入研究。该中心的项目之一智能感知和精确应用机器人(RIPPA)通过完全自主不间断运作——拔除杂草、清除入侵物、检定作物健康度和土壤状态,精确单株喷灌,并通过作物生长情况监测和数据分析预测亩产,从而帮助提升农田产量并降低生产成本。

法国近些年大力发展人工智能技术,在自动化学习、知识表现、推理模型、启发性研究、网络语义描述、自然语言处理、机器人技术、可视技术、形状识别、认知建模、神经信息系统等众多领域表现出色,而且每个细分领域都拥有优秀研究人员。在专利布局方面,在混合增强智能技术发展之初,美国创新主体大量布局,但在新一轮混合增强智能技术的发展浪潮中,受限于法国专利制度的缺陷,包括美国、中国、日本、韩国在内的国际主要原创技术输出国较少在法国直接进行专利布局。多年来,法国的专利申请政策始终为国内企业所诟病。多数企业主认为,法国当前的专利申请程序周期冗长、费用昂贵且缺乏对企业的保护措施,极大延缓了企业将专利技术转化为生产力的效率。另外,重要的一点是,在法国国内直接申请的专利不会经历如中国发明专利的实质审查阶段,专利权稳定性不强,也为后期专利技术保护造成了一定的影响。鉴于此,全球主要技术原创国更多地通过申请PCT、EP专利等更为便捷的方式间接在法国进行专利布局。

除图3-6-3示出的中国、美国、日本、韩国、德国、澳大利亚、加拿大、英国、法国的专利布局变化之外,其他国家或地区的专利布局情况如下。

俄罗斯作为国际重要市场之一,吸引着以美国为主的,包括中国、德国、韩国、日本在内的主要技术原创国家或地区进行专利布局。自2000年普京上任以来,俄罗斯开始大力发展人工智能技术,尤其是在国家安防和军事方面的应用。伴随着人工智能技术的发展,美国积极在俄罗斯进行专利布局,自2000年起,美国在俄罗斯的年均专利布局数量占俄罗斯全国专利布局数量的约三成,并在2013年达到顶峰,占比约为46%。2014年,俄罗斯推出一项法律,要求该国公民的个人信息必须存储在国内的数据中心,随后谷歌关闭在俄办事处。2016年俄罗斯通过亚洛瓦亚法修正案,要求电信提供商、社交媒体平台和消息服务商将用户数据存储三年,并允许联邦安全局访问用户元数据和加密通信。严苛的法律规定导致国外申请人在俄专利布局急剧减少。2017年,美国原创技术在俄罗斯布局已低于10%,布局数量不到10件,而中国、日本、韩国以及德国已基本暂停在俄罗斯的直接专利布局。

根据GFT Technologies电子银行业务专家调查显示,巴西将人工智能视为战略重点的银行比重高于许多发达地区。基于巴西人工智能市场的潜在吸引力，全球知名企业也已经加快布局步伐。谷歌于2017年9月在拉丁美洲推出谷歌云区域。截至2018年5月，谷歌在15个月的时间内在巴西投资了1.89亿美元，超过了2013~2016年的三年时间内的投资总额1.35亿美元。据报道，由IBM和巴西央行CIP共同开发的身份识别解决方案将被集成到巴西支付系统（SPB）中，该系统被巴西所有银行和金融机构所使用。伴随着技术的加速落地，混合增强智能技术在巴西的专利布局也在稳步发展。1992年开始，来自美国的原创技术在巴西稳步布局，2004年开始加速布局，年均布局数量约占巴西专利布局总量的50%，而日本、德国持续维持较低水平布局，而中国、韩国较少布局。

2002年，墨西哥首家商业人工智能实验室在瓜达拉哈拉州大学成立，其主要研究方向是开发人工智能在商业领域的应用。根据IESE Business School商学院全球化与战略研究中心旗下IESE Cities in Motion Strategies研究平台公布的数据显示，在2017年墨西哥城位列拉美最智慧城市的第三名。随着墨西哥人工智能技术的市场迅速发展，专利技术也进一步加快布局。1998年开始，来自美国的原创技术在墨西哥稳步布局，2010年开始加速布局，年均布局数量约占墨西哥专利布局总量的70%，而日本、德国持续维持较低水平布局，而韩国、中国较少布局。

数据显示，以色列人均GDP排名世界第二，而整个科技产业对以色列GDP的贡献率超过90%，是当之无愧的"创新之国"。根据以色列非营利数据库组织Start – Up Nation Central 2019年3月发布的报告，截至2018年底，以色列拥有1150家致力于开发人工智能技术，以及基于人工智能开发产品和服务的高科技初创公司，主要是在医疗监看、网络安全和自动驾驶等应用领域。该报告还指出，全球科技巨头谷歌、IBM和微软等都依靠自己在以色列的研发中心推出了新的人工智能产品。随着以色列人工智能技术的市场迅速发展，专利技术也持续稳步布局。1996年开始，来自美国的原创技术在以色列稳步布局，年均布局数量约占以色列专利布局总量的45%，而德国持续维持较低水平布局，日本、韩国、中国则较少布局。

新加坡作为亚洲重要经济体，人工智能技术的专利布局从1990年逐渐开始出现。直到2009年，专利布局开始加速。2017年5月，新加坡国家研究基金会推出"国家人工智能核心"（AISG）计划，旨在凝聚政府、科研机构与产业界三大领域的力量，促进人工智能的发展和应用。随着人工智能技术的市场迅速发展，专利技术持续稳步布局。1995年开始，来自美国的原创技术在新加坡稳步布局，年均布局数量约占新加坡专利布局总量的55%，近几年比例逐渐降低。而日本持续稳步布局，而韩国、德国较少布局，中国逐渐开始布局。

2016年印度经济首次超过英国，按国内生产总值衡量已经成为世界第六大经济体。作为人工智能领域的后起之秀，面对美国与中国这两大业内强国，印度奋起直追。目前，印度政府也开始逐渐重视人工智能的发展。莫迪政府在2018~2019年度的财政预算中对人工智能拨款提高了一倍，达到4.8亿美元，并决定在人工智能、数字制造、区块链和机器学习等技术的研究、培训和技能开发方面投入巨资。2019年7月4日，电信巨头英国电信（BT）与印度科学学院（IISc）在班加罗尔启动新建英国电信印度研究中心（BTIRC），聚焦下一代人工智能、移动通信和软件工程技术。随着印度人工智能技术的市场迅速发展，专利技术持续稳步布局。专利布局主要以印度国内的申请人为主，而来自海外的专利布局较少，经历2009～2014年短暂的布局后，来自美国的原创技术已暂停在印度布局，日本、韩国、德国以及中国也在2012～2014年陆续暂停布局。而国外申请人暂停印度专利布局，一方面可能是由于印度方面专利审批程序缓慢，一般占据了专利保护期限的一半以上；另一方面也可能是受到印度Nexavar强制许可案的影响。

此外，1998年5月西班牙成为首批加入欧元区国家后，经济持续快速增长，年增幅高于欧盟国家平均水平，同期专利布局也稳步发展。而在西班牙经济受国际金融危机和欧债危机负面影响后，2014年开始专利布局也持续萎缩，美国、德国逐渐放慢专利布局脚步，日本、韩国暂停专利布局。

丹麦、波兰、菲律宾、匈牙利、挪威以及马来西亚等地，随着本国经济的停滞甚至衰退，人工智能技术在这些地区的市场应用也进展缓慢，再加上这些国家自身的创新能力不足，导致这些区域的专利布局也逐渐衰退。

3.6.2 技术热点迁移

3.6.2.1 全球技术热点迁移

从图3-6-4可以看出，在发展早期，包括脑机接口等在内的共性关键技术发展占据重要地位，支撑平台和基础理论占比较低。随着共性关键技术的稳步发展，支撑平台的支撑作用以及基础理论的创新引领作用逐渐凸显。进一步，随着技术的发展，

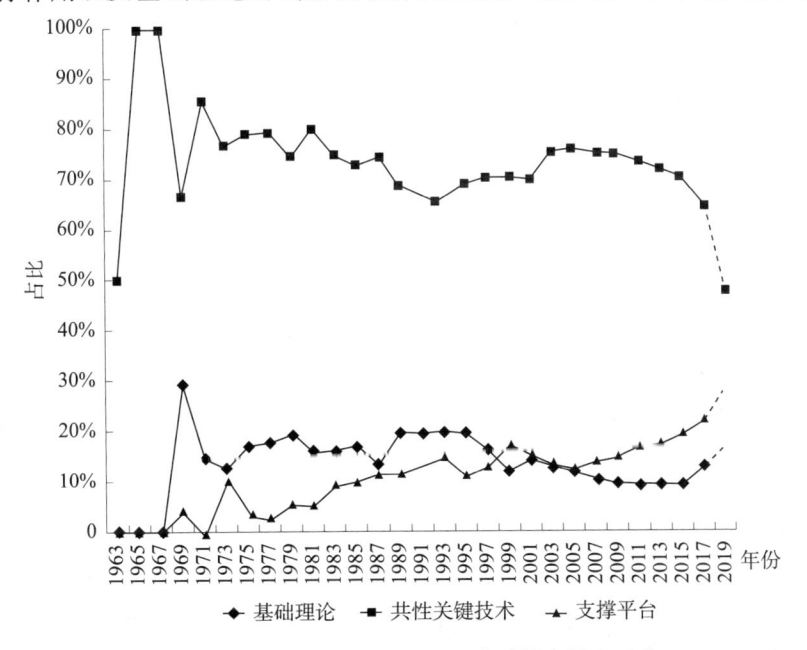

图3-6-4 混合增强智能领域全球技术热点迁移

大数据推动下的超级计算中心等支撑平台技术快速发展。而基于单模态、确定性推理的人工智能技术在实际应用中逐渐遇到发展瓶颈，亟待发展可以适应真实世界环境下多模态的、类人脑的对复杂信息能够快速准确处理的新一代人工智能，而这种需求推动了混合增强智能的基础理论的快速发展，基础理论技术的专利申请占比逐渐增长。在全球范围内，基础理论研究热潮渐起，各国意识到基础理论对于混合增强智能其他技术发展的重要引领作用，开始加大投入。

3.6.2.2 中国技术热点迁移

从图3-6-5可以看出，中国在发展早期，包括脑机接口等在内的共性关键技术也是占据主要地位，支撑平台和基础理论占比较低，这与全球发展趋势一致。随着共性关键技术的稳步发展，支撑平台相关的专利申请量占比逐渐增大，支撑平台的专利申请量逐渐接近共性关键技术的专利申请量。而随着技术的发展，基于对可以适应真实世界环境下多模态的、类人脑的对复杂信息能够快速准确处理的新一代人工智能的发展趋势把握，中国混合增强智能的基础理论平稳发展，基础理论技术的专利申请占比保持稳定。

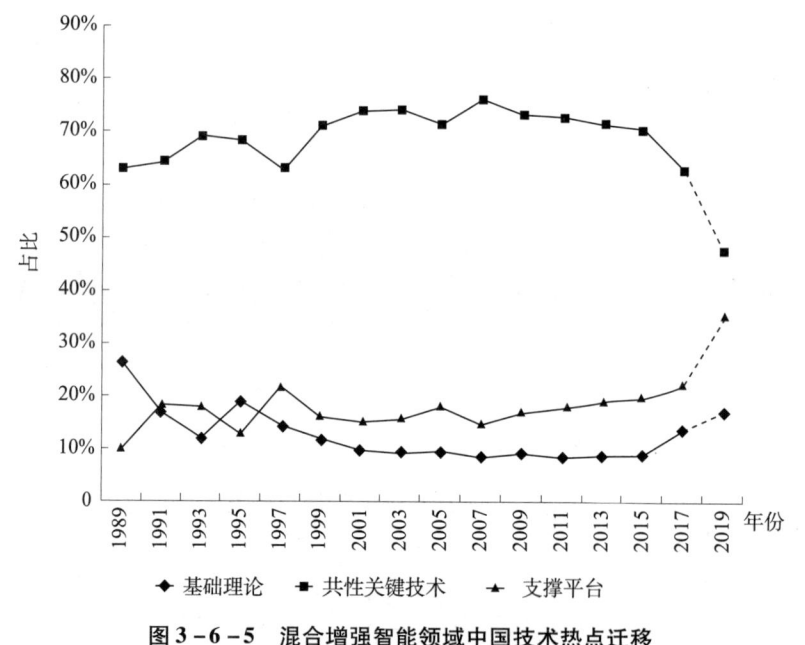

图3-6-5 混合增强智能领域中国技术热点迁移

3.6.2.3 全球其他主要国家技术热点迁移对比

从图3-6-6可以看出，美国各技术分支发展较为均衡，共性关键技术研究占比最大，且对基础理论保持着持续关注，近几年，对于支撑平台的研究关注持续增长。日本、德国以及韩国更加侧重共性关键技术的研究，对于基础理论以及平台研究的关注度较低；近年来，日本、韩国、德国对基础理论的研究关注度明显增长；日本、韩国对于支撑平台的专利申请量也持续增长，而德国对于支撑平台的研究关注度占比持续较低。

图 3-6-6 混合增强智能领域全球其他主要国家技术热点迁移

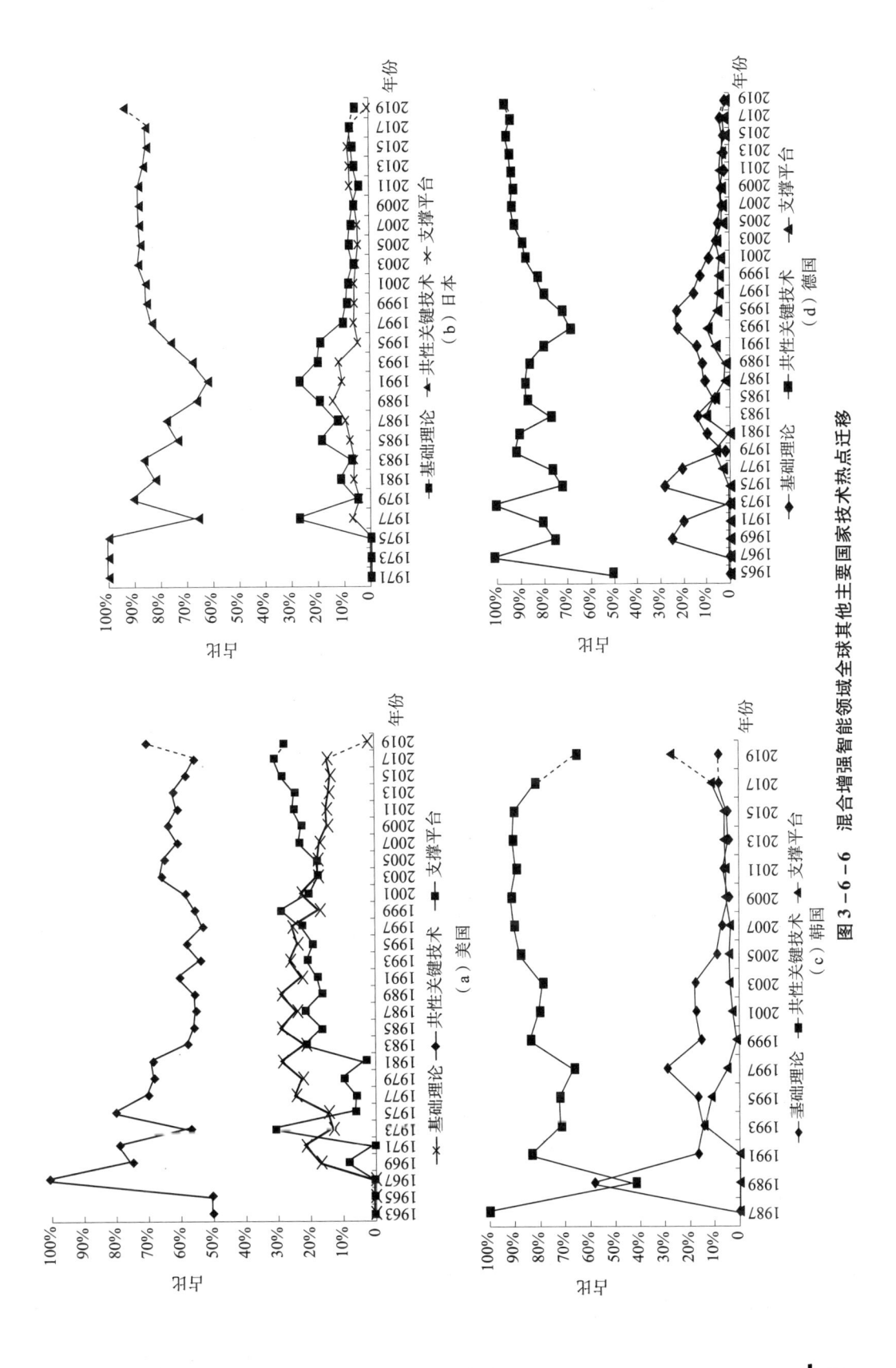

3.6.3 重要技术迁移

3.6.3.1 重要技术原创区域迁移

对被引用次数在 10 次以上的重要专利技术进行筛选，对于排名前五位的全球重要技术主要技术原创国进行进一步分析。

通过图 3-6-7 可以看出，美国长期处于领跑者的地位，经过长时间的积累，在混合增强智能技术中掌握着大量的重要专利技术。日本在 20 世纪 80 年代开始，伴随美国的发展，也积累了大量的重要技术；中国在 2003 年开始保持快速增长，2007 年超过日本，并在 2014 年达到与美国同等水平，与美国保持同步。

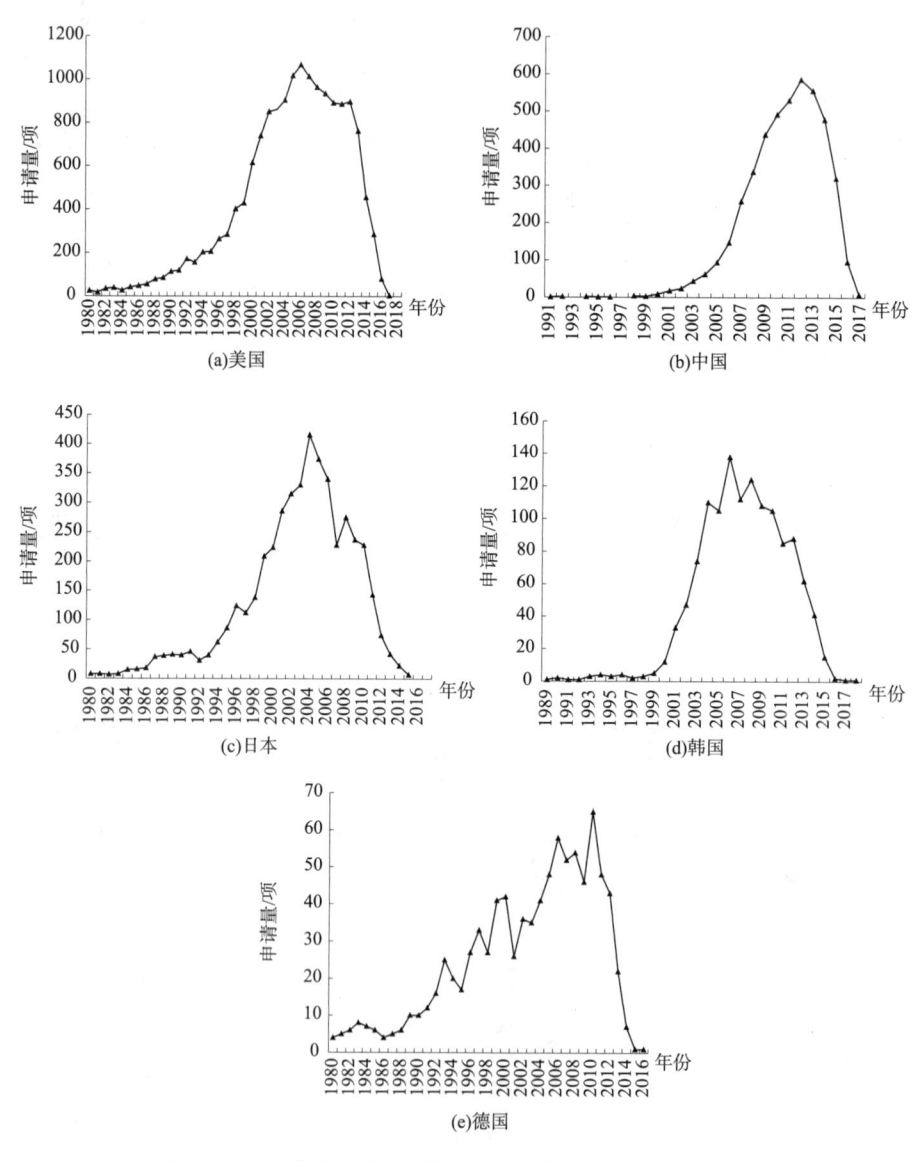

图 3-6-7 混合增强智能领域全球重要技术原创区域迁移

如图 3-6-8 所示，在基础理论方面，日本在前期发展中积累一定的基础理论方面的重要技术，但后期由于研究关注重点的迁移，基础理论方面逐渐落后；中国自 2007 年重要技术申请量超过日本以后，保持稳步增长，2014 年与美国保持同等水平，2015 年以后逐渐超过美国所持有重要技术申请量。

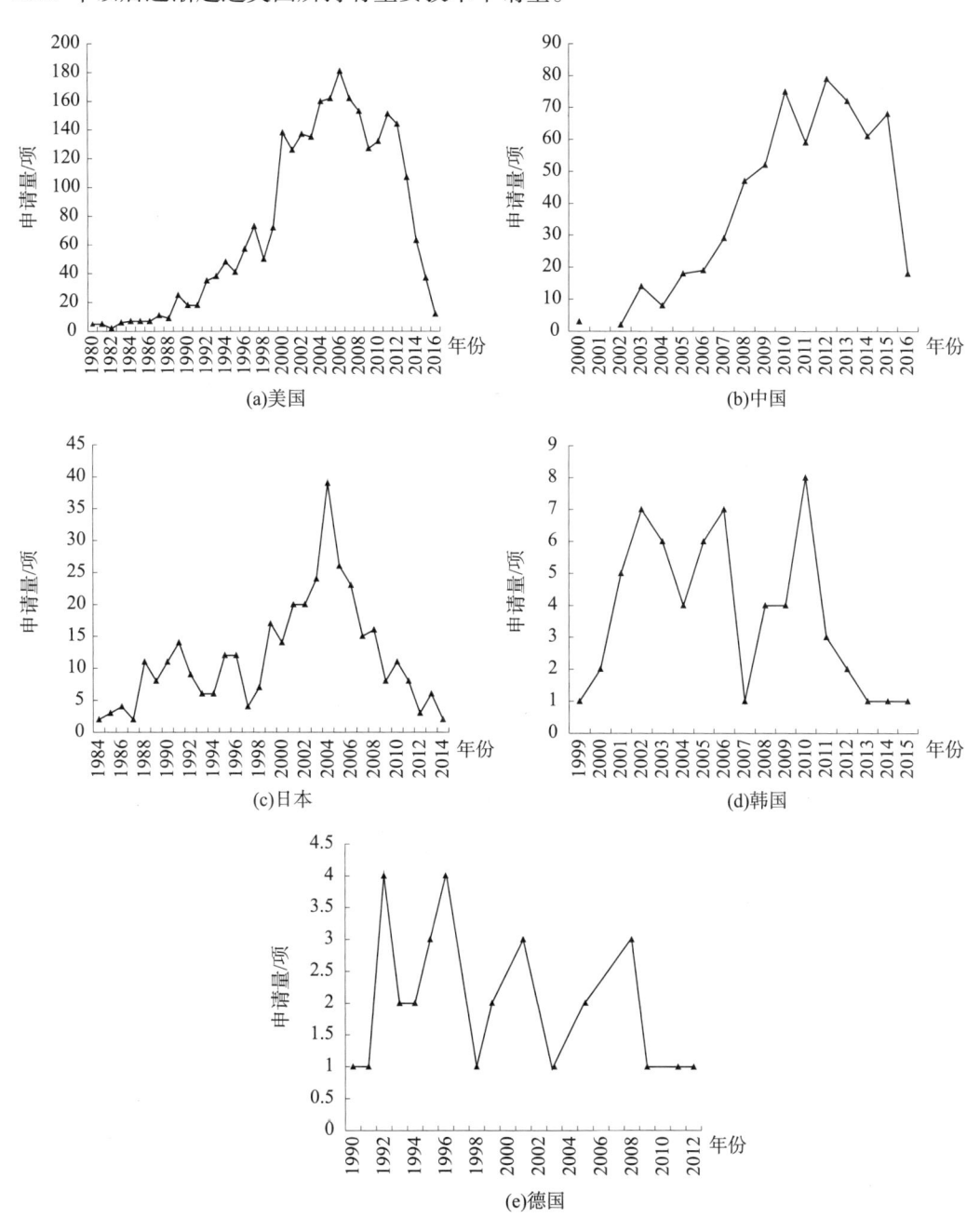

图 3-6-8 基础理论重要技术主要技术原创国迁移

如图3-6-9所示,在共性关键技术方面,伴随美国的发展,日本在前期也积累了大量的重要技术,韩国在2003年以后保持稳步增长,在2013年超过日本;中国在2006年开始保持快速增长,2009年超过日本,并在2015年达到与美国同等水平。

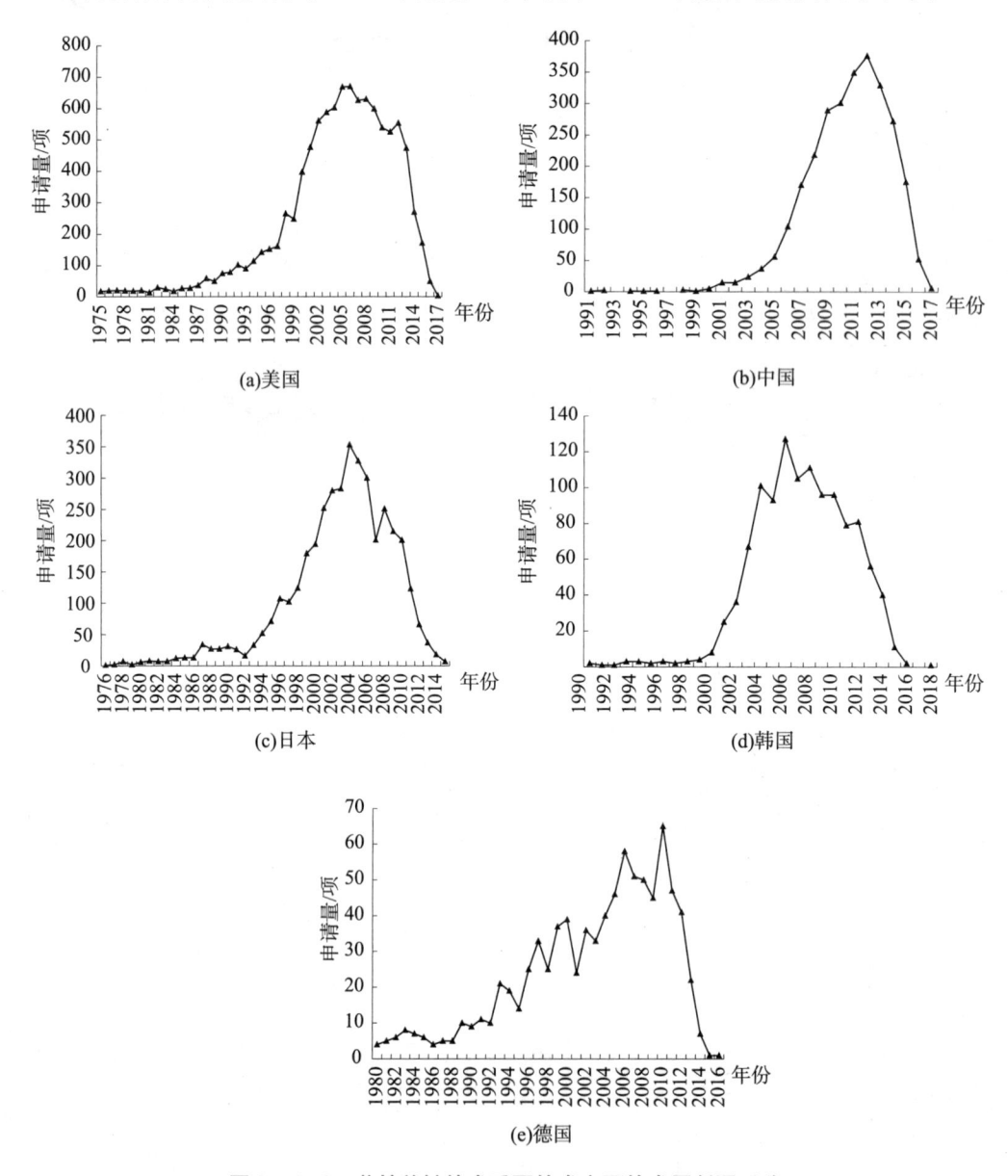

(a)美国

(b)中国

(c)日本

(d)韩国

(e)德国

图3-6-9 共性关键技术重要技术主要技术原创国迁移

如图3-6-10所示,在支撑平台方面,日本在前期积累部分重要技术,但随着研究关注度的迁移,重要技术保持量持续降低;中国从2006年以后保持快速增长,并在2013年首度超过美国,此后中国和美国持续发展。

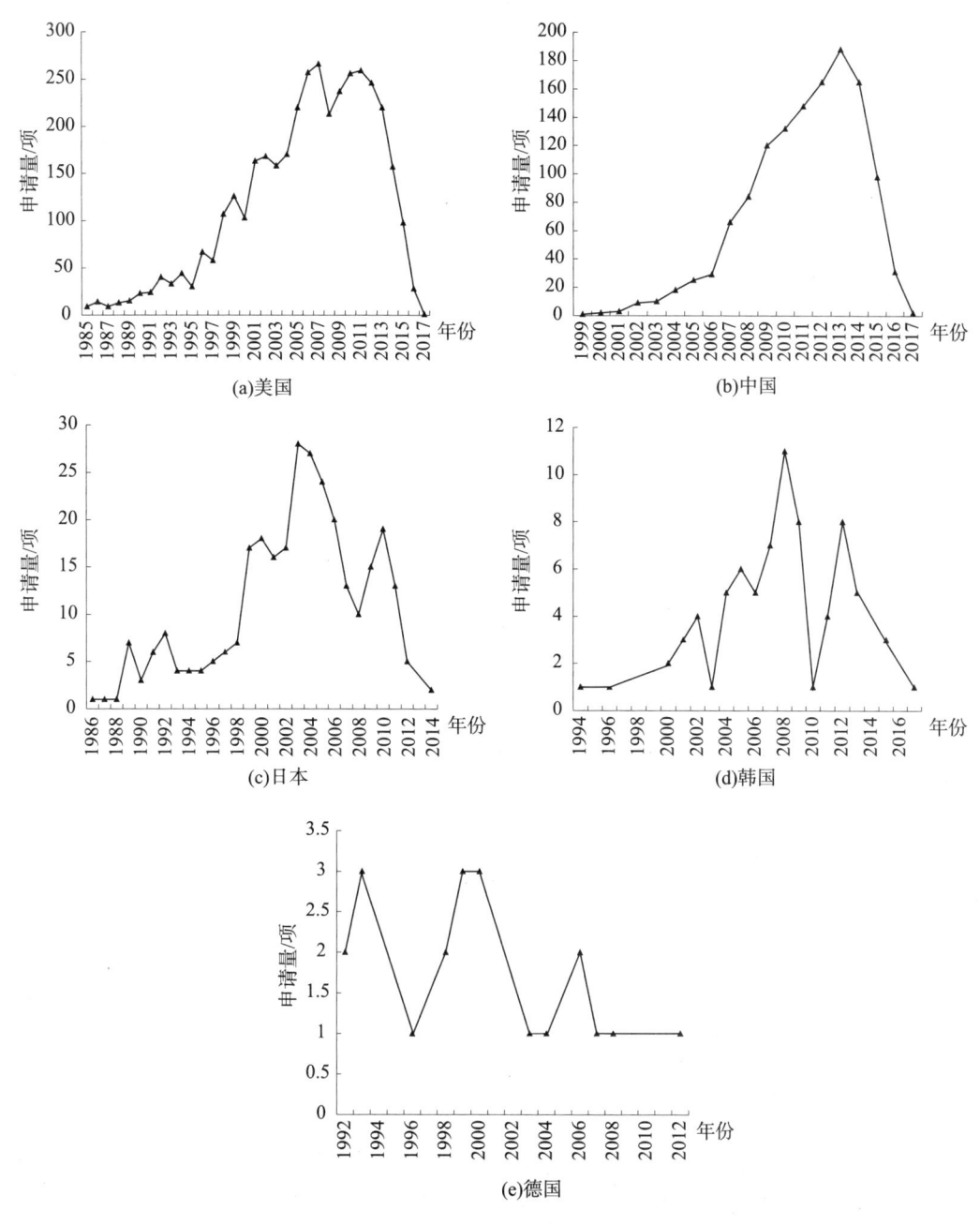

图 3-6-10 支撑平台重要技术主要技术原创国迁移

3.6.3.2 重要技术主要申请人迁移

从表 3-6-1 可以看出，IBM 作为全球领先的从业者，持续研发能力强，掌握着最多的混合增强智能重要技术；三星作为韩国重要创新主体，持续研发能力强，掌握着较多的存储、芯片等共性关键技术重要技术；微软也保持了较长期的研究，掌握着较多的支撑平台重要技术；东芝、美光科技、惠普、英特尔凭借前期的技术积累，也掌握着较多的重要技术,但近些年重要技术成果较少;谷歌作为基于深度学习算法的领先创新主体,在保持持续研发的同时,自2010年开始技术成果显著,处于前沿水平;中科院作为唯一入榜的中国申请人,自2007年开始研发成果逐渐积累,处于世界一流研究水平,已经掌握一些重要技术。而IBM、三星、微软、谷歌以及中科院在最近几年均保持着较高的重要技术产出,成为近期的重要创新主体。

表3-6-1 混合增强智能领域重要技术全球申请量排名前20位主要申请人 单位:项

申请人	1995年以前	1996~1998年	1999~2001年	2002~2004年	2005~2007年	2008~2010年	2011~2013年	2014~2016年
IBM	71	73	128	161	181	196	151	31
三星	10	3	8	170	249	164	96	31
微软	8	13	27	86	141	140	89	44
东芝	25	22	74	119	99	95	49	4
美光科技	4	10	45	103	70	73	60	13
日立	97	33	43	67	57	51	19	1
美敦力	8	48	40	84	87	59	26	2
丰田	31	32	21	36	88	83	35	12
谷歌	0	0	2	5	24	42	190	48
三菱	49	34	73	73	33	23	12	9
松下	27	25	69	73	53	39	2	4
惠普	39	27	85	91	15	10	9	0
日本电装	17	21	36	74	57	41	22	4
中科院	2	0	1	11	40	104	74	39
索尼	16	9	34	61	58	54	27	8
富士通	17	11	40	49	90	27	11	0
日产	46	28	22	59	31	33	10	4
通用	15	5	10	21	49	92	29	5
英特尔	26	14	53	53	45	4	26	10
波士顿科学	1	2	13	39	33	73	48	7

如表3-6-1所示,深入分析重要技术中的前20位申请人可以看出,虽然美国、日本、韩国申请人仍然占据大部分席位,但从随年度的重要技术拥有量变化趋势来看,还是有些差异性的。IBM在1995年以前的重要技术专利拥有量共计71件,同期排名第二位,1996~2013年,累计新增重要技术专利拥有量同期排名长期位居前两位,2014~2016年,累计新增重要技术专利拥有量(31件)同期排名仍维持在前四位;微软在2002~

2016年累计新增重要技术专利拥有量同期排名维持在较高水平，积累了较多的重要技术；谷歌在2005~2010年累计新增重要技术专利拥有量稳步增长，在2011~2016年，同期排名第一位，成为这一时期重要技术新增拥有量最多的创新主体。以IBM、微软、谷歌为代表的美国创新主体，掌握大量重要技术，依然处于领先地位。三星在2002~2007年累计新增重要技术专利拥有量同期排名第一位，2011~2016年累计新增重要技术专利拥有量同期排名仍维持在前四位，韩国凭借三星在芯片、存储器等共性关键技术领域的优势，近期仍保持着较高的创新活跃度。而以东芝、日立、富士通等为代表的日企在前期有较为扎实的积累，但近期创新活力持续走弱。中国虽然进入前20位重要申请人的不多，但以中科院为代表的中国创新主体近期均保持较高活跃度，2014~2016年累计新增重要技术专利拥有量（39件）同期排名前三名，创新活力持续增强，说明中国在混合增强智能技术方面未来可期。

从表3-6-2可以看出，IBM作为全球领先的从业者，持续研发能力强，掌握着最多的基础理论重要技术。IBM在1995年以前重要技术专利拥有量共计28件，同期排名第二位，1996~2013年累计新增重要技术专利拥有量同期排名长期位居第一。微软在2002~2013年累计新增重要技术专利拥有量同期排名维持在第二位至第三位，2014年~2016年累计新增重要技术专利拥有量并列第一位。谷歌在2005~2013年累计新增重要技术专利拥有量稳步增长，2014~2016年同期排名并列第一位，成为这一时期重要技术新增拥有量最多的创新主体之一。惠普、英特尔、甲骨文以及思科凭借前期的技术积累，也掌握着较多的重要技术；微软、谷歌以及艾罗伯特在持续研发的同时，近些年技术实力突出，处于前沿水平。中科院作为唯一入榜的中国申请人，在近些年研发成果突出，处于世界一流水平，已经掌握一些重要技术。

表3-6-2 基础理论重要技术全球申请量排名前20位主要申请人 单位：项

申请人	1995年以前	1996~1998年	1999~2001年	2002~2004年	2005~2007年	2008~2010年	2011~2013年	2014~2016年
IBM	28	30	34	43	43	45	41	3
微软	3	2	6	23	31	25	19	10
惠普	25	9	11	10	9	3	3	0
英特尔	10	7	14	18	12	0	4	1
日立	32	2	2	6	6	9	4	0
甲骨文	5	10	10	10	10	10	5	0
思科	0	0	14	27	9	1	6	2
谷歌	0	0	0	2	8	6	24	10
艾罗伯特	0	0	8	7	14	1	9	5
东芝	13	4	7	7	3	2	3	0
中科院	1	0	0	1	5	11	13	8

续表

申请人	1995年以前	1996~1998年	1999~2001年	2002~2004年	2005~2007年	2008~2010年	2011~2013年	2014~2016年
博通	4	2	4	7	8	5	8	0
诺基亚	4	6	5	8	4	6	2	0
三星	1	0	1	4	10	11	5	2
索尼	2	2	11	3	9	3	1	1
美国电话电报	11	3	5	4	1	4	1	1
超微半导体	4	4	6	2	1	3	9	0
日本电气	8	2	4	6	4	3	2	0
西门子	10	2	6	2	3	3	2	1
戴尔	2	1	1	3	8	1	11	1

从表3-6-3可以看出，三星作为全球领先的从业者，持续研发能力强，掌握着最多的存储、芯片等共性关键技术重要技术；2002~2010年累计新增重要技术专利拥有量同期排名位居第一，2011~2016年累计新增重要技术专利拥有量同期排名仍维持在前两位。IBM作为人工智能领域的领先者，也在持续保持着对共性关键技术的研发关注，累计新增重要技术专利拥有量同期排名仍维持在前列，掌握众多重要技术。东芝、美敦力、丰田、日本电装、三菱、松下、通用等公司凭借前期的技术积累，各自在共性关键技术的细分技术领域掌握着众多重要技术。美光科技作为全球领先的半导体供应商，凭借其长期的技术积累，也掌握着较多的重要技术。谷歌作为人工智能技术发展的领先企业，在近几年保持高速发展，2011~2016年累计新增重要技术专利拥有量同期排名在第一位，掌握着基于深度学习算法的新一代人工智能的大量重要共性关键技术。中科院作为唯一入榜的中国大陆申请人，在2007年以后研发成果积累，已经掌握一些重要技术，2011~2016年累计新增重要技术专利拥有量同期排名仍维持在前列。

表3-6-3 共性关键技术重要技术全球申请量排名前20位主要申请人　　单位：项

申请人	1995年以前	1996~1998年	1999~2001年	2002~2004年	2005~2007年	2008~2010年	2011~2013年	2014~2016年
三星	8	3	7	160	231	144	85	24
IBM	27	33	62	84	90	94	67	19
东芝	20	16	62	103	85	88	41	4
美敦力	6	48	36	82	87	58	24	2
美光科技	2	4	35	100	69	65	54	12

续表

申请人	1995年以前	1996~1998年	1999~2001年	2002~2004年	2005~2007年	2008~2010年	2011~2013年	2014~2016年
丰田	31	31	20	36	81	79	35	12
日本电装	17	21	34	74	57	41	21	4
三菱	36	31	71	63	26	21	12	6
日立	41	28	33	54	44	38	13	1
松下	19	23	67	61	41	35	2	0
日产	46	28	22	59	31	33	10	4
通用	15	5	9	20	49	87	29	5
波士顿科学	1	2	13	38	31	73	46	7
索尼	13	6	23	55	40	47	19	8
富士通	11	10	35	44	82	20	8	0
博世	27	13	15	32	47	43	27	4
谷歌	0	0	2	0	8	19	122	33
微软	5	7	11	28	47	43	27	14
旺宏电子	0	0	0	18	108	41	11	0
中科院	1	0	1	8	23	76	47	21

从表3-6-4可以看出，微软在2002~2010年累计新增重要技术专利拥有量同期排名长期位居第一，2014~2016年累计新增重要技术专利拥有量（30件）同期排名重返第一位；微软、IBM作为全球领先的从业者，持续研发能力强，掌握着最多的支撑平台重要技术；谷歌在持续研发的同时，近些年技术实力突出，处于前沿水平；谷歌在2005~2010年累计新增重要技术专利拥有量稳步增长，在2011~2013年同期排名第一位，成为这一时期重要技术新增拥有量最多的创新主体。中科院位列第四，作为前五位中唯一的中国申请人，在近些年研发成果突出，处于世界一流水平，已经掌握一些重要技术；国家电网从2008年开始，持续增长，掌握一定数量重要技术。

表3-6-4 支撑平台重要技术全球申请量排名前20位主要申请人　　单位：项

申请人	1995年以前	1996~1998年	1999~2001年	2002~2004年	2005~2007年	2008~2010年	2011~2013年	2014~2016年
微软	0	5	11	41	69	80	44	30
IBM	17	12	33	36	51	64	49	10
谷歌	0	0	0	3	8	20	50	11
中科院	0	0	0	2	13	23	19	15

续表

申请人	1995年以前	1996~1998年	1999~2001年	2002~2004年	2005~2007年	2008~2010年	2011~2013年	2014~2016年
甲骨文	0	1	2	13	11	16	14	4
日立	28	3	8	7	7	5	3	0
西屋电气	45	3	4	0	1	0	1	0
国家电网	0	0	0	0	0	5	17	26
美国电话	10	2	7	8	5	12	2	0
诺基亚	5	3	4	6	10	9	7	0
通用	5	5	10	4	10	3	4	3
东芝	4	2	5	9	11	5	6	0
三星	1	0	0	8	9	9	8	6
英特尔	2	3	4	7	13	3	6	1
威瑞森全球	1	1	1	4	13	11	6	2
西门子	3	0	9	6	7	7	4	2
联合科技	1	15	8	9	3	0	0	0
高通	1	1	4	2	5	4	12	4
思科	0	0	8	7	1	2	7	7
惠普	5	3	9	8	1	1	4	0

3.6.3.3 重要技术近期主要申请人迁移

截取2013年以后的重要技术申请数据，得到近期重要技术的主要申请人来源，可以挖掘出近期保持持续创新活力的主要申请人。

从表3-6-5中可以看出，谷歌在近期保持较高的创新活力，重要创新成果较多，也支撑其成为近期最重要的申请人；IBM、微软作为全球领先的创新主体，长期保持着较高的创新活力；三星作为韩国领先企业，长期保持着对技术的关注和研究；中科院作为国内权威研究机构，近期保持着对技术的关注，并积累了一定数量的重要技术；国家电网作为国有大型企业，近些年重点关注人工智能技术于产业的结合，持续创新能力较强。百度于2013年成立深度学习研究院，2014年启动百度"BRAIN"计划，而后相继推出无人驾驶开发平台Apollo以及DuerOS语音系统，同时期重要专利技术快速增长。百度近年开发了不少人工智能产品，如小度人工智能音箱。2019年5月份全球知名市场分析公司Canalys、Strategy Analytics和IDC分别发布了2019第一季度智能音箱市场报告。根据三份报告显示，小度智能音箱第一季度出货量位居中国市场第一，全球市场第三，仅次于亚马逊和谷歌。另外，百度推出的中国首辆商用级无人驾驶微循环电动车阿波龙，采用纯电动动力，一次充电可行驶100公里。截至2018年10月底，百度无人驾驶公共汽车已经安全行驶超过 1 万公里，服务超过一万人次。

表 3-6-5 混合增强智能重要技术近期全球主要申请人　　　　单位：项

序号	申请人	2013 年	2014 年	2015 年	2016 年	2017 年
1	谷歌	49	30	15	3	
2	IBM	41	14	14	3	
3	微软	24	30	12	2	
4	三星	31	22	8	1	
5	中科院	23	22	14	3	
6	国家电网	16	21	11	3	
7	高通	23	11	10	1	
8	美光科技	21	7	6		
9	北京航空航天大学	14	10	1	2	
10	百度	3	7	18	1	
11	波士顿科学	19	6	1		
12	北京理工大学	12	9	5		
13	海力士	11	9	2	1	
14	Brain	14	8	1		
15	苹果	8	8	5		1
16	亚马逊	3	13	5	1	
17	清华大学	6	9	6		
18	西安电子科技大学	10	6	5		
19	华南理工大学	5	7		4	
20	丰田	8	6	6		

Brain 创建于 2009 年，是一家设立在美国圣地亚哥、专注于研发人工智能自动化系统的软件技术公司。这家公司致力于发展智能自主机器人，在深度学习和计算机视觉系统领域具有深入研究。Brain 的主打产品是一个名为 BrainOS 的平台。这个平台能够像训练小朋友一样，去训练机器人，而不必再像过去那样只有通过给机器人编程才能"教"它们学习新技能。从前 20 位申请人可以看出，美国申请人占据 9 位，且占据第一位至第三位，处于领先地位，并且保持持续的创新活力，不仅有传统领先企业，也有发展较快的行业领先企业；韩国依靠三星、海力士在芯片以及存储等共性关键技术方面的积累，占有 2 个席位；中国申请人占据 8 位，整体创新活力较强，但缺乏引领型企业。

从表 3-6-6 至表 3-6-8 可以看出，IBM、微软、谷歌作为全球领先的从业者，在三个技术分支均占据重要地位,全面引领技术的发展。中科院作为国内权威科研机构,在三个技术分支中均具有较多的重要技术,处于国内领先地位。高通作为高科技企业,在三个分支也均有一定研究,技术综合实力也较强,特别是在芯片架构等共性关键技术方面具有一定技术优势。Brain 作为美国的新兴高科技企业,致力于先进深度学习算法以及计算机视觉系统的开发和研究,拥有自己的平台和机器人产品,也具有一定综合实力。

表 3-6-6 基础理论重要技术近期全球主要申请人　　　　　　　　　单位:项

序号	申请人	2013 年	2014 年	2015 年	2016 年
1	IBM	13	1	1	1
2	谷歌	3	6	4	
3	微软	2	6	3	1
4	艾罗伯特	5	4	1	
5	中科院	2	3	5	
6	国家电网	5	3	1	1
7	百度	2	1	5	
8	Brain	4	2	1	
9	戴尔	5		1	
10	高通		2	4	
11	清华大学	1	3	2	
12	北京航空航天大学	1	3	1	
13	浙江大学		2	1	1
14	华为	2	1	1	
15	华南理工大学		1	2	1
16	北京理工大学	4			
17	大连理工大学		1	1	2
18	Spin Transfer Technologies				4
19	英特尔	2		1	
20	思科	1	1	1	

表 3-6-7 共性关键技术重要技术近期全球主要申请人　　　　　　　单位:项

序号	申请人	2013 年	2014 年	2015 年	2016 年	2017 年
1	谷歌	41	22	9	2	
2	三星	26	20	3	1	

续表

序号	申请人	2013年	2014年	2015年	2016年	2017年
3	IBM	15	9	8	2	
4	中科院	13	13	6	2	
5	美光科技	18	6	6		
6	高通	16	8	5	1	
7	微软	14	7	6	1	
8	波士顿科学	17	6	1		
9	海力士	11	9	2	1	
10	丰田	8	6	6		
11	北京理工大学	7	7	5		
12	西部数据	5	9	4		
13	西安电子科技大学	9	5	3		
14	Brain	10	7			
15	北京航空航天大学	8	5		2	
16	清华大学	4	5	6		
17	天津大学	6	5	4		
18	Spin Transfer Technologies		2	5	6	2
19	苹果	5	5	4		
20	台积电	10	2	2		

表3-6-8 支撑平台重要技术近期全球主要申请人

单位：项

序号	申请人	2013年	2014年	2015年	2016年	2017年
1	微软	9	22	8		
2	国家电网	8	16	9	1	
3	IBM	15	5	5		
4	中科院	8	6	7	2	
5	谷歌	6	4	5	2	
6	亚马逊	3	10	1		
7	百度		3	11		
8	高通	7	1	3		
9	甲骨文	6	2	1	1	
10	三星	4	2	4		

续表

序号	申请人	2013 年	2014 年	2015 年	2016 年	2017 年
11	思科	3	2	5		
12	北京航空航天大学	6	3			
13	Brain	9				
14	武汉大学	1	5	1		
15	北京工业大学	3	3	1		
16	华为	5	2			
17	Splunk			7		
18	苹果	2	3			1
19	江森自控	2	3	1		
20	FireEye	4	1	1		

国家电网作为国内大型企业，近几年致力于发展人工智能技术与产业的融合技术，在基础理论以及平台方面具有一定研究，掌握一定重要技术；百度作为国内领先高科技企业，在人工智能技术方面深入研究，先后推出无人驾驶开发平台 Apollo 以及 DuerOS 语音系统等产品，在基础理论和支撑平台方面具有一定技术积累。

艾罗伯特发明各型军用、警用、救难、侦测机器人，被军方、警方、救难单位用于各种不同场合，同时，其研发的扫地机器人也是家用扫地机器人行业的重要产品之一。作为全球知名麻省理工学院（MIT）计算机科学与人工智能实验室技术转移及投资成立的机器人产品与技术专业研发公司，其在基础理论方面具有领先的成果。

Spin Transfer Technologies，现更名为 Spin Memory，成立于 2007 年，总部位于美国，是全球领先的 MRAM、STT－MRAM 开发商。

总体来说，在基础理论方面，中国申请人占据 10 位，但多为高校和科研院所，产业转化能力不足。在共性关键技术方面，美光科技、海力士凭借在 DRAM、NAND 闪存等产品方面的领先技术，占据一席之位。美光科技是全球最大的半导体储存及影像产品制造商之一，其主要产品包括 DRAM、NAND 闪存和 CMOS 影像传感器。在支撑平台方面，近几年国内申请人较为活跃，国内申请人占据 7 位，其中既包括以中科院为代表的高校和科研院所，也包括国家电网、百度、奇瑞为代表的企业。

3.6.4 潜在重要技术近期迁移

截取 2015 年以后被引用次数在 2 次以上的潜在重要技术申请数据，得到近期潜在重要技术的主要来源，进一步挖掘出近期保持持续创新活力的潜在重要技术的主要活跃申请人。

从表 3 - 6 - 9 可以看出，中科院、国家电网、IBM 分列第一、第二、第三位，在近期均保持较高的创新活力，各自潜在重要创新成果较多，支撑其成为最重要的申请人。中科院作为国内权威研究机构，近期保持着对技术的持续关注，并积累了一定数量的潜在重要技术；国家电网作为国有大型企业，近些年重点关注人工智能技术与产业的结合，持续创新能力较强；百度作为国内领先的创新主体，长期保持着较高的创新活力，同时期潜在重要专利技术快速积累，在最近几年更为活跃，潜在重要技术较多；作为中国汽车自主品牌，奇瑞在智能互联转型方面一直走在自主品牌的前列，已陆续与百度、科大讯飞、东软、中国联通、英伟达等企业建立了紧密的合作关系，有了这些互联网大鳄在智能互联技术层面的加码。2018年后，奇瑞与科大讯飞启动"AI发展基金"，共同打造人工智能自动驾驶车辆产业链。从最早的QQ车型到如今奇瑞全新产品，科大讯飞一直与奇瑞保持着合作，双方共同开发的Cloudrive2.0智云互联行车系统，目前已搭载在艾瑞泽5、瑞虎3x等产品上。三星作为韩国领先企业，保持着对技术的长期关注和研究；谷歌在近期保持较高的创新活力，其潜在重要创新成果较多，也支撑其成为近期重要的申请人。

表3-6-9 混合增强智能潜在重要技术近期全球主要申请人　　　　　　单位：项

序号	申请人	2015年	2016年	2017年	2018年
1	中科院	85	91	17	1
2	国家电网	118	57	11	
3	IBM	128	35	9	
4	百度	45	53	24	1
5	三星	62	30	4	1
6	谷歌	61	28	2	
7	吉林大学	34	42	14	
8	清华大学	43	25	19	1
9	微软	56	24	2	
10	华南理工大学	37	30	14	
11	英特尔	54	20	1	1
12	江苏大学	24	39	8	
13	高通	38	20	2	
14	浙江大学	25	28		
15	电子科技大学	28	20	9	
16	北京航空航天大学	24	20	7	
17	东南大学	22	19	7	
18	天津大学	20	21		
19	西安电子科技大学	20	17	7	
20	奇瑞	26	13	4	

总体来看，中国申请人占据 14 位，且占据第一、第二、第四位，在近期的创新活动中保持着创新活力，其中不仅包括以中科院为代表的众多高校及科研院所，也包括以国家电网、百度为代表的企业。在前 20 位中，美国申请人占 5 位，分别是 IBM、英特尔、谷歌、微软、高通，均是全球领先的创新主体，在雄厚的技术积累支持下，仍保持着较高的创新活力。韩国依靠三星在芯片以及存储等共性关键技术方面的积累，占有一席。

从表 3-6-10 至表 3-6-12 可以看出，IBM 作为近期全球创新活力的领先者，在三个技术分支均占据重要地位，全面推动技术的发展。中科院作为国内权威科研机构，在三个技术分支中均具有较多的重要技术，处于国内领先地位。谷歌、百度、微软作为高科技企业，在三个分支也均有一定研究，技术创新活力也较强。百度作为国内领先的高科技企业，在人工智能技术方面深入研究，近期在三个技术分支均保持着一定的创新活力。

如表 3-6-10 所示，基础理论方面，中国申请人占据 15 位，但多为高校科研院所，产业转化能力不足。华南理工大学、电子科技大学、清华大学、北京工业大学、天津大学、西安电子科技大学作为国家自然科学基金资助单位，近几年在基础理论方面创新活力较高。

表 3-6-10 基础理论潜在重要技术近期全球主要申请人　　　　　单位：项

序号	申请人	2015 年	2016 年	2017 年
1	中科院	12	23	7
2	IBM	15	12	
3	华南理工大学	5	9	12
4	百度	15	4	6
5	英特尔	16	3	
6	电子科技大学	8	5	5
7	浙江大学	5	10	2
8	谷歌	12	4	
9	清华大学	7	2	7
10	微软	8	7	1
11	高通	8	5	1
12	国家电网	10	3	1
13	小米	8	4	2
14	北京工业大学		9	3
15	天津大学	3	5	3
16	西安电子科技大学	7	2	2

续表

序号	申请人	2015 年	2016 年	2017 年
17	北京光年无限		10	
18	北京航空航天大学	2	4	3
19	大连理工大学	5	3	1
20	福州大学	1	4	4

小米作为"智能家居国家新一代人工智能开放创新平台",在智能家居领域有多年的耕耘和积累,并在声学、语音、自然语言理解、图像视觉处理、深度学习、IoT 智能设备接入等人工智能与物联网技术等领域都取得了重要的突破。随着小米系人工智能产品的相继问世,小米也积极开展专利布局,近期在基础理论潜在重要技术方面稳步积累,2015~2017 年共拥有专利 14 件。

北京光年无限主要从事机器人人工智能及机器人操作系统的研发及商业化应用,在语义理解、机器视觉、多模态人机交互、深度学习、机器人等领域具备一些专利技术。

在基础理论潜在重要技术方面,福州大学积极进行专利布局,2015 年拥有 1 件,2016 年新增拥有 4 件,2017 年新增拥有 4 件,潜在重要技术拥有量稳步提高。依托于 12 个省部级科技创新平台,福州大学在计算机视觉与模式识别、大数据智能分析与机器学习、智能图像处理、智能控制科学、智能机器人、智能制造、智能医疗等方面已经具有较强的竞争力。2018 年 7 月,福州大学成立省内首家高校人工智能学院和人工智能研究院。

如表 3-6-11 所示,在共性关键技术方面,吉林大学、清华大学和江苏大学作为国家自然科学基金主要受资助单位,在共性关键技术领域也保持着较高的创新活跃度。大众、福特、丰田和奇瑞作为传统行业知名企业,在技术与产业融合方面持续关注。高通、海力士凭借在芯片、DRAM、NAND 闪存等产品方面的领先技术,占据一席之地。

表 3-6-11 共性关键技术潜在重要技术近期全球主要申请人　　单位:项

序列	申请人	2015 年	2016 年	2017 年	2018 年
1	中科院	58	60	10	1
2	IBM	91	19	7	
3	三星	54	33	3	1
4	吉林大学	29	38	12	
5	谷歌	45	21	2	
6	百度	17	36	14	
7	清华大学	31	22	11	

续表

序列	申请人	2015 年	2016 年	2017 年	2018 年
8	国家电网	36	16	5	
9	江苏大学	19	30	7	
10	英特尔	35	15	1	1
11	华南理工大学	24	18	4	
12	福特	22	21	2	
13	大众	31	9		
14	丰田	19	19	1	
15	高通	25	13	1	
16	奇瑞	25	9	4	
17	北京航空航天大学	17	16	4	
18	西部数据	29	6	2	
19	东南大学	14	16	5	
20	海力士	18	17		

如表 3-6-12 所示，在支撑平台方面，近几年国内申请人较为活跃，国内申请人占据 13 位，其中包括以中科院为代表的高校及科研院所，也包括以国家电网、百度、中国南方电网、阿里巴巴、中国电子科技、中国广核为代表的企业。浙江大学、西安电子科技大学、清华大学、东南大学等作为国家自然科学基金主要受资助单位，在支撑平台领域也保持着较高的创新活跃度。

表 3-6-12 支撑平台潜在重要技术近期全球主要申请人

单位：项

序号	申请人	2015 年	2016 年	2017 年	2018 年
1	国家电网	71	43	15	
2	微软	39	17	4	
3	百度	20	26	10	1
4	中科院	21	22	9	
5	IBM	30	13	3	
6	Splunk	30			
7	浙江大学	7	13	7	
8	谷歌	17	7		
9	中国南方电网	11	4	4	
10	CognitiveScale	9	8		

续表

序号	申请人	2015 年	2016 年	2017 年	2018 年
11	西安电子科技大学	5	5	6	
12	阿里巴巴	6	4	6	
13	中国电子科技	11	1	4	
14	中国广核	12	3	1	
15	英特尔	7	4	4	
16	清华大学	8	1	5	1
17	东南大学	5	6	4	
18	上海交通大学	6	7	2	
19	三星	10	4	1	
20	北京工业大学	5	8	1	
21	高通	9	4		1

近年来，中国南方电网围绕人工智能发展与应用，在生产、营销、基建等领域开展探索实践，在智慧输电、机巡作业、智能变电站、智能配电网等方面形成一系列创新成果，积累了一些支撑平台潜在重要技术。2015 年拥有支撑平台潜在重要技术 11 件，2016 年新增拥有 4 件，2017 年新增拥有 4 件，支撑平台潜在重要技术专利拥有量稳步增长。

Splunk 成立于 2003 年，并于 2012 年登陆纳斯达克，是市场上非结构化以及半结构化数据（机器数据）的独家处理、分析提供商。在支撑平台技术领域具有一定技术实力，其 2015 年拥有支撑平台潜在重要技术专利 30 件，当年拥有量与 IBM 并列第三位，是信息安全领域可以与 IBM 对标的企业，拥有较为先进的大数据分析平台。

中国电子科技旨在通过大学习中心、视觉大数据开放平台和群体智能开放创新平台三大平台的搭建，沿数据智能、机器智能、群体智能三大方向进行重点突破。2015 年拥有支撑平台潜在重要技术 11 件，2016 年新增拥有 1 件，2017 年新增拥有 4 件，支撑平台潜在重要技术专利拥有量稳步增长。2019 年与北京师范大学合作，共建"北京师范大学—中国电子科技集团人工智能学院"和"人工智能研究院"。

3.7 小　　结

从以上分析中，可以得到下述结论。

（1）全球蓬勃发展，美国全面引领，中国重要核心技术近期年增拥有量赶超美国

2010 年之后，全球和中国的申请量均进入爆发期。在全球申请量排名前 20 位的申请人中，全部来自日本（8 个席位）、美国（5 个席位）、韩国（3 个席位）、中国（2 个席位）或者欧洲（2 个席位）；在中国申请量排名前 20 位的申请人中，外国申请人

均来自美国（5个席位）、日本（1个席位）、韩国（1个席位）和欧洲（1个席位）。

通过对被引用次数在10次以上的重点专利技术进行筛选可以看出，美国经过长时间的积累，在三个技术分支均掌握着大量的重要专利技术。在基础理论方面，中国自2007年当年重要技术申请量超过日本以后，保持持续稳步增长，2014年与美国保持同等水平，2015年以后逐渐超过美国。在共性关键技术方面，随着美国的发展，中国在2006年开始保持快速增长，2009年超过日本，并在2015年达到与美国同等水平，与美国保持同步增长。在支撑平台方面，中国从2006年以后保持快速增长，并在2013年首度超过美国，此后中国和美国持续发展。

在重要技术中的主要申请人迁移中可以看出，美国申请人不仅在前期积累了大量重要技术，同时保持着较高的创新活跃度，将持续处于领先地位；韩国凭借行业优势，仍保持较高创新活力；日本、德国创新活力减弱；中国创新活力持续增强，近期在各技术分支保持较高活跃度，继续挑战美国领先地位，但申请人多为高校及科研院所，产业转化能力有待提高，未来可期。

（2）中美两极动力，带动全球发展

在全球的目标市场和原创国或地区占比中，排名相同，均为中国、美国、日本、韩国，表明了中国高涨的创新意愿。中国申请原创国或地区占比中，国外申请人的排名为美国、日本、韩国和欧洲，说明美国对于中国市场的重视。从全球原创技术区域以及布局热点区域迁移可以看出，中国和美国已经成为引领全球技术发展的两极动力，同时也是全球专利布局的两大热点区域，从技术创新和市场引领两个方面驱动全球技术进步。

（3）共性关键技术核心驱动，基础理论热潮渐起

关于混合增强智能全球/中国主要技术分支占比，在各分支中，中国的申请量几乎占到全球申请量的一半。在全球和中国范围内，共性关键技术和支撑平台是研发热点，基础理论是研发难点。从技术的迁移可以看出，在全球范围内已经萌发了对于基础理论的研究热潮，可以期待其带动共性关键技术和支撑平台进一步发展。在基础理论方面，美国具有长期积累优势，而中国研发主体多，具有集群优势；在共性关键技术方面，美国仍处于全球领先地位，中国在奋起直追；在支撑平台方面，中国由于政策的宽松环境优势，发展速度迅猛，美国发展较快，日本、韩国发展缓慢，德国发展受阻。

（4）中美是最大专利布局目标市场，专利布局新兴市场迁移

从全球混合增强智能主要技术原创国专利布局迁移变化可以看出，各国仍以本土布局为主。另外，美国、中国作为全球最重要的市场，各国纷纷积极布局。日本、韩国、德国、英国、加拿大、澳大利亚、法国目前处于稳步发展阶段。进一步分析发现，俄罗斯、印度、法国近期由于各自专利制度、国家安全等方面的政策法律因素，主要技术原创国均已减少专利布局。西班牙、丹麦、波兰、菲律宾、匈牙利、挪威以及马来西亚等地，随着本国或地区经济停滞甚至衰退，美国、中国、日本、韩国、德国五国申请人的专利布局活动也逐渐降温。另外，巴西、墨西哥、以色列和新加坡由于市场的良好预期，吸引五国积极进行稳步布局。

第4章 基础理论技术专利状况分析

4.1 总体状况分析

本节对混合增强智能的基础理论研究总体专利申请情况进行研究。

4.1.1 全球/中国申请和授权态势分析

从图4-1-1中显示的全球/中国基础理论领域申请态势来看,1968~1986年,全球的申请量处于低位,从1987年开始申请量缓慢增加,但申请量仍然较少,这可能是受到人工智能的计算机软件以及算法层面的挑战没有突破、LISP机市场崩溃、政府科研经费缩减、人工智能发展进入寒冬的影响。2000年申请量开始迅速增加,而后呈现缓慢增长的平稳局面,2010年之后申请量开始迅猛增加,2014年之后爆发式增长。这可能是由于在2006年深度学习理论产生,配合10年大数据时代的到来、计算机计算能力的飞速提升以及互联网技术的快速普及,人工智能进入了增长爆发期,特别是新的算法的提出,及使用深度强化学习算法的人工智能机器人Alpha Go战胜世界围棋冠军引发的现象级讨论,刺激了研发主体对于人工智能的研发热情。从中国的申请态势可见,中国在混合增强智能基础理论的研究晚于全球,开始于20世纪80年代,随后的发展趋势与全球相同。

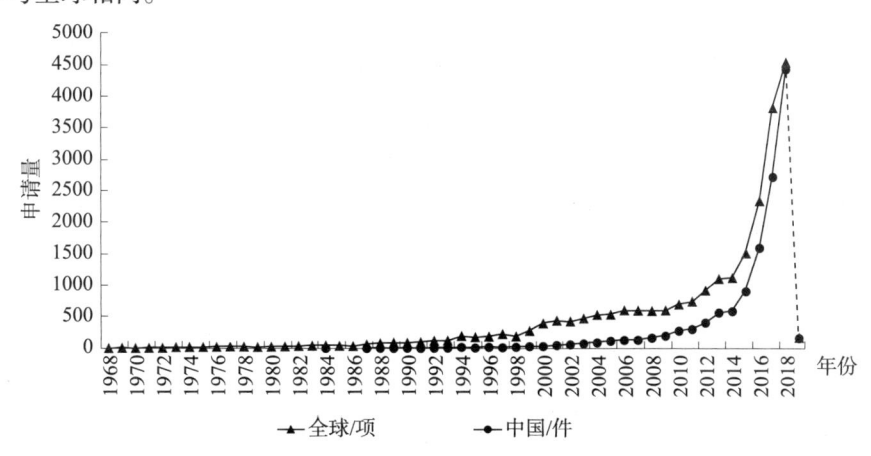

图4-1-1 基础理论领域全球/中国申请态势

从图4-1-2显示的基础理论领域主要国家或地区授权量态势可以看出,随着混合增强智能技术的发展,美国基础理论领域授权量从1997年开始快速增长,从主要国家或地区中脱颖而出,并在很长一段时间内处于领先地位,远超其他国家或地区,具有先发优势。欧洲、日本、韩国均一直发展缓慢。从中国授权量变化可以看出，中国虽然发展起步晚，但近几年增长势头强劲，专利授权量自2006年以来呈现快速增长趋势，并且在2016年专利授权数量达到了顶峰，超越美国。截止到2018年，在基础理论领域，美国的专利申请授权总量居于第一位，为5435件，中国位居第二，专利申请授权总量为3378件。可见，该领域逐渐出现了美国领先、中国紧随其后的局面。

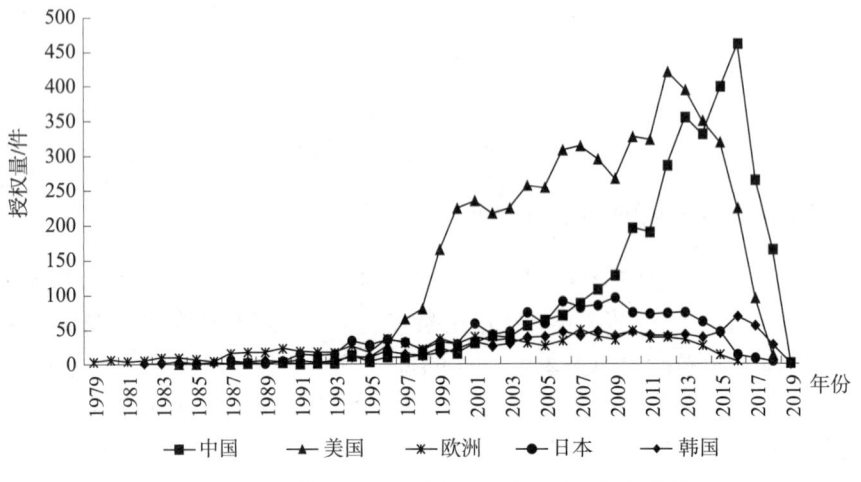

图4-1-2 基础理论领域主要国家或地区授权态势

4.1.2 主要国家或地区申请量和授权量占比分析

从图4-1-3显示的基础理论领域主要国家或地区申请量和授权量的对比可以看出，美国和韩国的授权率最高，分别为57%和52%，日本和欧洲，分别达到44%和35%，中国的授权率较低，为26%。可见，美国的专利申请整体技术含量高，核心技

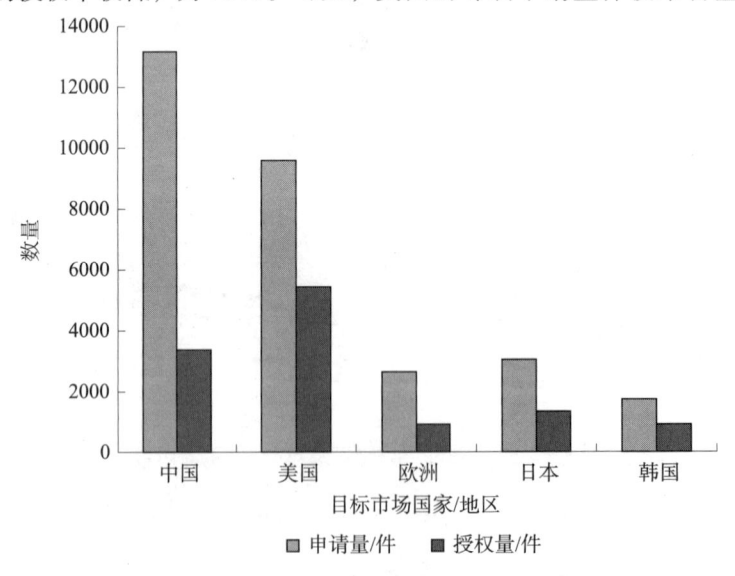

图4-1-3 基础理论领域主要国家或地区申请和授权量

术占比较大；中国在该领域核心技术专利申请量占比较低，专利整体质量有待进一步提高。从申请量以及授权量的绝对值可以看出，中国、美国基本是该领域技术发展驱动力的核心，日本、欧洲、韩国已经处于落后地位。

4.1.3 全球/中国主要申请人分析

从图 4-1-4 可以看出，在基础理论领域，全球专利申请量排名前 20 位的申请人，分别来自美国、中国、日本、韩国和德国。美国有 5 家申请人进入了前 20 位，包括 IBM、英特尔、惠普、微软、谷歌。其中，IBM 排在第一，申请数量远高于其他申请人。IBM 作为该领域的技术领先者，拥有着众多细分领域的核心技术。谷歌作为机器学习引领的人工智能技术的新的创新主体，在混合增强智能基础理论领域的模型构建、应用方面也具有较为深入的实践，并在其代表性产品如 Alpha Go、Alpha Zero 中均有应用。这充分反映出美国在混合增强智能基础理论方面的领先地位，并且完全以企业为主导。中国也有 9 位申请人进入了前 20 位，但大部分是科研院所，仅有 3 家企业。中科院作为中国重要的科研院所，对混合增强智能基础理论的各个分支均有所涉及，其中，中科院自动化所下设脑网络组研究中心、智能感知与计算研究中心、类脑智能研究中心，各个中心在多模态感知、自主学习与记忆、思维决策等相关的认知脑模拟、类脑多模态信息处理、类脑智能机器人等领域，均具有一定的研究基础。国家电网作

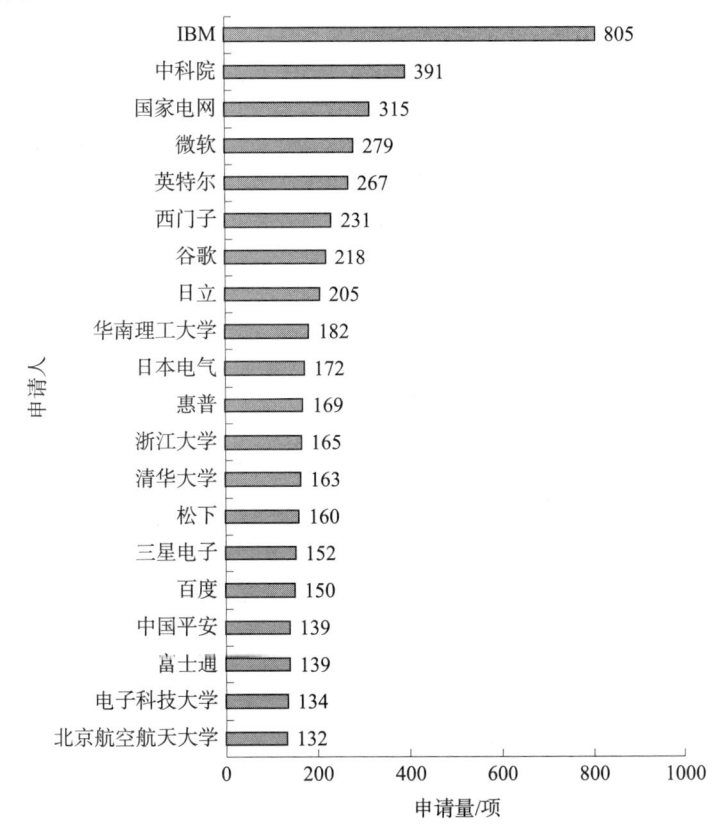

申请人	申请量/项
IBM	805
中科院	391
国家电网	315
微软	279
英特尔	267
西门子	231
谷歌	218
日立	205
华南理工大学	182
日本电气	172
惠普	169
浙江大学	165
清华大学	163
松下	160
三星电子	152
百度	150
中国平安	139
富士通	139
电子科技大学	134
北京航空航天大学	132

图 4-1-4 基础理论领域全球申请人排名

为中国的重要国有企业，也非常重视新兴技术与产业的结合，并通过专利进行保护。此外，日立、西门子、日本电气作为重要的控制器厂商，在该领域也具有一定的研究。

从上述分析可以看出，与美国、日本相比，中国在该领域的理论研究热情更高，科研能力更强。但实际投入生产、形成产业的能力较弱，理论技术还未能较好地落地，应对该领域进行重视。中国的企业和外国知名企业相比，研发能力和生产能力还略逊一筹，应当考虑与理论研究成果较为出众的科研院所联合，在利用自身的资金和资源实现技术落地的同时，积极引进人才或培养技术人员，最终提高企业的技术竞争力和生产实力。

从图4-1-5基础理论领域中国申请人排名可以看出，中科院作为中国重要的科研院所，具有庞大的研究专家团队，在该领域申请量最多。国家电网作为国有企业，基于对先进技术与产业融合的需求，在混合增强智能基础理论领域也具有较为广泛的研究。百度作为国内领先的技术公司，专利申请基本涉及关注点挖掘、推荐、推送信息，无人驾驶等领域。从2018年国家自然科学基金人工智能项目资助单位可以看出，中科院自动化所、电子科技大学、清华大学、天津大学、华南理工大学、浙江大学、东南大学、北京工业大学、北京航空航天大学等中国主要申请人均是基金的主要受资助单位，这也促进了各申请人在基础理论领域的研究。

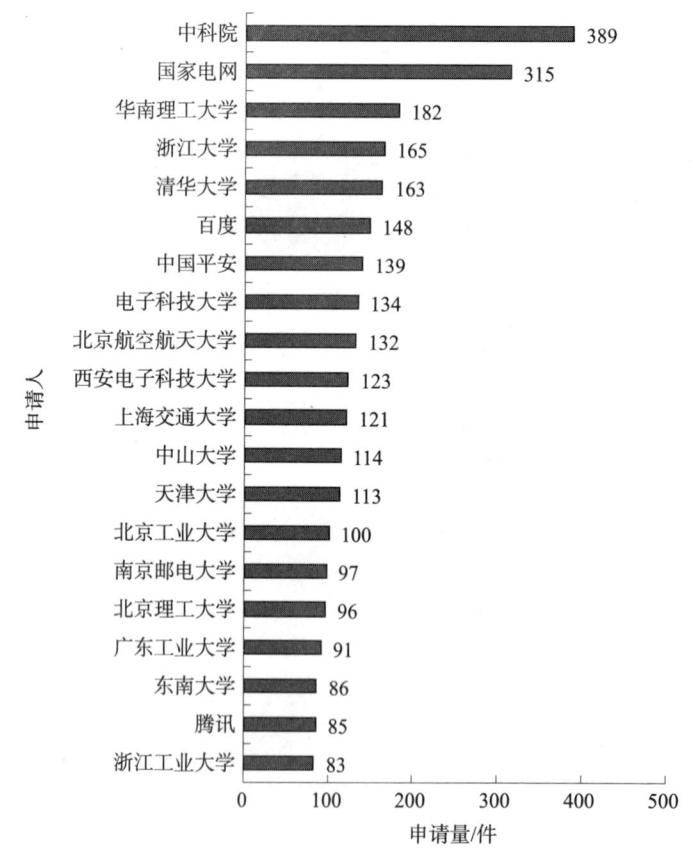

申请人	申请量/件
中科院	389
国家电网	315
华南理工大学	182
浙江大学	165
清华大学	163
百度	148
中国平安	139
电子科技大学	134
北京航空航天大学	132
西安电子科技大学	123
上海交通大学	121
中山大学	114
天津大学	113
北京工业大学	100
南京邮电大学	97
北京理工大学	96
广东工业大学	91
东南大学	86
腾讯	85
浙江工业大学	83

图4-1-5 基础理论领域中国申请人排名

4.1.4 全球布局区域分析

从图4-1-6基础理论领域全球目标市场占比可以看出,中国仍是最重要的市场,吸引着全球创新主体的注意力,同时基于中国申请人的大量投入,产出较多。美国排名第二位。可见,美国和中国是主要目标市场国,位于第一梯队,各企业都非常重视在美国和中国的专利申请,这与两国存在庞大的市场是相关的,市场的大小在一定程度上决定了专利申请数量的多少。日本、欧洲和韩国位于第二梯队。欧洲的原创专利数量少于韩国,但是作为目标市场国,欧洲所占的比例要超过韩国。此外,还有9%的专利申请选择了PCT申请,这说明一定数量的专利是以进入多个国家或地区为目标的。

从图4-1-7基础理论领域全球原创国家或地区占比可以看出,中国原创技术占比达到38%,是全球第一大创新群体,基于中国近年来对于人工智能领域的政策引导和产业规划,大量中国创新主体在该领域投入研发力量,特别是众多高校及科研院所在国家基金的支持下,在该领域开展了广泛的研究。美国作为全球另一个重要的创新驱动力,占比18%,具有如IBM、微软、谷歌等全球重要的申请人,企业力量突出。欧洲、日本、韩国发展明显落后于中国和美国。目标市场与技术原创国/地区占比排名情况类似,均集中在上述几个国家。说明混合增强智能基础理论技术在全球的市场和研发地域相对集中。

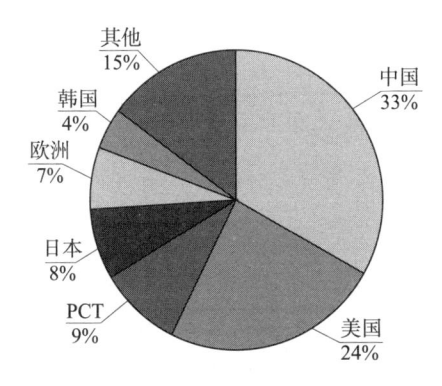

图4-1-6 基础理论领域全球目标市场占比

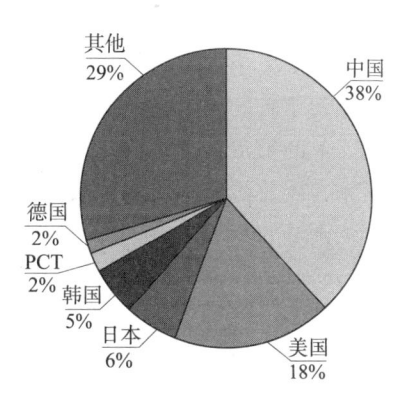

图4-1-7 基础理论领域全球原创国家或地区占比

4.1.5 全球/中国主要技术分支分析

本小节主要研究了基础理论在全球和中国的主要技术分支申请量情况。从图4-1-8基础理论全球/中国主要技术分支占比可以看出,在全球申请量中,排名第一和第二的技术分支分别为联想记忆模型与知识演化方法、复杂数据和任务的混合增强智能学习方法,而在中国的申请量中,排名第一与第二的技术分支与全球申请量排名正好相反,其余技术分支的排名情况相同,这表明各技术分支的研究热度在全球和中国较为一致。在各技术分支中,中国都拥有较多的申请量。一方面这可能是基于中国近年来对于人工智能领域的政策引导和产业规划,大量中国创新主体在该领域展开研究;另一方面,中国作为快速崛起的新兴经济体，人口众多，潜藏着巨大的商业机会，因此吸引了中外各创新主体的目光，更愿意在中国进行专利布局。

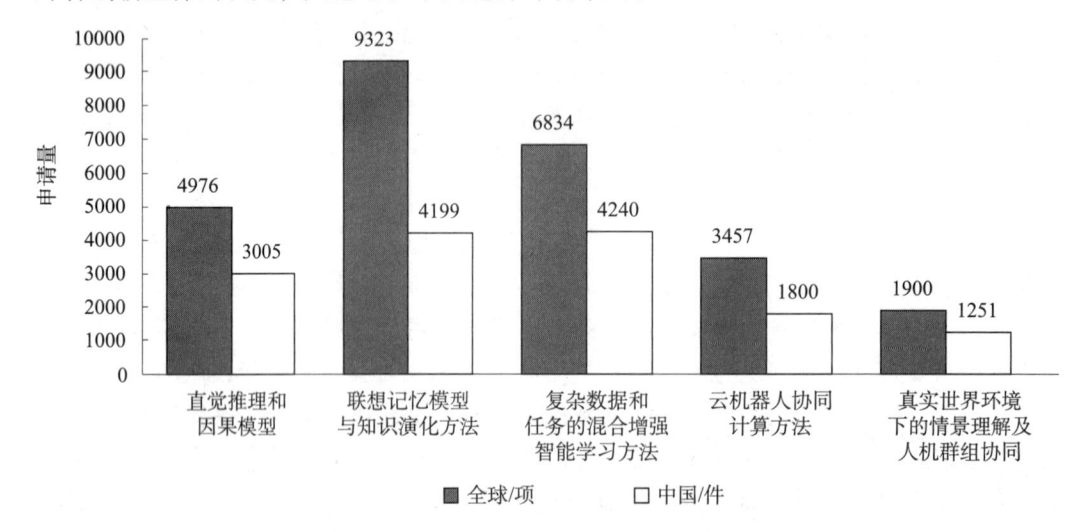

图 4-1-8 基础理论领域全球/中国主要技术分支

4.1.6 全球/中国主要申请人布局重点分析

从表 4-1-1 基础理论领域全球主要申请人申请量年度分布来看，IBM、西门子、日立、惠普的相关专利申请从技术发展早期已经开始布局，早于全球其他申请人，并持续引领技术的发展，表明其具备敏锐的观察力，能够更早地确定未来的技术市场。以中科院等高校及科研院所为代表的中国申请人，从 2013 年左右开始加速发展，引领了中国在该领域的专利申请。

表 4-1-1 基础理论领域全球主要申请人申请量年度分布　　　　　单位：项

申请人	2000 年以前	2001~2003 年	2004~2006 年	2007~2009 年	2010~2012 年	2013~2015 年	2016~2018 年
IBM	130	69	79	99	115	154	159
中科院	2	5	4	20	35	69	254
国家电网	0	0	0	5	18	77	211
微软	9	21	50	42	59	39	59
英特尔	34	36	28	7	23	56	83
西门子	90	21	19	15	11	27	48
谷歌	0	4	13	10	47	55	89
日立	86	13	17	20	21	23	25
华南理工大学	0	0	2	1	4	20	151
日本电气	56	8	12	9	21	23	43
惠普	63	16	25	14	13	25	13

续表

申请人	2000年以前	2001~2003年	2004~2006年	2007~2009年	2010~2012年	2013~2015年	2016~2018年
浙江大学	1	0	3	12	6	30	109
清华大学	0	0	0	4	14	23	120
松下	50	21	35	12	6	13	23
三星	10	10	18	14	21	27	51
百度	0	0	0	0	2	31	115
富士通	29	10	15	18	14	20	33
中国平安	0	0	0	0	0	0	136
电子科技大学	0	0	0	2	4	18	107
北京航空航天大学	0	0	1	8	17	23	82

从表4-1-2中国主要申请人布局年度分布来看，国家电网从2013年开始加速发展，基于其在产业上的优势，引领国内该领域的发展。中科院作为国内重点科研院所，起步较早，从2001年开始持续跟进技术发展。而其他一些高校，如华南理工大学、浙江大学、清华大学、电子科技大学、上海交通大学、天津大学、东南大学、北京工业大学、北京航空航天大学等中国主要申请人，得益于国家自然科学基金的资助，在基础理论方面展开了研究，但起步略晚，普遍从2008年左右才开始跟进混合增强智能基础理论相关研究，并持续跟进发展，在2018年达到顶峰。此外，百度、腾讯作为国内领先的技术公司，在该领域持续布局。

从图4-1-9（见文前彩色插图第2页）基础理论全球主要申请人布局区域分布可以看出，每个申请人在本国的申请量是最大的，由于基本所有申请人都会采取这样布局策略，因此申请量第二、第三位的地区更能说明每位申请人所侧重的国家或地区。另外，如IBM、微软、英特尔、西门子、谷歌、日立等这些国外申请人，均在全球范围内广泛布局，并拥有多个PCT申请；而中国申请人则多以本国为布局重点，较少进行海外布局。在中国申请人中仅有百度的全球布局意识较好，在美国、日本、欧洲、韩国均有所布局。从目标国家或地区来看，美国最受重视，然后是中国和日本。此外，美国和德国申请人更注重PCT申请，愿意采用以进入多个市场国为目标的专利布局策略。

从图4-1-10基础理论领域中国主要申请人申请量国家或地区分布来看，百度和腾讯作为专利布局意识较强的申请人，进行了全面的海外布局，中国平安和中科院也进行了一定量的海外布局，电子科技大学、北京航空航天大学、天津大学、北京工业大学均在美国进行了零星的专利布局，其他中国申请人均以国内布局为主，较少进行海外布局。中国申请人的PCT申请数量较少。可见，我国申请人海外专利布局数量少且布局区域不平衡，缺乏全球性布局意识。海外布局成本高成为抑制我国申请人进行国际专利申请动机的重要原因。建议国家对一些重点企业的关键技术、高价值专利，在海外布局，例如提交PCT申请，进入外国国家阶段的过程中提供资金资助及奖励支持。

表4-1-2 基础理论领域中国主要申请人申请量年度分布

单位：件

中国主要申请人	2001年	2002年	2003年	2004年	2005年	2006年	2007年	2008年	2009年	2010年	2011年	2012年	2013年	2014年	2015年	2016年	2017年	2018年	2019年
中科院	1	2	2	1	3		5	5	9	9	9	17	17	24	27	57	76	121	2
国家电网								1	4	3	5	10	21	22	34	43	63	105	4
华南理工大学						2		1		1	1	2	5	2	13	16	62	73	4
浙江大学					3		2	8	2	4		2	19	3	8	19	32	58	4
清华大学							2	2		1	4	9	6	6	11	9	57	54	2
百度												1	5	5	19	14	43	57	2
中国平安									2	1	2	1	6	2	10	5	28	103	3
电子科技大学						1	1	2	5	7	6	4	10	9	4	12	31	64	3
北京航空航天大学						1			2	2	2	2	3	3	9	10	24	48	1
西安电子科技大学			2				1	7	4	3	1	2	5	2	5	7	32	60	1
上海交通大学					5	1		1						1		10	20	52	1
中山大学						3	2	3	2		7	2	5	7	5	8	21	76	1
天津大学					1	1			2	1	1	3	7	6	1	9	24	44	2
北京工业大学									1	1	2	2	6	2	5	20	18	39	1
南京邮电大学					1			2	1		2	4	9	4	4	11	17	45	3
北京理工大学							1	1		3	1		2	2	4	9	17	45	
广东工业大学								1	1	2	5	2	6	5	4	6	22	52	
东南大学					1		1	1	2	1	3	2	3	3	8	6	15	34	
腾讯						1													
浙江工业大学											4		3	2	1	6	21	44	1

88

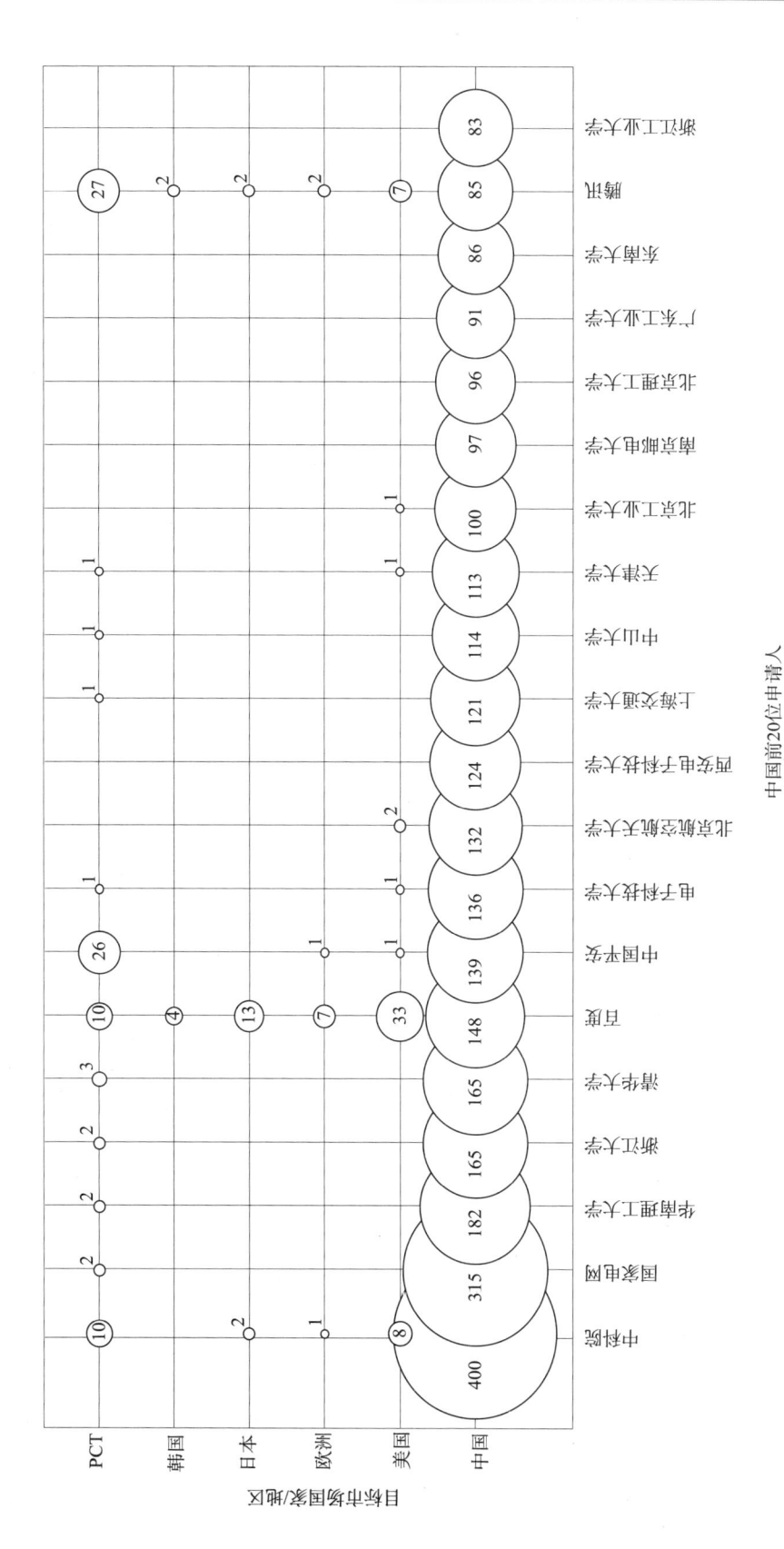

第4章 基础理论技术专利状况分析

图 4-1-10 基础理论领域中国主要申请人申请量国家或地区分布

注：图中数字为申请量，单位为件。

从表4-1-3基础理论领域全球主要申请人技术分布来看，对于联想记忆模型与知识演化方法，IBM的申请量最高的，几乎2倍于位居第二的英特尔，且是IBM的复杂数据和任务的混合增强智能学习方法的4倍多，可见，IBM的研究专注于人脑认知和思维活动；在该领域中，松下、北京航空航天大学的研究相对较少，专利申请量不及IBM的1/10。国家电网在机器直觉推理和因果模型中的研究最多，其次是IBM，涉及最少的是中国平安和百度，可见中国申请人在相同研究分支的侧重点有所不同。在复杂数据和任务的混合增强智能学习方法分支中，中科院与IBM的申请量居前两位，但是与其后排名的申请量差别不是太大，可见在该分支，全球排名前20位的申请人均投入一定的研发力量，表明了创新主体对于在难以实现定义和程序化的复杂问题上的关注。在云机器人协同计算方法分支，松下排名第一位，随后是中科院，而中国平安与惠普却没有涉及该领域，并且在IBM的多个分支中申请量最少。这表明前20位的申请人并不是全部关注云机器人领域，且云机器人领域排名第一的iRobot并没有进入全球前20位的申请人中，可见，该分支并不适合所有的人工智能公司进行研究。在真实世界环境下的情景理解及人机群组协同分支申请量排名第一的是IBM，而排在后几位的申请量均为个位数，该分支在各申请人中的申请量均较少，可见其不是各人工智能创新主体关注的重点。

表4-1-3 基础理论领域全球主要申请人技术分布 单位：项

申请人	机器直觉推理和因果模型	联想记忆模型与知识演化方法	复杂数据和任务的混合增强智能学习方法	云机器人协同计算方法	真实世界环境下的情景理解及人机群组协同
IBM	81	589	122	11	78
中科院	69	146	137	43	58
国家电网	125	98	67	30	14
微软	64	128	77	11	28
英特尔	16	212	36	11	3
西门子	52	110	53	15	15
谷歌	33	80	95	19	18
日立	65	66	28	38	4
华南理工大学	16	55	86	33	16
日本电气	46	71	42	15	11
惠普	19	132	20	0	8
浙江大学	61	58	43	5	13
清华大学	25	54	74	18	14
松下	15	38	31	70	3

续表

申请人	机器直觉推理和因果模型	联想记忆模型与知识演化方法	复杂数据和任务的混合增强智能学习方法	云机器人协同计算方法	真实世界环境下的情景理解及人机群组协同
三星电子	15	58	51	30	6
百度	9	73	62	4	22
中国平安	7	83	49	0	26
富士通	32	49	34	20	6
电子科技大学	28	42	64	6	10
北京航空航天大学	36	37	39	22	17

从表4-1-4基础理论领域中国主要申请人技术分布来看，联想记忆模型与知识演化方法的申请量最高的是中科院，为146件，其次为国家电网，98件，其余的申请人申请量均为两位数；在复杂数据和任务的混合增强智能学习方法分支中，中科院的申请量同样最多，为137件，其余申请人申请量也均为两位数，可见各申请人在这两个分支均投入一定研发力量。国家电网在机器直觉推理和因果模型中的研究最多，是第二名中科院的约2倍，而最少的中国平安和百度申请量均为个位数，可见不同创新主体对该分支的重视程度不同。在云机器人协同计算方法分支与真实世界环境下的情景理解及人机群组协同分支与全球趋势相同，即云机器人协同计算方法分支并不适合所有的人工智能公司进行研究，真实世界环境下的情景理解及人机群组协同分支不是各人工智能创新主体关注的重点。

从各分支的情况和申请总量来看，中科院和国家电网的申请量不仅多，而且在各分支都排名在先，可见其不仅整体上研发实力较强，且分布均匀。

表4-1-4 基础理论领域中国主要申请人技术分布　　单位：件

申请人	机器直觉推理和因果模型	联想记忆模型与知识演化方法	复杂数据和任务的混合增强智能学习方法	云机器人协同计算方法	真实世界环境下的情景理解及人机群组协同
中科院	68	146	137	43	58
国家电网	125	98	67	30	14
华南理工大学	16	55	86	33	16
浙江大学	61	58	43	5	13
清华大学	25	54	74	18	14
百度	9	73	62	4	21
中国平安	7	83	49	0	26

续表

申请人	机器直觉推理和因果模型	联想记忆模型与知识演化方法	复杂数据和任务的混合增强智能学习方法	云机器人协同计算方法	真实世界环境下的情景理解及人机群组协同
电子科技大学	28	42	64	6	10
北京航空航天大学	36	37	39	22	17
西安电子科技大学	26	26	65	12	9
上海交通大学	25	44	46	9	16
中山大学	11	56	49	3	14
天津大学	25	39	39	8	14
北京工业大学	37	25	31	8	14
南京邮电大学	23	26	41	8	19
北京理工大学	19	39	20	16	13
广东工业大学	27	33	31	5	9
东南大学	38	20	22	7	10
腾讯	16	26	38	2	10
浙江工业大学	17	23	38	7	4

4.2 机器直觉推理与因果模型技术

本节从全球和中国范围的专利申请/授权态势、主要申请人、技术原创国、目标市场区域以及主要申请人的布局重点等多个角度对机器直觉推理与因果模型技术进行分析。

4.2.1 全球/中国申请和授权态势分析

自 1965 年，美国控制论专家 L. A. Zadeh 教授提出了模糊集理论以来，模糊推理理论与技术得到迅猛发展，使计算机模拟人脑的识别判决过程得以实现，提高了自动化水平，专利申请也随之开始出现。但这一时期专利申请只有几件。随着 1986 年直觉模糊集、模糊认知图（Fuzzy Cognitive Maps，FCM）的提出，专利申请量自 1988 年左右开始有所增长，进入缓慢发展期。1995 年以后，Pearl 先后提出了结构因果模型（Structural Causal Model，SCM）、因果贝叶斯网络，2002 年 Carvallho 提出基于规则的模糊认知图（Rule Based Fuzzy Cognitive Maps）。随着机器学习领域对于计算模型的构建，该领域专利申请量逐渐增长，进入小幅增速发展的阶段。2006 年以来，伴随混合增强智能技术的快速发展，该领域专利申请量也快速增长。从图 4 - 2 - 1 可以看出，中国申请量与全球相比，起步较晚，在基础理论发展初期较为落后。随着我国经济的快速发展，在研发人员以及研发经费双重驱动力的带动下，我国在该领域的专利申请量也快速增长。直觉推理和因果模型技术作为认知计算机器实现的前沿技术，得到了国家自然科学基金的鼎力支持，也进入了快速发展期。

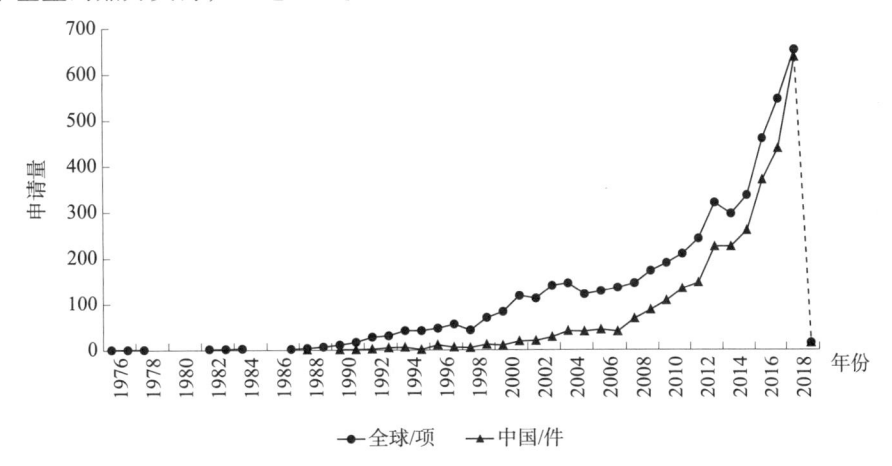

图 4-2-1 机器直觉推理与因果模型全球/中国申请态势分布

从图 4-2-2 主要国家或地区授权态势可以看出，伴随技术的发展，美国作为该领域的重要专利申请国，授权量从 1996 年也开始保持稳步增长态势，并在一段时间内处于领先地位。欧洲、日本、韩国均处于缓慢发展期。从中国授权量变化可以看出，中国虽然发展起步晚，但发展速度较快。基于中国专利申请量的快速增长，专利授权量自 2006 年以来也呈现快速增长趋势。

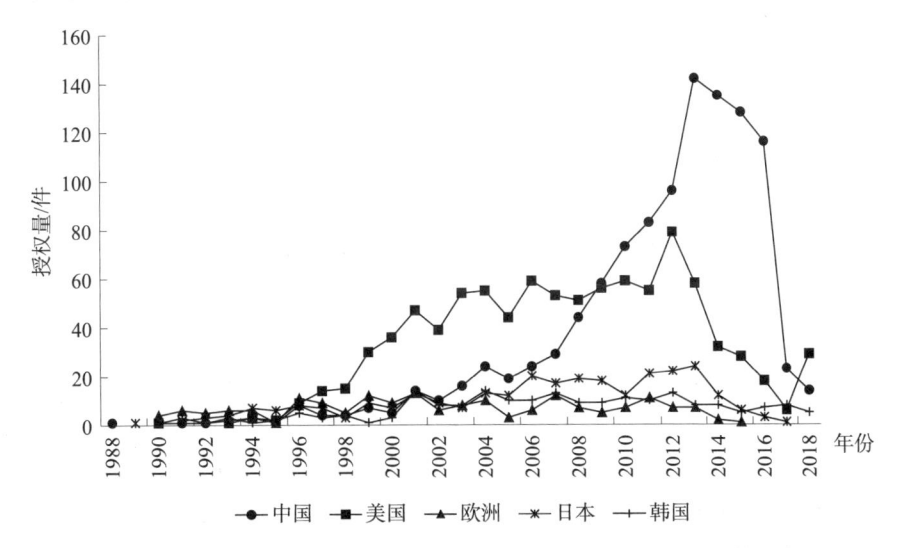

图 4-2-2 机器直觉推理与因果模型主要国家或地区授权态势分布

4.2.2 主要国家或地区申请和授权量占比分析

从图 4-2-3 主要国家或地区申请量和授权量的对比可以看出，虽然中国是第一申请大国，但授权比例较低，主要因为中国在该领域早期专利申请量占比较低，且专利整体质量有待进一步提高。反观美国，可以看出，专利申请授权率较高，说明其专利申请整体技术可授权价值含量高。从申请量以及授权量可以看出，在该领域中国、美国基本是技术发展驱动力的核心，欧洲、日本、韩国已经处于落后地位。

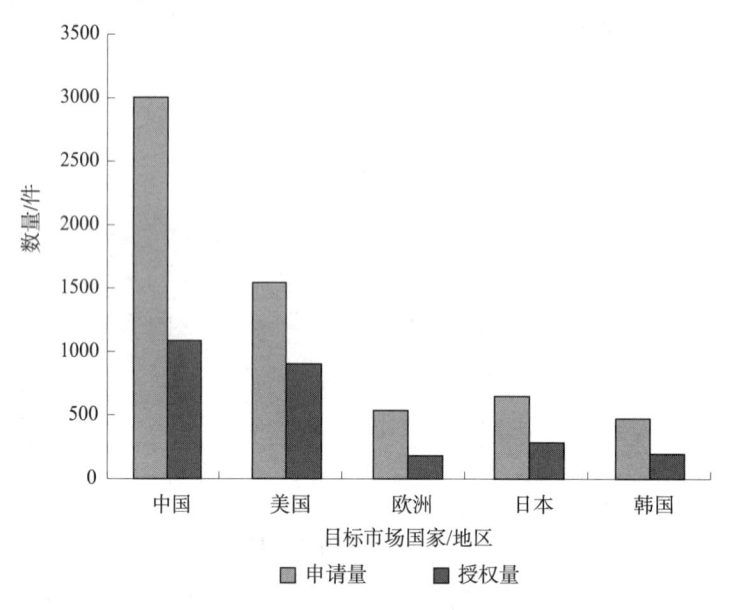

图 4-2-3 机器直觉推理与因果模型主要国家或地区申请和授权量

4.2.3 全球/中国主要申请人分析

从图 4-2-4 可以看出，国家电网作为中国的重要国有企业，非常重视新兴技术与产业的结合，并积极地通过专利进行保护。IBM 作为该领域国外的技术领先者，拥有多项专利技术。

日立、西门子、日本电气作为重要的控制器厂商，在该领域也具有一定的研究。谷歌作为机器学习引领的人工智能技术的新创新主体，在该领域的模型构建、应用方面也具有较为深入的实践，并在其代表性产品如 AlphaGo、AlphaZero 中有所应用。以中科院、浙江大学、东南大学等为代表的中国高校及科研院所，作为国家自然科学基金人工智能项目的主要受资助单位，在国家政策的引导以及基金的支持下，在该领域也有广泛的研究。

从图 4-2-5 可以看出，国家电网作为国有企业，基于对先进技术与产业的融合需求，在该领域具有较为广泛的研究。中科院作为中国重要的科研院所，具有庞大的研究专家团队，在该领域也具有深入的研究。从 2018 年国家自然科学基金人工智能项目资助单位可以看出，浙江大学、东南大学、北京工业大学、北京航空航天大学、东北大学等中国主要申请人均是主要受资助单位，这也促进了各申请人在基础理论、基本方法方面的研究。华为作为国内领先的创新型公司，在该领域也具有一定研究。

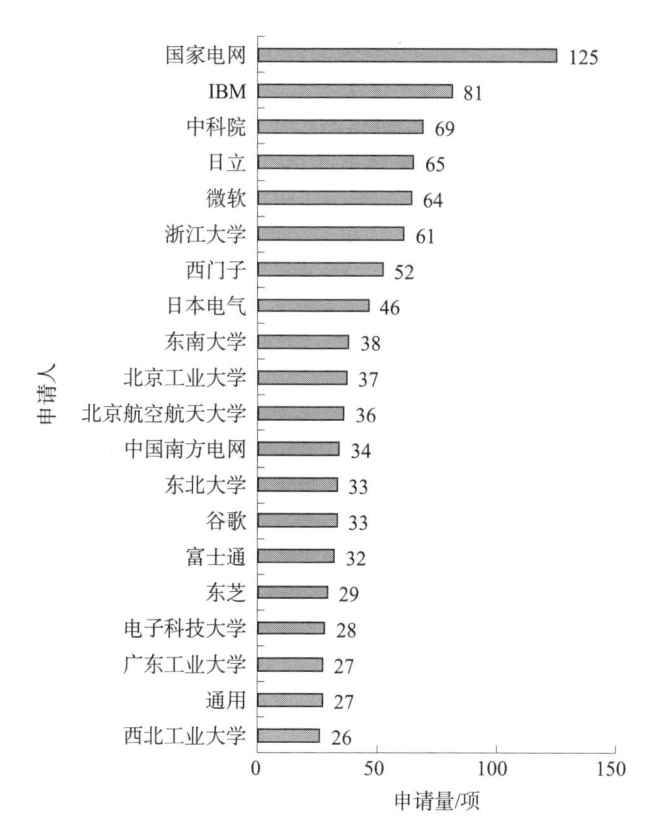

图4-2-4 机器直觉推理与因果模型全球主要申请人情况

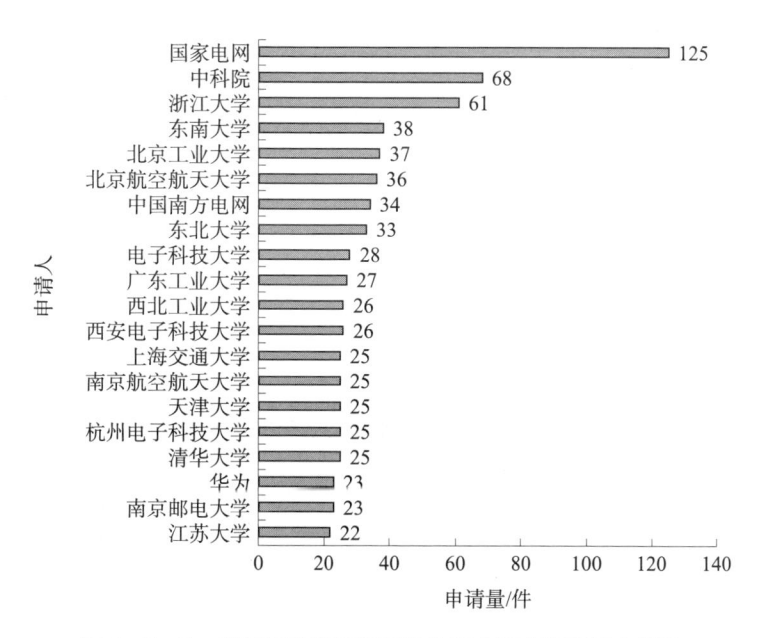

图4-2-5 机器直觉推理与因果模型中国主要申请人情况

4.2.4 全球布局区域分析

从图4-2-6可以看出，中国申请量占比第一。基于中国近年来对于人工智能领域的政策引导和产业规划，大量中国申请人投入该领域研究，特别是众多大学/科研院所在国家基金的支持下，在该领域开展了广泛的研究。美国作为该领域重要的专利技术创新国，其申请量占比排在第二位，日本、韩国排在第三、第四位。

从图4-2-7可以看出，中国仍是最重要的国际市场之一，吸引着全球创新主体的注意力，同时基于中国申请人的大量投入，产出也较多。美国排名第二位，PCT作为重要的专利布局方式，也引起了足够的重视。此外，在日本、欧洲、韩国以及其他国家或地区均有广泛的布局和分布，这主要得益于该领域技术在市场中潜在的巨大应用价值吸引，使得各申请人在更为广泛的区域进行布局。

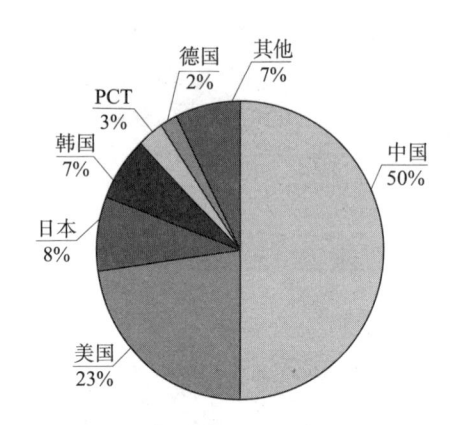

图4-2-6 机器直觉推理与因果模型原创技术区域分布

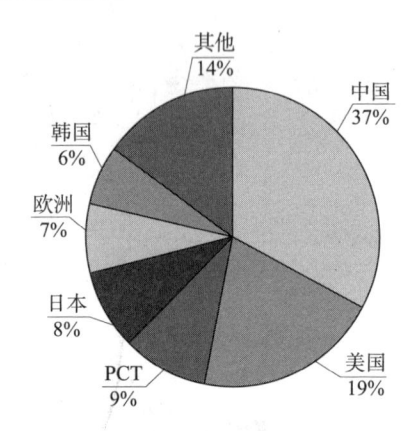

图4-2-7 机器直觉推理与因果模型目标市场区域分布

4.2.5 全球/中国主要申请人布局重点分析

从表4-2-1来看，日立、西门子的相关专利申请从技术发展早期已经开始布局，早于全球其他申请人，表明其具备敏锐的观察力，能够更早地确定未来的技术市场。以浙江大学、中科院等高校及科研院所为代表的中国申请人，从2012年左右开始加速，引领了中国在该领域的专利申请。

表4-2-1 机器直觉推理与因果模型全球主要申请人年度分布　　　　　单位：项

全球主要申请人	2000年以前	2001～2003年	2004～2006年	2007～2009年	2010～2012年	2013～2015年	2016～2018年	2019年
国家电网	0	0	0	3	8	41	72	1
IBM	15	11	7	9	15	14	10	1
中科院	1	0	2	6	12	25	22	1
日立	28	2	3	6	8	12	6	

续表

全球主要申请人	2000年以前	2001~2003年	2004~2006年	2007~2009年	2010~2012年	2013~2015年	2016~2018年	2019年
微软	2	2	14	16	15	5	10	
浙江大学	0	0	1	7	4	20	28	1
西门子	19	7	4	5	6	5	6	
日本电气	8	0	0	3	11	14	10	
东南大学	0	0	0	3	8	14	13	
北京工业大学	0	0	0	1	3	9	23	1
北京航空航天大学	0	0	0	4	9	8	15	
中国南方电网	0	0	0	0	4	8	12	
东北大学	0	1	3	2	3	8	16	
谷歌	0	0	2	6	8	0	17	
富士通	7	2	3	1	4	5	10	
东芝	12	7	4	3	2	1	0	
电子科技大学	0	0	0	2	3	9	14	
广东工业大学	0	0	0	0	2	4	21	
通用	6	7	3	4	6	1	0	
西北工业大学	0	0	0	2	4	5	15	

从表4-2-2来看，国家电网从2013年开始加速，基于产业融合的优势，引领国内该领域的发展。中科院作为国内重点科研院所，起步较早，并在2003年左右持续跟进技术发展。浙江大学、东南大学、北京工业大学、北京航空航天大学、东北大学等中国主要申请人，作为国家自然科学基金的主要受资助单位，在基础理论、基本方法方面也开展了较为广泛的研究。华为作为国内典型的创新型公司，对该领域一直保持关注。

表4-2-2　机器直觉推理与因果模型中国主要申请人年度分布　　单位：件

中国主要申请人	2000年以前	2004~2006年	2007~2009年	2010~2012年	2013~2015年	2016~2018年	2019年
国家电网	0	0	3	8	41	72	1
中科院	1	2	5	12	25	22	1
浙江大学	0	1	7	4	20	28	
东南大学	0	0	3	8	14	13	
北京工业大学	0	0	1	3	9	23	1
北京航空航天大学	0	0	4	9	8	15	
中国南方电网	0	0	0	4	8	22	
东北大学	1	3	2	3	8	16	

续表

中国主要申请人	2000年以前	2004~2006年	2007~2009年	2010~2012年	2013~2015年	2016~2018年	2019年
电子科技大学	0	0	2	2	9	14	
广东工业大学	0	0	0	2	4	21	
西北工业大学	0	0	2	4	5	15	
西安电子科技大学	0	0	2	3	7	14	
上海交通大学	1	1	4	3	5	11	
南京航空航天大学	0	0	1	3	3	17	1
天津大学	0	1	4	4	8	8	
杭州电子科技大学	0	0	1	2	6	16	
清华大学	0	0	1	2	6	16	
华为	0	1	2	5	9	6	
南京邮电大学	0	1	1	2	7	11	1
江苏大学	0	0	2	3	9	8	

从图4-2-8全球主要申请人布局区域分布可以看出，各申请人均在其所在国家重点布局。另外，如IBM、日立、西门子、谷歌等申请人，均在全球范围内广泛布局，并积极通过PCT形式进行专利布局，而中国申请人则多以本国为布局重点，较少进行海外布局。

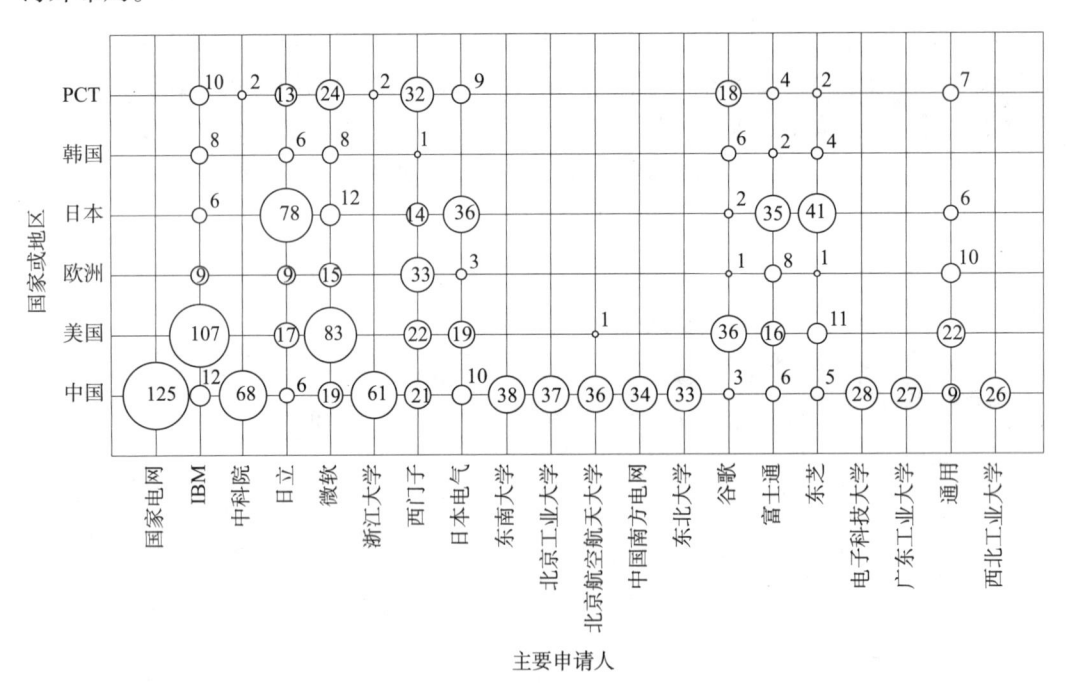

图4-2-8 机器直觉推理与因果模型全球主要申请人布局区域分布

注：图中数字表示申请量，单位为项。

从图 4-2-9 可以看出，中国申请人以国内为布局重点，较少海外布局，华为作为专利布局意识较强的申请人，进行了一定的海外布局。

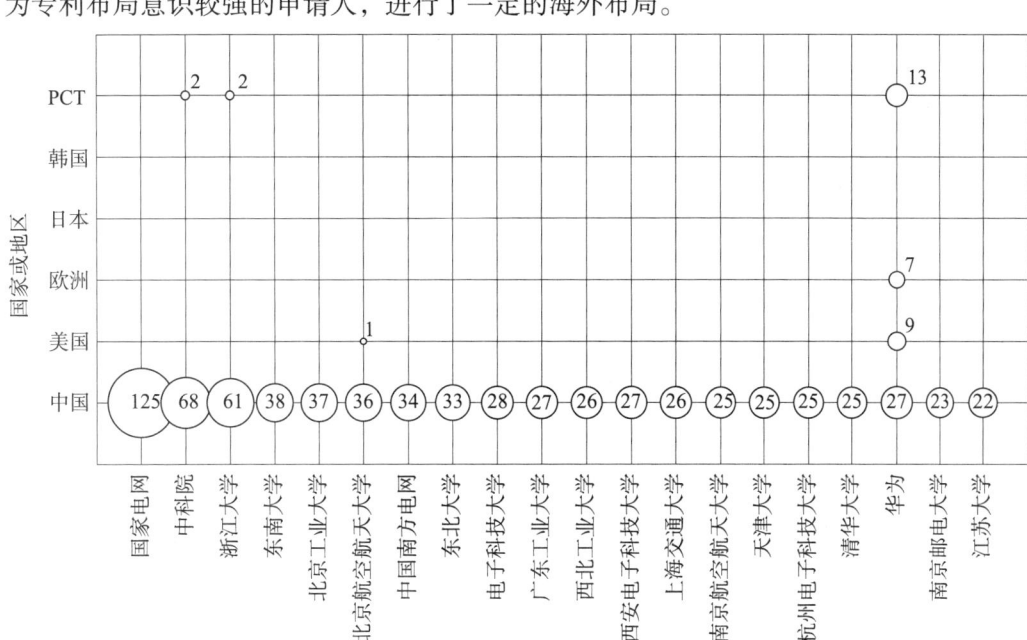

图 4-2-9　机器直觉推理与因果模型中国主要申请人布局区域分布

注：图中数字表示申请量，单位为件。

4.3　联想记忆模型与知识演化方法技术

4.3.1　全球/中国申请和授权态势分析

图 4-3-1 示出了联想记忆模型与知识演化方法技术全球/中国申请趋势。从全球申请趋势来看，在 20 世纪 60 年代后期开始出现联想记忆模型与知识演化方法技术的专利申请，但申请量很少，在 1982 年之前，申请量每年都不超过 30 项；之后开始缓慢增长，申请量呈上升趋势，但数量依然较少，1999 年，专利申请量为 129 项，自 2000 年开始专利申请量迅速增长，到 2015 年增长到 495 项；2016 年之后进入爆发期，申请量大幅增加，到 2018 年达到顶峰（1624 项）；2018 年之后的专利申请由于还没有全部被公开，因此还无法准确统计，但由于联想记忆模型与知识演化方法的发展势头迅猛，预计最终的申请数量仍会保持较高的增长态势。

从中国申请趋势来看，在 20 世纪 80 年代中期开始出现联想记忆模型与知识演化方法技术的专利申请，但申请量很少，而且也未呈现出增长的趋势；在 2005 年之前，申请量每年都不超过 30 件；之后开始缓慢增长，申请量呈上升趋势，但数量依然较少，2014 年，专利申请量为 150 件，自 2015 年开始专利申请量迅速增长，进入爆发期，申

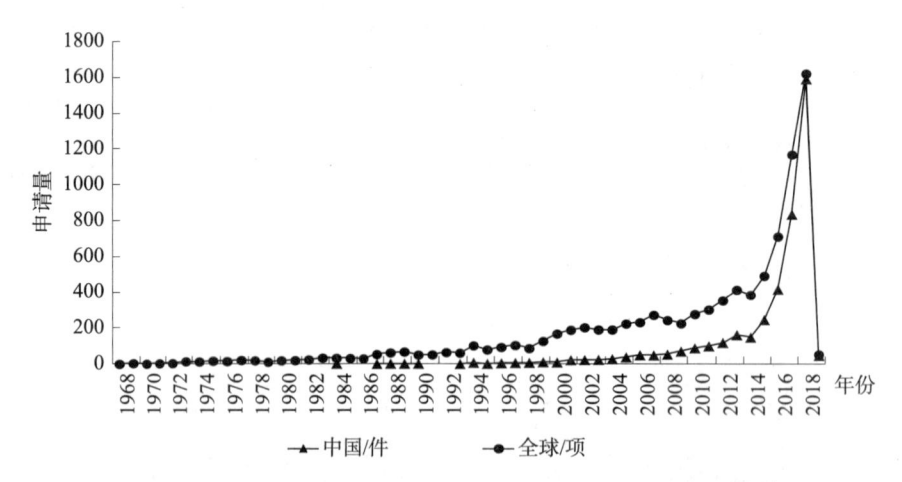

图 4-3-1 联想记忆模型与知识演化方法技术全球/中国申请态势

请量大幅增加，到 2018 年达到顶峰，为 1593 件。可见，联想记忆模型与知识演化方法技术的国内申请态势与全球申请态势保持一致，各国都非常重视进行专利布局。

图 4-3-2 示出了联想记忆模型与知识演化方法专利申请在中国、美国、欧洲、日本及韩国的授权态势。联想记忆模型与知识演化方法技术中国授权专利总量为 912 件，低于美国授权专利总量的 2808 件，欧洲和日本的授权专利总量均在 440 件左右，韩国的授权专利总量最少，为 331 件。美国授权专利总量最多，归功于美国联想记忆模型与知识演化方法技术发展起步较早，授权专利数量较为平均地分布在 2000～2016 年。中国授权专利总量排名第二位，是由于中国发展起步较晚，2007 年起每年的授权专利数量开始超过 30 件，并且在 2013 年授权专利数量达到顶峰（99 件）。

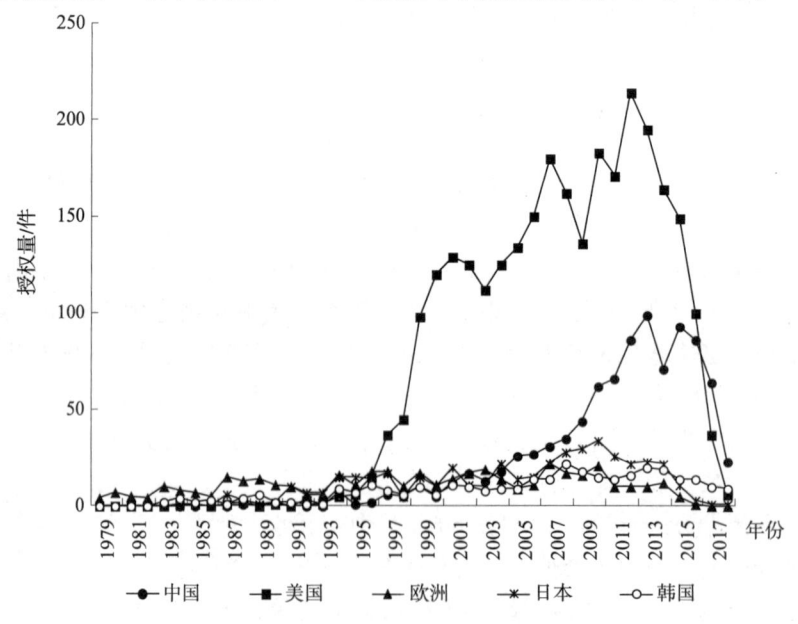

图 4-3-2 联想记忆模型与知识演化方法技术主要国家或地区授权态势

4.3.2 主要国家或地区申请和授权量占比分析

图4-3-3示出了联想记忆模型与知识演化方法主要国家或地区申请量和授权量分布情况。可以看出，美国和韩国授权率最高，均达到58%，其次是日本和欧洲，分别达到44%和37%，中国授权率最低，为21%。究其原因，可能是由于我国联想记忆模型与知识演化方法技术发展起步较晚，后期大量专利申请尚未结案，但同时也说明我国这一领域的申请人需要提高专利申请撰写质量。

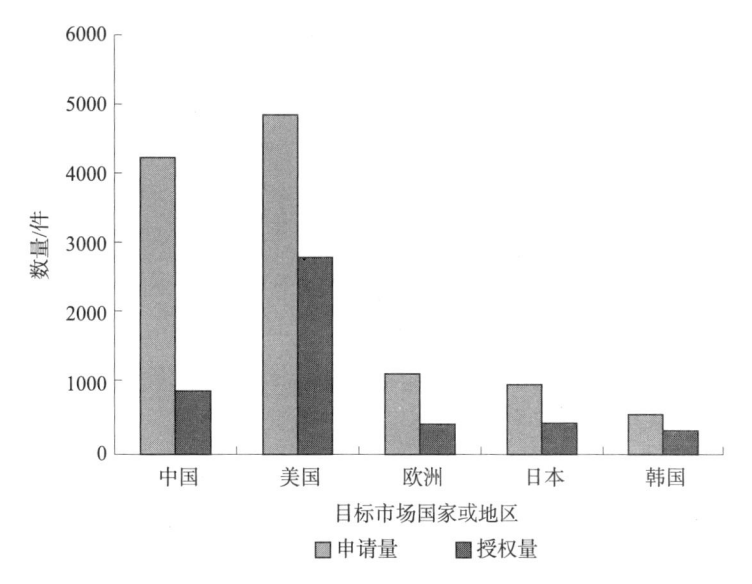

图4-3-3 联想记忆模型与知识演化方法技术主要国家或地区申请量和授权量

4.3.3 全球/中国主要申请人分析

如图4-3-4所示，从全球申请量排名前20位的申请人来看，联想记忆模型与知识演化方法领域的申请量之间差距较大，申请量超过100项的申请人仅有6位，分别是IBM、英特尔、中科院、惠普、微软和西门子。在前20位申请人中，我国占8位，其中，企业占3位，高校及科研院所占5位，但是除中科院外，各高校的排名均在后10名中。高校应加强联想记忆模型与知识演化方法研究成果的专利转化。

如图4-3-5所示，在联想记忆模型与知识演化方法领域中国申请量排名前20位的申请人中，来自国内的申请人占18位，国外申请人占2位；18位国内申请人中高校及科研院所占13位，企业占5位。这说明我国的高校及科研院所对于联想记忆模型与知识演化方法的研究投入极大且研究热度高涨，科技原创实力较强，但难以转化为产品或应用。2位国外申请人是英特尔和IBM，在该领域均具有较强的实力。在排名前20位的申请人中，我国高校及科研院所占据60%以上席位，这说明我国企业在联想记忆模型与知识演化方法技术方面的研发能力和水平还有待提高，企业与高校之间缺少合作或共同研发，产学研的结合还不紧密。

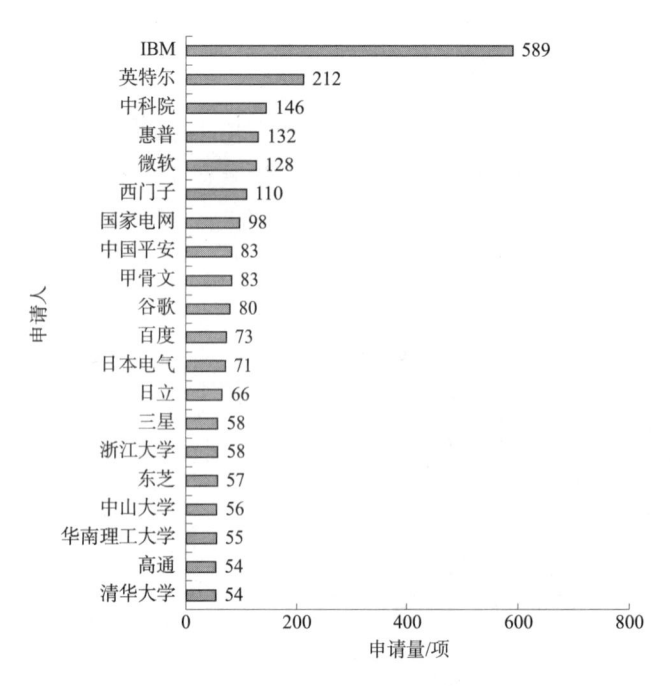

申请人	申请量/项
IBM	589
英特尔	212
中科院	146
惠普	132
微软	128
西门子	110
国家电网	98
中国平安	83
甲骨文	83
谷歌	80
百度	73
日本电气	71
日立	66
三星	58
浙江大学	58
东芝	57
中山大学	56
华南理工大学	55
高通	54
清华大学	54

图 4-3-4 联想记忆模型与知识演化方法技术全球重要申请人情况

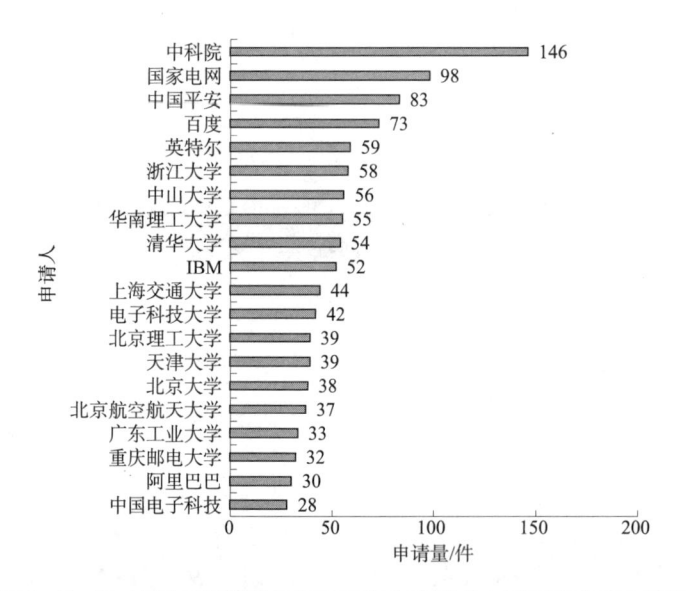

申请人	申请量/件
中科院	146
国家电网	98
中国平安	83
百度	73
英特尔	59
浙江大学	58
中山大学	56
华南理工大学	55
清华大学	54
IBM	52
上海交通大学	44
电子科技大学	42
北京理工大学	39
天津大学	39
北京大学	38
北京航空航天大学	37
广东工业大学	33
重庆邮电大学	32
阿里巴巴	30
中国电子科技	28

图 4-3-5 联想记忆模型与知识演化方法技术中国重要申请人情况

4.3.4 全球布局区域分析

图 4-3-6 示出了联想记忆模型与知识演化方法技术全球目标市场国家或地区占比。从图中可以看出，美国和中国是全球最重要的两个目标市场，最受关注，均是较为活跃的经济体，美国位居第一，其整体技术实力较强；中国位居第二，是被世界各国高度关注的竞争市场；其次是欧洲、日本、韩国。同时，世界各国也看重其未来市

场发展，在这一领域 PCT 申请量同样较多，在重点国家或地区纷纷进行重点专利的布局；我国也越来越重视专利的海外合理布局，以期在国际市场中打破专利技术的垄断地位，谋求更为长远的发展。

从图 4-3-7 可见，在联想记忆模型与知识演化方法领域，美国的原创技术数量最多，占比达到 43%，主要是由于美国有 6 位实力强劲的申请人——IBM、英特尔、惠普、微软、甲骨文、谷歌。中国位列第二，占比达到 36%，说明我国在该领域投入了大量科研力量。其次是日本、韩国、欧洲等国家或地区。美国、中国、日本、韩国专利申请数量的总和占据了总申请量的 86%，说明这四国在联想记忆模型与知识演化方法领域具有领先及核心地位。

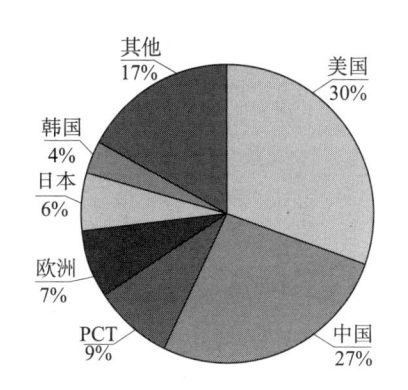

图 4-3-6 联想记忆模型与知识演化方法技术全球目标市场国家或地区占比

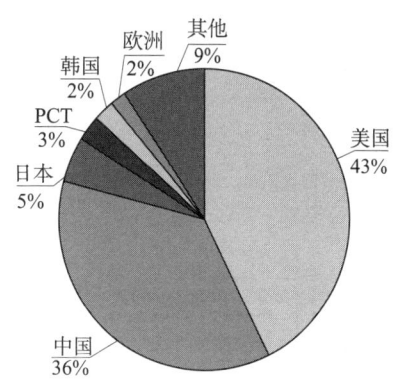

图 4-3-7 联想记忆模型与知识演化方法技术全球首次申请国家或地区占比

4.3.5 全球/中国主要申请人布局重点分析

表 4-3-1 示出了联想记忆模型与知识演化方法技术的全球主要申请人申请量年度分布。可以看出，美国排名在前的 3 位申请人从 2000 年起在联想记忆模型与知识演化方法领域就有较多数量的专利申请，美国的研究起步较早，并且从研究初始就注重专利布局。中国排名在前的 8 位申请人申请数量相对较少，起步较晚，有一半从 2007 年后才有一定数量的专利申请。中科院从 2016 年开始加速，引领了中国联想记忆模型与知识演化方法领域的专利申请。韩国三星也是从 2015 年起专利申请量才有一定幅度的提升。日本电气、日立和东芝的起步相对也较早，从 2001 年起就开始布局联想记忆模型与知识演化方法领域的相关专利。

表 4-3-2 示出了联想记忆模型与知识演化方法技术的中国主要申请人申请量年度分布。可以看山，中国的高校及科研院所普遍从 2009 年开始起步研究联想记忆模型与知识演化方法。中国科学院起步较早，从 2001 年开始起步，2016 年开始加速，引领了国内联想记忆模型与知识演化方法领域的专利申请；自 2018 年开始国家电网和中国平安的相关专利申请量有大幅上升，表明其对联想记忆模型与知识演化方法领域的重视程度。而美国的英特尔和 IBM 从 2001 年和 2002 年也开始在中国进行专利布局，但近年来有所放缓。

表4-3-1 联想记忆模型与知识演化方法技术全球主要申请人申请量年度分布

单位：项

申请人	2000年	2001年	2002年	2003年	2004年	2005年	2006年	2007年	2008年	2009年	2010年	2011年	2012年	2013年	2014年	2015年	2016年	2017年	2018年	2019年
IBM	9	14	21	16	23	27	11	24	29	23	28	12	37	52	37	34	45	49	1	
英特尔	6	14	13	6	5	8	9	4	2		2	9	8	15	5	26	21	28	6	
中科院		1		1		1		3		5	4	1	5	7	6	8	25	24	54	1
惠普	9	5	2	5	9	8	3	4		5	1	4	3	9	2	4	3	7		
微软	1	2	2	8	1	5	11	9	7	8	9	12	4	4	9	6	16	13		
西门子	2	6		1	3	2	1	4	4		1	2	1	6	4	4	7	7	2	
国家电网										1		3	1		10	8	12	17	39	1
中国平安	3	11	3	4	3	4	4	4	1	4	3	3	2		1	2	3	2		
甲骨文						1	5		1		2						3	17	62	1
谷歌				1					1	1	2	2	16	3	8	15	16	9	1	
百度									2				1	2	3	11	10	23	23	1
日本电气	2	2	1		3	4			1	1	2		4	3	1		5	3	2	
日立	1	1		1	4				1	1	3	1				4	1	2		
三星	2	2	2		2	1	3	1	4				2	6	5	7	11	6	2	
浙江大学	1					1		2	2	1			1	1		2	6	14	25	2
东芝	1	4		2		1	2	2	1	1	1	2	3		1	3	2	3		
中山大学							2										5	11	37	
华南理工大学									1		1				1	2	3	16	30	1
高通	2				1	2		1	3	2	6	3	1	6	5	6	8	8		
清华大学								2	1			1	1		1	4	5	21	18	

104

第4章 基础理论技术专利状况分析

表4-3-2 联想记忆模型与知识演化方法技术中国主要申请人申请量年度分布

单位：件

申请人	2000年	2001年	2002年	2003年	2004年	2005年	2006年	2007年	2008年	2009年	2010年	2011年	2012年	2013年	2014年	2015年	2016年	2017年	2018年	2019年
中科院		1		1		1		3		5	4	1	5	7	6	8	25	24	54	1
国家电网										1		3	1	6	10	8	12	17	39	1
中国平安																	3	17	62	1
百度													1	2	3	10	10	23	23	1
英特尔		1	3		1	3	5	1	2	1		5	3	6	3	11	5	8		
浙江大学						1		2	2				1	1		2	6	14	25	2
中山大学							2		1		1						5	11	37	
华南理工大学								1	1			1			1	2	3	16	30	1
清华大学								2	1				1		1	4	5	21	18	
IBM	5			2	2	3	4	1	3	2	6	2	8	4	3	3	1			
上海交通大学						3			3	1	1	1				1	4	8	20	1
电子科技大学														2		3		9	26	2
北京理工大学								1					2	2	3	3	3	6	19	
天津大学										1		4		1	3	2	4	11	11	1
北京大学																2	2	13	20	
北京航空航天大学												1	1	4	2	2	2	7	16	
广东工业大学											1					3	2	2	25	
重庆邮电大学													1				1	10	17	3
阿里巴巴										2		1	1	1		2	7	6	13	
中国电子科技大学										2		2	1		1		1	6	13	1

105

表4-3-3示出联想记忆模型与知识演化方法技术全球主要申请人申请量区域分布。从表中可以看出，在列出的主要申请人中，高通是全球布局最为均衡的申请人，其进行布局最多的美国有58件专利申请，最少的欧洲也有29件专利申请，并不像其他申请人在重点布局区域的申请量显著高于其余区域。此外，从布局目标来看，美国最受重视，然后是日本和中国。美国和德国申请人更注重PCT申请布局，具有更强的专利布局意识，采用以进入多个市场国为目标的专利布局策略。

表4-3-3 联想记忆模型与知识演化方法技术全球主要申请人申请量区域分布 单位：项

申请人	中国	美国	欧洲	日本	韩国	PCT申请
IBM	61	855	53	40	24	58
英特尔	132	317	70	45	49	152
中科院	148	3	1	0	0	4
惠普	17	111	39	13	0	41
微软	24	168	18	14	10	54
西门子	13	47	50	10	7	35
国家电网	98	0	0	0	0	0
中国平安	83	1	1	0	0	16
甲骨文	1	90	13	7	0	14
谷歌	24	111	23	9	11	33
百度	74	19	4	6	0	5
日本电气	11	37	19	65	3	9
日立	3	45	11	63	2	8
三星电子	21	44	4	13	56	3
浙江大学	58	0	0	0	0	0
东芝	6	45	5	57	0	5
中山大学	56	0	0	0	0	1
华南理工大学	55	0	0	0	0	0
高通	35	58	29	43	40	46
清华大学	55	0	0	0	0	2

表4-3-4示出联想记忆模型与知识演化方法技术中国主要申请人申请量区域分布。从表中可以看出，中国申请人基本上仅布局国内；而美国的英特尔和IBM布局相对较为均衡，更注重PCT申请，具有更强的海外专利布局意识。中国申请人PCT申请数量较少，基本均在10件以下，说明我国申请人海外专利数量少且布局区域不平衡，缺乏全球性布局意识。

表4-3-4 联想记忆模型与知识演化方法技术中国主要申请人申请量区域分布 单位：件

申请人	中国	美国	欧洲	日本	韩国	PCT申请
中科院	148	3	1	0	0	4
国家电网	98	0	0	0	0	0
中国平安	83	1	1	0	0	16
百度	74	18	4	6	0	5
英特尔	79	60	44	36	37	60
浙江大学	58	0	0	0	0	0
中山大学	56	0	0	0	0	1
华南理工大学	55	0	0	0	0	0
清华大学	55	0	0	0	0	2
IBM	47	86	13	9	14	24
上海交通大学	44	0	0	0	0	0
电子科技大学	42	0	0	0	0	0
北京理工大学	39	0	0	0	0	0
天津大学	39	1	0	0	0	1
北京大学	38	0	0	0	0	1
北京航空航天大学	37	0	0	0	0	0
广东工业大学	33	0	0	0	0	0
重庆邮电大学	32	0	0	0	0	0
阿里巴巴	29	2	0	3	2	3
中国电子科技大学	28	0	0	0	0	0

4.4 复杂数据和任务的混合增强智能学习方法技术

与人类智能相比，在可以量化和程序化的计算上，计算机取得了效率和性能等多方面的领先，然而，在常识智能、直觉推理、顿悟等难以实现定义和程序化的复杂问题上，人工智能仍然存在缺陷。人类在处理复杂数据和任务时，基于长期学习获得的经验形成直觉思维，能快速推理、判断和决策。如果能够将人类的认知模型引入机器智能，通过人机协同构建拥有类人的问题理解、经验积累和应用能力的智能系统，人工智能就有望取得进一步发展。

4.4.1 全球/中国申请和授权态势分析

如图4-4-1所示，从复杂数据和任务的混合增强智能学习方法全球申请态势来看，1990～1997 年，全球申请量基本平稳，处于较低水平，这可能是受到人工智能发展进入寒冬的影响。这期间的专利申请很大一部分与算法和神经网络相关。1998～1999 年，全球申请量有小幅度提升，这可能得益于 1997 年 IBM 的计算机系统 Deep Blue 战胜了世界国际象棋冠军，让人们对于人工智能重拾信心。2000～2011 年，专利申请量基本稳定；从 2011 年之后，专利申请量出现小幅增长；随后从 2014 年开始，专利申请量出现爆发式增长。这可能与新算法的提出有关，例如竞争与对抗式学习、深度强化学习算法，并且使用深度强化学习算法的人工智能机器人 AlphaGo 战胜世界围棋冠军，进一步引发了人工智能的研发狂潮。

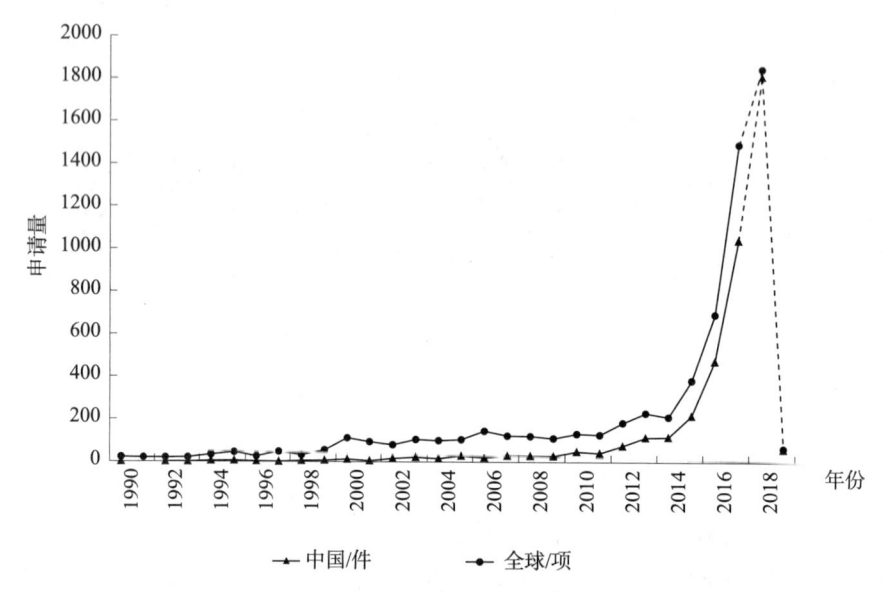

图 4-4-1　复杂数据和任务的混合增强智能学习方法全球/中国申请态势

从复杂数据和任务的混合增强智能学习方法中国申请态势来看，1990～2001 年，中国申请量极少，基本处于个位数，中国没有跟上全球的发展脚步；2002～2009 年，国内申请量缓慢上升；2010～2014 年，国内申请量增速较快，这可能与进入 21 世纪之后，更多的人工智能与智能系统研究课题获得国家与相关部委的支持相关；而 2014 年之后，国内申请量呈现出爆炸式增长，这与国家进一步加强了对人工智能发展的重视程度有关。

从图 4-4-2 主要国家或地区授权态势来看，中国的授权量大约从 1998 年开始逐渐增加，可见，我国在复杂数据和任务的混合增强智能学习方法领域的研究开始时间略晚于其他国家或地区；一直到 2010 年，中国的专利授权量攀升至世界第二位，仅次于美国，从 2010 年开始，中国专利授权量快速增加，这与政府不断增大的支持力度相关；一直到 2016 年，中国专利授权量超越美国，跃居世界第一位。但是这可能与本课题的统计方法相关，即本课题中使用最早优先权日作为统计值，由于专利申请通常经过较长时间的审查过程后才能走向结案，中国专利审查的结案周期较快，因此，目前最早优先权日为 2016 年的美国专利申请可能还没有结案，究竟是美国的"领头羊"地

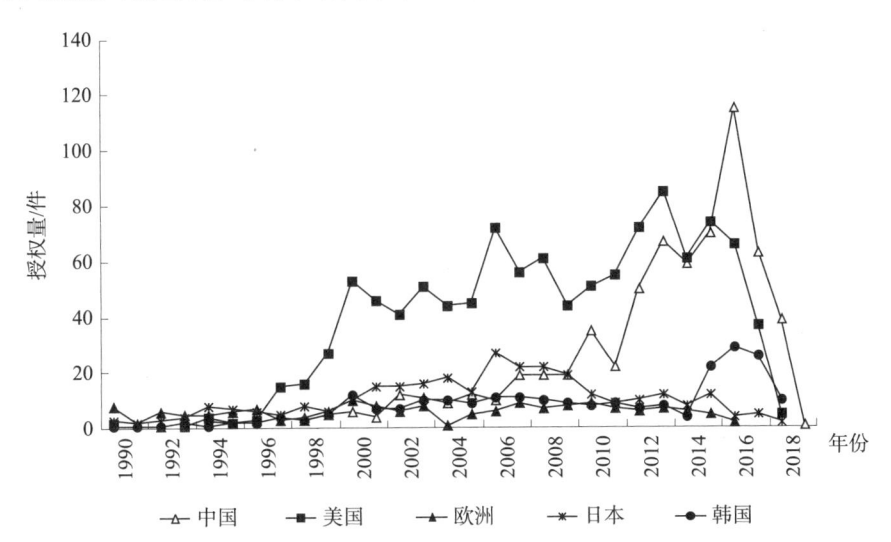

位走到了拐点,还是部分专利申请由于审查周期问题尚未得到授权,还需要继续观察。

图4-4-2 复杂数据和任务的混合增强智能学习方法主要国家或地区授权态势

美国的授权量自1996年开始攀升,1996~2016年,授权量呈现波浪式上升的趋势,且远远超过其他国家或地区,由此可见,在此期间美国在复杂数据和任务的混合增强智能学习方法领域处于"领头羊"的地位,这可能得益于其拥有实力强大的谷歌、IBM等与人工智能密切相关的龙头企业;而从2017年开始,美国的授权量急剧下降,这可能与美国较长的审查周期相关。

日本在1996~2009年,专利授权量一直处于全球第二位,人工智能在日本较早受到了重视。20世纪90年代,包括东京大学、早稻田大学在内的20多所日本大学就设立了人工智能专业,为了协调推进人工智能产业发展,还专门成立了"人工智能战略委员会"。从2009年开始日本的专利授权量缓慢下降,这可能与日本相关产业的风险投资金额远低于美国和中国,并且缺少刺激人工智能产业增长的社会环境相关。

韩国的专利授权量一直处于较为平稳的状态。2014年之后,有了较为明显的上升,授权专利大部分集中在计算机视觉和/或听觉领域,这可能得益于韩国政府投资规划的9项国家级研发项目中排在第一位的就是人工智能项目。

4.4.2 主要国家或地区申请和授权量占比分析

复杂数据和任务的混合增强智能学习方法领域主要国家或地区的申请量和授权量占比参见图4-4-3。可见,中国的申请量最多,这表明在参与发明创造的意愿中,中国较为强烈,但是授权的比例却最低,说明申请质量不高;美国的申请量居于第二,而授权率居于第一位,授权比例很高,表明美国不仅拥有广泛的研发意愿,且取得的成果具有较高的创新性;韩国的授权比例与美国相似,说明其申请质量也较高;日本、欧洲的授权比例紧随其后。欧洲、日本和韩国的总体申请量并不是太多,表明这些国家或地区总体上研发热情并不太高。

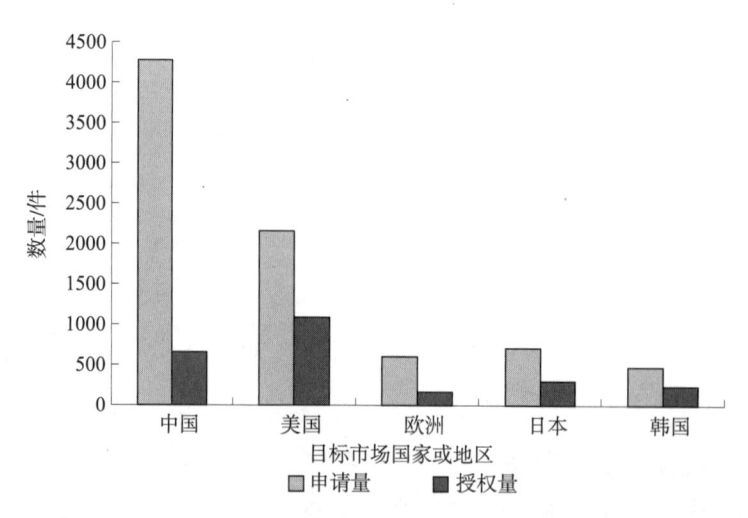

图 4-4-3　复杂数据和任务的混合增强智能学习方法主要国家或地区申请和授权量占比

4.4.3　全球/中国主要申请人分析

本小节主要研究了复杂数据和任务的混合增强智能学习方法领域全球申请人排名情况和中国申请人排名情况。

如图 4-4-4 所示，从全球申请人排名情况可见，在全球排名前 20 位的申请人当中，中国占了 14 位，但是其中企业仅占 3 家，其余全部为科研院所或者高校；外国申请人占了 6 位，全部为企业。可见，中国与国外的研发主体有区别，国外的研发主体集中在企业上，而中国的研发主体集中在高校和科研院所。

排名第一位的中科院在复杂数据和任务的混合增强智能学习领域的专利申请主要分布在机器的视听觉处理方面，这可能与该科研院所下设了模式识别教研室相关；排名第二、第三、第五位的 IBM、谷歌、微软是人工智能领域的龙头企业，它们的申请主要集中在机器学习训练的算法上，例如谷歌提出了生成对抗网络、深度强化学习等；排名第四、第六位的是华南理工大学和清华大学，这可能与计算机是学校的优势学科相关；中国企业国家电网、百度和中国平安分列第七、第十、第十三位，国家电网的申请量增长速度极为迅速，其申请主要集中在对电力电网领域的监控和异常识别，百度是国内最早跟进人工智能的企业，其专利申请主要集中在模式识别领域，中国平安保险的申请主要在 2016 年之后，同样也集中在模式识别领域，这可能会对人工智能参与金融等复杂产业的应用产生影响。国外企业西门子、三星和日本电气分别占据第 11、第 12 和第 17 位，其专利申请均集中在计算机视觉领域，其中日本电气的专利申请还涉及了自主学习领域。中国高校西安电子科技大学、电子科技大学、中山大学、上海交通大学、浙江大学、南京邮电大学、北京航空航天大学、天津大学也榜上有名，这可能与这些学校成立相关实验室、增大相关领域的研发力量相关。

申请人	申请量/项
中科院	137
IBM	122
谷歌	95
华南理工大学	86
微软	77
清华大学	74
国家电网	67
西安电子科技大学	65
电子科技大学	64
百度	62
西门子	53
三星	51
中国平安	49
中山大学	49
上海交通大学	47
浙江大学	43
日本电气	42
南京邮电大学	41
北京航空航天大学	39
天津大学	39

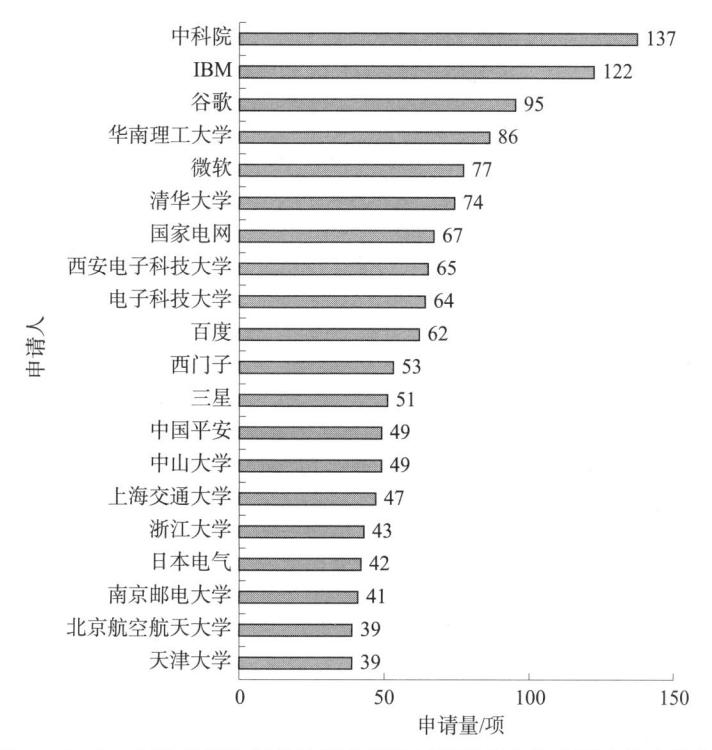

图 4-4-4 复杂数据和任务的混合增强智能学习方法全球申请人排名

如图 4-4-5 所示，从中国申请人排名情况可见，在中国申请量排名前 20 的申请

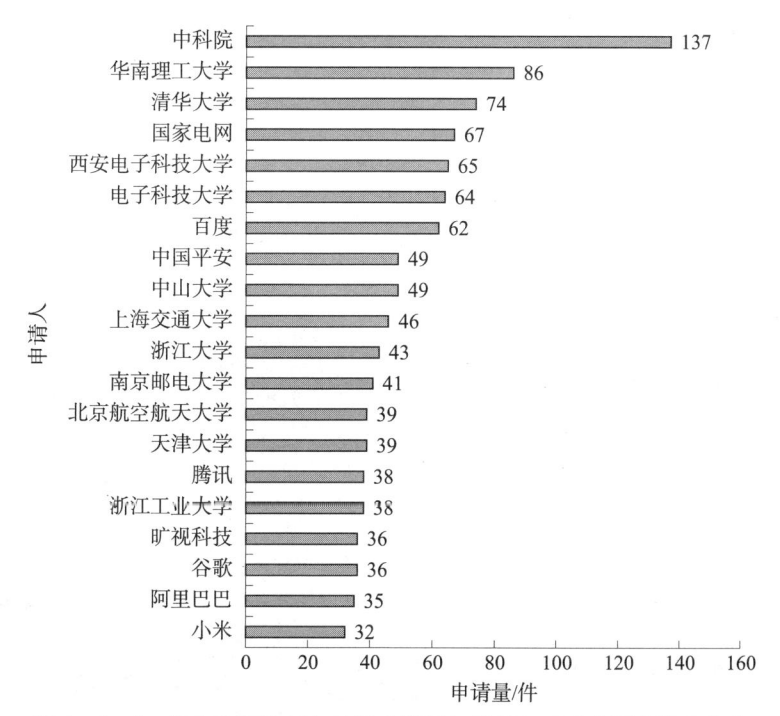

申请人	申请量/件
中科院	137
华南理工大学	86
清华大学	74
国家电网	67
西安电子科技大学	65
电子科技大学	64
百度	62
中国平安	49
中山大学	49
上海交通大学	46
浙江大学	43
南京邮电大学	41
北京航空航天大学	39
天津大学	39
腾讯	38
浙江工业大学	38
旷视科技	36
谷歌	36
阿里巴巴	35
小米	32

图 4-4-5 复杂数据和任务的混合增强智能学习方法中国申请人排名

人当中，国内科研院所和高校共占据了12个席位，排名前三位的分别是中科院、华南理工大学、清华大学。这进一步验证了国内的研发主体集中在科研院所和高校。国内的企业共有7家上榜，百度、腾讯、阿里巴巴等IT行业巨头均入榜，表明在企业申请人中，巨头企业占据主导地位。国外企业中仅有谷歌一家企业上榜，而IBM和微软均没有进入前20位，这表明谷歌比另外两家企业更为重视中国市场。

4.4.4 全球布局区域分析

本节主要研究了复杂数据和任务的混合增强智能学习方法领域全球目标市场和原创国或地区占比情况。

从图4-4-6中可以看到，中国是最大的目标市场，其次是美国，中国作为人口众多和快速崛起的经济体，潜藏着巨大的商业机会，因此吸引了中外各创新主体的目光，同时美国作为拥有众多人工智能科技公司的领头者，同样吸引了创新主体的注意。紧随其后的是PCT专利申请，高达9%，这些专利申请在申请之初，就以进入多个国家或地区作为目标。随后的日本、欧洲、韩国分别以7%、6%和5%的体量占据第四名至第六名，这三个经济体在作为目标市场上的地位基本一致。

从图4-4-7中可以看到，在复杂数据和任务的混合增强智能学习方法领域，中国作为原创国家占据了高达54%的比例，这可能是基于中国近年来对于人工智能领域大力的政策扶持，本土创新主体受到较大鼓励，拥有较多产出。其中，中国在模态识别领域的申请量很大，这可能也与市场需求密切相关，例如我国的天网计划等，刺激了创新主体的创新意愿。紧随其后的是美国，美国作为拥有众多人工智能企业的公司，其创新实力强大。之后是日本和韩国，这可能与其分别拥有日本电气、三星等高科技公司相关。

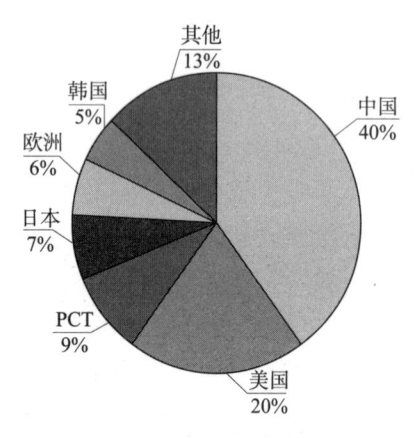

图4-4-6 复杂数据和任务的混合增强智能学习方法全球目标市场占比

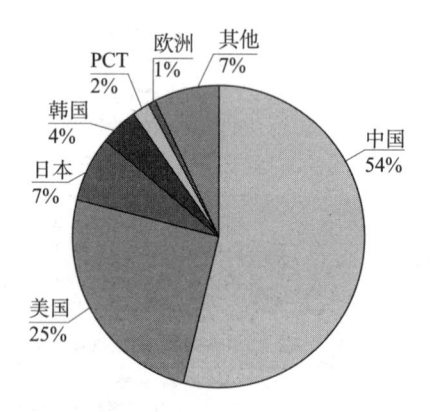

图4-4-7 复杂数据和任务的混合增强智能学习方法全球原创国或地区占比

4.4.5 全球/中国主要申请人布局重点分析

本节主要研究了复杂数据和任务的混合增强智能学习方法全球/中国主要申请人布局重点，主要分析了年度分布和地区分布。

如表4-4-1所示，从全球主要申请人申请年度分布来看，IBM、微软、西门子、三星从进入21世纪开始就进行了专利布局，表明这四家公司对于复杂数据和任务的混合增强智能学习方法在较早就进行了研究；谷歌、日本电气紧随其后，形成了美、欧、日、韩鼎立的局面。中国申请人除了中科院较早进行布局之外，其余申请人基本在2010年之后才开始进行专利布局，特别是中国平安，直到2016年才有首件专利申请，起步较晚，但是追赶势头比较猛，特别是2017～2018年两年，占据了申请量的半壁江山；反观西门子、三星和日本电气，申请量却呈下降趋势。这究竟是由于中国申请人的研发实力在超越，还是专利公开周期，还需要进一步观察。

如表4-4-2所示，从在中国进行专利申请的主要申请人申请量年度分布来看，大部分申请人都从2007年之后进行连续的专利布局。在高校和科研院所申请人中，中科院和上海交通大学最早进行专利布局，中科院在2015年之后发展势头迅猛，而上海交通大学则到2017年之后才发力。在国内企业申请人中，百度、国家电网、腾讯、阿里巴巴均在2011年之前就进行了专利布局，而中国平安和小米则要到2015年之后。谷歌作为唯一一家外国企业，2014年之后专利申请量有所上升，但是近两年却呈现下降趋势。

从图4-4-8全球主要申请人国家或地区分布情况可见，大部分申请人均在本国进行最多的专利申请。国外申请人无一例外地均进行了全球布局。作为知名科技公司的IBM和谷歌、微软的情形有所不同。IBM的海外布局相对较少，仅零星分布在中国、欧洲、日本和韩国；而谷歌和微软却呈现出了相似的布局情形，除了本土作为申请量最多的国家外，均将PCT作为最重要的申请形式，这表明这两家公司是希望进入全球市场的，其次，这两家公司均重视欧洲市场超过重视中国市场，但是相差却不大，最后才是日韩市场。西门子和日本电气分别作为欧洲和日本公司，却不约而同地选择了美国作为最大目标市场，申请量都超过了本土。三星除了本国申请量最高外，选择了美国作为申请量第二大国家，随后是中国、欧洲和日本。在中国企业中，除了百度在全球进行专利布局外，国家电网和中国平安均仅在中国进行专利申请，即便是进行了少量PCT申请，却没有进入其他国家；百度将美国作为第二目标，其次是日本，最后是欧洲、韩国和全球（PCT），可见百度将自己定位为一家国际型的企业。而中国的高校和科研院所申请人，除了中科院、电子科技大学和北京航空航天大学在美国进行少量专利布局外，基本均没有在海外进行布局。

从图4-4-9国内主要申请人国家或地区分布情况可见，在中国企业申请人中，百度、腾讯和阿里巴巴在全球进行了布局，且均将美国作为除了本国外最大的专利申请区域，随后是日本和欧洲，百度和腾讯还在韩国进行了专利布局，而阿里巴巴则没有顾及韩国市场。旷视科技同样在全球进行了布局，在美国和欧洲进行了零星布局，却

表 4-4-1 复杂数据和任务的混合增强智能学习方法全球主要申请人申请量年度分布

单位：项

申请人	2000年	2001年	2002年	2003年	2004年	2005年	2006年	2007年	2008年	2009年	2010年	2011年	2012年	2013年	2014年	2015年	2016年	2017年	2018年	2019年
中科院			1	1					2	2	2		3	3	5	7	21	35	53	1
IBM	1	1	2	5	2	2	5	6	4	4	1	14	10	3	3	11	13	30		
谷歌				3	1	2	4	3			2	2	3	6	1	17	21	25	7	2
华南理工大学													1			3	7	36	37	
微软	2		4	3	5	3	8		2		4	5	3	3	5	6	11	10		1
清华大学													1	2	3	3	3	32	29	1
国家电网									1		2		3	1	2	6	7	13	31	
西安电子科技大学												1	1		1	2	3	21	36	1
电子科技大学											1	1		1	1	2	10	14	34	1
百度							1			1	1			3	1	5	1	17	33	
西门子	1	5			3	4		2						1	2	1	6	11	6	1
三星	1	3		1	1	4	3		1				1	2	2	1	6	15	4	2
中国平安												2				4	2	10	35	1
中山大学																	5	10	34	
上海交通大学				1			1							2	2	1	4	9	29	2
浙江大学				2		2					1		1		3	3	4	9	19	1
日本电气			2			1	2	1	1			2				4	6	12	4	
南京邮电大学													1		1	2	5	8	22	2
北京航空航天大学										1	1	1	1	4	1	1	2	11	16	
天津大学														1	1		3	9	24	1

表4-4-2 复杂数据和任务的混合增强智能学习方法中国主要申请人申请量年度分布

单位：件

申请人	2002年	2003年	2004年	2005年	2006年	2007年	2008年	2009年	2010年	2011年	2012年	2013年	2014年	2015年	2016年	2017年	2018年	2019年
中科院	1	1					2	2	2		3	3	5	6	21	35	53	1
华南理工大学											1			3	7	36	37	2
清华大学											1	2	3	3	3	32	29	1
国家电网							1		2		3	1	2	6	7	13	31	1
西安电子科技大学										1	1		1	2	3	21	36	
电子科技大学										1		1	1	2	10	14	34	1
百度									1			3	1	5	1	17	33	1
中国平安											1				2	10	35	2
中山大学															5	10	34	
上海交通大学		1						1		1		2		1	4	9	29	1
浙江大学				2								2	2	3	4	9	19	
南京邮电大学					1					1	1		1	2	5	8	22	2
北京航空航天大学								1		1	1	4	1	1	2	11	16	
天津大学												1	1		3	9	24	1
腾讯									1			1	2	3	4	11	15	1
浙江工业大学											1				2	8	26	1
旷视科技													3	1	5	12	14	
谷歌						1						1		12	18	4		
阿里巴巴														7	4	11	11	
小米														8	9	14	1	

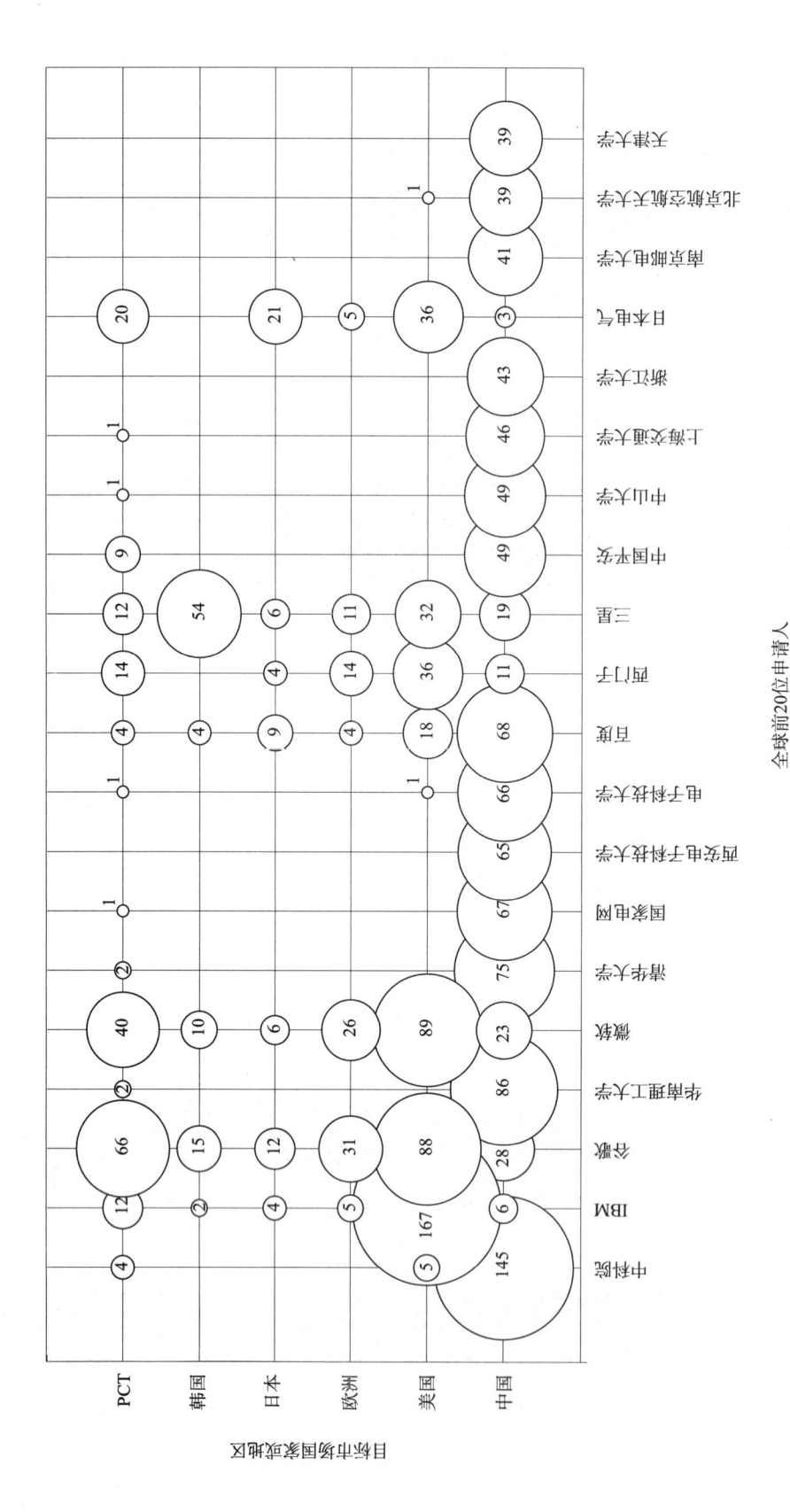

图 4-4-8 复杂数据和任务的混合增强智能学习方法全球主要申请人申请量国家或地区分布

注：图中数字表示申请量，单位为项。

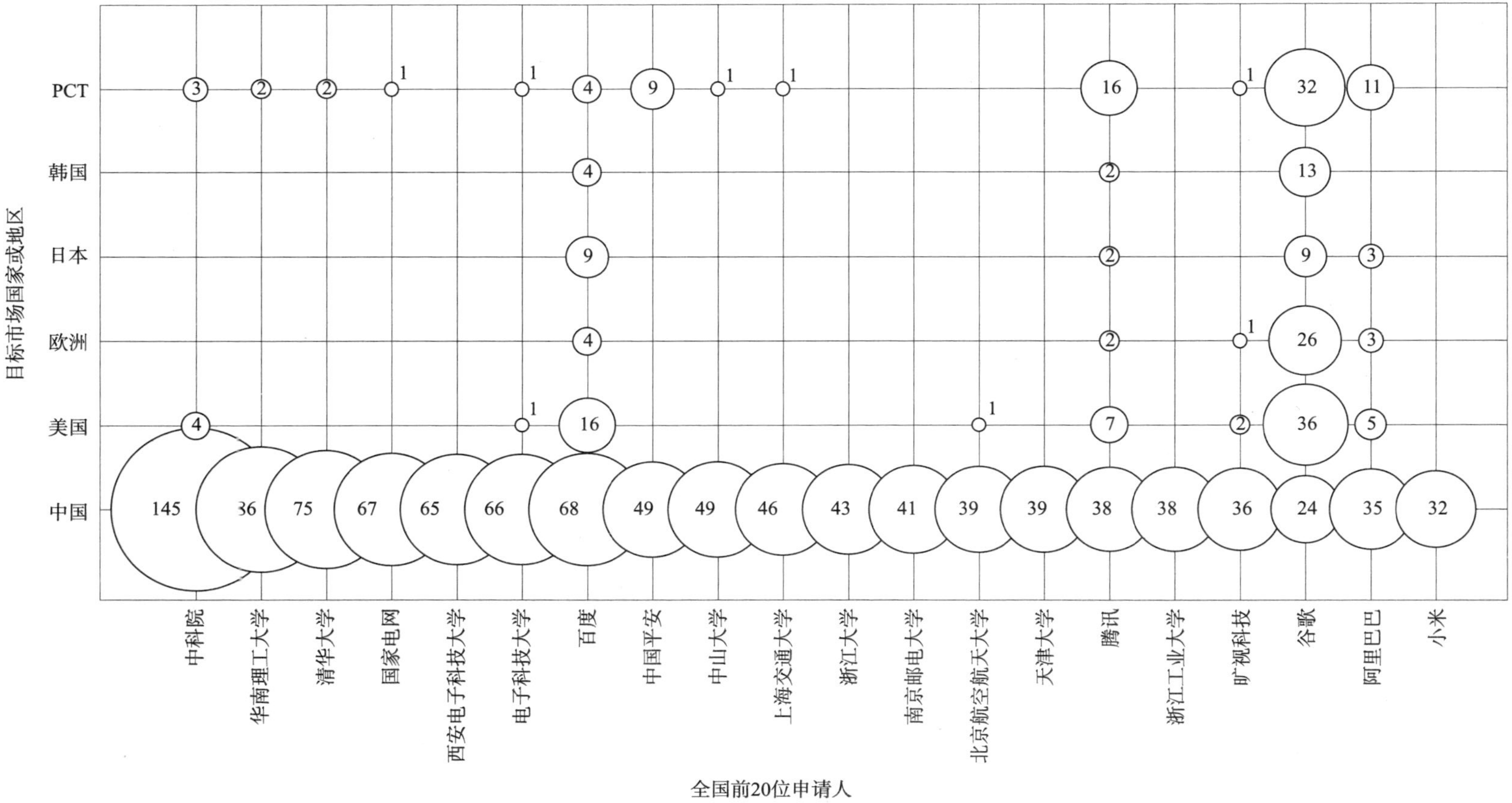

第4章 基础理论技术专利状况分析

图 4-4-9 复杂数据和任务的混合增强智能学习方法国内主要申请人申请量国家或地区分布

注：图中数字表示申请量，单位为件。

没有理会日本和韩国市场，而国家电网、中国平安和小米则没有在全球布局。在中国的高校和科研院所申请人中，除了中科院、电子科技大学和北京航空航天大学在美国进行少量专利布局外，基本均没有在海外进行布局。越来越多的中国企业开始进行全球布局，预示着国内创新主体实力崛起，登上国际舞台，与其他创新企业一较高下。作为唯一进入前 20 位的外国申请人，谷歌基本上将欧洲和中国市场放在了相同的位置上，之后是韩国和日本。

4.5 云机器人协同计算方法技术

机器人已经被广泛地应用于工业制造、生活服务以及军事国防等领域。云机器人是将云计算应用于机器人技术，为机器人提供一个更智能的大脑。

4.5.1 全球/中国申请和授权态势分析

本节主要研究了云机器人协同计算方法分别在全球和中国的申请态势与授权态势。

从图 4-5-1 全球申请态势来看，自 1994 年开始，人们已经开始致力于让机器人变得更聪明；1995~2003 年，专利申请量呈现平稳上升趋势；从 2004 年开始，专利申请量迅速攀升后长期稳定在 100 项左右，直到 2011 年再次快速增长，在 2013 年之后呈现爆炸式增长。这可能与在 Humanoids 2010 会议上，卡耐基·梅隆大学的 James Kuffner 教授正式提出了"云机器人"的概念，引发广泛讨论相关。同时，2011 年，欧盟资助了 RoboEarth 项目，RoboEarth 的云端架构为机器人提供了一个向云端传输信息并获得反馈的闭环；RoboEarth 万维网（WWW）数据库存储的信息可以被人和机器人理解；RoboEarth 云端引擎（Rapyuta）提供强大的计算能力，通过使用安全的网络计算，可以使机器人本身脱离复杂的计算。并且该项目在 2013~2014 年在模拟医院环境，通过机器人的相互协作照顾病人进行了实际应用，进一步激发了创新主体的研发热情。

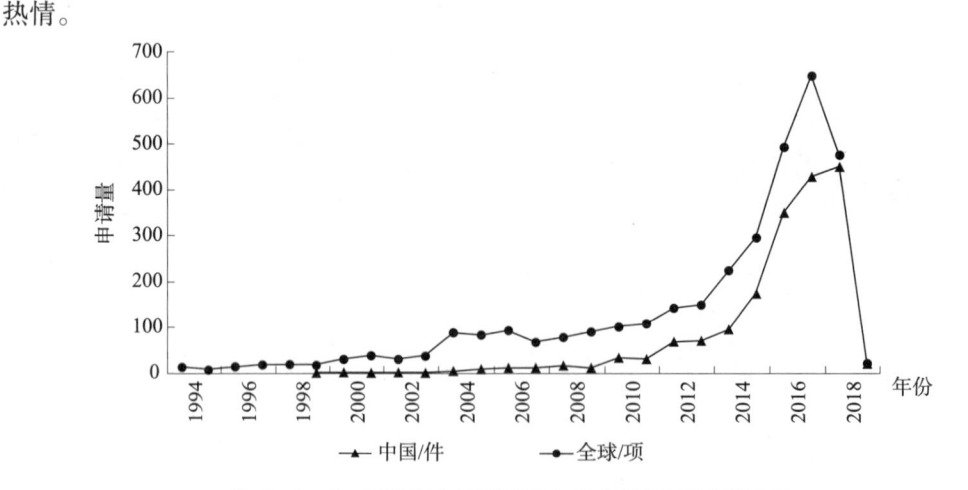

图 4-5-1 云机器人协同计算方法全球/中国申请态势

从中国申请态势来看，从1999年开始进行专利申请，申请量一直到2009年缓慢增长，直到2010年快速增长，并在2014年之后爆炸式增长，与全球趋势相同。这表明中国在云机器人领域，基本上是与世界的发展同步的。

从图4-5-2主要国家或地区授权态势来看，在云机器人协同计算方法领域，中国的授权量从2002年开始稳步增长，一直到2010年之后迅速增长。我国在云机器人领域的研究开始时间略晚于其他国家或地区，但是在迅速增长的态势上基本与美国保持同步，一直到2015年，中国超越美国，专利授权量居于世界首位，这表明中国赶上了与世界同步迅猛发展的潮流。在2009年之前，美国与日本的授权量一直旗鼓相当，基本处于"领头羊"的位置；而2009年之后，美国专利授权量持续走高，而日本专利授权量却走向低迷。欧洲与韩国的专利授权量持续平稳，维持在较低授权量。

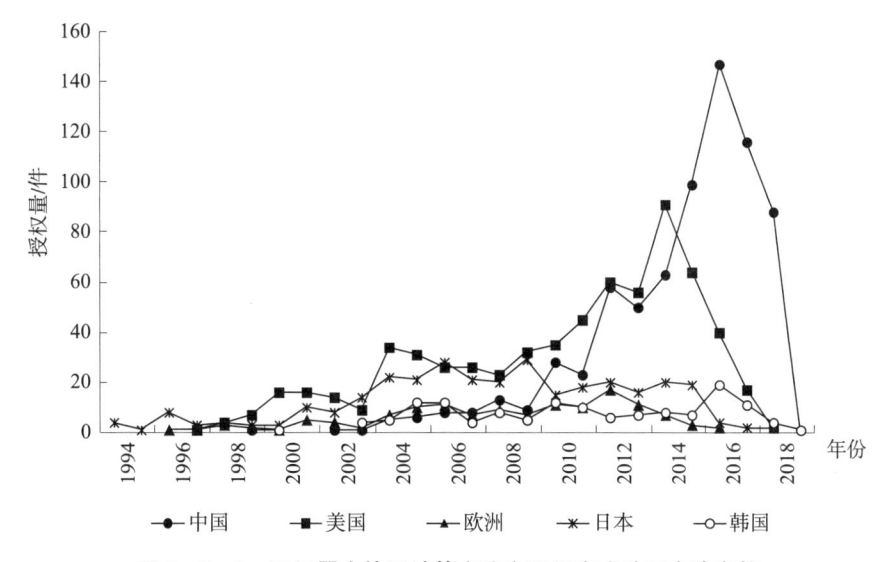

图4-5-2 云机器人协同计算方法主要国家或地区申请态势

4.5.2 主要国家或地区申请和授权量占比分析

本节主要研究了云机器人协同计算方法在全球和中国的申请和授权量占比。从图4-5-3可见，中国的申请量最多，这表明中国的创新主体在该领域有强烈的研发意愿，美国的申请量居于第二位，随后为日本、欧洲和韩国。在授权比例上，美国最高，为58%，其余国家或地区的授权量均为40%左右。这表明在申请质量上，美国的申请质量较高，我国的申请质量与欧洲、日本、韩国基本在同一水平上，撰写水平基本与全球水平相当。

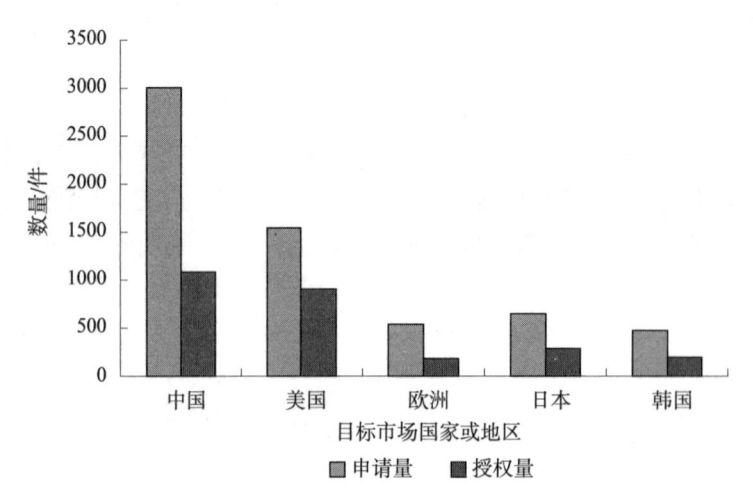

图 4-5-3 云机器人协同计算方法主要国家或地区申请和授权量占比

4.5.3 全球/中国主要申请人分析

本节主要研究了云机器人协同计算方法在全球和中国申请量居于前 20 位的主要申请人分布情况。

在图 4-5-4 全球排名前 20 位的申请人当中，中国申请人占了 9 席，日本申请人

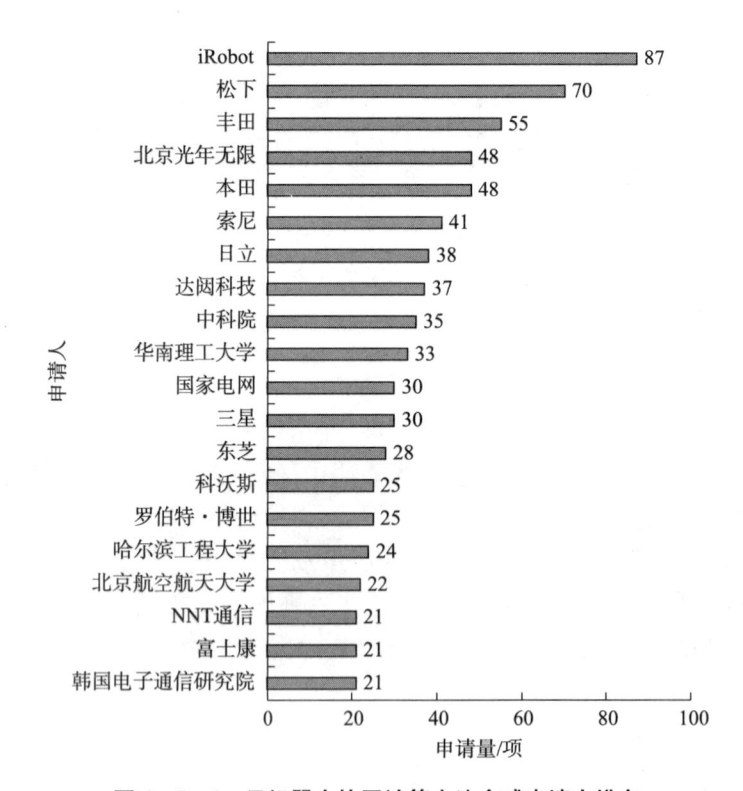

申请人	申请量/项
iRobot	87
松下	70
丰田	55
北京光年无限	48
本田	48
索尼	41
日立	38
达闼科技	37
中科院	35
华南理工大学	33
国家电网	30
三星	30
东芝	28
科沃斯	25
罗伯特·博世	25
哈尔滨工程大学	24
北京航空航天大学	22
NNT通信	21
富士康	21
韩国电子通信研究院	21

图 4-5-4 云机器人协同计算方法全球申请人排名

占据7席，韩国申请人占据2席，美国和德国分别有1位申请人上榜。除了中国有4家科研院所和高校，韩国有1个研究院上榜之外，其余全部为企业申请人，可见云机器人应该是应用转化最快的领域。

日本在云机器人领域拥有较多的研发创新主体，分别是松下、丰田、本田、索尼、日立、东芝、NNT通信，均为知名企业，可见日本拥有众多的知名创新主体，技术较为分散。排名第一的iRobot隶属美国，是全球知名麻省理工学院计算机科学与人工智能实验室技术转移及投资成立的机器人产品与技术专业研发公司，应用于家庭、军用、警用、救难等领域，并且iRobot使用亚马逊的AWS云对智能机器人进行研发，其申请量远远超过其他申请人，可见美国的相关技术较为集中。欧洲申请人罗伯特·博世和韩国申请人三星均为知名企业，韩国的科研院所同样在该领域的研发上有所投入，可见对此较为重视。而在中国的申请人中，高校和科研院所与企业申请人的比例为4∶5，由此可见，在该领域，申请人以企业为主，企业的转化能力应当强于高校和科研院所，在转化为应用较快的云机器人领域，政策需要更加向企业倾斜。在中国申请人中排名第一位的是企业申请人，北京光年无限自2016年开始持续投入对机器人的研发中。

从图4-5-5中国申请人排名情况可见，在中国申请量排名前20位的申请人当中，中国有18位，日本、韩国各有1位。中国申请人中高校和科研院所占据了12位，企业占据了6位。虽然高校和科研院所仍然占据较高比例，但是在该领域，企业申请人比例明显提高，且排在第一位的也是企业申请人，并且在平昌冬奥会闭幕式"北京8分

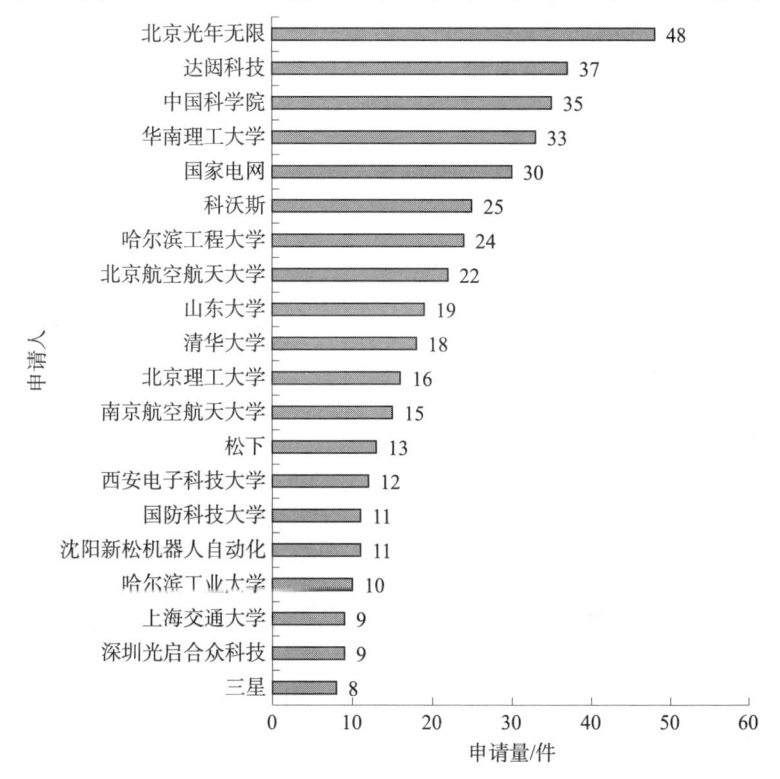

申请人	申请量/件
北京光年无限	48
达闼科技	37
中国科学院	35
华南理工大学	33
国家电网	30
科沃斯	25
哈尔滨工程大学	24
北京航空航天大学	22
山东大学	19
清华大学	18
北京理工大学	16
南京航空航天大学	15
松下	13
西安电子科技大学	12
国防科技大学	11
沈阳新松机器人自动化	11
哈尔滨工业大学	10
上海交通大学	9
深圳光启合众科技	9
三星	8

图4-5-5 云机器人协同计算方法中国申请人排名

钟"表演中，由沈阳新松机器人自动化股份有限公司研发的智能移动机器人与轮滑演员进行了表演。因此，云机器人应当能尽快进行实际应用。日本和韩国的申请人分别是松下和三星，均为知名企业，可见这些企业对于中国市场的重视，然而欧洲企业在中国的布局较少。

4.5.4 全球布局区域分析

本节主要研究了云机器人协同计算方法领域全球目标市场和原创国家或地区占比情况。

从图4-5-6可以看到，中国是最大的目标市场国，其次是美国。中国也是最大的技术原创国，这可能与云技术目前作为技术发展热点，受到国家支持力度较大相关，为较多的专利申请量作出了贡献；美国作为拥有众多人工智能科技公司的领头者，同样吸引了创新主体的注意；紧随其后的是日本，这可能与日本在机器人领域具有较大的技术优势相关；还有10%的专利是PCT专利，表明这些专利申请在申请之初，就以进入多个国家或地区作为目标；随后是欧洲和韩国，分别占7%和4%。

从图4-5-7可以看到，在云机器人协同计算方法领域，中国作为原创国家，占据了44%的申请量，这除了与云技术受到国家政策扶持相关外，还有可能由于对中国市场的重视，国外多家公司在中国成立分公司，其研发成果使得中国成为原创国，例如美国的iRobot，日本的丰田、富士通等均在中国有分公司。原创国中排在第二位的是美国，比例为22%，美国的iRobot申请量居于第一位，可见其技术较为集中。原创国中排名第三位的是日本，而在全球前20位的申请人中，日本占了7位，且全部是知名企业，可见日本的技术分布较为均匀。随后是韩国和德国。

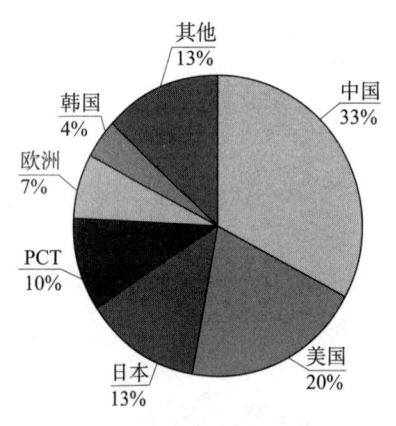

图4-5-6 云机器人协同计算方法全球目标市场占比

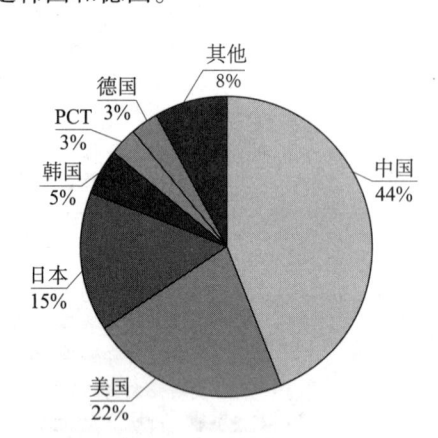

图4-5-7 云机器人协同计算方法全球原创国/地区占比

在目标国和原创国中，前三位的均是中国、美国和日本，由此可见，云机器人技术相对较为集中。

4.5.5 全球/中国主要申请人布局重点分析

本节主要研究了云机器人协同计算方法全球/中国主要申请人布局重点分析，主要分析了年度分布和地区分布。

从表4-5-1全球主要申请人年度分布来看，松下、本田、索尼、日立、东芝、NNT通信在20世纪90年代就进行了专利布局，表明这几家公司对于云机器人协同计算方法在较早就进行了研究，并且日本在机器人研究领域一直比较领先；随后美国的iRobot的申请量波浪式上升；之后，中国的申请人国家电网、中科院、华南理工大学和北京航空航天大学，韩国的三星在进入21世纪初就开始进行专利布局，科沃斯在2011年开始进行布局；而中国申请人北京光年无限则要晚到2016年才进行专利布局，且申请量较为可观，出现了后来者居上的局面。在诸多申请人中，北京光年无限基本维持较为稳定的申请量。

从表4-5-2在中国进行专利申请的中国主要申请人申请量年度分布来看，国内的申请人基本在2007年之后才进行连续的专利布局。在高校和科研院所申请人中，中科院、华南理工大学、北京航空航天大学和上海交通大学较早进行专利布局，中科院和华南理工大学在2015年之后申请量有了提高；企业申请人更是到2010年之后才进行专利布局，特别是北京光年无限则要晚到2016年才进行专利布局，但势头迅猛。最早进入中国布局外国申请人的是三星，而松下直到2014年才进入中国展开布局。

从图4-5-8全球主要申请人申请量国家或地区分布情况可见，大部分申请人均在本国进行最多的专利申请。国外申请人无一例外地均进行了全球布局，申请量最多的iRobot除了在本国布局，布局最多的是欧洲和中国，其次是日本，没有在韩国进行布局。松下、丰田、本田、索尼、东芝除了在本国进行较多申请外，均在美国进行了大量的布局，将美国作为最大的目标市场；松下更重视中国市场，而本田更重视欧洲市场，丰田、索尼和东芝则对欧洲和中国市场同等重视，日立进行了零星的海外布局，而NNT通信没有进行海外布局。在国内申请人中，科沃斯进行了海外布局，中科院进行了零星的海外布局，其他申请人的专利申请均分布在国内，没有向国外进行布局。韩国的两位申请人三星和韩国通信电子研究院都进行了海外布局，将美国作为最大的目标市场，随后两者出现分歧，三星更看重欧洲市场，随后是中国和日本，而韩国通信电子研究院则更看重日本市场，随后是欧洲和中国。

从图4-5-9国内申请主要申请人申请量国家或地区分布情况可见，科沃斯进行了较多的海外布局，主要是在欧洲和美国；达闼科技申请了较多的PCT申请，但是没有进入其他国家或地区；中科院进行零星的国外申请；国家电网虽然有1件专利进行了PCT申请，但并没有进入其他国家或地区。

表4-5-1 云机器人协同计算方法全球主要申请人申请量年度分布

单位：项

申请人	2000年	2001年	2002年	2003年	2004年	2005年	2006年	2007年	2008年	2009年	2010年	2011年	2012年	2013年	2014年	2015年	2016年	2017年	2018年	2019年
iRobot	9	2			16	6	2	11	2	2	9	5	10	8	18	12	8	9		
松下	1	3	3	5	3	13	2	3	2	1	1		1		3	4	4	17		
丰田						3	7	5	4	5	4		1	5	6	4	5	5		
北京光年无限																	18	15	15	
本田	1	2	4	2	4	1	5	4	2	10	2	2			2	1	1	1		
索尼	5	4	2	1		5	7	3			2	2					2	5		
日立		2		1	1	3	1		3	2	1	4	1		2	3	2	8		
达闼科技																	14	11	5	4
中科院			1				1		2		1	3	4	3	5	3	7	10	6	
华南理工大学										1	8	3	2	5	1	1	5	8	6	1
国家电网				1			2		3					3		6	2	4		
三星									1	1	1	1	2	3	1	3	5	8	8	
东芝	2		4	3	4	3				3	2		1	2	1	1	2	3		
科沃斯								2				1			8	3	7	2	3	
罗伯特·博世									1	1	1	1	1	1	4	3	2	11	3	1
哈尔滨工程大学							1			1	2	1	2		5	3	6	3	3	
北京航空航天大学									1	1	1			1	1	1	3	5	5	
NTT通信						1	2			3	2	3	1			1	1	3		
富士康						1	6	3		3	2			3	3				1	
韩国电子通信研究院	1				1	1	5		2	1					4	6				

表4-5-2 云机器人协同计算方法中国主要申请人申请量年度分布

单位：件

申请人	2002年	2003年	2004年	2005年	2006年	2007年	2008年	2009年	2010年	2011年	2012年	2013年	2014年	2015年	2016年	2017年	2018年	2019年
北京光年无限															18	15	15	
达阔科技														3	14	11	5	4
中科院	1								1	3	4	3	5	1	7	10	6	
华南理工大学					1		2					5	1	6	5	8	6	1
国家电网											2	3	1	3	5	8	8	
科沃斯										1			8	3	7	2	3	
哈尔滨工程大学									2			1	5	3	6	3	3	1
北京航空航天大学					1		1	1	1	1	2	1	1		3	5	5	
山东大学							1				1		1			5	7	
清华大学										3	5	3			3	1	4	
北京理工大学											2	2			2	1	9	
南京航空航天大学											2			4	1	2	6	1
松下													1	2	2	8		1
西安电子科技大学												1		2	1	2	6	
国防科技大学												5			1	2	5	
沈阳新松													2	1	3	1	1	
机器人自动化								1					1					
哈尔滨工业大学				1			2	2	1						1	1	5	
上海交通大学															1	1		
深圳光启合众科技									3	2	1			3	6	2		
三星	1																	

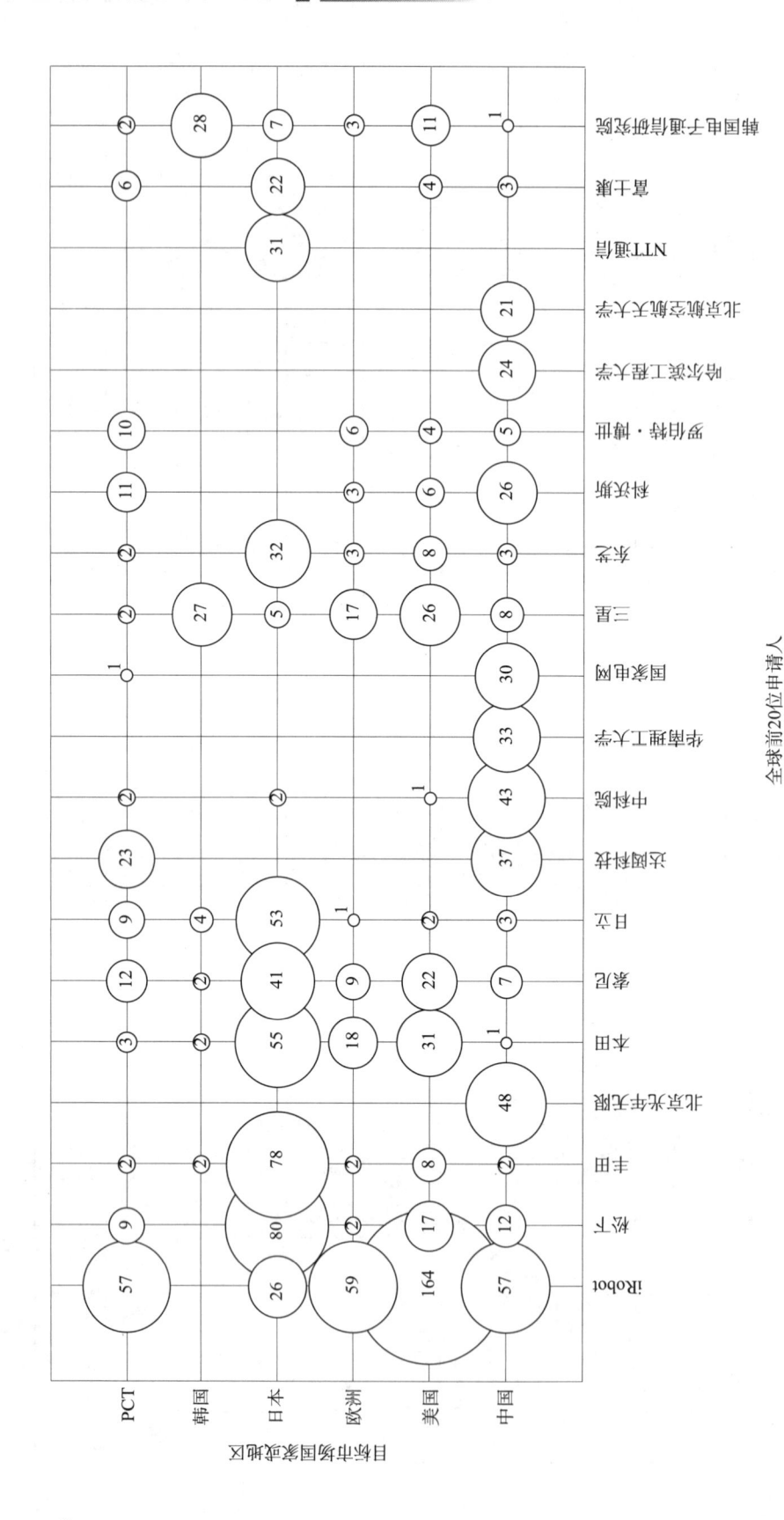

图 4-5-8 云机器人协同计算方法全球主要申请人申请量国家或地区分布

注：图中数字表示申请量，单位为项。

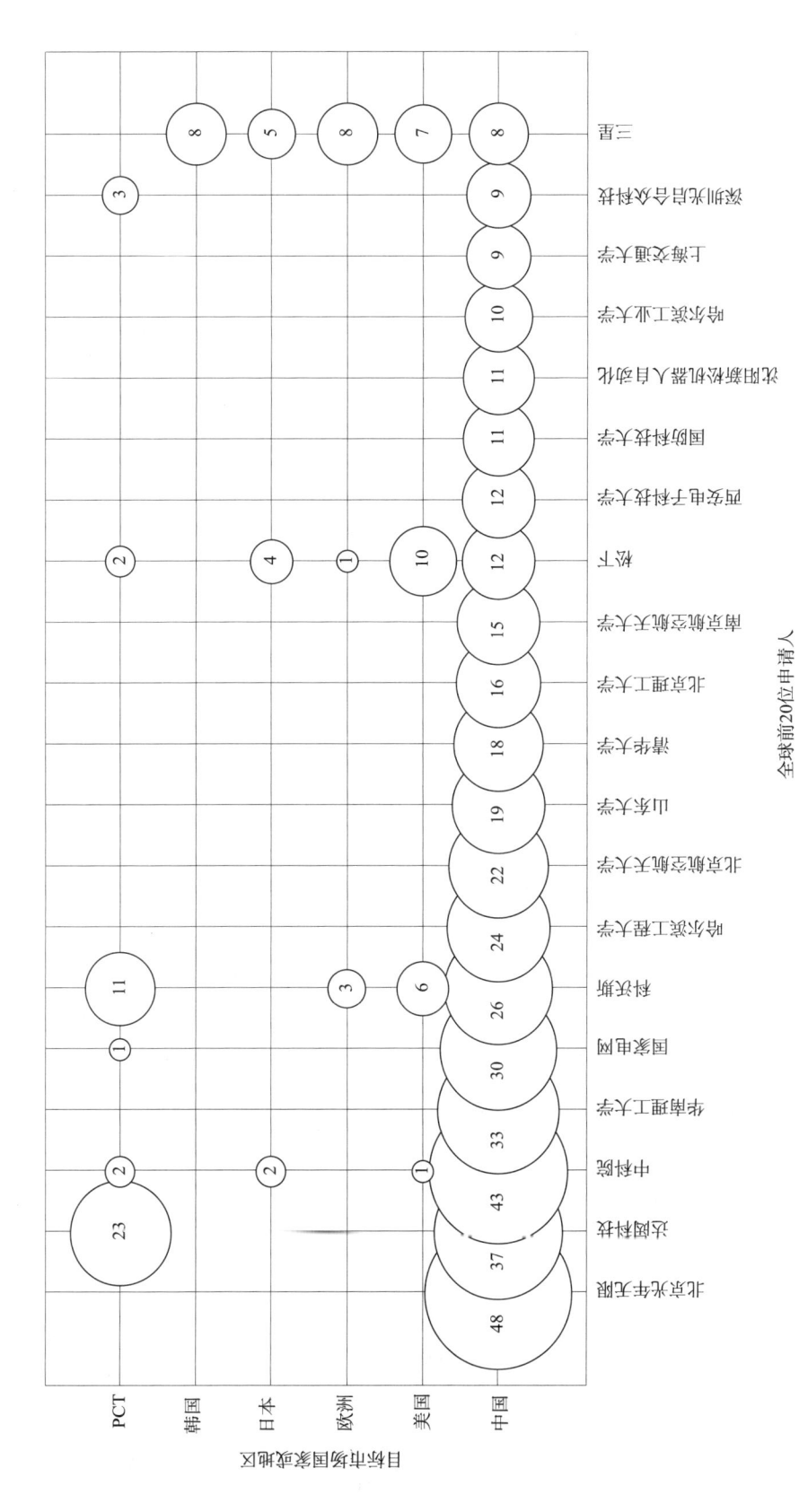

图 4-5-9 云机器人协同计算方法国内主要申请人申请量国家或地区分布

注：图中数字表示申请量，单位为件。

4.6 真实世界环境下的情景理解及人机群组协同方法技术

本节从全球和中国范围的专利申请/授权态势、主要申请人、技术原创国、目标市场区域以及主要申请人的布局重点等多个角度对真实世界环境下的情景理解及人机群组协同方法技术专利状况进行分析。

4.6.1 全球/中国申请和授权态势分析

如图4-6-1所示，真实世界环境下的情景理解及人机群组协同方法技术的发展伴随着人工智能技术的发展，起步于20世纪70年代，经历初期的缓慢探索，直到20世纪90年代才有所发展，申请态势稍有增长。在此阶段碍于理论以及硬件的限制，技术仍处于理论探究阶段，尚未取得实质性的进展。20世纪90年代中期，随着人工智能技术特别是神经网络技术的逐渐发展，该领域也进入初步发展期。1997年IBM的计算机系统"DeepBlue"战胜了国际象棋世界冠军，又一次推动了人工智能技术的发展进程。2006年辛顿在神经网络的深度学习方面取得突破，标志着该领域技术的又一次进步。2011年后，基于深度学习、神经网络等算法的迅速发展，以及GPU、FPGA等核心硬件快速发展的有力支撑，全球众多申请人进入该领域，专利申请量逐渐增长。2016年谷歌的AlphaGo战胜韩国棋手李世石，再次引发人工智能热潮，该领域专利申请量也进入快速增长期。与此同时，随着经济实力提升和创新驱动发展战略的全面实施，我国研发经费投入以及研究人员数量持续快速增长，在研发人员以及研发经费双重驱动力的带动下，我国专利申请量快速增长，真实世界环境下的情景理解及人机群组协同方法技术作为混合增强智能技术产业化结合紧密的前沿技术，得到了国家自然科学基金的鼎力支持。

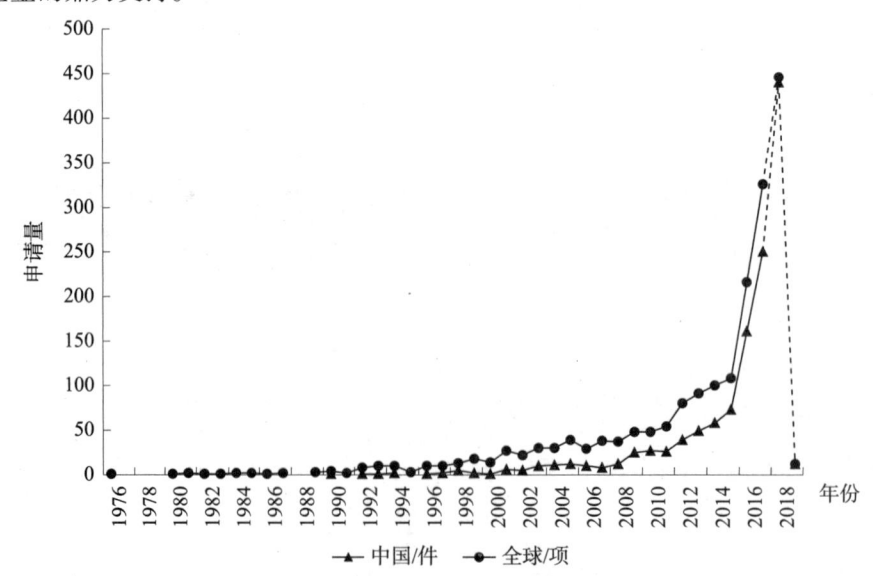

图4-6-1 真实世界环境下的情景理解及人机群组协同方法全球/中国申请态势分布

从图4-6-2主要国家或地区授权态势可以看出,伴随技术的发展,美国在该领域具有先发优势,授权量从1996年开始保持稳步增长,并在一段时间内均处于领先地位。欧洲、日本、韩国均处于缓慢发展期。从中国授权量变化可以看出,中国虽然发展起步晚,但近几年增长势头强劲,随着专利申请量快速增长,专利授权量自2008年以来呈现快速增长趋势。这一方面受益于全球范围内对该领域的持续关注;另一方面也受益于语言识别、图像识别、人机交互、协同感知、协同决策等技术的快速发展,伴随技术在图像识别等细分领域产业化的成功案例越来越多,参与该技术领域的创新主体也越来越多,这也促进了技术的快速发展。

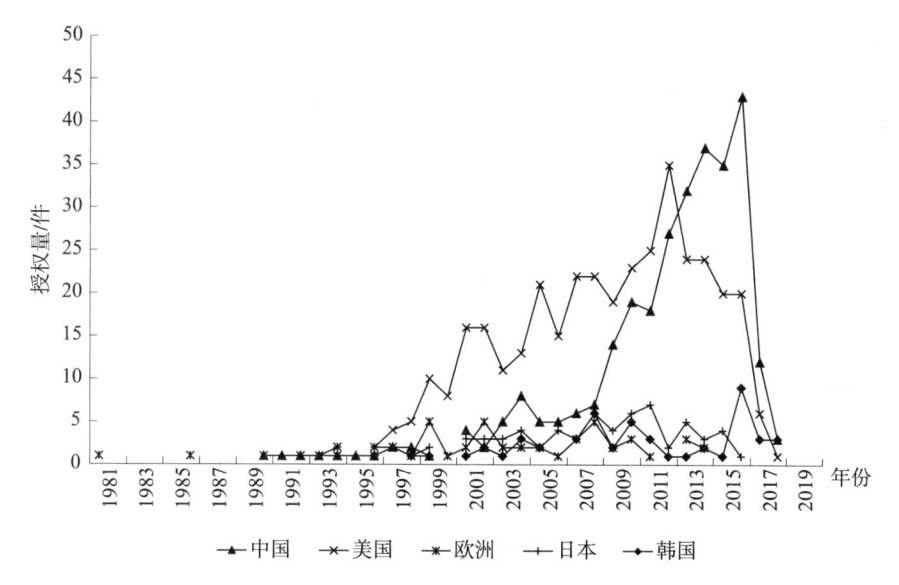

图4-6-2 真实世界环境下的情景理解及人机群组协同方法主要国家或地区授权态势分布

4.6.2 主要国家或地区申请和授权量占比分析

从图4-6-3主要国家或地区申请量和授权量的对比可以看出,虽然中国是第一

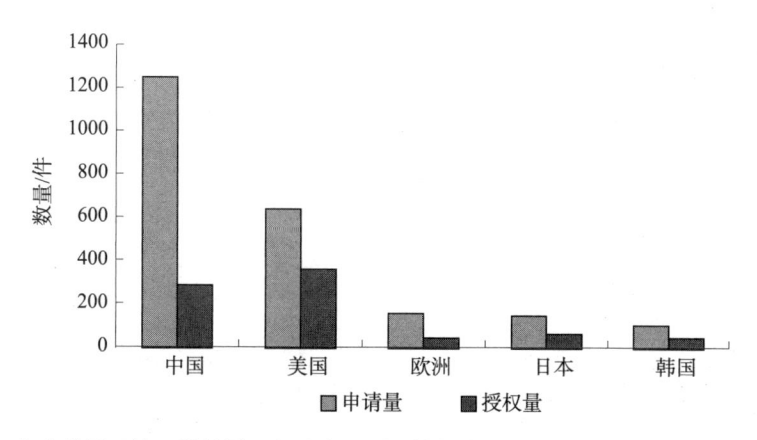

图4-6-3 真实世界环境下的情景理解及人机群组协同方法主要国家或地区申请量和授权量占比

申请大国，但授权比例较低，主要是中国在该领域仍缺乏重要原创核心技术，专利整体质量有待进一步提高。反观美国，从对比可以看出，专利申请相对授权率较高，说明其专利申请整体技术含量高，核心技术较多。从申请量以及授权量可以看出，在该领域，中国、美国基本是技术发展驱动力的核心，欧洲、日本、韩国已经处于落后地位。

4.6.3 全球/中国主要申请人分析

从图4-6-4该领域全球申请人排名可以看出，中国申请人占比大，说明中国申请人在该领域具有集团优势。IBM作为该技术领域的领先者，拥有着众多细分领域的核心技术。中科院作为中国重要的科研院所，涉及类脑语义理解、多脑协同计算、情感识别等领域，具有一定的研究基础。微软作为美国高科技企业，在增强语义理解等领域也有一定涉及。中国平安在手写识别、语音处理等方面开展相关研究。百度的研究涉及自动驾驶、智能搜索等领域，其他中国申请人在国家自然科学基金的资助下，在涉及如场景识别、语言理解以及路径协同规划等技术方面展开研究。

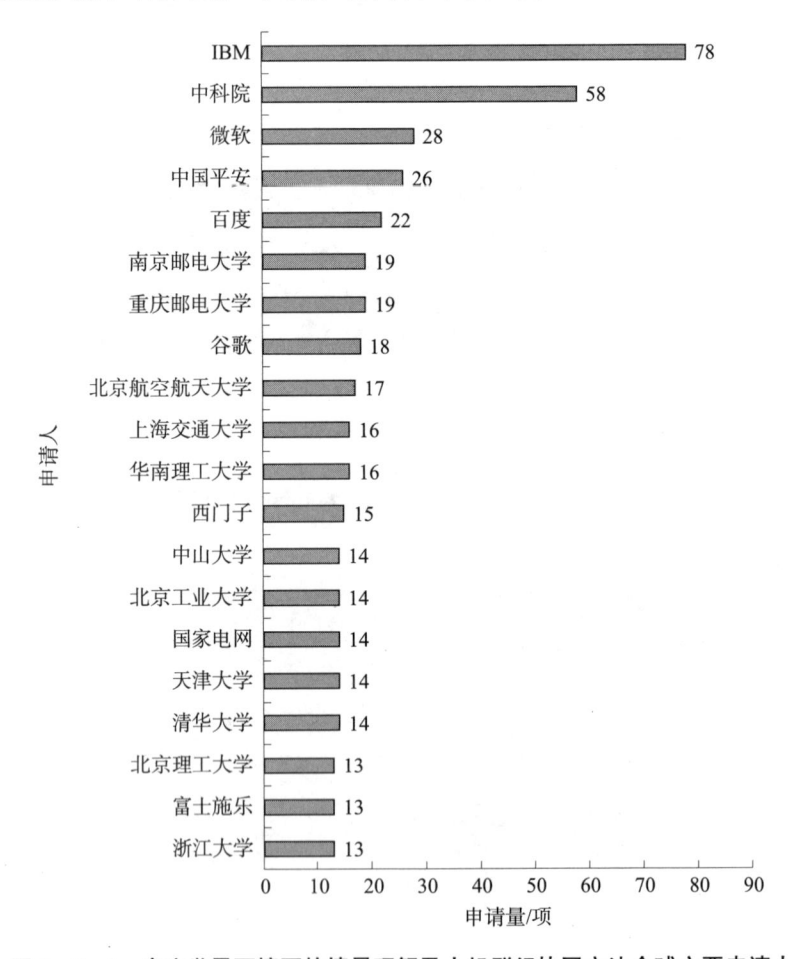

申请人	申请量/项
IBM	78
中科院	58
微软	28
中国平安	26
百度	22
南京邮电大学	19
重庆邮电大学	19
谷歌	18
北京航空航天大学	17
上海交通大学	16
华南理工大学	16
西门子	15
中山大学	14
北京工业大学	14
国家电网	14
天津大学	14
清华大学	14
北京理工大学	13
富士施乐	13
浙江大学	13

图4-6-4 真实世界环境下的情景理解及人机群组协同方法全球主要申请人

从图4-6-5中国申请人排名可以看出,中国申请人仍以高校及科研院所为主导,占15席,其中中科院排名第一,是国内申请人的代表。中国平安、百度、国家电网,作为国内知名企业,在新兴技术结合自身行业的产业融合方面具有一定研究。北京光年无限主要从事机器人人工智能以及系统的开发,在语义理解、多模态人机交互等领域具有一定技术积累。

申请人	申请量/件
中科院	58
中国平安	26
百度	21
南京邮电大学	19
重庆邮电大学	19
北京航空航天大学	17
上海交通大学	16
华南理工大学	16
中山大学	14
北京工业大学	14
国家电网	14
天津大学	14
清华大学	14
北京理工大学	13
浙江大学	13
北京光年无限	12
东南大学	10
杭州电子科技大学	10
电子科技大学	10
腾讯	10

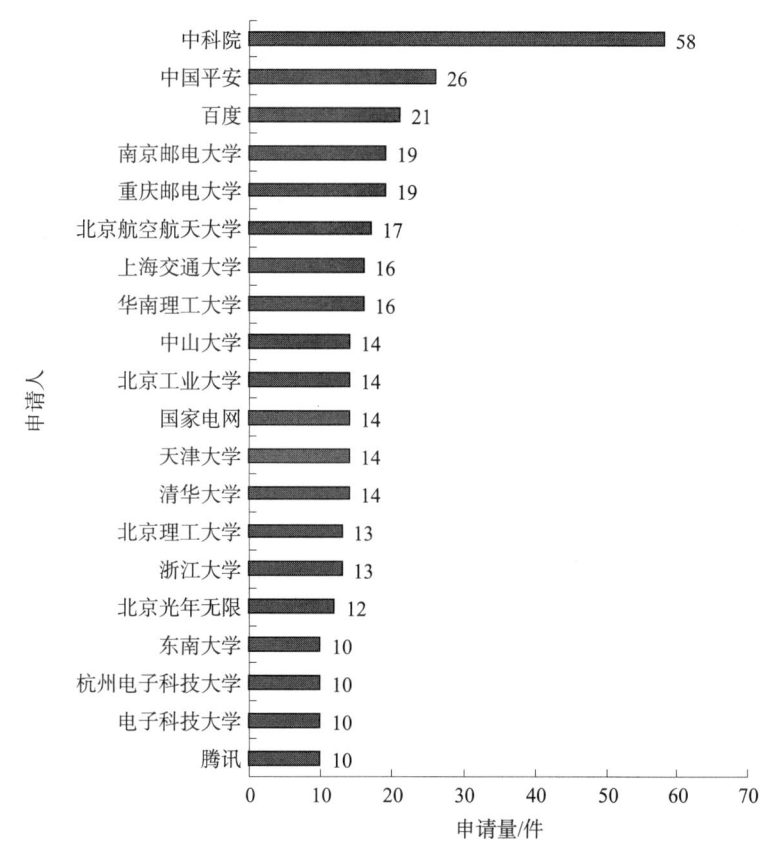

图4-6-5 真实世界环境下的情景理解及人机群组协同方法中国主要申请人

4.6.4 全球布局区域分析

从图4-6-6所示的技术原创国可以看出,中国原创技术占比近六成,是全球第一大创新群体,基于国内政策的支持,以及市场快速发展的带动作用,吸引了众多创新主体参与其中。美国作为全球另一个重要的创新驱动力,占比28%,具有如IBM、微软、谷歌等全球重要的申请人,代表性企业力量突出。欧洲、日本、韩国等国家或地区发展明显落后于中国和美国。

从图4-6-7所示的目标市场国可以看出,中国仍是全球最大的专利布局地区,主要是由于中国本土申请人的专利布局意愿高涨。美国作为全球重要市场之一,排名第二位,具有一定比例的申请人通过PCT的方式进行专利布局,抢占先机。

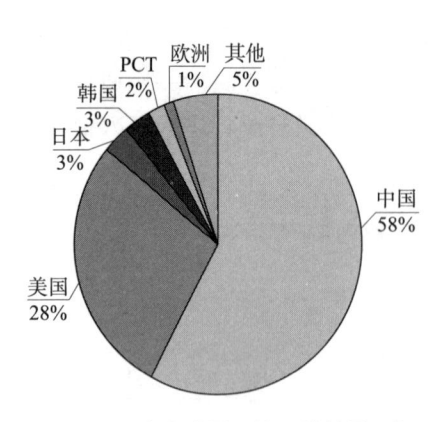

图 4-6-6 真实世界环境下的情景理解及人机群组协同方法原创技术区域分布

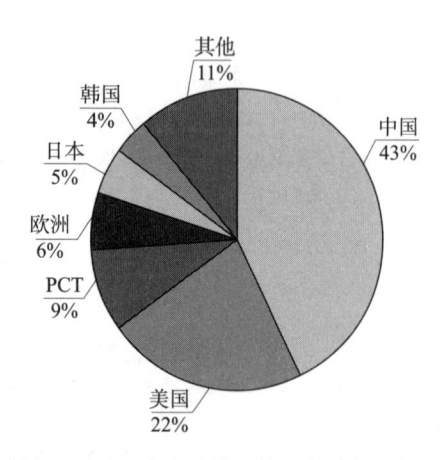

图 4-6-7 真实世界环境下的情景理解及人机群组协同方法目标市场区域分布

4.6.5 全球/中国主要申请人布局重点分析

从表 4-6-1 全球主要申请人申请量年度分布来看，西门子、富士施乐的相关专利申请从技术发展初期已经开始布局，早于全球其他申请人，更早地将最新理论研究结合到了技术领域中，但后期发展停滞。以 IBM、微软为代表的美国企业在技术发展的早期开始布局，并持续引领技术的发展。以中科院等高校及科研院所为代表的中国申请人，从 2013 年左右开始加速，引领了中国在该领域的专利申请。

表 4-6-1 真实世界环境下的情景理解及人机群组协同方法全球主要申请人申请量年度分布

单位：项

全球申请人	2000 年以前	2001~2003 年	2004~2006 年	2007~2009 年	2010~2012 年	2013~2015 年	2016~2018 年	2019 年
IBM	5	4	3	7	11	19	29	
中科院	1	1	1	3	3	12	37	
微软		4	4	2	5	5	8	
中国平安							26	
百度						3	18	1
南京邮电大学				2		3	13	1
重庆邮电大学						1	17	1
谷歌			1	1	3	5	8	
北京航空航天大学				2	2	3	10	
上海交通大学			1	2	2	1	10	
华南理工大学						1	15	

续表

全球申请人	2000年以前	2001~2003年	2004~2006年	2007~2009年	2010~2012年	2013~2015年	2016~2018年	2019年
西门子	4	2		3	2	2	2	
中山大学			1			1	12	
北京工业大学				1	1	3	9	
国家电网						2	12	
天津大学						1	13	
清华大学				1		5	7	1
北京理工大学						3	10	
富士施乐	2	1		6		2	2	
浙江大学			1			2	10	

从表4-6-2中国主要申请人申请量布局年度分布，中科院作为国内重点科研院所，较早开始这方面的研究，并从2013年开始加速，引领国内该领域的发展。南京邮电大学、重庆邮电大学、北京航空航天大学、上海交通大学等中国主要申请人，作为国家自然科学基金的主要受资助单位，在基础理论、基本方法方面也开展了较为广泛的研究。北京光年无线科技以语义和对话技术为核心，致力于发展智能机器人。在我国《新一代人工智能发展规划》出台前后，我国申请人的专利申请量持续增长。

表4-6-2 真实世界环境下的情景理解及人机群组协同方法中国主要
申请人申请量年度分布   单位：件

中国申请人	2003年以前	2004~2006年	2007~2009年	2010~2012年	2013~2015年	2016~2018年	2019年
中科院	2	1	3	3	12	37	
中国平安						26	
百度					3	17	1
南京邮电大学			2		3	13	1
重庆邮电大学					1	17	1
北京航空航天大学			2	2	3	10	
上海交通大学		1	2	2	1	10	
华南理工大学					1	15	
中山大学		1			1	12	
北京工业大学				1	1	3	9

续表

中国申请人	2003年以前	2004~2006年	2007~2009年	2010~2012年	2013~2015年	2016~2018年	2019年
国家电网					2	12	
天津大学					1	13	
清华大学			1		5	7	1
北京理工大学					3	10	
浙江大学		1			2	10	
北京光年无限						12	
东南大学				1		9	
杭州电子科技大学			1		2	7	
电子科技大学					1	9	
腾讯				1	1	8	

从图4-6-8全球主要申请人布局区域分布可以看出，各申请人在其所在国家或地区均是布局的重点，同时中国是全球主要申请人专利布局的主要区域之一。另外，如IBM、微软、谷歌等美国申请人，均在全球范围内广泛布局，并积极通过PCT的形式进行专利布局，而中国申请人则多以本国为布局重点，较少进行海外布局。

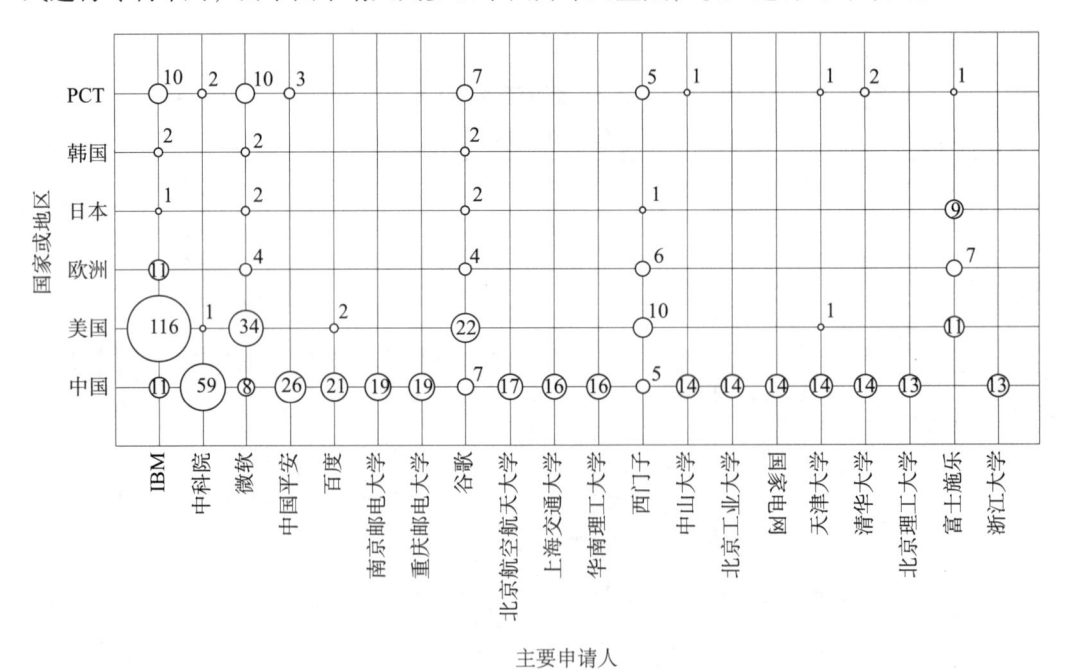

图4-6-8 真实世界环境下的情景理解及人机群组协同方法全球主要申请人布局区域分布
注：图中数字表示申请量，单位为项。

从图 4-6-9 中国主要申请人布局区域分布可以看出，中国申请人以国内布局为主，较少海外布局，百度作为专利布局意识较强的申请人，进行了一定的海外布局。

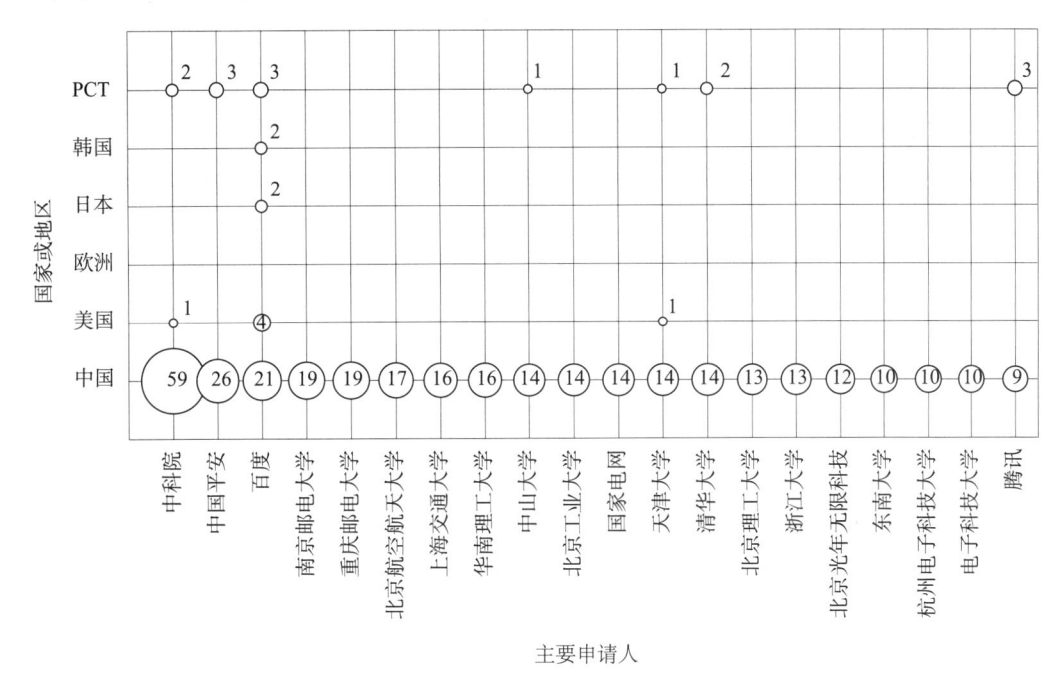

图 4-6-9 真实世界环境下的情景理解及人机群组协同方法中国主要申请人布局区域分布

注：图中数字表示申请量，单位为件。

4.7 小　　结

从上述混合增强智能基础理论部分的专利分析中可以看出：

（1）混合增强智能基础理论的专利申请量进入新世纪后迅速增加，2010 年之后开始迅猛增加，直到 2014 年之后开始爆发式增长，各个分支在近两年均呈现出爆发式增长的趋势，表明各创新主体对混合增强智能具有极大的研发热情。

（2）混合增强智能基础理论的专利授权率美国最高，中国较低。可见，虽然中国是第一申请大国，但授权比例较低，专利整体质量有待进一步提高。但是在机器直觉推理与因果模型、云机器人协同计算方法两个细分领域，中国授权量绝对值居于第一位，且授权率表现较好，表明中国在这两个细分领域的专利质量较高。

（3）在混合增强智能基础理论的专利申请量全球排名前 20 位的申请人中，美国有 5 家企业申请人进入了前 20 位，其中，IBM 在基础理论总体中排名第一位，且在联想记忆模型与知识演化方法和真实世界环境下的情景理解及人机群组协同方法两个细分领域中也以绝对优势领先，可见 IBM 是技术领先者。而中国进入前20 位的申请人，以科研院所和高校为主，特别是中科院，不仅在基础理论总体申请量中排名第二位，在复杂数据和任务的混合增强智能学习方法细分领域中，全球排名首位。

（4）关于混合增强智能基础理论的专利地区分布，从目标市场可以看出，美国和中国是市场大国，各创新主体都非常重视在美国和中国的专利申请。从技术原创国可以看出，中国原创技术占比最高，是全球第一大创新群体；由于中国近年来对于人工智能领域的政策引导和产业规划，大量中国申请人投入该领域研究，特别是众多高校及科研院所在国家基金的支持下，在该领域开展了广泛的研究。美国作为全球另一个重要的创新驱动力，具有如IBM、微软、谷歌等全球重要的申请人，代表性企业力量突出。

第 5 章 共性关键技术专利状况分析

本章主要研究了混合增强智能的共性关键技术情况,并将其分为脑机协作的人机智能共生、认知计算框架、新型混合计算架构、人机共驾、在线智能学习、平行管理与控制的混合增强智能共六个分支进行研究。

5.1 总体状况分析

5.1.1 全球/中国申请和授权态势分析

从图 5-1-1 全球申请态势来看,1963~1993 年,全球的申请量处于低位,1995 年开始申请量缓慢增加,但申请量仍然较少,这可能是受到人工智能的计算机软件以及算法层面的挑战没有突破,LISP 机市场崩溃,政府科研经费缩减,人工智能发展进入寒冬的影响。直到 2000 年左右,专利申请量开始缓步增加,进入 2010 年之后增长速度明显加快,特别是 2014 年之后呈现爆发式增长的趋势。这可以归因于 2006 年深度学习理论的产生、2010 年大数据时代的到来、计算机计算能力的飞速提升、互联网技术的快速普及以及各国政府对人工智能的重视,人工智能行业迅速扩张,资本大量投入,技术得到了充分的发展。中国的申请态势发展和全球申请态势类似,经过前期的缓慢发展,随着人工智能相关政策落地,技术突破和产业融合逐步形成。在 2014 年,中国也进入了申请量爆发期,并且发展势头迅猛。

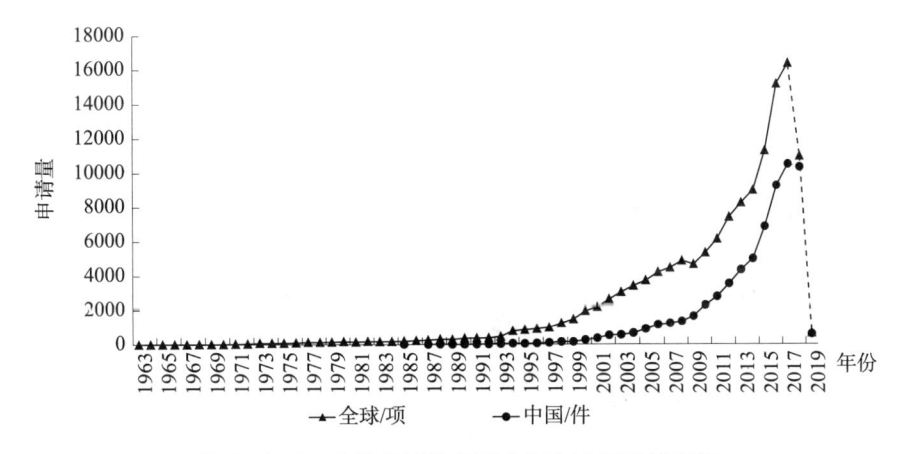

图 5-1-1 共性关键技术领域全球/中国申请态势

从图 5-1-2 主要国家或地区授权态势可以看出,伴随混合增强智能技术的发展,共性关键技术领域的中国专利申请授权总量处于领先位置；美国位居第二，日本、韩国分别位居第三、第四，欧洲申请授权总量最少。由此可见，中国专利申请授权总量最多，彰显了其在混合增强智能共性关键技术领域的技术优势，其授权量从 2000 年开始呈总体上升趋势，从 2013 年开始，授权量开始超越美国。而美国的授权量从 1997 年开始迅速增长，直到 2013 年授权量呈下降趋势；欧洲、日本、韩国授权量相对平稳。

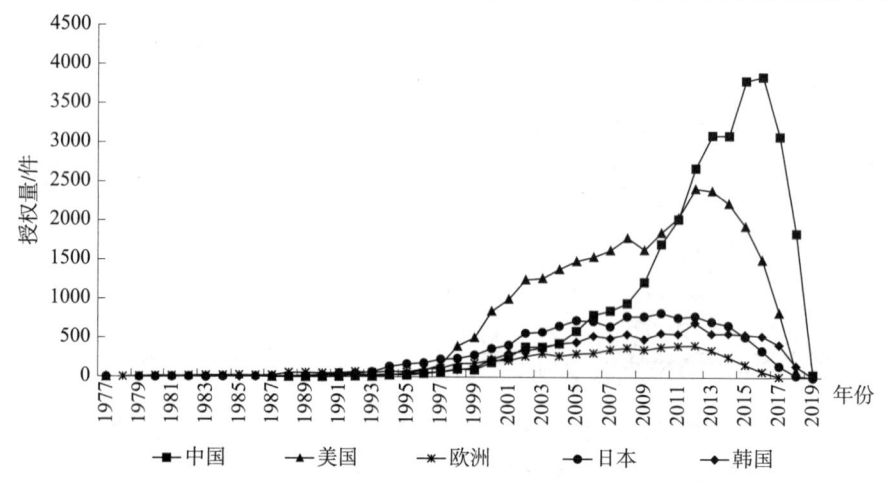

图 5-1-2　共性关键技术领域全球主要国家或地区授权态势

5.1.2　全球/中国申请量和授权量占比分析

从图 5-1-3 主要国家或地区申请量和授权量的对比可以看出，美国授权率最高，其次是韩国、中国、日本，欧洲的授权率最低。由此可以看出，美国授权率远高于其他国家或地区，足见其申请的技术含量较高，核心技术占比较大，技术发展处于领先地位；其次为韩国，其实力也不容小觑；中国和日本的的授权率相差不多，可见该领域中国申请的质量尚可。

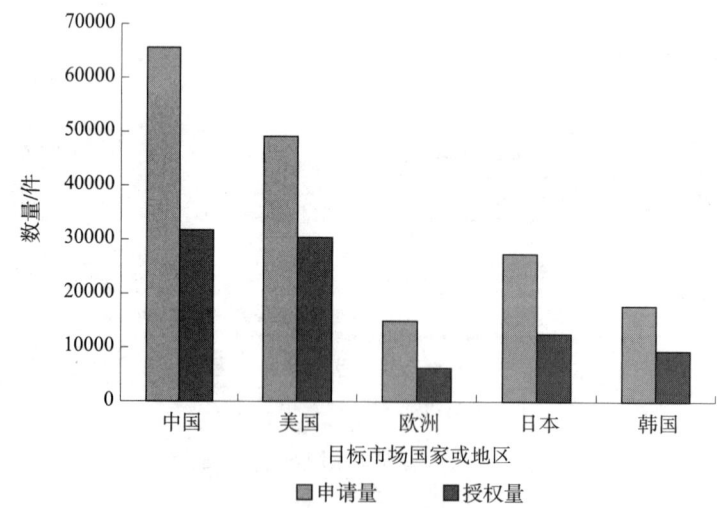

图 5-1-3　共性关键技术领域全球主要国家或地区申请量/授权量占比

5.1.3 全球/中国主要申请人

如图 5-1-4 所示,在共性关键技术领域,全球专利申请量排名前 20 位的申请人,主要来自美国、中国、日本、韩国和德国。其中,日本企业占据了 9 席,包括丰田、东芝、日本电装、三菱、松下、日立、索尼、富士通和日产,可见日本企业在该领域技术发展相对平衡,整体具有较大的领先优势。同时,德国有 3 家企业进入了前 20 位,包括罗伯特·博世、大众、戴姆勒;美国有 4 家企业进入了前 20 位,分别是 IBM、美光科技、英特尔和通用。此外,韩国有 3 家企业,三星、海力士和现代,其中,三星申请量排名第一;中国只有中科院进入了前 20 排名。由申请人排名可以看出,申请人主要涉及汽车领域和半导体领域,这与共性关键技术领域中人机共驾技术和半导体技术的申请量优势相关。

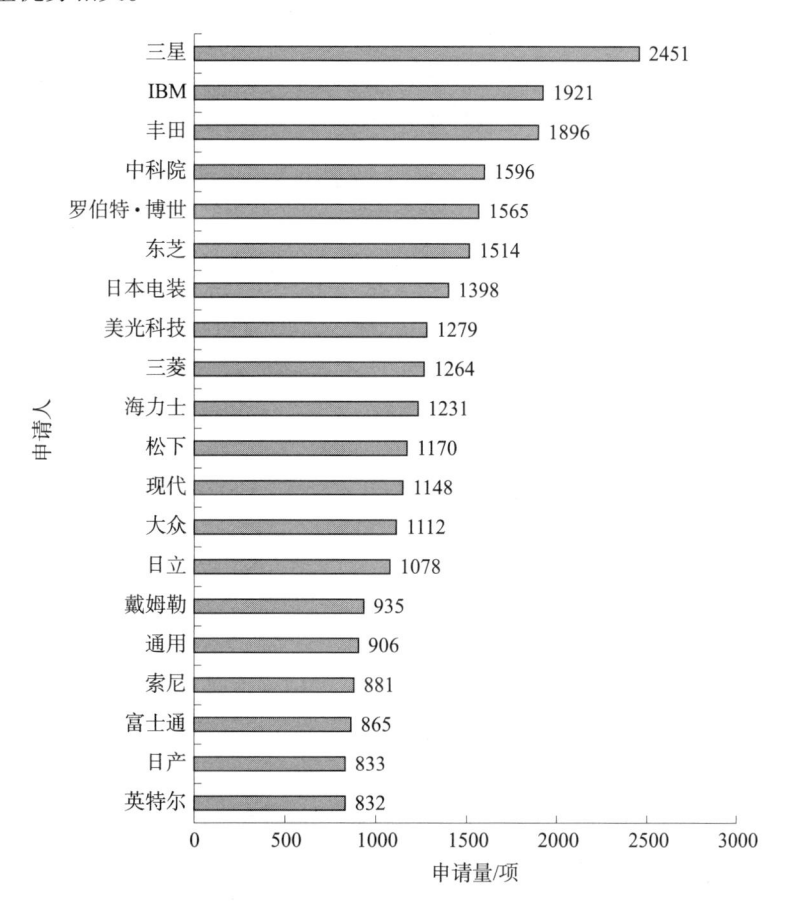

申请人	申请量/项
三星	2451
IBM	1921
丰田	1896
中科院	1596
罗伯特·博世	1565
东芝	1514
日本电装	1398
美光科技	1279
三菱	1264
海力士	1231
松下	1170
现代	1148
大众	1112
日立	1078
戴姆勒	935
通用	906
索尼	881
富士通	865
日产	833
英特尔	832

图 5-1-4 共性关键技术领域全球主要申请人排名

在全球前 20 名申请人中,丰田、日本电装、日产、罗伯特·博世、大众、戴姆勒、通用、现代属于传统整车企业或汽车零部件和解决方案企业。这些企业大都属于汽车工业中排名靠前的跨国汽车巨头。而目前汽车产业迈入了智能化时代,人机共驾技术属于各大跨国汽车巨头竞相研发的先进技术。这些企业的申请量在整个混合增强智能的共性关键技术中占比较高，也说明人机共驾作为一项前景比较明朗的人工智能技术，得到了产业界申请人的高度重视和重大投入。

从上述分析可以看出，与美国、日本和韩国相比，中国在该领域理论研究的热度高，科研能力强，但实际投入生产、形成产业的能力还较弱，理论技术还未能较好地落地，应对该领域进行重视。

从图5-1-5中国申请人排名可以看出，中科院作为中国重要的科研院所，具有庞大的研究专家团队，在该领域也具有深入的研究；同时，其他高校，包括清华大学、吉林大学、北京航空航天大学、东南大学、浙江大学、长安大学在该领域的理论研究也发展迅速。国家电网作为国有企业，基于对先进技术与产业的融合需求，在混合增强智能共性关键技术领域具有较为广泛的研究。百度作为国内领先的创新型公司，在该领域具有一定研究，百度的专利申请基本涉及关注点挖掘、推荐、推送信息、人机共驾等领域，特别是在人机共驾领域，百度Apollo平台的推出加快了中国在自动驾驶领域的技术发展和产业应用。从整体上看，中国申请人占据9席，日本占据4席，美国占据4席，韩国和德国分别占据2席和1席。

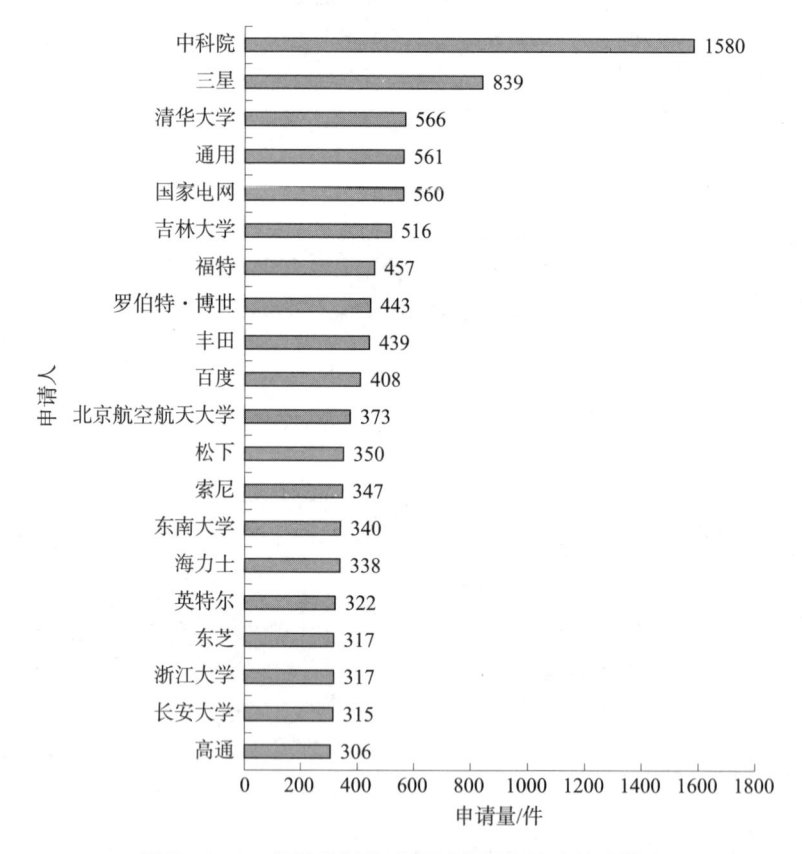

申请人	申请量/件
中科院	1580
三星	839
清华大学	566
通用	561
国家电网	560
吉林大学	516
福特	457
罗伯特·博世	443
丰田	439
百度	408
北京航空航天大学	373
松下	350
索尼	347
东南大学	340
海力士	338
英特尔	322
东芝	317
浙江大学	317
长安大学	315
高通	306

图5-1-5 共性关键技术领域中国主要申请人排名

5.1.4 全球布局区域分析

从图 5-1-6 技术原创国家或地区可以看出,中国原创技术占比达到 36%,是全球第一大创新群体,基于中国近年来对于人工智能领域的政策引导和产业规划,大量中国申请人投入该领域研究,特别是众多高校及科研院所在国家基金的支持下,在该领域开展了广泛的研究。美国作为全球另一个重要的创新驱动力,占比 24%,具有如 IBM、美光科技等全球重要申请人,代表性企业力量突出。紧随其后是日本和韩国,占比分别为 15%、9%,从技术原创区域看,德国仅占 5%。

从图 5-1-7 目标市场国家或地区可以看出,美国和中国都是市场大国,各企业都非常重视在美国和中国的专利申请,中美占比达到全球 49%。其中,中国仍是最重要的国际市场之一,吸引着全球创新主体的注意力,同时基于中国申请人的大量投入,产出较多;美国排名第二位,占比 21%;其次为日本、韩国和欧洲,占比分别为 12%、7% 和 6%。

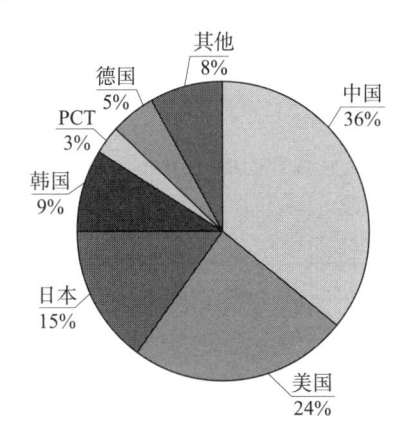

图 5-1-6 共性关键技术领域
全球原创国家或地区占比

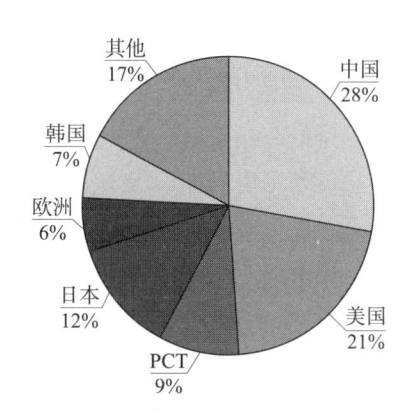

图 5-1-7 共性关键技术领域
全球目标国家或地区占比

从目标市场国家或地区分布与技术原创国家或地区占比情况上看,中国、美国没有太大区别,巨大的市场份额促进着原创技术的快速发展,同时,技术发展又回馈市场,形成了良性发展。日本和韩国的目标市场国地区分布与技术原创国地区占比也没有较大区别。此外,德国仍以技术输出为主。

5.1.5 全球/中国主要技术分支分析

从图 5-1-8 全球/中国主要技术分支可以看出,在各分支中,中国的申请量较多。这一方面可能是基于中国近年来对于混合增强智能的投入正在逐步增加,特别是众多企业、高校以及科研院所在该领域开展了广泛的研究;另一方面中国作为快速崛起的新兴经济体,市场前景广阔,潜藏着巨大的商业机会,因此吸引了中外各创新主体的目光,积极在中国进行专利布局。

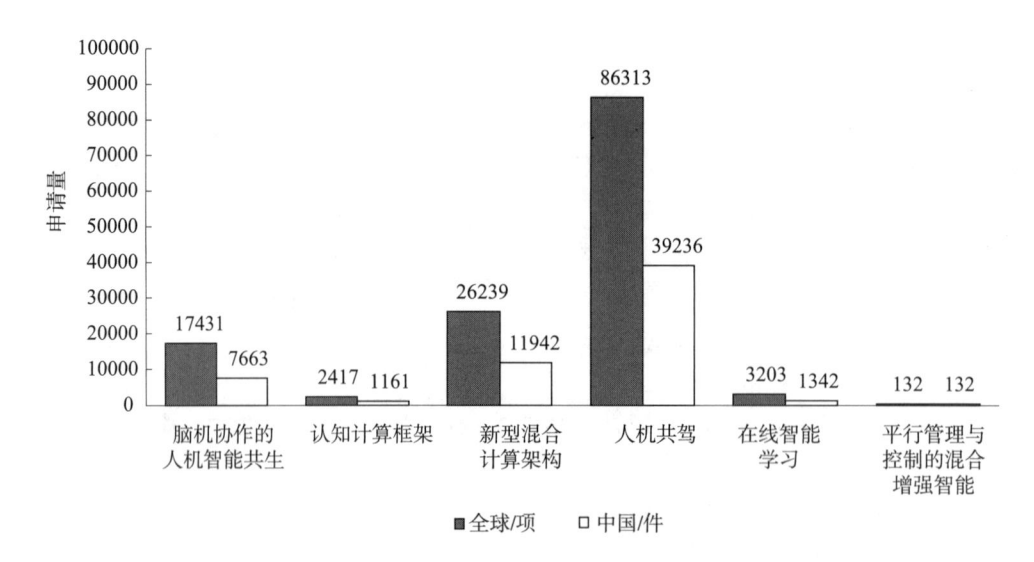

图 5-1-8 共性关键技术领域全球/中国主要技术分支占比

5.1.6 全球/中国主要申请人布局重点分析

从表 5-1-1 全球主要申请人申请量年度分布来看，三星、IBM、三菱、日立等老牌技术企业从技术发展早期已经开始布局，并持续引领技术的发展，表明其具备敏锐的观察力，能够更早地确定未来的技术市场。在韩国申请中，除了三星在该领域较早开始布局，其他申请人都起步较晚；而中国申请人，以中科院为主要力量，虽然起步较晚，但从 2010 年左右快速发展，引领了中国在该领域的专利申请。

从表 5-1-2 中国主要申请人申请量布局年度分布来看，中国申请人相对于国外申请人较晚开始在该领域布局，并且随着技术的发展，技术布局持续进行，海力士、英特尔、丰田、三星都是该领域较早布局的企业，由此体现了这些老牌企业的技术敏感性。国内申请人中以中科院为代表的高校及科研院所是混合增强智能共性关键技术领域的主力军。其中，中科院、清华大学起步较早；而对于其他高校，如吉林大学、东南大学作为国家自然科学基金的主要受资助单位，在混合增强智能共性关键技术方面也开展了较为广泛的研究，但起步略晚，普遍从 2004 年左右才开始跟进相关研究，并持续跟进技术发展，在 2017 年前后达到顶峰。在国内企业中，国家电网和百度均起步较晚，国家电网 2008 年开始进入该领域，2012 年进入发展加速阶段。百度作为国内人工智能领先的创新型公司，虽然 2012 年才对该领域进行专利布局，但是，申请量在 2016 年之后飞速发展，可见百度在混合增强智能共性关键技术方面创新十分活跃。

从图 5-1-9 全球主要申请人布局国家或地区分布可以看出，大部分申请人在本国的申请量是最大的，这是所有申请人都会采取的一般性布局策略。但是，韩国的三星、海力士在美国的申请量超过了在韩国本土，由此可见，美国是韩国申请人最重要的市场。美国、日本申请人，如 IBM、英特尔、丰田、日立等，均以本国市场布局为主，同时在全球范围内广泛布局，并积极通过 PCT 的形式进行专利布局。而中国申请

表 5-1-1 共性关键技术领域全球主要申请人申请量年度分布

单位：项

申请人	1990年	1991年	1992年	1993年	1994年	1995年	1996年	1997年	1998年	1999年	2000年	2001年	2002年	2003年	2004年	2005年	2006年	2007年	2008年	2009年	2010年	2011年	2012年	2013年	2014年	2015年	2016年	2017年	2018年	2019年
三星电子	10	3		2	4	3	4	6	6	6	10	10	49	118	138	137	220	162	109	97	136	106	158	145	154	155	247	233	11	1
IBM	15	2	9	6	12	4	8	7	30	24	30	37	41	71	49	51	59	67	75	115	74	103	120	130	112	229	161	270	3	
丰田汽车	1	1		6	11	18	27	32	32	16	26	17	28	35	46	93	106	115	130	120	99	105	107	78	134	125	209	154	1	
中科院			1		3	1			1	3	1	2	3	16	23	15	29	38	79	94	113	110	89	121	129	134	170	202	212	6
罗伯特·博世	5	5	3	6	3	7	8	14	7	14	19	15	30	41	40	64	68	60	64	83	70	86	107	113	105	122	185	183	4	
东芝	4	2	3	8	11	10	13	17	14	25	32	82	92	74	81	61	76	73	97	66	64	109	99	69	58	72	86	69	3	
日本电装		1	2	3	7	12	22	10	25	26	30	31	48	64	66	81	79	68	49	39	73	52	87	83	115	113	139	96	2	
美光科技				1		2	2	2	12	15	10	63	126	58	42	54	52	42	100	82	96	97	134	111	57	25	61	39	1	
三菱	14	16	9	7	25	23	34	22	50	48	53	61	87	35	48	41	35	45	55	41	36	47	45	62	70	77	70	2	2	
海力士				1	1			1	1	6	11	22	22	12	50	27	20	107	137	85	65	58	122	107	66	91	134	84		
松下	4	8	5	10	18	31	30	21	49	58	66	45	67	62	70	51	60	39	54	42	40	63	21	19	22	47	75	61	8	
德国大众	1			4		3	5	5	12	15	11	10	10	20	17	18	26	35	57	51	67	68	82	86	129	204	151	4		
现代汽车			1	2	7	2	3	5	3	29	30	23	39	53	33	32	46	36	32	12	20	56	73	88	137	115	156	118	2	
日立	11	2	3	7	17	25	40	17	19	27	35	36	34	55	33	32	46	36	32	12	20	56	75	88	137	115	156	118	2	
戴姆勒	1	1	2	3	4	3	6	7	14	5	15	14	15	24	41	21	25	24	28	50	49	52	39	34	47	64	111	118	112	
通用	1	3		1		2	1	3	1	3	3	9	6	16	17	26	28	35	67	57	51	68	85	66	64	45	83	141	6	
索尼	1	4	1	2	7	15	19	16	26	22	21	32	45	67	63	38	43	40	28	37	68	62	31	21	35	47	46	29	2	
富士通	9	2	6	1	7	17	21	14	26	32	19	19	37	53	47	83	76	68	52	40	29	36	25	20	16	24	40	40	1	
日产汽车	6	2		3	15	18	20	30	15	15	16	20	34	55	62	48	41	24	42	30	22	26	31	41	34	33	52	44	1	
英特尔	4	3	5	1	2	2	1	2	3	3	16	25	20	11	15	18	12	13	1		1	51	16	37	54	97	135	171	98	2

表 5-1-2 共性关键技术领域中国主要申请人申请量年度分布

单位：件

申请人	2000年以前	2000年	2001年	2002年	2003年	2004年	2005年	2006年	2007年	2008年	2009年	2010年	2011年	2012年	2013年	2014年	2015年	2016年	2017年	2018年	2019年
中科院	10	1	2	3	16	23	15	29	38	79	93	112	110	88	120	127	129	163	202	212	8
三星	17	2	5	11	35	46	64	94	46	22	17	40	29	42	27	45	57	94	141	4	1
清华大学	4	4		4	4	4	6	6	13	13	18	18	23	27	34	47	51	66	108	108	8
通用	0					3	19	12	18	21	30	41	49	62	45	49	35	45	134		
国家电网	0									1	9	11	13	21	43	70	76	88	102	121	5
吉林大学	1					1	2	5	2	2	16	8	11	19	37	38	48	78	100	131	17
福特								1	8	11	18	10	18	24	36	46	74	129	109	1	
罗伯特·博世	3	1		5	6	5	16	13	15	13	18	41	41	35	51	36	45	54	45		7
丰田	2	1	2	2	2	4	11	26	19	10	27	27	30	33	30	50	49	43	71		
百度	0				1									4	8	7	18	87	136	141	2
北京航空航天大学	0		1	2	1	1		6	9	9	19	27	18	18	23	32	25	39	69	72	
松下	18	20	18	15	26	13	21	22	20	18	22	20	26	12	6	2	22	28	21		4
索尼	8	5	5	9	8	11	10	16	11	16	28	53	48	26	14	24	21	33	1		
东南大学	0					1	1	2	5	2	2	10	22	17	22	28	24	44	55	103	
海力士	4		2	9	3	1	4	6	2	6	6	3	14	37	41	41	46	52	65		
英特尔	2	2	6	8	5	6	5	6	1		1	1	37	12	22	47	48	40	72	1	
东芝	8	5	25	36	22	16	11	24	16	9	4	7	21	11	11	8	24	26	32	1	6
浙江大学	1				2		1	5	10	9	5	13	27	16	28	28	26	42	34	64	5
长安大学	0					1				4	6	12	30	47	27	23	33	35	27	65	
高通	1	1					1	2	10	27	18	38	26	26	51	61	26	17	1		

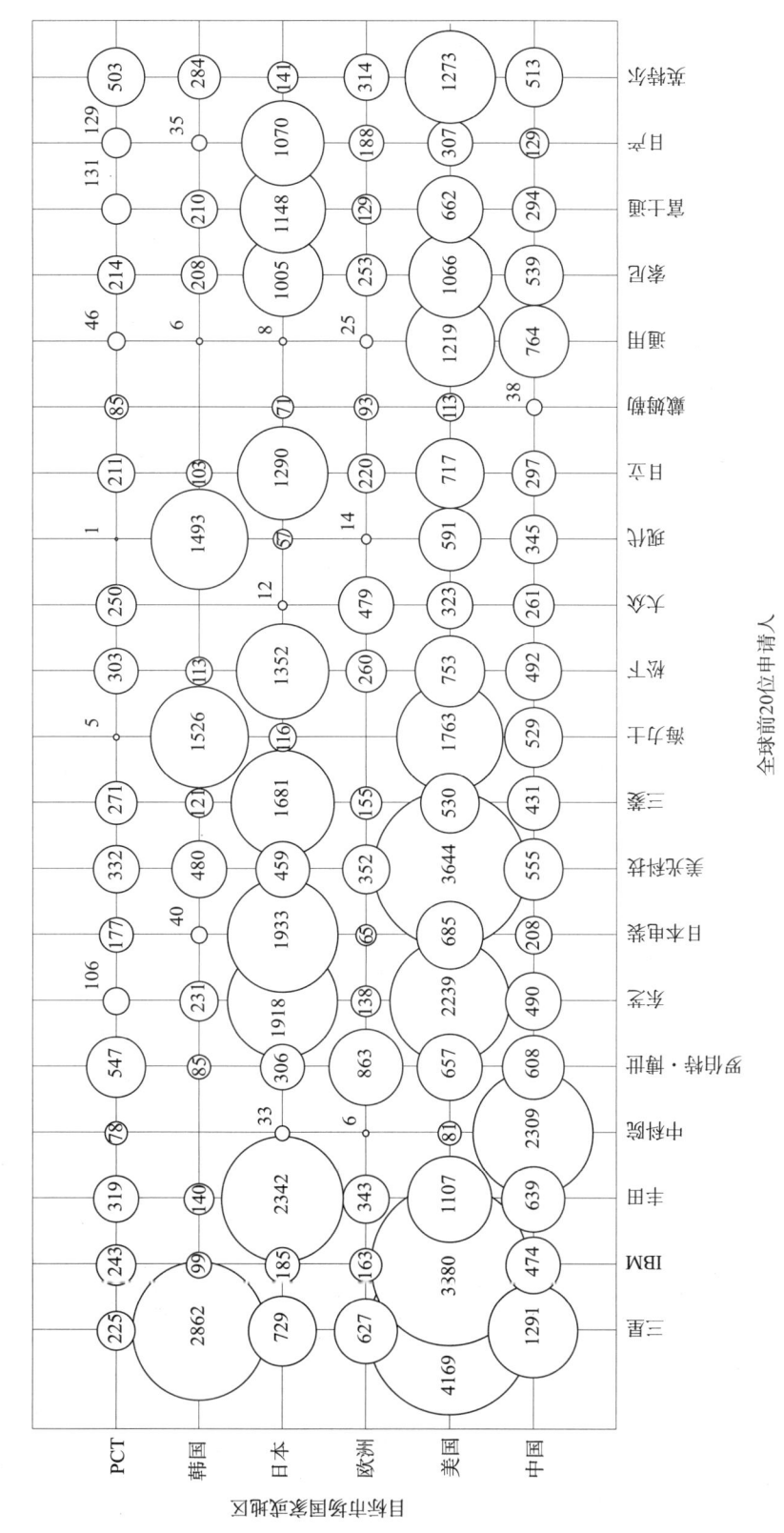

第5章 共性关键技术专利状况分析

图 5-1-9 共性关键技术领域全球主要申请人布局国家或地区分布

注：图中数字表示申请量，单位为项。

人则多以本国为布局重点，较少进行海外布局。中国申请人在混合增强智能共性关键技术领域以中科院为主，由于缺乏企业的参与，产业化落地不足，必然导致了海外布局少的问题。从目标来看，美国最受重视，然后是中国和日本。此外，还可以看出，美国和德国申请人更注重 PCT 申请，具有更强的专利布局意识，采用以进入多个市场国家或地区为目标的专利布局策略。

从图 5-1-10 中国主要申请人申请量国家或地区分布来看，美国、日本的老牌技术企业，如丰田、松下、索尼、高通、英特尔、东芝等，在主要国家或地区均有布局，说明各技术强国积极进行技术输出。美国申请人积极在中国进行布局，说明中国是其比较重视的海外市场；对于日本申请人来说，在美国和中国的布局相差不多；对于韩国申请人来说，在美国的布局超过其在本国的布局，可见，美国是韩国申请人最看重的海外市场。中国申请人大部分以本国为主进行布局，较少进行海外布局，仅中科院、百度、浙江大学等有为数不多的海外布局，可见，我国申请人海外专利数量少且布局区域不平衡，缺乏全球性布局意识。我国申请人海外布局成本高成为抑制申请国际专利动机的重要原因。建议国家对一些重点企业的关键技术、高价值专利，提供经济上的支持。对企业在海外布局、提交 PCT 申请、进入外国国家阶段的过程提供资金资助及奖励支持。

从图 5-1-11 全球主要申请人技术分布来看，对于脑机协作的人机智能共生，中科院和三星投入最多，其次是索尼和松下。在认知计算框架领域，中科院继续遥遥领先。而对于新型混合计算架构，三星、IBM、美光科技占据了绝对优势，在该分支处于领先地位。在人机共驾领域，丰田、罗伯特·博世、日本电装，申请量都比较多。在线智能学习分支，IBM 位居第一，中科院紧随其后。而平行管理与控制这个分支，均为中科院的申请。整体来看，全球申请人排名前 20 位的申请人中，对于新型混合计算架构和人机共驾两个分支进行了重点布局的申请人大多数为美国、日本企业。其中三星、IBM、中科院、索尼对共性关键技术的 5 个技术分支都进行了布局。

从图 5-1-12 中国主要申请人技术分布来看，对于脑机协作的人机智能共生，中科院遥遥领先，占据了绝对的优势，其次为浙江大学、清华大学。在认知计算框架领域，中科院也是遥遥领先，其次为东南大学、浙江大学，说明在基础理论的投入上面，高校及科研院所占据主导地位。而对于新型混合计算架构，中科院位居第一，三星为第二位，海力士实力也很强。在人机共驾领域，通用、福特、罗伯特·博世位居前列，均为该领域实力较强的大公司。对于在线智能学习，百度位居第一。而平行管理与控制的混合增强智能这个分支，均为中科院的申请。整体来看，在中国申请人排名前 20 位的申请人中，对于新型混合计算架构和人机共驾两个分支进行了重点布局的申请人大多数为美国、日本企业，也有很多国内大学进行专利布局，例如，吉林大学在人机共驾申请量也很多。

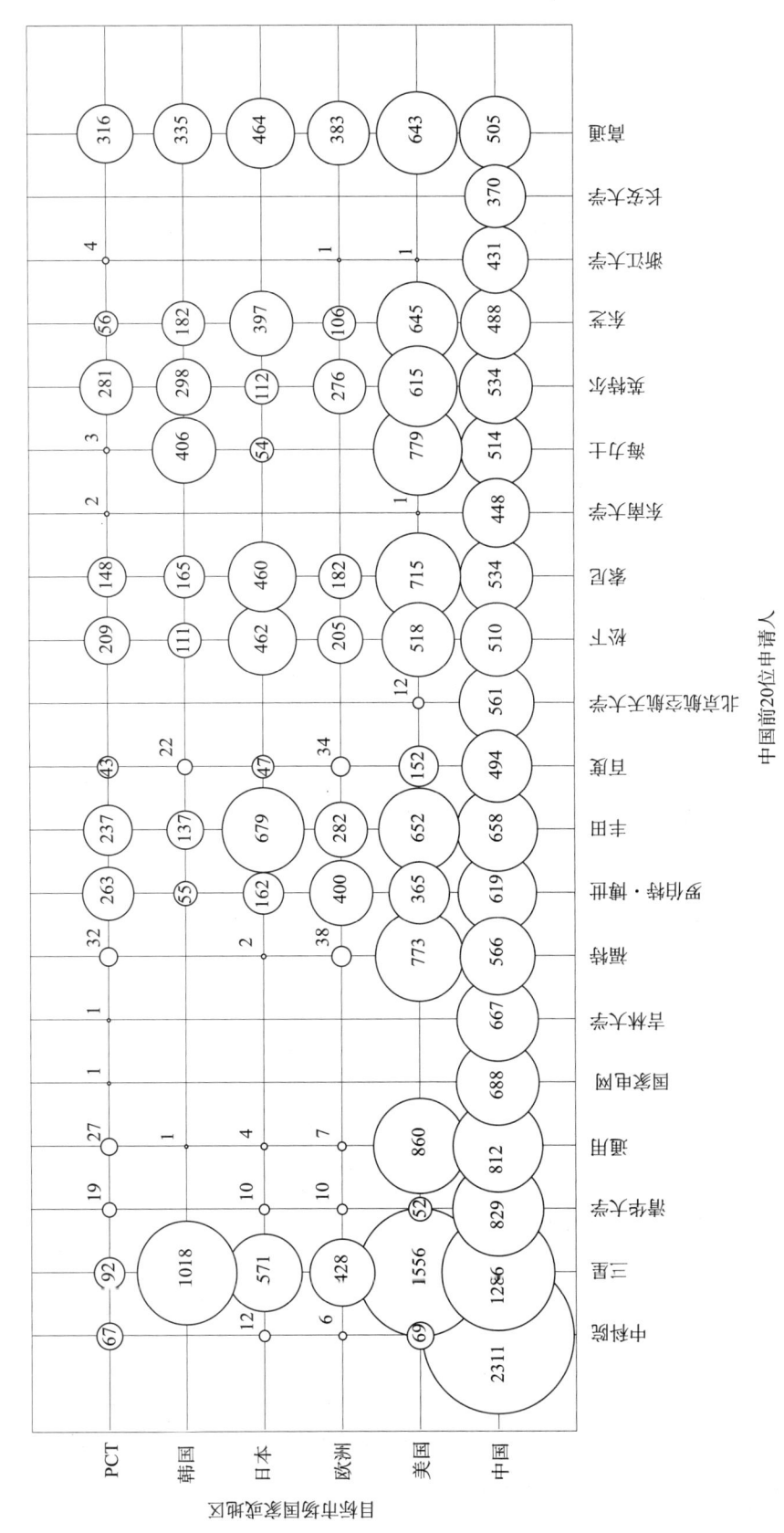

第5章 共性关键技术专利状况分析

图 5-1-10 共性关键技术领域中国主要申请人申请量申请国家或地区分布

注：图中数字表示申请量，单位为件。

图 5-1-11 共性关键技术领域全球主要申请人技术分布

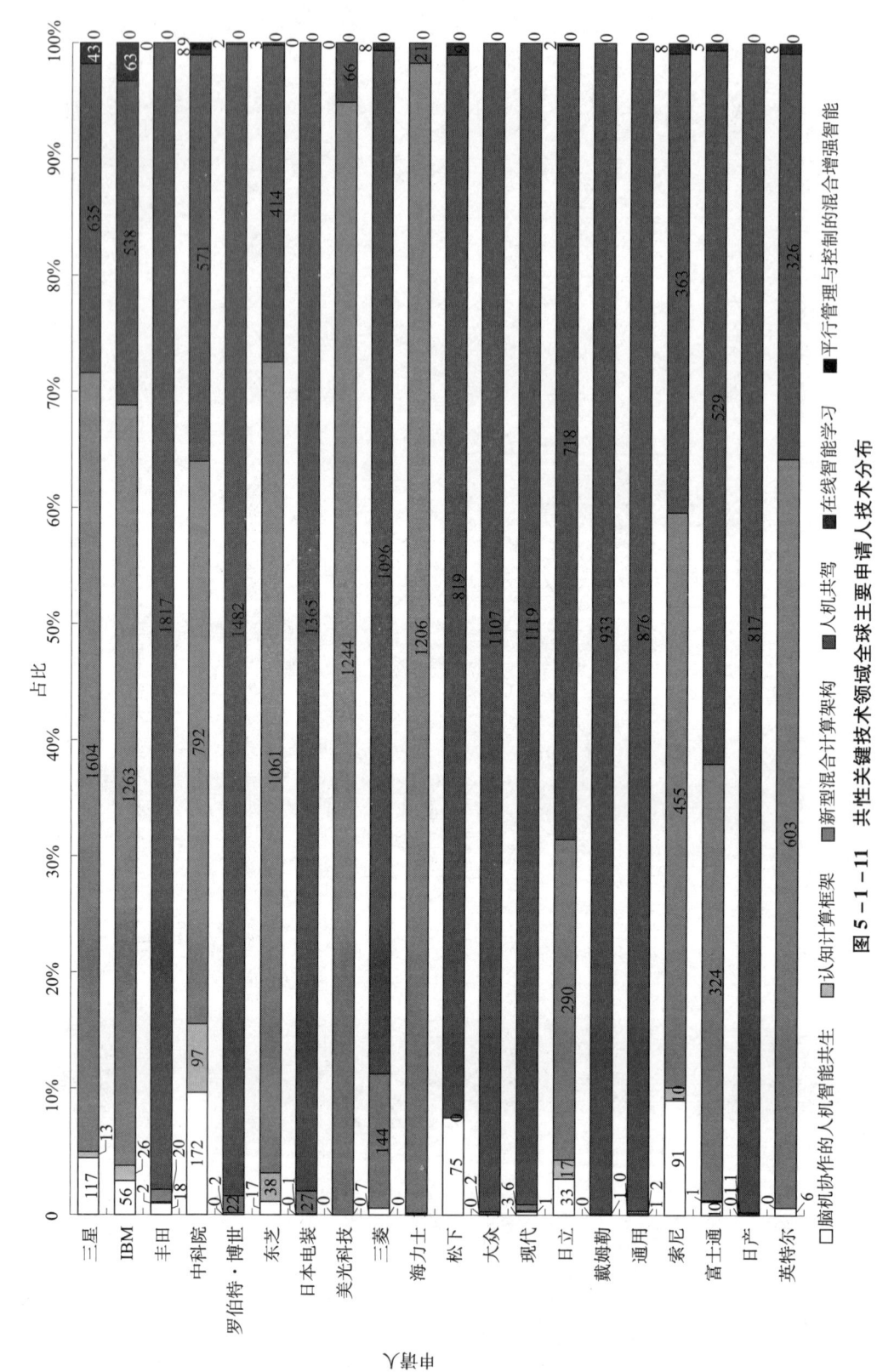

注：图中数字表示申请量，单位为项。此图为示意图，图中比例关系仅供参考。

第 5 章 共性关键技术专利状况分析

图 5-1-12 共性关键技术领域中国主要申请人技术分布

注：图中数字表示申请量，单位为件。此图为示意图，图中比例关系仅供参考。

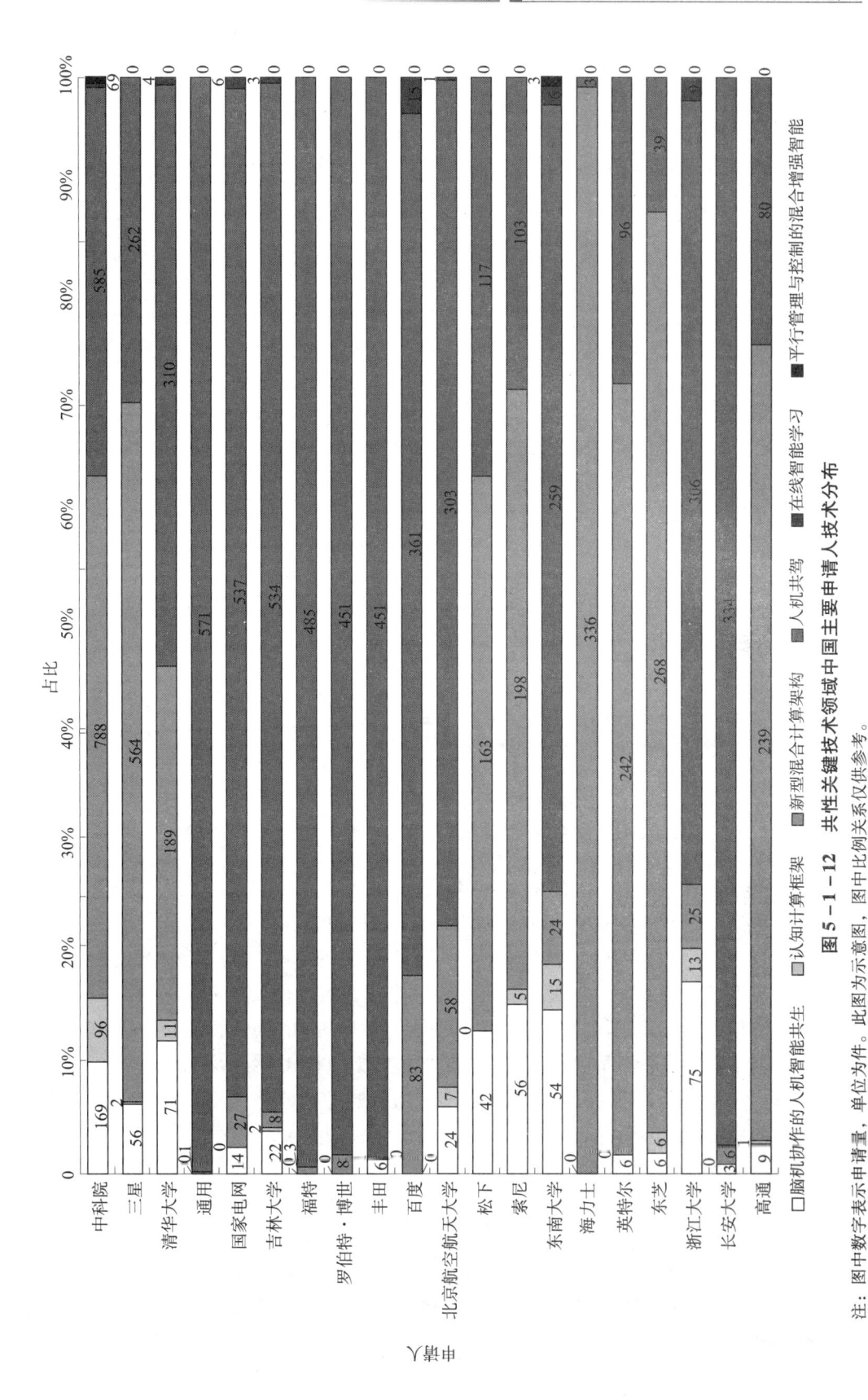

5.2 脑机协作的人机智能共生技术

5.2.1 全球/中国申请和授权态势分析

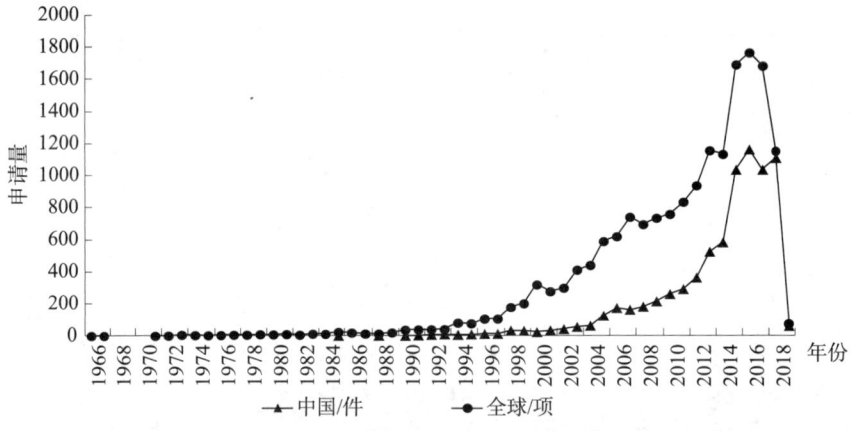

图 5-2-1 示出了脑机协作的人机智能共生技术全球/中国申请态势。从全球申请趋势来看，在 20 世纪 60 年代开始出现脑机协作的人机智能共生技术的专利申请，但申请量很少，在 1990 年之前，申请量每年不超过 30 项；之后开始缓慢增长，申请量呈上升趋势，但数量依然较少，1997 年专利申请量为 107 项，自 1998 年开始专利申请量迅速增长，到 2014 年增长到 1134 项；2015 年之后进入爆发期，申请量大幅增加，到 2016 年达到顶峰（1764 项）；2017 年之后专利申请由于还没有全部被公开，因此无法准确统计，但由于脑机协作的人机智能共生技术迅猛的发展势头，预计其最终的申请数量仍会保持较高的增长态势。

图 5-2-1 脑机协作的人机智能共生技术全球/中国申请态势

从中国申请态势来看，在 20 世纪 80 年代中期开始出现脑机协作的人机智能共生技术的专利申请，但申请量很少，而且也未呈现出增长的趋势；在 1998 年之前，申请量每年不超过 30 件；之后开始缓慢增长，申请量呈上升趋势，但数量依然较少，2014 年，专利申请量为 583 件，自 2015 年开始专利申请量迅速增长，进入爆发期，申请量大幅增加，2016 年达到顶峰（1163 件）。可见，脑机协作的人机智能共生技术的国内申请态势与全球申请态势保持一致，各国都非常重视在中国进行专利布局。

图 5-2-2 示出了脑机协作的人机智能共生技术专利申请在主要国家或地区的授权态势。脑机协作的人机智能共生技术中国授权专利总量为 3318 件，低于美国授权专利总量的 4240 件，欧洲和日本的授权专利总量均在 1000 件左右，韩国的授权专利总量最少，为 699 件。美国授权专利总量最多，归功于美国脑机协作的人机智能共生技术发展起步较早，授权专利数量较为平均地分布在 2000~2016 年。中国授权专利总量排名第二位，是由于虽然中国脑机协作的人机智能共生技术发展起步较晚，2005 年起每年的授权专利数量开始超过 50 件，并且 2015 年申请的专利授权数量达到了顶峰，有 540 件专利授权。

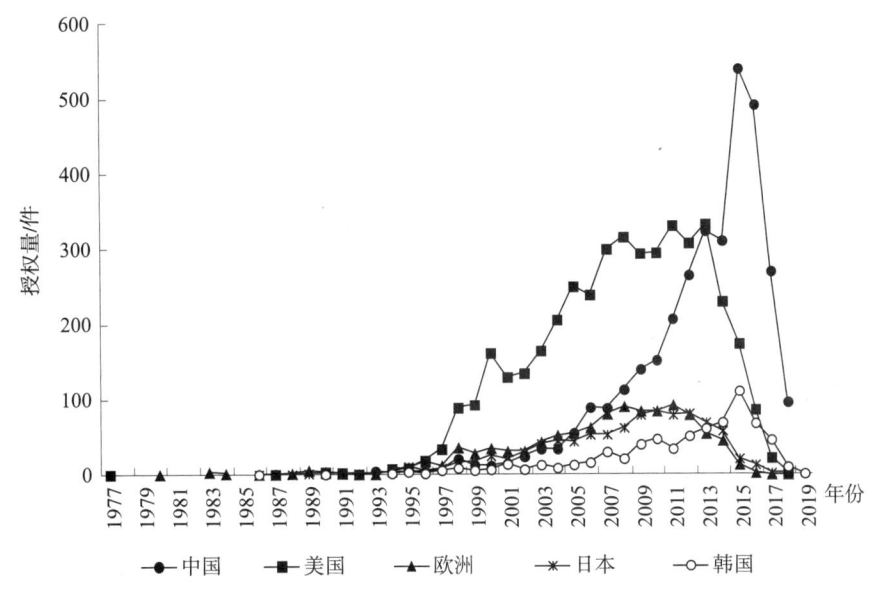

图 5-2-2 脑机协作的人机智能共生技术主要国家或地区授权态势

5.2.2 主要国家或地区申请和授权量占比分析

图 5-2-3 示出了脑机协作的人机智能共生技术主要国家或地区申请量和授权量分布情况。可以看出，美国和韩国授权率最高，分别达到 52% 和 49%；其次，中国和日本的授权率相近，分别达到 43% 和 41%；欧洲授权率最低，为 35%。我国在该领域的授权率仅次于美国和韩国，发展情况较好；究其原因，我国的重要申请人中科院、天津大学、华南理工大学、浙江大学、清华大学均将该领域作为研发重点，提交的专利申请授权比例较高。

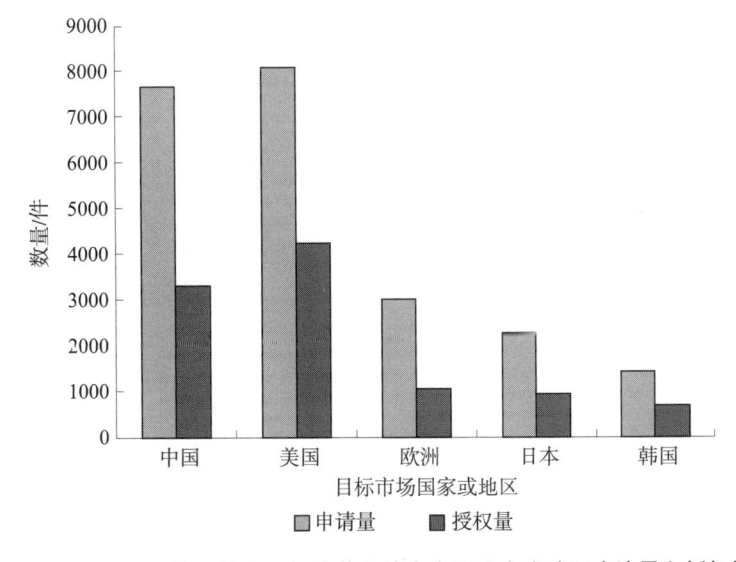

图 5-2-3 脑机协作的人机智能共生技术主要国家或地区申请量和授权量

5.2.3 全球/中国主要申请人分析

如图 5-2-4 所示,从全球申请量排名前 20 位的申请人来看,脑机协作的人机智能共生领域的申请量之间差距较大,申请量超过 600 项的申请人仅有 2 位,分别是美国的美敦力和波士顿科学。在前 20 位申请人中,我国占 8 位,其中,企业占 2 位,高校及科研院所占 6 位。其中,广东欧珀的专利申请主要涉及采集脑电波信号,根据脑电波信号调整控制电子装置,成都腾悦科技的专利申请主要涉及基于脑电波感应的蓝牙耳机。上述两家企业的专利申请并不涉及脑机协作的人机智能共生领域的核心技术。可见,中国在该领域的理论研究热情更高,科研能力更强。虽然一些高校已在该领域实现了原型机,但实际投入生产、形成产业的能力还较弱,理论技术还未能较好地落地。中国企业在综合实力上与外国知名企业相比,研发能力和生产能力还略逊一筹,应当考虑与理论研究成果较为出众的高校及科研院所联合,利用自身的资金和资源实现技术落地的同时,积极引进人才或培养技术人员,最终提高我国企业的技术竞争力和生产实力。

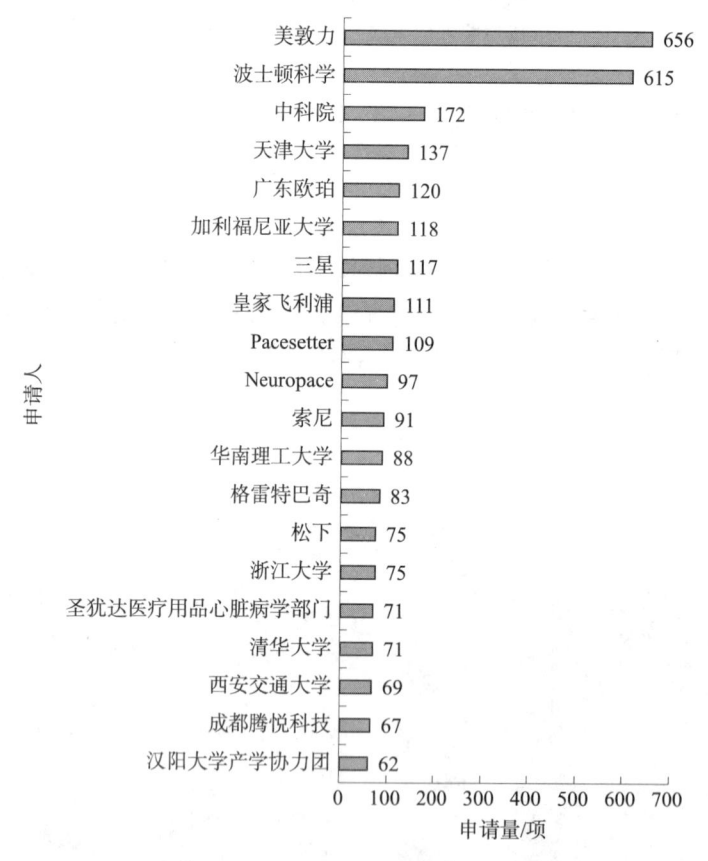

申请人	申请量/项
美敦力	656
波士顿科学	615
中科院	172
天津大学	137
广东欧珀	120
加利福尼亚大学	118
三星	117
皇家飞利浦	111
Pacesetter	109
Neuropace	97
索尼	91
华南理工大学	88
格雷特巴奇	83
松下	75
浙江大学	75
圣犹达医疗用品心脏病学部门	71
清华大学	71
西安交通大学	69
成都腾悦科技	67
汉阳大学产学协力团	62

图 5-2-4 脑机协作的人机智能共生技术全球重要申请人申请量

如图 5-2-5 所示,在脑机协作的人机智能共生领域中国申请量排名前 20 位的申请人中,国内申请人占 14 位,国外申请人占 6 位;14 位国内申请人中高校及科研院所占11位，企业占3位，这说明我国的高校及科研院所对于脑机协作的人机智能共生技术的研究投入极大且研究热度高涨，科技原创实力较强，但难以转化为产品或应用。可见，我国在该领域主要集中在高校及科研院所的研究阶段，还未与其他技术成熟国家或地区站在同一水平上；另外，也说明我国企业在脑机协作的人机智能共生技术方面的研发能力和水平还有待提高，企业与高校之间缺少合作或共同研发，产学研结合不紧密。

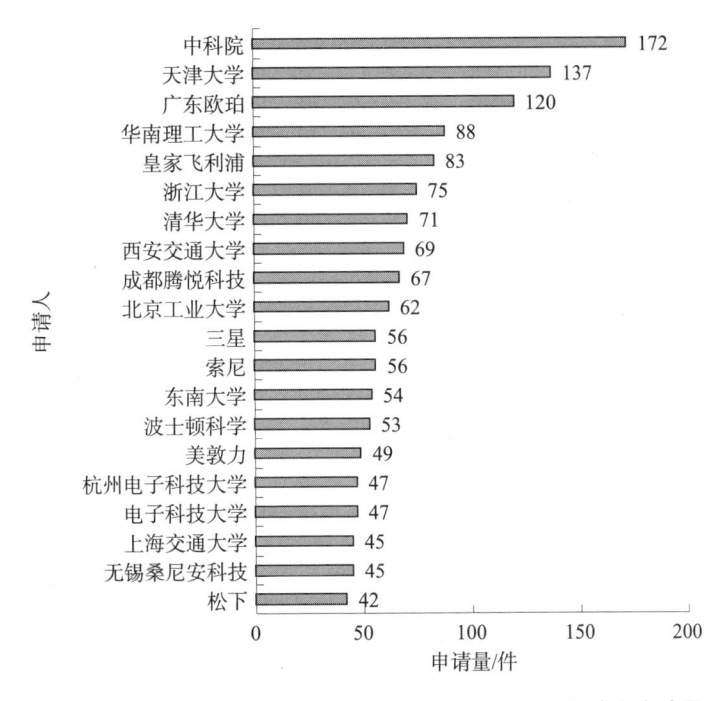

申请人	申请量/件
中科院	172
天津大学	137
广东欧珀	120
华南理工大学	88
皇家飞利浦	83
浙江大学	75
清华大学	71
西安交通大学	69
成都腾悦科技	67
北京工业大学	62
三星	56
索尼	56
东南大学	54
波士顿科学	53
美敦力	49
杭州电子科技大学	47
电子科技大学	47
上海交通大学	45
无锡桑尼安科技	45
松下	42

图5-2-5 脑机协作的人机智能共生技术中国重要申请人申请量

5.2.4 全球布局区域分析

图5-2-6示出了脑机协作的人机智能共生技术全球目标市场国家或地区占比。从图中可以看出，美国和中国是全球最重要的两个目标市场，美国位居第一，其整体技术实力较强；中国位居第二，是被世界各国高度关注的竞争市场。中国和美国能够成为专利申请的主要目标国，与两国存在庞大的市场是相关的，市场的大小一定程度上决定了专利申请数量的多少。其次是欧洲、日本、韩国，虽然欧洲的原创专利数据少于韩国，但是作为目标市场地区，欧洲所占的比例要超过韩国。同时，PCT申请量占比位居第三，有15%的专利申请选择了PCT申请，这说明一定数量的专利是以进入多个市场国家或地区为目标的。

从图5-2-7可见，在脑机协作的人机智能共生领域，美国、中国、韩国和日本是主要的技术原创国。美国的原创数量最高，占比达到40%，主要是由于美国有5家实力强劲的申请人——美敦力、波士顿科学、加利福尼亚大学、Pacesetter和Neuropace。中国位列第二，占比达到34%，重要申请人包括中科院神经科学研究所、天津大学神经工程团队,说明我国在该领域投入了大量科研力量。其次是韩国、日本、欧洲等国家或地区。美国、中国、韩国、日本专利申请数量的总和占据了总申请量的84%,说明这四国在脑机协作的人机智能共生领域具有领先及核心地位。

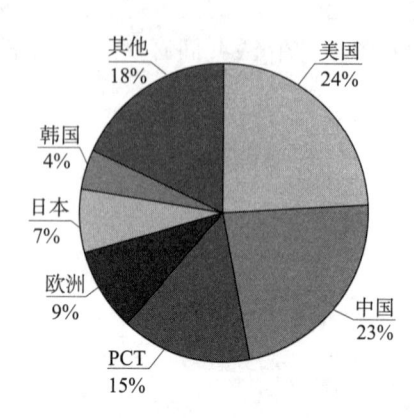

图5-2-6 脑机协作的人机智能共生技术领域全球目标市场或地区占比

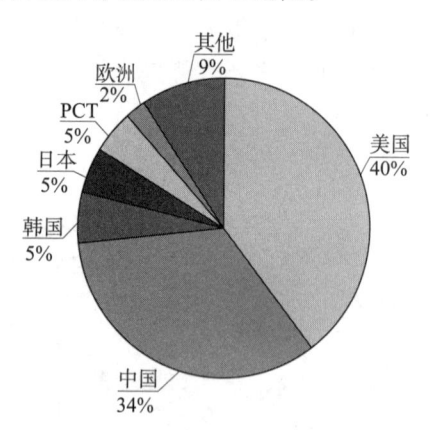

图5-2-7 脑机协作的人机智能共生技术全球首次申请国家或地区占比

5.2.5 全球/中国主要申请人布局重点分析

表5-2-1示出了脑机协作的人机智能共生技术的全球主要申请人申请量年度分布。可以看出,美国排名在前的7家申请人从2000年起就在脑机协作的人机智能共生领域有较多数量的专利申请,研究起步较早,并且从研究初始就注重专利布局。中国排名在前的8家申请人申请数量相对较少,且起步较晚,普遍从2010年后才有一定数量的专利申请。中科院和天津大学从2012年开始加速,引领了中国脑机协作的人机智能共生领域的专利申请。韩国三星的专利申请量从2012年起有一定幅度的提升。日本索尼和松下起步相对较早,从2003年起专利数量就有一定幅度的提升,较为注重专利布局。

表5-2-2示出了脑机协作的人机智能共生技术领域中国主要申请人申请量年度分布。可以看出,中国高校及科研院所中有一半从2002~2005年开始起步研究脑机协作的人机智能共生技术,中科院和天津大学从2012年开始加速,引领了国内脑机协作的人机智能共生领域的专利申请。广东欧珀从2018年开始,相关专利申请量有大幅上升,表明其对脑机协作的人机智能共生领域的重视程度。而美国的美敦力和波士顿科学从2005~2006年开始在中国进行专利布局。韩国三星的相关专利申请从2012年起有较大幅度增加,日本企业近期有放缓布局的趋势。

表5-2-3示出脑机协作的人机智能共生技术全球主要申请人申请量国家或地区分布。从表中可以看出,在列出的主要申请人中,日本的索尼、松下以及荷兰的皇家飞利浦,布局相对较为均衡,并不像其他申请人在重点布局区域的申请量显著高于其余区域。此外,从目标国家或地区来看,美国最受重视,然后是日本和中国。美国和日本申请人更注重PCT申请布局,具有更强的专利布局意识,采用以进入多个市场国家或地区为目标的专利布局策略。

表 5-2-1 脑机协作的人机智能共生技术领域全球主要申请人申请量年度分布

单位：项

申请人	2000年	2001年	2002年	2003年	2004年	2005年	2006年	2007年	2008年	2009年	2010年	2011年	2012年	2013年	2014年	2015年	2016年	2017年	2018年	2019年
美敦力	19	15	30	39	50	27	56	58	59	36	53	39	17	16	26	19	14	9		
波士顿科学	11	6	8	19	25	37	17	26	56	71	46	47	58	58	42	24	24	27	8	
中科院			1	4	2	3	2	2	3	2	5	5	8	12	13	20	29	33	24	
天津大学					2	3	7	1	3	3	6	8	8	5	10	9	21	16	35	
广东欧珀																1	1		118	
加利福尼亚大学	4	1	4	4	5	1	1	2	1	7	8	11	9	14	7	12	7	8	3	
三星			1		2		3	1		3	2	2	9	12	24	33	13	8	2	
皇家飞利浦	3	1	1		5	6	9	4	13	11	7	6	6	7	13	5	4	6	2	
Pacesetter	15	6	7	3	3	3	9	3	8	8	9	4	1	4	8	5	7	5		
Neuropace	15	5	10		6		10	26			3	2	2	3		2		3		
索尼	2	2	1	11	3	4	4	5	1	1	4	9	11	4	11	7	5	6	2	1
华南理工大学		9	4		3	7	15	2	9	7	3	3	1	2	6	15	24	17	15	2
格雷特巴奇				1							3	15	3	4			2			
松下	1	2	1	5	2	4	4	5	9	7	8	5	2	1	4	4	1	6		
浙江大学						1		5		1	1		4	9	6	10	8	13	12	1
圣犹达医疗用品心脏病学部门	5	3	2	13	19		2	3	5	4	5	3				2		4		
清华大学				1		5				5	1	3	6	4	7	3	13	6	14	1
西安交通大学			1			1	2		2	1	2	5	3	1	3	12	13	13	11	
成都腾悦科技																67				
汉阳大学产学协力团								1	1	1		1	2	3		36	14	3		

表 5-2-2 脑机协作的人机智能共生技术领域中国主要申请人申请量年度分布

单位：件

申请人	2000年	2001年	2002年	2003年	2004年	2005年	2006年	2007年	2008年	2009年	2010年	2011年	2012年	2013年	2014年	2015年	2016年	2017年	2018年	2019年
中科院			1	4	2	3	2	2	3	2	5	5	8	11	12	19	30	34	25	
天津大学					2	3	7	1	3	3	6	8	8	5	10	9	21	16	35	
广东欧珀								1								1	1		118	2
华南理工大学											3	3	1	2	6	15	24	17	15	
皇家飞利浦	1		1		5	6	9	4	11	11	4	6	4	6	9	3	3			
浙江大学								5		1	1	5	4	9	6	10	8	13	12	1
清华大学			1	1		5				5		3	6	4	7	3	13	6	14	
西安交通大学						1	2		2	1	2	5	3	1	3	12	13	13	11	1
成都腾悦科技																67				
北京工业大学					1		2		2	2	2	2	4	4	8	5	8	6	19	
三星	2			5	2	1	4	1	1	1	3		7	5	9	17	6	3	2	
索尼					1							8	8	1	11	3	3	2		
东南大学									1	1		3		1	7	8	7	9	18	
波士顿科学							1		2	7	9	3	7	20	11	8	3			
美敦力					1		1	4	2	1		3	3	2	5	3	4			
电子科技大学												1	2	6	2	4	7	10	11	
杭州电子科技大学				1				2		1	1	1	2	7	4	4	7	8	11	
上海交通大学					1	3		2	3	2	5	2	2	2	6	2	3	7	1	2
无锡桑尼安科技																12	33			
松下	1	1	1	2	1	1	3	3	7	4	5	4	1			3	1	2		

表 5-2-3　脑机协作的人机智能共生技术领域全球主要申请人申请量国家或地区分布　　单位：项

申请人	中国	美国	欧洲	日本	韩国	PCT 申请
美敦力	38	852	291	24	0	463
波士顿科学	18	854	257	72	0	320
中科院	169	4	0	0	0	13
天津大学	137	0	0	0	0	1
广东欧珀	120	2	1	0	0	1
加利福尼亚大学	13	106	37	10	0	91
三星	44	97	52	12	97	26
皇家飞利浦	66	85	77	90	6	104
Pacesetter	4	147	23	4	0	44
Neuropace	0	129	6	0	0	5
索尼	53	86	41	84	37	41
华南理工大学	88	3	0	0	0	5
格雷特巴奇	1	119	38	0	0	14
松下	40	44	10	113	3	43
浙江大学	75	0	0	0	0	1
圣犹达医疗用品心脏病学部门	0	88	9	0	0	19
清华大学	76	8	1	1	0	2
西安交通大学	69	0	0	0	0	1
成都腾悦科技	67	0	0	0	0	6
汉阳大学产学协力团	0	0	0	0	102	2

表 5-2-4 示出脑机协作的人机智能共生技术中国主要申请人申请量国家或地区分布。从表中可以看出，中国申请人基本上仅布局国内，而国外公司布局相对较为均衡，例如日本的索尼、松下，荷兰的皇家飞利浦，韩国的三星。美国和日本申请人更注重 PCT 申请，具有更强的海外专利布局意识。中国申请人 PCT 申请数量较少，基本均在 10 件以下，中国申请人海外专利数量少且布局区域不平衡，缺乏全球性布局意识。

表 5-2-4　脑机协作的人机智能共生技术领域中国主要申请人申请量国家或地区分布　　单位：件

申请人	中国	美国	欧洲	日本	韩国	PCT 申请
中科院	169	3	0	0	0	10
天津大学	137	0	0	0	0	1
广东欧珀	120	2	1	0	0	1

续表

申请人	中国	美国	欧洲	日本	韩国	PCT申请
华南理工大学	88	3	0	0	0	5
皇家飞利浦	66	64	69	89	6	83
浙江大学	75	0	0	0	0	1
清华大学	76	8	1	1	0	2
西安交通大学	69	0	0	0	0	1
成都腾悦科技	67	0	0	0	0	6
北京工业大学	62	2	0	0	0	1
三星	44	43	41	12	38	15
索尼	52	66	36	63	34	33
东南大学	54	0	0	0	0	1
波士顿科学	12	86	54	19	0	54
美敦力	30	63	46	3	0	48
杭州电子科技大学	47	0	0	0	0	0
电子科技大学	47	0	0	0	0	0
上海交通大学	46	0	0	0	0	0
无锡桑尼安科技	45	0	0	0	0	0
松下	39	32	8	70	1	33

5.3 认知计算框架

5.3.1 全球/中国申请和授权态势分析

如图5-3-1所示，从20世纪80年代起，全球和中国均有少量零星的专利申请，美国1992年出版的《认知神经科学》专著，标志了以阐明认知活动的脑机制为研究目的"认知神经科学"的产生。从2000年开始，全球和中国的专利申请量都进入一个快速增长期。尽管人工智能，在理论方面和实践方面都有了诸多进展，但是目前的机器学习能力还远远没有达到人类的水平，例如深度学习的实现依赖大量标记样本，环境迁移和自适应能力较差。而人脑是一个通用智能系统，能举一反三地处理视觉、听觉、语言、学习、推理、决策、规划等各类问题。因此，通过模仿人脑功能提升计算机的感知、推理和决策能力，是实现人与机器交互的未来发展方向。反观到专利申请量来看，从2000年至今，全球和中国的申请量一直保持较快的增长速度。这说明，全球和中国的人工智能研究者目前已经意识到借鉴脑处理信息机制将会给人工智能带来巨大变革。

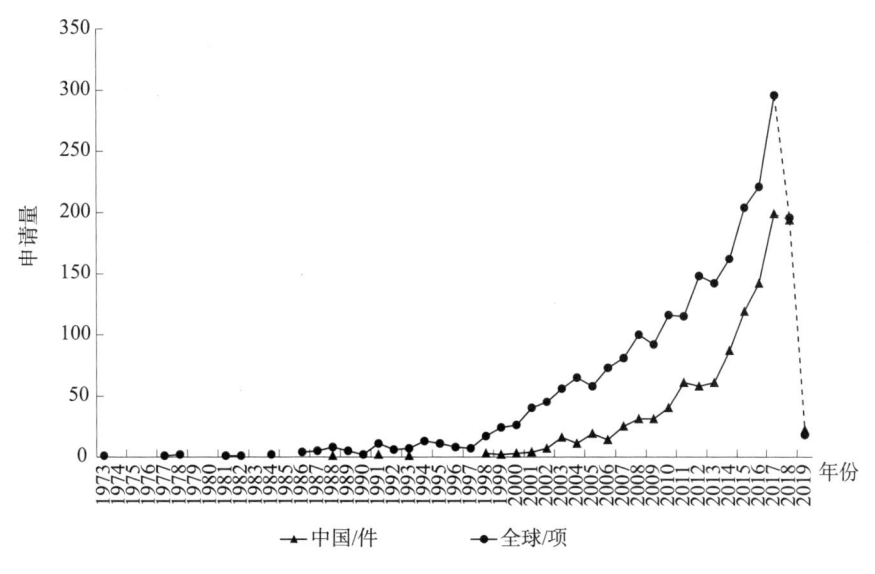

图 5-3-1 认知计算框架领域全球和中国申请态势

如图 5-3-2 所示,在 1998 年以前,中国、美国、日本、欧洲、韩国都有小批量的授权,均较早地在该领域进行布局。从 1998 年开始,美国、日本、中国的授权量开始连续增长,而欧洲和韩国仅在少数几年没有授权。近年来,认知计算框架领域包括类脑研究和神经科学,已上升为西方发达国家的科技战略重点或力推的核心科技发展领域。2000～2011 年,美国的授权量一直处于全球领先地位,中国的授权量位居第二,其次为日本、欧洲和韩国。

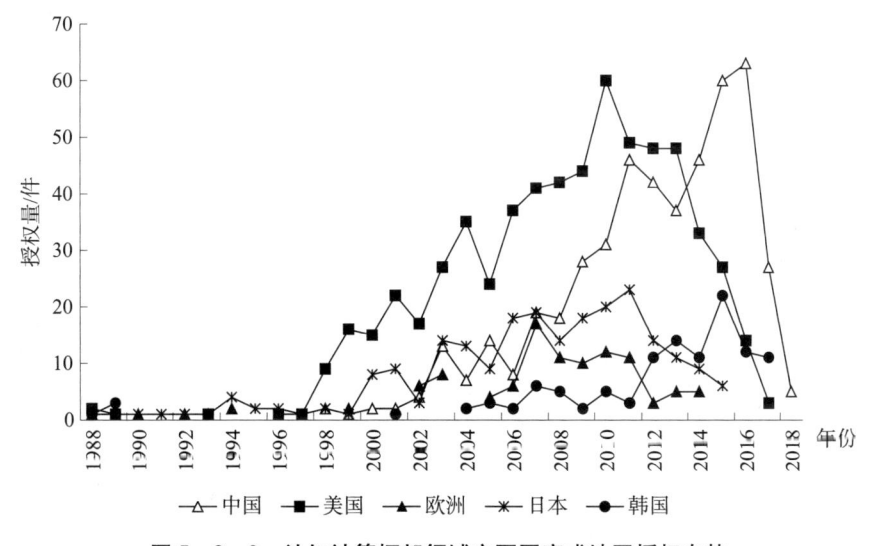

图 5-3-2 认知计算框架领域主要国家或地区授权态势

但是,在 2011 年之后美国、欧洲、日本的授权量开始出现了下降的趋势。因为在认知计算框架的分支下,脑科学以及神经科学的基础研究进展缓慢,目前的研究尚未完全揭示大脑的工作机理，比如认知功能与大脑网络中不同分布区域的动态交互机理，在复杂的认知行为中大脑功能网络如何有效地合作、竞争和协作，基础理论研发瓶颈较大，因此，美国、欧洲、日本都进入专利布局的调整期。

韩国从 2012 年开始专利授权量大幅增长，并在 2015 年达到峰值。中国的授权量从 2014 年开始赶超美国，位于世界第一。2018 年，中国上海脑科学与类脑研究中心在张江实验室成立，中国脑计划正式拉开序幕。继美国、日本、韩国的脑计划之后，中国正式发布了脑计划，这意味着中国在该领域的研发将继续保持着较高的投入。

5.3.2 主要国家或地区申请和授权量占比分析

从图 5-3-3 主要国家或地区授权比例来看，韩国授权比例最高，高达 61%，其次为美国、日本、中国、欧洲，分别为 57%、55%、41%、34%，这说明韩国的专利质量较高，比较容易获得授权。排名第二为美国和日本，其研发实力也不容小觑。而中国仅位居第三，与发达国家或地区相比还有一定的差距。

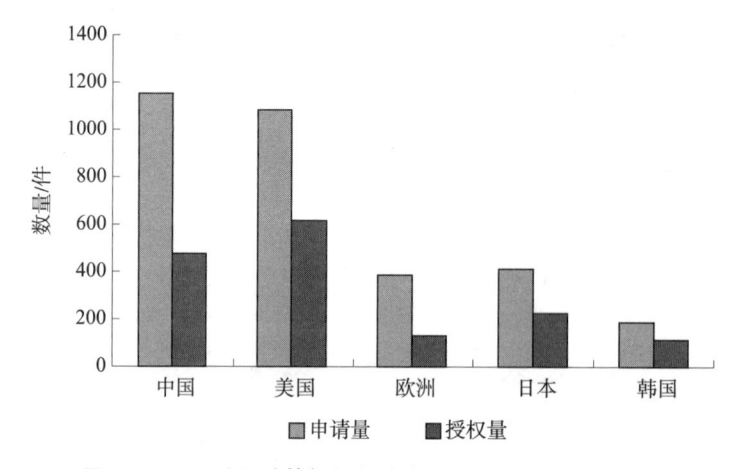

图 5-3-3　认知计算框架领域主要国家或地区授权态势

5.3.3　全球/中国主要申请人分析

如图 5-3-4 所示，从认知计算框架整体来看，在全球排名前 20 的申请人中，西门子和中科院并列第一，申请量均为 97 项。西门子在通过脑影像构建大脑结构领域处于世界领先地位。在 2019 年，西门子隆重推出的 MAGNETOM Prisma 3.0T 磁共振，其具备其他一般磁共振无可比拟的优势，是目前唯一一款可以用于神经领域最高级别研究项目——人脑连接组计划（HCP）的磁共振，是美国、欧洲和中国脑计划指定的 3T 磁共振系统。而中科院自动化研究所的类脑智能研究中心，通过对脑功能活动检测设备的研发，围绕脑部检测与成像提出了标准颅脑模型、信号分析算法和系统开发方案，目前已形成了"人类全新的脑网络组图谱""光电同步脑活动检测仪"等重要成果并临床应用。这些重要成果不仅填补临床应用空白，而且能够建立产品行业标准，进而形成有国际影响力的技术与产品。

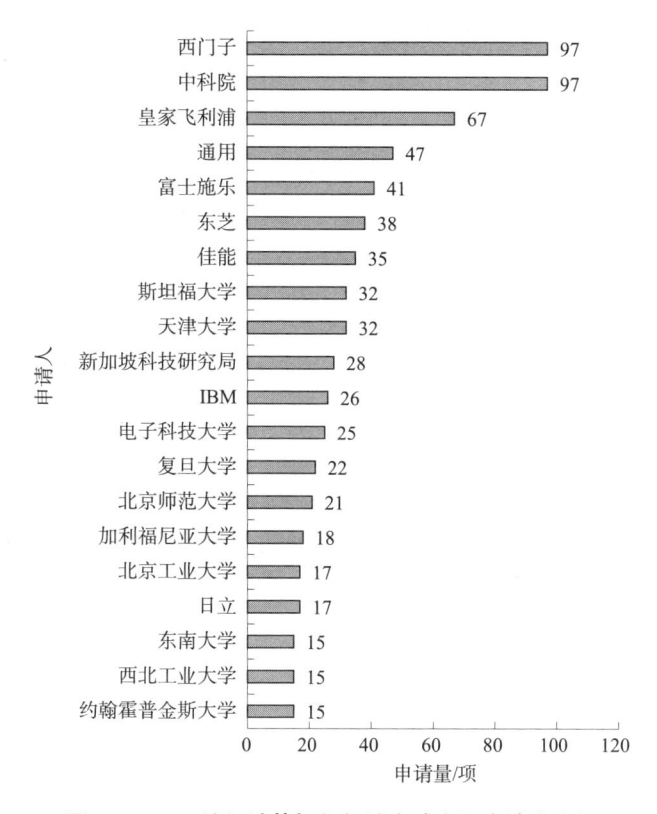

申请人	申请量/项
西门子	97
中科院	97
皇家飞利浦	67
通用	47
富士施乐	41
东芝	38
佳能	35
斯坦福大学	32
天津大学	32
新加坡科技研究局	28
IBM	26
电子科技大学	25
复旦大学	22
北京师范大学	21
加利福尼亚大学	18
北京工业大学	17
日立	17
东南大学	15
西北工业大学	15
约翰霍普金斯大学	15

图 5-3-4　认知计算框架领域全球主要申请人分析

处于第三位至第七位的皇家飞利浦、通用、富士施乐、东芝、佳能在通过脑影像识别大脑结构方面也有较强的实力。位于第八位的斯坦福大学，开设的神经科学学科处于世界一流水平，以大脑和神经系统为研究对象，致力于大脑结构的研究，并努力将实验室的研发成果转化为实际应用，并加强和计算机领域、应用物理学家和工程师之间的合作，希望能够确定神经系统计算的基本原则，了解互连神经元的神经网络的运作原理，并解读大量新发现的大脑数据。

可以发现，在全球排名前 20 的申请人中也有中国大学申请人的身影：天津大学、复旦大学、北京师范大学等。天津大学医学工程与转化医学研究院院长、天津神经工程国际联合研究中心主任明东教授预计，混合智能将是未来人工智能发展的重要方向，人工智能在医疗领域的应用将是其最重要的发展方向之一。尽管如此，人工智能仍是需要人来驾驭的技术，只有医生和人工智能紧密协作，才能保证智能医疗过程安全可靠地开展。而复旦大学的类脑智能科学与技术研究院以及北京师范大学的认知神经科学与学习国家重点实验室，在脑认知学习方面也有较深入的研究。

如图 5-3-5 所示，在中国的主要申请人中，中科院的申请量为 96 件，遥遥领先于其他申请人，在该领域积极进行专利布局；皇家飞利浦位于第二，在该领域的研发实力也很强。目前在认知计算框架这个分支下，排名靠前的多数为高校、研究机构以及科研实力较为雄厚的国外大公司，并没有中国企业的参与，这说明这个领域产业转化率还比较低，中国企业不活跃。天津大学、西门子、电子科技大学、复旦大学、北京师范大学申请量为 20~32 件。其余申请人的申请量均为 20 件以下。

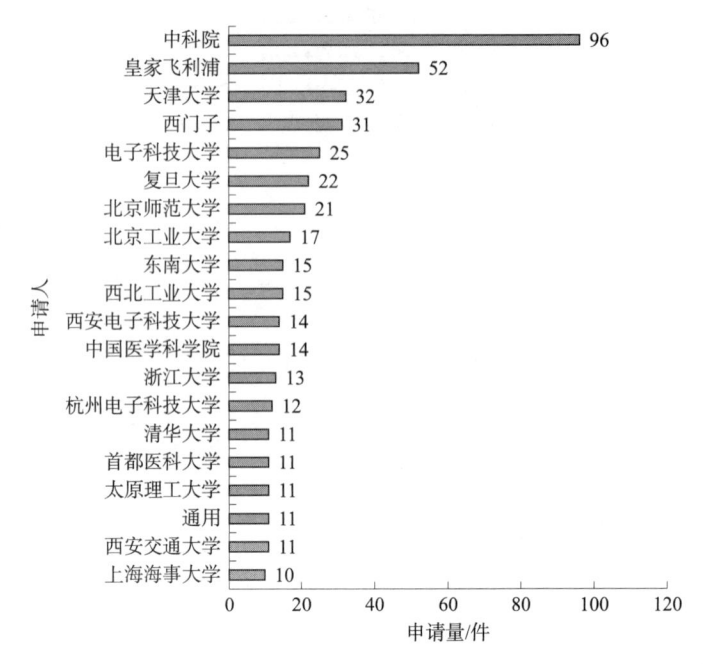

申请人	申请量/件
中科院	96
皇家飞利浦	52
天津大学	32
西门子	31
电子科技大学	25
复旦大学	22
北京师范大学	21
北京工业大学	17
东南大学	15
西北工业大学	15
西安电子科技大学	14
中国医学科学院	14
浙江大学	13
杭州电子科技大学	12
清华大学	11
首都医科大学	11
太原理工大学	11
通用	11
西安交通大学	11
上海海事大学	10

图 5-3-5 认知计算框架领域中国主要申请人分析

其他申请量不超过 20 件的申请人中，浙江大学基础医学院神经科学研究中心段树民和高志华团队结合多种前沿电镜成像手段，包括冷冻电镜断层扫描技术（Cryo-electron Tomography）、高压冷冻制样技术（High Pressure Frozen）与聚焦离子束扫描电镜技术（Focused Ion Beam Scanning Electron Microscope），发现参与学习与记忆调控的关键脑区——海马中的兴奋性（谷氨酸能）和抑制性（GABA 能）突触无论是在囊泡大小还是形态上都具有较大差别，这项研究对研究癫痫、抑郁、精神分裂等多种神经精神疾病有重要意义。

虽然清华大学的申请量并不高，但是其在 2018 年发布的一项研究中，通过与临床医师合作直接获取人清醒状态下的高时空分辨率的大脑神经电活动，并结合磁共振和皮层电刺激等多种方法，揭示了岛叶皮层的前后各分区在听觉信息处理和情绪信息处理的不同作用。此项工作指明了岛叶可能是人类实现从外界刺激感知到内在自我情绪认知的一个重要节点。

5.3.4 全球布局区域分析

如图 5-3-6 所示，中国在认知计算框架的技术储备处于领先地位，占全球的 36%，主要的申请人是中科院、天津大学、复旦大学等中国高校、研究机构组成的研发团队。紧随其后的是美国，占比为 31%，主要是由于美国有两家实力强劲的企业通用、IBM，以及基础研发实力较雄厚的斯坦福大学、加利福尼亚大学这样的高校。位居第三、第四的是日本、韩国，与欧洲的实力相差不多。

图 5-3-7 显示，在认知计算框架专利申请布局区域中，在中国的申请数量最大，占该领域总申请量的 25%，这是由于中国既是市场大国也是专利强国，各企业都非常重视在中国的专利申请；其次为美国、PCT 申请、日本、欧洲、韩国。与技术原创国家或地区类比，目标市场国家或地区分布大部分集中在美国和中国，说明认知计算框架技术在全球市场地域相对集中。

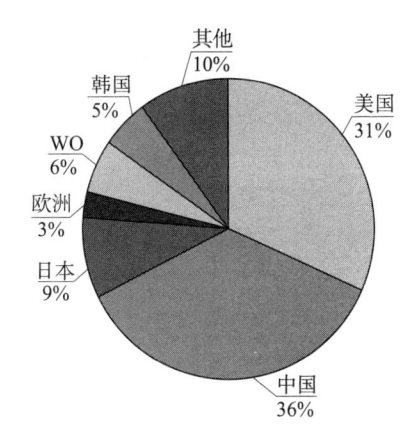

图 5-3-6 认知计算框架领域全球技术原创国家或地区分布

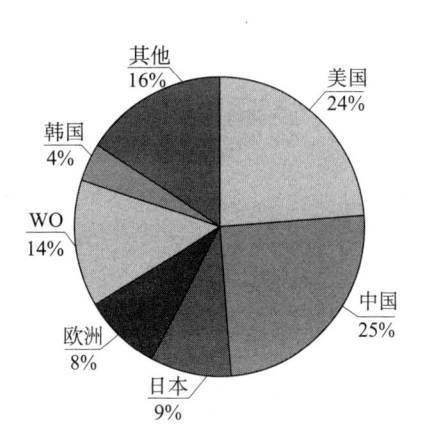

图 5-3-7 认知计算框架领域全球目标市场国家或地区分布

5.3.5 全球/中国主要申请人布局重点分析

如表 5-3-1 所示，从 2000 年开始西门子申请量呈震荡走势，从 2015 年之后，申请量有所下降。而中科院的申请量从 2011 年开始加速，其增长量全球最快，天津大学在 2016 年以后加速专利申请。皇家飞利浦、通用、日立在 2011 年以后的申请速度较慢。东芝、佳能的申请量集中在 2006~2013 年。IBM 从 2007 年才开始在本领域布局并且申请量比较平稳。整体看来，西门子、中科院引领了认知计算框架领域专利申请，皇家飞利浦、通用属于本领域比较活跃的申请人。

从图 5-3-8 全球主要申请人布局重点国家或地区分布来看，各家企业以及研究机构都是在本国专利申请最多。从目标国家或地区来看，中国最受重视，然后是美国和日本，韩国也颇受瞩目，PCT 申请量也不少。大部分企业以及研究机构都在中国和美国进行了布局，这说明中国和美国的市场潜力比较巨大，受到各方关注。

从表 5-3-2 中国主要申请人布局年度分布来看，中科院从 2011 年开始加速申请，积极进行专利布局。而皇家飞利浦在 2006~2011 年加速申请，但是在 2014 年之后申请量明显放缓。国内的一些主要高校起步较晚。从整体看来，在认知计算框架这个分支下，以中科院为龙头，带领国内知名高校，积极在该领域进行专利布局。

从图 5-3-9 中国主要申请人布局重点国家或地区分布来看，各个研究机构、企业都是在本国专利申请最多。从目标国家或地区来看，皇家飞利浦以及西门子在中国布局的专利最多，中国的市场潜力比较巨大，受到外国企业的关注。另外，皇家飞利浦、西门子、通用在主要国家或地区都有布局，说明这三家公司抢占的是全球市场，在主要国家或地区进行积极的专利布局。

表 5-3-1 认知计算框架领域全球主要申请人申请布局年度分布

单位：项

申请人	2000年	2001年	2002年	2003年	2004年	2005年	2006年	2007年	2008年	2009年	2010年	2011年	2012年	2013年	2014年	2015年	2016年	2017年	2018年	2019年
西门子	2	5	5		4	5	6	3	10		4	4	6	3	7	13	3	8		
中科院	1			5	1	1		2	2	3	3	8	6	7	12	10	13	13	9	
皇家飞利浦		2	1	2	1	1	6	6	7	5	4	9		7	2	4		3	2	
通用		3	9	2	2	3	2	4	5	1	1	2		2		3		1		
富士施乐		3		3	4		8	1	2	2	4	2	2	2	2		1	11		
东芝		1					1	4	2	3	4	4	3	5			4	1		
佳能				2	1	2	1	3	2	3	4	3	4	5	1	3	4	1	4	
斯坦福大学		1						1		1	7	1	1	1	3	2		2		
天津大学											2	1	1		3		3	14	7	
科技研究局				3	4	7	4	1	3	1	1				2					
IBM	2						1		1	6	1	3	3	1	2	2	2	3		1
电子科技大学						1	1					1		1	1	3	6	4	7	
复旦大学					1					4		1	1	2	1	1	2	8	3	1
北京师范大学											2			2	5	3		3	3	
加利福尼亚大学					1	1		3	1	1		2		3		1		1		
北京工业大学												1	1	1	1	2	2	2	8	
日立	1		2	1	2	1		1	1		2	1					1	1		
东南大学												1			1	2	1	6	3	
西北工业大学										5		2	2	1			1	2	2	
约翰霍普金斯大学	1		1			1				2	1	1	4		2	1	1			

164

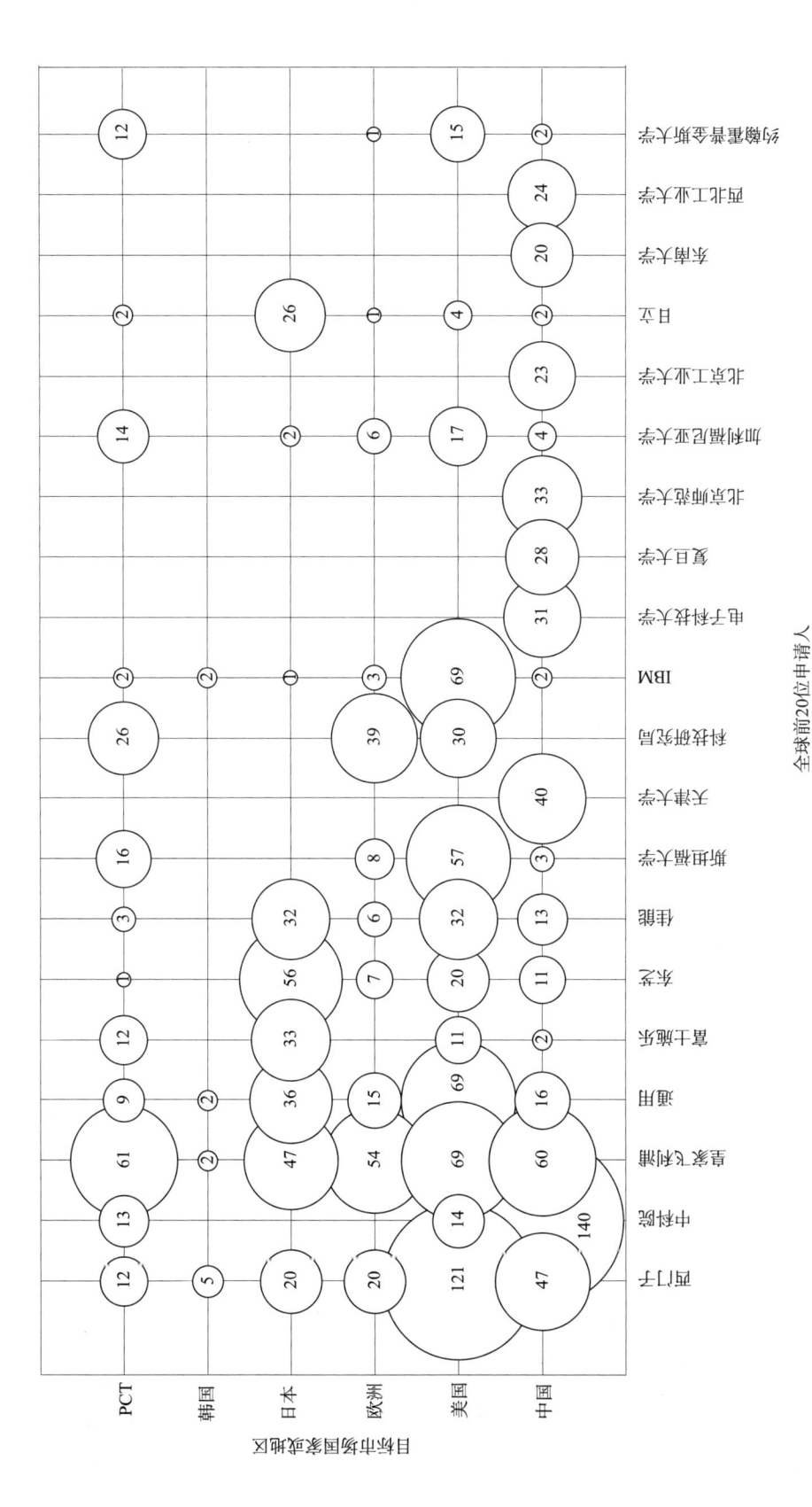

图 5-3-8 认识计算框架领域全球主要申请人布局重点国家或地区分布

注：图中数字表示申请量，单位为项。

表 5-3-2 认知计算框架领域中国主要申请人布局年度分布

单位：件

申请人	2000年	2001年	2002年	2003年	2004年	2005年	2006年	2007年	2008年	2009年	2010年	2011年	2012年	2013年	2014年	2015年	2016年	2017年	2018年	2019年
中科院	1			5		1		2	2	2	3	8	6	7	12	10	11	13	9	2
皇家飞利浦			1	2	1	1	6	3	6	5	4	8	1	7	1	3		2		
天津大学											2	1	1	1	3		3	14	7	
西门子	1	2	1	1		2	1	2	2			2		2	3	8	1	3		
电子科技大学						1	1							1		3	6	4	7	1
复旦大学					1					4		1	1		1	1	2	8	3	
北京师范大学											2		1	2	5	3		3	3	1
北京工业大学						1						1		1	1	2	2	2	8	
东南大学												1				2	1	6	3	
西北工业大学										5		2	2	1	5			2	2	
西安电子科技大学													2	5	5			1	1	
中国医学科学院										1			1		6	1	2	1	2	
浙江大学												2	1		1		2	2	3	2
杭州电子科技大学									1				2	1	1	1	2	2	2	
清华大学												1	1			4	4	2		
首都医科大学															2	2		3	2	1
太原理工大学									1						1		4	2	4	
通用		2				2		2		1	1	1				1				
西安交通大学							1										4		2	
上海海事大学													1	1	1	3	2	2	2	

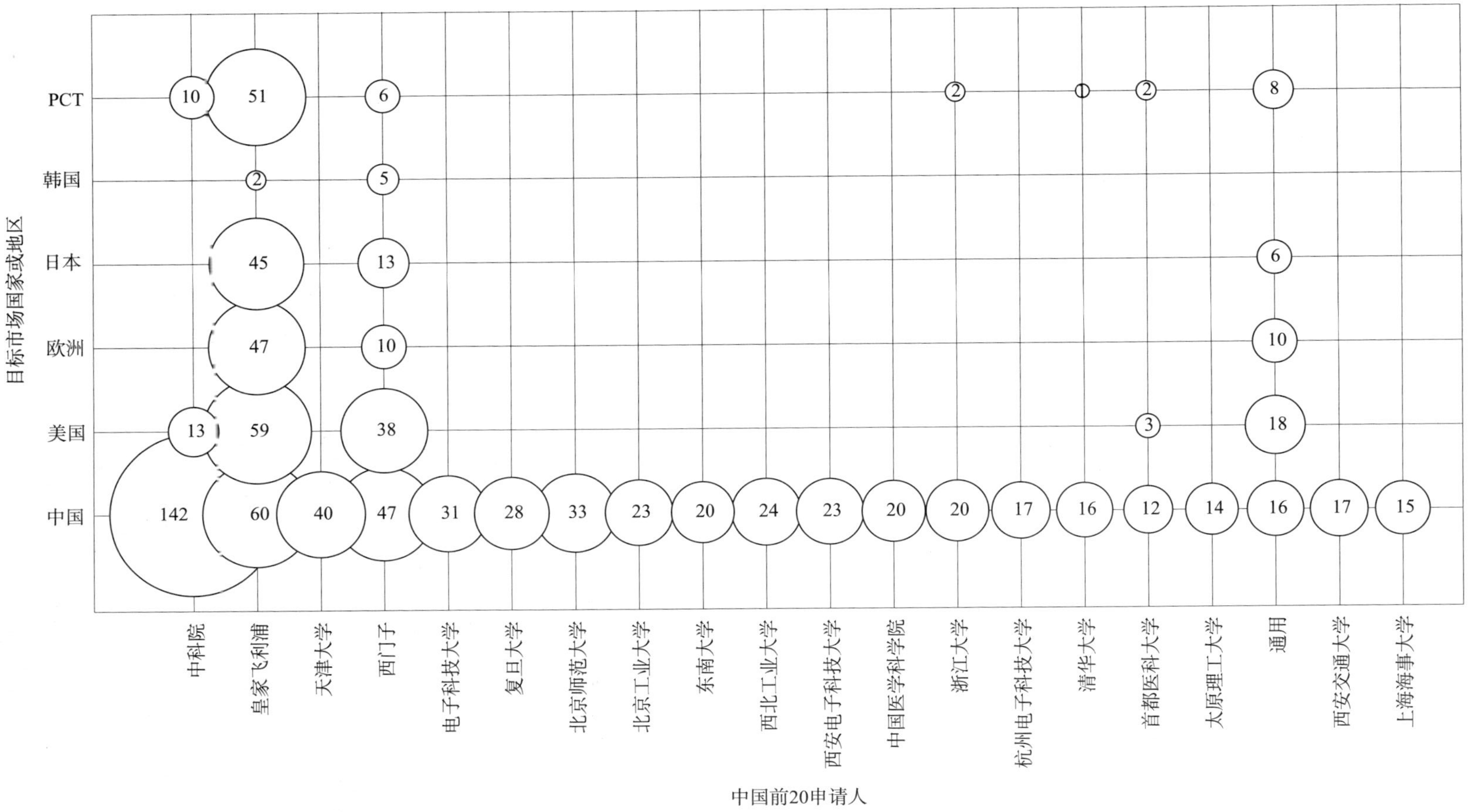

图 5-3-9 认知计算框架领域中国主要申请人布局重点国家或地区分布

注：图中数字表示申请量，单位为件。

5.4 新型混合计算架构

5.4.1 全球/中国申请和授权态势分析

从 20 世纪 80 年代起，随着专家系统（Expert System）的大规模使用，人工智能领域的研究进入一个小高峰。1982 年，John Hopfield 证明 Hopfield 网络可以学习并处理信息，David Rumelhart 则提出了反向传播算法。由于专家系统复杂度的提升，出现了难以升级扩展、鲁棒性不够的问题，直接导致高昂的维护成本，种种因素导致了人工智能领域又慢慢进入了低潮。由于材料的限制，包括相变存储器、阻变存储器、磁变存储器、铁变存储器的新型非易失型存储器的研发并没有取得较大的进展。在量子计算方面，1982 年诺贝尔奖获得者物理学家 Richard Feynman 提出了"量子计算机"的概念，也仅处于初步理论研究阶段。因此在 2000 年以前，全球以及中国申请量的不多，且保持着相对平稳缓慢的发展（参见图 5-4-1）。

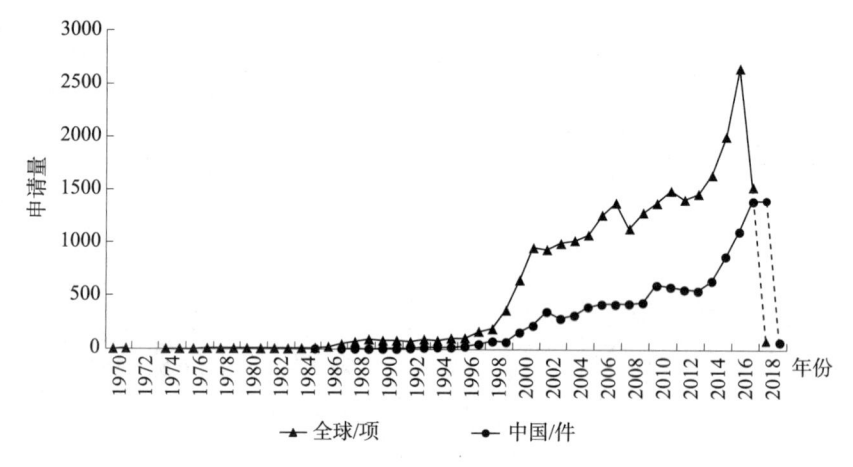

图 5-4-1 新型混合计算架构领域全球/中国申请态势

从 2000 年开始，全球以及中国的申请量进入快速增长期。在 2000 年，美国休斯敦大学的一个研究小组报道了 PCMO 氧化物薄膜电阻转换特性后，引起各研究机构对相变存储器的研发热情。2006 年，深度学习概念的提出，掀起了新一波深度学习芯片的研究热潮。而在专利方面，全球和中国的申请数量增长较快。但从 2007 年开始，美国的次贷危机席卷全球，各大科技企业纷纷缩减研发开支，人工智能领域也受到影响，在这以后全球和中国专利申请量进入微调期。在经济危机过去以后，多重因素相互影响，随着应用范围的扩展和技术本身的深化，全球和中国的专利申请量处于快速增长态势。

5.4.2 主要国家或地区申请和授权量占比分析

如图 5-4-2 所示，在 1979 年开始，中国、美国、日本、欧洲、韩国都有小批量的授权量。在 2002 年左右，美国的授权量已经遥遥领先各国，几十年来授权量虽然出现过小的波动，但是在新型混合计算架构领域一直处于世界领先水平。欧洲虽然和其他四国起步相差不多，但是在2002~2003年出现了授权量小高峰后，就处于缓慢下降的状态。日本和韩国的发展趋势大致同步，基本在2002~2010年授权量比较多，之后就处于缓慢下降的趋势。从2005年开始，中国的授权量逐步稳定增长，这与世界人工智能技术的蓬勃发展也是息息相关的，但是近几年来，授权量也在缓慢下降。从整体看来，主要国家或地区在新型混合计算架构领域的授权量经历了高峰以后，目前处于调整期。

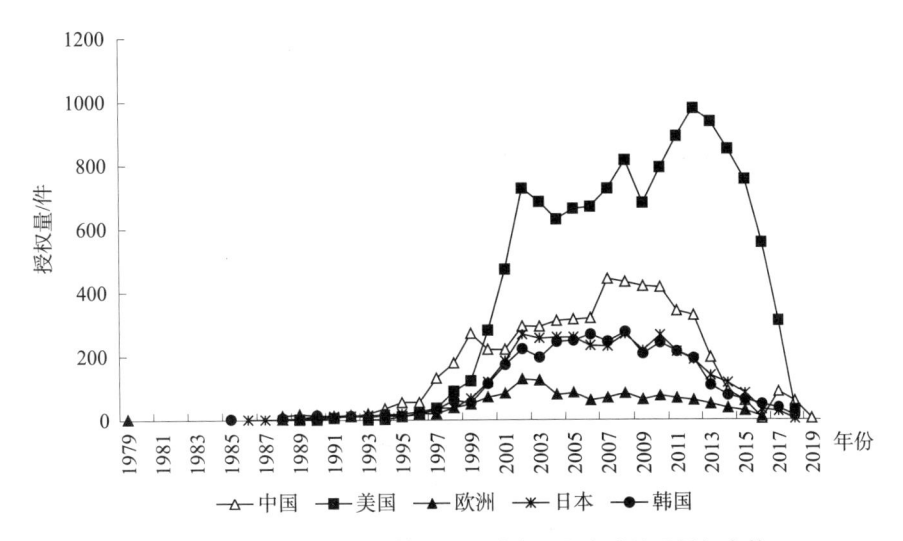

图5-4-2 新型混合计算架构领域主要国家或地区授权态势

从图5-4-3主要国家或地区授权比例来看，美国授权比例最高，高达81%。其次为韩国、日本、中国、欧洲，分别为53%、50%、48%、40%。这说明美国申请的质量较高，比较容易获得授权，韩国和日本的研发能力很强大，而中国位居第四，和发达国家还有较大的差距。

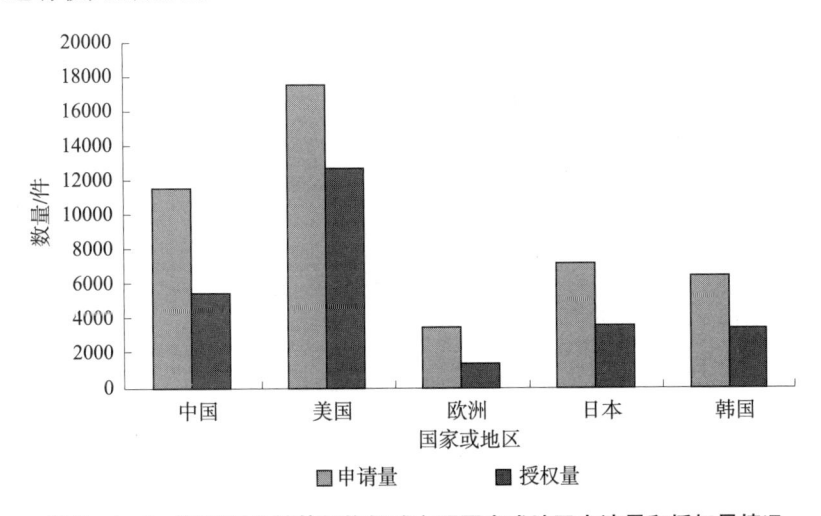

图5-4-3 新型混合计算架构领域主要国家或地区申请量和授权量情况

5.4.3 全球/中国主要申请人分析

如图 5-4-4 所示，从新型混合计算架构整体来看，在全球排名前 20 位的申请人中，三星的专利申请量已达到 1604 项，并远高于其他申请人。三星在存储器市场一直处于龙头位置，在新型非易失存储器也正在不断寻找新的突破。2019 年 3 月，三星宣布已经开始大规模生产首款商用 EMRAM 产品。该产品基于 28nm FD-SOI 工艺技术，并计划在 2020 年扩大高密度新兴的非易失存储器解决方案，包括 1Gb EMRAM 芯片。位于第二的 IBM 在新型非易失存储器、人工神经网络芯片、神经拟态芯片以及量子计算机的研发上面，都有不俗的表现。物理世界网站 2018 年 6 月 25 日公布，IBM 苏黎世研究院与德国亚琛工业大学共同开发出基于玻璃态金属锑的新型单元素相变存储器，解决了传统多元素相变存储器局部组分变化问题，为进一步缩小相变存储器尺寸、增大存储密度奠定了基础。另外，IBM 的类脑芯片、量子"Q"计划都具备世界先进水平。

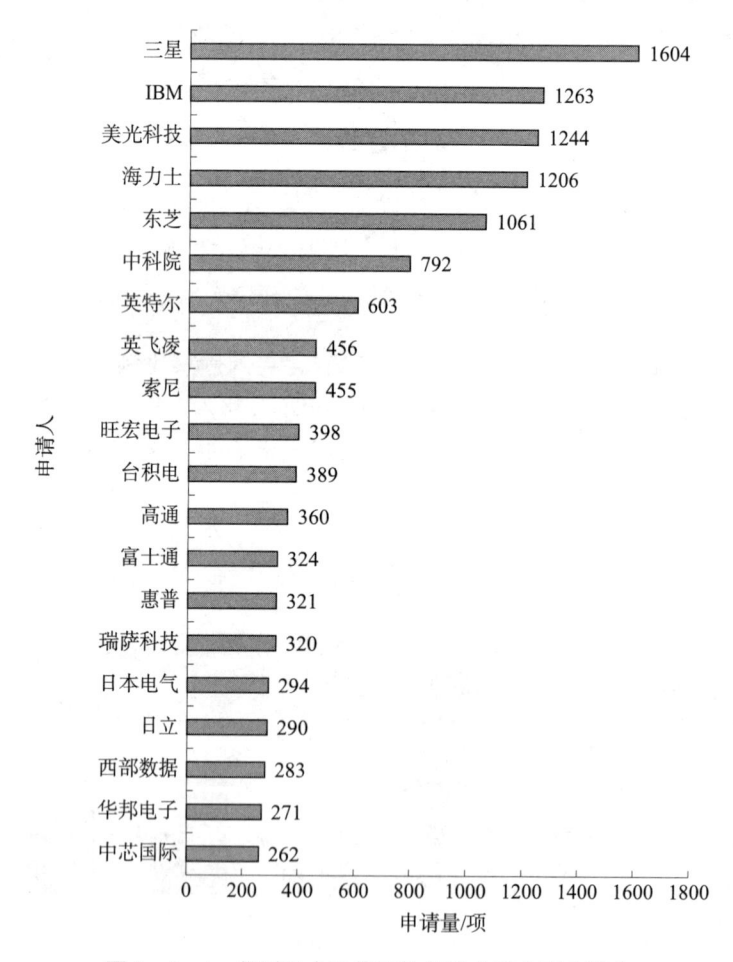

申请人	申请量/项
三星	1604
IBM	1263
美光科技	1244
海力士	1206
东芝	1061
中科院	792
英特尔	603
英飞凌	456
索尼	455
旺宏电子	398
台积电	389
高通	360
富士通	324
惠普	321
瑞萨科技	320
日本电气	294
日立	290
西部数据	283
华邦电子	271
中芯国际	262

图 5-4-4 新型混合计算架构领域全球主要申请人

位于第三、第四、第五的美光科技、海力士以及东芝,在存储器行业也处于先进地位,申请量也是遥遥领先。东芝开发的时域神经网络技术,使低功率设备也能进行深度学习,引起了广泛的关注。中科院、英特尔、索尼、英凌飞,申请量在400~800项之间。2017年,英特尔发布Loihi神经模拟原型芯片是其首款自学习神经元芯片,利用数据进行自主学习和推理,采用一种异步激活的计算方式,模仿大脑运作模式,组成异步神经形态的多核网状结构,比传统CPU速度快最多1000倍。此外,很多中国台湾公司和日本公司的申请量处于200~400项之间,例如英飞凌、台积电等。在深度学习用芯片领域,富士通在2016年针对人工智能及高效能运算HPC应用自行开发特殊应用芯片。富士通在量子领域也有深入研究,研发的数字退火量子(Digital Annealer)计算芯片即将达到量产水平。

从新型混合计算架构的整体来看,存储器企业占据了半壁江山。但是随着人工智能的不断发展,一些传统存储器公司也会涉足深度学习专用芯片,例如人工神经网络芯片以及神经拟态芯片,更有像IBM这样的公司会投入研发"下一代计算工具"——量子电脑。全球排名前20位的申请人中仅有两家中国大陆申请人,在非易失型存储器领域,研发实力还较弱;在深度学习专用芯片领域的研究,起步相对较晚,产出专利数量相对较低。

从图5-4-5新型混合计算架构整体来看,在中国主要的申请人中,中科院位于第一,专利申请量为788件,远高于其他申请人,在该领域积极进行专利布局。2017

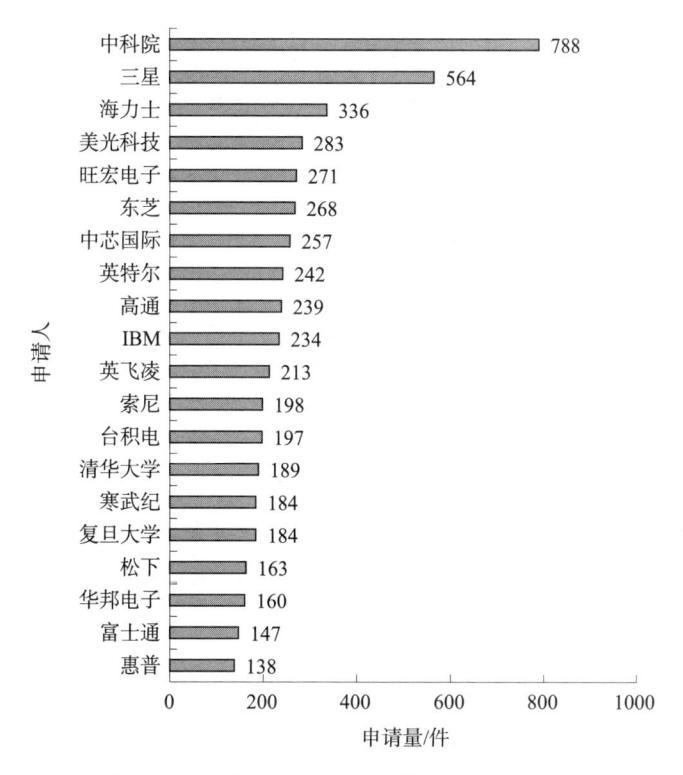

申请人	申请量/件
中科院	788
三星	564
海力士	336
美光科技	283
旺宏电子	271
东芝	268
中芯国际	257
英特尔	242
高通	239
IBM	234
英飞凌	213
索尼	198
台积电	197
清华大学	189
寒武纪	184
复旦大学	184
松下	163
华邦电子	160
富士通	147
惠普	138

图5-4-5 新型混合计算架构领域中国主要申请人

年，中科院微电子研究所刘明团队在 1Mb 28nm 嵌入式阻变存储器测试芯片以及 8 层堆叠的高密度三维阻变存储器阵列研究方面取得新进展。中科院物理研究所在国际上提出了一种基于非线性磁电耦合效应的新型非易失存储器。中科院在高维量子密钥分布研究中取得了新的进展，为其应用化开辟了一条道路。

三星、海力士、美光科技三大半导体巨头位居第二至第四。三星在 2019 年 3 月宣布已经开始大规模生产首款商用 EMRM 产品，并计划在 2020 年扩大高密度新兴的非易失存储器解决方案。三星在克服新材料的复杂挑战之后，推出了嵌入式非易失性存储器技术，将继续扩大新型的非易失存储器的工艺生产组合。在深度学习用芯片领域，中科寒武纪科技股份有限公司虽然排名靠后，但是实力也不容小觑。中科寒武纪科技股份有限公司于 2016 年发布了全球首款商用深度学习专用处理器——寒武纪 1A 处理器，这款处理器基于寒武纪科技股份有限公司所发明的国际首个人工智能专用指令集，具有完全自主知识产权，成为中国智能芯片领域的先行者。

在中国申请排名前 20 位的申请人中，也有清华大学、复旦大学等高校。值得一提的是，2019 年，清华大学类脑计算研究中心研发"天机芯"迎来重大突破，世界顶级科技杂志英国《自然》杂志对其进行了报道，在 3.8mm×3.8mm 的区域内，指甲盖大小的芯片里，安装了含大约 4 万个神经元和 1000 万个突触。该芯片无论是在性能上，还是工艺上，达到了一个颠覆性的高度。

从新型混合计算架构的整体来看，新型非易失存储器企业仍占据了大多数，但是随着人工智能的不断发展，一些传统存储器公司也会涉足深度学习专用芯片。随着我国在深度学习专用芯片领域开始迅速发展，中科院、中科寒武纪科技股份有限公司、清华大学，成为新型混合计算架构整体领域的重要申请人。

5.4.4　全球布局区域分析

如图 5-4-6 所示，美国在新型混合计算架构领域的技术储备最为雄厚，一枝独秀，占全球的 40%，主要是由于美国有三家实力强劲的企业 IBM、美光科技、英特尔，这三家企业除了在非易失存储器上位于领先地位，在深度学习用芯片、量子计算机上也有不俗的表现。中国排在第二位，占比 20%，这是因为中科院以及中芯国际在新型混合计算架构领域上的积极布局，但是与强国相比仍有较大差距。位居第三、第四的国家是日本、韩国。

如图 5-4-7 显示，在新型混合计算架构技术专利申请布局区域中，美国的申请数量最大，占该领域总申请量的 29%，这是由于美国既是市场大国，也是专利强国，各企业都非常重视在美国的专利申请；其次为中国、日本、韩国。目标市场国家或地区分布与技术原创国家或地区大部分集中在美国、中国、日本，说明新型混合计算架构技术在全球市场地域相对集中。

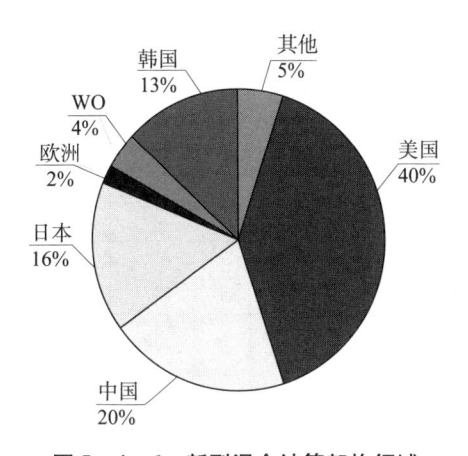

图 5-4-6 新型混合计算架构领域
原创国家或地区分布

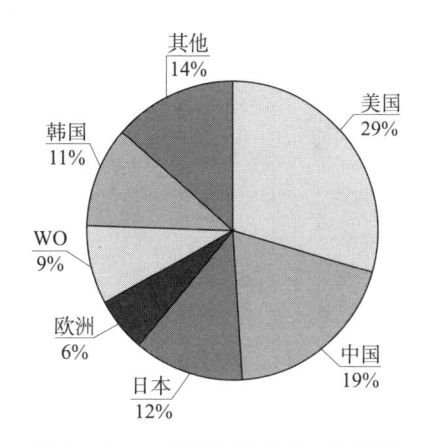

图 5-4-7 新型混合计算架构领域
目标市场国家或地区分布

5.4.5 全球/中国主要申请人布局重点分析

从表 5-4-1 全球主要申请人申请量年度分布来看,三星从 2003 年开始加速,经过几次的震荡调整,仍引领了全球新型混合计算架构专利申请。而 IBM 从 2004 年之前处于缓慢增长的状态,从 2009 年开始加速专利申请,经过 2010 年的调整,从 2015 年开始加速申请。美光科技从 2002 经过短暂的高峰之后,申请量急剧下降,从 2008 年开始缓慢增长,在 2012 年达到申请量高峰以后,呈振荡下降趋势,后期增长不足。海力士的申请量呈振荡发展的趋势,经过 2007～2008 年短暂的高峰期之后,随之进入一个调整期,之后又进入 2012～2013 年的高峰期。英特尔 2008～2010 年的申请量较少,但是近几年的增长速度非常快。整体来看,三星、IBM、海力士、英特尔都在加速申请,中科院从 2018 年开始提速,绝大部分日本企业和中国台湾企业处于不温不火的状态。

从图 5-4-8 全球主要申请人布局区域分布来看,各家企业都是在本国或地区专利申请最多。从目标国家或地区来看,美国最受重视,然后是中国和日本,韩国也颇受瞩目。每家企业都在中国进行了布局,这说中国的市场潜力比较巨大,受到各国关注。另外,在这个领域,申请人也比较重视海外布局。

从表 5-4-2 中国主要申请人申请量年度分布来看,中科院从 2008 年开始加速申请,积极在新型混合计算架构技术布局。而三星经过了 2006 年的巅峰期后,进入缓慢增长的时期,申请量相对少,但是从 2016 年开始,申请量迅速增加。而海力士的申请量则在 2011 年开始进入增长期。清华大学、寒武纪近几年的申请速度较快。绝大部分日本企业和中国台湾企业处于不温不火的状态。

从图 5-4-9 中国主要申请人布局区域分布来看,各家企业都是在本国或地区专利申请最多。从目标国家或地区来看,美国最受重视,然后是中国和韩国,日本也颇受瞩目。每家企业都在中国进行了布局,这说中国的市场潜力比较巨大,受到各方关注。同样地,该领域申请人也非常重视海外布局,积极申请 PCT。

表 5-4-1 新型混合计算架构技术全球主要申请人申请量年度分布

单位：项

申请人	2000年	2001年	2002年	2003年	2004年	2005年	2006年	2007年	2008年	2009年	2010年	2011年	2012年	2013年	2014年	2015年	2016年	2017年	2018年	2019年
三星	3	10	35	95	111	107	172	132	89	68	100	84	112	81	70	68	101	140	6	1
IBM	15	20	19	52	29	22	35	48	40	83	55	80	85	80	80	148	104	189	2	
美光科技	9	61	124	56	41	54	49	41	96	80	95	96	133	108	57	25	61	53	1	
海力士	7	22	22	12	50	27	20	106	136	85	65	58	122	106	65	88	125	84		
东芝	15	56	77	61	62	47	56	50	70	48	45	88	74	51	49	56	63	49	3	
中科院		1	2	6	15	8	17	17	57	71	81	69	46	41	47	53	53	90	112	4
英特尔	11	19	19	10	11	13	10	12	3		1	35	10	28	46	76	103	118	60	
英飞凌	55	34	32	22	46	43	66	51	32	5	3		8	4	8	2	2	3		2
索尼	9	20	38	41	51	22	25	24	12	28	49	41	15	10	13	8	16	6	2	
旺宏电子		7	10	5	27	47	62	58	25	34	12	13	11	17	9	29	11	20	1	
台积电			12	10	18	16	12	25	4	10	7	17	42	59	29	46	30	48	4	
高通								9	37	28	44	37	30	53	70	29	10	13		
富士通	7	3	20	29	19	54	28	32	15	11	6	13	9	6	3	5	13	20		
惠普	26	47	71	65	24	3	2	2	3	7	6	3	5	13	9	8	8	3		
瑞萨科技	6	17	40	22	31	35	28	29	46	10	17	22	10	2	1	1	1	2		
日本电气	7	20	18	9	13	29	22	27	29	19	14	3	11	5			16	10	2	
日立	13	16	12	17	11	15	14	19	22	19	25	11	7	7	18	7	4	10		
西部数据	1	9	11	3	1	5	6	4	9	6	6	5	17	18	60	55	28	37	2	
华邦电子	1	2	2	4	1		21	79	16	2	1	5	8	22	37	34	20	16		
中芯国际								3	7	24	81	41	19	20	28	10	21	8		

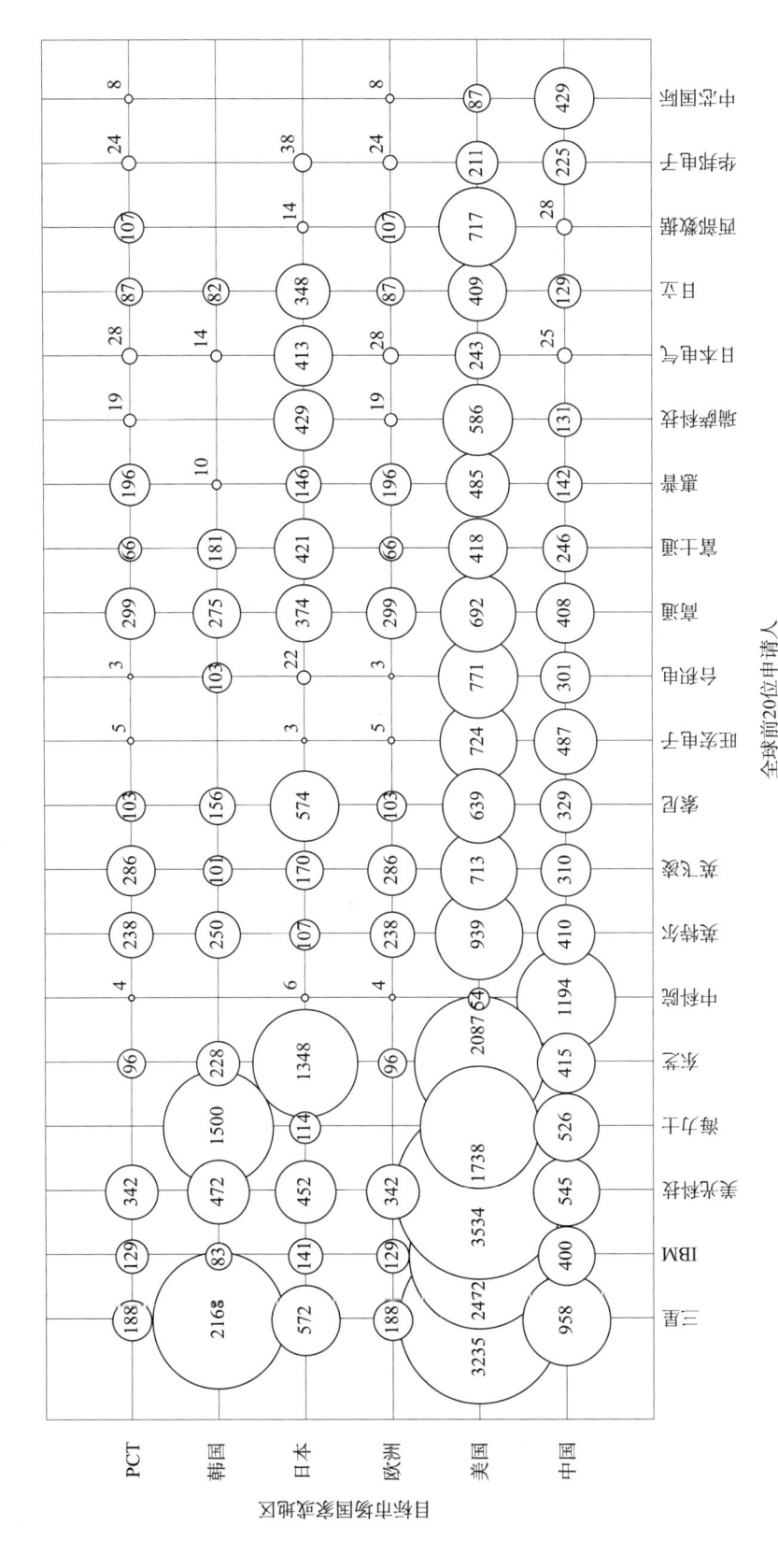

第5章 共性关键技术专利状况分析

图 5-4-8 新型混合计算架构领域全球主要申请人布局区域分布

注：图中数字表示申请量，单位为项。

表 5－4－2 新型混合计算架构领域中国主要申请人申请量年度分布

单位：件

申请人	2000年	2001年	2002年	2003年	2004年	2005年	2006年	2007年	2008年	2009年	2010年	2011年	2012年	2013年	2014年	2015年	2016年	2017年	2018年	2019年
中科院	2	1	2	6	15	8	17	17	57	71	81	69	45	41	47	51	52	90	112	4
三星		5	6	29	41	53	77	36	17	11	30	21	19	8	14	18	59	107	2	1
海力士		2	9	3	1	4	2	2	6	6	3	14	37	41	41	45	51	65		
美光科技	1	10	14	5	6	20	16	15	21	12	27	16	24	25	15	8	30	18		
旺宏电子		7	6	1	12	33	42	38	20	28	10	10	7	11	5	20	9	12		
东芝	5	23	35	21	13	9	23	13	4	3	4	17	5	4	6	21	25	29	1	
中芯国际								3	7	24	80	39	18	20	27	10	21	8		
英特尔	2	5	8	5	5	4	6	1		17	1	28	5	17	36	39	32	47		
高通								9	26	27	31	22	20	39	52	18	5			
IBM	5	1	13	11	9	10	14	14	14	2	21	18	10	7	2	22	9	2		
英飞凌	50	23	20	8	6	6	38	3	1		2		5	3	4	2	1			
索尼	4	3	9	1	7	6	8	7	9	21	39	30	14	7	9	5	11	1		
台积电			4	5	9	10	8	12	3	6	4	7	18	17	11	27	19	35	2	
清华大学	1			2	2		1	5	6	1	10	7	7	9	14	19	17	53	34	3
北京中科寒武纪科技股份有限公司																	57	57	70	
复旦大学	16	11	1	10	9	15	10	13	8	11	8	14	7	13	7	9	9	5	17	
松下			11	1	9		7	41	9	1		4	6	1		3	2	3		
华邦电子	2	3	15	22	13	38	14	17	5		3	5	1	13	19	27	15	16		
富士通	14	28	29	14	8	2	2	2	3	4	2	2	4	9	1	1	2	3		
惠普																	5	1		

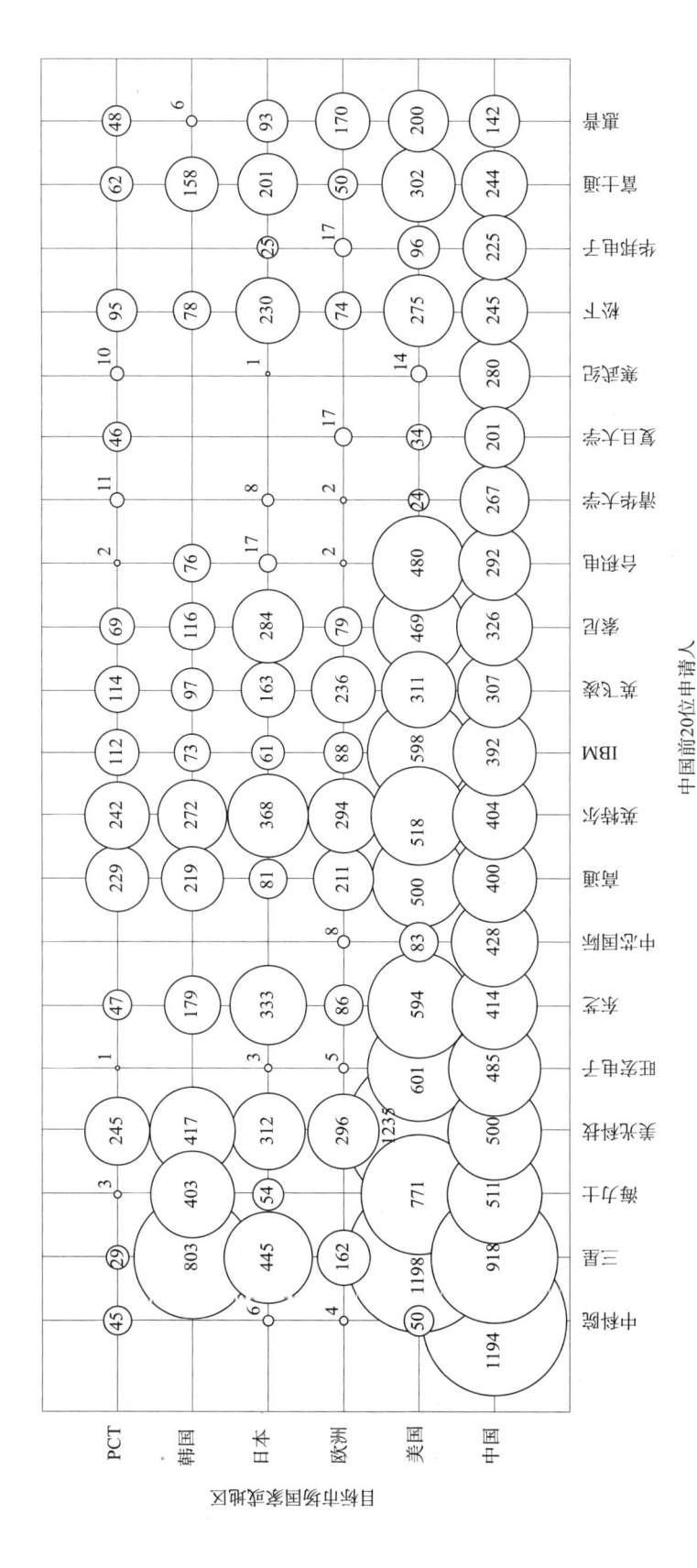

第5章 共性关键技术专利状况分析

图 5-4-9 新型混合计算架构领域中国主要申请人布局区域分布

注：图中数字表示申请量，单位为件。

5.5 人机共驾技术

卡尔本茨发明了汽车,亨利福特的汽车生产流水线使汽车进入千家万户,丰田生产方式(Toyota Production System,TPS)使得汽车工业进入精益化的时代,而自动驾驶(人机共驾/无人驾驶)技术则将汽车带入了智能化和网联化的时代。因为自动驾驶降低驾驶人工作负荷,并且提升车辆安全性,能显著提升车辆的行驶安全性和驾乘舒适性。因此,自动驾驶技术是汽车行业最关注的热点之一。现阶段,实现完全的自动驾驶还存在较大的困难,为了突破其面临的诸多瓶颈,国内外学者提出了"人机共驾"型智能汽车的概念。人机共驾是指驾驶人和智能车辆通过车辆控制权分享,实现协同驾驶,即通过摄像机、激光雷达或毫米波雷达等车载传感器来感知周围行车环境,并由计算机系统依据所获取的信息进行自动化决策和路径规划,从而实现车辆智能控制。由此可见,自动驾驶的产业和技术的涉及面都很广泛,要实现自动驾驶,既要有足够智能的车进行判断决策,还要有高精度传感器和高精度地图采集准确的数据作为决策基础,还要有快速的车联网对信息网络平台中所有车辆动态信息进行有效利用。涉及的核心技术包括:对驾驶人状态、习性、技能建模与预测,人机共驾车辆的运动稳定性和碰撞安全性理论,驾驶人在回路的人机协同感知与认知,人机在决策规划以及控制执行中的交互与协同,面向有条件自动化、高度自动化的人机共驾系统,人机共驾系统验证平台与测试评价方法等。因此,从专利的视角分析人机共驾,能够摸清相关技术的发展脉络和发展趋势,聚焦关键技术,防范风险。

5.5.1 全球/中国申请和授权态势分析

图 5-5-1 示出了人机共驾行业 1963~2019 年全球专利申请态势。从 1963 年开始的第一项申请,到 1994 年全球申请量首次超过 500 项,直至 2000 年申请量首次超过 1000 项,人机共驾行业从缓慢发展期逐渐进入快速发展期,2017 年申请量达到峰值 8854 项,2018 年的申请量有所下降。但考虑到当年的申请截至目前还有一部分尚未公开或者尚未被专利数据库收录,很可能 2018 年和 2019 年仍然会持续增长,超过前几年的申请量。中国进入人机共驾领域较晚,1974 年开始有第一件申请,直至 1987 年才有后续申请,申请量的发展趋势与全球趋势基本相同。截止到检索日期(2019 年 05 月 31 日),全球人机共驾行业的申请公开量已经超过 6 万项。

由上述申请量态势图可以看出,人机共驾的发展历程可大致分为三个阶段:

(1)萌芽阶段(1963~1994 年)

从全球范围来看,早在 20 世纪六七十年代人机共驾技术的研究就已经起步。在这个阶段,大部分汽车厂商仍然停留在研究阶段,而少有人机共驾的产品上市。这个时期属于技术的积累期,人机共驾所需的传感技术、感知技术、决策技术都处于起步阶段,还没有取得实质性的突破。

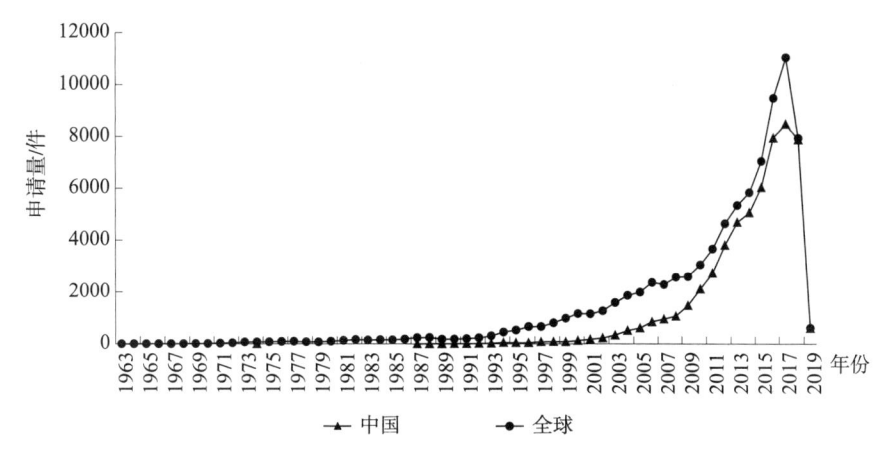

图 5-5-1　人机共驾领域全球/中国申请态势

（2）起步阶段（1995~2009 年）

1994 年之后，关于人机共驾的年申请总量开始稳步增长，人机共驾的相关研究也逐渐开展。在这个阶段，越来越多的汽车厂商开始从研究走向实证。

这个时期属于技术瓶颈的待突破期。随着高精度传感器技术（相机、毫米波雷达、激光雷达）的发展，对于自动驾驶环境信息的准确感知具备了基础。随着计算机硬件性能的提升，对于海量传感数据的实时解析具有了可能性，而应用于自动驾驶的 ADAS 各项任务的逐渐突破，也使得实现人机共驾的实际上路具备了可能性。

（3）爆发阶段（2010 年至今）

这一阶段的特点是每年的申请总量呈现翻倍式的增长，新兴汽车厂商不断涌现，政府政策支持力度不断加大。

这个时期属于技术的成熟期，除了人在回路的混合增强智能的理论有待突破以外，用于人机共驾的传感、感知技术已经比较成熟，成本降低到了可以接受的程度。车联网的网络传输速度不断提升，车辆可以随时获取高精度自动驾驶地图，部分计算和存储任务还可以在线完成。自动驾驶技术正式迈入了实用化的轨道。

在这个阶段，世界各国纷纷在自动驾驶相关的法律法规方面进行了各种探索。当然，目前仍有法律、政策方面的阻碍。以 Uber 公司在美国加利福尼亚州的测试被州政府叫停为例，各国的国内法乃至于国际条约，对于自动驾驶技术的实际应用还有一定的限制。

图 5-5-2 示出了人机共驾领域全球主要国家或地区专利申请授权量态势。全球主要国家或地区的专利授权态势，基本上与全球专利申请态势的三个阶段对应。

① 在萌芽阶段（1963~1994 年），专利授权数量不多。

② 在起步阶段（1995~2009 年），专利授权量开始显著增多。到 2009 年，中国、美国、日本三国的当年相关专利授权数量均超过了 400 件。

③ 在爆发阶段（2010 年至今），专利授权的数量开始爆发式增长。引领增长的主要是中美两国。日本、欧洲和韩国的相关专利授权量开始持平甚至下降。

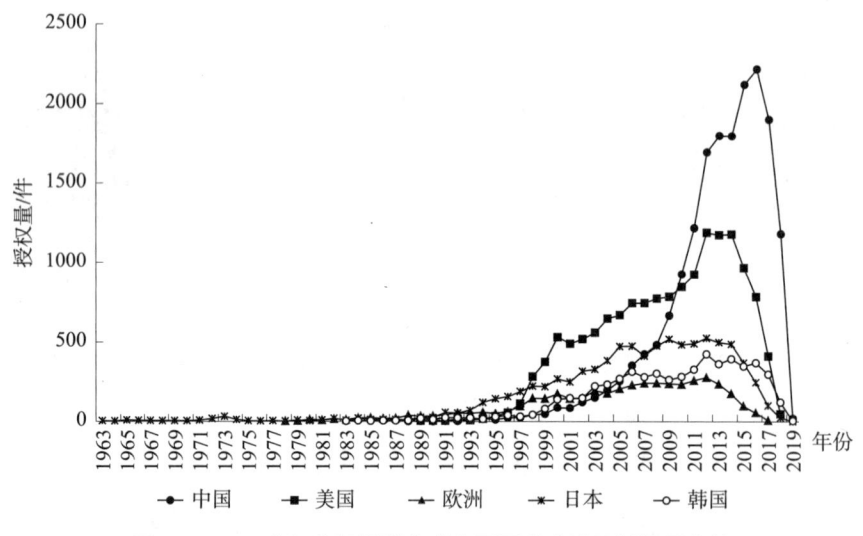

图5-5-2 人机共驾领域全球主要国家或地区授权量态势

对比全球主要国家或地区的专利授权态势，可以发现主要国家或地区之间呈现此消彼长的趋势。日本、欧洲起步较早，但近年来授权量的增速远不及中国和美国。韩国虽然有一些早期专利授权，但其中很多是来自同族申请。美国的相关专利授权数量一直比较稳健，一直保持增长的势头。中国的相关专利授权前期增长较慢，但从2004年之后开始超过欧洲，2006年超过韩国，2007年超过日本，2010年超过美国，成为专利授权量第一的国家，在此之后，中国的年专利授权量一直处于领先地位。这与中国近年来经济发展、技术发展、专利制度的日渐健全和发展息息相关。

5.5.2 全球/中国申请量和授权量占比分析

图5-5-3示出了人机共驾领域全球主要国家或地区专利申请量与授权量的占比

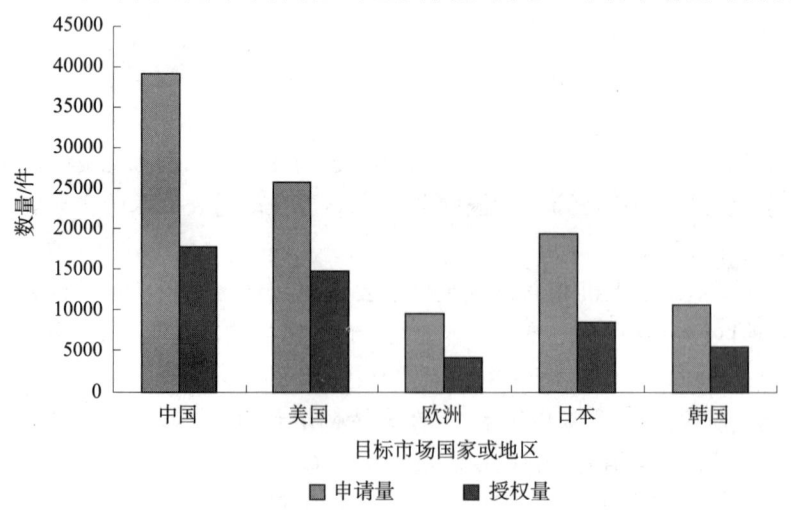

图5-5-3 人机共驾领域全球主要国家或地区申请量和授权量情况

情况。美国的授权量紧随中国之后,日本的授权量也相当可观,再次是韩国和欧洲。中国的授权量和美国差距不大,但中国的申请量比美国多很多。结合在申请量态势分析中的数据可知,中国近年来申请量的增量远远超过美国。这说明中国近年来授权量的增速赶不上申请量的增速,申请的授权率有待提高。从申请量最大可知,中国在人机共驾领域是专利申请最受重视的国家,但授权量没有同步升高说明竞争激烈,申请质量还有提高的空间。

5.5.3 全球/中国主要申请人分析

由于汽车工业的历史原因,人机共驾发展早期的主要申请人,仍然主要是欧洲、美国和日本这些汽车强国。如图5-5-4所示,在全球主要申请人的排名中,日本、德国、美国的申请人位居前列。但是,随着中国在汽车工业、信息技术和人工智能领域的快速进步,中国申请人也在迎头赶上。

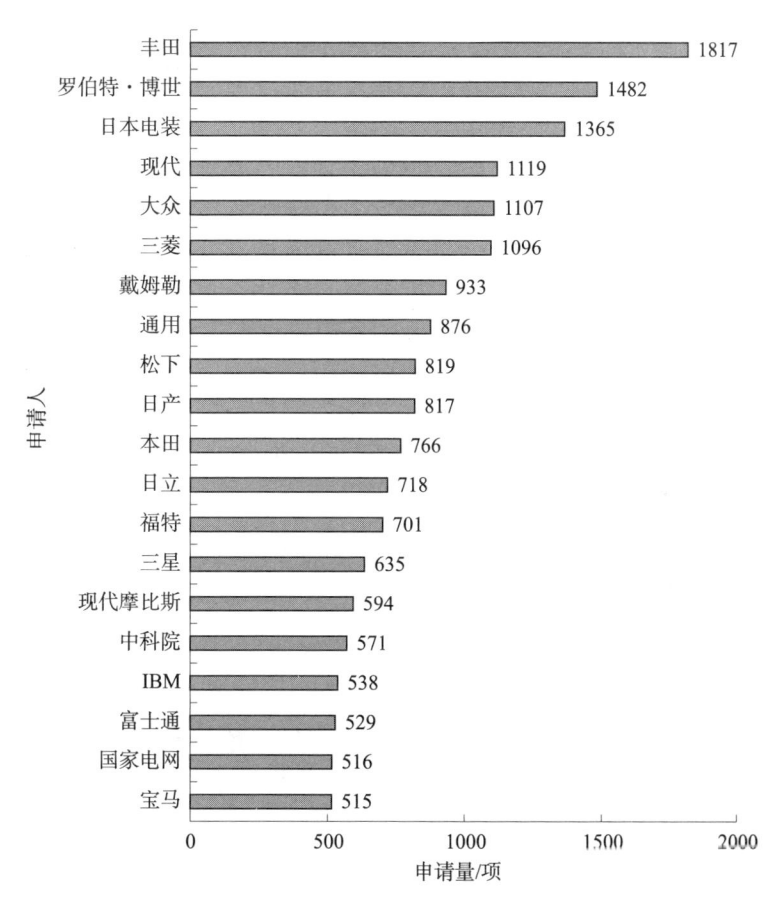

申请人	申请量/项
丰田	1817
罗伯特·博世	1482
日本电装	1365
现代	1119
大众	1107
三菱	1096
戴姆勒	933
通用	876
松下	819
日产	817
本田	766
日立	718
福特	701
三星	635
现代摩比斯	594
中科院	571
IBM	538
富士通	529
国家电网	516
宝马	515

图5-5-4 人机共驾领域全球申请人排名

从全球申请看,中国申请量超过了日本和美国,但是从前20名申请人的分布看,却并没有占据前列。这说明,中国申请量虽多,但是非常分散,没有行业寡头。再看日本,申请量少于中国,但是集中于少数的大企业中,话语权较重;同样,美国和德国、韩国也是如此。并且美国、日本、韩国具有人机共驾产业环节上所有类型的企业，汽车整车厂商、汽车零配件厂商、科技公司，形成了完整产业链；德国虽然没有高科技公司上榜，但是其知名汽车厂商和配件厂商也具有较强实力；而中国相对的实力比较弱，仅有科技公司以及高校上榜，并且从申请数量上也占据下游。

从申请人类型上看，人机共驾领域的全球主要申请人的类型大概可以分为：汽车整车厂商、汽车零部件厂商、科技厂商。

① 汽车整车厂商。作为直接向消费者提供汽车产品的厂商，自动驾驶技术是一大卖点。有一些汽车整车厂商选择直接使用其他厂商提供的技术，例如特斯拉，另一些传统汽车企业则长期致力于自行研发人机共驾技术。

特斯拉的人机驾驶技术的名称是 AutoPilot，一种用来控制载具归到而无须人工一直干预的系统，实际是一种"自动辅助驾驶"。第一代 AutoPilot 技术来源于 Mobileye 这家成立于以色列的公司，第二代 AutoPilot 技术（8.0 版本及以后的特斯拉自动驾驶软件）已经不再主要依靠 Mobileye 的图像识别技术，而是主要依靠特斯拉自己研发的雷达识别技术，主要数据是车自身的雷达，辅助数据则来自车队学习的高精度地图和白名单。

传统汽车企业，例如，奔驰早在 20 世纪 80 年代就开始研究自动驾驶汽车。1995 年，S 级从德国慕尼黑到丹麦哥本哈根 1678 公里几乎全程自主驾驶。从此之后，大型汽车整车厂商无不开展对于自动驾驶技术的研究、布局和应用。在人机共驾全球申请人排名列表中，靠前的排名几乎囊括了当今世界上所有的大型汽车跨国公司或其联盟，包括丰田、三菱、本田、日产、现代、大众、通用、戴姆勒、福特、宝马等。

② 汽车零部件厂商。在汽车工业高度全球化的时代，汽车零部件厂商的地位日益提高。这也是汽车行业的一大趋势：汽车零部件由单一部件向模块化、总成化的方向发展，汽车零部件提供商已经向着提供集成汽车综合解决方案的方向发展，在人机共驾领域体现尤为明显。Waymo、Uber 和百度等科技公司领跑了市场，传统汽车整车厂商以其造车的优势紧随其后，但在喧嚣的背后，汽车零部件厂商正在逼近汽车整车厂商的申请量。位居第二、第三的是汽车零部件供应商罗伯特·博世和日本电装，排名稍微靠后还有松下、现代摩比斯（Hyundai mobis）。罗伯特·博世拥有完善的产业链布局，使其掌控了相当大的话语权，成为该领域不可忽视的巨头。松下，作为特斯拉 Model 3 的独家电池供应商，一直在重塑自己成为先进汽车零部件的供应商，以摆脱智能手机和其他低利润率消费品的价格竞争，一直在努力扩大其先进的与驾驶相关产品的范围，以便更好地与德国罗伯特·博世和德国大陆集团等顶级供应商竞争。

③ 科技厂商。人机共驾技术作为人工智能技术的一个重要应用领域，也受到了科技厂商的关注。科技厂商的申请主要集中在数据处理、算法、决策、软件系统等领域，虽然在申请"量"的方面无法和汽车厂商比肩，但其是决定自动驾驶汽车是否足够智能、实现自动驾驶的关键。在未列出的排名中，英特尔、高通、恩智浦（NXP）、谷歌、Uber、Waymo、中国的百度，都在自动驾驶领域积极进行布局。其中谷歌、Uber

和百度不仅开展了自动驾驶领域的技术研究，而且打造了使用自动驾驶技术的真车试验平台，百度更是在 2017 年将其自动驾驶平台 Apollo 开放给世界使用。

由于中国快速发展的经济和汽车市场的巨大需求，人机共驾领域的重要申请人也非常重视在中国进行专利布局。这不仅是因为中国是一个重要的汽车消费市场，更是因为中国在人工智能领域和汽车领域的快速进步。

由图 5-5-5 所示的人机共驾领域在华申请人前 20 名中，中国申请人占 12 席，以科研院校为主，反映了其在我国人机共驾领域的引领作用，相关科研院所对于人机共驾技术普遍都很重视，科研投入较大；中国的科技公司百度位列第八，表明了百度在人机共驾领域的技术实力；在未列出的排名中，大连楼兰科技股份有限公司等一些新兴的专注于人工智能或者自动驾驶的中国公司值得关注，显示了中国除了一家独大的百度之外，也不断涌现出其他跟进者。

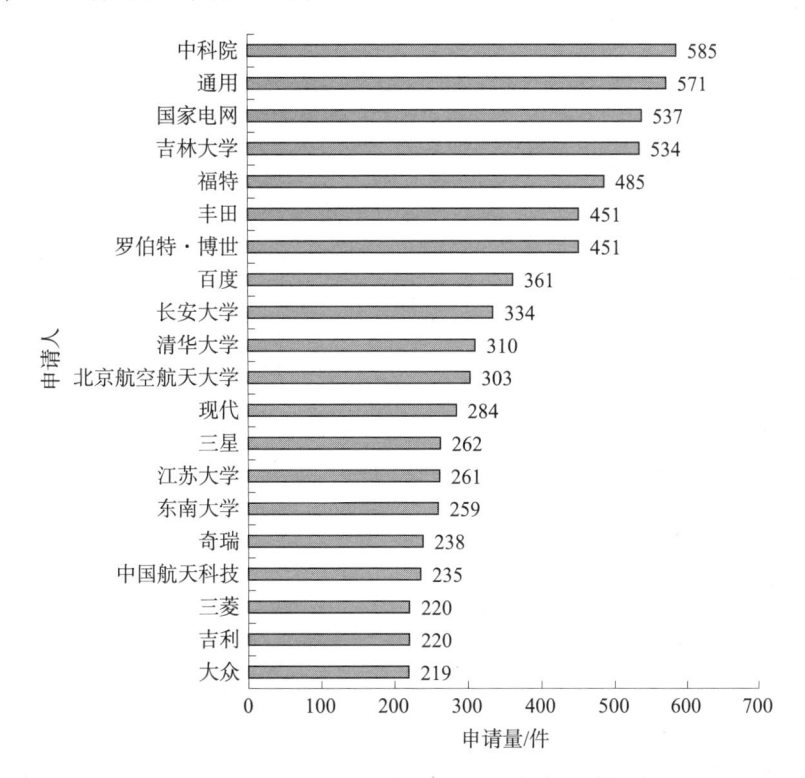

申请人	申请量/件
中科院	585
通用	571
国家电网	537
吉林大学	534
福特	485
丰田	451
罗伯特·博世	451
百度	361
长安大学	334
清华大学	310
北京航空航天大学	303
现代	284
三星	262
江苏大学	261
东南大学	259
奇瑞	238
中国航天科技	235
三菱	220
吉利	220
大众	219

图 5-5-5　人机共驾领域在华申请人排名

在人机共驾在华申请人前 20 名中，国外申请人占 8 席，其中，通用以微弱劣势位列第二，福特、丰田、现代、大众分别位列第五、第六、第 12、第 20，这些都是世界知名的大型汽车跨国公司。在传统汽车企业领先研究自动驾驶汽车的情况下，中国的汽车整车厂商也在迎头赶上，奇瑞和吉利分别位列第 16、第 19，也进入了人机共驾领域的重要专利申请人行列。另外，汽车零配件厂商罗伯特·博世位列第七，凸显其对中国市场的重视。

由此可知，我国在人机共驾领域相对的实力比较弱，技术产业化不足，汽车整车企业与传统车企仍有较大差距,但是科技公司百度的上榜,表明中国科技公司在人机共驾的算法、系统、平台领域还有突破的空间。

5.5.4 全球布局区域分析

图5-5-6展示了全球人机共驾领域全球原创国家或地区占比。其中,中国占比35%,是全球最大的技术原创国,是全球第一大创新群体,其次,美国(占比19%)、日本(占比18%)、韩国(占比9%)、德国(占比7%)是全球排名前五位的目标市场国。基于中国近年来对于人工智能领域的政策引导和产业规划,大量中国申请人投入该领域研究,特别是众多科研院所在国家基金的支持下,在该领域开展了广泛的研究。

美国排名第二位,日本排名第三位,占比非常接近。美国和日本作为重要的创新驱动力,既拥有很多汽车巨头和零部件厂商,也拥有很多涉足人机共驾领域的科技巨头。根据一份对自动驾驶领域专利竞争力前五十强的评价报告,从有效专利的件数来看,日本已经超过了美国,而从五十强的综合竞争力分数来看,美国则超过了日本。由此可见,美国和日本在技术原创方面各有所长,差距甚微。

对专利申请目标国家或地区的选择,与企业的实力和市场战略密切相关,图5-5-7展示了全球人机共驾领域专利申请的目标国家或地区分布。从目标市场国家或地区可以看出,中国(占比27%)仍是全球最重要的国际市场,吸引着全球创新主体的注意力。这是因为,最近10年,中国人民的消费水平快速提升,带来了汽车市场容量的急剧扩张,同时基于中国申请人的大量投入,产出也较多,使得全球主要车企和科技公司对中国市场都非常重视,积极在中国进行专利布局。美国(占比17%)排名第二位,美国和中国一样都是汽车市场大国,各企业都非常重视在美国和中国的专利申请。其次为日本(占比13%)、德国(占比7%)、韩国(占比7%)和欧洲(占比7%)。

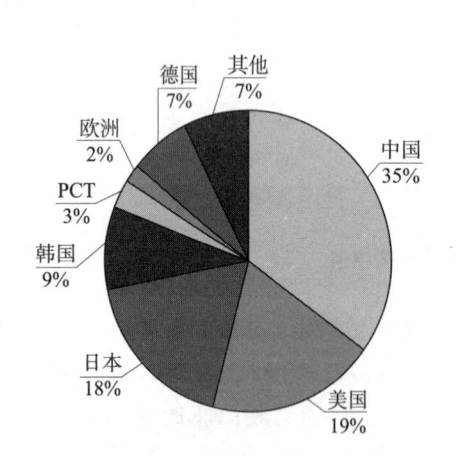

图5-5-6 人机共驾领域全球原创国家或地区占比

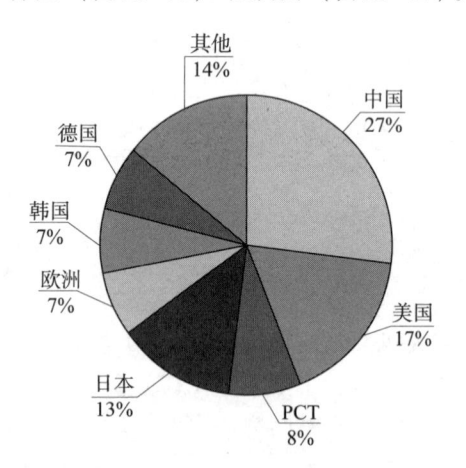

图5-5-7 人机共驾领域全球目标国家或地区占比

5.5.5 全球/中国主要技术分支分析

人机共驾涉及技术广泛,可从多个层面进行分类。业内使用较多的分类方式是将人机共驾技术从算法、软件/硬件层面进行分类。

图 5-5-8 示出了人机共驾的技术分支。人机共驾在算法层面主要包括传感探测、感知识别和决策预警。其中,传感探测指的是车辆使用的传感器,主要包括定位传感

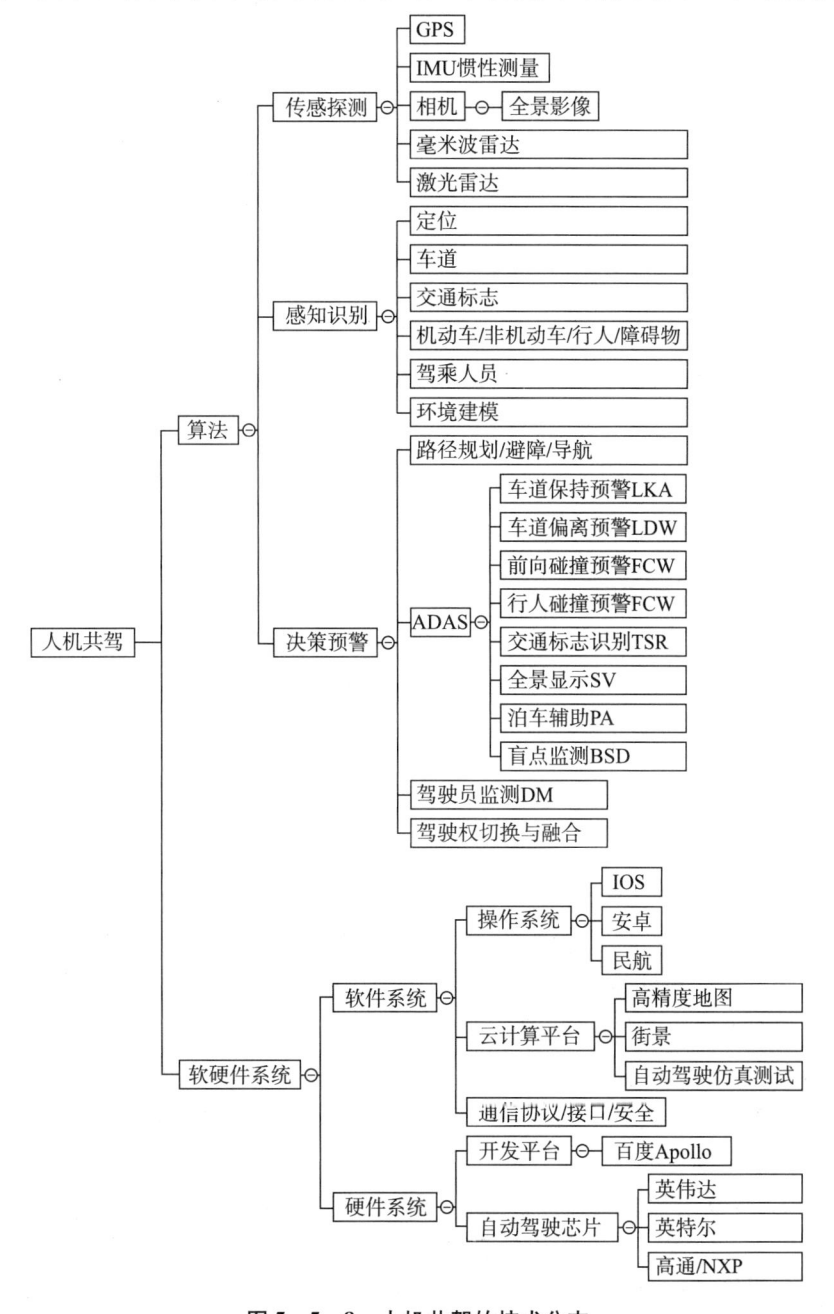

```
人机共驾
├─ 算法
│   ├─ 传感探测
│   │   ├─ GPS
│   │   ├─ IMU惯性测量
│   │   ├─ 相机 ─ 全景影像
│   │   ├─ 毫米波雷达
│   │   └─ 激光雷达
│   ├─ 感知识别
│   │   ├─ 定位
│   │   ├─ 车道
│   │   ├─ 交通标志
│   │   ├─ 机动车/非机动车/行人/障碍物
│   │   ├─ 驾乘人员
│   │   └─ 环境建模
│   └─ 决策预警
│       ├─ 路径规划/避障/导航
│       ├─ ADAS
│       │   ├─ 车道保持预警LKA
│       │   ├─ 车道偏离预警LDW
│       │   ├─ 前向碰撞预警FCW
│       │   ├─ 行人碰撞预警FCW
│       │   ├─ 交通标志识别TSR
│       │   ├─ 全景显示SV
│       │   ├─ 泊车辅助PA
│       │   └─ 盲点监测BSD
│       ├─ 驾驶员监测DM
│       └─ 驾驶权切换与融合
└─ 软硬件系统
    ├─ 软件系统
    │   ├─ 操作系统
    │   │   ├─ IOS
    │   │   ├─ 安卓
    │   │   └─ 民航
    │   ├─ 云计算平台
    │   │   ├─ 高精度地图
    │   │   ├─ 街景
    │   │   └─ 自动驾驶仿真测试
    │   └─ 通信协议/接口/安全
    └─ 硬件系统
        ├─ 开发平台 ─ 百度Apollo
        └─ 自动驾驶芯片
            ├─ 英伟达
            ├─ 英特尔
            └─ 高通/NXP
```

图 5-5-8 人机共驾的技术分支

器（如 GPS、北斗定位传感器）、视觉传感器（如可见光、红外摄像机）、激光雷达、毫米波雷达和声呐。感知识别指的是根据车辆传感器获取的原始数据，进行预处理、特征提取、目标提取、分类识别等步骤，用来理解车辆自身的状态和周围的环境。常见的感知任务一般包括定位、目标识别、目标跟踪、驾驶员监测。决策预警指的是以车辆对自身和周围的感知为基础，进行的与驾驶有关的各种状态和行为的决定。典型的决策任务包括路径规划、避障、高级驾驶辅助（ADAS）、行为/意图预测、驾驶权切换和融合等。

人机共驾的软硬件系统通常包括用于人机共驾的操作系统、自动驾驶芯片、开发平台等。例如，百度的开源 Apollo 软件系统，用于开放道路上的自动驾驶，多年来，Apollo 软件系统已经被芯片制造商和小型初创公司应用于自动驾驶汽车。

下面，以人机共驾的前向防撞预警（Forward Collision Warning，FCW）为例说明人机共驾的算法处理流程（参见图 5-5-9）。FCW 的实现需要经历三个阶段：感知、决策和控制。首先，在感知阶段，感知外界信息，即通过车前传感器（相机/雷达）获取传感数据信息，感知模块识别出前方的其他车辆；其次，决策阶段，决策模块作出向驾驶员预警和准备自动刹车的决策；最后，控制阶段，车辆执行机构根据决策控制车辆执行。

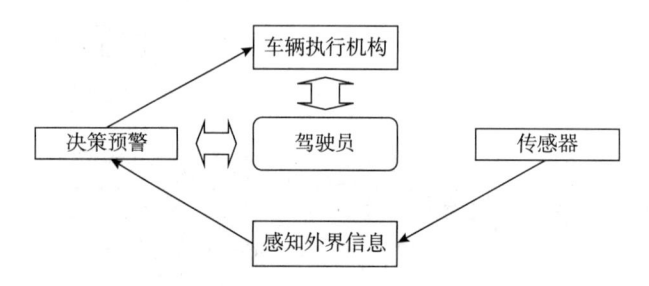

图 5-5-9　人机共驾的算法流程示例

前向防撞预警的实现过程体现了人机共驾技术的基本原理。要在真实的人车混合道路中实现自动驾驶，还需要获取更加复杂、高精度的数据，包括环境感知、获取路况信息，以及获取驾驶员状态信息，在决策之前考虑更多复杂的情况，包括对驾驶员进行行为检测和判断，最终由足够"聪明"的车作出决策，实现车辆控制时还需要考虑驾驶人因素进行控制权分配等。

由此可见，实现自动驾驶或人机共驾，无论是简单防撞控制还是复杂的驾驶控制，都需要经历感知、决策和控制这三个层次/阶段。以此为基础，将人机共驾在算法层面分为感知、决策和控制这三个技术分支；软硬件系统层面，选择研发测试平台分支进行深入分析。

从图 5-5-10 可以看出，在各分支中，全球和中国均是感知分支的申请量最大，其次是决策分支、研发测试平台和控制分支，这是由于感知分支涉及较多传统汽车传感器技术，积累雄厚；全球感知分支的申请量是排名第二的控制分支的 2 倍有余，观之中国，虽然感知分支申请量仍然大于其他分支，但优势并不明显，而决策、控制和测试平台这些与人机共驾相关的新兴技术申请量可观。这一方面是由于自2015年中国政府对自动驾驶重视，积极地规划中国自动驾驶车的发展蓝图以及制定相关技术标准；另一方面，自动驾驶市场的火热使得中国本土汽车企业、科技企业都投入甚多，特别是科技企业，通过人工智能、大数据等技术，加入自动驾驶的市场中，为其注入了强劲的力量。另外，中国作为全球最大的市场，本身蕴含着巨大商机，吸引着中外创新主体的目光，积极进行专利布局。

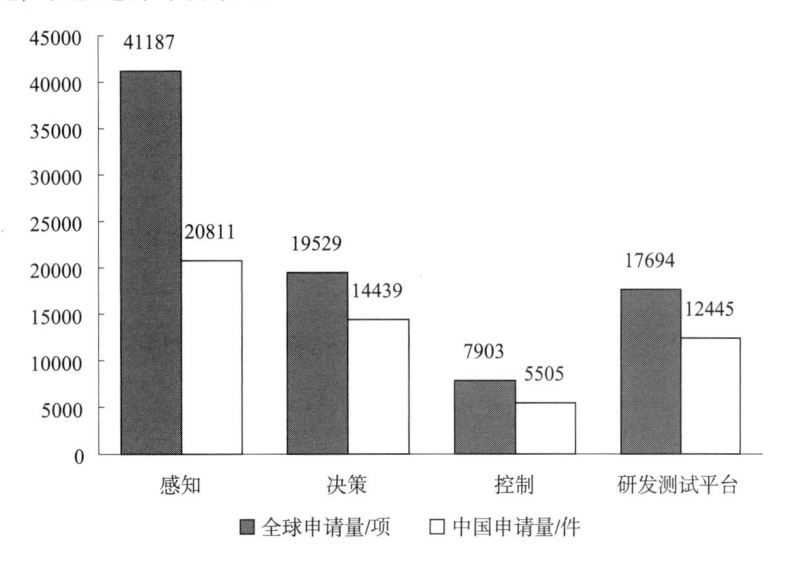

图5-5-10 人机共驾领域全球/中国主要技术分支占比

5.5.5.1 感知分支

人机共驾中的感知指的是根据车辆传感器获取的原始数据，进行预处理、特征提取、目标提取、分类识别等步骤，用来理解车辆自身的状态和周围的环境。人机共驾技术的感知层面，主要包括车辆传感器和传感数据处理技术。车辆传感器作为汽车电子控制系统的信息源，是汽车电子控制系统的关键部件，也是汽车电子技术领域研究的核心内容之一。传感器作为自动驾驶汽车的"眼睛"，是实现汽车自动驾驶的关键因素。多种传感器构成自动驾驶车辆的感知系统，包括卫星高精度定位系统、激光雷达、视觉摄像头、毫米波雷达、超声波雷达、高精度惯导等。

（1）全球/中国申请态势分析

图5-5-11示出了人机共驾的感知方面全球/中国申请态势。从1963年开始，全球出现第一件人机共驾感知方面的申请，2004申请量破千，2005~2014呈现持续快速增长的趋势，2015年开始进入了迅猛发展期。

中国进入该领域较晚，1987年中国有了第一件在华申请，2003年中国申请量破百，2011年申请量破千，达到1089件，之后与全球增长趋势类似，进入了迅猛发展期。截止到检索日期（2019年05月31日），全球人机共驾行业的申请公开量已经超过4万件。

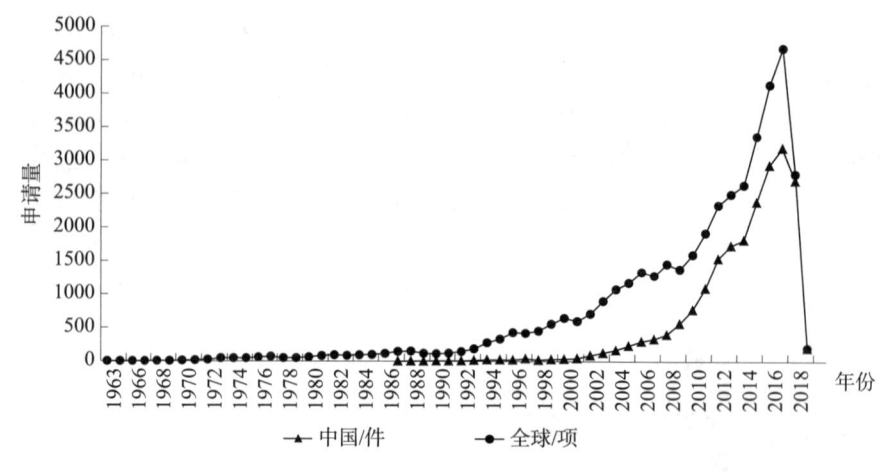

图 5-5-11 感知分支的全球/中国申请态势

(2) 全球主要国家或地区授权量态势分析

图 5-5-12 示出了人机共驾的感知方面全球主要国家或地区专利申请授权态势，其基本上与全球的专利申请态势的三个阶段对应。

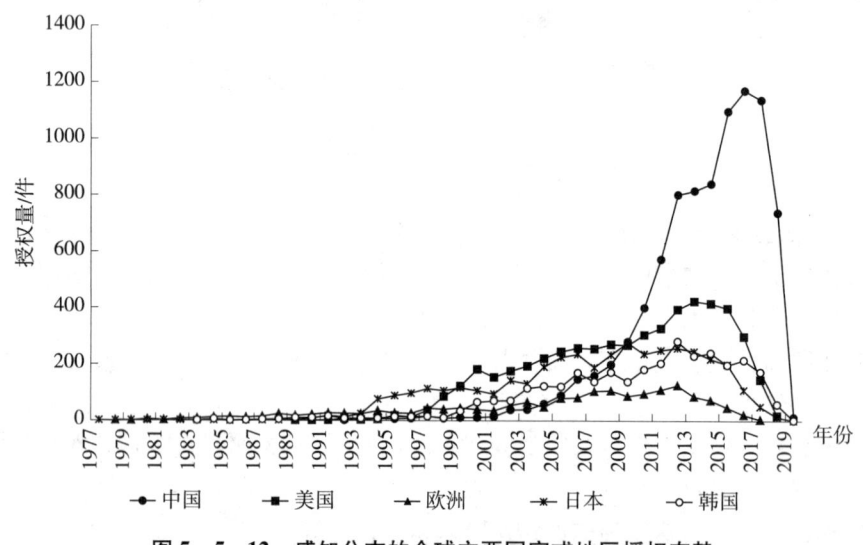

图 5-5-12 感知分支的全球主要国家或地区授权态势

① 在萌芽期（1977~2000年），专利授权数量不多，日本是起步最早的国家，紧接着欧洲开始有专利授权，再次是1983年韩国开始有专利授权，1989年美国开始有专利授权，1991年中国有第一件专利授权。

② 在发展期（2001~2010年），专利授权量开始显著增多，但增长较慢，并且各个国家或地区的授权量增长幅度相似，其中，美国、日本授权量居多，其次是中国、韩国，欧洲的授权量最少。到2009年，中国专利授权数量首次超过美国、日本、韩国，2010年授权量达到400件。

③ 在爆发期（2011年至今），专利授权的数量开始爆发式增长。引领增长的主要

是中国、美国两国。特别是中国，2011年开始授权量激增，2015年授权量达到1098件，远远超过其他国家或地区。日本、欧洲和韩国的相关专利授权量开始持平甚至下降，特别是欧洲授权量下降幅度巨大。

（3）主要国家或地区申请量和授权量占比分析

图5-5-13示出了人机共驾行业感知方面全球主要国家或地区专利申请量与授权量的占比情况。

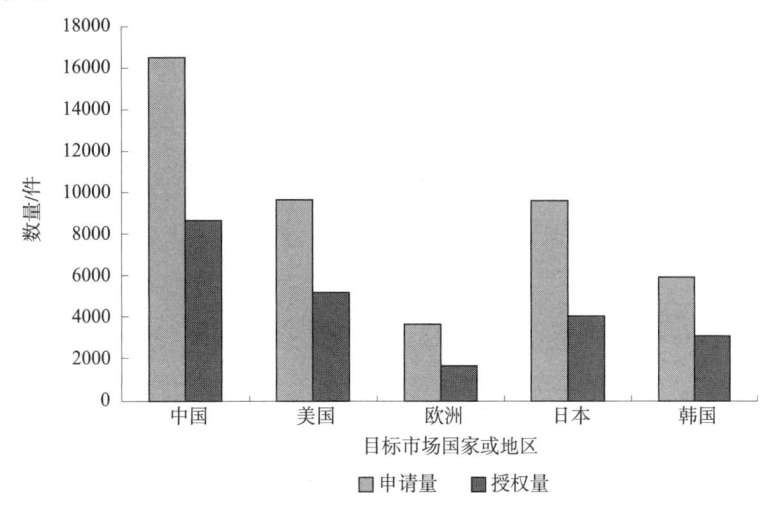

图5-5-13　感知分支的主要国家或地区申请量和授权量占比

由图可知，主要国家或地区的授权比例相差无几，但是申请总量仍有较大区别，其中，中国的申请量和授权量最大的，其次是美国和日本，再次是韩国，最后是欧洲。这主要是由于近年来中国巨大的汽车消费需求的刺激，以及大数据、人工智能、5G等技术的进步促进了专利申请量的增长，主要国家或地区在中国的申请，以及中国本土申请人的申请大量增加，因而，中国在人机共驾的感知分支的技术创新活跃。美国的申请量与日本相当，但是美国的授权率明显高于日本，由此可见，美国申请质量和技术原创性高于日本。

（4）全球/中国主要申请人分析

图5-5-14示出了人机共驾感知分支的全球申请人前20名情况。感知分支是基于传统技术发展起来的，其中包括车辆传感器，以及对根据车辆传感器获取的原始数据，进行预处理、特征提取、目标提取、分类识别等步骤，用来理解车辆自身的状态和周围的环境。

与人机共驾整体的全球申请人排名相比，感知分支申请人仍然以传统汽车整车厂商和汽车零部件厂商为主，其中，汽车零部件厂商数量增多，达到5席，汽车零部件厂商法雷奥、大陆排进了前20，分别位列第12、第16，科技公司LG电子进榜位列第20。中国申请人在感知分支没有进榜，这与感知分支的相对的传统性、偏硬件相关，需要深厚的技术积累，而中国在汽车制造、零部件行业起步较晚，而自动驾驶对于车辆传感器精度、数据处理速度要求都更高，因此，中国申请人想要在该领域突破，还需要技术的进一步沉淀。

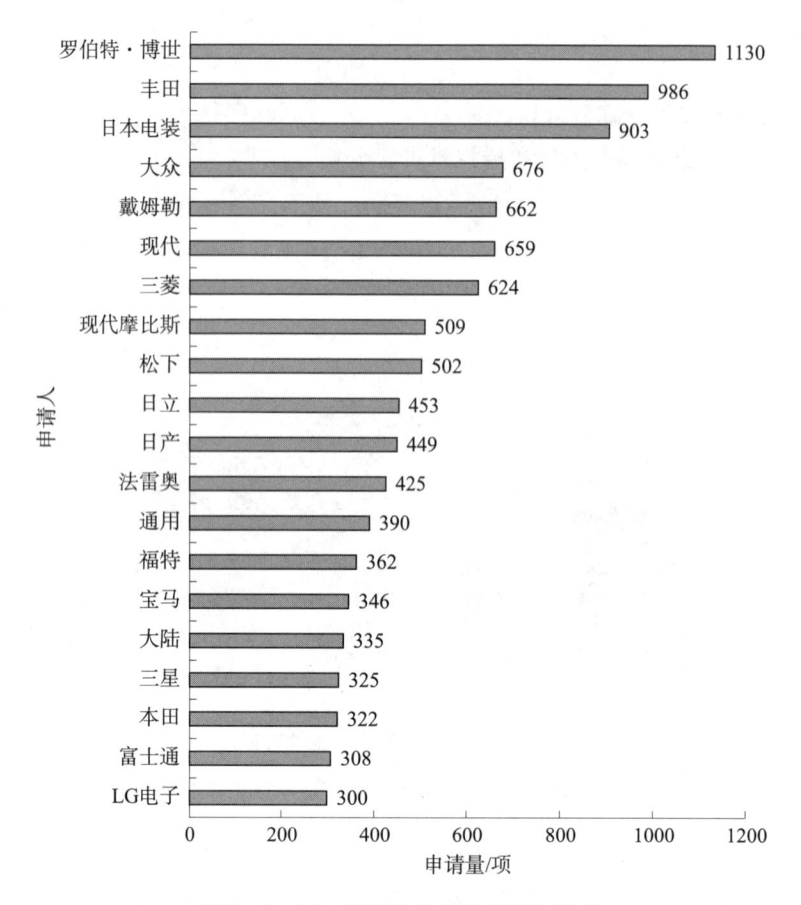

申请人	申请量/项
罗伯特·博世	1130
丰田	986
日本电装	903
大众	676
戴姆勒	662
现代	659
三菱	624
现代摩比斯	509
松下	502
日立	453
日产	449
法雷奥	425
通用	390
福特	362
宝马	346
大陆	335
三星	325
本田	322
富士通	308
LG电子	300

图 5-5-14 感知分支全球申请人排名

在人机共驾的感知分支，汽车零部件厂商具有其自身的优势。业内报告表明，对于 L3 级以下的自动驾驶，也就是 ADAS 的主要市场，罗伯特·博世、大陆、日本电装以及奥托立夫等企业占据了绝大部分的全球市场份额。高度自动驾驶依赖深厚的技术积累以及强大的系统集成能力，这是汽车整车厂商和零部件供应商的强项。因而，在摄像头、雷达等关键传感器部件市场的竞争，首先为零部件企业提供了机遇。在感知层，罗伯特·博世的技术已经包括了摄像头、毫米波雷达以及激光雷达等传感器，有丰富的近、中、远距离感知产品组合。从 1978 年开始，罗伯特·博世研发的车用雷达传感器，在雷达领域已经耕耘了 40 年。现如今，毫米波雷达已经升级到了第五代，相比起第四代来说，探测距离提升到了 200 米，点云密度提高了 10 倍，带宽最大可达 1.5G，而且拥有更广的水平视角，是自动驾驶的决定性因素。在自主研发的同时，罗伯特·博世先后投资了 TetraVue 公司、ABAX Sensing 公司，在超高分辨率 3D LiDAR 数据和成像技术以及全固态激光雷达领域展开合作；在摄像头方面，第三代的多功能/立体摄像头被罗伯特·博世自诩为"革命性"的一代产品，将纹理识别、密集光流法和 CNN 卷积神经网络算法都集成到了该摄像头系统中，即便在没有车道线的情况下也能对道路进行很好的识别。

如图 5-5-15 所示的感知分支中国前 20 申请人排名可知，罗伯特·博世仍然保持了第一位的领先位置。由此可见，罗伯特·博世依其传统技术优势在感知层面的专利布局完善，同时在中国市场大量布局，体现了中国市场对其重要性。其他汽车零部件厂商在罗伯特·博世的强势竞争下仍然积极在中国布局，包括现代摩比斯、日本电装、松下分列第九位、第 11 位、第 19 位。

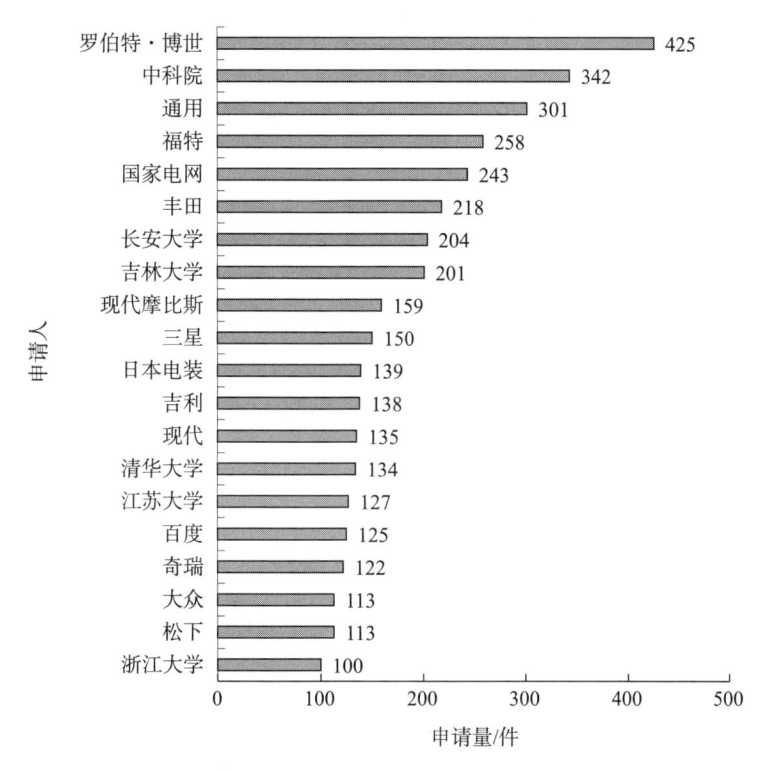

申请人	申请量/件
罗伯特·博世	425
中科院	342
通用	301
福特	258
国家电网	243
丰田	218
长安大学	204
吉林大学	201
现代摩比斯	159
三星	150
日本电装	139
吉利	138
现代	135
清华大学	134
江苏大学	127
百度	125
奇瑞	122
大众	113
松下	113
浙江大学	100

图 5-5-15 感知分支在华申请人排名

传统老牌汽车整车厂商包括通用、福特、丰田、现代和大众，也具有传感器市场的优势，因而其仍然大量在中国布局，分别位列第三、第四、第六、第 13、第 18。

根据如图 5-5-15 所示的感知在华申请人排名，中国本土申请人占据了半壁江山。以中科院为代表的高校及科研院所占据 6 席，是中国申请人的主力军，其中，中科院、长安大学、吉林大学、清华大学、江苏大学、浙江大学分别位列第二、第七、第八、第 14、第 15、第 20；中国科技企业包括国家电网、百度，分别位列第五、第 16；国内汽车整车厂商吉利、奇瑞分列第 12、第 17 位。由此可见，中国在汽车行业仍处于技术积累期，科研院所参与度高，本土汽车整车厂商在自身技术积累的同时也在积极参与人机共驾的感知市场。同时，科技公司上榜较少，表明在感知层面参与度较低，这与研发投入重点并非感知分支而是决策和控制分支相关。

（5）全球布局区域分析

图 5-5-16 展示了全球人机共驾感知分支全球原创国家或地区占比。其中，中国（占比 31%）是全球最大的技术原创国，其次是日本（占比 21%）、美国（占比

14%)、韩国（占比 13%）、德国（占比 11%）是全球排名前五位的目标市场国。由此可见，中国近年来在人机共驾的感知分支投入较大，技术创新活跃。

在感知分支，日本超过美国，排名第二位。结合感知分支全球/中国申请人排名可知，虽然日本和美国都拥有众多汽车整车厂商和零部件厂商，也拥有很多涉足人机共驾领域的科技公司，但是，在感知分支全球申请人排名前 20 位中日本企业就占据 8 席，由此可见，日本在感知分支的技术创新优于美国。韩国、德国占比接近，势均力敌。

图 5-5-17 展示了全球人机共驾感知分支专利申请的目标国家或地区分布。从目标市场国家或地区可以看出，中国（占比 26%）仍是全球最重要的国际市场，吸引着全球创新主体的注意力。这是因为，最近 10 年，中国人民的消费水平快速提升，带来汽车市场容量的急剧扩张，同时基于中国申请人的大量投入，产出也较多，使得全球主要汽车企业和科技公司对中国市场都非常重视，积极在中国进行专利布局。美国（占比 16%）排名第二位，表明美国和中国一样都是汽车市场大国，各企业都非常重视在美国和中国的专利申请。其次为日本（占比 15%）、德国（占比 10%）和韩国（占比 10%）。由此可见，人机共驾感知分支的企业的实力和市场战略与人机共驾总体相同。

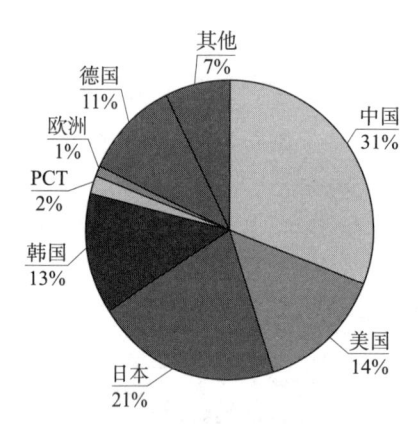

图 5-5-16 感知分支全球原创国家或地区占比

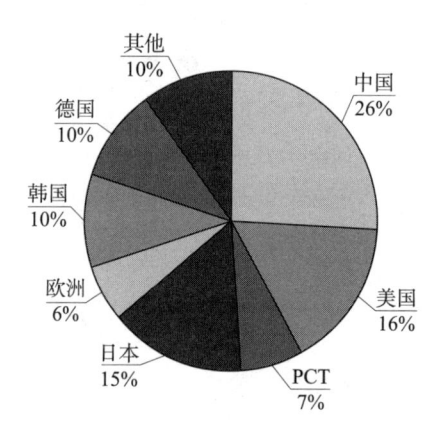

图 5-5-17 感知分支全球目标国国家或地区占比

5.5.5.2 决策分支

在自动驾驶过程中，为了在实际环境中作出正确的决策，系统需要预测其他车辆下一时段的位置和速度，这就需要考虑到场景语义、所产生的行为选项及交通参与者之间的互动。随后，决策单元判断应如何应对眼前的场景，以使规划出来的行车动作可以不碰撞到任何物体，并且兼顾乘坐的舒适感。这一决策过程涉及大量算法，这也是众多科技公司在自动驾驶领域的切入点之一。

（1）全球/中国申请态势分析

图 5-5-18 示出了人机共驾的决策分支自 1969~2019 年全球/中国申请态势。决策分支不同于传感分支，决策极大地依赖于传感器获取数据的精确性、处理器的计算

速度以及算法,因此,发展具有一定的滞后性。决策分支的申请发展趋势经历了以下三个阶段:

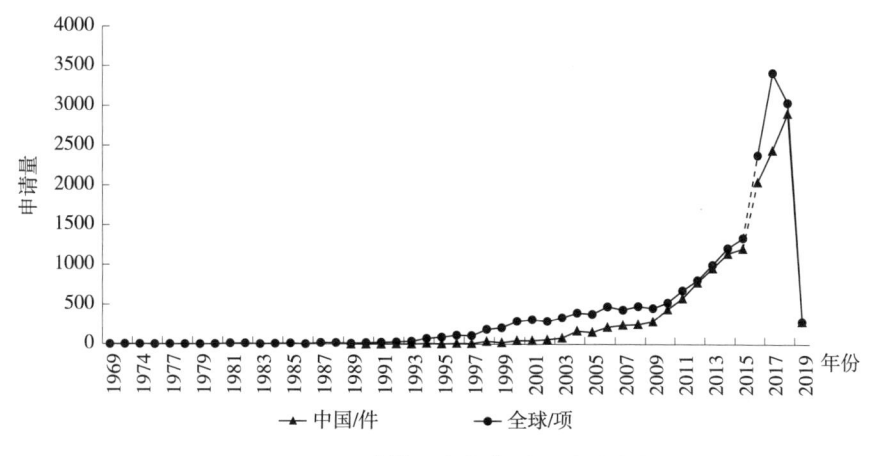

图 5-5-18 决策分支全球/中国申请态势

① 萌芽期(1969~2010年):自1969年开始,全球出现第一件决策方面的申请之后,在相当长一段时间内,决策分支的申请量都保持比较低的增长速度。中国进入该领域较晚,1989年中国有了第一件在华申请。

② 发展期(2011~2014年):随着各种高精度传感器的发展、大数据技术的进步以及近年来人工智能技术的发展,人机共驾的决策技术得到了充分的改进。

③ 爆发期(2015年至今):2015年,全球、中国的申请量都开始呈现爆炸式增长趋势,中国申请量更是在2017年达到峰值。这与我国2015年之后,人工智能产业的高速发展相关。深度学习、神经网络等算法的日渐完善和发展,为人机共驾的决策环节打下坚实的基础。

截止到检索日期(2019年05月31日),全球人机共驾行业的申请公开量已经超过1.9万项,并且,自2007年中国申请量与全球申请量占比达到约55%之后,中国在人机共驾决策分支的申请量比例越来越大,2018年占比达到95%。由此表明,近年来国内企业、高校和科研院所对人机共驾决策分支的重视,以及人工智能相关技术在我国的高速发展,使得车辆越来越智能,带动传统车企、高校乃至科技公司都积极进行专利布局。

(2)全球主要国家或地区授权态势分析

图5-5-19示出了人机共驾的决策分支全球主要国家或地区专利申请授权态势。相比具有深远技术沉淀的感知分支,决策分支起步较晚。1980年在欧洲开始有第一件授权,直至2000年决策层授权数量开始攀升;2008年之后,中国、美国申请的授权量增长迅速,特别是中国,一直处于高速增长状态,相比之下,日本、韩国、欧洲的专利授权量平稳中略有下降。由此可见,中国、美国在决策分支的技术发展最快,投入最大。

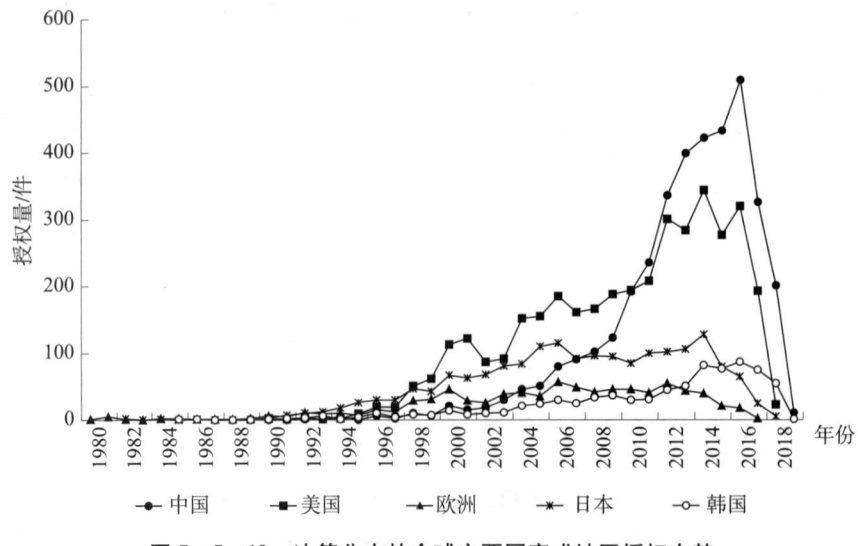

图 5-5-19 决策分支的全球主要国家或地区授权态势

(3) 主要国家或地区申请量和授权量占比分析

图 5-5-20 示出了人机共驾行业决策方面全球主要国家或地区专利申请量与授权量的占比情况。其中，中国的申请量最大，体现了中国在该领域的创新活动频繁，但是授权比例明显较其他国家或地区低，授权率约32%，说明中国决策分支专利竞争更加激烈，国内申请仍需要进一步提高专利质量。美国的授权率达到约56%，是各个国家或地区中最高的，由此可见，在决策分支这样以算法为主的技术分支中，美国申请质量和技术性较好；再次是日本、韩国和欧洲。

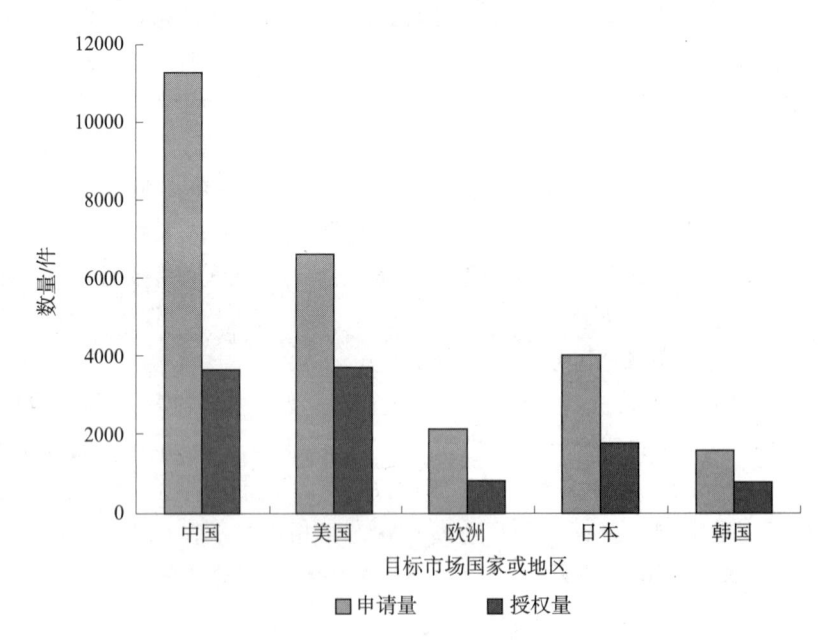

图 5-5-20 决策分支的主要国家或地区申请量和授权量占比

(4) 全球/中国主要申请人分析

在人机驾驶的决策层,汽车需要通过一个性能强大的计算平台,接收来自各类传感器的信号,规划出车辆行驶最优路径。图 5-5-21 示出了人机共驾决策分支全球申请人前 20 名情况。

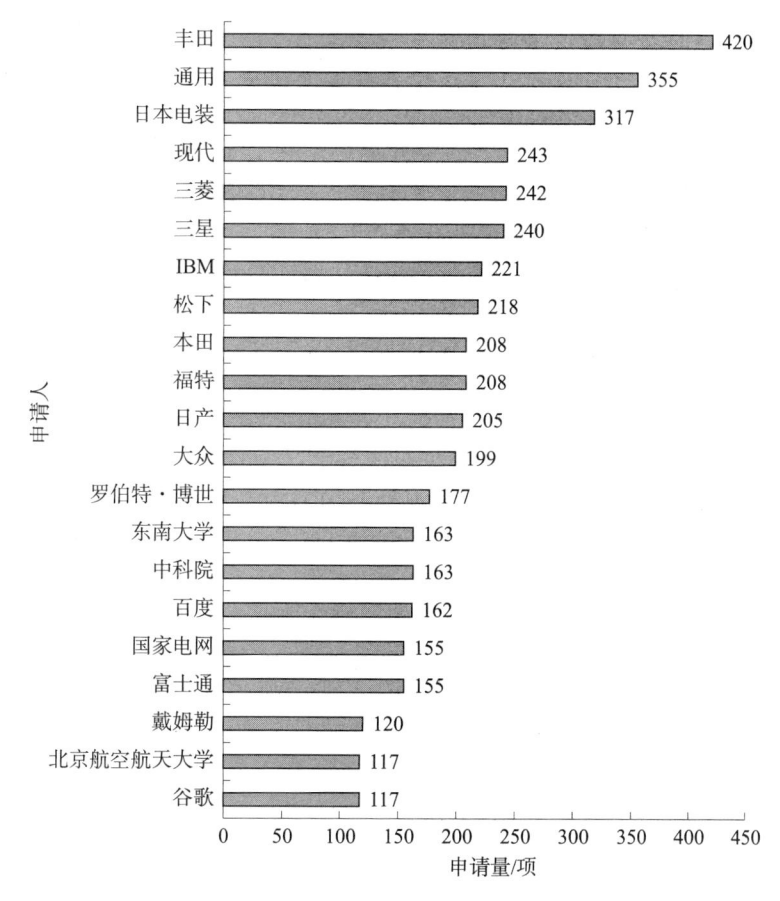

申请人	申请量/项
丰田	420
通用	355
日本电装	317
现代	243
三菱	242
三星	240
IBM	221
松下	218
本田	208
福特	208
日产	205
大众	199
罗伯特·博世	177
东南大学	163
中科院	163
百度	162
国家电网	155
富士通	155
戴姆勒	120
北京航空航天大学	117
谷歌	117

图 5-5-21 决策分支全球申请人排名

在决策分支,相对于感知分支,汽车整车厂商相比零部件厂商具有更大的优势,汽车整车厂商占据 9 席,零部件厂商仅日本电装、松下和罗伯特·博世 3 席。同时,科技公司在决策领域比例上升,占据 5 席(北京航空航天大学和谷歌并列第 20 名)。在该领域中,中国申请人体现出了自己优势,东南大学、中科院、百度、国家电网、北京航空航天大学进榜,分别位列第 14、第 15、第 16、第 17、第 20。

科技公司在人机共驾决策分支优势明显。谷歌旗下 Waymo 推出了商用自动驾驶汽车服务 Waymo One,2019 年和美国网约车平台 Lyft 达成合作,用户可以租用自动驾驶小型货车,并且开始尝试为用户提供自动驾驶载客服务;百度推出其自动驾驶平台 Apollo,英特尔、华为、三星等也参与其中。

传统汽车整车厂商除了自身研发之外,积极寻求合作。2019 年,丰田宣布与英伟达合作,使用英伟达的 Drive PX2 平台进行自动驾驶的开发;福特联合高通、AT&T 和诺基亚共同打造 C-V2X 蜂窝式车联网；丰田绑定 Uber，雷诺日产、FCA、捷豹路虎均牵手谷歌 Waymo，宝马则牵手英特尔、三星与现代等纷纷组建了自动驾驶联盟。谷歌、英特尔、华为等科技公司，炙手可热。

汽车零部件厂商也能够发挥其自身优势，能够用其所积累的汽车运动控制经验反哺"决策规划"，比如，从 A 点到 B 点的路径中，可能涉及加速、转弯、变道、超车、刹车等复杂的运动情形；而汽车零部件厂商有丰富底盘控制技术经验和产品矩阵，能够充分考虑了汽车动力学因素。同时，加强合作，2017 年罗伯特·博世就成立了专门研发域控制器的团队，同年罗伯特·博世和英伟达建立了合作，基于英伟达的车用超级芯片 Xavier 打造下一代自动驾驶汽车计算机，并且罗伯特·博世和戴姆勒一直在合作开发 L4/L5 级自动驾驶，而英伟达也深度参与其中。

由此可见，决策分支在人机共驾中的重要地位，是传统汽车整车厂商、汽车零部件供应商的必争之地，也是科技厂商切入人机共驾领域的主要领域。

在图 5-5-22 示出的决策分支在华申请人前 20 名中，中国申请人在决策分支在华席位明显增多，一共占据 14 席，相比感知分支的 6 席、人机共驾整体的 12 席，数量大大增加。由此可见，决策分支是中国申请人投入最多、创新活动最频繁的领域。

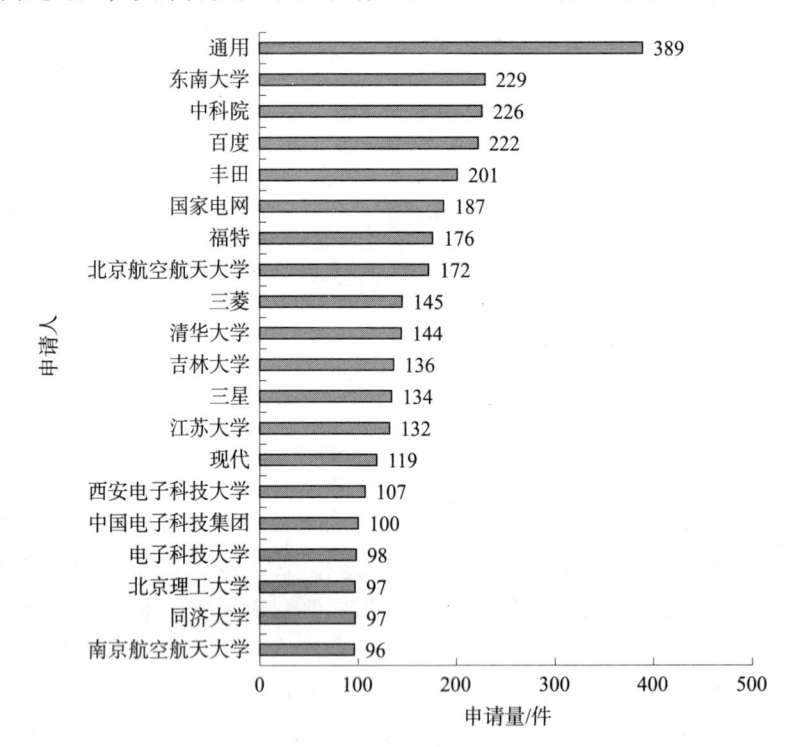

申请人	申请量/件
通用	389
东南大学	229
中科院	226
百度	222
丰田	201
国家电网	187
福特	176
北京航空航天大学	172
三菱	145
清华大学	144
吉林大学	136
三星	134
江苏大学	132
现代	119
西安电子科技大学	107
中国电子科技集团	100
电子科技大学	98
北京理工大学	97
同济大学	97
南京航空航天大学	96

图 5-5-22 决策分支在华申请人排名

以东南大学为代表的高校及科研院所占据 11 席，是中国创新力量的主力军，其中，东南大学、中科院分列第二、第三位，其余高校包括北京航空航天大学、清华大学、吉林大学、江苏大学、西安电子科技大学、电子科技大学、北京理工大学、同济大学、南京航空航天大学。科技公司包括百度、国家电网、中国电子科技集团，分别位列第四、第六、第16。由此可见，决策分支是科技公司的必争之地，其利用软件、算法的优势为汽车厂商提供包括操作系统、测试系统、决策算法、驾驶权切换等在内解决方案，是我国引领自动驾驶技术的突破点。

通用在在华申请人排名中位居第一，可见相比较其他汽车厂商而言，通用更加重视在中国的布局。福特位列第七，日本、韩国均只有2家公司排进前20位。由此可见，在决策分支，中国申请人在本土具有巨大优势，但仍然存在与美国、日本、韩国等老牌汽车强国的竞争。

（5）全球布局区域分析

图5-5-23展示了全球人机共驾决策分支全球原创国家或地区占比。其中，中国（占比45%）是全球最大的技术原创国，其次是美国（占比22%）、日本（占比15%）、韩国（占比5%）、德国（占比4%）是全球排名前五位的目标市场国。由此可见，相比感知分支，中国在决策分支更具优势，是全球第一大创新群体。

图5-5-24展示了全球人机共驾决策分支专利申请的目标国家或地区分布。从目标市场国家或地区可以看出，中国（占比33%）仍是全球最重要的国际市场，美国（占比20%）排名第二位，日本（占比12%）排名第三位。由此可见，在人机共驾决策分支，中国、美国、日本占据了全球大部分目标市场份额，是全球最重要的目标市场国，大部分申请人都在中国、美国、日本进行专利布局。

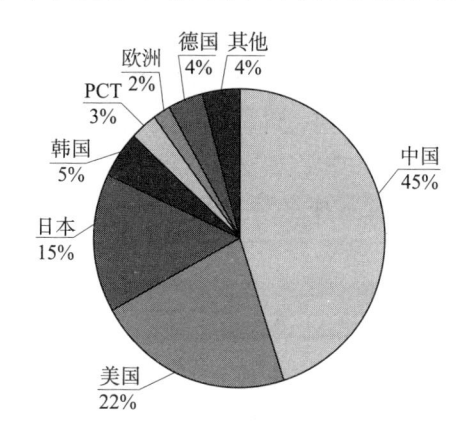

图5-5-23 决策分支全球原创国家或地区占比

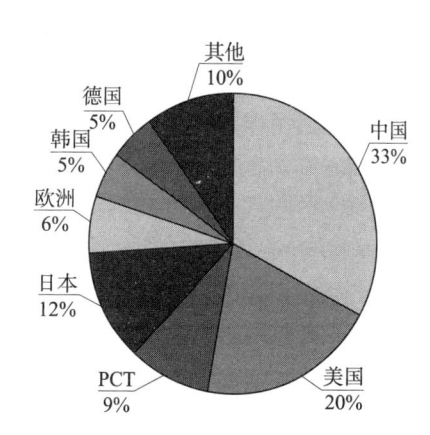

图5-5-24 决策分支全球目标国家或地区占比

5.5.5.3 控制分支

汽车是由以下系统驱动的：汽车动力总成进行纵向加速，致动系统进行纵向减速，转向系统进行横向移动。控制（或执行）就是自动驾驶算法的最后一步，控制车辆执行已经规划好的轨迹。

（1）全球/中国申请态势分析

图5-5-25示出了人机共驾的控制分支自1965~2019年全球/中国申请态势。

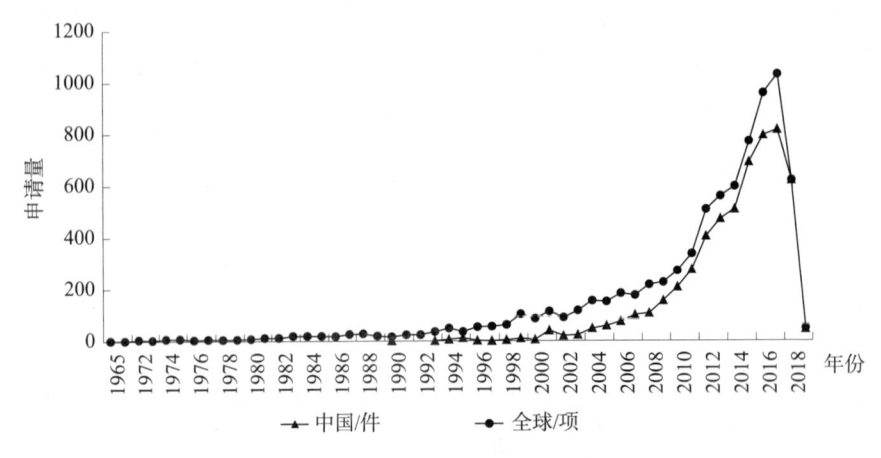

图 5-5-25 控制分支的全球/中国申请态势

由图可知,控制分支的申请发展趋势经历了三个阶段:

① 萌芽期(1965~2003年):从1965年开始,几乎与感知分支同步,全球出现第一件控制分支的申请,1987年,中国开始有控制分支的专利申请;2003年全球在控制分支的申请量破百,而中国申请量在该阶段占比较小,发展相对滞后。

② 发展期(2004~2012年):2005年开始,控制分支全球专利数量增长呈现持续快速增长的趋势;中国进入加速增长期相对较晚,在2009年开始增长加速,2009年申请量占全球申请量约40%,2011年开始占比超过50%。

③ 爆发期(2013年至今):2013年之后,随着汽车工业、技术的发展,全球人机共驾的控制技术都得到了充分的促进,特别是2015年左右涨幅巨大,中国的专利申请量更是在2015年就达到70%以上的占比,之后一直保持着极高的增速。

由此表明,近年来国内企业、高校和科研院所对人机共驾控制分支的重视,以及人工智能相关技术在我国的高速发展,使得中国在人机共驾的控制分支具有较强的优势。

(2)全球主要国家或地区授权态势分析

图 5-5-26 示出了人机共驾的控制分支全球主要国家或地区专利申请授权态势。主要国家或地区的专利授权态势,基本上与全球专利申请态势的三个阶段对应,中国授权量增速突出。

相比具有深远技术沉淀的感知分支,控制分支与决策分支相似,起步较晚。1980年在欧洲开始有第一件授权,但是,控制分支授权量的数量相比其他分支较小,进入快速发展的时间也较迟;直至2010年控制分支授权数量才开始攀升,2011年之后,中国、美国申请的授权量增长迅速,特别是中国,一直处于高速增长状态,而美国在2016年略有下滑。相比之下,日本、韩国、欧洲的专利授权量平稳中略有下降。由此可见,中国、美国在控制分支的技术投入最大,发展最快。

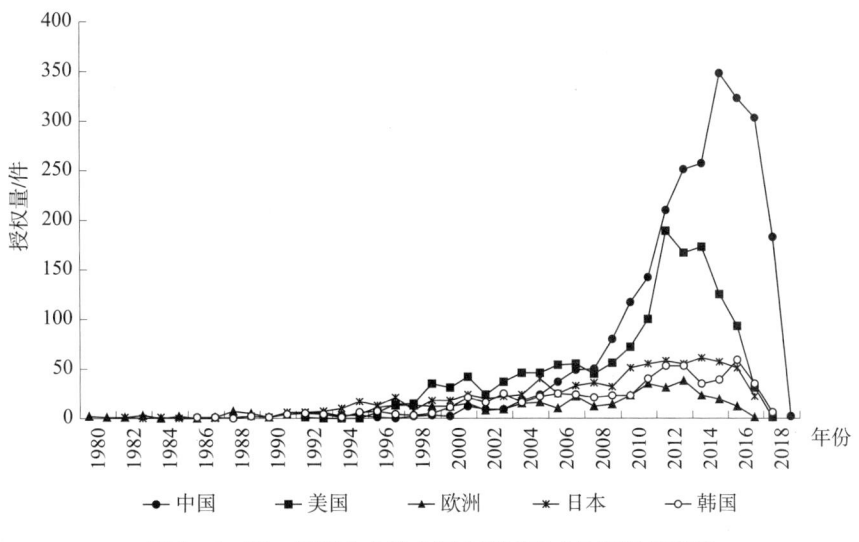

图 5-5-26 控制分支的全球主要国家或地区授权态势

(3) 主要国家或地区申请量和授权量占比

图 5-5-27 示出了人机共驾行业控制分支全球主要国家或地区专利申请量与授权量的占比情况。其中，中国的申请量最大，授权量甚至超过了美国的申请量，中国申请的授权比例较高，约56%，仅低于美国62%。其次是日本、韩国和欧洲。结合感知、决策分支的申请量和授权量占比可知，中国在控制分支的技术创新具有一定优势，并且该领域的授权率普遍高于感知和决策分支。

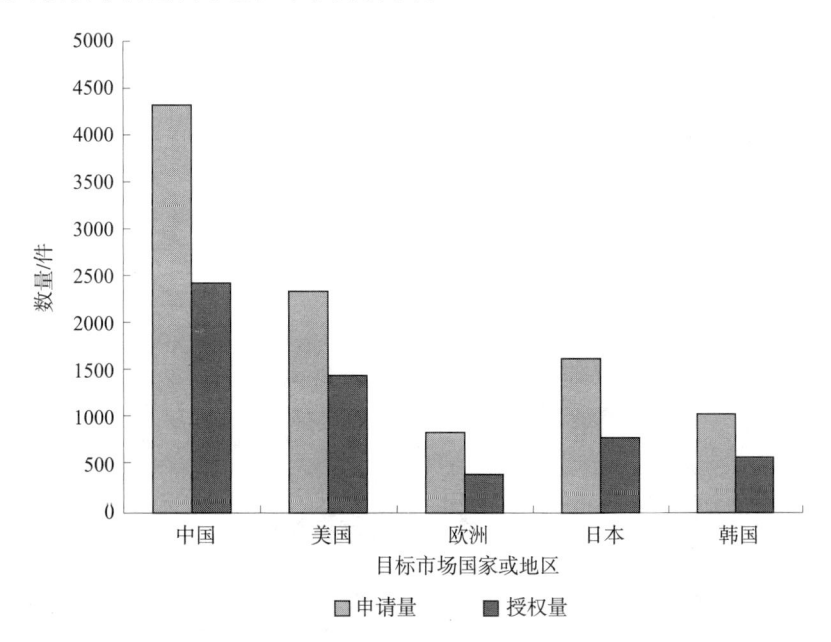

图 5-5-27 控制分支的主要国家或地区申请量和授权量占比

(4) 全球/中国主要申请人分析

图 5-5-28 示出了人机共驾控制分支的全球申请人前 20 名情况。相比感知、决策分支，控制分支中汽车整车厂商和汽车零部件厂商仍然占据了较大的比例，汽车整车厂商占据 10 席，零部件厂商占据 7 席。科技公司谷歌异军突起，排名第一位，LG 电子、三星分别位列第九、第 16。中国院校和汽车企业也有了一席之地，吉林大学、江苏大学分别位列第 18 和第 20，未列出的吉利位列第 21。由此可见，虽然谷歌和百度都是自动驾驶领域的知名科技公司，二者具有诸多相似的产业布局，但是侧重各有不同，百度侧重决策分支，谷歌侧重控制分支。

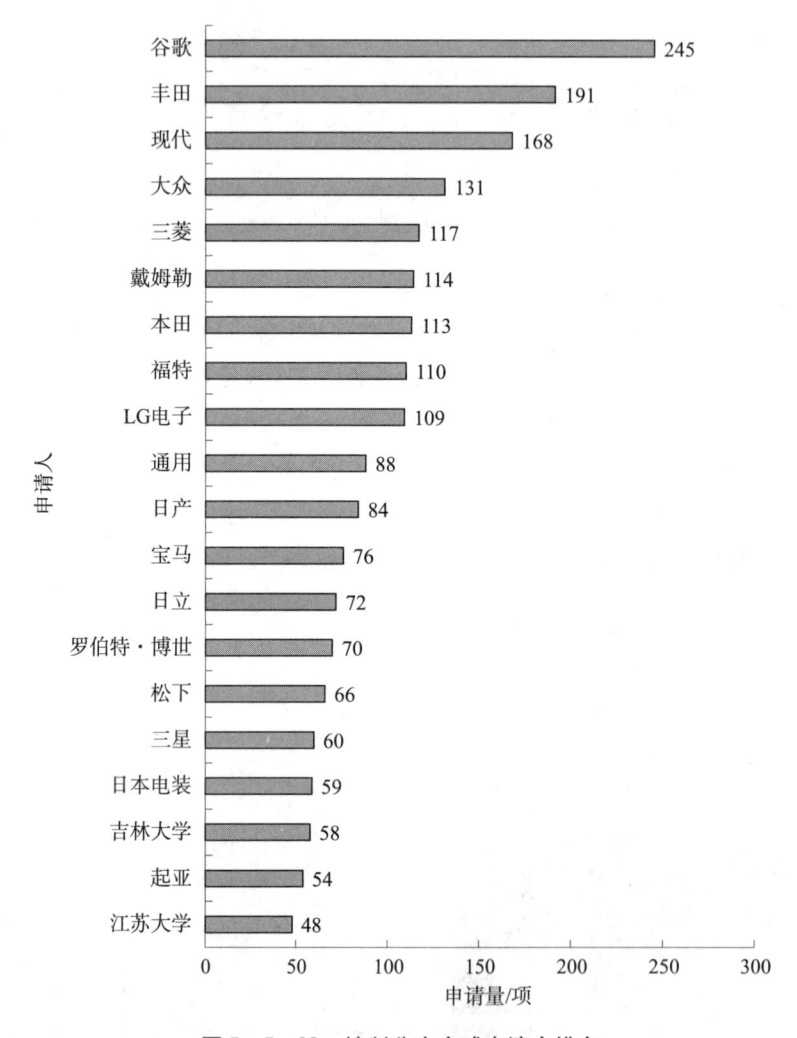

申请人	申请量/项
谷歌	245
丰田	191
现代	168
大众	131
三菱	117
戴姆勒	114
本田	113
福特	110
LG电子	109
通用	88
日产	84
宝马	76
日立	72
罗伯特·博世	70
松下	66
三星	60
日本电装	59
吉林大学	58
起亚	54
江苏大学	48

图 5-5-28 控制分支全球申请人排名

图 5-5-29 示出了控制分支在华申请人前 20 名（包括并列第 20 位的比亚迪和起亚汽车）。中国汽车企业在控制分支席位明显增多，吉利、奇瑞、北京汽车、上海汽车、比亚迪，分别位列第九、第 15、第 16、第 17、第 20。在科研院校中，吉林大学领跑，位列第四，江苏大学、清华大学，分别位列第八、第 19。科技公司只有百度排进

前20，位列第13；相比在决策分支排名第一，谷歌在控制分支排名第七位。由此可见，百度、谷歌在人机共驾领域的技术布局具有诸多相似之处，在中国的控制层面仍然竞争激烈。汽车整车厂商在该领域比汽车零部件厂商具有明显优势，丰田在在华申请人排名中位居第一，紧随其后的是福特、通用、现代、本田、大众、沃尔沃、起亚等。

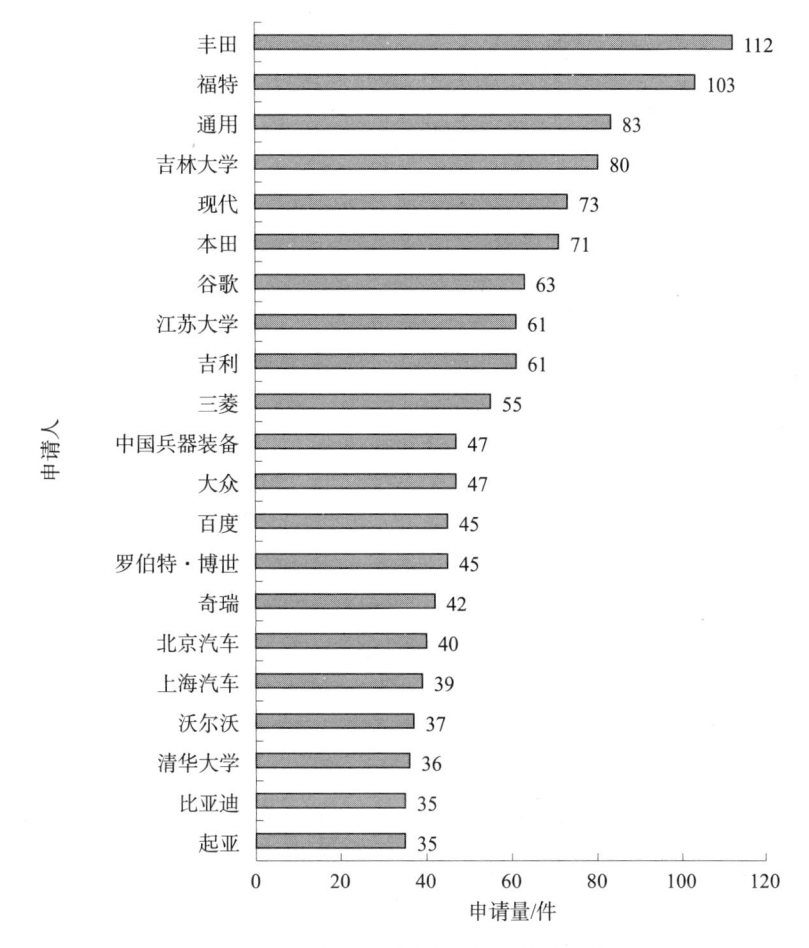

申请人	申请量/件
丰田	112
福特	103
通用	83
吉林大学	80
现代	73
本田	71
谷歌	63
江苏大学	61
吉利	61
三菱	55
中国兵器装备	47
大众	47
百度	45
罗伯特·博世	45
奇瑞	42
北京汽车	40
上海汽车	39
沃尔沃	37
清华大学	36
比亚迪	35
起亚	35

图 5-5-29 控制分支在华申请人排名

从申请人类型来看，汽车整车厂商、科研院所占据绝对优势，而汽车零部件厂商只有罗伯特·博世，排名第14位。这表明控制分支在中国，主要是各个汽车整车厂商和科研院所的竞争，汽车零部件厂商不具优势。

由此可见，中国汽车企业在控制分支正在逐渐赶上，汽车零部件厂商中仅仅三菱在中国进行较多的布局，科技公司谷歌在全球的影响力仍然大于百度，而百度在中国本土比谷歌更具优势。

(5) 全球布局区域分析

图 5-5-30 展示了全球人机共驾控制分支全球原创国家或地区占比。其中，中国（占比39%）是全球最大的技术原创国，其次是日本（占比17%）、美国

（占比16%）、韩国（占比10%）、德国（占比7%）是全球排名前五的目标市场国家或地区。由此可见，相比感知分支，中国在控制分支中更具优势，但是相比决策分支占比略逊，因而，中国在决策分支最具优势，其次是控制分支，最后是感知分支。

图5-5-31展示了全球人机共驾控制分支专利申请的目标国家或地区分布。从目标市场国家或地区可以看出，中国（占比32%）仍是全球最重要的国际市场，美国（占比17%）排名第二位，日本（占比12%）排名第三。由此可见，在人机共驾决策分支，中国、美国、日本占据了全球大部分目标市场份额，是全球最重要的目标市场国，大部分申请人都在中国、美国、日本进行专利布局。

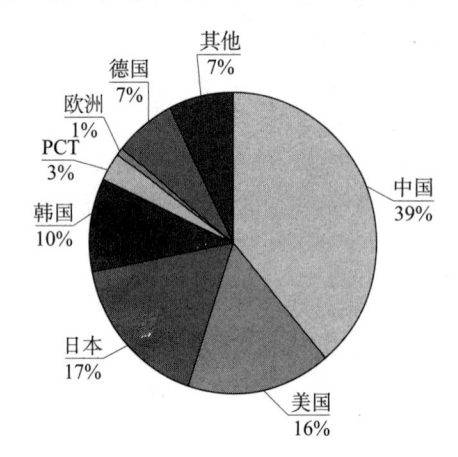

图5-5-30 控制分支全球原创国家或地区占比

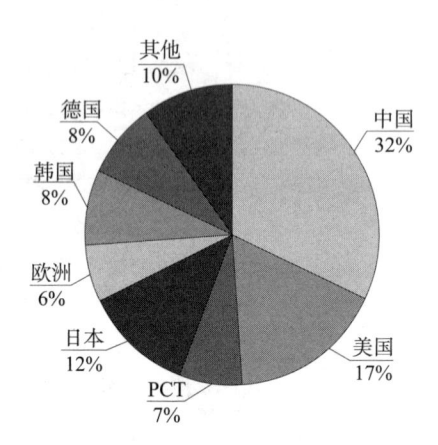

图5-5-31 控制分支全球目标国家或地区占比

5.5.5.5.4 测试平台分支

（1）全球/中国专利申请和授权态势分析

如图5-5-32所示，人机共驾研发测试平台的全球和中国发展态势基本一致。人机共驾研发测试平台的申请在2000年之前都较为缓慢且增长量不高，2000年之后缓慢发展，直到2009年申请量才突破500项，并且增长加快。

如图5-5-33所示，关于人机共驾研发测试平台，美国、欧洲、日本、韩国的授权态势基本一致，授权较少且没有快速增长的趋势。中国虽然具有授权专利的开始时间较晚，但是从2005年已经超过了欧洲、日本、韩国，2006年达到143件，突破了百件，并且超过了美国，开始快速增长；从2006年之后，专利授权量已经开始远超其他主要的国家或地区。人机共驾研发测试平台专利申请在中国得到了更多的重视。

（2）全球/中国专利申请量和授权量占比分析

如图5-5-34所示，中国授权量约占申请量的56%，美国占比为54%，韩国占比约为56%，欧洲和日本占比分别为44%、47%。中国和美国、韩国的占比相当，略高于欧洲和日本。

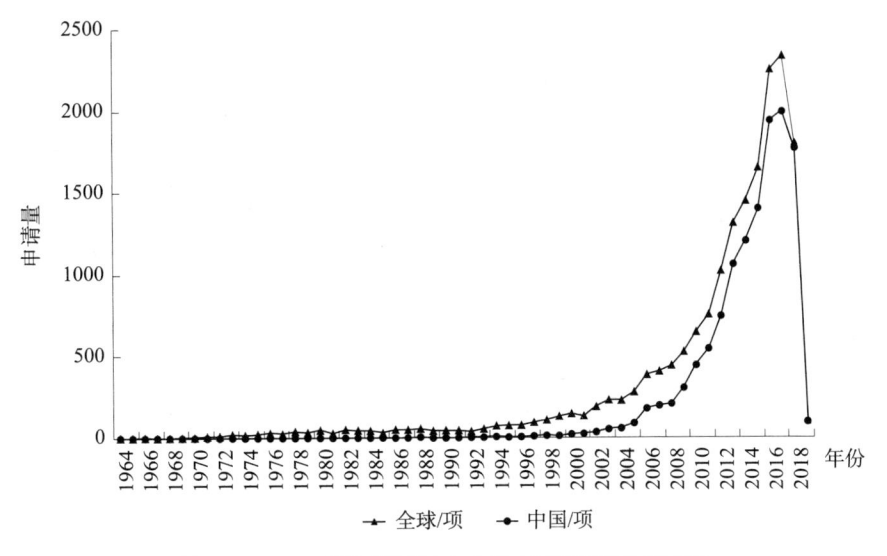

图 5-5-32 研发测试平台全球/中国专利申请态势

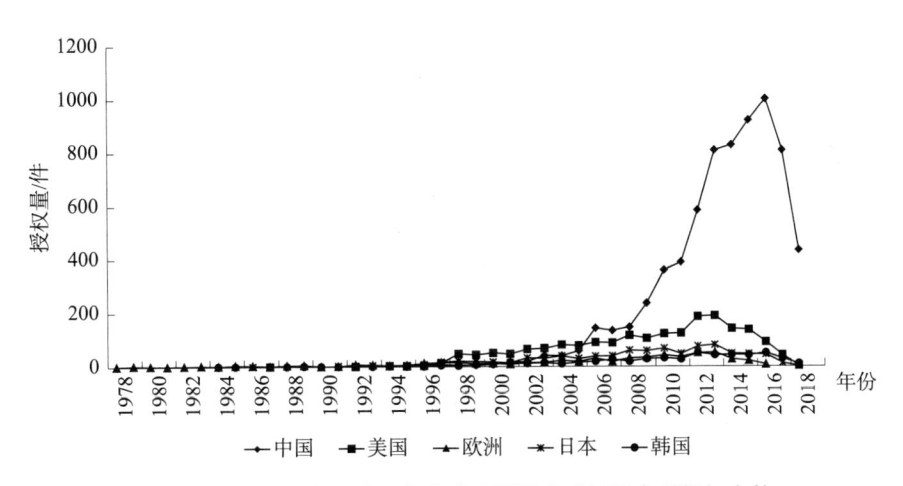

图 5-5-33 研发测试平台全球主要国家或地区专利授权态势

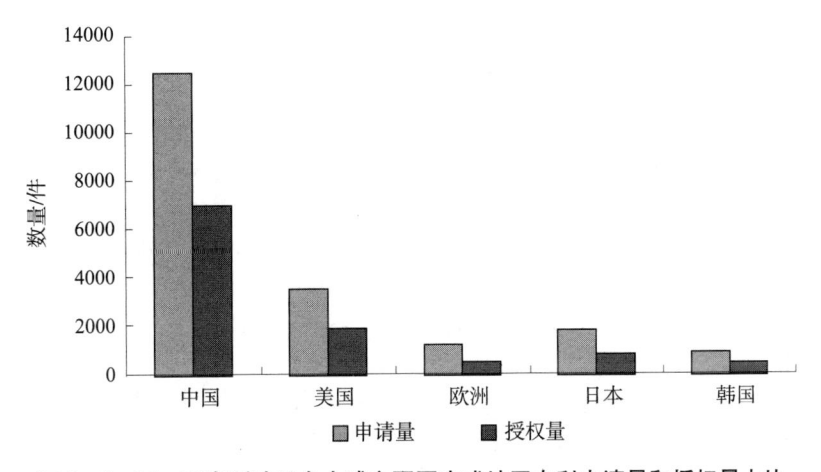

图 5-5-34 研发测试平台全球主要国家或地区专利申请量和授权量占比

(3) 全球/中国主要专利申请人分析

如图 5-5-35 所示，在全球前 20 名申请人中，中国、美国、德国、日本、韩国都有上榜申请人，其中日本具有丰田、本田、三菱、日立 4 家企业，主要涉及汽车制造。美国具有 IBM、福特、通用 3 家企业，覆盖较为全面。德国在这一领域也具有较强实力，拥有大众、大陆、罗伯特·博世 3 家企业。中国的申请人占据多数，整体上高校和科研院所占比较多。韩国也有 1 家企业（现代）上榜。从前 20 名全球申请人分布看，国外都是企业类型申请人，并且除了汽车领域，还有方案提供商等科技实力雄厚的企业，对于人机共驾研发测试平台的建立提供较为全面的技术支撑；而中国申请主要是高校和科研院所，理论技术较强，技术前瞻性较高，而中国的企业类型申请人，或是侧重对人机共驾研发测试平台的直接应用而对技术本身改进的实力不足，或是受限于自身领域，未来可能在人机共驾领域动力不足。

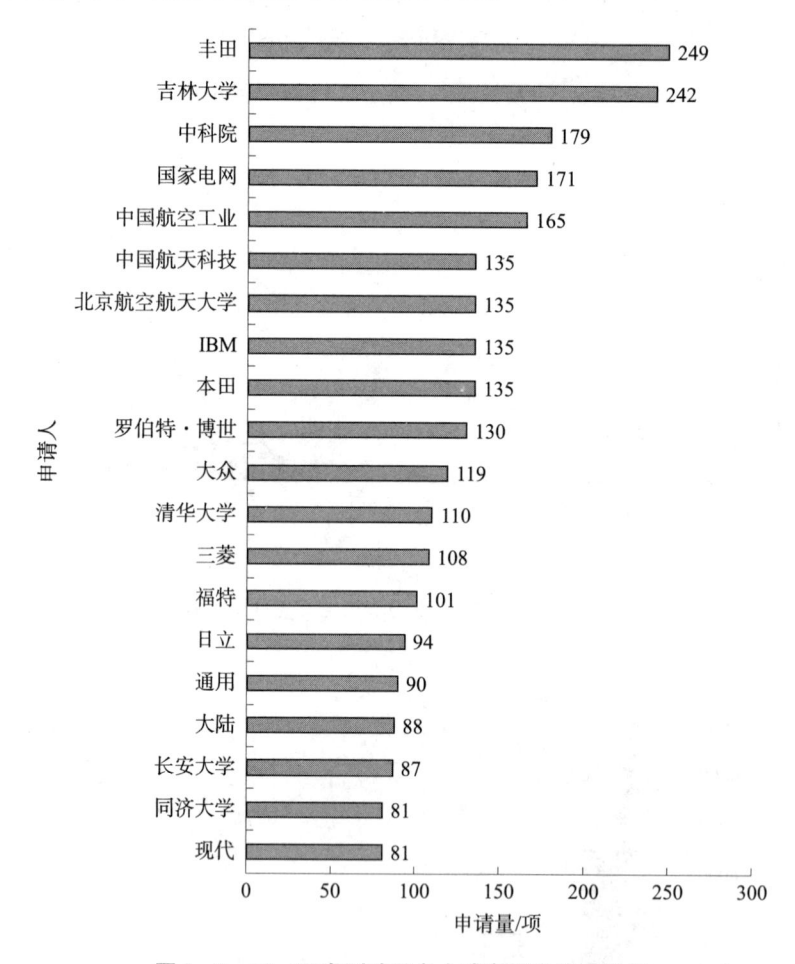

申请人	申请量/项
丰田	249
吉林大学	242
中科院	179
国家电网	171
中国航空工业	165
中国航天科技	135
北京航空航天大学	135
IBM	135
本田	135
罗伯特·博世	130
大众	119
清华大学	110
三菱	108
福特	101
日立	94
通用	90
大陆	88
长安大学	87
同济大学	81
现代	81

图 5-5-35 研发测试平台全球专利申请人排名

如图 5-5-36 所示，在在华申请中，中国申请人占据 16 个席位，这些席位还是以高校和科研院所居多，偏向于理论研究。其余 4 位申请人分别是日本的丰田，美国的福特、通用以及德国的罗伯特·博世。日本、美国、德国在中国也进行了一定数量的布局。奇瑞位居第19，这说明国内车企对人机共驾的关注度在提升，并且对未来人机共驾的效益提升具有较强预期和需求，对于人机共驾相配套的研发测试平台也具有较强的研发倾向。

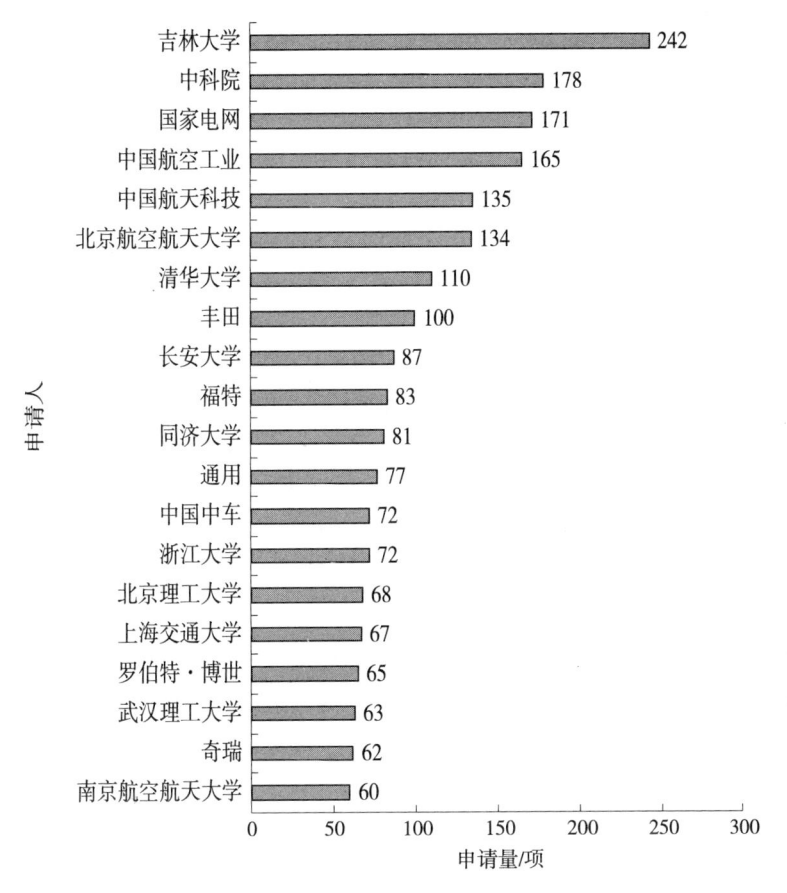

申请人	申请量/项
吉林大学	242
中科院	178
国家电网	171
中国航空工业	165
中国航天科技	135
北京航空航天大学	134
清华大学	110
丰田	100
长安大学	87
福特	83
同济大学	81
通用	77
中国中车	72
浙江大学	72
北京理工大学	68
上海交通大学	67
罗伯特·博世	65
武汉理工大学	63
奇瑞	62
南京航空航天大学	60

图 5-5-36　研发测试平台在华专利申请人排名

（4）全球专利布局区域分析

如图 5-5-37 所示，人机共驾研发测试平台的原创技术主要来源于中国、美国、日本、德国和韩国。中国申请人在这一领域的技术创新数量远超其他国家或地区。中国的高校和科研院所，以及国家电网、中国航天等国企依托已有的研发实力和政策扶持，在这一领域有较大贡献。美国则是以科技公司和传统车企为主要力量，在对人机共驾测试平台的研究中占据一定地位和市场份额，日本、德国和韩国则主要依靠传统的几大车企，在这一领域拥有一定优势。

如图 5-5-38 所示，从技术目标地分布情况来看，人机共驾研发测试平台领域全球专利布局主要针对中国、美国、日本、欧洲、德国以及韩国等国家或地区。中国成为人机共驾领域最受瞩目的目标市场。

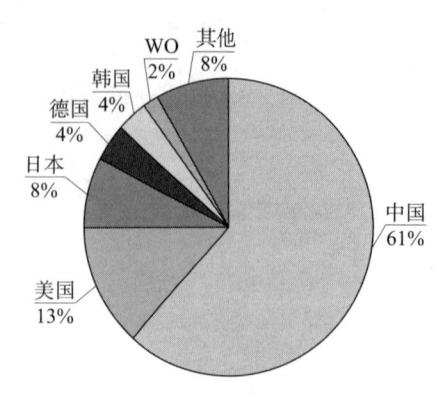

图 5-5-37　研发测试平台全球
专利原创国家或地区占比

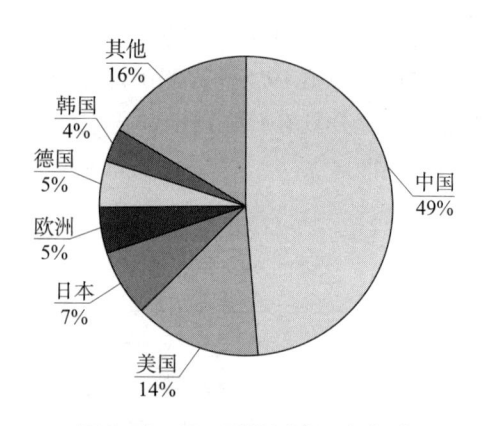

图 5-5-38　研发测试平台全球
专利目标国家或地区占比

(5) 全球/中国主要专利申请人布局重点分析

如表 5-5-1 所示,专利申请人布局时间在 20 世纪 90 年代开始,集中出现在 2000 年以后。本田、三菱、日立等日本申请人的布局时间较早,但是早期申请量相对较少。美国申请人布局时间略晚于日本,但是整体上申请量较多,尤其是福特 2015~2017 年申请量都超过其他申请人,对于人机共驾的测试研发较为重视。

如表 5-5-2 所示,在华申请的主要专利申请人布局时间较晚,集中开始布局时间较全球布局时间落后。这与我国人机共驾产业的发展密切相关。人机共驾产业的入行门槛较高,早期发展前景不明朗,前期由于缺乏政策和资金的支持,我国在这一产业起步较晚。在华申请的早期主要专利申请人中,高校、科研院所和国外传统车企这些有一定政策支持和资金实力的申请主体占据了绝大多数。随着我国政策和投资的支持力度增大,人机共驾产业发展前景逐渐明朗,在华申请主体才逐渐开始集中布局,跟随并追赶全球的研发趋势。

日本的两大车企丰田、本田作为传统的强势车企,无论是研发技术基础,还是投入资金实力,都具备全球布局的条件,其原有的市场铺设和品牌知名度也为其全球布局提供了便利。国内高校和科研院所虽然有部分团队作出了较为专业和深入的研究,但其主要仍为科研目的,市场野心和需求不大,进军全球的考虑和布局也就相对较少。IBM 作为科技公司,其主要竞争对手和未来抢占大部分市场位于美国,从而其将美国作为主要布局国家,对其他国家或地区暂时布局较少。

如图 5-5-39 所示,丰田、本田等日本汽车企业在全球主要国家或地区布局较为均衡,而吉林大学等国内高校和科研院所布局主要集中在中国,IBM 主要布局在美国。

如图 5-5-40 所示,中国申请人的布局特点是集中于中国申请,而在华的国外申请人布局则相对广泛,除中国外,在其他国家也有一定数量的布局,尤其是日本的企业布局比较全面。

表 5-5-1 研发测试平台全球主要专利申请人布局年度分布

单位：项

申请人	1990年	1991年	1992年	1993年	1994年	1995年	1996年	1997年	1998年	1999年	2000年	2001年	2002年	2003年	2004年	2005年	2006年	2007年	2008年	2009年	2010年	2011年	2012年	2013年	2014年	2015年	2016年	2017年	2018年
丰田									4		11	2	13	12	23	14	51	28	49	57	63	88	101	106	26	107	99	70	
吉林大学																	2		2	10	4	4	14	21	20	26	17	22	17
中科院												2			6	2	8	10	10	12	9	10	10	28	29	19	22	2	
国家电网																			2	4	6	2	16	18	29	16	6	2	
中国航空工业													2							5	2	14	7	17	19	14	10	2	
中国航天科技												2	2	2			2		2	4	4	2	16	18	23	22	18	2	
北京航空航天大学																			12	14	17	18	11	21	12	14	14	13	4
IBM			3						6		2	6	17	6	10	34	24	17	31	29	13	14	22	20	14	40	8	3	
本田	12	8	5	2	1		12	2	7	28	7	24	11	24	6	41	8		24	14	7	61	46	53	28	18	97	66	
罗伯特·博世				4			8		7	7	9	9	7	2	38	27	82	11	68	14	72	67	24	68	35	33	12	18	
大众			2							17	2	2		3	2		3	8	16	23	41	37	92	47	28	35	53	25	
清华大学											2		4	2			6		8	6	4	4	12	12	24	19	10	4	
三菱					1	2	3	5	4	3	1	4	8	3	16	2	4	18	6	16	30	25	2	72	35	16	49	18	
福特											5		3	4	2		3	25	4	3	7	20	77	42	32	141	132	128	
日立			9	1	3	4	4			2	4	2	31	8	11	8	9	13	3	12	3	3	17	41	22	61	18	11	
通用											1			19	6		7	8	18	8	10	46	115	21	36	13	30	57	
大陆										17			3	12		14	5	21	25	7	57	9	46	58	27	16	10	8	
长安大学																					10	4	2		14	4	4	2	
同济大学												2		2		2	1	2	2		2	6	4	12	22	10	4	2	
现代										3	3	5	2	3	1			11	4				37	17	48	45	46	33	

表 5-5-2 研发测试平台中国主要专利申请人布局年度分布

单位：件

申请人	2000年	2001年	2002年	2003年	2004年	2005年	2006年	2007年	2008年	2009年	2010年	2011年	2012年	2013年	2014年	2015年	2016年	2017年	2018年	2019年
吉林大学						2	3		2	12	5	6	16	32	30	41	40	61	68	3
中科院		2			7	2	8	14	10	14	6	17	12	31	33	30	39	22	13	2
国家电网									2	4	11	4	18	25	43	32	28	22	37	
中国航空工业			2							7	3	16	10	22	25	36	39	30	20	
中国航天科技									3	4	6	3	17	23	29	26	32	24	23	1
北京航空航天大学		2	2	2			2	2	12	16	21	20	12	22	14	18	21	28	17	
清华大学	2		4	2	2	2	6	1	9	10	4	6	14	14	24	22	12	15	20	1
丰田				8	19		38	9	29	47	51	80	85	87	7	90	64	56	16	1
长安大学									1	3	12	14	8	6	16	10	12	8	15	
福特						16	3	20	4	3	5	20	77	38	32	130	128	126		1
同济大学				2				2	2	1	4	8	4	13	26	20	3	12	15	
通用								8	18	8	10	45	113	22	38	14	29	54	9	
中国中车									1	1	12	3	8	14	18	11	7	11	14	
浙江大学				4		1	6	4		2	5	20	4	7	6	9	19	4	8	1
北京理工大学						2	1			8	1	6	10	15	14	17	17	6	8	
上海交通大学					2	2		7	4	6	16	6	8	16	6	11	6	6		
罗伯特·博世			6		30	16	44		56	4	62	58	13	69	27	26	11	12		
武汉理工大学								6	5	6	4	4	7	3	10	7	5	8	17	1
奇瑞								5	5	4	10	3	13	9	15	16	3	9	3	1
南京航空航天大学								2		2	7	7	5	5	9	6	12	14	7	2

208

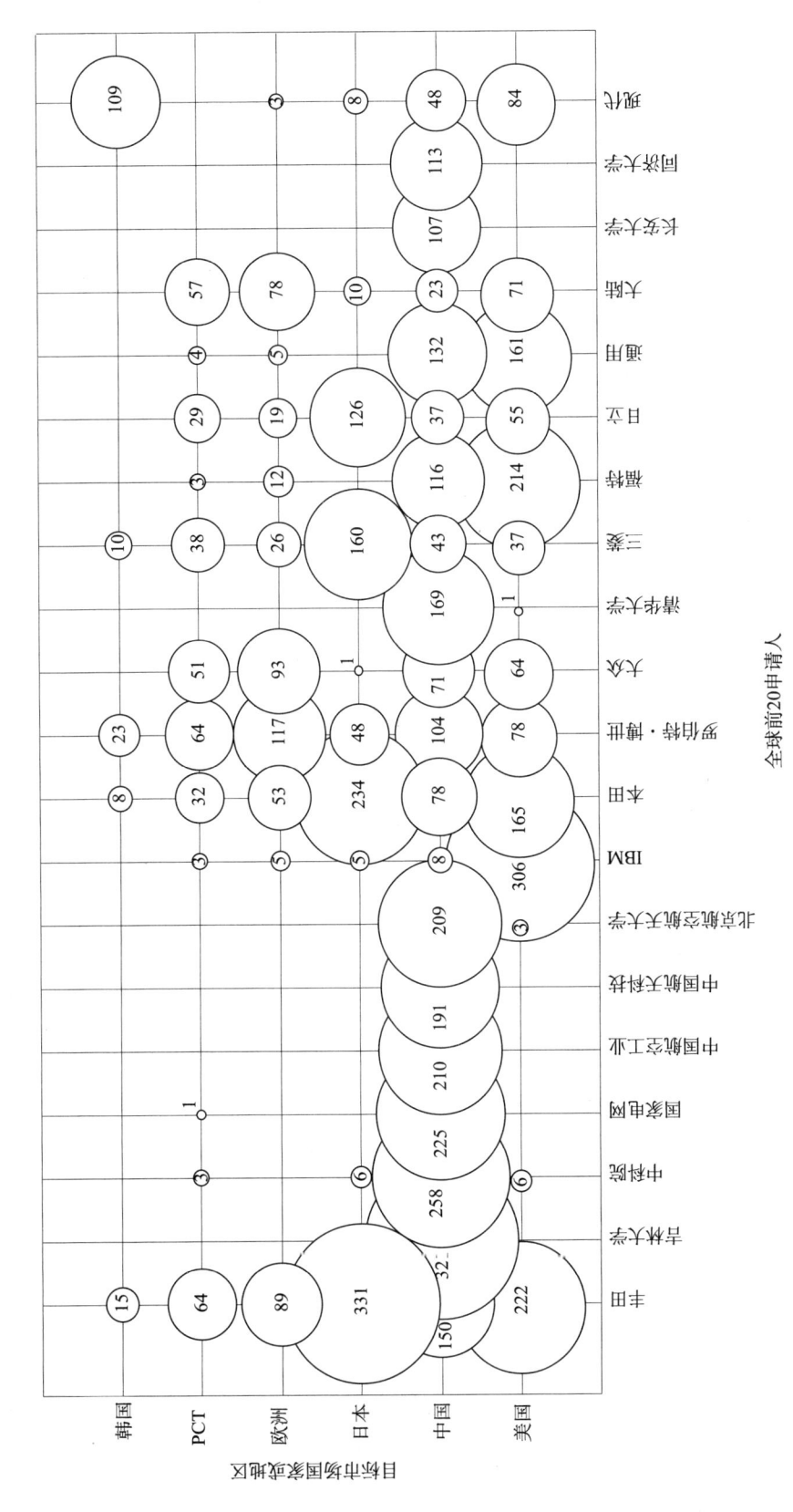

第5章 共性关键技术专利状况分析

图 5-5-39 研发测试平台全球主要专利申请人布局国家或地区分布

注：图中数字表示申请量，单位为项。

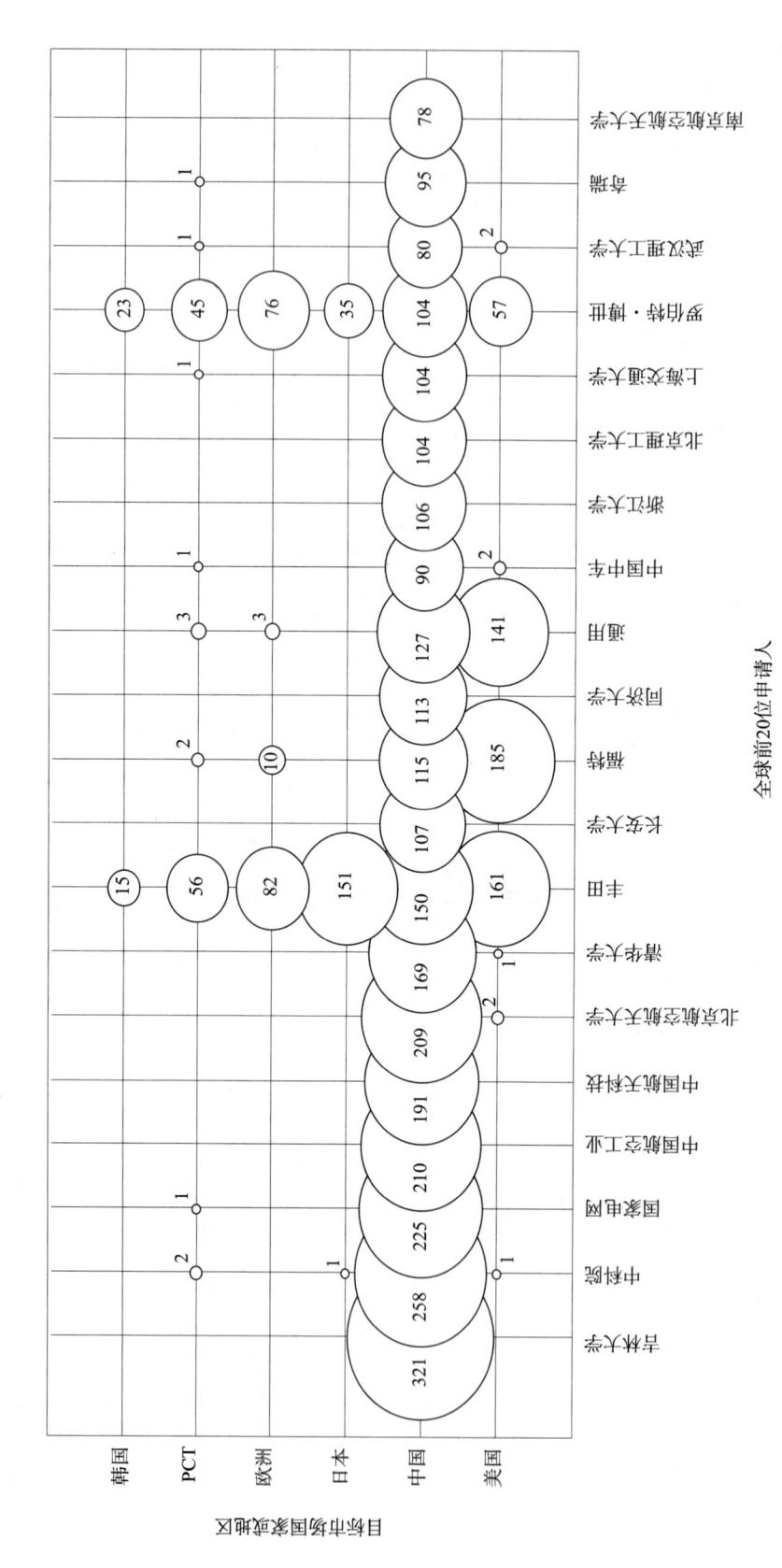

图 5-5-40 研发测试平台中国主要专利申请人布局国家或地区分布

5.5.6 全球/中国主要申请人布局重点分析

从表5-5-3全球主要申请人布局年度分布来看，丰田、通用、日产等汽车整车厂商的布局时间比较早，汽车零部件厂商中罗伯特·博世、日本电装的布局时间也比较早，而科技厂商近期积极展开专利布局。

表5-5-3 人机共驾全球主要申请人布局年度分布　　　　单位：项

全球申请人	2000年以前	2001~2003年	2004~2006年	2007~2009年	2010~2012年	2013~2015年	2016~2018年	2019年
丰田	191	82	247	365	309	306	317	
罗伯特·博世	132	86	176	207	268	310	303	
日本电装	150	143	226	156	221	275	194	
现代	74	115	111	80	152	342	245	
大众	76	40	62	131	185	285	328	
三菱	296	111	117	139	128	177	128	
戴姆勒	67	54	88	102	140	142	340	
通用	34	31	71	159	207	175	199	
松下	256	115	120	75	77	68	108	
日产	192	110	153	99	80	96	87	
本田	138	58	91	86	103	103	187	
日立	180	76	92	81	75	103	111	
福特	58	31	29	64	83	170	266	
三星	33	47	99	62	71	155	168	
现代摩比斯	4	48	70	56	168	216	32	
中科院	4	4	21	53	85	172	229	3
IBM	54	49	62	70	68	131	104	
富士通	123	56	105	102	62	42	39	
国家电网				10	44	171	285	6
宝马	28	12	31	45	53	173	173	

从表5-5-4中国主要申请人布局年度分布可以看出，国外的汽车整车厂商、汽车零部件厂商的巨头，如通用、福特、罗伯特·博世、现代、丰田在中国都有布局，而且布局时间较早。国内整车厂商奇瑞汽车的布局时间较晚。以中科院为代表的高校及科研院所也是汽车相关产业中重要的创新力量，申请量连年递增。百度作为国内人机共驾领域的科技巨头申请量可观，近期积极进行了专利布局。

表 5-5-4 人机共驾中国主要申请人布局年度分布 单位：件

中国申请人	2000年以前	2001~2003年	2004~2006年	2007~2009年	2010~2012年	2013~2015年	2016~2018年	2019年
中科院	6	8	37	92	143	275	275	3
通用	0	0	66	126	274	199	178	
丰田	6	11	88	107	171	208	120	
吉林大学	2		11	31	63	178	393	21
国家电网				16	67	244	317	6
罗伯特·博世	8	18	66	79	212	174	92	
福特			1	63	105	182	225	
北京航空航天大学		7	11	61	104	113	166	3
清华大学	13	12	18	41	59	139	171	6
百度					6	40	348	16
长安大学			2	13	107	117	148	8
现代	2	1		10	61	188	101	
三菱	22	19	33	77	75	106	26	
江苏大学			3	10	23	102	208	7
东南大学				14	73	94	164	7
中国航天科技				9	43	130	151	1
奇瑞				42	52	133	103	3
三星	21	22	52	36	58	75	65	
北京理工大学			2	10	61	100	131	2
大众	5		6	12	113	75	92	

从表 5-5-5 全球主要申请人布局国家或地区分布可以看出，申请人在本国或地区的申请量是最大的。像丰田、日本电装、罗伯特·博世、福特、通用这些国外申请人，均在全球范围内广泛布局，并积极通过 PCT 的形式进行专利布局；而中国申请人则多以本国为布局重点，较少进行海外布局。此外，从目标国家或地区来看，中国是全球主要申请人的重点布局国家，排名前 20 位申请人均有布局，其次的重点布局国家是美国、日本。

表 5-5-5　人机共驾全球主要申请人布局国家或地区分布　　　　　单位：项

全球申请人	中国	美国	欧洲	日本	韩国	PCT
丰田	431	702	219	2332	144	326
罗伯特·博世	439	364	558	307	83	547
日本电装	170	462	44	1939	38	175
现代	281	389	11	59	1487	1
大众	213	200	313	12		255
三菱	211	253	86	1554	55	268
戴姆勒	33	81	66	73		85
通用	519	736	17	8	6	40
松下	141	233	111	936	34	161
日产	88	194	131	1079	37	133
本田	159	371	113	953	13	101
日立	115	186	91	868	20	158
福特	479	700	59	14		65
三星	213	479	255	143	560	121
现代摩比斯	122	66	3		699	
中科院	574	5	1	29		7
IBM	35	721	19	40	11	27
富士通	30	150	39	723	31	44
国家电网	523					1
宝马	56	79	66			101

从表 5-5-6 中国主要申请人布局国家或地区分布可以看出，中国申请人以国内为布局核心，较少海外布局。中国国内申请人中，百度、国家电网等进行了一定的海外布局。

表 5-5-6　人机共驾中国主要申请人布局国家或地区分布　　　　　单位：件

中国申请人	中国	美国	欧洲	日本	韩国	PCT
中科院	571	562	4	4	1	27
通用	585	3	1	8		4

续表

中国申请人	中国	美国	欧洲	日本	韩国	PCT
丰田	537					1
吉林大学	534					
国家电网	485	510	29	2		35
罗伯特·博世	451	428	180	730	145	245
福特	451	226	268	166	58	274
北京航空航天大学	361	105	30	40	20	41
清华大学	334					
百度	310	10	4	1		4
长安大学	303	4				
现代	284	278	9	47	368	
三菱	262	207	171	129	219	51
江苏大学	261					2
东南大学	259	1				1
中国航天科技	238					3
奇瑞	235		1			2
三星	220	143	48	378	52	176
北京理工大学	220	2	4	3		4
大众	219	133	146	4		132

从表5-5-7可以看出，全球申请人在人机共驾感知方面的投入十分巨大，在决策、控制以及研发测试平台方面申请量相对少一些。在感知领域，申请量较多的企业是罗伯特·博世、丰田、日本电装、大众、戴姆勒、现代以及三菱等汽车零部件、解决方案提供商以及大型车企。在决策领域，申请量较多的是丰田、通用、日本电装、现代、三菱、三星。在控制领域，申请量较多的是丰田、现代、大众等车企。在研发测试平台领域，申请量较多的是丰田、中科院、国家电网、IBM以及本田。

表5-5-7 人机共驾全球主要申请人技术分支分布 单位：项

全球申请人	感知	决策	控制	研发测试平台
丰田	986	420	191	249
罗伯特·博世	1130	177	70	130

续表

全球申请人	感知	决策	控制	研发测试平台
日本电装	903	317	59	64
现代	659	243	168	81
大众	676	199	131	119
三菱	624	242	117	108
戴姆勒	662	120	114	79
通用	390	355	88	90
松下	502	218	66	32
日产	449	205	84	77
本田	322	208	113	135
日立	453	103	72	92
福特	362	208	110	101
三星	325	240	60	32
现代摩比斯	509	30	36	24
中科院	227	163	16	179
IBM	155	221	38	135
富士通	308	155	20	44
国家电网	192	155	9	167
宝马	346	68	76	54

从表5-5-8可以看出，中国申请人在人机共驾的感知方面投入较多，在控制方面投入相对少一些。在感知领域，申请量最多的是德国罗伯特·博世，其次是中科院、通用。在决策领域，申请量较多的是通用、东南大学、中国科学院以及百度。在控制领域，申请量较多的是丰田、福特、通用等汽车整车企业。在研发测试平台领域，申请量较多的是吉林大学、中科院、国家电网、北京航空航天大学、中国航天科技。

表5-5-8 人机共驾中国主要申请人技术分支分布　　　　单位：件

中国申请人	感知	决策	控制	研发测试平台
中科院	342	226	24	262
通用	301	389	83	122
丰田	218	201	112	164
吉林大学	201	136	80	347
国家电网	243	187	10	218

续表

中国申请人	感知	决策	控制	研发测试平台
罗伯特·博世	425	84	45	99
福特	258	176	103	105
北京航空航天大学	70	172	4	211
清华大学	134	144	36	173
百度	125	222	45	54
长安大学	204	83	21	109
现代汽车	135	119	73	51
三菱	97	145	55	42
江苏大学	127	132	61	74
东南大学	70	229	9	69
中国航天科技	72	63	8	200
奇瑞	122	78	42	91
三星	150	134	28	25
北京理工大学	88	97	29	108
大众	113	55	47	74

5.6 在线智能学习

随着社会经济的发展，特别是互联网信息技术的发展，传统的学习模式受到影响，慢慢开始发生改变，催生了网络在线学习模式；之后，随着人工智能的快速发展，在线教育进入智能学习时代，产生了更加智能化、服务个性化、形式多样化、资源开放化的在线智能学习。混合增强智能下的在线智能学习，不再仅仅是在线智能平台/系统本身，而更加强调"人"在在线智能学习中的参与，通过人的操作、人的学习过程，让在线智能学习平台/系统更加贴合人的需要，更加智能，使得"任何人可以在任何地点以任何方式传授或获取知识"。混合增强智能下的在线智能学习，主要涉及四个部分：教育数据挖掘、知识构建和场景教育构建、学习过程和状态评估以及教学方案个性化推荐。其中，涉及的关键技术包括，教育数据挖掘和知识构建、基于面部表情识别和语音识别的情感检测、基于大数据处理的学习过程评估以及教学方案个性化推荐等。

5.6.1 全球/中国申请和授权态势分析

由图 5-6-1 可以看出，中国专利申请最早出现在 2001 年，起步稍晚，而全球专利申请则始于 1990 年。早期国外申请主要涉及在线学习的语音识别，中国早期申请主

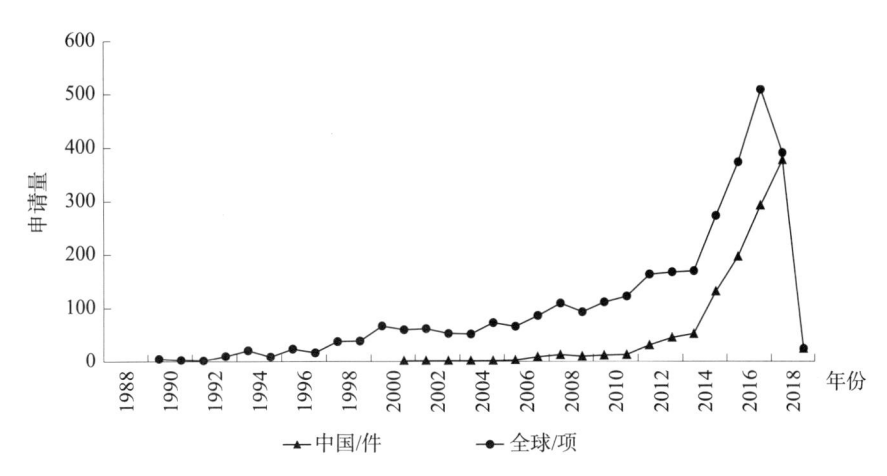

要涉及在线学习、网络视频学习、知识库的建立。

图 5-6-1　在线智能学习领域全球/中国申请态势

随着网络技术、人工智能技术的发展，在线智能教育也得到了较大发展。2014年之后，中国专利申请数量激增，并且在全球专利比重越来越大，这和中国的经济文化水平、教育体制息息相关。中国大约有13亿人口，占世界总人口1/5左右，重视教育是中华民族的优良传统，因此，中国拥有全球最旺盛的教育需求，拥有全球最大的教育市场。将混合增强智能技术应用于教育，能够显著提高学习效率和教学质量，因此，中国在智能教育方面的专利申请量相当可观。

由图 5-6-2 中的在线智能学习主要国家或地区授权态势图可以看出，各个国家的授权量变化曲线基本一致，美国、日本和韩国最早开始在在线智能学习领域布局，美国一开始就保持着较高的申请量，随着技术的发展，美国、日本和韩国都在2008年之后进入上升期，而美国、日本申请的授权量在2012年左右达到顶点之后开始下滑，此时，中国、韩国的授权量增长开始加快，欧洲申请量不大一直趋于平稳。由此表明，中国、韩国在在线智能学习领域创新相对活跃。

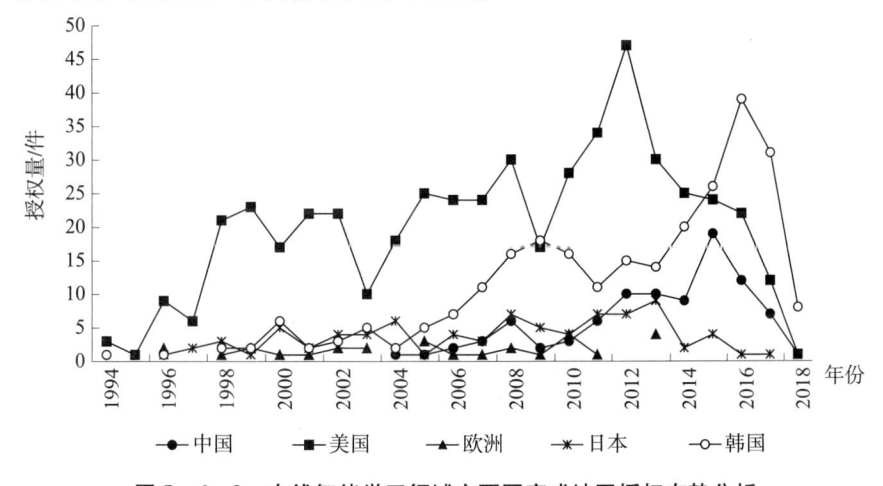

图 5-6-2　在线智能学习领域主要国家或地区授权态势分析

5.6.2 主要国家或地区申请量和授权量对比分析

由图 5-6-3 可以看出，从总体申请量与授权量的比例来看，授权比例都不高，其中比例最高的美国也仅为 43%，日本授权比例为 32%，中国授权比例为 27%。可见，该领域的技术创新并不多，应用型专利申请的比例较大，在技术方面还需要进行布局。从申请量看，中国、美国申请量最多，但是中国申请的授权量却低于美国申请，这是由于中国申请大多偏向将大数据、深度学习、知识构建、语义识别等技术应用与在线学习系统结合，应用型申请多，实际具有新颖性、创造性的技术性专利比例较小，因而申请不容易被授权；而美国申请中涉及具体技术改进方面的申请比例相对较大，专利质量较高，因此美国申请在总量不及中国的情况下，授权量却超过中国。同样，韩国、日本和欧洲申请也存在相似的问题。

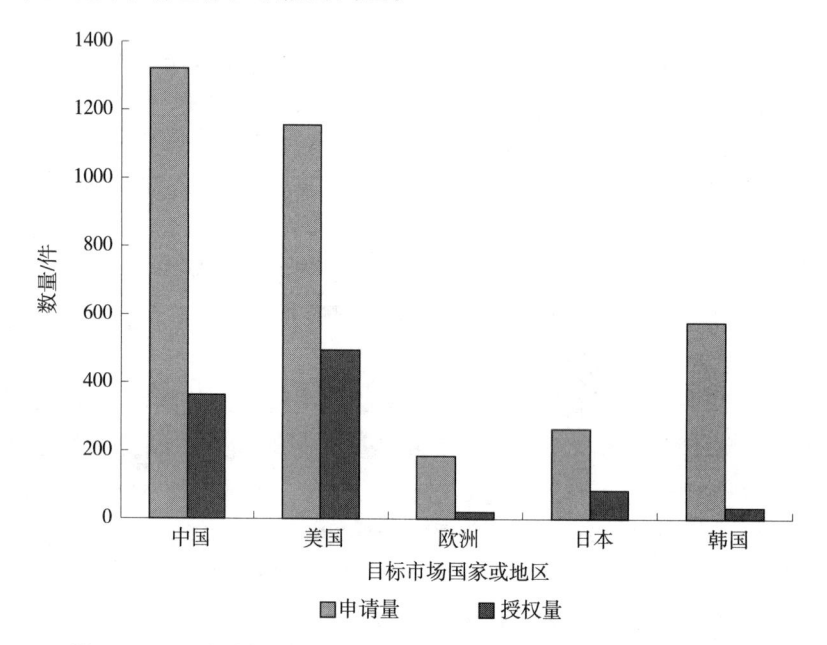

图 5-6-3 在线智能学习领域主要国家或地区申请量和授权量对比

5.6.3 全球/中国主要申请人分析

随着人工智能技术的日益成熟，在线教育逐步向在线智能教育发展，更加注重于知识体系的构建、学习者学习过程评估和改善学习场景等方面。并且，计算机/电子行业的企业都进行了专利申请。

由图 5-6-4 可以看出，排名前三位的分别是 IBM、三星和培生教育（Pearson Education），中国企业百度、广东小天才、科大讯飞、上海义学也榜上有名，韩国教育企业的势力不可小觑，包括三星、韩国电子通信研究院和 TAMSENG。由此可以看出，美国、中国和韩国企业已经广泛布局了在线智能教育相关专利。

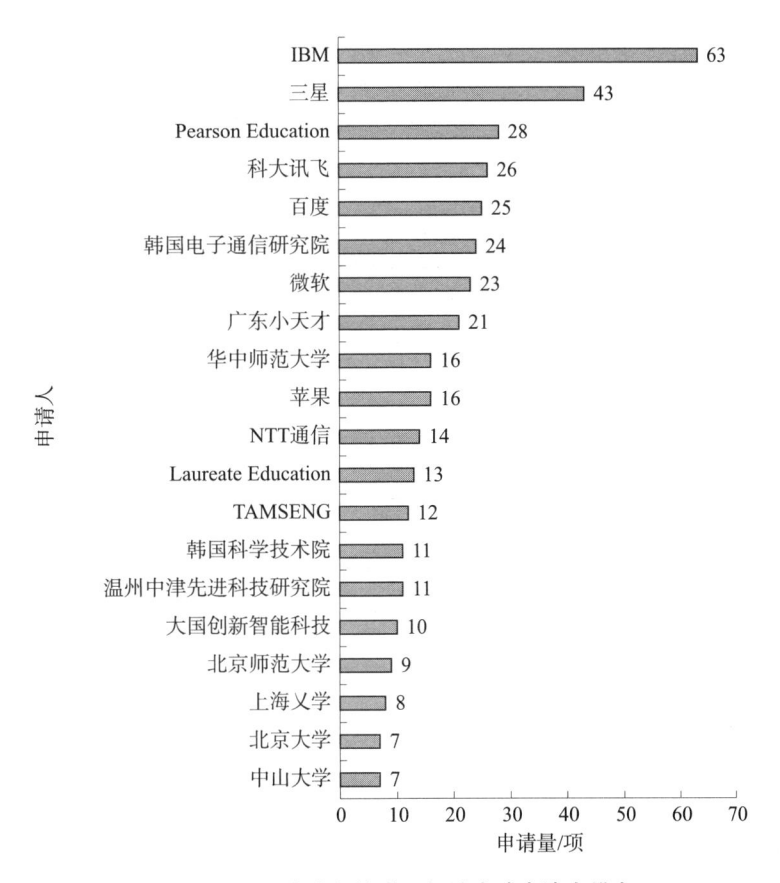

申请人	申请量/项
IBM	63
三星	43
Pearson Education	28
科大讯飞	26
百度	25
韩国电子通信研究院	24
微软	23
广东小天才	21
华中师范大学	16
苹果	16
NTT通信	14
Laureate Education	13
TAMSENG	12
韩国科学技术院	11
温州中津先进科技研究院	11
大国创新智能科技	10
北京师范大学	9
上海义学	8
北京大学	7
中山大学	7

图 5-6-4　在线智能学习领域全球申请人排名

上述排名的国外申请人以老牌技术企业和教育企业为主，IBM 的申请主要涉及知识图谱、教育数据和知识挖掘、自然语言处理等；韩国三星的申请量虽然多，但技术组成单一，主要致力于将虚拟现实、增强现实技术和产品应用于教育、培训，微软的申请量虽然不如三星但是申请涉及的技术领域广泛，包括自然语言处理、虚拟现实、知识图谱、语言语义识别、知识挖掘等技术，但是每个领域申请量都不多；Pearson Education 是一家具有 150 年历史的全球著名教育集团，业务覆盖广泛，从中小学教育到高等教育、专业教育、外语教育等，其申请涉及具体教学过程中学生学习效果的评估；韩国电子通信研究院申请主要涉及外语学习方面，专注语音识别和自然语言识别；苹果申请主要依托其平板产品，涉及可应用于教育教学的自然语言识别技术、3D 技术和少量虚拟现实技术等；日本企业 NTT 通信的申请主要涉及语音、语义识别；Laureate Education 是美国的私人教育公司，以提供在线课程为主，其申请主要涉及分析学习者数据，从而提供个性化在线课程。由上述分析可以看出，全球排名前 20 的企业，依据自己的固有资源积累和优势，在线智能教育的不同领域进行专利布局。

由图 5-6-5 可知，从申请人种类可以看出，国内高校申请人参与该领域较多，但是，大部分高校的申请量并不多；企业方面主要是已经提前在智能教育方面进行布局的科大讯飞、百度和广东小天才。

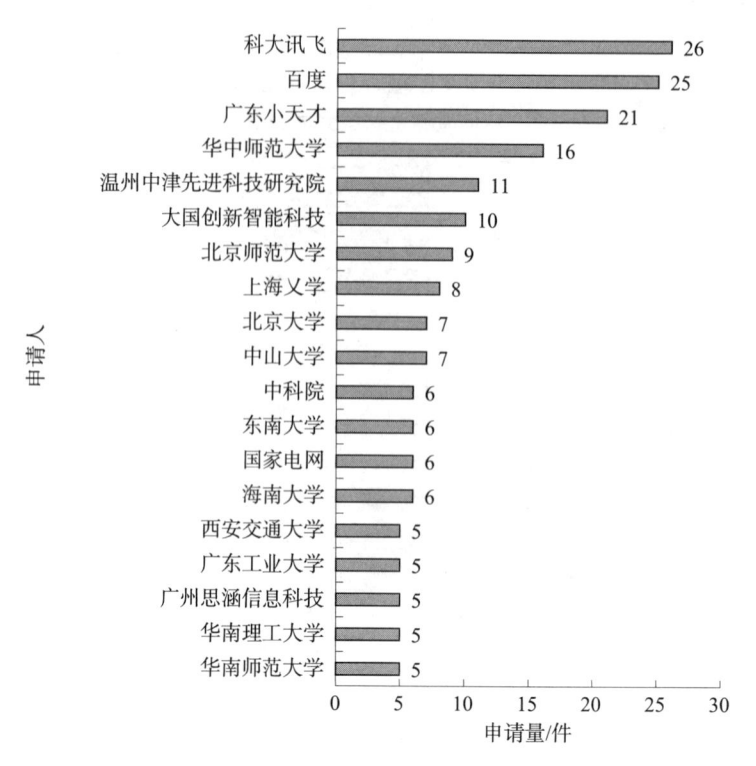

申请人	申请量/件
科大讯飞	26
百度	25
广东小天才	21
华中师范大学	16
温州中津先进科技研究院	11
大国创新智能科技	10
北京师范大学	9
上海乂学	8
北京大学	7
中山大学	7
中科院	6
东南大学	6
国家电网	6
海南大学	6
西安交通大学	5
广东工业大学	5
广州思涵信息科技	5
华南理工大学	5
华南师范大学	5

图 5-6-5 在线智能学习领域中国申请人排名

排名第一位的科大讯飞，主要依托其语音处理技术、人脸识别技术，扩展该技术在教育领域的应用和产品，包括学习路径规划、在线题库、学情诊断等。排名第二位的百度，其申请主要集中在知识检索、知识表达，涉及技术内容相对单一；小天才专注于幼教市场，其申请更多涉及利用知识图谱构建知识体系、语音识别等；以华中师范大学为代表的国内高校申请主要涉及教育数据挖掘、知识点追踪、教育大数据处理、学生的学习效果评估等与实际教育相关的领域；上海乂学是新兴的教育人工智能企业，其专利布局主要围绕其主打产品"松鼠 AI"，包括提供在线学习的智能适应系统，通过分析在线学习数据，获取学生知识漏洞，从而提高学习效率；国家电网的申请主要涉及对电力知识、实训知识体系的构建，以及对电力系统内员工的培训方面。因此，国内企业在该领域的布局仍然不足，比如腾讯，已经拥有了自己的教育平台产品，并且还开设了一些与高校联合的实验室，但是专利领域缺乏真正技术方面的布局。而国内小有名气的英语流利说、学霸君等产品，都缺乏智能学习方面的专利布局。

5.6.4 全球布局区域分析

全球目标市场占比反映了技术主体的战略意图，例如技术布局、市场占有率等。从图 5-6-6 可以看出，中国和美国在目标市场国占比分别为 29%、25%，占据了全球一半以上的比例，说明中国、美国是全球在线智能学习领域的最重要的市场；其次是韩国、日本，分别占比为 12%、6%。

技术原创国家或地区反映技术力量的来源分布情况。从图 5-6-7 中可以看出，中国的专利申请量占据全球总量的 37%，说明中国在该领域有一定的专利布局，同时高需求量和巨大的市场份额，使得中国在在线智能教育领域具有话语权。美国在该领域的占比为 30%，仅次于中国，紧接着是韩国和日本。

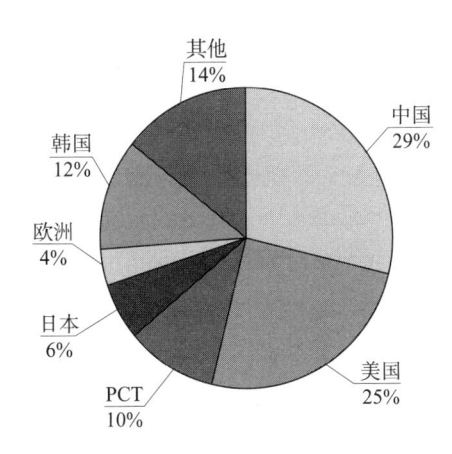

图 5-6-6　在线智能学习领域全球目标市场占比

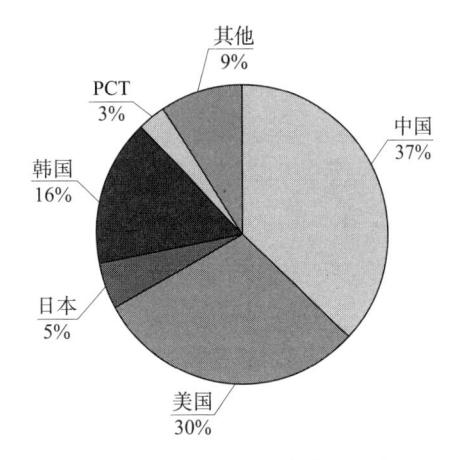

图 5-6-7　在线智能学习领域全球原创国家或地区占比

结合在线智能学习目标市场占比和全球原创国家或地区占比，可以看出，中国成为在线智能教育重要的技术原创国与目标国，除了经济发展、重视教育和巨大的市场份额，还因为从 2017 年国家发布《新一代人工智能发展规划》之后，从中央到地方都为人工智能产业提供了政策保障。与此同时，中国人工智能学术研究空前活跃，人工智能论文发文量居全球第一，论文总被引次数居全球第二；人工智能企业数量、投融资次数及金额居全球第二；并且，将大数据分析技术、人工智能相关技术应用于教育，实现教育数据挖掘和知识构建、基于大数据处理的学习过程评估、基于情感检测的学习状态评估，以及教学方案个性化推荐等并不存在技术门槛，并且能够快速提高教学、学习的效果，因而技术应用快速、广泛。同时，由于中小型教育企业繁多，竞争也愈加激烈。因此，中国的在线智能教育领域创新活跃，加上近年来国家对知识产权的重视和普及，使得中国申请人的知识产权保护意识增强，申请量增长迅速。

5.6.5　全球/中国主要申请人布局重点分析

由表 5-6-1 全球主要申请人布局年度分布可以看出，IBM、微软较早开始进行技术布局，特别是从早期的在线学习语音识别、语音识别，大数据时期的知识挖掘、知识追踪，到学习方案个性化、自然语言处理技术、知识图谱技术，各个方面都有相应地涉及；苹果主要在应用于教育的自然语言处理技术布局；老牌教育集团 Pearson Education 则经历早期的在线教育阶段向在线智能教育迈进的过程，2011 年 Pearson Education 与环球教育集团合并之后，得到了充足的资金，迅速在 2012 年开始了在线智能教育领域的专利布局。

表 5-6-1 在线智能学习领域全球主要申请人布局年度分布

单位：项

申请人	2005年	2006年	2007年	2008年	2009年	2010年	2011年	2012年	2013年	2014年	2015年	2016年	2017年	2018年	2019年
IBM	3	2	3	3		1		4	4	7	5	5	10		
三星	1			3	9	14	1	1	3	1	2	2	4	1	
Pearson Education								9	11	4	2		2		
科大讯飞			1	1			5		1	2	4	8	3	1	
百度								1			5	1	6	8	
韩国电子通信研究院	1		2	3	2		2	2	2	4	4		2		
微软		2	4	2	1		3				2	3	3		
广东小天才									1	1	1		4	14	1
华中师范大学					1	1						2	6	5	
苹果	4					1	1				3	3	4		
NTT通信		1						1				1	1		
Laureate Education		2		2			1	6	2						
TAMSENG					1			1		1	2	6	3		
韩国科学技术院	1			1				1	2		3		1		
温州中津先进科技研究院														11	
大国创新智能科技														10	
北京师范大学												3	5	1	
上海大学											5	1		7	1
北京大学											1		1	1	
中山大学					1				1				1	3	

由表 5-6-2 中国主要申请人布局年度分布可以看出，由于中国的网络技术、人工智能相关技术在 2010 年之后开始突破，并进入高速发展期，相应地，中国申请人从 2011~2018 年创新愈加活跃，特别是 2018 年申请量增长速度加快。除了行业巨头百度、产品迭出的广东小天才，上海乂学在"AI+教育"方面表现突出，2015 年成立之初，上海乂学与斯坦福研究中心（SRI）成立了人工智能联合实验室，成功开发了国内第一个拥有完整自主知识产权、以高级算法为核心的自适应学习引擎，发展至今更是获得了多轮投资。各个高校的专利布局是紧跟技术发展和教学的实际需要，从 2015 年前后陆续开始进行专利申请，申请量逐年提高。

从整体上看，2015 年之后各个申请人的专利申请数量都在大幅度增加，由此体现了在线智能学习在大数据、人工智能技术发展下的行业热度在增加。排名第一位的科大讯飞布局较早，2016 年专利申请最多；百度虽然 2014 年才开始进行专利布局，但是数量逐年递增；关注幼教市场的广东小天才在 2018 年进行了专利集中布局；智能教育后起之秀上海乂学虽然成立晚，但是 2018 年就申请了 7 件专利；其余高校申请人的专利布局并没有明显的规律性。

图 5-6-8 中示出了在线智能学习领域全球主要申请人布局重点区域分布情况。可以看出，各个申请人都在本国进行了最多的专利申请。美国是最受重视的目标国，各家企业在美国都进行了专利布局，其次是中国、韩国、日本；其中，美国、韩国企业在国外布局最积极，并且都在中国布局，由此可见，中国是在线智能学习的重要市场。但是，中国申请人由于以高校为主，申请偏理论性，产业化落地不足，基本没有海外布局，科大讯飞、百度在该领域也没有进行海外布局。可见，国内申请人需要提高专利申请的技术性，加强海外布局。

图 5-6-9 中示出了在线智能学习领域中国主要申请人布局重点区域分布情况。可以看出，国内申请人只有中科院、华南理工大学申请了 PCT，并且数量都仅有 1 件，其余申请人都仅在中国进行了专利布局。虽然这与教育行业的地域特点息息相关，但是比照图 5-6-8 可知，国内申请人的海外布局意识仍然薄弱。

由上述分析可以看出，中国的在线智能学习领域有巨大的需求、较高的社会关注度，新技术应用的速度快，从高校到企业的申请量相当可观，"AI+教育"是国内相当一部分企业发展的方向。但是，一方面，国内申请人以高校为主，申请的技术创新仍以理论为主，产业化落地不足；另一方面，企业虽然能够快速将具体技术应用于产品，并且产品迭代迅速，但是"雷声大雨点小"，偏向将现有的人工智能技术应用于在线智能学习，缺乏在线智能学习系统核心技术的技术创新，因而申请量小，缺乏原创性技术，并且海外专利布局没有跟上，这是国内申请人需要引起重视的问题。

表 5-6-2 在线智能学习领域中国主要申请人布局年度分布

单位：件

申请人	2007年	2008年	2009年	2010年	2011年	2012年	2013年	2014年	2015年	2016年	2017年	2018年	2019年
科大讯飞	1	1			5		1	2	4	8	3	1	
百度						1		2	5	1	6	8	
广东小天才								1	1		4	14	1
华中师范大学			1	1			1			2	6	5	
温州中津先进科技研究院												11	
大国创新智能科技												10	
北京师范大学										3	5	1	
上海义学									5	1		7	1
北京大学							1		1		1	1	
中山大学			1			2			2		1	3	
东南大学									1		4	1	
国家电网												1	
海南大学											5	1	
温州职业技术学院										1		5	
中科院							2	1			2	1	
广东工业大学										1		3	
广州思涵信息科技											5		
华南理工大学										1	1	2	
华南师范大学												5	
四川文理学院											1	4	

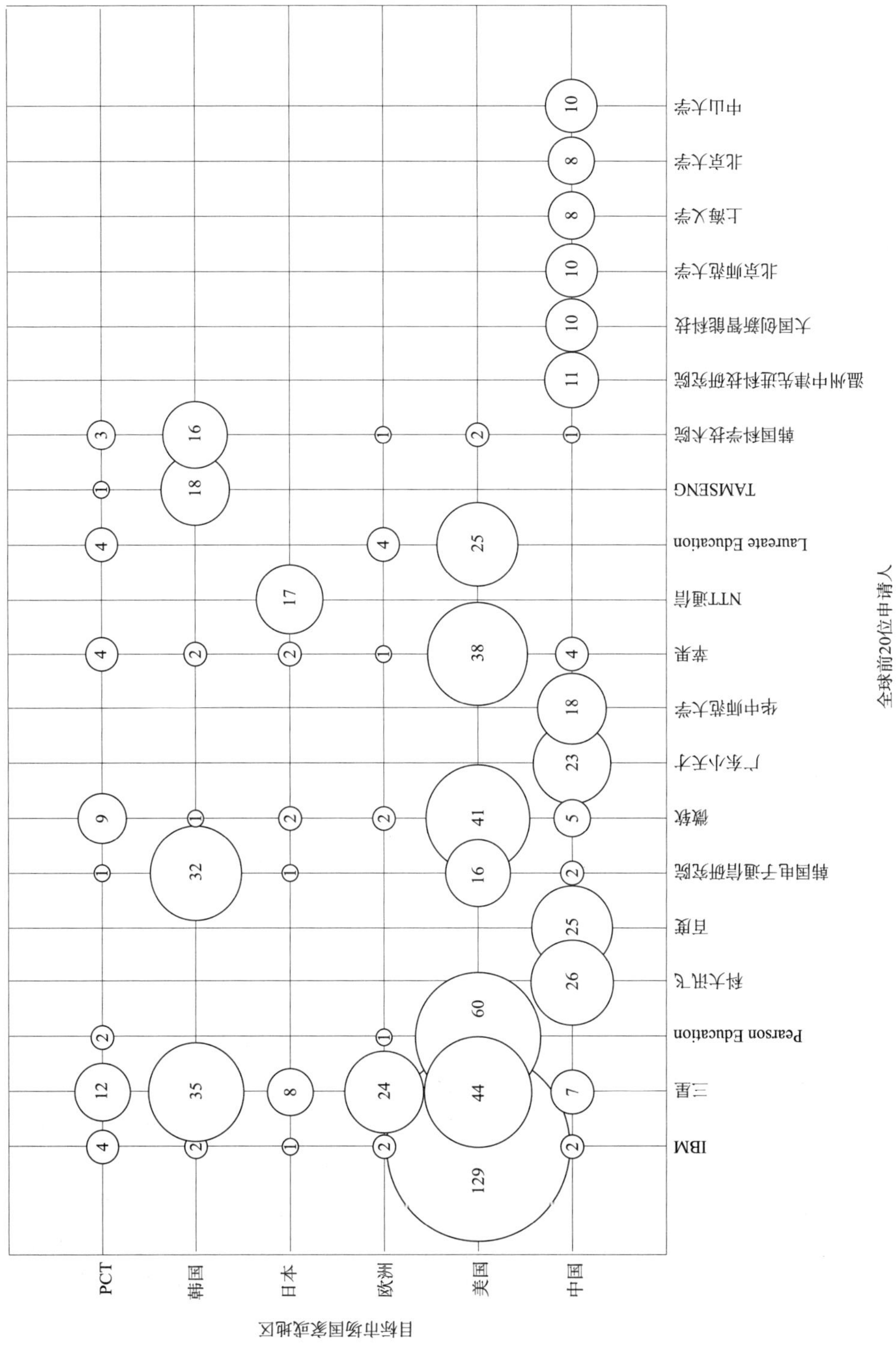

第5章 共性关键技术专利状况分析

图 5-6-8 在线智能学习领域全球主要申请人布局重点地区分布

注：图中数字表示申请量，单位为项。

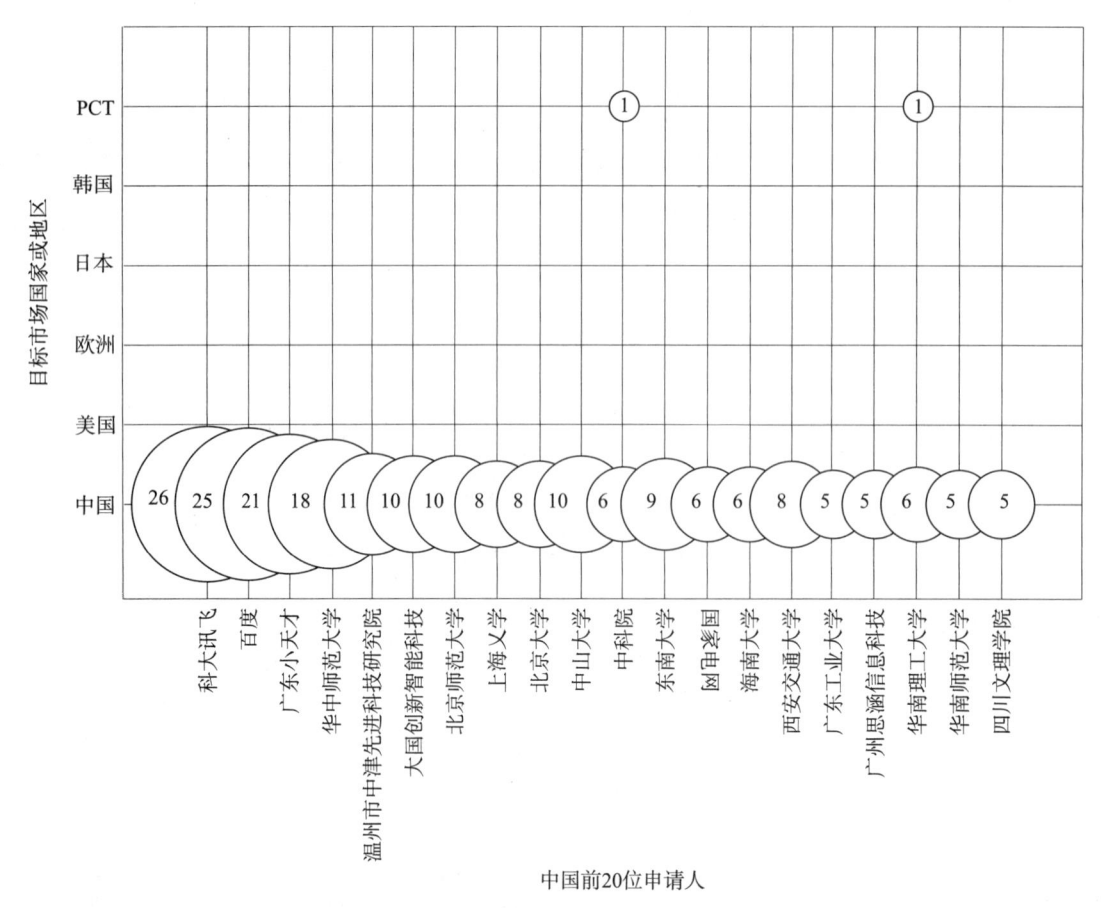

图 5-6-9　在线智能学习领域中国主要申请人布局重点地区分布

注：图中数字表示申请量，单位为件。

5.7　平行管理与控制的混合增强智能

由于社会与人的复杂因素的引入，社会物理信息系统（CPSS）研究的本质困难是在很难甚至无法进行实验的情况下，如何定量、实时地对复杂系统问题的产生、演化和影响等要素进行建模、分析和评估。为了解决这个问题，2004 年中科院自动化所王飞跃教授提出了平行系统的思想。平行系统，试图用一种适合复杂系统的计算理论与方法——ACP 方法（Artificial Systems，Computing Experiments，Parallel Execution）解决社会经济系统中的重要问题。ACP 方法是指人工系统（A）用于建模，计算实验（C）用于分析，平行执行（P）用于控制。人工系统往往通过建模获得，用于数据获取和行动选择。通过实际系统与人工系统相辅相成地运行，控制器能够变得更高效，同时对数据的依赖度也会减少。

平行管理与控制理论的核心技术包括：

①建模方法：基于代理控制（Agent Based Control，ABC），是 ACP 方法中平行控

制层进行控制决策的关键技术之一。ABC 在设计理念上与传统的控制系统有根本性的不同：控制策略不再是面向算法，而是基于代理实现的；现场设备从控制中心接收的控制命令不再是针对具体控制方案的参数修改，而是具有相对独立性和智能性的代理个体。

②动态规划（Dynamic Programming，DP）方法是解决这种复杂系统最优控制与决策的强有力工具。ADP 在求解非线性最优控制方面的强大优势。

③语言动力学（Linguistic Dynamic Systems，LDS）主要是通过对自然语言中的"词"进行计算，在语言层次上动态有效地利用信息，建立人类语言知识和计算机数字知识的联系，降低系统描述的复杂性。

5.7.1 全球/中国申请态势分析

图 5-7-1 是平行管理与控制的混合增强领域全球和中国专利的申请趋势对比。自 2004 年王飞跃教授首次提出平行系统的思想之后，中国专利申请最早出现在 2007 年，申请人是浙江大学。随着人工智能技术的发展，近年来，平行管理与控制得到了众多研究者的关注，在应用实践等方面取得了重要进展。但是，国外对平行管理与控制的研究还处于起步阶段，因此，国外还没有相关的申请。

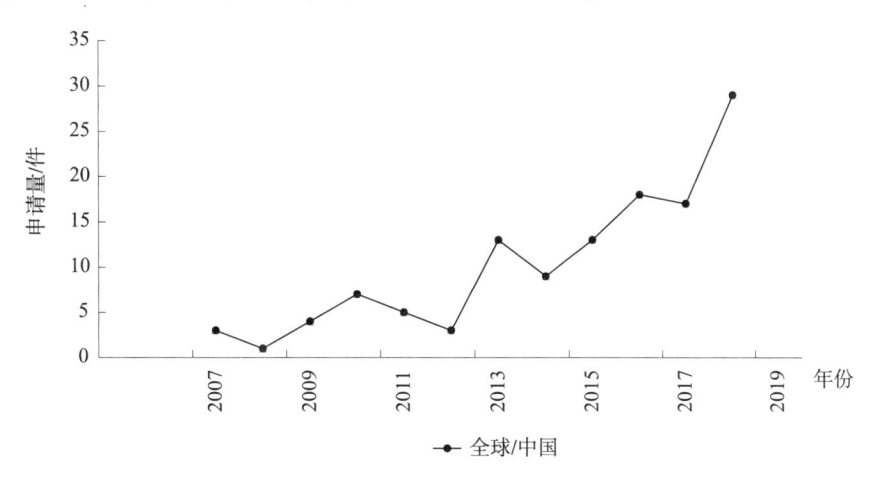

图 5-7-1 平行管理与控制领域全球/中国申请态势

5.7.2 中国主要申请人分析

由图 5-7-2 可以看出，该领域中，青岛智能产业技术研究院、中科院自动化所、青岛慧拓智能机器有限公司的申请量位居前三，而这些申请人都与平行理论的提出者——王飞跃有紧密的联系：王飞跃曾任中科院自动化所副所长，现任青岛智能产业研究院院长，青岛慧拓智能机器有限公司是青岛智能产业技术研究院的孵化企业，同时，排名第四位的青岛中科慧畅信息科技有限公司是中科院自动化所和青岛智能产业技术研究院的孵化企业。其余申请人多是高校，企业仅涉及国家电网和北京智行者科技有限公司。整体看来，平行管理与控制领域的专利申请人以王飞跃及其科研团队的中科院自动化所和青岛智能产业技术研究院为中心扩散。

申请人	申请量/项
青岛智能产业技术研究院	18
中科院自动化所	9
青岛慧拓智能机器有限公司	6
青岛中科慧畅信息科技有限公司	3
国家电网	3
北京智行者科技有限公司	3
昆明理工大学	3
华东理工大学	3
东南大学	3
北京交通大学	3
武汉理工大学	2
天津理工大学	2

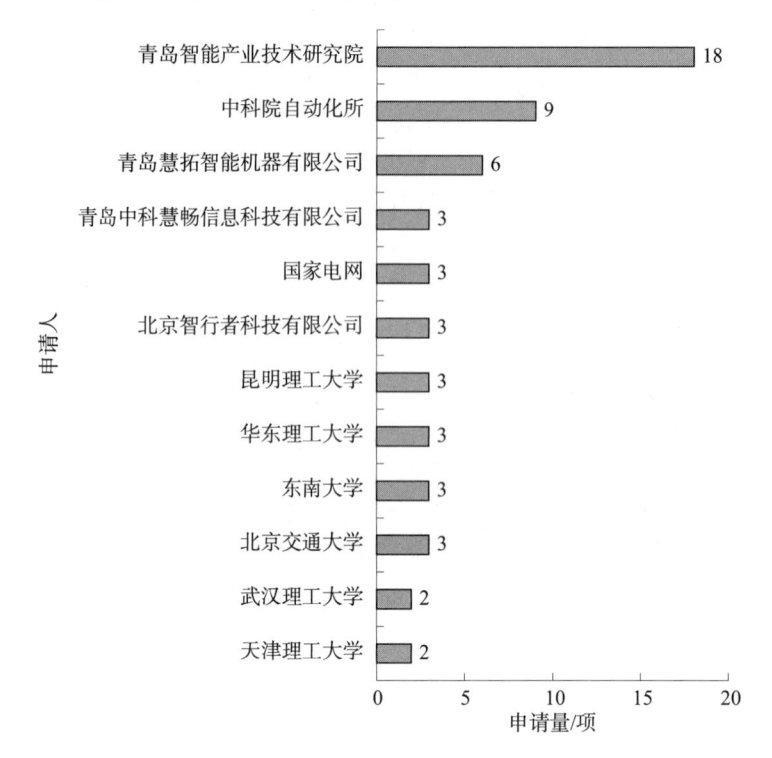

图 5-7-2 平行管理与控制领域中国申请人排名

青岛慧拓智能机器有限公司是将平行理论付诸产业的最主要力量，专利申请主要涉及智能汽车、自动驾驶与车联网技术、产品、解决方案和智能测试评估。2018 年，青岛慧拓智能机器有限公司推出"平行驾驶 3.0 系统"，同时，与中国最大的矿山卡车公司合作，进入了物流领域，给东风提供平行物流的应用，还与吉利在宁波的测试基地合作，展现了其快速发展。同时，北京智行者科技有限公司的申请主要涉及平行驾驶控制，北京交通大学的申请将平行理论基于代理的建模方式应用于轨道交通控制，其他高校申请主要集中在泊车引导、基于代理的建模仿真等领域。因此，平行管理与控制的主要应用领域现阶段在交通领域，而平行农业、平行企业、平行区块链等领域还处于理论阶段，相关申请较少。

5.7.3 中国主要申请人布局重点分析

表 5-7-1 示出了平行管理与控制领域中国主要申请人年度分布情况。由表可知，2015 年之后，随着人工智能技术的发展，平行管理与控制从理论阶段走向了实际落地阶段。2017～2018 年，各个院校、企业的申请量都有相对较大的增长。特别是青岛慧拓智能机器有限公司、青岛中科慧畅信息科技有限公司，申请都涉及实际的产业应用，而科研院所、高校申请仍然是关于算法、建模等理论。

表 5-7-1　平行管理与控制领域中国主要申请人申请量年度分布　　　单位：件

申请人	2010年	2011年	2012年	2013年	2014年	2015年	2016年	2017年	2018年	2019年
青岛智能产业技术研究院						3	6	1	8	
中科院自动化所	1			3	3			1		
青岛慧拓智能机器有限公司								1	4	1
青岛中科慧畅信息科技有限公司								1	2	
国家电网						1	1		2	
北京智行者科技有限公司									3	
昆明理工大学	2					1				
华东理工大学				1			1	1		
东南大学										
北京交通大学	1		1		1					
武汉理工大学	1						1		1	
天津理工大学	1	1								

从以上分析可以看出，平行管理与控制是"人在回路"的混合增强智能的一个正在发展中的分支，才刚刚从理论的提出发展到实践的落地，并且主要发展方向是智能交通、人机共驾领域。由于这些领域都需要多方面联网获取数据，比如道路交通实时情况数据、导航数据、车辆实时数据等，加上国内外一些大企业已经占据大部分技术市场，因此，基于平行管理与控制的智能交通、人机共驾还需要进一步发展，以无人矿区、港口等情况相对单纯的平行交通、平行驾驶应用场景为突破口，进一步加快理论到产业应用。

第6章 支撑平台技术专利状况分析

随着混合增强智能技术的高速发展，混合增强智能的支撑平台行业进入产业化阶段，应用场景越来越丰富，已经渗透到各行各业。本章结合行业内对混合增强智能支撑平台技术应用热点的广泛共识，以及行业应用解决方案可专利性的情况，选取了人工智能超级计算中心及支撑环境（以下简称"超算中心"）、产业发展复杂性分析与风险评估的智能系统（以下简称"复杂性分析系统"）和核电人机协同智能安全保障平台（以下简称"核电安全"）三大应用行业进行专利分析。

6.1 总体状况分析

6.1.1 全球/中国专利申请和授权态势分析

图6-1-1示出了支撑平台技术三大应用行业1967~2018年全球/中国专利申请态势。1967年全球申请量是1项，2009年申请量开始突破千项，达到1005项，2018年申请量达到峰值，为6556项。中国申请趋势与全球趋势基本相同，2009年之前增长平稳，2009年之后快速增长，2017~2018年申请量达到巅峰。截止到检索日期（2019年05月31日），全球三大应用行业的申请量已经突破3万件。

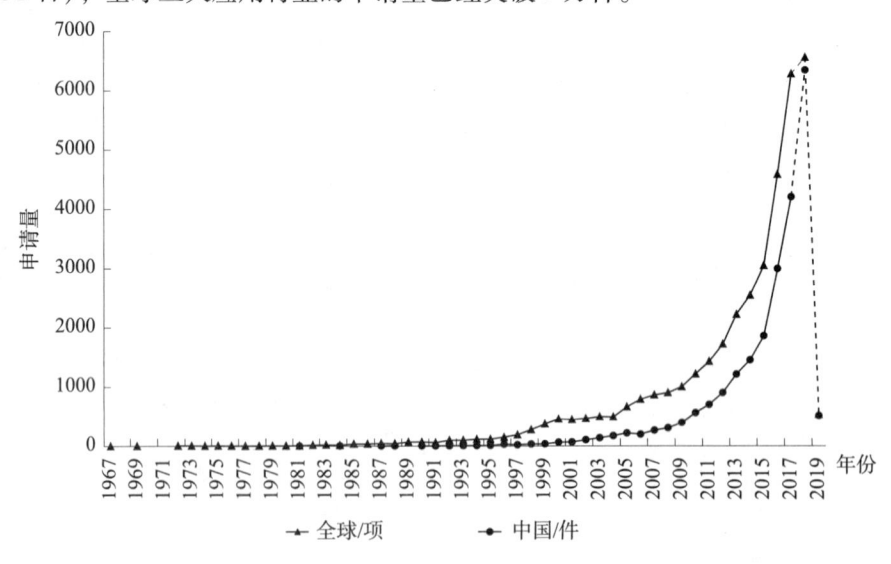

图6-1-1 支撑平台技术三大应用行业全球/中国专利申请态势

图 6-1-2 示出了支撑平台技术三大应用行业 1972～2018 年全球主要国家或地区专利申请授权态势，其中，日本在该领域的研究起步最早，欧洲其次。美国自 1996 年开始发展迅速，连续多年的专利申请授权量处于领先地位，2013 年授权量达到峰值，达到 736 件。中国专利申请授权量趋势与全球趋势基本相同，虽起步较晚，但 2010 年开始快速增长并在 2013 年之后保持领先，2016 年专利申请授权量达到巅峰。

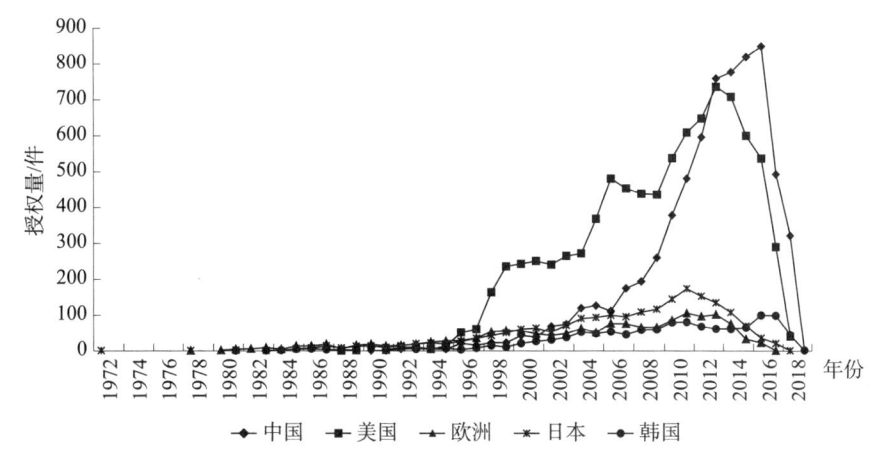

图 6-1-2 支撑平台技术三大应用行业全球主要国家或地区专利申请授权量态势

以上态势与支撑平台领域的产业政策有关系。日本和欧洲早年在该领域的人才积累具有一定优势，同时有政府的政策支持和研究资金的投入，抢先在支撑平台领域申请了部分基础专利。美国在 20 世纪末开始对人工智能技术有了一定程度的应用，且研究主体较多，互相之间的交流为共同搭建运算和验证平台创造了良好的条件，崛起迅速，并在支撑平台领域申请了大量核心专利。中国的高新企业和高校经过 21 世纪初的积累和发展后，在 2010 年左右开始逐步有实力追赶最前沿技术，目前虽未形成互联式的大型开源平台，但具有强烈的内在研发动力，同时获得国家政策层面的大力支持，发展势头不容小觑。

6.1.2 全球/中国专利申请量和授权量占比分析

图 6-1-3 示出了支撑平台技术三大应用行业全球主要国家或地区专利申请量与授权量的情况，其中，中国申请量较大，美国授权量占比较大。

6.1.3 全球/中国主要专利申请人分析

在支撑平台技术三大应用行业排名前 20 的全球申请人中，中国申请人占据 10 席，占比最多。美国申请人也较多，占据 6 席（参见图 6-1-4）。这与产业发展需求密不可分。对于我国而言，一方面，互联网技术从 21 世纪初开始迅猛发展，这就需要大量的支撑平台以供研发、共享和应用；另一方面，电网领域的智能化改造也迫切需要支撑平台提供基础支持。依托于这两个方向的发展和需求，我国在支撑平台技术领域的专利申请发展非常迅速。

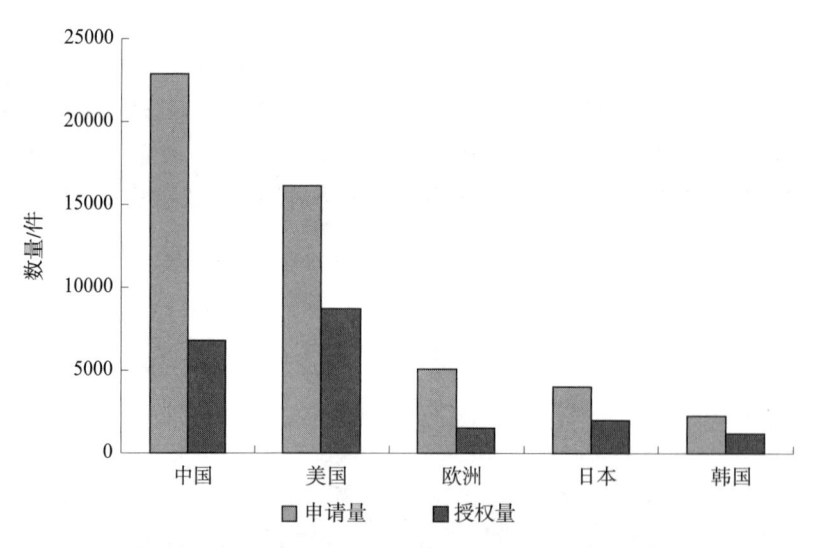

图6-1-3 支撑平台技术三大应用行业全球主要国家或地区专利申请量和授权量情况

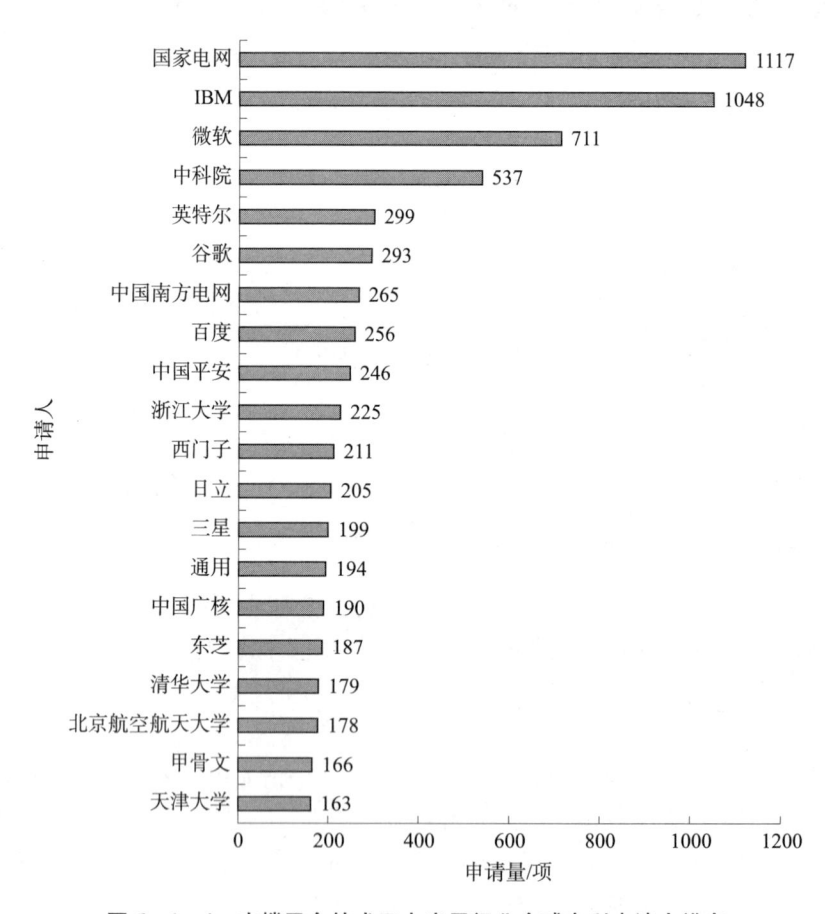

图6-1-4 支撑平台技术三大应用行业全球专利申请人排名

美国汇聚了多家高新科技企业，且智能化发展起步早，人才储备充足，在这一领域的实力一向领先。多家企业之间为了实现合作共赢，最高效的途径便是开发支撑平台，互通有无，进一步缩短研发时长、降低研发成本，有赖于此，美国在这一领域的申请量也较为可观。

如图6-1-5所示，支撑平台技术三大应用行业排名前20位的在华申请人均为中国申请人，其中，国家电网申请量位列第一，达到1114件。有13席是高校和科研院所，其中，中科院的申请量表现最为抢眼，达到528件。

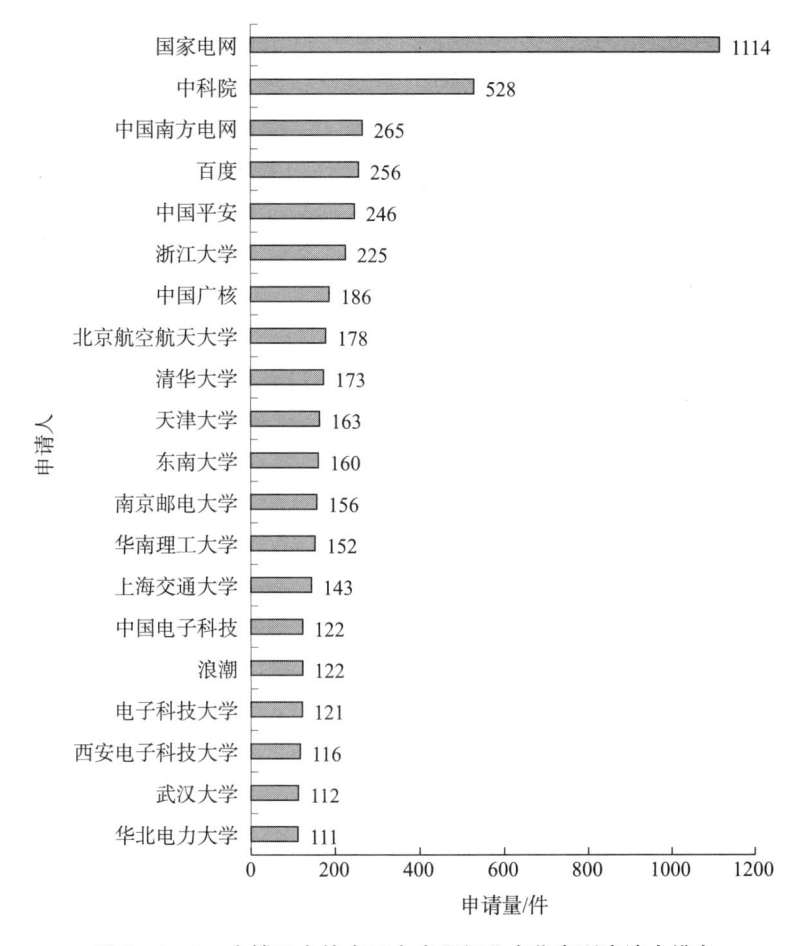

申请人	申请量/件
国家电网	1114
中科院	528
中国南方电网	265
百度	256
中国平安	246
浙江大学	225
中国广核	186
北京航空航天大学	178
清华大学	173
天津大学	163
东南大学	160
南京邮电大学	156
华南理工大学	152
上海交通大学	143
中国电子科技	122
浪潮	122
电子科技大学	121
西安电子科技大学	116
武汉大学	112
华北电力大学	111

图6-1-5　支撑平台技术三大应用行业在华专利申请人排名

6.1.4　全球专利布局区域分析

全球支撑平台技术三大应用行业专利申请超过3万件。其中，图6-1-6展示了支撑平台技术三大应用行业全球专利申请的原创国家或地区分布。可以明显看出，从专利申请的数量来看，全球支撑平台技术三大应用行业专利申请国家或地区之间存在明显的差距，排名前三位的是中国、美国和日本，中国排名第一位，占比为48%。

图6-1-7展示了支撑平台技术三大应用行业全球专利申请的目标国家或地区分

布。中国、美国、欧洲、日本、韩国是全球排名前五位的目标市场国家或地区。中国在超算中心、复杂性分析系统方面均超过美国，成为全球第一大目标市场。在核电安全中，中国紧随美国之后，位列全球目标市场国家或地区的第二。中国在支撑平台领域的技术发展与市场应用方面已经进入了国际前沿行列，正在成为这个领域研究的核心力量。具体分析数据参见第6.2至第6.4节。

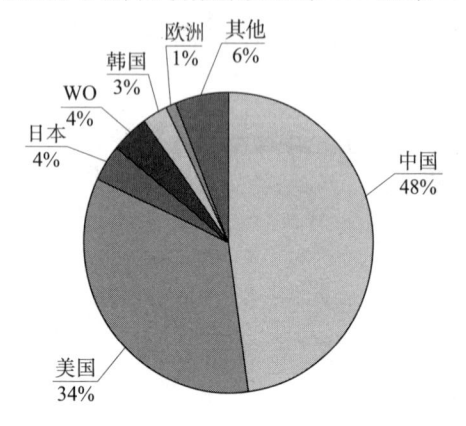

图6-1-6 支撑平台技术三大应用行业全球专利原创国家或地区占比

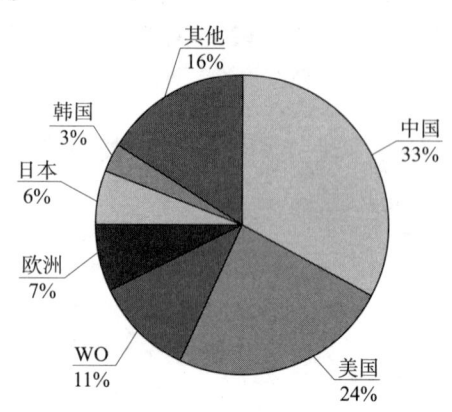

图6-1-7 支撑平台技术三大应用行业全球专利目标国家或地区占比

6.1.5 全球/中国主要技术分支分析

从图6-1-8可以看出，我国企业在超算中心和复杂性分析系统方面投入较多，在核电安全方面投入相对少一些。

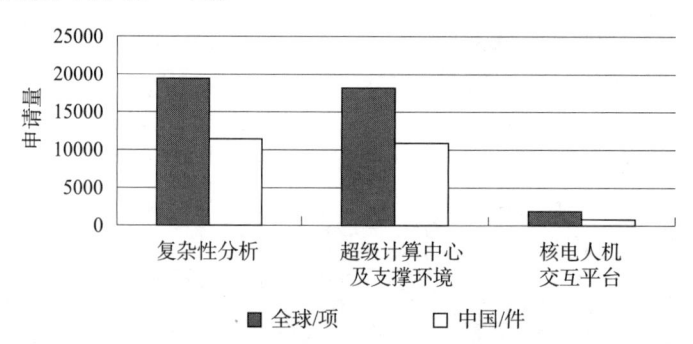

图6-1-8 支撑平台技术三大应用行业全球/中国主要技术分支占比

从全球专利布局来看，三大应用行业中，超算中心和复杂性分析系统这两个行业发展相当，核电安全由于技术产业门槛高，拥有相关技术的国家和创新主体有限，因此数量远低于其他两大应用行业，但由于涉及国家安全，核电大国对其的研究和应用也一直处于稳定发展状态。

6.1.6 全球/中国主要专利申请人布局重点分析

表6-1-1展示出支撑平台领域全球主要专利申请人在三大主要应用行业布局年度分布。可以看出，IBM和微软在2002年之后，各年度布局都较平均，稳中有升，谷歌在2011年之后开始发力，英特尔在2010～2013年集中布局了大量申请，之后回归原先的数量并稳步增长，国家电网自2013年起开始申请量逐年增长。

表6-1-2展示出支撑平台领域中国主要专利申请人在三大主要应用行业的布局重点年度。可以看出，电子科技大学、中科院和上海交通大学起步较早，国家电网自2013年起快速发展，中国平安在2018年有大量布局。

图6-1-9展示出支撑平台领域全球主要专利申请人在三大主要应用行业布局的重点国家或地区。从全球主要申请人国家或地区分布来看，除德国企业西门子、韩国企业三星之外，各家企业都是在本国或本地区的专利申请最多。从目标国家或地区来看，美国和中国最受重视，然后是欧洲，德国企业西门子、韩国企业三星均将美国和中国作为重点布局地。IBM、微软、谷歌、英特尔在除本国之外的其他国家或地区布局比较均衡，其中英特尔在主要国家或地区的布局都相差不大。中国南方电网、浙江大学、中国广核和北京航空航天大学几乎只在本国布局。东芝、日立等日本企业除在本国布局外，在美国、欧洲和中国也有较多布局。

图6-1-10展示出支撑平台领域中国主要专利申请人在三大主要应用行业布局的重点国家或地区。中国主要申请人都以中国作为主要布局地，中科院和清华大学在海外有较全面的布局，国家电网、中国广核、中国电子科技、电子科技大学只在中国和国际局有布局，多数中国主要申请人则只在中国布局。

从图6-1-11全球主要专利申请人技术分布来看，在核电安全方面申请量较大的申请人是东芝、中国广核和日立，日本企业是主力，中国企业也有一席之地。在复杂性分析系统方面申请量较多的是国家电网、IBM、中科院、中国南方电网和微软，为中国企业、科研院所和美国企业。在超算中心方面申请量较多的是IBM、微软、英特尔、国家电网和中科院，美国企业较为领先，中国企业、科研院所正在加速追赶。

从图6-1-12中国主要专利申请人技术分布来看，在核电安全方面，中国广核、中科院和国家电网这些核电领域专业企业和科研院所是主要力量。在复杂性分析系统方面申请量较多的是国家电网、中科院、中国南方电网、中国平安和浙江大学，高校、科研院所的力量仍占很大比例。在超算中心方面申请量较多的是国家电网、中科院和百度。

表6-1-1 支撑平台领域三大主要应用行业全球主要专利申请人布局年度分布

单位：项

主要申请人	1990年	1991年	1992年	1993年	1994年	1995年	1996年	1997年	1998年	1999年	2000年	2001年	2002年	2003年	2004年	2005年	2006年	2007年	2008年	2009年	2010年	2011年	2012年	2013年	2014年	2015年	2016年	2017年	2018年	2019年
国家电网																			3	5	8	21	49	86	151	211	207	239	353	15
IBM	10	7	6	7	3	6	15	21	39	58	60	146	91	60	70	132	110	119	116	109	140	154	154	162	107	185	175	218		1
微软							30	34	32	44	16	7	118	189	322	281	183	154	109	177	294	344	205	181	292	236	215	119	1	
中科院										1	2	4	9	7	13	13	4	31	23	25	33	35	56	63	67	64	78	96	147	12
英特尔			2					1	8	1		11		17	22	64	91	48	27	24	135	111	241	142	91	68	93	222	44	4
谷歌											20	1	1	6	40	5	53	85	63	37	98	189	125	121	103	145	174	82	1	1
中国南方电网																				2	2	5	19	27	35	40	37	54	105	9
百度																	2				4	20	29	15	54	90	126	89	53	4
中国平安																											14	48	211	19
浙江大学													1				2	8	10	20	3	12	10	7	27	19	40	49	81	4
西门子	13	11	14	5	5	25	16	4	7	34	23	12	18	57	15	36	35	30	21	21	36	69	40	42	58	46	61	65	2	
日立	12	24	29	19	11	10	4	1	8	16	39	23	1	15	21	7	7	22	31	54	33	21	36	45	28	9	26	32		
三星	1			6	7	8	2	2	11	5		1	36	18	50	17	68	25	24	23	64	79	72	81	86	56	97	93	7	
通用电气					9	1	1	3	11	18	62	16		47	25	47	24	32	14	48	62	74	58	34	22	19	63	73	3	
中国广核																2		7	17	16	14	44	27	39	46	48	40	23	8	
东芝	17	4		9	7	1	18	17	17	9	12		8	16	24	40	41	19	30	32	58	58	53	29	44	9	19	24	2	1
清华大学													3	1	2	2	6	5	3	10	6	12	18	20	16	26	25	58	56	6
北京航空航天大学																2	2	5	6	18	11	19	20	23	12	18	15	36	64	1
甲骨文							1				5	11	25	20	1	5	9	16	11	45	33	39	43	49	26	36	62	16	4	1
天津大学														2			2	3	1	6	7	5	16	15	20	8	28	36	53	5

表 6-1-2 支撑平台领域三大主要应用行业中国主要专利申请人布局年度分布

单位：件

中国主要申请人	2000年之前	2001年	2002年	2003年	2004年	2005年	2006年	2007年	2008年	2009年	2010年	2011年	2012年	2013年	2014年	2015年	2016年	2017年	2018年	2019年
国家电网	3	4	6	7	12	13	4	30	3	5	8	19	49	83	147	206	204	237	353	15
中科院									22	25	27	35	47	57	66	59	77	93	147	12
中国南方电网										2	2	5	19	27	35	40	37	54	105	9
百度											4	19	25	12	38	50	84	57	50	4
中国平安																	6	23	202	19
浙江大学			1				2	8	10	20	3	12	10	7	27	19	40	49	81	4
中国广核								7	17	16	13	43	27	33	45	46	40	20	8	
北京航空航天大学						2	2	5	6	18	11	19	20	23	12	18	15	34	64	1
清华大学			1	1	2	2	4		3	8	6	12	18	20	15	26	23	46	56	6
天津大学				2			2	3	1	6	7	5	16	15	18	8	28	36	53	5
东南大学								2	2		2	19	6	20	23	14	31	33	54	7
南京邮电大学									4	2	10	7	8	9	5	13	11	33	78	8
华南理工大学							3	1	1		6	1	6	11	11	24	21	33	61	2
上海交通大学	2		2	9	4	9		13	3	3	4	2	8	6	2	32	29	20	43	4
中国电子科技								1	2		3	5	2	8	12	25	12	32	50	2
浪潮	1						2		2	1	2	2	5	6	8	18	12	27	44	4
电子科技大学										4	4	2	4	5	16	13	10	27	53	6
西安电子科技大学					2							8	11	8	23	14	11	33	46	3
武汉大学				2						3	5	8	11	17	21	13	26	22	33	
华北电力大学						1			2	2		6	12		12	18	25	17	33	

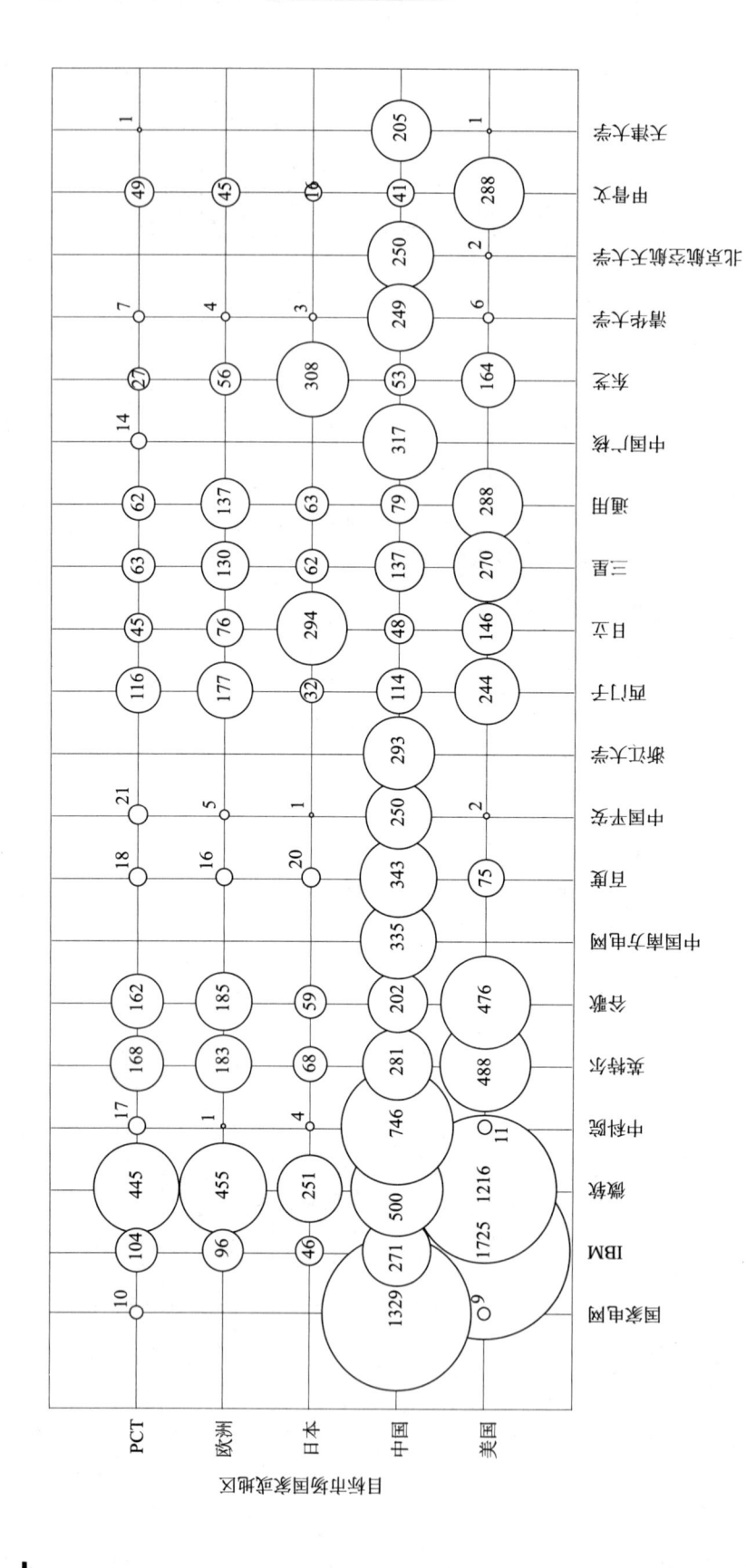

图6-1-9 支撑平台领域三大应用行业全球主要专利申请人国家或地区分布

注：图中数字表示申请量，单位为项。

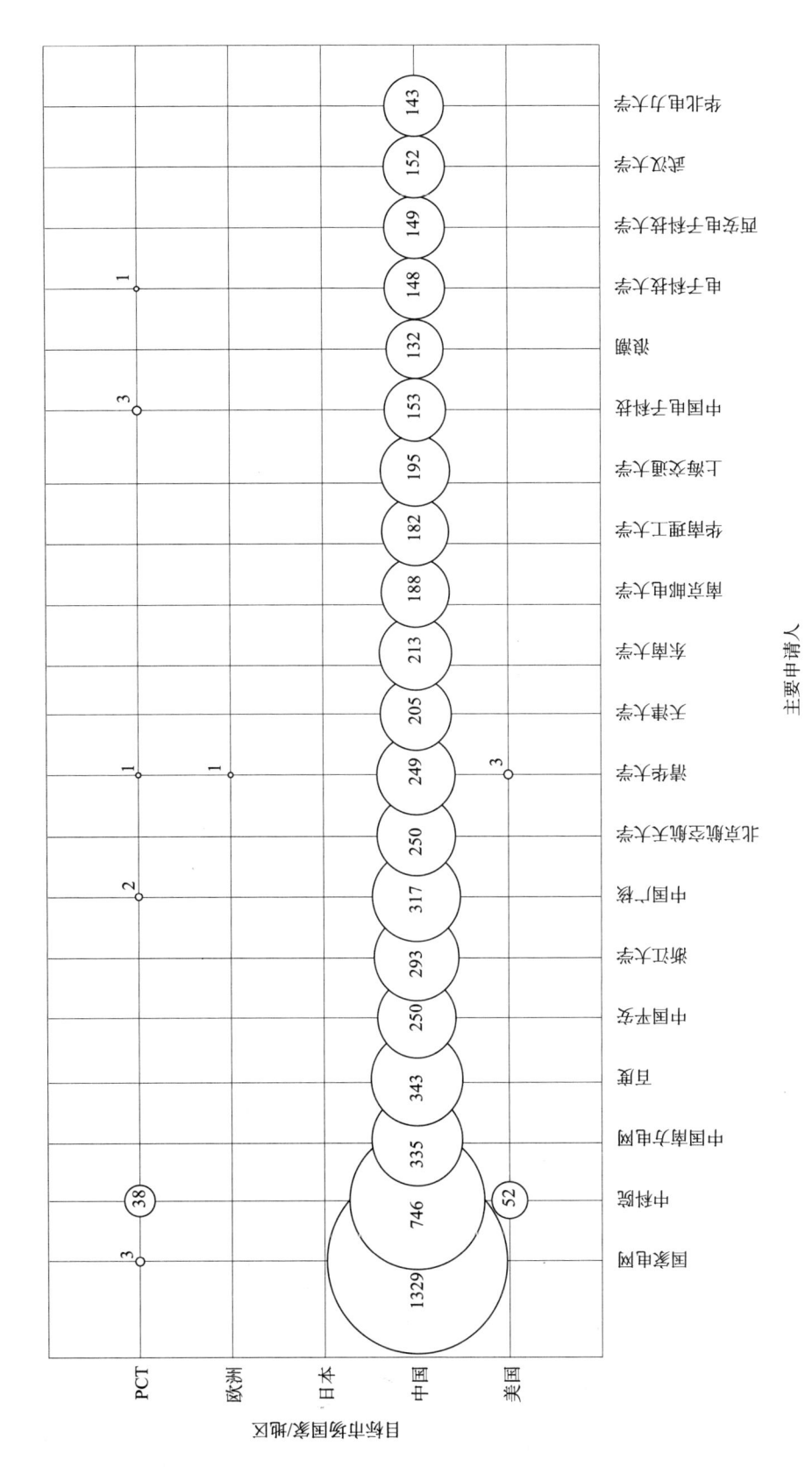

第6章 支撑平台技术专利状况分析

图6-1-10 支撑平台领域三大应用行业中国主要专利申请人国家或地区分布

注：图中数字表示申请量，单位为件。

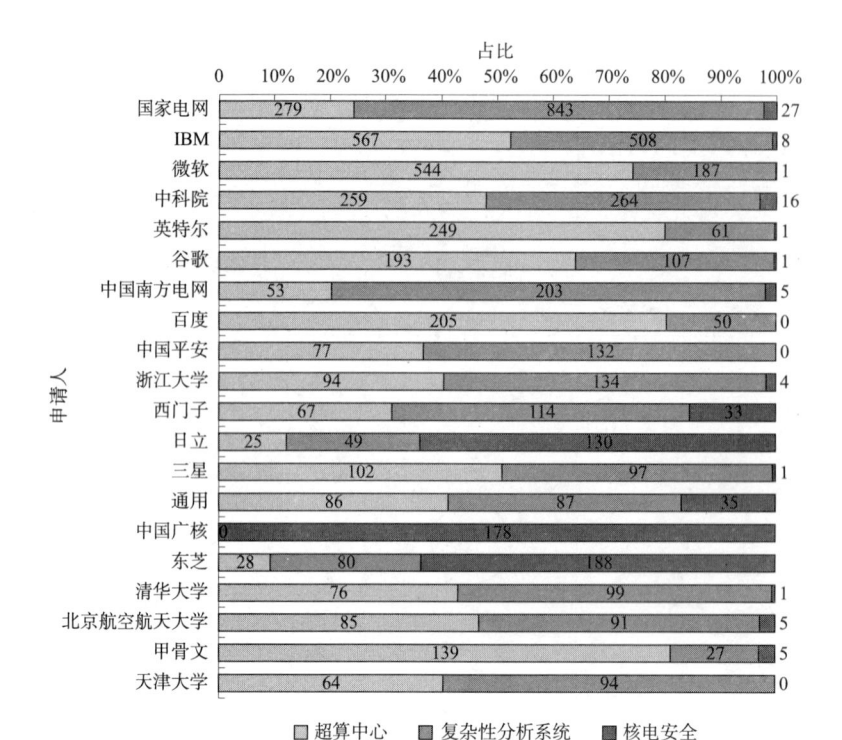

图 6-1-11 支撑平台领域三大应用行业全球主要专利申请人技术分布

注：图中数量表示申请量，单位为项。此图为示意图，图中比例关系仅供参考。

图 6-1-12 支撑平台领域三大应用行业中国主要专利申请人技术分布

注：图中数字表示申请量，单位为件。此图为示意图，图中比例关系仅供参考。

6.2 人工智能超级计算中心及支撑环境

6.2.1 全球/中国专利申请和授权态势分析

图 6-2-1 示出了超算中心行业 1974~2018 年全球/中国专利申请态势。1974 年全球申请量是 1 项，2014 年申请量破千项，达到 1208 项，2016 年增长迅速，于 2017 年申请量达到峰值，达到 3238 项。中国申请趋势与全球趋势基本相同，但是 2015 年，美国政府禁止英特尔出售快速计算芯片给中国，以防止中国利用这种芯片升级天河二号，所以 2015 年开始，中国超算中心方面的专利申请出现了突增。随后 2016~2018 年申请量达到巅峰。截止到检索日期（2019 年 05 月 31 日），全球超算中心行业的申请量已经超过 1 万件。

图 6-2-1 超算中心领域全球/中国专利申请态势

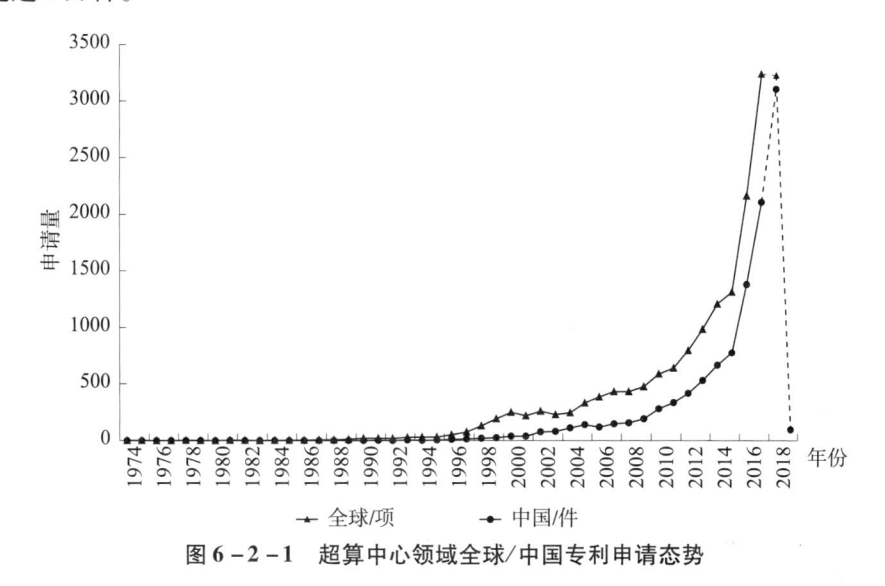

图 6-2-2 示出了超算中心行业 1981~2019 年全球主要国家或地区专利申请授权

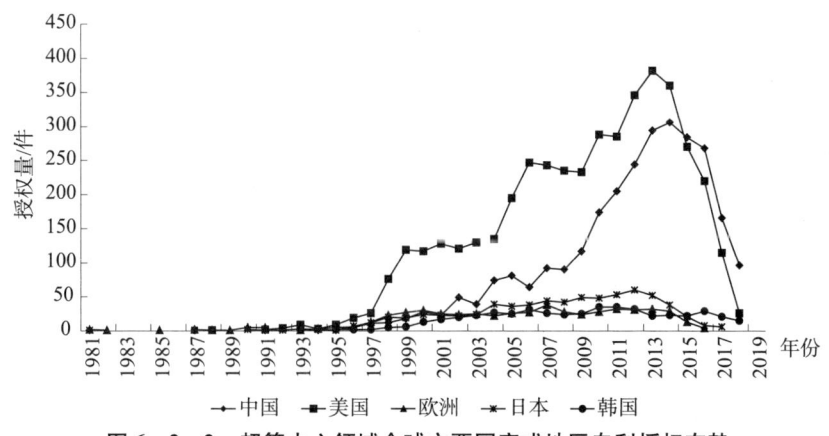

图 6-2-2 超算中心领域全球主要国家或地区专利授权态势

态势。其中，欧洲在该行业的研究起步最早且发展稳定，日本其次。美国自1998年开始发展较为迅速，连续多年的专利申请授权量处于领先地位，2013年授权量达到峰值，达到382件。中国专利申请授权量趋势与全球趋势基本相同，虽起步较晚，但于2010年开始快速增长，并于近几年超过美国。

6.2.2 全球/中国专利申请量和授权量占比分析

图6-2-3示出了超算中心行业全球主要国家或地区专利申请量与授权量的占比情况。其中，中国申请量较大，美国的申请量位居其次；美国的授权量最大，中国的授权量位居第二。

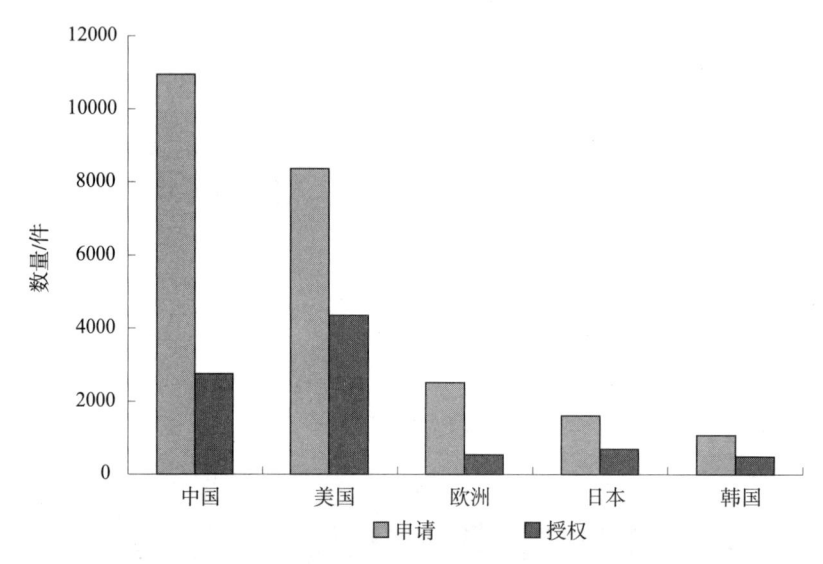

图6-2-3 超算中心领域全球主要国家或地区专利申请量和授权量情况

6.2.3 全球/中国主要专利申请人分析

如图6-2-4所示，在超算中心领域排名前20位的全球申请人中，中国和美国申请人各占9席，占比最多。韩国和日本申请人各占1席。我国和美国在这一技术分支占比较多，从申请人数量上来看，呈分庭抗礼的态势，这与两国在该领域的激烈竞争有关。美国在人工智能超级计算和支撑环境方面的研究已持续多年，积累了一大批手握关键技术的高科技公司和团队。借助于这一先天优势，美国在这一领域占据主动权和绝对多的市场份额。我国在2015年被美国封锁了超算技术，为了支撑国内在这一领域已有的大量需求和未来发展的进一步需求，一批高校、科研院所和科技公司尝试自力更生，爆发了巨大的潜力，快速掌握了一定主动权和布局份额。

如图6-2-5所示，超算中心排名前20位的在华申请人中，微软位列第一，国家电网紧随其后，达到279件。中国申请人占据15席。在这15席中，有8席是高校和科研院所，其中，中科院的申请量表现最为抢眼，达到256件。

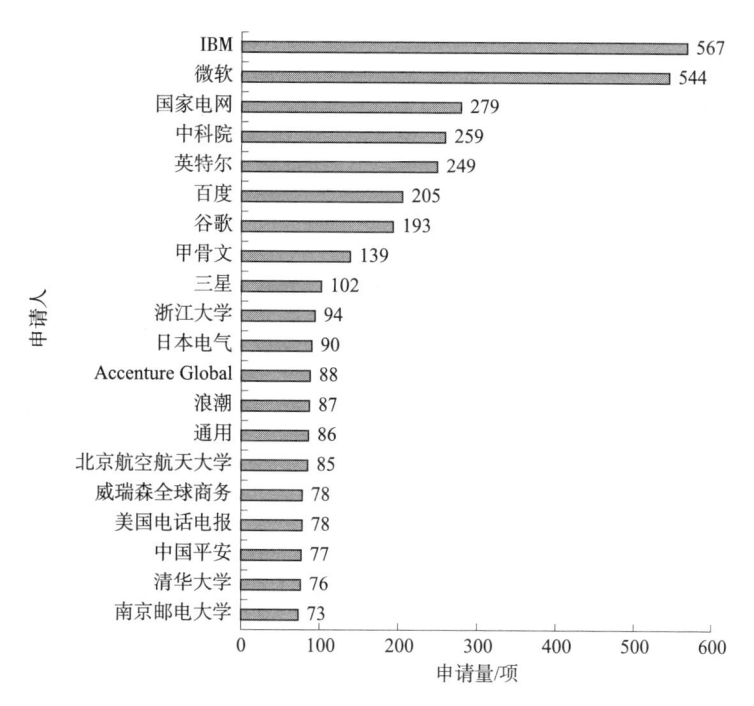

图 6-2-4 超算中心领域全球专利申请人排名

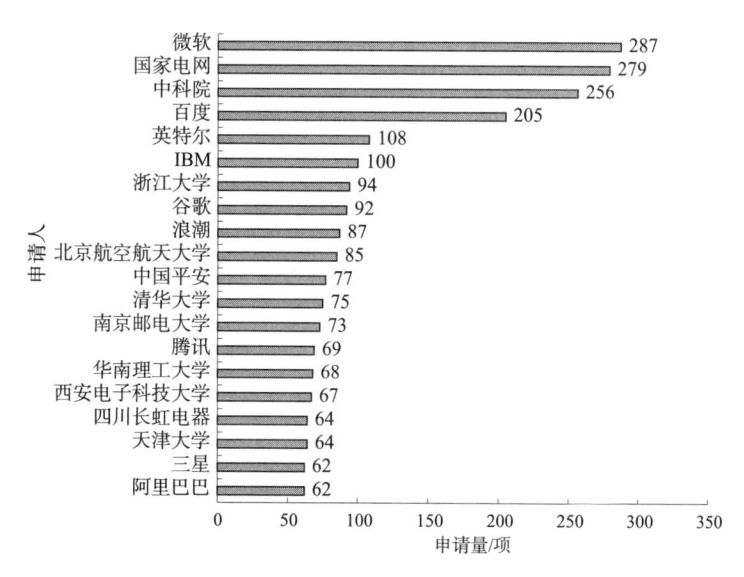

图 6-2-5 超算中心领域在华专利申请人排名

6.2.4 全球专利布局区域分析

全球超算中心行业专利申请超过1万件。图6-2-6展示了全球超算中心行业专利申请的原创国家或地区分布。可以明显看出，从专利申请的数量来看，全球超算中心行业专利申请国家或地区之间存在明显差距，排名前三位的是中国、美国和PCT，中国排名第一，占比为46%。

图6-2-7展示了全球超算中心行业专利申请的目标国家或地区分布。中国、美国、欧洲、日本、韩国、澳大利亚是全球排名前六的目标市场地。中国成为全球第一大目标市场，也正在成为这个领域研究的重要力量。

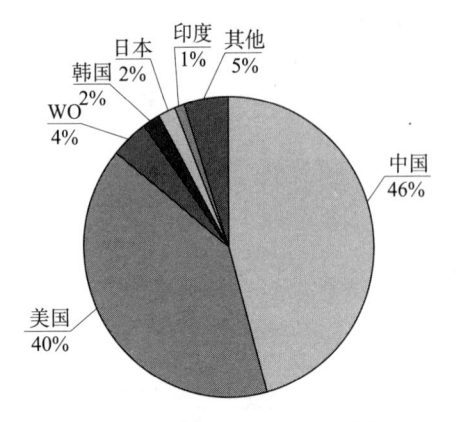

图6-2-6 超算中心领域全球专利原创国家或地区分布

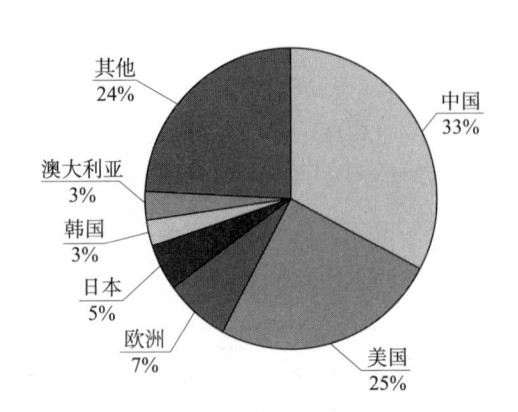

图6-2-7 超算中心领域全球专利目标国家或地区占比

6.2.5 全球/中国主要专利申请人布局重点分析

表6-2-1展示出超算中心领域全球主要专利申请人布局年度分布。可以看出，微软在2002年之后，各年度布局都较平均，稳中有升；谷歌在2010年之后开始发力；英特尔在2012年和2013年的两年间集中布局了大量申请，之后回归原先的数量并稳步增长；国家电网自2008年起开始申请；百度自2010年起开始申请。

表6-2-2展示出超算中心领域中国主要专利申请人布局年度分布。可以看出，IBM布局早且各年度布局均衡，中科院起步较早且发展稳定，浙江大学、北京航空航天大学、清华大学等高校保持着平稳的研发进度，中国平安在2018年申请量有显著的跃升。

图6-2-8展示出超算中心领域全球主要专利申请人布局的重点国家或地区。可以看出，除日本电气、韩国三星之外，各家企业都是在本国或本地区的专利申请最多。从目标地来看，美国最受重视，然后是中国和欧洲，日本电气、韩国三星均将美国作为重点布局地。微软、英特尔、谷歌在除本国之外的其他主要国家或地区布局比较均衡。IBM在除本国之外的国家或地区中，对中国的布局显著多于其他国家或地区。在韩国市场的布局中，英特尔占据绝对优势。韩国三星在主要国家或地区布局较均衡，日本电气除在本国布局外，在美国、欧洲和中国也有布局，在韩国暂无相应布局。浙江大学和南京邮电大学目前只在本国布局。

图6-2-9展示出超算中心领域中国主要专利申请人布局的重点国家或地区。英特尔和微软在中国的布局最多；中国的企业、高校和科研院所大多以中国作为主要布局地，中科院、中国平安、腾讯和阿里巴巴在海外有较全面的布局，北京航空航天大学、天津大学只在中美两国有布局，一部分中国主要申请人则只在中国布局，如浙江大学、南京邮电大学。

表6-2-1 超算中心领域全球主要专利申请人布局年度分布

单位：项

申请人	2000年	2001年	2002年	2003年	2004年	2005年	2006年	2007年	2008年	2009年	2010年	2011年	2012年	2013年	2014年	2015年	2016年	2017年	2018年	2019年
IBM	44	243	54	70	101	107	56	96	89	136	163	145	94	133	66	121	90	100		
微软	30	11	186	150	305	264	126	139	114	123	238	261	179	177	237	180	192	114	1	
国家电网									1	1	2	6	5	13	38	52	39	66	96	1
中科院	2	1	8	3	11	7	2	18	15	10	19	17	30	29	21	33	37	42	73	1
英特尔	15	9		17	26	98	107	53	30	22	58	462	2117	1875	307	67	253	263	33	2
百度											4	17	21	11	31	39	66	44	36	1
谷歌		4	97	141	94	121	145	98	19	37	315	297	217	243	109	136	187	71		
甲骨文	1	5	57	16		2	4	15	11	43	32	50	33	72	45	49	26	23	4	3
三星			17	50	16	4	34	59	2	10	17	49	44	47	29	17	94	52	4	
浙江大学							2	1	9	12		8	4		8	8	11	22	29	
日本电气	9		1		2	8	11	5	10	8	26	1	19	10	8	10	28	22	2	1
Accenture Global	13		8				10		3	14	22			16	10	10	76	85	4	
浪潮								1				2	5	4	7	10	7	21	34	
通用	5	7		17		27		21	5	21	11	14	19	1	11	8	40	60	3	
北京航空航天大学						2		2	2	8	6	3	3	11	5	6	5	12	42	
威瑞森全球商务			24	15	17	87	4	25	12	13	11	15	43	15	18	3	17	13		1
美国电话电报	36		7	64	28	33	3	19	37	22	24		8	6	4	2	4	6		
中国平安																	8	20	68	
清华大学						2			3	5	6	5	3	4	7	8	7	21	31	
南京邮电大学									4		6	7	4	7	4	2	5	14	35	2

表6-2-2 超算中心领域中国主要专利申请人布局年度分布

单位：件

申请人	1995年	1996年	1997年	1998年	1999年	2000年	2001年	2002年	2003年	2004年	2005年	2006年	2007年	2008年	2009年	2010年	2011年	2012年	2013年	2014年	2015年	2016年	2017年	2018年	2019年
微软		2	31	12	3			44	139	276	249	121	86	63	74	175	226	134	156	209	146	144	3		
国家电网														1	1	2	6	5	13	38	52	39	66	96	1
中科院						2	1	8	3	11	7	2	17	15	10	19	17	30	28	21	30	37	42	73	1
百度																4	17	21	11	31	39	66	44	36	
英特尔			1			15	3		9	17	56	72	41	17	13	57	454	2076	1871	295	25	203	206		
IBM			10	2	24	23	214	44	11	51	61	18	46	18	29	20	64	34	47		48	5	6		3
浙江大学								1				2	1	9	12		8	4		8	8	11	22	29	
谷歌							1	1	16	51		56	80	10	26	53	91	113	130	66	116	111	33		
浪潮													1				2	5	4	7	10	7	21	34	1
北京航空航天大学											2		2	2	8	6	3	3	11	5	6	5	12	42	
中国平安																	5	3	4	7	8	8	20	68	1
清华大学										1				3	5	6	7	4	7	4	2	6	21	31	
南京邮电大学														4		6	1	17	51	20	4	5	14	35	2
腾讯													28	2		3	7	2	3	4	4	21	27	13	1
华南理工大学														1	2	2	1	2	3	12	11	7	20	26	
西安电子科技大学															1	4	2	6	3	10	3	10	18	15	
四川长虹电器															2	5	1	3	5	10	1	17	16	22	
天津大学															10	8	18	36	16	25	8	64	40	2	
三星	11							16	50	16	4	29	59		9	8	9	12	15	14	30	29	36	6	
阿里巴巴												7		11											

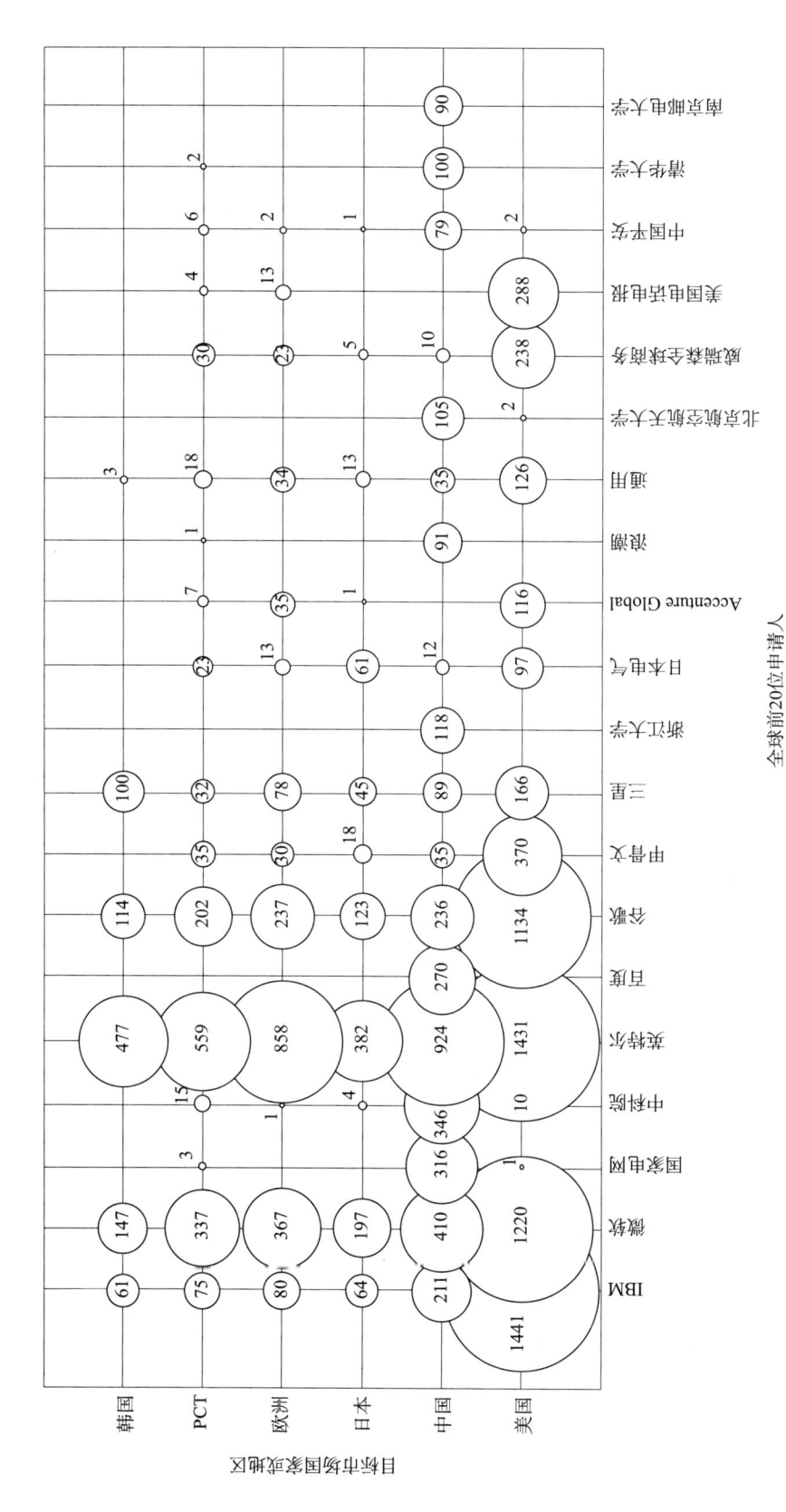

第6章 支撑平台技术专利状况分析

图 6-2-8 超算中心领域全球主要专利申请人布局国家或地区分布

注：图中数字表示申请量，单位为项。

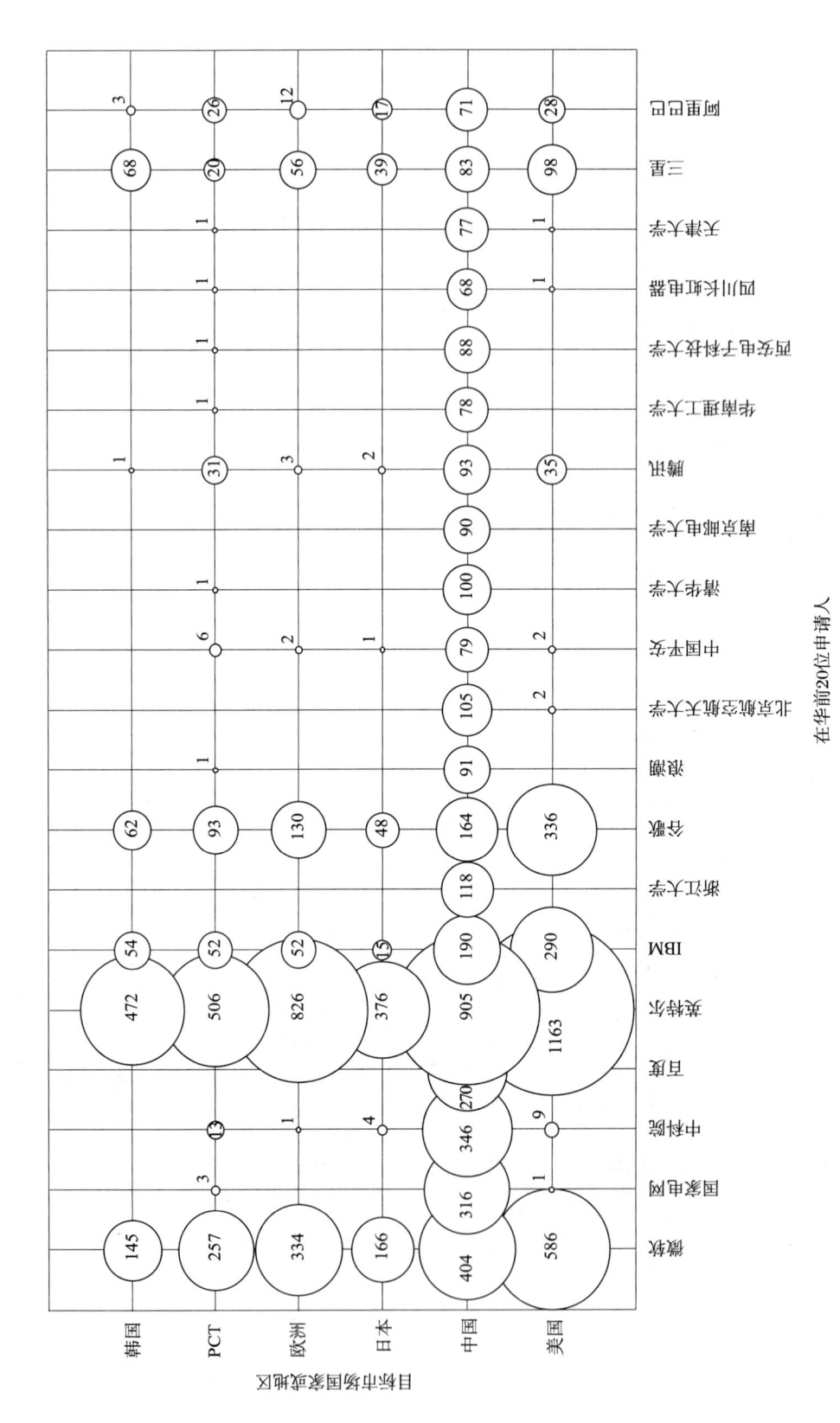

图 6-2-9 超算中心领域中国主要专利申请人国家或地区分布

注：图中数字表示申请量，单位为件。

6.3 产业发展复杂性分析与风险评估的智能系统

6.3.1 全球/中国专利申请和授权态势分析

图 6-3-1 示出了复杂性分析系统行业 1967~2019 年全球/中国专利申请态势。1967 年全球申请量是 1 项，2013 年申请量破千项，达到 1199 项，2016 年增长迅速，于 2018 年申请量达到峰值，达到 3340 项。中国申请趋势与全球趋势基本相同，2016 年之前增长平稳，之后快速增长，2018 年申请量达到巅峰，达到 3244 件。截止到检索日期（2019 年 05 月 31 日），全球复杂性分析系统行业的申请量已经超过 1 万件。

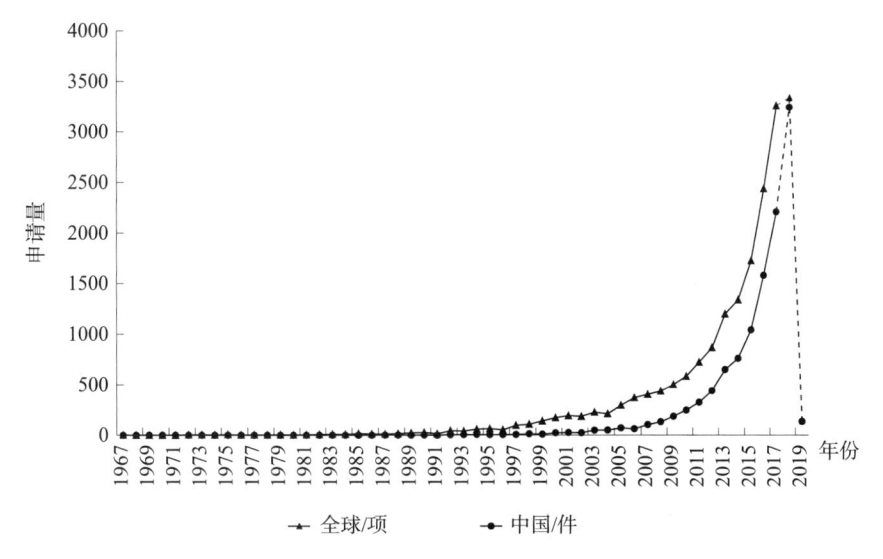

图 6-3-1 复杂性分析系统领域全球/中国专利申请态势

图 6-3-2 示出了复杂性分析系统行业 1980~2018 年全球主要国家或地区专利申

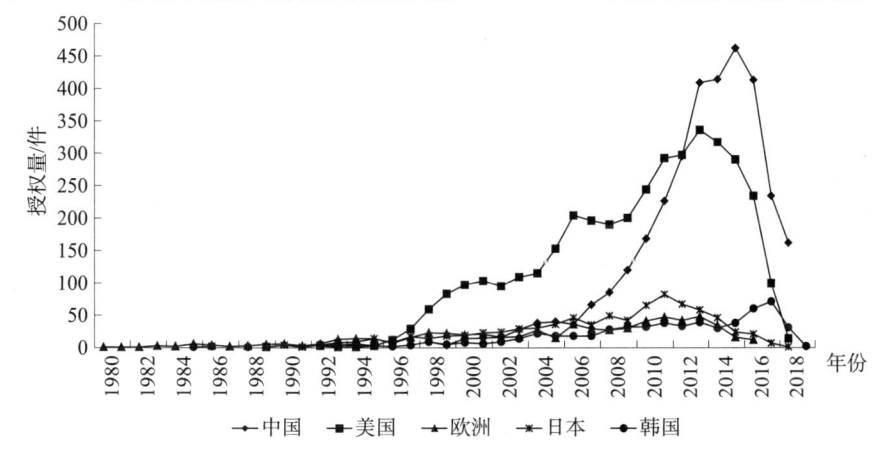

图 6-3-2 复杂性分析系统领域全球主要国家或地区专利授权量态势

请授权态势。其中，欧洲在该行业的研究起步最早且发展稳定，韩国和日本次之。美国自1998年开始发展较为迅速，连续多年的专利申请授权量处于领先地位，2013年授权量达到峰值，达到336件。中国专利申请授权趋势与全球趋势基本相同，虽起步较晚，但2009年开始快速增长，于2013年首次超越美国，并在之后的几年继续保持领先地位。

6.3.2 全球/中国专利申请量和授权量占比分析

图6-3-3示出了复杂性分析系统行业全球主要国家或地区专利申请量与授权量情况。其中，中国申请量较大，美国申请量位居其次；在授权量方面，美国最大，中国授权量位居第二。

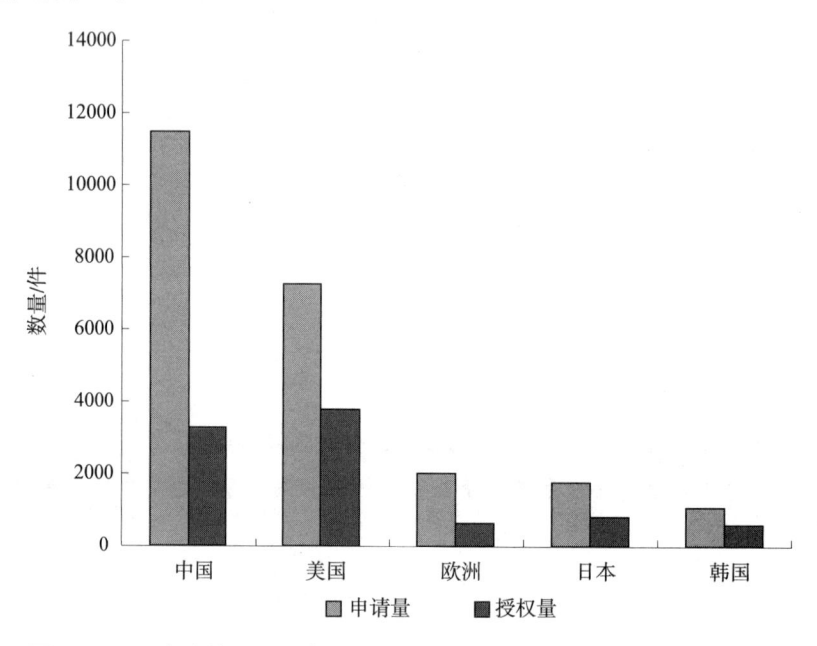

图6-3-3 复杂性分析系统全球主要国家或地区专利申请量和授权量情况

6.3.3 全球/中国主要专利申请人分析

如图6-3-4所示，在复杂性分析系统排名前20位的全球申请人中，中国申请人最多，占11席。其次是美国申请人，占4席，日本申请人占2席，德国、荷兰和韩国申请人各占1席。

如图6-3-5所示，复杂性分析系统排名前20位的在华申请人均为中国申请人，其中，国家电网位列第一，达到843件。在这20席中，高校和科研院所占了15席，是这一领域的主要研究主体。

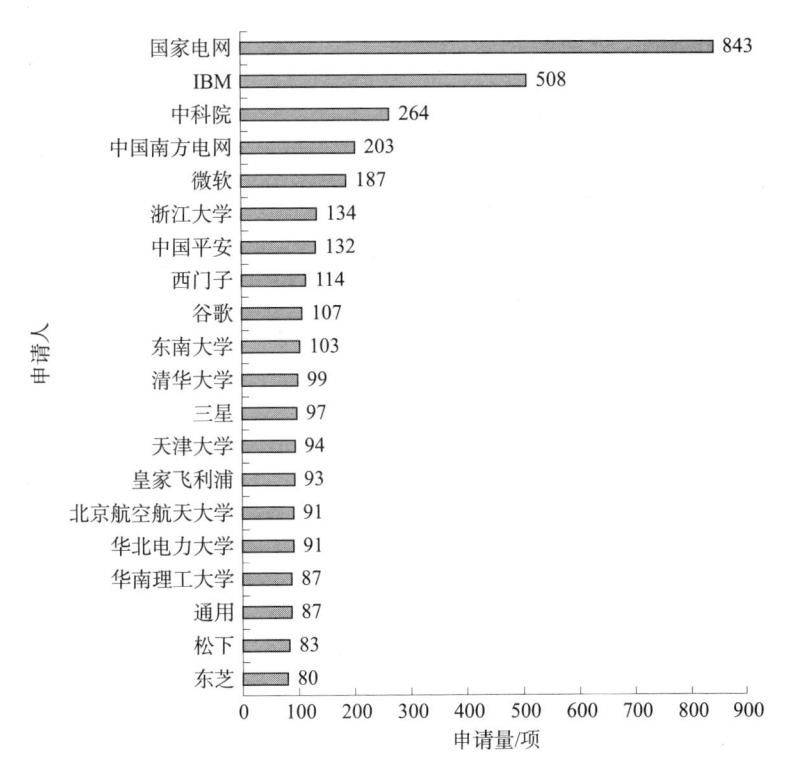

图 6-3-4 复杂性分析系统全球专利申请人排名

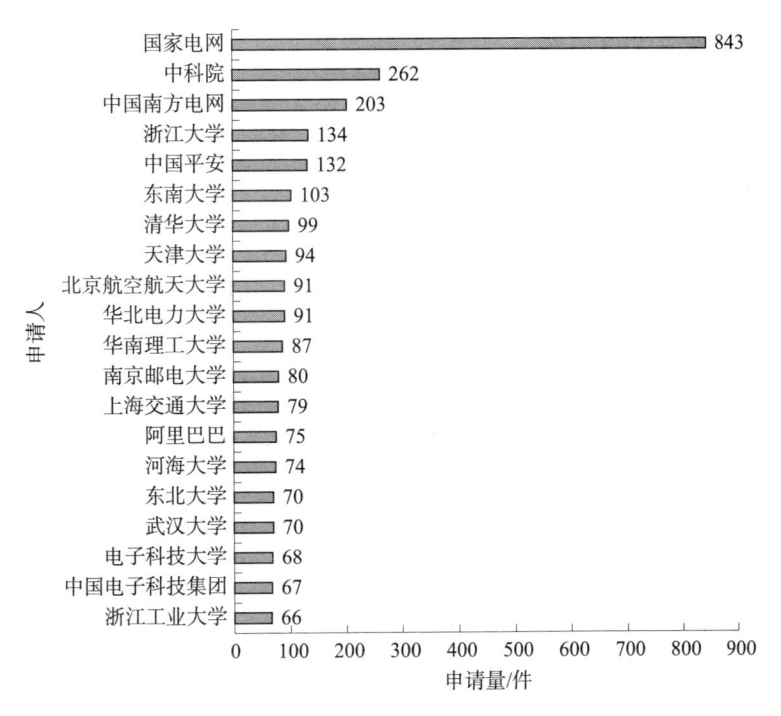

申请人	申请量/项
国家电网	843
IBM	508
中科院	264
中国南方电网	203
微软	187
浙江大学	134
中国平安	132
西门子	114
谷歌	107
东南大学	103
清华大学	99
三星	97
天津大学	94
皇家飞利浦	93
北京航空航天大学	91
华北电力大学	91
华南理工大学	87
通用	87
松下	83
东芝	80

图 6-3-5 复杂性分析系统在华专利申请人排名

申请人	申请量/件
国家电网	843
中科院	262
中国南方电网	203
浙江大学	134
中国平安	132
东南大学	103
清华大学	99
天津大学	94
北京航空航天大学	91
华北电力大学	91
华南理工大学	87
南京邮电大学	80
上海交通大学	79
阿里巴巴	75
河海大学	74
东北大学	70
武汉大学	70
电子科技大学	68
中国电子科技集团	67
浙江工业大学	66

6.3.4 全球专利布局区域分析

全球复杂性分析系统行业专利申请超过1万件。其中，图6-3-6展示了全球复杂性分析系统行业专利申请的原创国家或地区分布。可以明显看出，从专利申请的数量来看，全球复杂性分析系统行业专利申请国家或地区之间存在明显的差距，排名前三位的是中国、美国和日本，中国排名第一，占比为50%。

图6-3-7展示了全球复杂性分析系统行业专利申请的目标国家或地区分布。中国、美国、欧洲、日本、韩国、澳大利亚是全球排名前六位的目标市场地。中国成为全球第一大目标市场，也正在成为这个领域研究的重要力量。

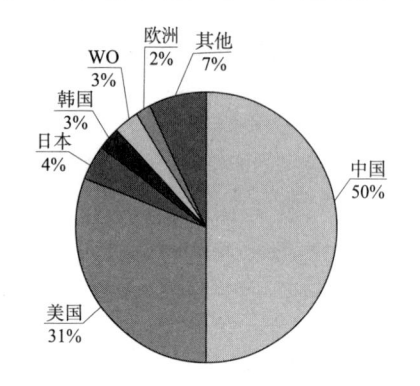

图6-3-6　复杂性分析系统领域全球
专利原创国家或地区分布

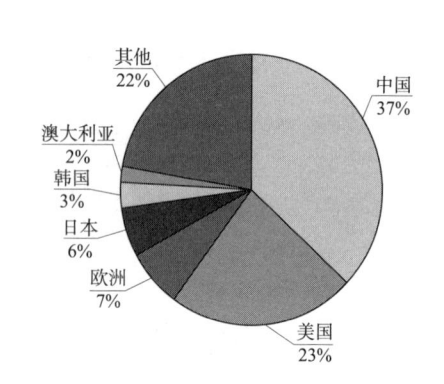

图6-3-7　复杂性分析系统领域全球
专利目标国家或地区占比

6.3.5 全球/中国主要专利申请人布局重点分析

表6-3-1展示出复杂性分析系统领域全球主要专利申请人布局年度分布。可以看出，IBM起步早且布局数量稳步增长，西门子、三星、皇家飞利浦、松下、东芝起步较早且一直保持稳定的布局量，谷歌在2010年和2011年的两年间集中布局了大量申请，之后回归稳定，国家电网自2014年起布局量开始有了明显的增长。

表6-3-2展示出复杂性分析系统领域中国主要专利申请人布局年度分布。可以看出，中科院、上海交通大学和清华大学起步较早且发展稳定，国家电网2008年起开始在这一领域布局，且发展迅速，中国平安在2018年有显著的跃升。

图6-3-8展示出复杂性分析系统领域全球主要专利申请人布局的重点国家或地区。可以看出，除德国企业西门子、韩国企业三星、荷兰企业皇家飞利浦之外，各家企业都是在本国或本地区的专利申请最多。从目标地来看，美国最受重视，其次是中国，德国企业西门子、韩国企业三星、荷兰企业皇家飞利浦均将美国作为重点布局地。IBM、微软、西门子、谷歌、三星、皇家飞利浦、松下在主要国家或地区布局比较均衡。中国南方电网、天津大学、北京航空航天大学、华北电力大学目前只在本国布局。

图6-3-9展示出复杂性分析系统领域中国主要专利申请人布局的重点国家或地区。国家电网在中国的布局最多，清华大学、阿里巴巴、东北大学在海外有一定的布局。超过一半的中国主要申请人则只在中国布局。

第6章 支撑平台技术专利状况分析

表6-3-1 复杂性分析系统领域全球主要专利申请人布局年度分布

单位：项

申请人	2000年之前	2001年	2002年	2003年	2004年	2005年	2006年	2007年	2008年	2009年	2010年	2011年	2012年	2013年	2014年	2015年	2016年	2017年	2018年	2019年
国家电网	37								3	3	4	12	41	73	118	161	155	179	254	4
IMB	1	22	18	34	7	54	67	34	50	23	73	74	109	101	121	154	145	144		
中科院		3		4	4	6	2	13	11	16	13	17	31	32	44	26	35	46	65	2
中国南方电网										2	2	5	19	22	30	35	22	40	80	2
微软	22	1	13		49	24	39	44	20	63	48	132	31	32	78	83	25	42		
浙江大学								5	1	5	1	4	6	7	20	11	28	31	48	1
中国平安																	6	28	107	6
西门子	32	74	3	20	6	20	3	6	38	4	30	49	35	18	25	42	38	41		1
谷歌				22		44	1	18	34	6	285	268	100	97	33	22	50	17	32	
东南大学								2	2		2	17	6	15	13	7	22	23	25	1
清华大学			3	1	2		6			7		7	13	12	9	18	14	37	3	
三星	19	1	1	1	20	9	33	16	20	13	18	15	21	121	56	55	45	34	25	1
天津大学			2				2	3	1	4	2	5	13	12	10	8	10	18	2	2
皇家飞利浦	68	30	13	11	38	1	33	4	12	8	13	88	66	16	16	41	22	12	23	
北京航空航天大学							1	2		8	5	14	17	12	5	12	9	22		
华北电力大学						1		1	4	2		4	6	17	7	14	21	14	29	
华南理工大学							3				4		4	8	7	21	8	16	34	
通用	67	25	10	32	9	8	22	22	6	15	28	39	18	17	13	2	32	33	1	
松下	38	3	17	8	11	13	12	9	14	6	20	31		7	26	18	20	14		
东芝	30	2	2	12	10	16	14	11	10	22	13	20	21	10	20	8	13	13		

表6-3-2 复杂性分析系统领域中国主要专利申请人布局年度分布

单位：件

申请人	2000年	2001年	2002年	2003年	2004年	2005年	2006年	2007年	2008年	2009年	2010年	2011年	2012年	2013年	2014年	2015年	2016年	2017年	2018年	2019年
国家电网									3	3	4	12	41	73	118	161	155	179	254	4
中科院		3		4	4	6	2	13	11	16	13	17	31	31	44	26	34	46	65	2
中国南方电网										2	2	5	19	22	30	35	22	40	80	2
浙江大学								5	1	5	1	4	6	7	20	11	28	31	48	1
中国平安																	6	28	107	6
东南大学								2	2		2	17	6	15	13	7	22	23	32	1
清华大学			3	1	2		6			7		7	13	12	9	18	14	37	25	1
天津大学				2			2	3	1	4	2	5	13	12	10	8	10	18	25	2
北京航空航天大学							2	1	4	8	5	14	17	12	5	12	9	22	23	
华北电力大学						1				2		4	6	17	7	14	21	14	29	2
华南理工大学							3	1			4	7	4	8	7	21	8	16	34	1
南京邮电大学										2	4	5	4	2	3	11	5	19	42	
上海交通大学	2			6	4	7	2	2	2	2	2	2	4	2	2	17	20	13	21	
阿里巴巴									1				3		6	3	26	34	36	
河海大学												3	12	7	11	11	14	20	22	
东北大学				2						2	3	6		17	9	14	17	20	21	1
武汉大学							2			3		4	8	5	17	9	15	10	20	
电子科技大学									2			3	3	5	13	9	6	12	29	1
中国电子科技									2			2		6	4	12	9	18	26	1
浙江工业大学											1	4	4	14		6	5	10	35	

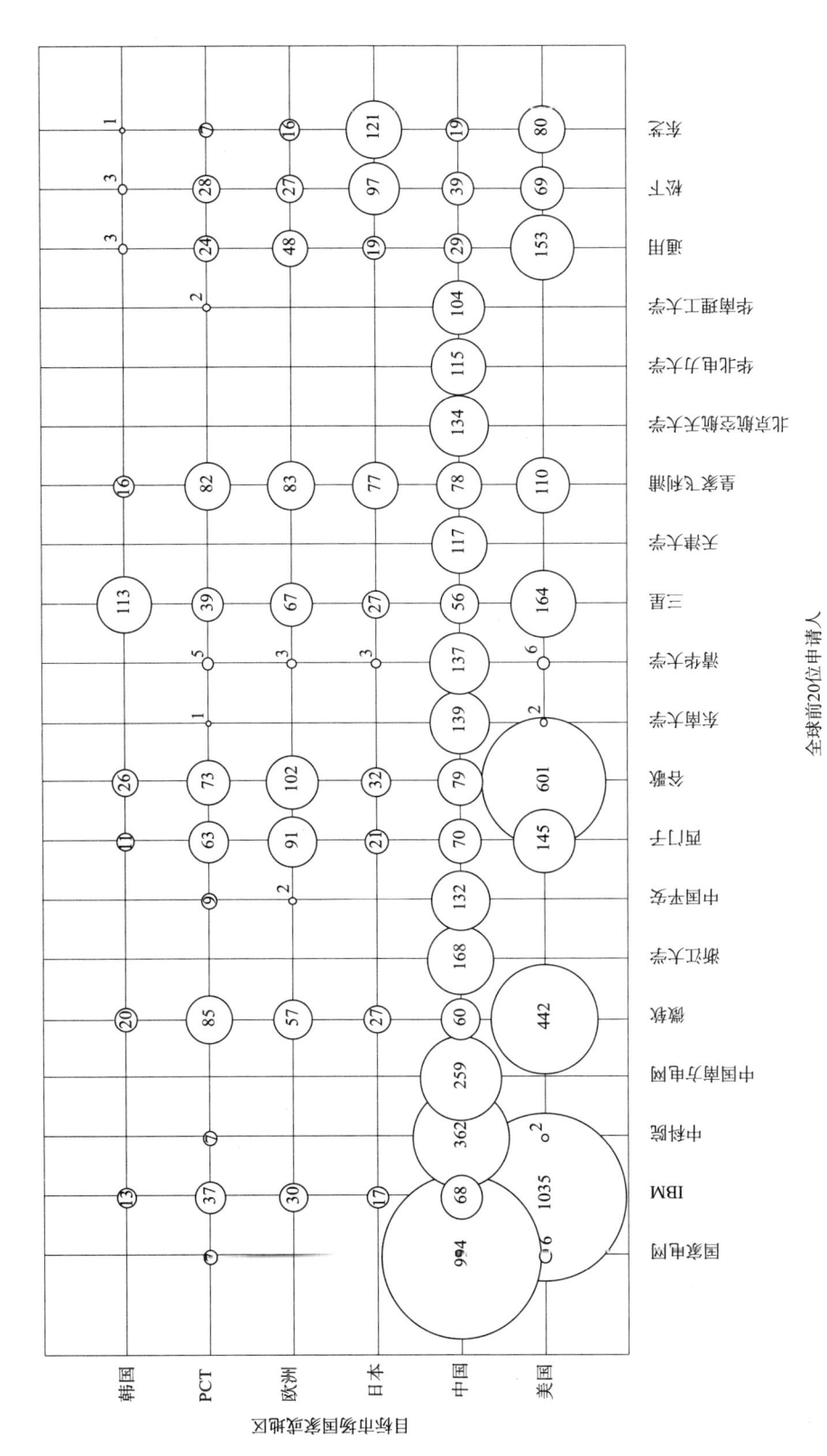

第6章 支撑平台技术专利状况分析

图6-3-8 复杂性分析系统全球主要专利申请人布局国家或地区分布

注：图中数字表示申请量，单位为项。

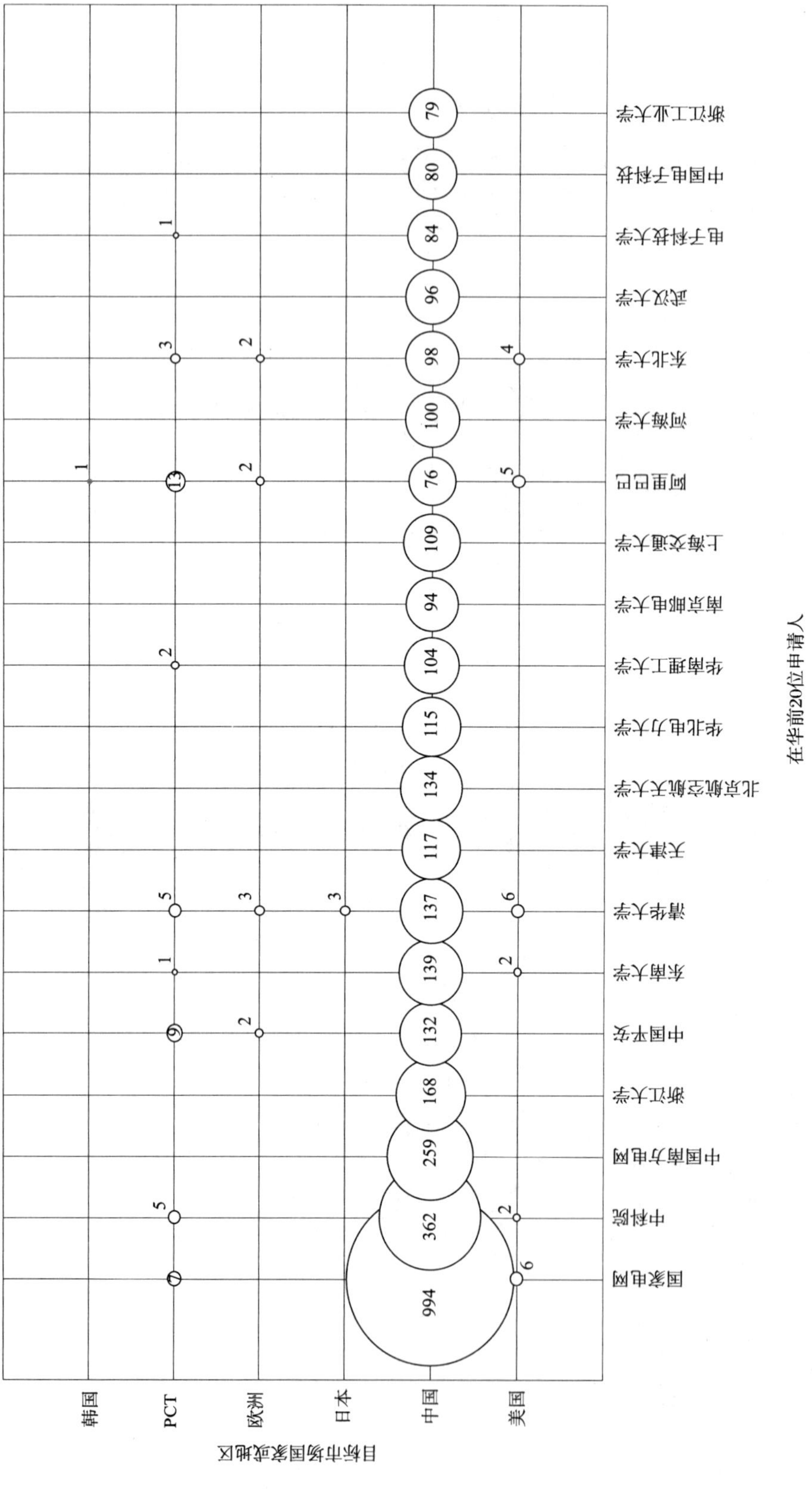

图 6-3-9 复杂性分析系统中国主要专利申请人布局国家或地区分布

注：图中数字表示申请量，单位为件。

6.4 核电人机协同智能安全保障平台

6.4.1 全球/中国专利申请和授权态势分析

图 6-4-1 示出了核电安全行业 1969~2017 年全球/中国专利申请态势。1969 年全球申请量是 2 项，1996 年出现了较明显的一个峰值，2011 年起申请量开始突破百项，2016 年申请量达到峰值，为 141 项。中国申请趋势与全球趋势基本相同，1996 年出现了较明显的一个峰值，2010 年出现快速增长势头，2012~2014 年趋于平稳，之后又开始较快增长，2016 年申请量达到巅峰，为 109 件。截止到检索日期（2019 年 05 月 31 日），全球核电安全行业的申请量已经超过 7000 项。

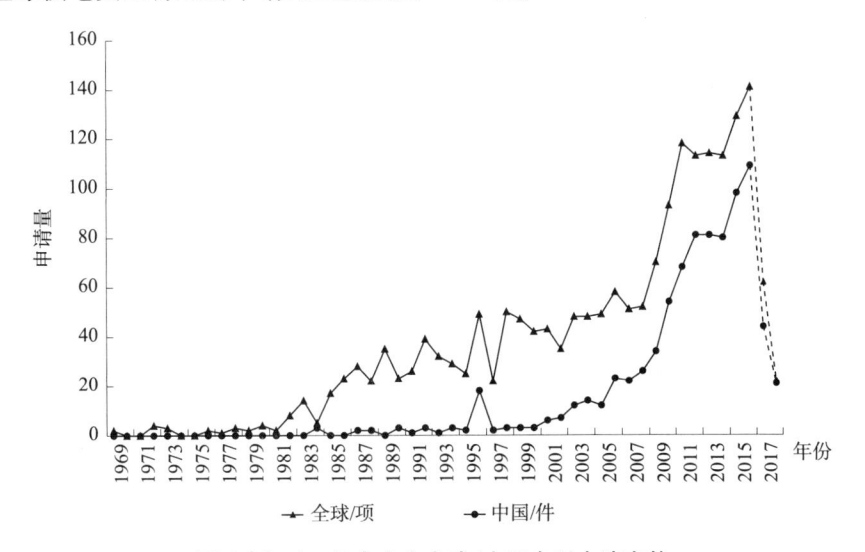

图 6-4-1 核电安全全球/中国专利申请态势

图 6-4-2 示出了核电安全行业 1972~2018 年全球主要国家或地区专利申请授权

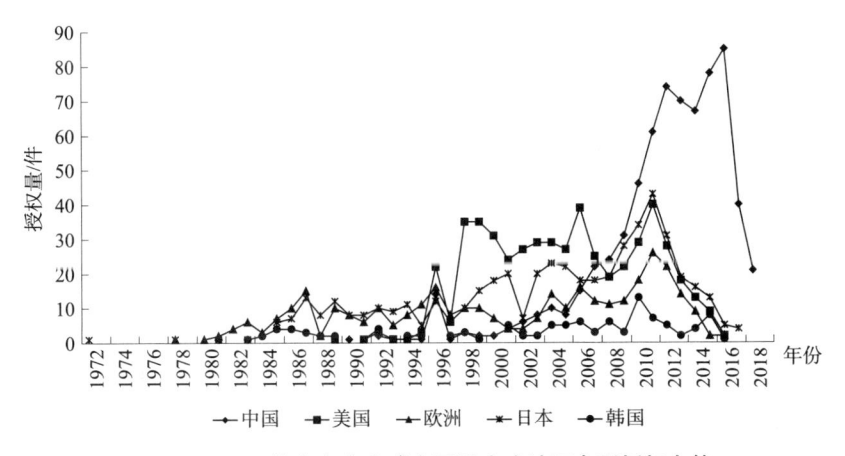

图 6-4-2 核电安全全球主要国家或地区专利授权态势

态势。其中，日本在该行业的研究起步最早且发展稳定，欧洲和韩国次之。美国自1996年开始发展较为迅速，专利申请授权量处于领先地位，直到2008年被中国和日本反超。中国专利申请授权趋势与全球趋势基本相同，虽起步较晚，但2006年起开始较快增长，2007年首次超越日本，2008年首次超越美国，并在之后的几年继续保持领先地位。

6.4.2　全球/中国专利申请量和授权量占比分析

图6-4-3示出了核电安全行业全球主要国家或地区专利申请量与授权量的情况。其中，美国申请量最大，中国、日本和欧洲相差不大；在授权量方面，中国最大，美国、日本相差不大。

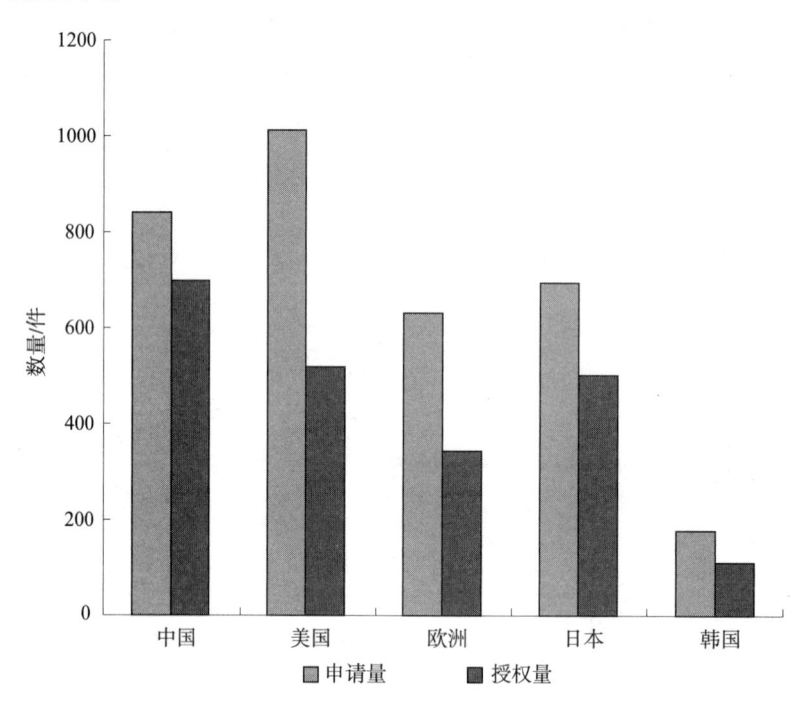

图6-4-3　核电安全全球主要国家或地区专利申请量和授权量情况

6.4.3　全球/中国主要专利申请人分析

如图6-4-4所示，核电安全领域排名前20位的全球申请人中，中国申请人占6席，占比最多，其次是美国和日本申请人，各占5席，欧洲国家申请人占4席。

如图6-4-5所示，核电安全领域排名前20位的在华申请人中，中国广核位列第一，申请量达到176件。核电公司、电力系统公司是这一领域的主要研究主体，高校和研究所参与较少。

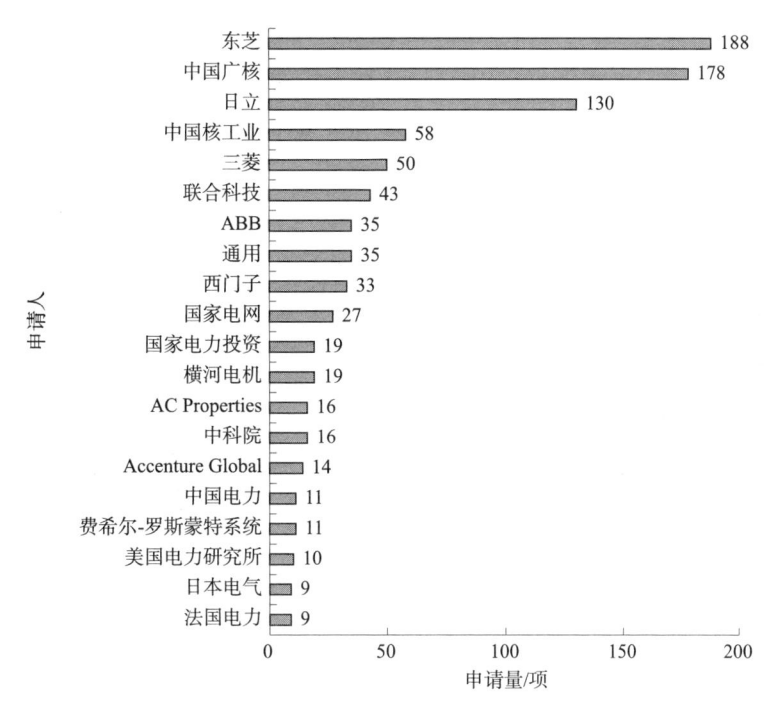

图 6-4-4 核电安全全球专利申请人排名

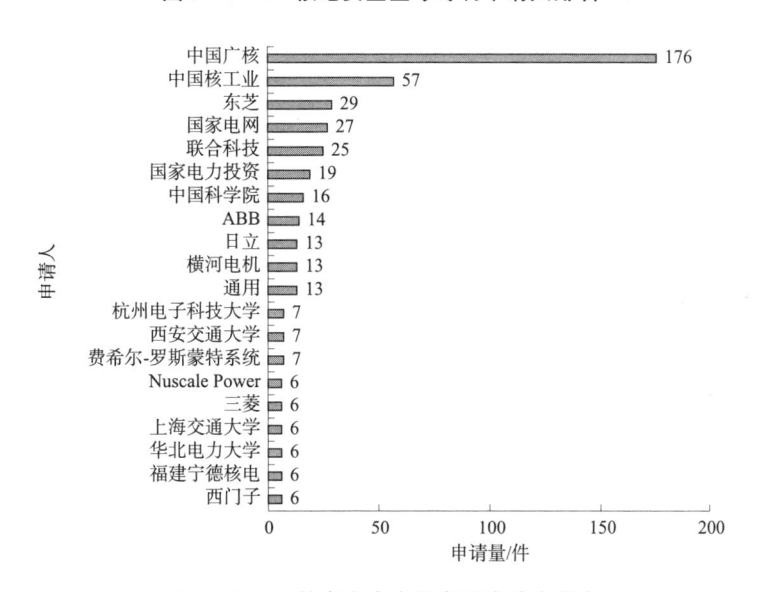

图 6-4-5 核电安全在华专利申请人排名

6.4.4 全球专利布局区域分析

全球核电安全行业专利申请超过 7000 项。图 6-4-6 展示了全球核电安全行业专利申请的原创国家或地区分布。可以明显看出，从专利申请的数量来看，全球核电安全行业专利申请国家或地区之间存在明显的差距，排名前三位的是美国、中国和日本，

259

美国排名第一，占比为34%。

图6-4-7展示了全球核电安全行业专利申请的目标国家或地区分布。美国、中国、日本、欧洲、德国、澳大利亚是全球排名前六的目标市场地。美国是全球第一大目标市场，也掌握较多的核心技术。

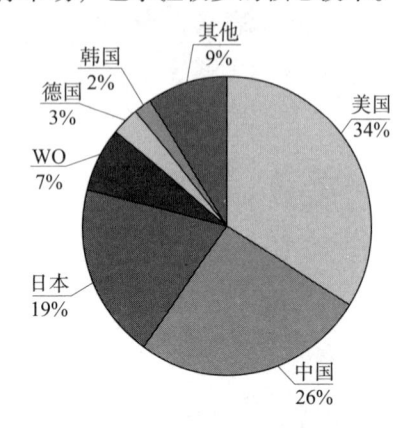

图6-4-6 核电安全全球专利原创国家或地区分布

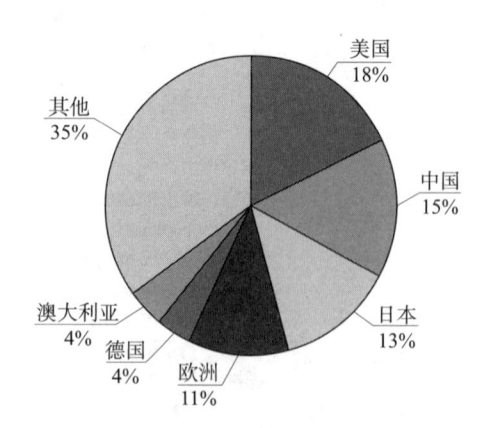

图6-4-7 核电安全全球专利目标国家或地区分布

6.4.5 全球/中国主要专利申请人布局重点分析

表6-4-1展示了核电安全领域全球主要专利申请人布局年度分布。可以看出，日本企业东芝起步最早且布局数量一直保持稳定的状态，瑞士企业ABB和日本企业日立起步较早且发展稳定，美国企业联合科技在1996~2007年进行了布局，近几年未再进一步布局，美国企业费希尔-罗斯蒙特系统在1993~2007年进行了布局，近几年同样未再进一步布局，德国企业西门子和美国企业通用一直在稳定地进行布局，中国广核和中国核工业在2000年之后开始布局，目前仍保持平稳的势头。

表6-4-2展示了核电安全领域中国主要专利申请人布局年度分布。可以看出，东芝和日立早在20世纪80年代便开始布局，ABB、费希尔-罗斯蒙特系统、联合科技在20世纪90年代陆续开始布局，其中，联合科技的布局量非常瞩目，中国广核在2008年之后逐步加大布局力度。

图6-4-8展示了核电安全领域全球主要专利申请人布局的重点国家或地区。可以看出，除瑞士企业ABB、英国企业AC Properties、中国电力外，各家企业都是在本国或本地区的专利申请最多。从目标地来看，日本、美国和中国受重视程度不相上下，瑞士企业ABB、德国企业西门子、英国企业AC Properties将美国作为重点布局地。中国电力将日本作为重点布局地。美国企业和日本企业的布局策略基本是在全球均衡布局，ABB和西门子在日本的布局较少，中国电力和在全球均已有一定布局，中国广核和中国核工业主要在本国布局。

图6-4-9展示了核电安全领域中国主要专利申请人布局的重点国家或地区。联合科技、东芝、日立和三菱的布局国家或地区覆盖最为全面，将近一半的中国主要申请人只在中国布局。

第6章 支撑平台技术专利状况分析

表6-4-1 核电安全领域全球主要专利申请人布局年度分布

单位：项

申请人	1969~1971年	1972~1974年	1975~1977年	1978~1980年	1981~1983年	1984~1986年	1987~1989年	1990~1992年	1993~1995年	1996~1998年	1999~2001年	2002~2004年	2005~2007年	2008~2010年	2011~2013年	2014~2016年	2017~2019年
东芝	1	7	16	20	33	82	60	72	27	43	43	23	38	83	128	33	2
中国广核													9	53	104	125	23
日立				13	8	1	51	63	19	6	60	17	9	84	68	23	2
中国核工业											2		3	8	31	44	10
三菱					2		6	2		6	5	32	4	28	38	45	2
联合科技										120	105	116	38				
ABB			8		1		79	38	6	30	9	68			39		
通用					18	4	1		10		31	41	23	25	33	16	1
西门子					5		10	38	14	1	16	16	16	4	11	16	
国家电网														5	14	20	6
国家电力投资															11	18	
横河电机										46	16				7	76	2
AC Properties										64	28						
中国科学院									11	2	9	2		2	9	15	3
Accenture Global									1	6	156	79	47	7			
中国电力															24	6	
费希尔-罗斯蒙特系统							5	2						27			
美国电力研究所						1											
日本电气									2				5	7	11	2	
法国电力								11		2					19	12	

261

表 6-4-2 核电安全领域中国主要专利申请人布局年度分布

单位：件

申请人	1984~1986年	1987~1989年	1990~1992年	1993~1995年	1996~1998年	1999~2001年	2002~2004年	2005~2007年	2008~2010年	2011~2013年	2014~2016年	2017~2019年
中国广核								9	53	104	124	22
中国核工业						2		3	8	31	43	10
东芝	2	17	27		24		9	19	35	67	19	
国家电网									5	14	20	6
联合科技					117	80	110	38		11	18	
国家电力投资									2	9	15	3
中科院										39		
ABB			25		14		62		32	23	58	
日立		1	10			13				7	16	
横河电机							9	9	25	20	7	
通用				11	6	7		47		5	8	1
杭州电子科技大学									2	2		
西安交通大学										1	22	1
费希尔-罗斯蒙特系统							14	4	1	16	7	
Nuscale Power										4	6	
三菱											6	
上海交通大学							7		4	8		1
华北电力大学										6	14	
福建宁德核电												
西门子												

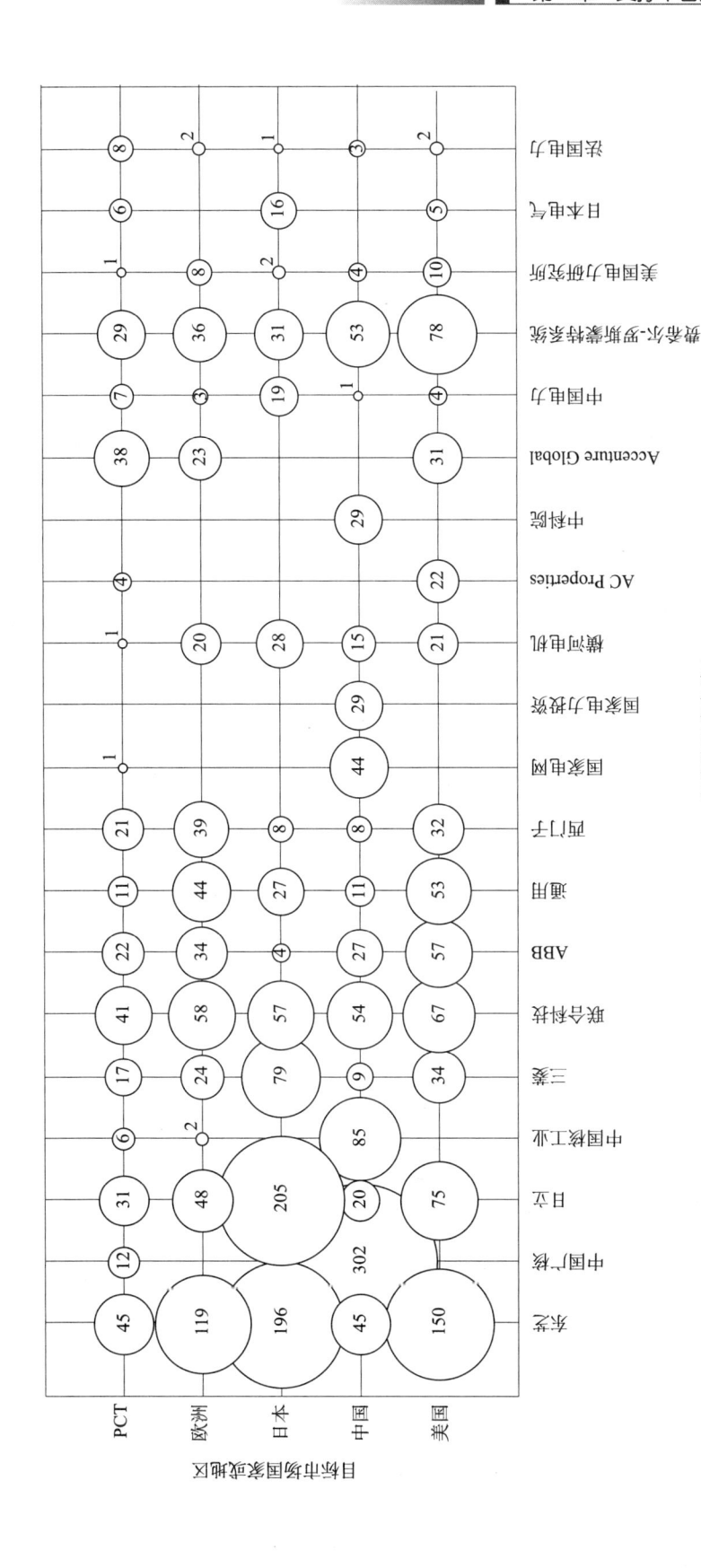

第6章 支撑平台技术专利状况分析

图 6-4-8 核电安全领域全球主要专利申请人国家或地区分布

注：图中数字表示申请量，单位为项。

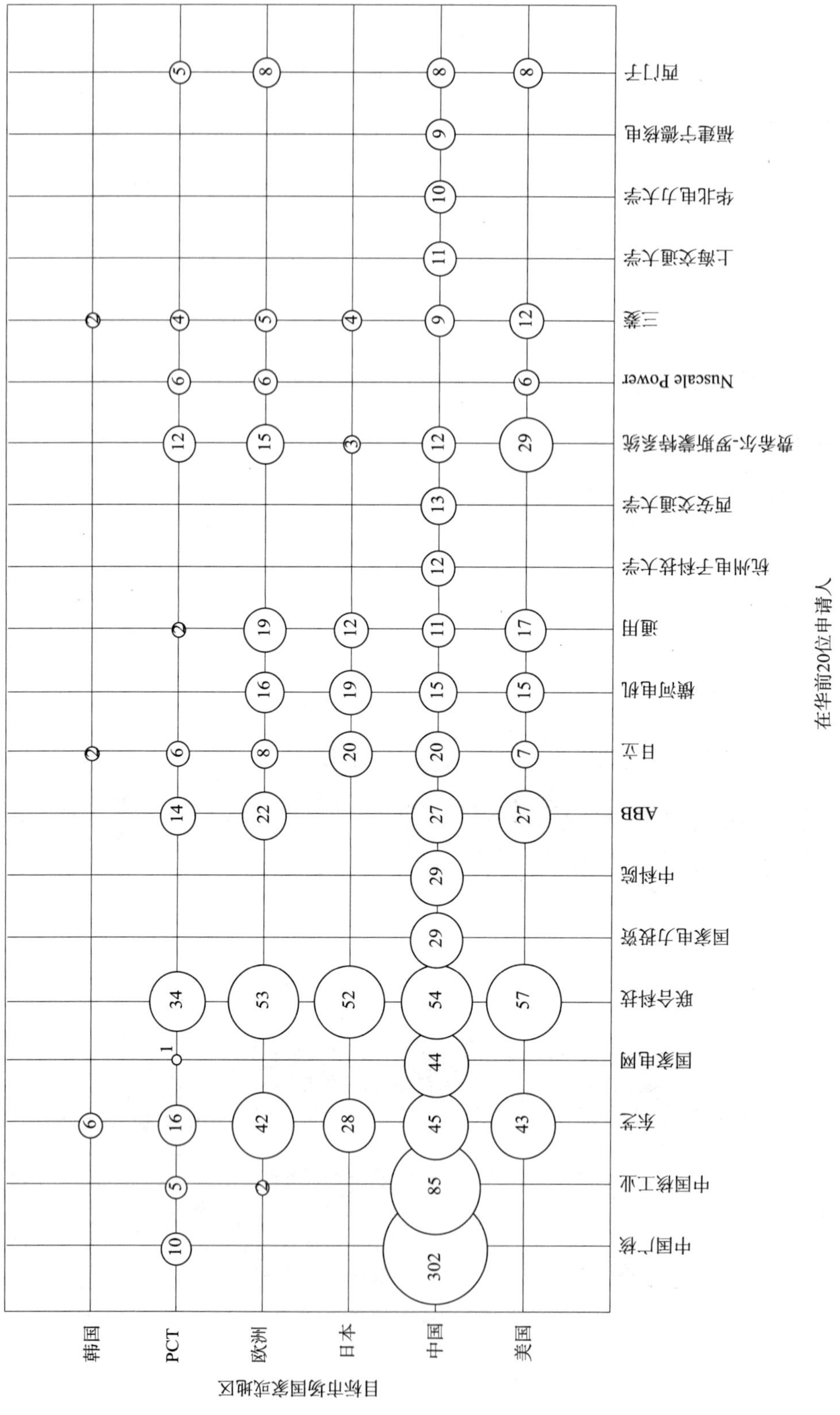

图6-4-9 核电安全领域中国主要专利申请人国家或地区分布

注：图中数字表示申请量，单位为件。

第7章 关键技术分支分析

7.1 脑机协作的人机智能共生技术

脑机协作的人机智能共生技术是公认的新一代人机交互和人机混合智能的关键核心技术。目前国际上尚没有专用的脑机编解码芯片,我国脑机接口(Brain-computer Interface,BCI)研发使用的脑电采集和处理设备仍大量依赖进口,在解码可靠性、使用便捷性等方面面临巨大挑战。近年来,美国不断加强对中国的技术封锁,2018年11月19日出台了一份针对最新14大类的关键技术和相关产品的出口管制框架。从美国公布的清单来看,可谓条条针对中国最新计划发展的高科技产业。该清单已经囊括了目前中国比较热门的技术领域,比如生物技术、人工智能技术/人工智能芯片、机器人、量子计算、脑机接口等。

7.1.1 关键问题及研究方向

脑机协作的人机智能共生技术着重从脑机交互这一协作形态出发,在宏观、微观、实时等不同层面研究人机混合增强智能,实现人类智能与机器智能的相共生、同进化和互增进,形成人机共生的行为增强与脑机协同智能,达到人工智能对生命体的运动能力、感知能力、认知能力的补偿、增强乃至替换。脑机接口是耦合程度最高的方式,采用脑机交互实现人与机在神经信息链接基础上的智能融合增强。如何实现脑机协作就成为研究和应用的关键问题,这也是混合增强智能中具有广阔前景的研究方向。脑机接口技术是涉及信号处理、模式识别、神经科学等学科的一项交叉技术,其研究目的是建立人脑与外界环境间的直接交互机制,继而实现通过大脑直接操作设备、表达想法的功能。

目前脑机协作的人机智能共生技术主要应用在医疗领域,为高位截瘫患者提供恢复控制能力的可能,包括控制机械、控制字符输入、表达想法;脑起搏器,治疗帕金森等疾病;其次应用在娱乐、学习领域,头环提高专注力、学习能力等。

脑机协作的人机智能共生技术具体可分为三个方向。

(1) 脑电信号采集

脑电信号采集是指将大脑状态与神经行为活动信息通过光、电、磁等各种不同物理手段被测量读出,直接接入机器端;采集方式包括侵入式脑电信号采集和非侵入式脑电信号采集。侵入式脑电信号采集是在大脑中植入电极或芯片,通过植入电极可以精准地监测到单个神经元的放点活动,缺点是会对大脑造成一定损伤。侵入式脑电信号采集的信号种类包括:局部场电位信号、单细胞记录、皮质电图 EcoG 等。非侵入式脑电信号采集是头戴式的脑电帽，使用脑电帽上的电极从头皮上采集脑电信号。在头皮上监测到群体神经元的放电活动，缺点是不够精准。非侵入式脑电信号采集的信号种类包括：脑电 EEG、脑磁 MEG、功能磁共振 fMRI、功能近红外光谱 fNIRS 等。由此，脑神经信息采集技术分为侵入式脑电信号采集技术和非侵入式脑电信号采集技术。

（2）脑电信号处理

脑电信号处理是脑机协作的人机智能共生技术的关键部分，对采集的脑电信号进行分析，进而识别出相应的动作，包括预处理、特征提取、识别分类等过程。特征信号识别分类是在特征提取的基础上，确定脑电信号与动作意识的对应关系，解码用户意图。诸如机器学习、深度学习等先进信号处理方法在提高脑机接口性能方面表现出较大的潜力。

（3）设备控制

设备控制是在理解了大脑意识之后，产生驱动或操作命令，对相应的设备进行操作，达到与外界交互的目的。控制器模块，将反映大脑思维意识的信号用来控制外部特定设施，实现使用者目的的模块，可以分为单向传输通信和双向传输通信。单向传输通信是指分析、判断使用人当前的想法与意图，生成对应的控制指令，以操控外部设备进行运作，例如，获取人脑信号，操控机械臂完成指令。双向传输通信是指脑机接口在人类大脑与外部设备之间搭建起双向信息交互的平台，便于让大脑与外部设备进行互动沟通，例如，获取高位截瘫病人脑信号，对患者瘫痪的手臂输出电刺激引发肌肉活动。

7.1.2 技术热度变化趋势

图 7-1-1 示出了脑机协作的人机智能共生全球各技术分支的占比走势。从图中可以看出，在全球范围内，各技术分支每三年的技术发展趋势如下：侵入式脑电信号采集在脑机协作的人机智能共生技术研究初期具有较高的申请量占比，但近年来申请量占比降低，表明其专利布局已成熟，研究热度呈下降趋势；设备控制技术分支的研究热度同样呈下降趋势，具有明显上升趋势的是非侵入式脑电信号采集和脑电信号处理这两个分支，特别是脑电信号处理分支已发展为申请量占比最高的技术分支，可以预测未来一段时间，该技术分支仍将是研究的热点；建议国内创新主体要特别关注这两个技术分支。

图 7-1-2 示出了脑机协作的人机智能共生中国各技术分支的占比走势。从图中可以看出，在中国范围内，各技术分支每三年的技术发展趋势为：设备控制和脑电信号处理分支在脑机协作的人机智能共生技术研究初期具有较高的申请量占比，近年来申请量占比略有下降，研究热度略有下降；而具有明显上升趋势的是非侵入式脑电信号采集分支；侵入式脑电信号采集与全球技术分支发展趋势相类似，呈下降趋势。在上述技术分支中，脑电信号处理分支已发展为申请量占比最高的技术分支，可以预测未来一段时间，该技术分支仍将是研究的热点。

第7章 关键技术分支分析

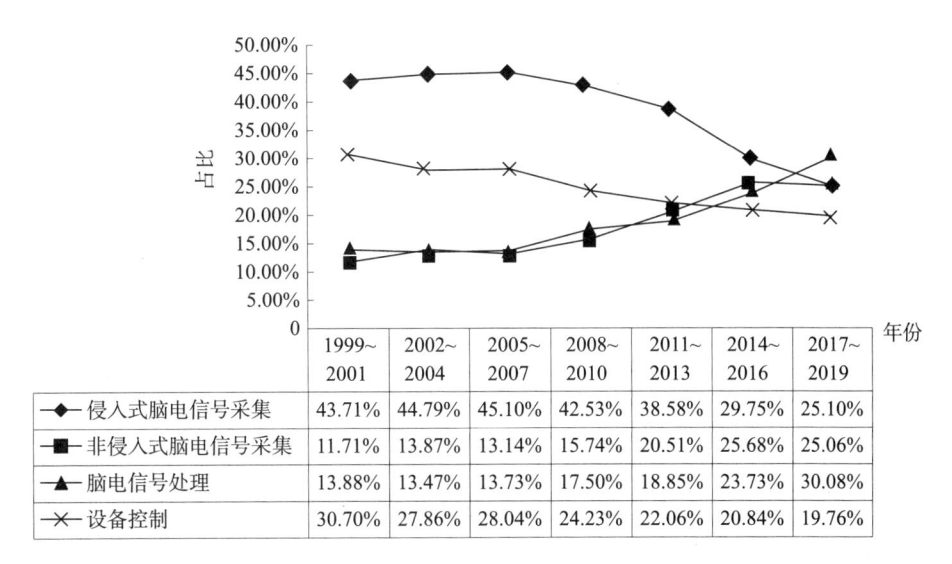

年份	1999~2001	2002~2004	2005~2007	2008~2010	2011~2013	2014~2016	2017~2019
侵入式脑电信号采集	43.71%	44.79%	45.10%	42.53%	38.58%	29.75%	25.10%
非侵入式脑电信号采集	11.71%	13.87%	13.14%	15.74%	20.51%	25.68%	25.06%
脑电信号处理	13.88%	13.47%	13.73%	17.50%	18.85%	23.73%	30.08%
设备控制	30.70%	27.86%	28.04%	24.23%	22.06%	20.84%	19.76%

图 7-1-1 脑机协作的人机智能共生全球各技术分支申请占比趋势

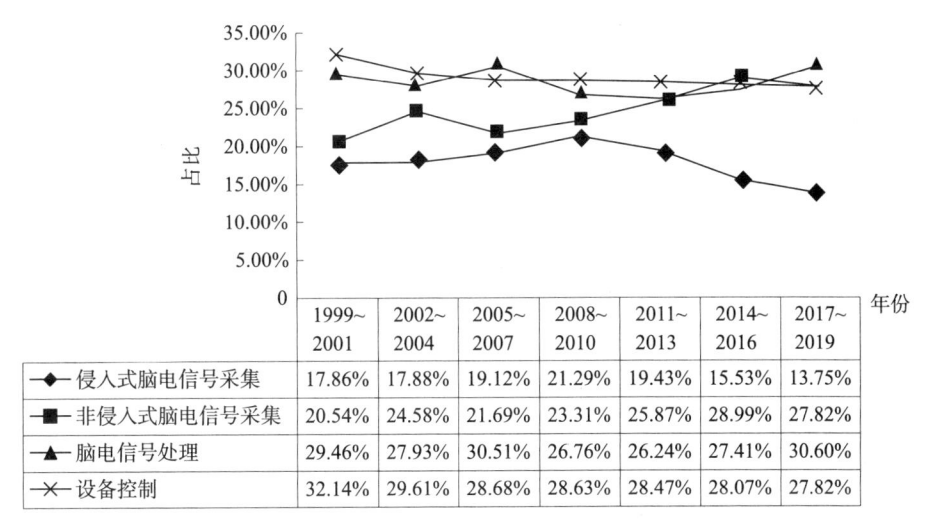

年份	1999~2001	2002~2004	2005~2007	2008~2010	2011~2013	2014~2016	2017~2019
侵入式脑电信号采集	17.86%	17.88%	19.12%	21.29%	19.43%	15.53%	13.75%
非侵入式脑电信号采集	20.54%	24.58%	21.69%	23.31%	25.87%	28.99%	27.82%
脑电信号处理	29.46%	27.93%	30.51%	26.76%	26.24%	27.41%	30.60%
设备控制	32.14%	29.61%	28.68%	28.63%	28.47%	28.07%	27.82%

图 7-1-2 脑机协作的人机智能共生中国各技术分支申请占比趋势

7.1.3 中美主要申请人竞争格局

经统计，在脑机协作的人机智能共生领域中，全球申请量排名前 20 位的申请人的申请量总和为 3004 项，占全部申请量的 17.23%。为了对各创新主体进行进一步的了解，课题组分析了该领域全球申请量排名前 20 位申请人中的中美申请人的技术布局情况，如表 7-1-1 所示。由表可以看出，中国申请人在非侵入式脑电信号采集和脑电信号处理方向的研究较多，而美国申请人更加侧重侵入式脑电信号采集和设备控制方向。对于侵入式脑电信号采集和设备控制这两个基础性技术，美国和中国各家公司均有布局，且较多的布局被美敦力、波士顿科学等大型的医疗科技公司所占据。鉴于该技术分支布局的成熟以及研究热度的降低,建议国内创新主体在布局时要注重策略,首先注意规避核心专利,其次可以通过增加技术细节和等同替代等方式布局外围专利。脑电信号处理技术是近年来各家公司都在研究的热点技术,研究热度逐渐上升,建议抓住时下热点,积极参与布局,目前该领域布局较少,可以重点规划,抢占先机。

表7-1-1 脑机协作的人机智能共生领域全球前20位申请人中的中美申请人技术分布　单位:项

申请人	侵入式脑电信号采集	非侵入式脑电信号采集	脑电信号处理	设备控制
美敦力	582	68	65	204
波士顿科学	529	73	29	177
加利福尼亚大学	92	20	51	66
Pacesetter	75	5	18	28
Neuropace	90	18	27	52
格雷特巴奇	80	7	12	52
圣犹达医疗用品公司	63	4	7	43
中科院	35	72	67	36
天津大学	34	68	120	59
广东欧珀	5	116	44	10
华南理工大学	29	29	72	29
浙江大学	32	34	59	37
清华大学	55	26	30	18
西安交通大学	42	25	53	20
成都腾悦科技	0	67	16	30

7.1.4　国内主要申请人技术路线及核心专利

如图7-1-3所示,在脑机协作的人机智能共生领域的中国专利申请中,国内申请量排名靠前的申请人以高校和科研院所为主。作为前沿技术的引领机构,排名前三的国内高校和科研院所分别是:中科院、天津大学和华南理工大学,下面进一步研究其在脑机协作的人机智能共生领域的布局特点。

(1) 中科院技术发展路线及核心基础专利

图7-1-4示出了中科院在脑机协作的人机智能共生领域的技术发展路线。中科院一直持续关注脑电信号采集技术分支,在该分支实力很强,对侵入式脑电信号采集和非侵入式脑电信号采集均有所研究;自2000年起就开始涉及脑电信号采集的硬件装置,近期发展方向仍然主要集中在该领域,主要以侵入式脑电信号采集的研究为主,柔性三维神经电极植入属于其较为领先的技术。

第7章 关键技术分支分析

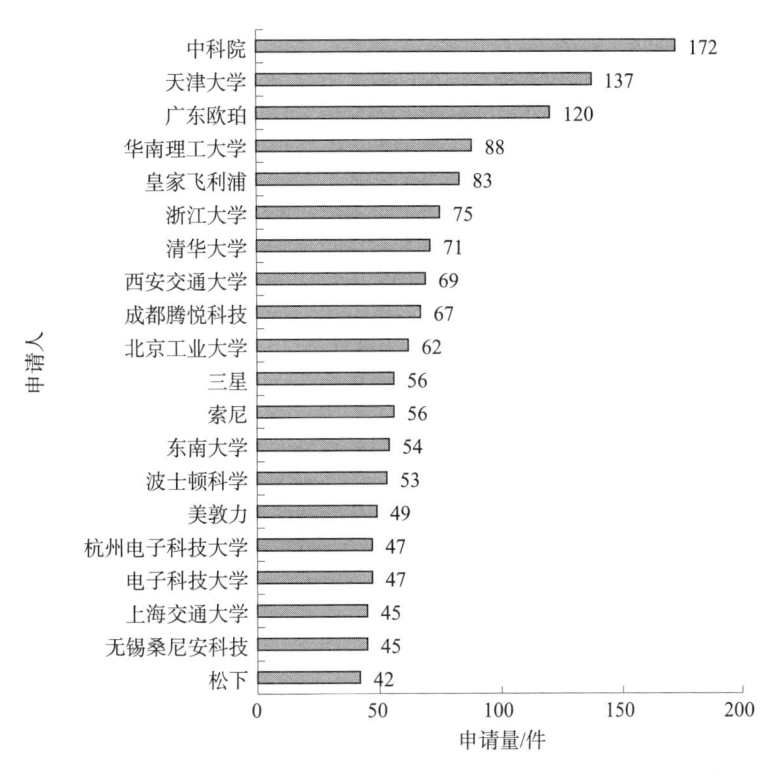

图7-1-3 脑机协作的人机智能共生领域中国国内重点申请人申请量

申请人	申请量/件
中科院	172
天津大学	137
广东欧珀	120
华南理工大学	88
皇家飞利浦	83
浙江大学	75
清华大学	71
西安交通大学	69
成都腾悦科技	67
北京工业大学	62
三星	56
索尼	56
东南大学	54
波士顿科学	53
美敦力	49
杭州电子科技大学	47
电子科技大学	47
上海交通大学	45
无锡桑尼安科技	45
松下	42

在脑电信号采集方面，专利申请CN1778273A提出一种用于便携式事件相关脑电位仪的脑电信号放大器，可以精确采集人体神经生物电信号，并进行滤波放大和实时记录。专利申请CN103239800A提出一种基于微加工技术的柔性多通道深部脑刺激三维电极，解决了深部脑刺激与记录多通道电极尺寸精确控制问题，具有加工方便、电极分布精确的特性，并且能够集成柔性电路技术实现利用较少的外联导线实现对多个刺激或者记录触点的控制。专利申请CN105708491A提出一种用于深脑刺激与神经调控的超声面阵探头及其制备方法，采用压电复合材料阵列单面行、列接线方式，每个阵元的工作状态由电压在某一行、某一列的通或断来选择控制，减少引线数目。同时，采用单面集中引线方式更加简单、快捷、可靠。因此，对匹配层、背衬层是否导电没有限制，并且不用切割匹配层、背衬材料，降低了工艺难度和复杂度。专利申请CN106037719A提出一种铂纳米线修饰的微电极阵列及其制备方法，以铂纳米线为表面修饰层，该修饰层与微电极基底的结合力强，不容易因脱落而导致电极失效，并且修饰后的微电极表面积极大地增加，其电化学阻抗明显降低，电极电荷注入容量和电荷存储能力大大增加。这有利于降低植入的系统功耗，改善电刺激效果，同时该修饰层具有良好的生物相容性，使其在生物医学领域的应用大大增加。专利申请CN106667475A提出一种植入式柔性神经微电极梳及其制备方法和植入方法，制备的柔性神经微电极梳具有线到网到面的渐变式结构，提高了形变过程中的力学稳定性。该植入式柔性神经微电极梳的力学性能与脑组织相匹配，植入面积小，不会引起大脑的炎症反应，可对脑电信号进

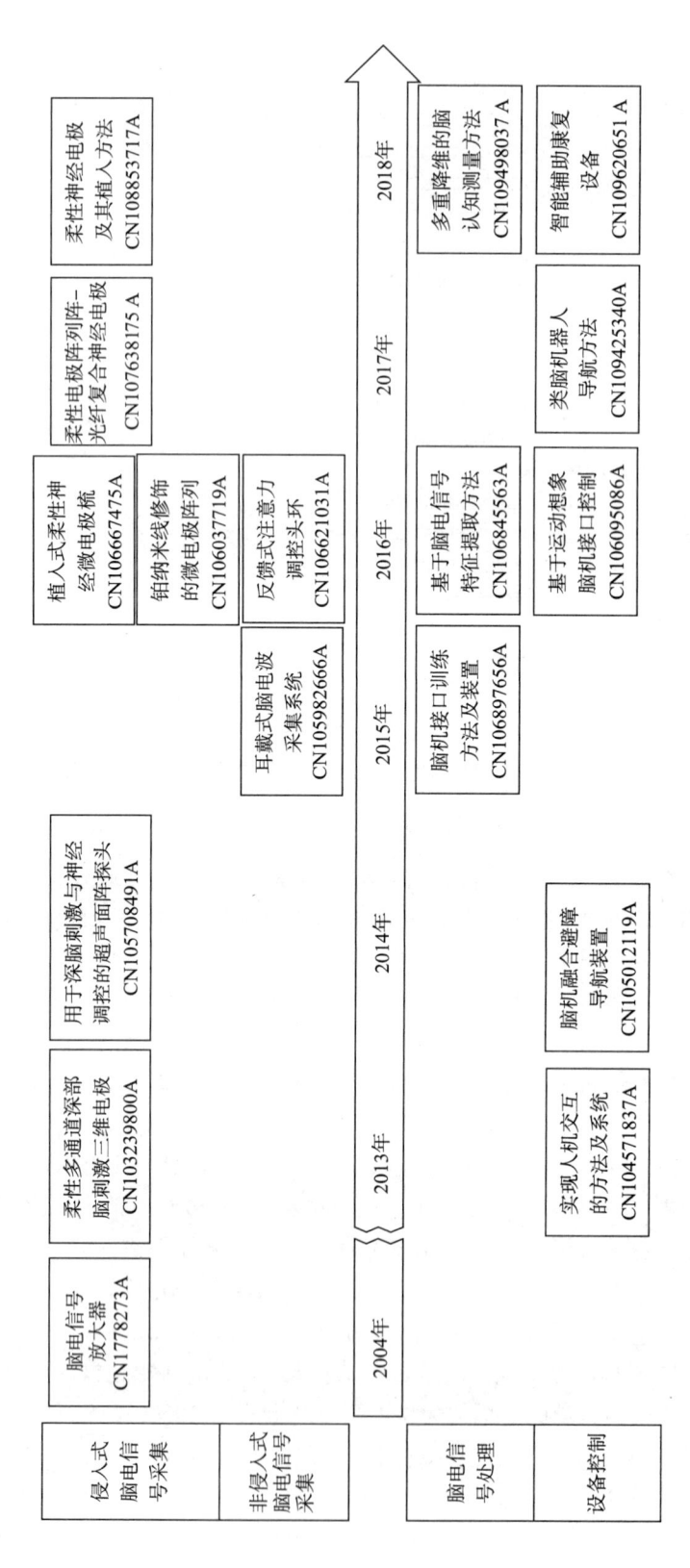

图 7-1-4 脑机协作的人机智能共生领域中科院技术发展路线

行多点、长期稳定跟踪测量。专利申请CN107638175A提出一种柔性电极阵列阵-光纤复合神经电极及其制备方法，复合神经电极经聚乙二醇（PEG）固化后可植入大脑的特定脑区，利用光纤导入光信号，可刺激或抑制特定脑区特定类型神经元的电生理信号发放，再由柔性电极阵列检测该神经元的电生理信号，可有机地将电生理信号检测和光遗传技术相结合，对神经环路、神经疾病和神经假体等研究具有重要的应用价值。专利申请CN108853717A提出一种柔性神经电极以及柔性神经电极的植入方法，通过在柔性神经电极的探针区内设置磁性材料层，使得探针区内的柔性神经电极具有磁性，能够在外加磁场的作用下运动并植入大脑皮层，由于不再需要刚性部件的辅助或固化处理，大大降低了柔性神经电极植入对脑组织的急性损伤，可以对神经信号进行长期稳定的测量。

此外，在设备控制方面，主要涉及人机交互和辅助康复设备领域。专利申请CN105012119A提出一种深度信息感知脑机融合避障导航装置，属于医疗辅助设备及智能机器人领域，利用深度感知信息来躲避障碍物，并完成导航功能。专利申请CN106095086A提出一种基于无创电刺激的运动想象脑机接口控制方法，采集用户执行运动想象任务后的脑电原始信号，根据所述平均功率对特征值进行分类得到控制指令。专利申请CN109425340A提出一种基于贝叶斯多模感知融合的类脑机器人导航方法，能够进行多模感知的融合，实现对机器人所处的空间环境以及机器人自身的状态进行稳定的编码。专利申请CN109620651A提出一种基于同步脑肌电的智能辅助康复设备，定量控制动作任务类型与动作任务强度，可以更为有针对性地进行运动辅助，提高了辅助运动的效果。

（2）天津大学技术发展路线及核心基础专利

图7-1-5示出了天津大学在脑机协作的人机智能共生领域的技术发展路线。天津大学在设备控制技术分支的实力很强，拥有众多脑机协作的人机智能共生技术产品，从2004年起对产品进行持续更新，在初期主要涉及瘫痪病人神经恢复、行走；此后主要涉及脑电鼠标控制；近期主要涉及虚拟现实技术与脑机融合，更加偏向娱乐、民用。

在脑电信号处理方面，其主要涉及脑电特征提取、混合范式脑-机接口等技术。专利申请CN101810479A提出一种复合下肢想象动作脑电的相位特征提取方法，解决脑电的能量特征准确提取问题，从而正确识别复合下肢动作模式，有效转换为应用于下肢康复助行系统的控制命令。专利申请CN104503580A提出一种对稳态视觉诱发电位脑-机接口目标的识别方法，将脑电时域波形按周期截取后直接输入线性分类器进行分类，再在决策层进行叠加平均，充分利用了脑电中丰富的时域信息，有效提升了识别正确率和信息传输速率。专利申请CN105843377A提出一种基于异步并行诱发策略的混合范式脑机接口，利用现场可编程门阵列FPGA产生信号控制LED闪烁刺激模块产生视觉刺激，采集被试者的脑电信号，经由脑电放大器放大，同时结合FPGA产生的信号，通过USB传递到计算机进行脑电分类识别，其中，FPGA控制若干LED闪烁刺激模块，FPGA产生信号为SSVEP信号，SSVEP信号使各闪烁刺激模块按各自频率异步诱发SSVEP B特征和阻断，且与P300并行诱发，在计算机上融合、进行脑电分类识别。

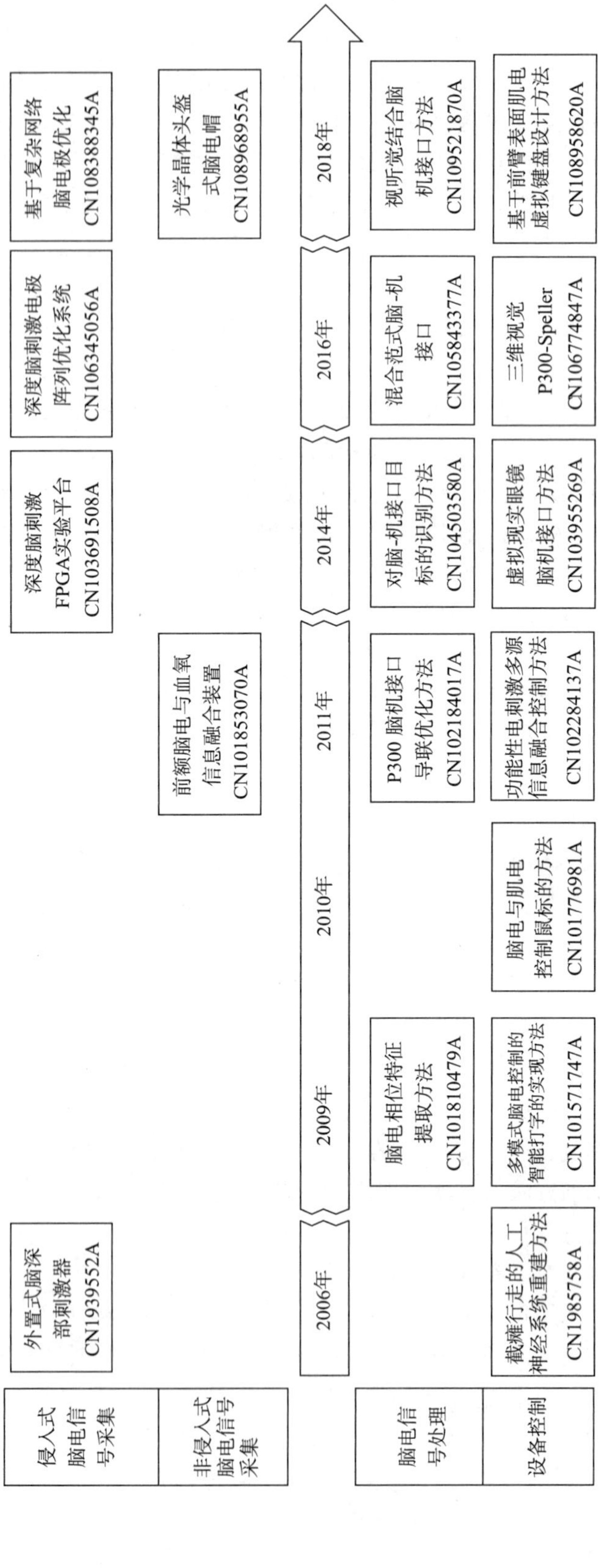

图 7-1-5 脑机协作的人机智能共生领域天津大学技术发展路线

专利申请 CN109521870A 提供一种基于 RSVP 范式的视听觉结合的脑-机接口方法，对呈现的视觉对象结合相应的语音播报加深受试者对刺激的感知力度，以听觉辅助视觉的 BCI 刺激范式，能够增加 BCI 系统的可分性与可靠性。

在设备控制技术方面，专利申请 CN1985758A 提出一种用于截瘫行走的人工运动神经系统重建方法，可以实现截瘫患者凭借自主运动意识驱动下肢步行的残疾人康复训练目的，可让下肢瘫痪但头脑功能正常的截瘫患者有效恢复下肢运动功能，也适用于中风后的偏瘫患者康复训练。专利申请 CN101571747A 提出一种多模式脑电控制的智能打字的实现方法，让使用者根据计算机屏幕光标循环控制指示进行选择，从而产生含有相关控制信息的脑电信号，主要用于无法进行肢体动作人和计算机交互。专利申请 CN101776981A 提出一种脑电与肌电联合控制鼠标的方法，操作者根据计算机屏幕光标循环控制指示显示的运动方向，通过想象手部运动来确定方向，模拟光标移动过程；当光标移动到目标时，咬牙确定选择，模拟鼠标点击过程。实现无肢体动作控制计算机鼠标过程，可让全身性重症瘫痪但头脑功能正常的残疾人自行实现对计算机屏幕鼠标光标运动的智能控制操作，依托于脑-机接口这个平台并结合头皮肌电，可以提高控制速率和正确率。

专利申请 CN102284137A 提出一种功能性电刺激的多源信息融合控制方法，属于残疾人康复医疗器械技术领域，通过刺激器刺激，对电刺激时间原始值和电刺激频率原始值进行调整；使用者想象特定动作，通过相应的脑电和脑血流信号融合特征关闭电刺激系统。专利申请 CN103955269A 提出一种基于虚拟现实环境的智能眼镜脑机接口方法，通过短暂的视觉刺激训练，可以通过想象运动控制虚拟现实环境中人物运动，采集用户的脑电数据，读取脑电数据，经过训练模式中建立的模型分析并将结果发送到指令控制模块；指令控制模块接收结果，并将结果转换为相应的控制指令输入到虚拟现实环境中。专利申请 CN106774847A 提出一种基于虚拟现实技术的三维视觉 P300-Speller 系统，用户注视虚拟眼镜上的刺激范式的变化，在大脑皮层产生脑电信号的相应变化，所述脑电采集模块采集六个通道的脑电信号，并且在该模块由脑电电极探测后经过脑电放大器放大、滤波后，输入所述计算机，经过计算机处理模块对相应的视觉诱发 P300 电位特征信号进行特征提取和分类识别，通过虚拟现实技术与脑机接口技术的结合运用全面提升用户体验。专利申请 CN108958620A 提出一种基于前臂表面肌电的虚拟键盘设计方法，该发明通过对前臂表面肌电信号的处理和分析，提取打字按键动作相关的特征信息，并对不同的按键动作进行模式识别，最终实现虚拟键盘的设计，自动控制、人机交互和信息传递等领域提供了新的交互策略。

（3）华南理工大学技术发展路线及核心基础专利

图 7-1-6 示出了华南理工大学在脑机协作的人机智能共生领域的技术发展路线。华南理工大学一直持续关注设备控制技术分支，在该技术分支的实力很强，从 2010 年起进行持续更新，主要涉及光标位置控制、轮椅控制；近期主要涉及虚拟现实交互与虚拟驾驶。

图 7-1-6 脑机协作的人机智能共生领域华南理工大学技术发展路线

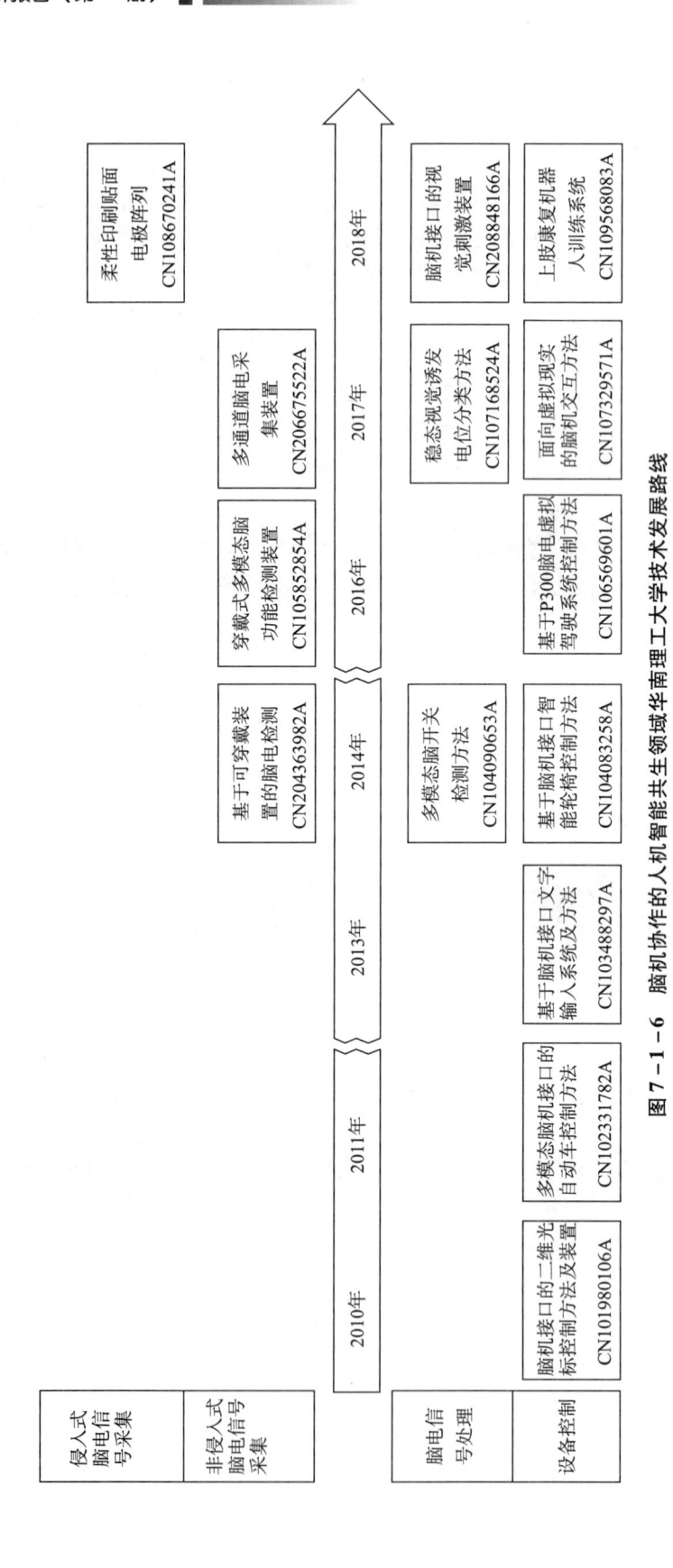

在脑电信号采集方面，其主要涉及侵入式脑电信号采集所用到的电极阵列以及非侵入式脑电信号采集所用到的可穿戴式的脑电检测装置等。专利申请CN105852854A提出一种基于近红外光谱技术和脑电检测技术的穿戴式多模态脑功能检测装置，结合近红外光谱技术（NIRS）和脑电（EEG）检测技术来采集用户大脑的脑血氧信号和脑电信号，能够提高脑功能认知活动信息检测时的精度和准确性。专利申请CN206675522A提出一种多通道脑电采集装置，通过前端多通道信号处理模块能实现在较小的电路板上集成较多的采集通道，在提高系统通道数的同时，有效降低了系统的成本。专利申请CN108670241A提出一种新型柔性印刷贴面电极阵列，在柔性印刷电路板上设置的电极阵列包括信号采集电极、参考电极与地电极，信号采集电极位置分布在人脸上多个区域。电极阵列的形状能够使信号采集电极精确地贴在固定的信号采集位置，同时采集人体脑电、眼电、肌电等多生理信号，无需额外设置参考电极和地电极，简化了接线步骤，可有效提高防止接线错误，提高信号采集效率，减少导线对受试者的影响。

在设备控制技术分支，专利申请CN101980106A提出一种脑机接口的二维光标控制方法及装置，使用者根据显示装置中的工作界面指令产生头皮脑电信号，电极帽采集头皮脑电信号，经模数转换模块转化和信号放大器放大后传给计算机，计算机中的信号处理模块对传递来的信号分别进行预处理、特征提取、分类，然后计算机内的控制模块将分类信息转换为控制命令控制光标在显示装置上移动，可应用于计算机鼠标、轮椅及机械臂等的运动控制。专利申请CN102331782A提出一种多模态脑机接口的自动车控制方法，电极帽采集头皮脑电信号，经滤波后，进行方向分析和速度分析，将运动想象任务分成两组，分别进行分类，分析其中包含何种运动想象任务，具有较高的传输速率，能够满足实际的自动车运行的需要，且相对于传统的单一范式的脑机接口具有多方面的优势。专利申请CN103488297A提出一种基于脑机接口的在线半监督文字输入系统及方法，将电极帽所有通道的数据依次串接起来构成一个样本特征向量；包括在线分类模块，用于根据信号处理模块提取的特征，对最小二乘支持向量机分类器进行在线更新并用其进行在线分类；视觉刺激界面，用于诱发用户产生P300信号，并且在该界面上显示用户需要输入的字符，显示最小二乘支持向量机分类器预测的结果。

专利申请CN104083258A提出一种基于脑机接口与自动驾驶技术的智能轮椅控制方法，根据网络摄像头获取当前图片对障碍物实现定位；障碍物信息产生候选目的地和用于路径规划的航迹点；对轮椅进行自定位；用户通过脑机接口选择目的地。专利申请CN106569601A提出一种基于P300脑电的虚拟驾驶系统控制方法，使用贝叶斯模型在在线测试中进行自适应的脑电信号分类；将分类所得字符指令用于控制城市中虚拟车辆的驾驶；在驾驶过程中，人眼获取车辆的控制信息，包括位置信息、速度信息；通过大脑的判断来控制汽车，包括启动汽车、停止汽车和使汽车转向。专利申请CN107329571A提出一种面向虚拟现实应用的多通道自适应脑机交互方法，脑机接口客户端可以接受由虚拟现实场景反馈的状态信息，并将状态信息与脑电解码信息进行联合编码得到脑机接口的控制命令输出，从而使控制命令能够自适应地根据虚拟场景状态的变化而变化。专利申请CN109568083A提出一种虚拟现实触觉反馈交互系统，该系统基于柔性电极阵列及经皮神经电刺激，利用虚拟现实和不同皮肤触觉感受器拥有不同的响应频率，对皮肤触觉感受器进行不同脉冲电刺激使其分别产生响应，从而产生与虚拟现实场景相对应的触觉反馈效果，增强了用户在虚拟现实场景中的体验效果，同时对电极阵列的结构和材质进行了相关改进，丰富了电刺激的方式，提高了电刺激的准确度，进而增加了虚拟场景的沉浸感。

通过对3所国内申请量排名靠前的高校、科研院所进行分析，可以看出，在脑机协作的人机智能共生领域，研究集中于脑电信号采集和设备控制。这是脑机协作的人机智能共生的基础技术。

7.1.5　中美专利布局情况比较

7.1.5.1　中美专利质量对比

在全球排名前20位的申请人中，包括8位中国申请人、7位美国申请人、2位日本申请人、2位韩国申请人。8位中国申请人的申请量为799项，占比达到26.6%，7位美国申请人的申请量为1749项，占比达到58.2%。以下将中国与美国的上述主要申请人进行对比分析，分别评价其在脑机协作的人机智能共生领域专利申请的专利价值。

选取在该领域申请量全球排名在前20位中的美国申请人和中国申请人，对其专利申请的专利度、特征度、授权专利度、授权特征度、生命期、同族度、同族国家数、被引用度进行统计分析，对比中美两国专利质量及专利布局情况，具体如表7-1-2和表7-1-3所示。可以看出，在脑机协作的人机智能共生领域，美国前七位申请人的专利申请质量普遍优于中国，中国前八名申请人专利申请的平均专利度及平均授权专利度不足10%，均远小于美国，而平均特征度及平均授权特征度大于30%，远高于美国。此外，在生命期上，美国前七位申请人专利申请的平均生命期为9.25年，高于中国前八名申请人专利申请的平均生命期4.05年，说明美国申请人在专利申请授权后持续缴费的年限要高于中国申请人。在被引用度指标上，美国前七名申请人专利申请的平均被引用次数达到36.01，远高于中国的1.03，美国专利申请的整体质量优于中国。从海外布局情况来看，美国前七名申请人专利申请的平均同族度为16.38，平均同族国家数为3.14，均高于中国；中国前八名申请人专利申请的平均同族度为0.47，平均同族国家数为0.41，说明美国专利申请人海外布局意识更强。

表7-1-2　脑机协作的人机智能共生全球排名前20位中的美国申请人专利质量情况

申请人	数量/件	专利度/%	特征度/%	授权专利度/%	授权特征度/%	生命期/年	同族度/个数	同族国家数/个数	被引用度/次数
美敦力	656	26.61	12.29	24.8	15.2	11.1	11.92	2.75	42.92
波士顿科学	615	22.87	11.95	20.58	13.39	7.1	7.84	3.01	20.53

续表

申请人	数量/件	专利度/%	特征度/%	授权专利度/%	授权特征度/%	生命期/年	同族度/个数	同族国家数/个数	被引用度/次数
加利福尼亚大学	118	32.91	15.98	18.41	16.35	8.4	7.96	2.49	11.4
Pacesetter	109	28.66	12.23	17.26	15.58	10	24.7	2.92	37.13
Neuropace	97	23.94	13.3	18.12	16.03	9.11	16.46	2.08	68.8
Greatbatch	83	33.89	15.62	34.67	21.35	8.11	26.11	5.93	31.2
圣犹达医疗用品公司	71	18.69	15.36	11.21	17.5	10.9	19.66	2.79	40.08
美国平均	249.9	26.8	13.82	20.72	16.49	9.25	16.38	3.14	36.01

表7-1-3 脑机协作的人机智能共生全球排名前20位中的中国申请人专利质量情况

申请人	数量/件	专利度/%	特征度/%	授权专利度/%	授权特征度/%	生命期/年	同族度/个数	同族国家数/个数	被引用度/次数
中科院	172	9.52	21.04	9.09	38.72	5	0.39	0.41	2.01
天津大学	137	4.69	29.85	3.4	45.98	4.1	0.37	0.38	2.95
广东欧珀	120	12.97	12.5	6	25.5	1.5	0.07	0.04	0.04
华南理工大学	88	7.3	32.42	5.85	54.91	3.2	0.6	0.53	2.17
浙江大学	75	6.28	35.75	4.64	62.41	4.5	0.31	0.31	0.21
清华大学	71	9.52	24.87	8.07	43.02	5.5	1.25	0.8	0.25
西安交通大学	69	4.91	54.74	3.24	75.67	4.4	0.65	0.65	0.25
成都腾悦科技	67	8.6	38.21	7.9	54.32	4.2	0.09	0.18	0.39
中国平均	99.88	7.97	31.17	6.02	50.07	4.05	0.47	0.41	1.03

7.1.5.2 中美专利布局策略对比

如图7-1-7和图7-1-8所示，通过全球排名前20位的美国申请人和中国申请人的PCT申请量占比来看，美国申请人的海外布局意识更强，注重申请PCT申请及同族专利，对一项技术形成专利簇进行保护，并同时布局到多个海外国家。中国申请人的PCT申请量占比远低于美国申请人的PCT申请量占比，中国企业、高校和科研院所的海外布局意识普遍较弱。

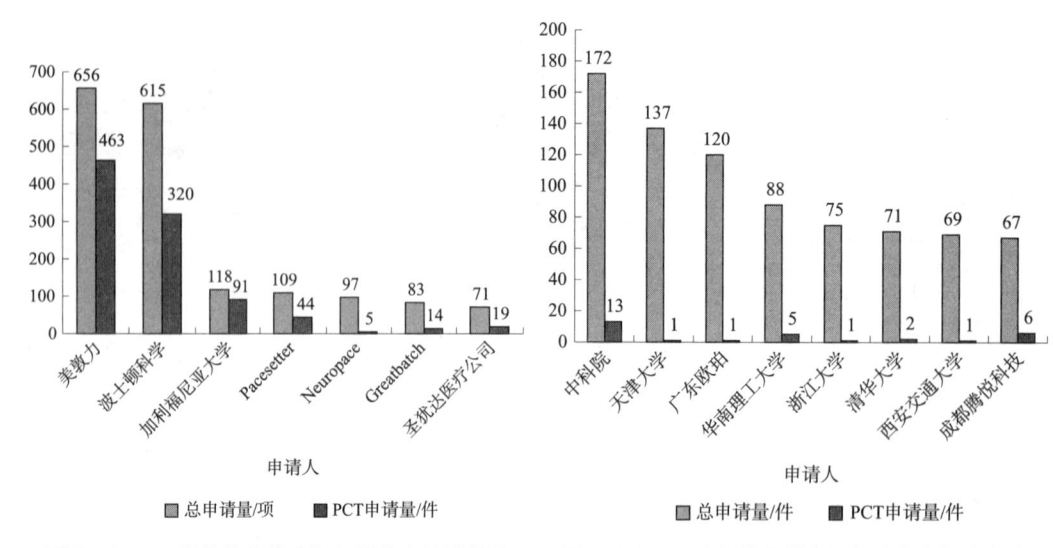

图 7-1-7 脑机协作的人机智能共生领域全球排名前 20 名中的美国申请人专利布局情况

图 7-1-8 脑机协作的人机智能共生领域全球排名前 20 名中的中国申请人专利布局情况

在上述宏观分析的基础上，在脑机协作的人机智能共生领域，分别选取美国、中国专利申数量排名在前的申请人，对重要申请人的高价值专利进行分析。选取美国申请人——美敦力和波士顿科学；中国申请人——中科院和天津大学。在中国申请人的选取上，未选取排名在天津大学之前的广东欧珀，是因为广东欧珀的专利申请基本涉及采集脑电波信号，根据脑电波信号调整控制电子装置，并未涉及脑机协作的人机智能共生领域的核心技术。美国和中国重要申请人高价值专利的布局策略如表 7-1-4 和表 7-1-5 所示，可以看出，中国申请人高价值专利被引用次数明显少于美国，被引用公司数基本在 10 家以下，被引用国家基本上是 1~3 个；而美国申请人高价值专利的被引用公司数基本为 15 家以上，被引用国家基本能够达到 4~6 个。并且，美国的高价值专利大多申请了同族专利，同族数较多，同族国家数大多在 2~6 个，同时在多个国家进行布局；而中国的高价值专利大部分并未申请同族专利，同族数、同族国家数大多为 1 个。

表 7-1-4 脑机协作的人机智能共生领域美国重要申请人高价值专利布局策略

申请人	高价值专利	被引用次数/次	被引用公司数/家	被引用国家数/个	同族数/个	同族国家数/个
美敦力	US6356784B	383	46	5	1	1
	US20080281322A1	383	31	5	12	6
	US6227203B	373	36	4	1	1
	US20070027514A1	373	41	6	1	1
	US20050222657A1	241	13	3	64	5

续表

申请人	高价值专利	被引用次数/次	被引用公司数/家	被引用国家数/个	同族数/个	同族国家数/个
美敦力	US5752979B	241	23	4	1	1
	US20080081958A1	192	25	4	2	3
	US20060247748A1	192	14	4	12	5
	US20040167587A1	190	16	1	9	4
	US20040088027A1	164	18	5	9	5
	US20070250121A1	125	8	2	31	5
波士顿科学	US20030036773A1	476	20	5	3	1
	US6389311B	303	18	2	8	2
	US20090204192A1	282	12	5	4	3
	US20100076535A1	253	7	4	3	2
	US20110078900A1	214	7	6	27	8
	US20120197375A1	175	7	4	2	1
	US20110004267A1	128	5	3	9	1
	US20050137647A1	129	19	4	1	1
	US20060184226A1	125	34	4	7	5
	US20100211132A1	124	15	8	5	2
	US20080097424A1	95	8	2	13	5

表7-1-5 脑机协作的人机智能共生领域中国重要申请人高价值专利布局策略

申请人	高价值专利	被引用次数/次	被引用公司数/家	被引用国家数/个	同族数/个	同族国家数/个
中科院	CN102894971A	17	8	2	0	0
	CN101292871A	16	6	3	0	0
	CN202161317U	16	7	3	0	0
	CN1778273A	14	8	1	0	0
	CN1626032A	14	7	2	0	0
	CN102380170A	13	3	1	0	0
天津大学	CN101057795A	36	22	2	0	0
	CN101853070A	23	9	3	0	0
	CN1593683A	21	10	2	0	0

续表

申请人	高价值专利	被引用次数/次	被引用公司数/家	被引用国家数/个	同族数/个	同族国家数/个
天津大学	CN101301244A	17	8	3	0	0
	CN103691058A	15	2	1	0	0
	CN101488189A	15	8	2	0	0
	CN101810479A	14	7	1	0	0
	CN1597011A	14	9	2	0	0
	CN105468143A	3	3	2	1	1

进一步地，选取我国2件高价值专利进行被引用情况分析，如表7-1-6所示。

表7-1-6 脑机协作的人机智能共生领域高价值专利被引用情况

CN101057795A专利申请的被引用的申请人	被引用次数/次	CN1778273A专利申请的被引用的申请人	被引用次数/次
上海交通大学	3	上海帝仪科技	2
上海理工大学	3	深圳迈瑞生物医疗电子	2
哈尔滨工业大学	3	广西师范大学	2
天津大学	2	北京航空航天大学	2
杭州电子科技大学	2	武汉理工大学	2
中科院	2	国防科技大学	2
西安交通大学	2	南京伟思医疗科技	1
重庆大学	2	华北电力大学	1
南京信息工程大学	2		
东北大学	2		
中南大学	2		
广东工业大学	1		
中山大学	1		
云南巨能科技发展有限公司	1		
东南大学	1		
华南理工大学	1		
上海乃欣电子科技有限公司	1		
伊默逊娱乐有限公司	1		
英默森公司	1		
上海威璞电子科技有限公司	1		
上海傲意信息科技有限公司	1		
上银科技	1		

① 天津大学的高价值专利 CN101057795A（采用肌电和脑电协同控制的假肢手及其控制方法）被引用次数高达 36 次，被引用的申请人达到 22 家，其中包括美国的伊默逊娱乐有限公司、上海威璞电子科技有限公司、上海乃欣电子科技有限公司、云南巨能科技发展有限公司等。然而，该件专利并没有同族专利申请，没有在海外布局，于 2009 年 10 月 7 日授权，2011 年 7 月 20 日专利权终止，未缴年费，非常可惜。

② 中科院的高价值专利 CN1778273A（一种用于便携式事件相关脑电位仪的脑电信号放大器）被引用次数高达 14 次，被引用的申请人达到 8 家，其中包括深圳迈瑞生物医疗电子、上海帝仪科技、南京伟思医疗等。然而，该件专利同样没有同族专利申请，没有在海外布局，于 2007 年授权，2013 年由于未缴年费，终止专利权。

此外，经检索分析，天津大学在脑机协作的人机智能共生技术领域的专利申请中，仅有 CN105468143A（一种基于运动想象脑-机接口的反馈系统）专利申请有 PCT 申请。该专利申请年份为 2015 年 11 月 17 日，由于该申请年份较新，虽然目前的被引用次数较低，然而开始进行 PCT 申请布局，说明天津大学的团队也开始意识到海外布局的重要性。

为了进行中美专利布局策略的对比，选取美国的 3 件高价值专利进行专利引用情况分析。①美敦力的高价值专利 US20050222657A1（MRI 安全植入式导线）的同族专利数为 64 个，已在美国以外的欧洲、德国、奥地利等地进行专利布局，并设置专利簇对该技术进行保护。②美敦力的高价值专利 US20060247748A（用于多功能安全植入式医疗设备的铅电极）的同族专利数为 12 个，已经在美国以外的欧洲、德国、奥地利等地进行专利布局，并设置专利簇对该技术进行保护。③波士顿科学的高价值专利 US20080097424A（电极标记和使用方法）的同族专利数为 13，已经在美国以外的欧洲、日本、加拿大、澳大利亚、西班牙等地进行专利布局。

可见，中科院和天津大学的高价值专利虽然被包括美国在内的国外公司引用，然而，大部分专利并未进行海外布局，没有同族专利申请，并未走出国门。而美国的大部分高价值专利均在海外布局，并设置专利簇进行保护。

7.1.5.3 中美专利付费期对比

以脑机协作的人机智能共生领域的全球专利为基础，通过检索找出申请人主动/被动放弃（除去被第三方请求无效的）的授权专利申请，共 633 件。对上述 633 件授权后无效的专利申请按照申请人分组，获取无效数量前 30 名的申请人，进行中美专利付费期对比。

如图 7-1-9 和图 7-1-10 所示，在脑机协作的人机智能共生领域美国申请人的授权专利维持年限普遍高于中国申请人的授权专利维持年限。中国仅有中科院的授权专利平均维持年限超过 10 年，其余均低于 8 年，尤其是在该领域专利申请量排名在前，并拥有重要产业应用的申请人天津大学，其授权专利平均维持年限仅有 5.4 年。

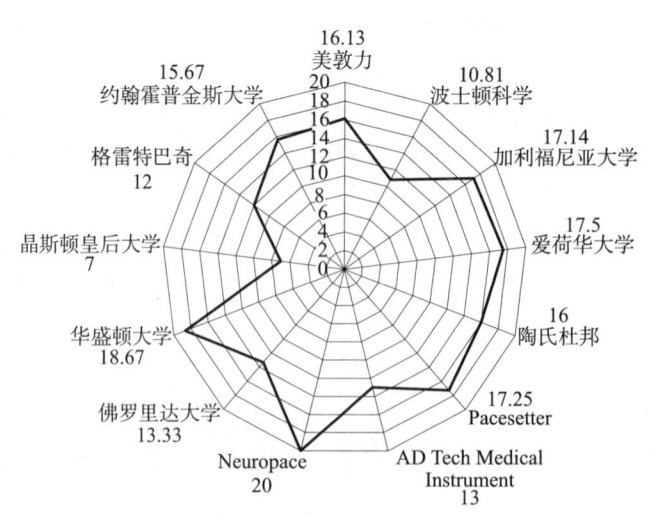

图 7－1－9　脑机协作的人机智能共生领域全球无效数量前 30 名中美国申请人的专利付费期

注：图中数字表示年数。

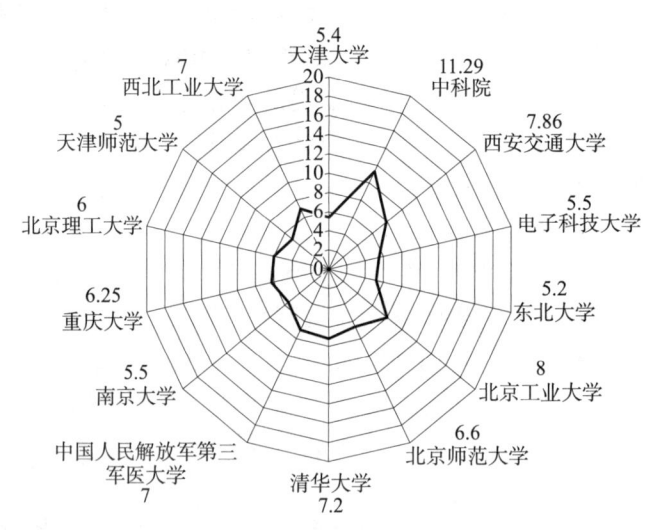

图 7－1－10　脑机协作的人机智能共生领域全球无效数量前 30 名中中国申请人的专利付费期

注：图中数字表示年数。

在脑机协作的人机智能共生领域中国申请人的授权专利维持年限相对美国较短，但我国是否只是放弃了一些低价值的专利申请呢？课题组进一步分析在该领域中国申请人的授权专利被引用次数与维持年限之间的关系。如图 7－1－11 和图 7－1－12 所示，在脑机协作的人机智能共生领域美国申请人授权专利被引用次数与专利维持年限之间的相关系数 R^2 为 0.3122，远高于中国申请人授权专利被引用次数与专利维持年限之间的相关系数 R^2 0.0087。也就是说，在该领域美国申请人授权专利被引用次数与专利维持年限存在一定的相关性，美国专利权人对于被引用次数高的高价值专利更加重视，授权专利维持年限相对较长。而中国申请人授权专利被引用次数与专利维持年限之间不存在相关性，中国申请人的授权专利申请，不仅维持年限较短，并且其中不乏一些被引用次数很高的高价值专利，我国专利权人的重要知识产权资产存在无故流失的可能。

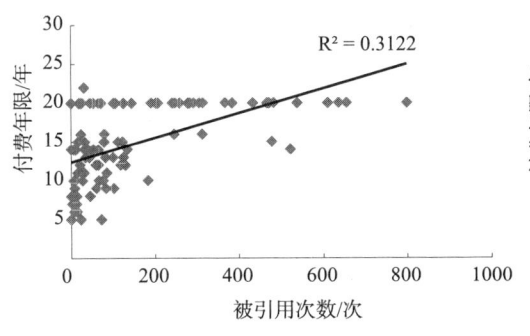

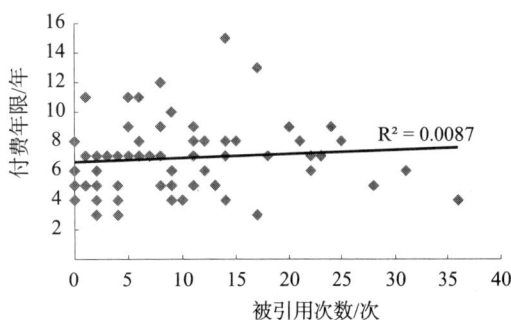

图 7-1-11 脑机协作的人机智能共生领域美国申请人授权专利被引用次数与专利维持年限的关系

图 7-1-12 脑机协作的人机智能共生领域中国申请人授权专利被引用次数与专利维持年限的关系

为解决我国专利权人的重要知识产权资产无故流失的问题，课题组通过检索找出了在脑机协作的人机智能共生领域中有效的高价值专利，希望对我国专利权人进行预警，避免重要知识产权资产的无故流失。脑机协作的人机智能共生领域中国专利申请中被引用次数大于14次的有效高价值专利如表7-1-7所示。

表 7-1-7　脑机协作的人机智能共生领域中国被引用次数大于14次的有效高价值专利

公开号	名称	标准申请人	申请年份	被引用次数/次
CN100363068C	可充电的脑深部刺激器	天津大学	2004	21
CN103677131B	一种穿戴式电子设备及其显示方法	华为技术有限公司	2013	19
CN102289285B	一种基于意识实现对电子设备控制的方法	海尔集团公司	2011	19
CN101968715B	一种基于脑机接口鼠标控制的因特网浏览方法	华南理工大学	2010	19
CN101711709B	利用眼电和脑电信息的电动假手控制方法	杭州电子科技大学	2009	19
CN101980106B	一种脑机接口的二维光标控制方法及装置	华南理工大学	2010	18
CN102609090B	采用脑电时频成分双重定位范式的快速字符输入方法	国防科技大学	2012	17

续表

公开号	名称	标准申请人	申请年份	被引用次数/次
CN101976115B	一种基于运动想象与P300脑电电位的功能键选择方法	华南理工大学	2010	17
CN101889863B	一种用于生物电信号采集的高性能直流放大装置	深圳市理邦精密仪器有限公司	2009	17
CN103691058B	帕金森病基底核-丘脑网络的深度脑刺激FPGA实验平台	天津大学	2013	15
CN103475971B	一种头戴式耳机	歌尔声学股份有限公司	2013	15
CN103300851B	具有脑电波和体征采集功能的帽子	卫荣杰	2013	15
CN102722727B	基于脑功能网络邻接矩阵分解的脑电特征提取方法	杭州电子科技大学	2012	15
CN102512159B	一种便携式无线脑电采集装置	西安交通大学	2011	15
CN101488189B	基于独立分量自动聚类处理的脑电信号处理方法	天津大学	2009	15
CN103150023B	一种基于脑机接口的光标控制系统及方法	北京理工大学	2013	14

7.1.5.4 中美不同类型创新主体研究内容对比

本部分将对中国和美国的高校及科研院所的研究方向与产业研究方向是否一致进行分析。高校及科研院所的专利申请普遍存在一个问题是：其研究与实际的产业应用是否脱节。有必要分析我国的中科院、天津大学与美国的加利福尼亚大学的研究方向，了解上述高校及科研院所重要申请人的研究方向是否与产业一致，产学研结合是否紧密。课题组分别对中科院、天津大学、加利福尼亚大学在脑机协作的人机智能共生领域的专利申请进行检索分析，分析与其相似度在93%以上的专利申请所属申请人的类型。如果大多为高校及科研院所，则认为该申请人的研究方向与产业结合不紧密；如果大多为公司，则认为该申请人的研究方向与产业结合相对紧密。

由表7-1-8和表7-1-9可以看出，在脑机协作的人机智能共生领域，与中科院和天津大学研究内容一致、数量排名在前15名的申请人全部是国内高校及科研院所。也就是说，中科院和天津大学在脑机协作的人机智能共生领域的主要竞争对手是其他国内高校和科研院所。而这些竞争对手一般不从事产品的制造与销售，中科院和天津大学的专利申请和当前产业上所关心的技术内容相距较远，会导致专利的真正经济价值无法体现。

表7-1-8 脑机协作的人机智能共生领域与中国科学院研究方向一致的申请人

申请人	数量/件	申请人	数量/件
电子科技大学	17	西安电子科技大学	8
北京工业大学	14	中山大学	7
北京大学	12	大连理工大学	7
上海交通大学	10	天津大学	6
清华大学	9	北京师范大学	5
西安交通大学	9	北京航空航天大学	5
华南理工大学	8	复旦大学	5
浙江大学	8		

表7-1-9 脑机协作的人机智能共生领域与天津大学研究方向一致的申请人

申请人	数量/件	申请人	数量/件
北京工业大学	17	电子科技大学	8
华南理工大学	16	北京理工大学	7
杭州电子科技大学	15	燕山大学	7
中科院	14	西安电子科技大学	7
西安交通大学	14	重庆邮电大学	7
上海交通大学	11	北京师范大学	5
东南大学	10	北京航空航天大学	5
浙江大学	10		

由表7-1-10可以看出，在脑机协作的人机智能共生领域与加利福尼亚大学研究内容一致、数量排名在前15名的申请人中包括9家公司、6家高校。加利福尼亚大学在美国的主要竞争对手中，公司占比达到60%，高校占比仅有40%。美国加利福尼亚大学的研究内容与产业上的研究内容联系相对更加紧密。

表7-1-10 脑机协作的人机智能共生领域与加利福尼亚大学研究方向一致的申请人

申请人	数量/件	申请人	数量/件
MED-EL公司（奥地利）	10	SPR therapeutics公司	7
The General Hospital Corporation	10	Welch Allyn公司	7
斯坦福大学	9	通用电气公司	7
匹兹堡大学	8	Pacesetter公司	6
多伦多大学	8	麻省理工学院	6
密歇根大学	8	NDI medical公司	6
约翰霍普金斯大学	8	Neuroenhancement公司	5
美敦力	8		

通过上述分析发现，我国目前在脑机协作的人机智能共生领域高校及科研院所的研究方向与产业研究方向相差较大。如何更好地促进国内高校、科研院所与企业之间的合作呢？经检索分析，以脑机协作的人机智能共生领域的有效高价值专利为基础，检索与每件待出让专利最相关的100件专利，同时进行受让人和申请人两个维度的分组，分别找出天津大学和华南理工大学被引用次数在14次以上的有效专利的潜在买家。最终，找出对上述有效专利具有购买意愿的国内公司，建议上述公司可以与相应的高校及科研院所进行深入合作，如表7-1-11和表7-1-12所示。

表7-1-11 脑机协作的人机智能共生领域天津大学有效专利的潜在合作公司

公告号	潜在合作公司
CN100363068C	杭州承诺医疗科技有限公司
	北京品驰医疗设备有限公司
	上海力声特医学科技有限公司
	先健科技（深圳）有限公司
	深圳华荟智能科技有限公司
	深圳市一体太糖科技有限公司
CN103691058B	上海中研久弋科技有限公司
	北京华力创通科技有限公司
	合肥芯福传感器技术公司
	大连海联自动控制有限公司
	杭州领芯电子有限公司
CN1597011B	深圳英智科技有限公司
	先健科技（深圳）有限公司
	北京品驰医疗设备有限公司
	上海德本生物科技有限公司
	上海黎欧生物科技有限公司

表7-1-12 脑机协作的人机智能共生领域华南理工大学有效专利的潜在合作公司

公告号	潜在合作公司
CN101968715B	北京三星通信技术研究有限公司
	北京乐驾科技有限公司
	博睿康科技股份有限公司
	哲睿有限公司
	广东威创视讯科技股份有限公司

续表

公告号	潜在合作公司
CN101980106B	天津市鸣都科技发展有限公司
	上海威璞电子科技有限公司
	京东方科技集团股份有限公司
	北京航天测控技术有限公司
CN101976115B	TCL集团股份有限公司
	兰博斯有限责任公司
	北京三星通信技术研究有限公司
	北京盈科成章科技有限公司
	歌尔声学股份有限公司

7.1.6 小 结

脑机协作的人机智能共生技术是混合增强智能的核心技术。我国高校和科研院所在脑电信号处理与设备控制方面拥有数量较多的专利申请，但我国的专利申请价值与美国主要申请人的差距较大。在完成专利数量的赶超后，提高专利申请的价值，提高海外布局意识，提高专利价值意识，加强产学研合作是我国申请人急需解决的问题。一方面，中国申请需要提高技术创新的高度，增强核心竞争力；另一方面，需要重视专利的撰写、运营和维护工作。

7.2 云机器人协同计算方法技术

云机器人协同计算方法即基于云计算的人机协同计算，是将云计算应用于机器人的技术。云机器人通过位于云端的大脑进行控制，该大脑位于数据中心，利用人工智能技术，完成传统机器人不能承担的任务。云机器人的概念，是由卡耐基·梅隆大学的James Kuffner教授在2010年的Humanoids 2010会议上正式提出的。

云机器人在工业制造、生活服务和军事国防等方面有巨大的应用价值。智能制造是未来制造业的方向，各国都出台政策对未来工业模式进行规划。在生活服务方面，云机器人可以在劳作负担重、任务烦琐的领域有所突破；在军事国防方面，云机器人可以执行有人装备不能承担的任务，减少部队人员生命安全面临的威胁。郑南宁在他的文章中指出，云机器人可能是人机混合增强智能研究转化为应用最快的领域之一。

7.2.1 云机器人协同计算方法技术概述

云计算具有强大的运算和存储能力，能够给机器人提供一个更智能的大脑，将机器人技术与云计算相结合,可以增强单个机器人的能力,执行提供复杂功能的任务。同时,分布在世界各地、具有不同能力的机器人若能开展合作,共享信息资源,将能完成更大、更复杂的任务。

云机器人协同计算方法与传统机器人相比,具有以下三种核心的技术优势:

(1) 基于云端的计算和存储

基于云端的计算和存储具有实现资源快速部署、进行动态可伸缩扩展及供给的特点,能够提供强大的计算和存储能力,从而使得机器人能够执行更多更复杂的任务。同时,将计算和存储功能放置到云端,可以降低机器人的硬件装备和能源消耗,使得机器人更小巧,更经济。

(2) 基于云端的协作

利用云端作为共同的媒介,可以使多个机器人自主处理特定任务,互相传递解决方案,共享数据,实现机器人之间的协作,完成单个机器人难以完成的任务,或者也可以使一个装备较多传感器的复杂机器人作为领导者,提供地图以与其他一群装备简单的机器人合作。

(3) 基于云端的学习

多个机器人被同一个云端大脑控制,云端大脑就可以从每个机器人处获取环境信息,并将这些信息共享给所有的机器人,建立多机器人间的知识传递与更新机制,实现基于任务及完成情况的自适应知识更新,优化机器人的性能。

7.2.2 云机器人协同计算方法技术发展现状

图7-2-1显示的是全球云机器人协同计算方法技术各技术分支占比每三年的发展趋势。从该占比走势图中可以看出,基于云端的计算与存储分支一直以来申请量占比较高,这可能是因为该技术最容易与机器人结合起来,并且使得机器人在承担任务时从中获益,但近年来该分支的申请量占比逐渐降低,特别是2017年以后,申请量占比更低,表明其专利布局已成熟,研究热度呈下降趋势;基于云端的协作分支的申请量占比持续居于第二位,该分支在很长一段时间内保持平稳,在波动中略有上升,但是其占比远低于位于第一的基于云端的计算和存储分支,然而近年来,该分支出现了迅猛增长的趋势,几乎快要追平基于云端的计算和存储分支,预测未来一段时间,该技术分支将变为研究的热点,建议国内创新主体对该技术分支要特别地关注;基于云端的学习长期以来居于最末位,呈现出先降低后升高的趋势,截止到2010年之前,整个态势是下行的,但是随后逐渐上升,近年来又呈现出上扬的趋势,但仍居于末位,该技术分支的研究比较少,可能是该领域的技术难点,也可能是云机器人的应用从该技术分支中获益相对较少,建议国内创新主体对该技术分支也持续关注,谨慎投入研发力量。

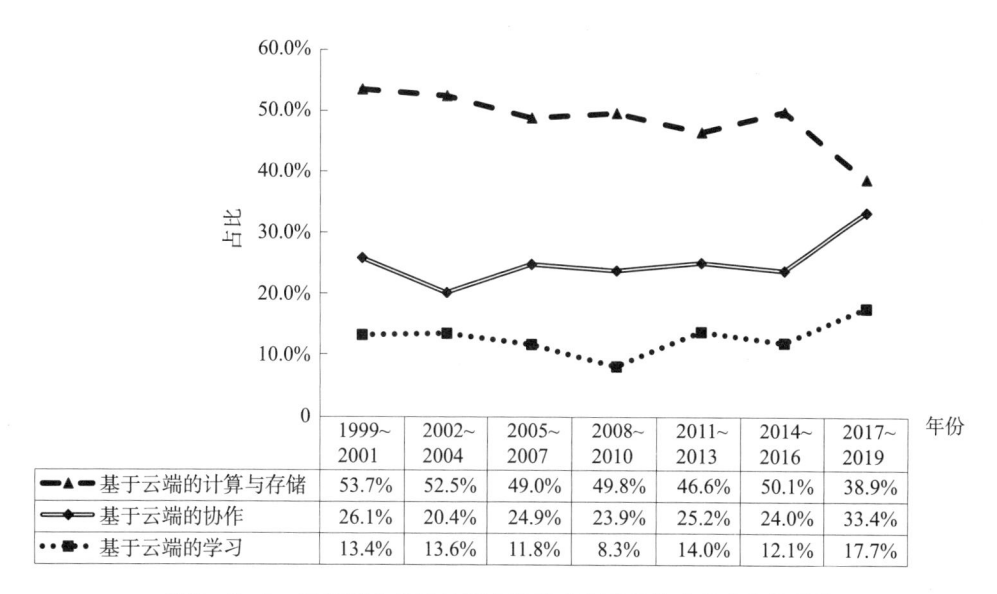

年份	1999~2001	2002~2004	2005~2007	2008~2010	2011~2013	2014~2016	2017~2019
—▲— 基于云端的计算与存储	53.7%	52.5%	49.0%	49.8%	46.6%	50.1%	38.9%
—◆— 基于云端的协作	26.1%	20.4%	24.9%	23.9%	25.2%	24.0%	33.4%
┄■┄ 基于云端的学习	13.4%	13.6%	11.8%	8.3%	14.0%	12.1%	17.7%

图7-2-1 云机器人协同计算方法技术全球各技术分支占比趋势

图7-2-2显示的是中国云机器人以协同计算方法技术各技术分支占比每三年的发展趋势。从该占比走势图中可以看出，中国在该分支的发展略晚于全球，但在各个技术分支的投入和发展趋势上与全球相似，紧跟全球发展潮流。

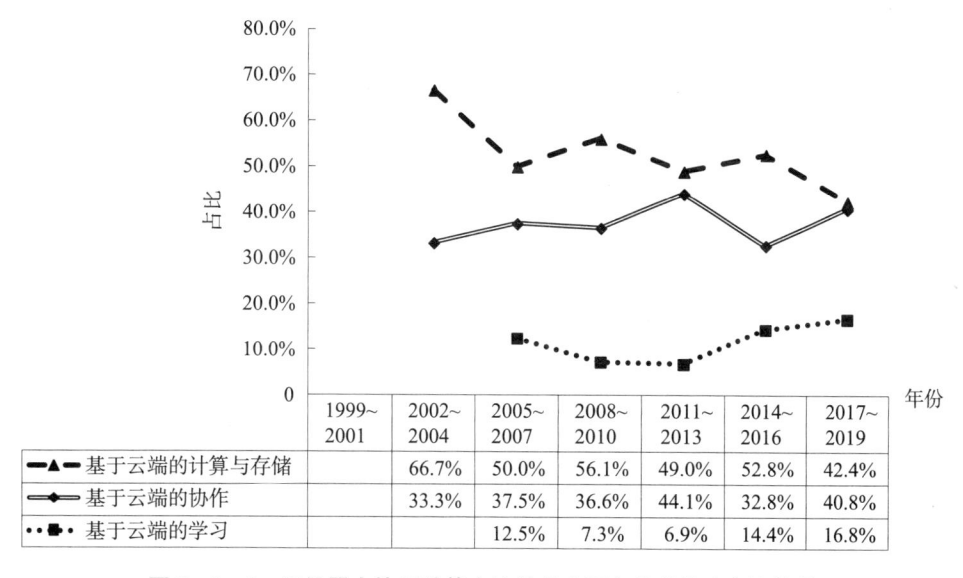

年份	1999~2001	2002~2004	2005~2007	2008~2010	2011~2013	2014~2016	2017~2019
—▲— 基于云端的计算与存储		66.7%	50.0%	56.1%	49.0%	52.8%	42.4%
—◆— 基于云端的协作		33.3%	37.5%	36.6%	44.1%	32.8%	40.8%
┄■┄ 基于云端的学习			12.5%	7.3%	6.9%	14.4%	16.8%

图7-2-2 云机器人协同计算方法技术中国各技术分支占比趋势

7.2.3 全球主要申请人竞争格局

图7-2-3显示的是云机器人协同计算方法技术申请量位于前20的全球申请人排名情况。占据第一位的是美国申请人，是一家企业iRobot；而中国申请人占了9席，包

含 5 家企业、4 家高校及科研机构，这也印证了云机器人可能是向产业转化最快的领域之一。

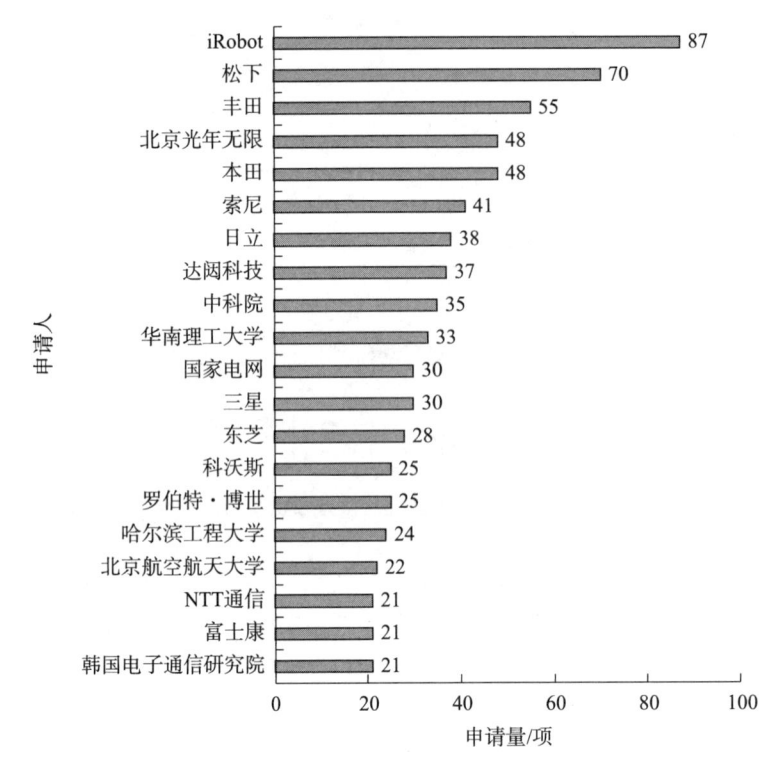

图 7-2-3 云机器人协同计算方法技术全球申请人排名

申请人	申请量/项
iRobot	87
松下	70
丰田	55
北京光年无限	48
本田	48
索尼	41
日立	38
达闼科技	37
中科院	35
华南理工大学	33
国家电网	30
三星	30
东芝	28
科沃斯	25
罗伯特·博世	25
哈尔滨工程大学	24
北京航空航天大学	22
NTT通信	21
富士康	21
韩国电子通信研究院	21

经统计，云机器人协同计算方法技术领域中全球申请量排名前 20 位的申请人的申请量为 739 项，占全部申请量的 22.13%。为了对各创新主体进行进一步了解，统计了该领域全球申请量排名前 20 位的申请人的技术布局情况，如表 7-2-1 所示。

表 7-2-1 云机器人协同计算方法全球排名前 20 位申请人技术分布   单位：项

申请人	基于云端的计算与存储	基于云端的协作	基于云端的学习	其他
iRobot	53	14	6	14
松下	32	18	2	18
丰田	30	13	3	9
北京光年无限	36	2	6	4
本田	29	6	5	8
索尼	21	6	10	4
日立	27	7	0	4

续表

申请人	基于云端的计算与存储	基于云端的协作	基于云端的学习	其他
达闼科技	18	7	1	11
中科院	17	8	4	6
华南理工大学	13	7	6	7
国家电网	9	10	5	6
三星	12	5	6	7
东芝	21	4	2	1
科沃斯	14	6	0	5
罗伯特·博世	17	3	1	4
哈尔滨工程大学	10	8	3	3
北京航空航天大学	6	9	4	3
NNT通信	14	3	3	1
富士康	11	4	0	6
韩国电子通信研究院	9	3	1	8

从表中可知，对于基于云端的计算与存储、基于云端的协作技术，各个申请人均有布局，而基于云端的学习技术，部分申请人并没有布局。各分支的技术分布基本上与全球的趋势相同，基于云端的计算与存储占有的比例基本上是最多的，鉴于该技术分支布局的成熟以及研究热度的降低，课题组建议国内的创新主体在布局时要注重策略，首先注意规避核心专利，其次可以通过增加技术细节和等同替代等方式布局外围专利；基于云端的协作技术是近几年研究热度逐渐上升的技术，在大部分申请人中申请量是位于第二的，但是中国的北京航空航天大学和国家电网的技术分布中，该分支的申请量是第一位的，这表明我国在这一技术分支是有优势的，建议可以重点规划，抢占先机，抓住时下热点，结合自身优势，积极参与布局；对于基于云端的学习技术，在大部分申请人的申请量中占比是处于末位的，但是近年来占比略微上扬，建议各创新主体可以暂时观望，谨慎投入研发力量。

7.2.4 中美主要申请人技术发展路线及核心基础专利分析

在全球排名前20位的申请人中，iRobot的申请量是最大的；在国内申请人中，能够与iRobot直接竞争的科沃斯也进入了全球排名榜，而北京光年无限和达闼科技是排名位于前列的科技公司。由于达闼科技旗下机器人类型涉猎更为广泛，因此，课题组选取了iRobot、科沃斯和达闼科技为代表，对中美主要申请人技术发展路线及核心基础专利分析。

iRobot 于 1990 年由美国麻省理工学院教授罗德尼·布鲁克斯、科林·安格尔和海伦·格雷纳创立，为全球知名 MIT 计算机科学与人工智能实验室技术转移及投资成立的机器人产品与技术专业研发公司，发展历程可被分成三个阶段：①1990～2001 年，从特种机器人起步，代表产品为 NASA 太空探索机器人 Genghis 和战术移动机器人 PackBot；②2002～2010 年，开发扫地机器人，进入消费机器人市场，推出里程碑式的扫地机器人 Roomba，凭借优秀的软硬件表现以及首创的随机清扫算法迅速抢占市场，成为扫地机器人行业领导者；③2011 至今，专注消费机器人，持续升级扫地机器人 Roomba，并先后推出擦地机器人 Braava、泳池清洁机器人 Mirra、檐槽清洁机器人 Looj 等，2011 年，中国国内公司科凡达成为 iRobot 中国总代理，将其系列产品正式引入国内市场，标志着 iRobot 正式进入中国消费市场。

图 7-2-4 示出了 iRobot 云机器人协同计算方法技术发展路线。从图中可以看出，在基于云端的计算与存储分支上，iRobot 从前期的环境感知和路径规划，演变为关注定制化服务，提升用户体验；在基于云端的协作分支主要应用于军事领域；基于云端的学习集中在知识共享，所有的改进都是基于机器人侧的。目前 iRobot 主要使用亚马逊的云服务。

科沃斯成立于 1998 年，是全球最早的服务机器人研发与生产商之一，一直专注于家庭服务机器人的研发、设计、制造和销售，涵盖扫地机器人、空气净化机器人等完整的家用机器人产品线。2015 年，科沃斯推出了以公共服务为主的商用机器人，继续扩大产品覆盖面。

图 7-2-5 示出了科沃斯云机器人协同计算方法技术发展路线。从图中可以看出在基于云端的计算与存储分支上，科沃斯的专利布局前期主要集中在路径规划，后期集中在人机交互，建议可以增加对个性化操作的研发力度，以提高消费者的使用体验。在基于云端的协作中，有多个家用机器人的协作，相较于 iRobot 在该分支主要应用于军用机器人的协作，科沃斯显然在家用机器人的协作领域具有领先优势，可以继续投入研发，增加优势。在基于云端的学习方面，建议科沃斯持续关注，谨慎投入研发力量。目前科沃斯主要使用阿里的云服务。

达闼科技是一家云端智能机器人运营商，创立于 2015 年，专注于云端智能机器人技术的研究与开发，推出了使用云端智能的迎宾机器人、安保机器人、清洁机器人、智能零售机器人、虚拟智能机器人等服务机器人解决方案。此外，达闼科技还基于移动内联网云服务 MCS（Mobile-Intranet Cloud Service）架构，提供云、网、端一体化的云端智能终端解决方案。

图 7-2-6 示出了达闼科技云机器人协同计算方法技术发展路线。从图中可以看出，在各个技术分支上，达闼科技不仅有对机器人的改进，同时也有对云端的改进，相较于 iRobot 和科沃斯使用其他公司的云服务有显著区别，建议可以继续布局，增加优势。

第 7 章 关键技术分支分析

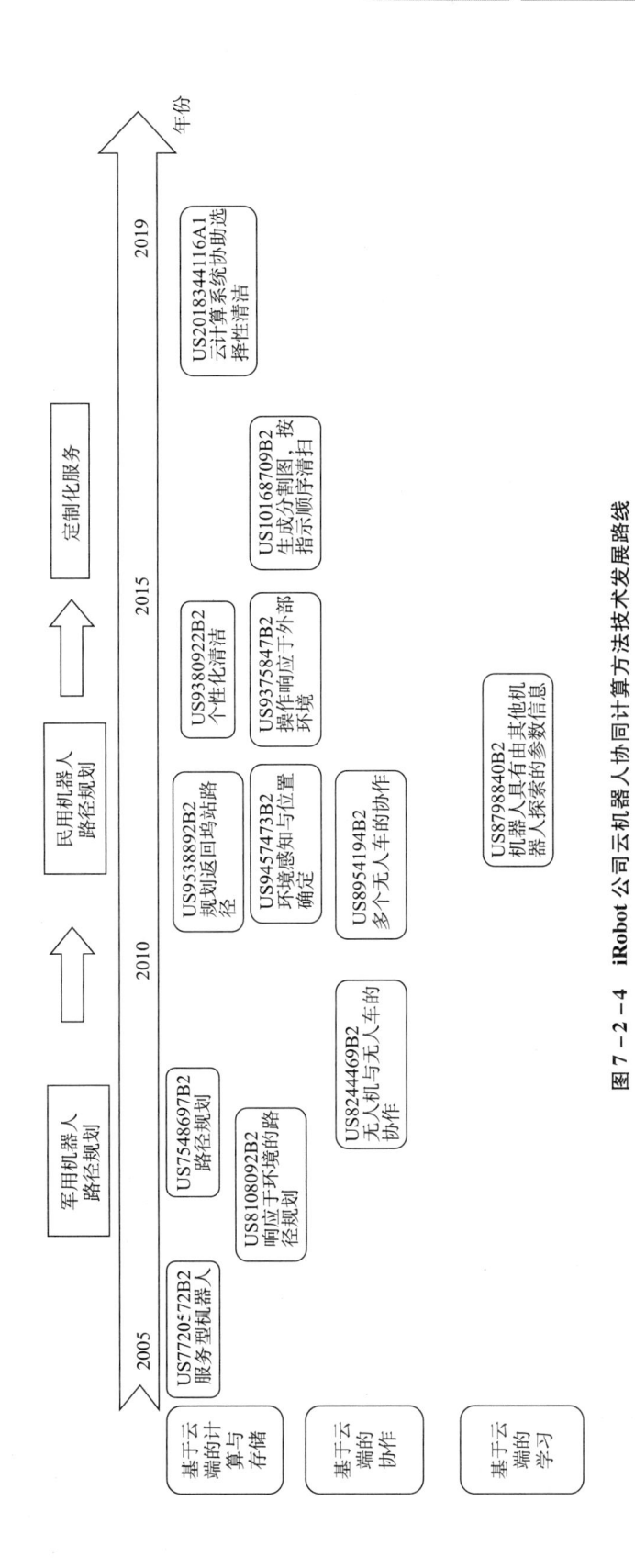

图 7-2-4 iRobot 公司云机器人协同计算方法技术发展路线

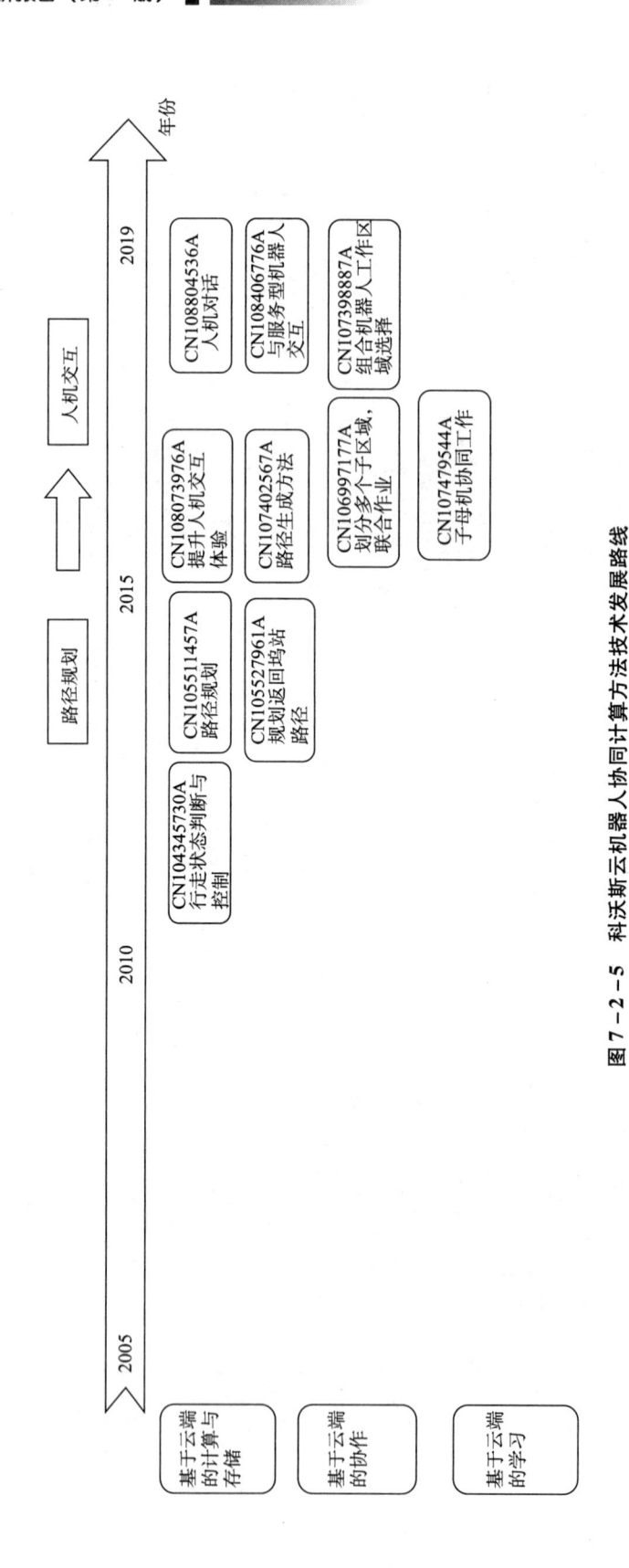

图7-2-5 科沃斯云机器人协同计算方法技术发展路线

第 7 章 关键技术分支分析

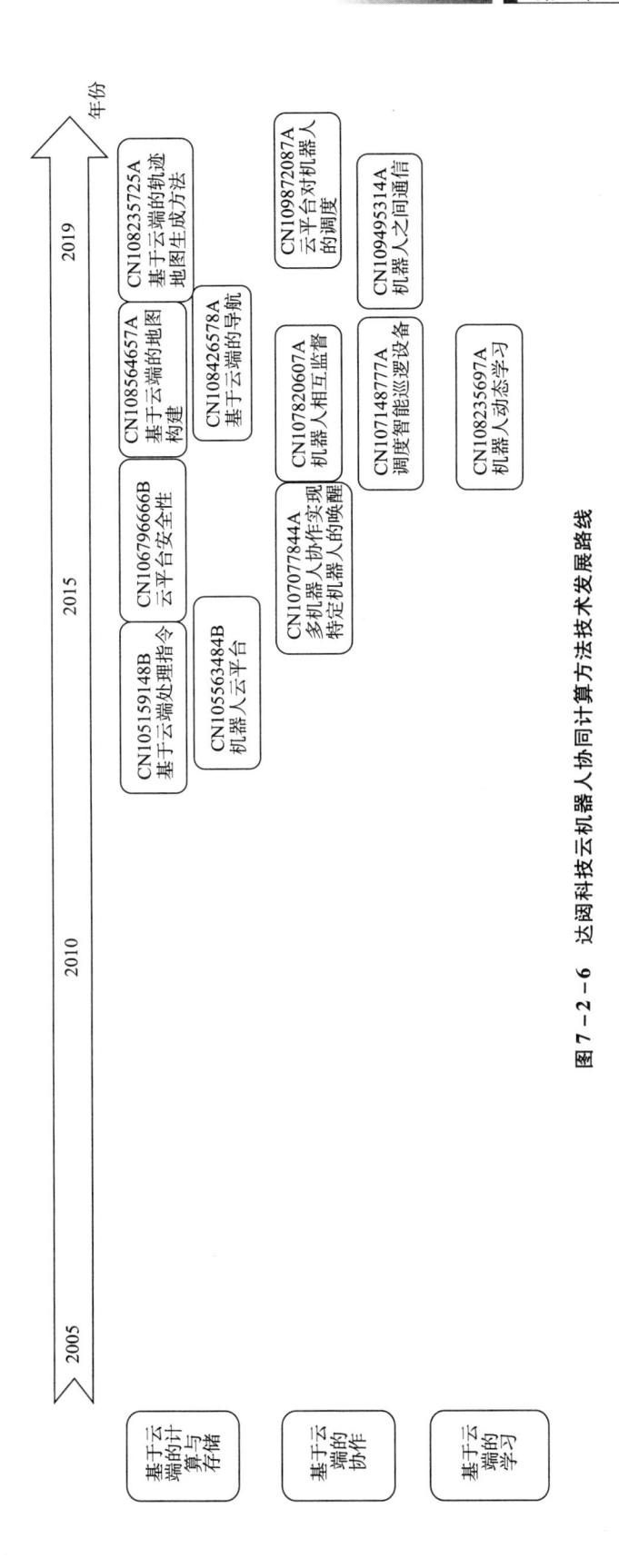

图 7-2-6 达闼科技云机器人协同计算方法技术发展路线

7.2.5 中美主要申请人专利布局情况比较

基于与前述相同的理由,课题组选取了 iRobot、科沃斯和达闼科技为代表,对中美专利布局策略进行比较研究,从而为国内申请人更好地进行专利布局提供引导。

7.2.5.1 中美主要申请人技术布局策略对比

云机器人将云计算应用于机器人,是未来的发展热点。图 7-2-7 展示了中美主要申请人云机器人协同计算方法申请在与机器人相关的申请中的占比情况。从图中可以看到,iRobot 和科沃斯作为传统机器人企业都对此有相应的预期,因此,均开始对该领域有所投入。科沃斯早在 2015 年就与阿里云联合发布智能新品,而 2016 年 iRobot 使用了亚马逊云服务,2018 年谷歌宣布与 iRobot 合作,将利用 iRobot 机器人吸尘器收集房屋的地图数据,进而改进智能家居的使用体验。

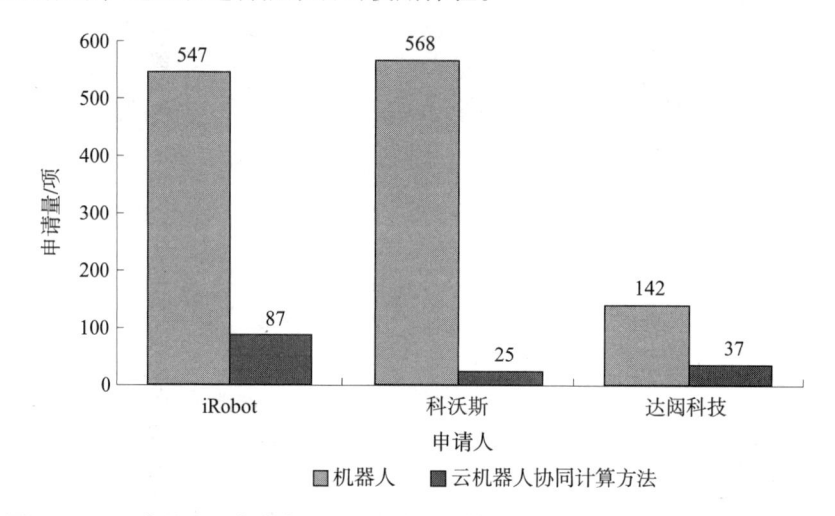

图 7-2-7 中美主要申请人云机器人协同计算方法在机器人相关申请中占比情况

实际上,在消费品市场,提升产品体验越来越依赖于人工智能技术,在技术上的差距会带来产品体验的差距,两家传统的机器人企业都意识到了这一点,所以都有所投入。iRobot 是学院派起家,其机械性能、移动性能等方面,已经被军工产品证明过,软件上也有应用于太空探测机器人的智能导航技术、排雷机器人的覆盖算法和专业清洁车的清扫技术作为技术支撑。而从生产起家的科沃斯,在实战中摸爬滚打,并没有被 iRobot 拉开差距。从清扫路径规划上来说,iRobot 采用的是可视定位和地图构建技术,扫地机器人可以自己根据清扫范围构图辨别方向,进行路径规划,有效避开障碍;科沃斯运用的路径规划技术,通过路径记忆的方式来进行补漏,减少重复和遗漏的情况,两种技术并驾齐驱。而达闼科技将近 30% 的申请都投入了云机器人相关技术的研发中。由此可见,在云机器人协同计算方法领域,国内同样赶上了这波浪潮,希望相关从业者能够抓住这次机会,提升行业影响力。

图 7-2-8 展示了中美主要申请人云机器人协同计算方法技术分支占比。从中美主要申请人的技术侧重点对比可见,三家公司都是基于云端的计算与存储占比最多,

其次是基于云端的协作,然后是基于云端的学习,这与全球的趋势是一致的。在除去常规的三个分支之外的其他分支中,iRobot关注于结构改进、感应方式改进、对传感器和传感方式的改进以及通信质量的改进,科沃斯与iRobot展现出了相同的趋势,达闼科技则关注于通信安全和通信质量。由此可见,不同类型的企业在各方面的关注点是不同的,iRobot和科沃斯作为消费型机器人的代表,不仅像传统机器人企业一样关注机器人本身的改进,同样也关注云计算应用于机器人时的通信质量,例如延迟响应等问题,以期提高消费者的消费体验;而达闼科技作为新兴的机器人公司,特别注重于通信质量以及数据安全性,对于机器人本身的结构则较少关注。

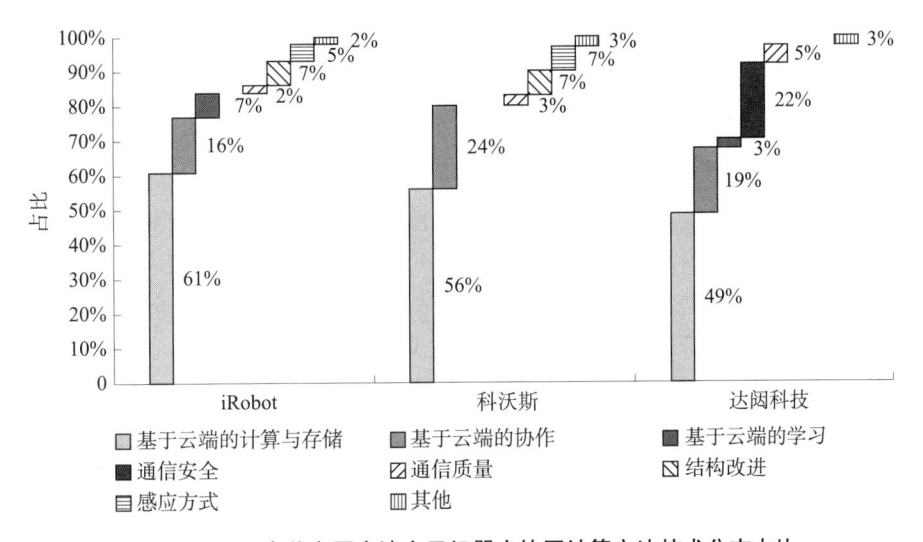

图7-2-8 中美主要申请人云机器人协同计算方法技术分支占比

由此可见,iRobot和科沃斯作为传统的机器人制造企业,关注点会集中于机器人运动较为依赖的传感和控制方向,以及机器人本身结构的改进,缺乏对通信和计算机技术的研发;而作为新兴的科技企业,达闼科技专门研发针对机器人的云平台,但是缺乏在机器人制造方面的经验,因此可以考虑传统机器人制造、生产厂家与新兴的研究应用于机器人的云平台的公司合作,从而使得研发与需求密切切合,新兴企业开发的技术应用到更多的机器人中去。传统机器人公司可以更有针对性地使用云平台,以互相提高市场影响力和占有额度。

7.2.5.2 中美主要申请人专利布局策略对比

图7-2-9示了中美主要申请人在云机器人协同计算方法领域全球布局情况。从专利区域分布对比可见,iRobot在全球的布局国家或地区最多,科沃斯同样在全球多个国家或地区有布局,而达闼科技有一部分PCT申请,但是却没有进入中国国家阶段。实际上,企业要做大做强,必然会走出国门,走向世界,那么在全球范围内进行专利布局是不可避免的,中国申请人也同样意识到了这个问题;科沃斯作为服务型机器人生产商中的佼佼者,早已经开始进行全球布局;而新兴企业达闼科技,意识到了这一趋势,也有进行全球布局的意图。

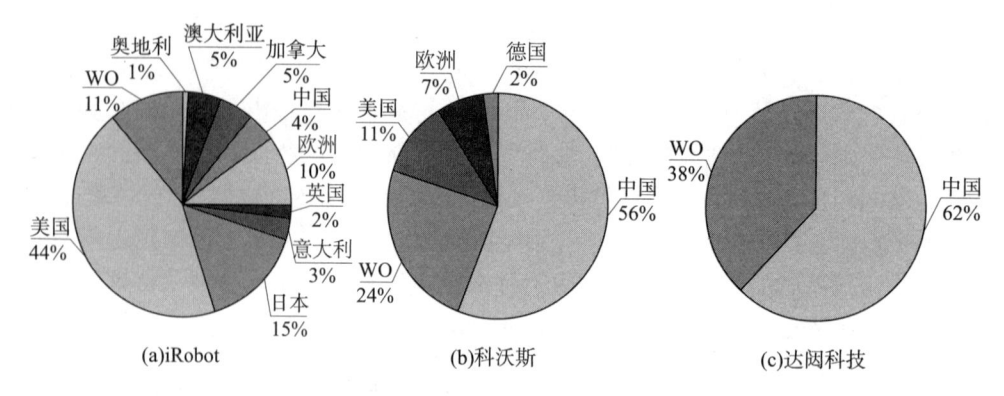

图 7-2-9　云机器人协同计算方法中美主要申请人全球布局

为了更详细地了解中美各主要申请人在云机器人协同计算方法领域布局策略，以在主要国家或地区布局的专利占当年全球布局的专利总数的百分比，做出中美主要申请人在除了本国外的主要国家或地区布局热点图，具体如图 7-2-10 所示。从 iRobot 的布局热点图中可以看出，除了本国外，iRobot 在欧洲持续布局，这可能与欧洲生活习惯有关，消费型机器人更容易被欧洲人接受；每次在日本进行专利布局时，其所占的比重都会非常大，这有可能是以专利簇的形式对重点产品予以保护，并且对其近邻加拿大也有一定的专利布局。而其在中国的布局则开始得较晚，这可能是由于中国是

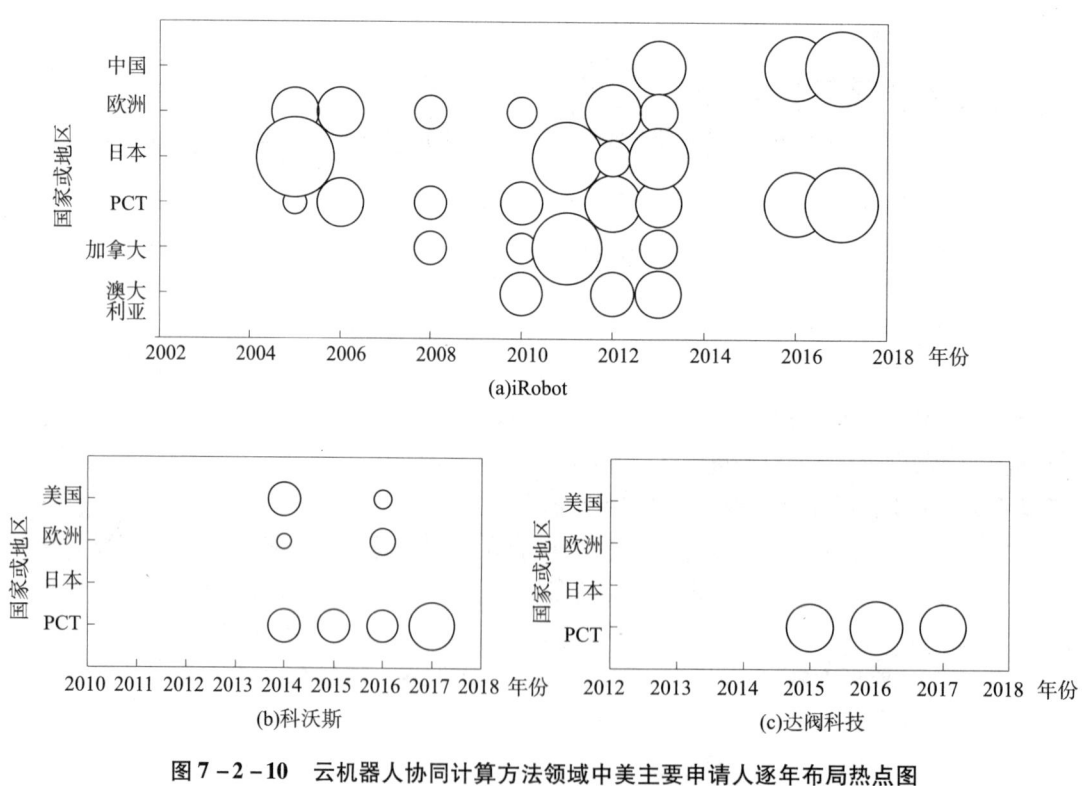

图 7-2-10　云机器人协同计算方法领域中美主要申请人逐年布局热点图
注：图中气泡大小表示百分比大小。

iRobot 作为后来者进入的市场，2011 年 iRobot 在中国设立了经销商，标志着其正式进军中国市场，但是其进入中国的专利很少，特别是关于扫地机器人的很多核心专利在中国是没有进行布局的，正是这一布局策略，使得 iRobot 在中国没有建立起专利优势。2014 年扫地机器人行业重要竞争者中国公司深圳银星科技，对 iRobot 在 2003 年进入中国的一件专利提出了无效，这可能让 iRobot 意识到专利在中国的重要性，随后提高了在中国的专利布局占比。

从科沃斯的布局热点图中可以看出，科沃斯在专利申请的初步阶段，没有在国外进行布局，2014 年后，分别在美国和欧洲进行布局，并持续进行 PCT 申请，但并没有在日本进行布局。这与创新主体的发展规模、市场规划息息相关。从达闼科技的布局热点图中可以看出，从其意识到进行专利布局时，就开始进行 PCT 申请，海外布局意识较好，但是可能因为公司发展规划，并没有进入国家阶段。

由此可见，专利的布局与市场格局是密切相关的。如果产品进入早而专利进入晚，就可能因竞争对手采用诉侵权等手段产生专利摩擦。iRobot 和科沃斯都已经根据市场格局进行了专利布局，而达闼科技可能是由于产品还没有走向国外，因此在 PCT 申请后尚未进入国家阶段，然而依据以往专利先行的策略，企业在确定市场方向后，可以先期进行专利布局。

为了更详细地了解企业的专利地区布局策略，针对企业产品发布与专利之间的关系进行了更为详细的分析。

作为清扫机器人行业的龙头企业，iRobot 的专利区域布局与上市产品的关系如图 7-2-11 所示。

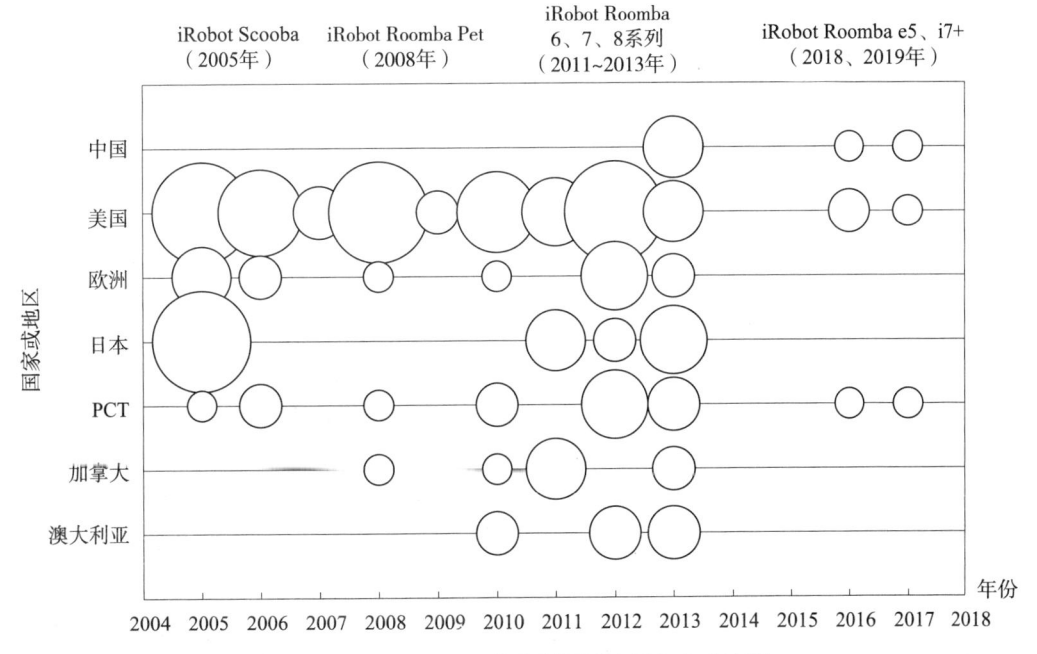

图 7-2-11 iRobot 的专利区域布局与上市产品

注：图中气泡大小表示申请量多少。

从图中可以看出，iRobot 一直是比较注重全球布局的，并且每一次大范围的布局必然都伴随着创新性产品的出现。2005 年在多个国家或地区进行布局，此时，iRobot 发布了家用机器人（相关专利为 WO2007041295），移动机器人可以发起寻找，并在找到主人后以多种方式与主人交互，可以进行对话，加强对药物治疗或其他日程安排的遵守等。2010~2013 年成为在全球布局的高潮期，在这个阶段，iRobot 对其里程碑式的扫地机器人 Roomba 产品密集地进行改进，例如，通过机器人绘图映射室内环境参数，并构建机群，使机器人机群在遍历环境的同时周期性地交换定位信息和参数地图，使得每个机器人具有关于由其他机器人探索的所有参数的信息（相关专利为 WO2014055278）；根据房间不同特点执行不同的清扫策略、环境监测以及策略选择等处理完全或主要在云或远程管理服务器处进行（相关专利为 WO2014113091）。《2018 年机器人行业 iRobot 分析报告》指出，在此期间，iRobot 专注消费机器人，与持续升级 Roomba 扫地机器人的策略是相吻合的，由此可见，每当有创新性产品出现时，iRobot 就会选择全球范围内布局，特别是对于热销产品，会持续地进行改进。

另外，自 2013 年之后，虽然沉寂了两年，但是 iRobot 在 2016 年提出了将至少一个子区域识别为非杂物区和杂物区；并且基于对子区域的识别计算覆盖图案，响应于覆盖图案，移动机器人按由覆盖图案指示的序列顺序地导航表面的相应区域中的至少一个的非杂物区和杂物区（相关专利为 WO2018053100A1）；2017 年，提出了用户可以选择在清洁任务期间待清洁的一组房间，且在清洁任务期间在每个房间使用的一组清洁参数（相关专利为 WO2018222219A1）。在全球以及美国的整个扫地清洁品类中，Roomba 都是销量最高的，并且这款产品的市场份额在全球大部分市场中都超过 60%，其中在日本、美国、德国市场是第一名。可见 iRobot 执行了"专利先行"的策略，先申请专利为产品保驾护航。

2018 年谷歌宣布与 iRobot 合作，将利用 iRobot 机器人吸尘器收集房屋的地图数据，进而改进智能家居的使用体验。iRobot 最新款 Roomba i7+ 绘制的房屋地图可用于创建自定义清洁计划，用户可以通过谷歌智能助手发出口头命令，让 Roomba 清洁固定区域。可见，iRobot 虽然是与人工智能行业的巨头合作，但是在此之前，iRobot 对于自己产品的定位已经早有规划，把握了产品设计的主动权。在 iRobot 的官网，Roomba i7+ 已经被作为重点产品推荐给消费者，并采用了非常醒目的标题和图片对 Roomba i7+ 进行宣传。

作为在清扫机器人行业中的后起之秀，iRobot 在中国最主要的竞争对手科沃斯，专利区域布局与上市产品的关系如图 7-2-12 所示。

从图中可以看出，科沃斯也比较注重全球布局，但是选择性地对某些产品进行了全球布局。2011 年 10 月，科沃斯在上海举办新品发布会，推出首款家用擦窗机器人窗宝 5 系，同时提出了擦玻璃装置及避让障碍物方法的专利申请（相关专利为 CN20111025887.8），但是该申请仅在中国国内获得授权，并没有在全球范围内布局。2013 年 9 月，科沃斯发布具有全局规划、全程操控等功能的地宝 9 系，但并没有大规模进行专利布局；2014 年 10 月，科沃斯发布了沁宝 A630、窗宝 W830、窗宝 W930 以及地宝 DM81 四款产品，并针对扫地机器人的路径规划进行了大范围专利布局；2016年 5 月，科沃斯发布"管家"机器人，同时申请了多件专利，例如一种母子机协同工作系统（CN20161040274.0）、一种组合机器人巡航路径生成方法（相关专利为 CN20161033987.0）等，并大范围专利布局。2017 年 8 月，科沃斯推出沁宝 AA3、扫地机器人地宝 DG3；2018 年 7 月，科沃斯推出了年度高端扫地机器人 DN55，其采用激光雷达测距传感器配合 SLAM 算法。

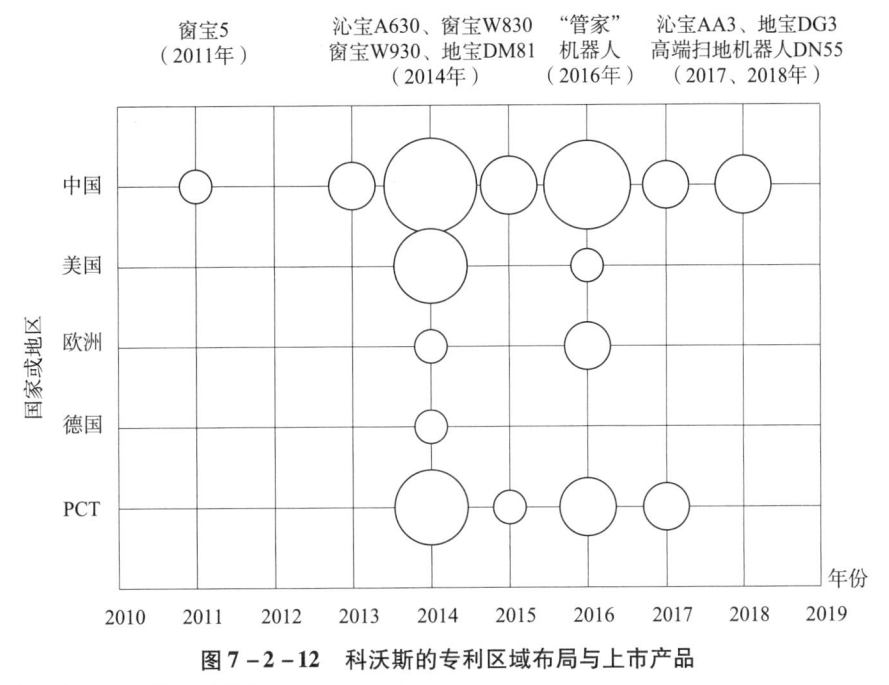

图 7-2-12 科沃斯的专利区域布局与上市产品

注：图中气泡大小表示申请量多少。

由此可见，科沃斯也在全球范围进行专利布局，但是无论是重点产品，还是非重点产品的布局力度均不如 iRobot，在对热销产品持续改进这一点上，科沃斯与 iRobot 是一致的。

总结以上，值得借鉴的内容如下：①每当有重要的创新性产品出现时，可以在全球范围内进行布局，需要注意的是专利不仅要先于产品，也要先于市场布局；②抓住里程碑式的热销产品，持续进行改进和升级，结合人工智能技术提升消费体验；③在与企业合作过程中，不要丧失对产品设计的主动权。

7.2.5.3 中美主要申请人对外合作策略对比

本部分分析了 iRobot、科沃斯和达闼科技的合作申请人。从表 7-2-2 可以看到，iRobot 有多个合作申请人，其中合作最多的英塔茨科技公司是位于美国加州的一家研发机器人的公司，并且在多个申请人中有一部分是发明人，这可能是 iRobot 在对发明作出重大贡献的员工的奖励策略；反观国内的申请人，科沃斯没有与任何企业有过合作申请，达闼科技不仅没有与任何企业有过合作申请，并且其旗下的五家分公司达闼科技北京、达闼科技成都、深圳前海达闼科技、深圳前海达闼云端智能科技、深圳达闼科技控股之间也没有共同申请。

由此可见，国内申请人在进行技术创新时，创新主体之间的关联较少，甚至同一公司内的不同分公司之间的关联也很少。建议国内申请人在进行研发时，可以考虑与其他创新主体合作，取长补短，能够缩短研发周期，提高研发质量。

表7-2-2 云机器人协同计算方法领域中美主要申请人的共同申请人

申请人	共同申请人	申请人	共同申请人
iRobot	英塔茨科技公司	iRobot	Amanda Gruber
	Iorin Wilde		Clive Bolten
	Tony I Campbell		Tim Bickmore
	Matthew Cross		Clara Vu
	John Goetsch	达闼	无
	Pace Williston	科沃斯	无
	Ken Singlair		

7.2.6 云机器人协同计算方法领域"337调查"及应对策略实例分析

机器人时代虽还未全面到来，但家用机器人率先普及，进入寻常百姓家。其中，占比颇高的扫地机器人自2015年以来快速增长，成为很多拥有机器人、家电背景企业掘金的新蓝海。随着市场竞争的持续加剧，市场格局尚在争夺之际，"专利大战"已悄然打响，摩擦也逐步升级，任何创新集中且应用广泛的领域都会有大量的知识产权纠纷。2017年4月，美国扫地机器人公司iRobot向美国国际贸易委员会提起了"337调查"，指控全球11家企业侵犯其6项专利，其中包括深圳市智意科技有限公司（以下简称"深圳智意"）、苏州莱宝电器有限公司（以下简称"苏州莱宝"）、深圳银星、台湾松腾实业、台湾微星等5家中国企业，从而掀起一场波及全球市场的扫地机器人"专利大战"。

事实上，随着中国产品在美国的热销，针对中国的调查占美国发起全部"337调查"的比重也在逐年上升，该比重在2017年已达到48.1%。很显然，如今的中国已成为"337调查"的最大受害国，而美国的"337调查"仍将会继续加大对中国商品的调查力度。据统计显示，在"337调查"相关案例中，中国企业的败诉率高达60%。而在调查中败诉的企业，相关产品将会被禁止进口到美国，而国内其他生产该相关产品的企业同样也会被禁止将产品出口到美国，这将导致中国企业所生产的该产品永远地退出美国市场。因此，对中国相关从业者的专利布局和专利运营策略提供支持非常必要。

7.2.6.1 产业竞争格局与"337调查"起因分析

首先分析一下扫地机器人产业的竞争格局，表7-2-3是根据《2018年中国扫地机器人行业研究报告》提供的品牌排名和市场占有率得到的。从表中可以看到，科沃斯和 iRobot 位于第一梯队，而深圳银星位于第二梯队。

表 7-2-3　扫地机器人中国产业竞争格局

梯队	主要品牌	市占率
第一梯队	科沃斯、iRobot	60%~65%
第二梯队	福玛特、地贝、深圳银星	5%~10%
第三梯队	浦桑尼克、飞利浦、三星	5%左右
第四梯队	海尔、美的	3%左右
其他	其他中小品牌	20%左右

iRobot 选择掀起扫地机器人专利大战的时间是 2017 年 4 月份。从图 7-2-13 显示的 iRobot 逐年营业收入与净利润中可以看到，2016 年 iRobot 的净利润出现了负增长，并且从 2013~2016 年，收入增长率逐年放缓。因此，可能收入增长率的停滞和利润的下降让 iRobot 意识到了生存的危机，是其发起"337 调查"最重要的原因。

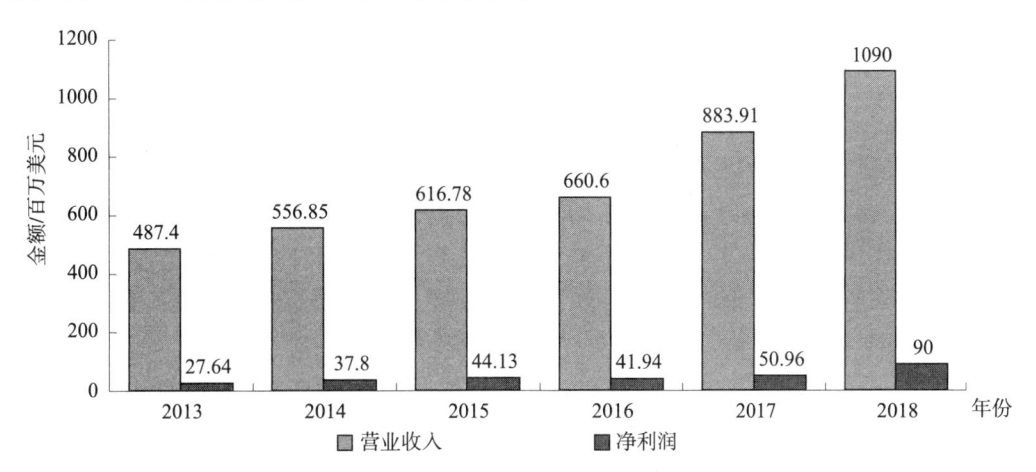

图 7-2-13　iRobot 逐年营业收入与净利润

数据来源：英为财情。

iRobot 向美国国际贸易委员会提起的"337 调查"，指控全球 11 家企业侵犯其 6 项专利。在这次涉案的中国企业中，深圳智意在美国市场有自己的扫地机器人品牌；苏州莱宝、深圳银星主要是因为向美国企业供货，而被列为共同被告，这一点也是很多国内企业需要特别注意的，因为这种模式是很多中国企业主要的业务来源之一。

iRobot 此番在美国起诉的专利共计 6 项，参见表 7-2-4。iRobot 起诉的 6 项专利授权时间横跨 12 年，最早可追溯到 2004 年；而从其专利内容来看，所涉领域包括扫地机器人的模式控制、障碍识别、移动控制以及远程操控等，基本覆盖了扫地机器人可能所涉及的大部分技术或特征。iRobot 提起诉讼的 6 项专利共有 71 件申请，这进一步证实了 iRobot 热衷于全球布局和建立专利簇，然而这 6 项专利都没有在中国申请同族，所以只能在美国对中国企业发起诉讼。

表 7-2-4　iRobot 提起"337 调查"的涉案专利

序号	专利号	授权日	主题
1	US6809490	2004-10-26	用于自主机器人的多模式覆盖的方法和系统
2	US7155308	2006-12-26	机器人障碍检测系统
3	US8474090	2013-07-02	自主地板清洁机器人
4	US860055	2013-12-03	覆盖机器人移动
5	US9038233	2015-05-26	自主地板清洁机器人
6	US9486924	2016-11-08	用于自主机器人装置的远程控制调度器和方法

7.2.6.2 "337 调查"的几种被诉企业的处理方式与启示

在这次"337 调查"中，不同公司采取了不同的应对策略：有的获取全面胜利，有的全身而退，有的则以高昂的代价达成和解。对这些结果和应对策略进行分析，可以从中吸取经验和教训，从而更好地提供美国"337 调查"的应对策略。

（1）"337 调查"结果

iRobot 因为利润问题提起诉讼，却没有对与其同在第一梯队，市场占有率较大的科沃斯发难，而是针对了列在第二梯队的深圳银星以及其他公司。梳理了这次被诉的中国公司：深圳银星、深圳智意、苏州莱宝与云机器人相关的专利申请后，发现这三家企业相关领域的专利布局在数量和区域分布上均与 iRobot 相去甚远，结合前面对科沃斯相关专利的分析，可能正是由于科沃斯的专利无论在数量还是技术分布或区域布局上，均能够与 iRobot 抗衡，因此，iRobot 不敢轻易发难。

在被诉的企业中，诉讼结果各不相同，具体可参见表 7-2-5。其中，苏州莱宝及其供应商于 2017 年 9 月 14 日与 iRobot 达成和解，以支付赔偿金同时退出市场作为和解条件，深圳智意于 2018 年 9 月 19 日与 iRobot 达成和解，和解条件中不仅包含支付高额赔偿以及未来的许可费，同时美国市场销量也将会被限制封顶上线。深圳银星在这次专利大战中表现抢眼，在美国积极应诉，并在 2018 年 11 月 30 日的最终裁决中被裁定深圳银星以下产品：RolliCute、RolliTerra、LASEREYE、RV003A、Xshai、Fl、T2104、T2015、T2107、T2109 以及采用新设计边刷的 Y1、Y2 产品均不侵权。

表 7-2-5　iRobot 发起的 337 调查结果

类型	厂商	诉讼结果
获胜或打平厂商	中国深圳银星	最终裁决中被裁定深圳银星所有被诉产品均不侵权
	中国台湾松腾实业	松腾实业凭借购买的台湾"工研院"专利，以互不起诉与 iRobot 达成和解，Bissell 作为松腾的客户被移出诉讼清单
	美国 Bissell homecare, Inc. of Grand Rapids	
以高昂的代价和解的厂商	中国台湾微星	以赔款并退出市场为条件达成和解
	美国 Hoover, Inc. of Glenwillow	以 Hoover Quest 系列产品禁售为条件达成和解
	美国 Black & Decker（U.S.）Inc. of Towson	以销售完库存产品之后退出美国市场为条件达成和解
	美国 Royal Appliance Manufacturing	达成和解
	加拿大 Bobsweep	达成和解
	中国苏州莱宝	以支付赔偿金同时退出市场为条件达成和解
	中国深圳智意	以支付高额赔偿以及未来的许可费，限制在美国市场销量封顶上限为条件达成和解

（2）深圳银星应对策略及启示

自 iRobot 向美国国际贸易委员会提起了"337 调查"以来，深圳银星与 iRobot 在专利上有多番较量，具体过程可参见图 7-2-14。2017 年 4 月，iRobot 向美国国际贸易委员会提起的"337 调查"，调查对象包括深圳银星；深圳银星在中国对 iRobot 发起了反击，2017 年 11 月 24 日，因涉嫌专利侵权，深圳银星将 iRobot 诉至深圳市中级人民法院。2018 年 1 月 13 日，iRobot 对深圳银星在起诉过程中的涉案专利"方便拆除垃圾盒的清洁机器人"（专利号：CN2011200100957），向国家知识产权局专利复审委员会提起无效宣告请求；2018 年 12 月 12 日，国家知识产权局专利复审委员会经审理，对涉案专利"方便拆除垃圾盒的清洁机器人"作出了"维持专利权有效"的审查决定书。2018 年 12 月 29 日，深圳市中级人民法院作出判决，被告 iRobot 三家公司侵害原告深圳银星的"方便拆除垃圾盒的清洁机器人"专利，同时要求三家被告赔偿原告合理维权费用。同时，针对"337 调查"，深圳银星在美国积极应诉，并在 2018 年 11 月 30 日的最终裁决中被裁定深圳银星以下产品：RolliCute、RolliTerra、LASEREYE、RV003A、Xshai、Fl、T2104、T2015、T2107、T2109 以及采用新设计边刷的 Y1、Y2 产品均不侵权。

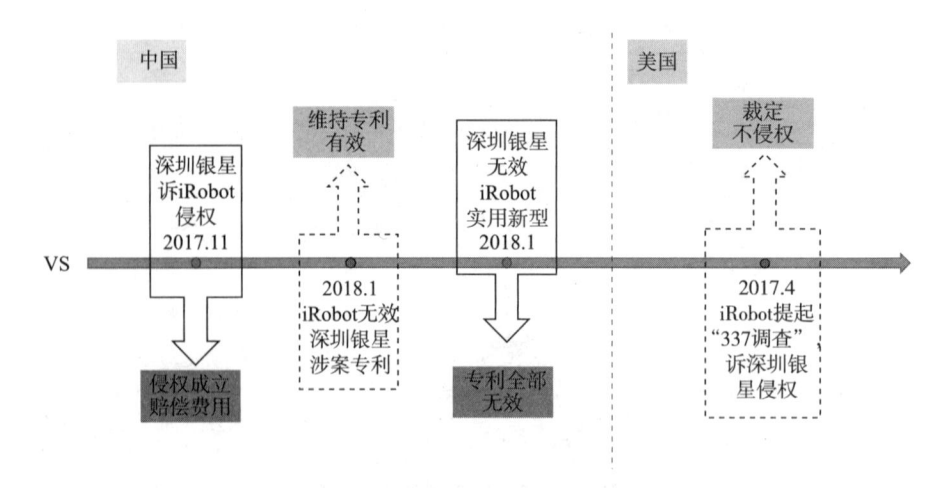

图 7－2－14　深圳银星与 iRobot 的专利诉讼过程

与此同时，深圳银星也在"拆除"iRobot 的授权专利。2018 年 1 月 25 日，深圳银星对 iRobot 持有的一项扫地机器人专利向国家知识产权局专利复审委员会提起无效请求，涉案专利为一项名叫"一种清扫机器人"的实用新型专利，由 iRobot 美国公司于 2015 年 7 月 6 日提交申请，并于 2016 年 3 月 23 日获得授权，国家知识产权局专利复审委员会经审理对该专利作出了宣告专利全部无效的审查决定书。

至此，深圳银星不仅在"337 调查"中获得胜利，并且在国内诉 iRobot 侵权成功，且无效 iRobot 的专利，实现国内外专利摩擦中的"双杀"，为外向型企业作出了表率。在中国制造向着中国创造转型的过程中，越来越多的代工厂扩展业务范围，形成自己的品牌，利用渠道能力和供应链管理，和原先的合作伙伴开展正面竞争，希望它们能够用专利作为工具，在全球市场中"跑马圈地"，建立起技术壁垒，实现产业升级。同时，清洁类家用机器人排名第一的 iRobot，在中国的专利摩擦中多次落败于深圳银星，这可能与其专利申请较晚进入中国相关，可见，专利布局也应当先于市场先行，特别是核心专利的布局。

（3）中国台湾松腾实业应对策略及启示

在 iRobot 向美国国际贸易委员会提起的"337 调查"中，还包括中国台湾松腾实业。面对 iRobot 在美诉讼，松腾实业采取了不同的应对策略，具体诉讼过程参见图 7－2－15。松腾实业发现台湾"工研院"投入资源养成多达 22000 项专利资料库，从专利官司的角度，"工研院"的专利不是像一般企业为了单一产品所研发，而是为了产业发展而研发，应用与专利范围都比较大，都是上位技术专利。因此，松腾实业买下了"工研院"一项与 VSLAM（一种侦察位置建构地图的技术）相关的专利。这项发挥了关键作用的 VSLAM 专利，是"工研院" 2009 年为研发服务机器人在中国和美国申请的专利。这次在"工研院"的协助下，松腾实业在美国马萨诸塞州起诉 iRobot 专利侵权的同时在中国发起针对 iRobot 的侵权诉讼，诉讼结果可能会使得 iRobot 被勒令停止生产侵权产品。

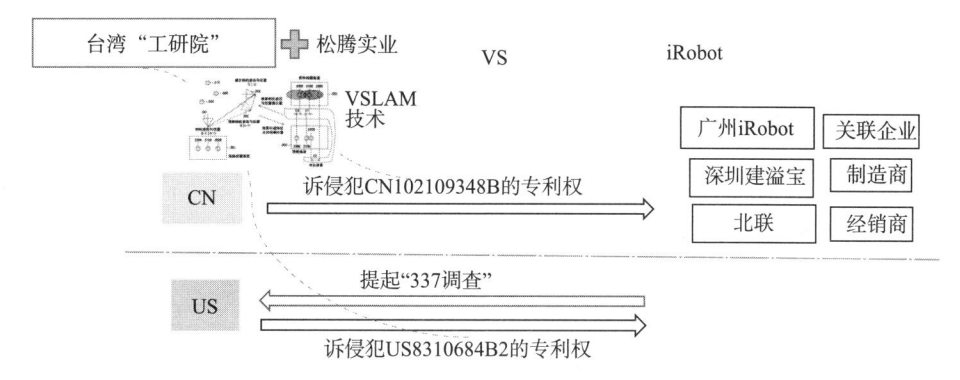

图 7-2-15　中国台湾松腾实业与 iRobot 的专利诉讼过程

台湾松腾实业这样的应对策略最后使得这场诉讼双方和解，相互不发起侵权诉讼，因此台湾松腾实业在这场专利战中最早全身而退，与 iRobot 相互不告侵权，仍保留美国市场，同时，台湾松腾实业的客户 Bissel 也被移出诉讼清单。由此可见，在专利布局中，不一定非要自己投入力量进行研发，也可以密切关注相关的高校和科研院所，必要的时候，借助高校和科研院所的力量，为产品保驾护航。

7.2.6.3　基于"337调查"的专利诉讼应对策略分析

为了分析 iRobot 关于云机器人方面的专利布局对国内相关行业造成的潜在风险，采用了利用 Patentics 进行攻防分析的方法。以 iRobot 的云机器人在华申请作为进攻方，以所有中国专利作为防守方进行攻防分析。如果相似度较高的专利申请的申请时间在 iRobot 专利申请时间之后，表明该专利处于 iRobot 专利的攻击范围；相反，如果相似度较高的专利申请的申请时间在 iRobot 专利申请时间之前，或者没有相似度较高的专利，则表明 iRobot 在中国布局的专利对中国申请人在中国境内的威胁并不大。

利用 Patentics 作攻防分析，实质上是群组文献的多对多语义对比分析，从一组感兴趣的专利中，对一组目标专利进行自动扫描，发现专利间的关联关系。

① 首先，在主检索中，检索一个结果集合，是云机器人中国专利申请中的 iRobot 专利，Proj/uploaded and ann/iRobot；

② 进行攻防分析，设置攻防分析参数：rel/93 AND top/5，移除相同公司，将 iRobot 的专利从中国申请库中去除，以 iRobot 的云机器人在华申请作为进攻方，以所有中国专利作为防守方进行攻防分析。rel/93 取相关度在 93（含）以上的专利，有 10 件 top/5 是从中选取相关度最大的前五位。

通过上述分析方法发现，国内申请人中仅涉及山东大学和深圳市维特视科技，其各有一件专利处于被攻击范围内，如图 7-2-16 所示。但是由于通常大学不涉及产品的生产，因此，总体情况还算乐观。

然而，为了抵御可能存在的风险，还是需要找出一些针对"337调查"的应对策略。

图7-2-16 中间部分：

iRobot

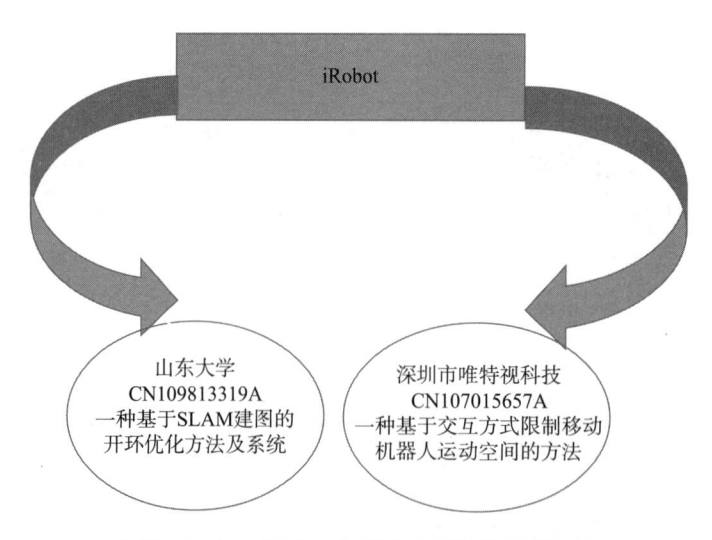

山东大学
CN109813319A
一种基于SLAM建图的
开环优化方法及系统

深圳市唯特视科技
CN107015657A
一种基于交互方式限制移动
机器人运动空间的方法

图 7-2-16 iRobot 与国内专利攻防分析结果

（1）校企联合

根据台湾松腾实业利用科研院所的专利布局在"337调查"中全身而退的实例启示，分析相关优势中国专利，清点自家"弹药库"，同样利用 Patentics 进行攻防分析的方法。以 iRobot 的在华专利作为进攻方，以所有中国专利作为防守方进行攻防分析，同样设置 rel/93 AND top/5 参数，移除相同公司，将 iRobot 的专利从中国申请库中去除。如果相似度较高的专利申请的申请时间在 iRobot 的专利申请时间之前，则表明该中国库中的专利对 iRobot 在华布局的专利构成了威胁，成为可能会对 iRobot 带来风险的优势专利。

攻防分析结果如表7-2-6所示。通过上述攻防分析发现，北京理工大学在2006年提出的位置测量系统相关专利对于 iRobot 在2015年提出的通过磁场为机器人定位和导航的专利构成了威胁。北京大学在2006年提出的、深圳先进技术研究院在2014年提出的关于机器人在地图构建和路径规划方面的专利对于 iRobot 在2015年提出的相关发明和实用新型专利构成威胁。高校和科研院所可以通过主动出击清除对方的专利布局，也可以等待对方对中国企业提起诉讼时对其专利进行无效或者诉相关产品侵权。特别是上述专利来自科研院所，不存在侵权问题，因此在发起进攻时更具优势。

除了通过校企联合无效对方专利之外，也可以通过校企联合增强中国创新主体在美国的专利布局，同样利用 Patentics 进行攻防分析的方法。

以科沃斯的相关专利作为进攻方，以所有美国专利作为防守方进行攻防分析。为了尽量能够寻找到科沃斯的劣势专利，设置 rel/93 AND top/5 参数，移除相同公司，将科沃斯的专利从美国申请库中去除。如果相似度较高专利申请的申请时间在科沃斯专利申请时间之前，则表明该美国库中的专利对科沃斯在美布局的专利构成了威胁，成为可能会对科沃斯带来风险的优势专利，而科沃斯的该专利就会相对于美国成为劣势专利。再以这些劣势专利作为进攻方，中国专利库作为防守方，利用 Patentics 进行攻防

表 7-2-6　高校相对 iRobot 的优势专利

优势专利			iRobot 相关专利	
公告号	申请人	技术内容	公告号	技术内容
CN104536445B	深圳先进技术研究院	在未知室内环境下实时构建地图并进行路径规划，适于室内移动机器人	CN106200633A	机器人使用视觉传感器和航位推算传感器自主地生成和更新地图
CN100461058C	北京大学	基于视觉传感器，通过查询精元数据库进行图像匹配，使移动机器人在复杂环境下完成自定位、导航	CN205247205U	
CN1563888C	北京理工大学	通过交流磁场计算空间物体姿态及位置测量系统	CN10647063B	通过磁场为机器人定位和导航

分析，同样设置 rel/93 AND top/5 参数，移除相同公司，将科沃斯的专利从中国申请库中去除，发现科研院所的技术优势，与科研院所展开合作，在劣势专利周边布局，形成专利簇，从而增强中国创新主体在美国的专利布局。

攻防分析结果如图 7-2-17 所示。在路径规划上，科沃斯可以与中科院、浙江大学、上海大学、重庆邮电大学合作；在人机交互方面，可以与上海交通大学展开合作。

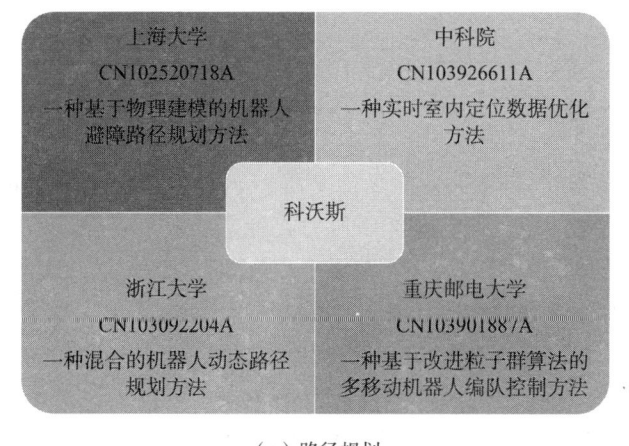

（a）路径规划　　　　　　（b）人机交互

图 7-2-17　高校及科研院所相对 iRobot 的优势专利

(2) 失效专利再运营

对于 iRobot 的专利布局，除了主动进行技术研发之外，也可以考虑对失效专利进行再运营。由于美国对于授权专利有恢复的权利，具体规定为：在发明专利的年费期满之日起的 2 年内，如果发现忘缴年费，可以"非故意的理由"提出请愿书，缴纳 700 美元申请费并补交年费，或以"不可避免的理由"提出请愿书缴纳 1640 美元申请费并补交年费，美国专利商标局若接受其请求的话，可使专利权再生效。因此，对于尚未到期但是已经放弃付费的美国专利，如果发现对国内创新主体的专利布局有益的，可以和申请人进行洽商，对专利进行激活。因此，我们以在美国国内被 iRobot 引用过的，且已经获得授权，但是未到期就放弃付费的专利为攻方，以 iRobot 的申请为守方利用 Patentics 进行攻防分析，同样设置 rel/93 AND top/5 参数。在获得的结果中寻找 2017 年之后失效的专利，共获得 3 件专利，具体参见图 7-2-18，分别涉及日立、东芝、三星的相关申请。可以与相关申请人进行接洽，选择专利激活，从而对 iRobot 在美专利构成威胁。

图 7-2-18 针对 iRobot 引用的失效再运营的专利

7.2.7 小　结

从上述云机器人协同计算方法专利分析中可以看出：

中国企业已经意识到了全球专利布局的重要性，具有市场影响力的企业在专利布局的区域广度和专利数量方面已经与行业内龙头企业相差不多，新兴企业虽有意识，进行了 PCT 申请，但是没有进入国家阶段，可能是经济压力或者是尚未明确"走出去"的策略，对是同时在多个国家布局，还是先在某个国家布局，处于迟疑状态。这需要政府在经济上予以支持或者由行业协会提供咨询服务。

专利的区域布局不仅要先于产品，还要先于市场；不仅要重视在已开拓市场的专利战略布局，还要对潜在的市场实施超前布局。这不仅可以避免在后期进入该市场时，没有专利保驾护航可能产生的利益损失，也可以通过专利技术提前布局实现行业龙头地位，在行业内更具有话语权，更容易占领市场。

行业龙头企业，在市场利润不如预期时，可以使用专利作为武器打击竞争对手；在专利摩擦中，自身的专利储备是避免专利官司上身的最重要武器，同时，还可以通过购买技术相关方，特别是高校或者科研院所的专利为己用，以期在专利摩擦中全身而退。

7.3 人机共驾技术

7.3.1 人机共驾技术概述

自动驾驶是汽车工业史上的一次大变革，装备了自动驾驶相关装置的汽车不仅具有精密的器件，更具备了"聪明的大脑"，可以在行驶过程中自主作出适当的驾驶行为。目前，行业内普遍采纳的是 SAE 制定的分级标准，它将自动驾驶分为 L0 到 L5 共六个等级（参见图 7-3-1）。

Level	Name	Narrative definition	DDT: Sustained lateral and longitudinal vehicle motion control	OEDR	DDT fallback	ODD
\multicolumn{7}{	l	}{Driver performs part or all of the DDT}
0	No Driving Automation	The performance by the *driver* of the entire *DDT*, even when enhanced by *active safety systems*.	Driver	Driver	Driver	n/a
1	Driver Assistance	The *sustained* and *ODD*-specific execution by a *driving automation system* of either the *lateral* or the *longitudinal vehicle motion control* subtask of the DDT (but not both simultaneously) with the expectation that the *driver* performs the remainder of the *DDT*.	Driver and System	Driver	Driver	Limited
2	Partial Driving Automation	The *sustained* and *ODD*-specific execution by a *driving automation system* of both the *lateral* and *longitudinal vehicle motion control* subtasks of the *DDT* with the expectation that the *driver* completes the *OEDR* subtask and *supervises* the *driving automation system*.	System	Driver	Driver	Limited
\multicolumn{7}{	l	}{ADS ("System") performs the entire DDT (while engaged)}
3	Conditional Driving Automation	The *sustained* and *ODD*-specific performance by an *ADS* of the entire *DDT* with the expectation that the *DDT fallback-ready user* is receptive to *ADS*-issued requests to intervene, as well as to *DDT performance-relevant system failures* in other *vehicle systems*, and will respond appropriately.	System	System	Fallback-ready user (becomes the driver during fallback)	Limited
4	High Driving Automation	The *sustained* and *ODD*-specific performance by an *ADS* of the entire *DDT* and *DDT fallback* without any expectation that a *user* will respond to a *request to intervene*.	System	System	System	Limited
5	Full Driving Automation	The *sustained* and unconditional (i.e., not *ODD*-specific) performance by an *ADS* of the entire *DDT* and *DDT fallback* without any expectation that a *user* will respond to a *request to intervene*.	System	System	System	Unlimited

图 7-3-1　SAE 自动驾驶的分级❶

---

❶ 美国汽车工程师学会指定的最新修订版 SAE J3016™，2018 年 6 月。

(1) 无自动驾驶（L0）

全部由人类驾驶者操作汽车，在驾驶过程中会得到保护系统的警告和辅助。

(2) 驾驶支援（L1）

通过驾驶环境信息对车辆控制的某项操作提供驾驶支援，其他的驾驶操作由人类驾驶者完成。目前辅助驾驶技术如定速巡航、车道保持、ACC 自适应巡航和 ESP 等，已经配置在某些车型上，但是这些车型在辅助驾驶技术介入时所产生的舒适程度还待优化。

(3) 部分自动化（L2）

通过驾驶环境信息对车辆控制的多项操作提供驾驶支援，其他的驾驶操作仍由人类驾驶者完成。L2 级的保护系统可以处理有限制的通用驾驶场景，在系统判断超出自动控制能力情况下，将控制权交给人类驾驶员，人类驾驶员在整个驾驶过程中仍然需要持续观察并做好接管车辆的准备。

(4) 有条件自动化（L3）

通过驾驶环境信息对车辆控制的多项操作提供驾驶支援，其他的驾驶操作由人类驾驶者完成。L3 级相对于 L2 级增加了更多有条件自动驾驶场景，例如在某些特定场景下（高速公路/道路拥塞等）进行自动驾驶，但是和 L2 级一样，人类驾驶员还是需要做好接管车辆驾驶权的准备。

(5) 高度自动化（L4）

在限定道路和环境条件下，由无人驾驶系统完成所有的驾驶操作，驾驶员不需要全程注视道路状况，而且即使系统请求，驾驶员不一定需要提供应答或接管。L4 的自动驾驶算法准确性和精确性需要达到甚至超过人类的认知水平。

(6) 完全自动化（L5）

在任何道路和环境条件下，完全实现无人驾驶车辆，允许车内所有乘员从事其他活动且无须进行注视道路交通环境等驾驶信息。这种自动化程度允许车内所有乘员从事和驾驶无关的任何活动。

从自动驾驶的定义中可以看出，从 L2 过渡到 L3 是自动驾驶真正开始带来舒适性体验的开始。因为，L2 级别时，人作为驾驶员还需要进行驾驶环境的观察，准备进行驾驶的接管；而在 L3 级别，环境感知已经交给了车辆，人类驾驶员不用关注路况，实现了感官的解放。在 L3 级，人类驾驶员不必时刻保持紧绷的环境观察的心态。所以，从 L2 的机器辅助人驾驶到 L3 的人辅助机器驾驶的驾驶体验会成为自动驾驶乘坐体验升级的临界点。

而人机共驾的核心是人作为驾驶行为的参与者，必须秉持"人类驾驶员在驾驶环中"的原则。由 SAE 的定义，在 L0 标准下，机器仅进行一定程度的警告提醒，操作车辆的依然是人类驾驶员，在 L5 标准下，人类驾驶员已经实现了完全解放，不需要进行驾驶行为的任何干预，操作车辆的只是机器。基于上述原则和定义，在人机共驾中人和机器组成的团队必须共同保持对外部环境有充分的感知，实现对车辆的有效控制。所以，人机共驾可以看作自动驾驶 L0~L5 分级标准中的中间段，即从 L1~L4，参见图 7-3-2 所示，可以对人机共驾和自动驾驶进行清晰的划分。

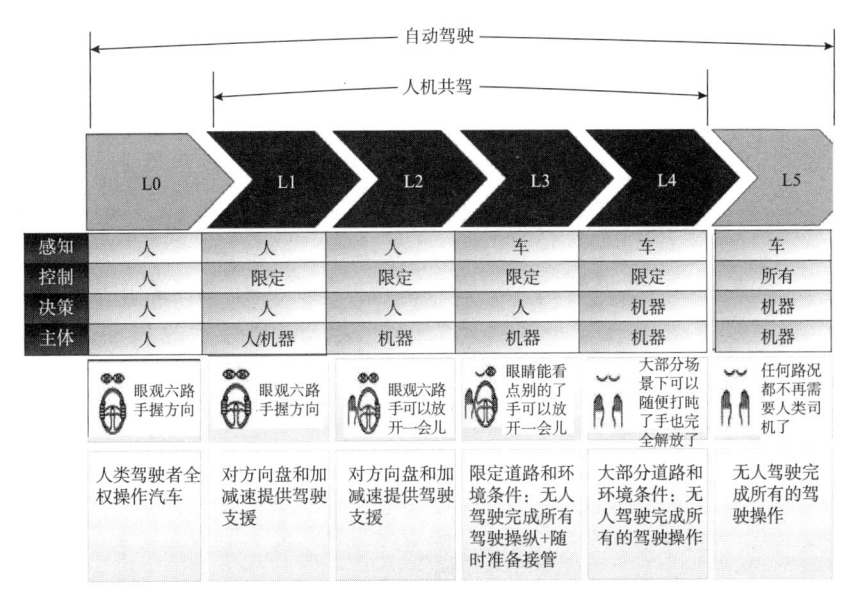

图 7-3-2 在 SAE 分级标准下人机共驾的定义

而人机共驾的划分依据需要以人参与为前提，所以现在也有研究提出"以人为中心"的划分方式。例如，麻省理工学院认为自动驾驶应该分为两个等级：①人机共驾（Shared Autonomy）；②全自动驾驶（Full Autonomy）。这种分类方式提供了整体的指导方针，然后添加必要的限制条件就可以实现目标量化设定，并且对每个类别下要实现的功能、对应的技术需求以及可能遇到的问题都可以划分出来。如图 7-3-3 所示，麻省理工学院提出了以人为中心的框架并将其应用至人机共驾系统的开发过程中，在执行具体的驾驶任务时将人类与机器的边界完全去掉。

	Performance Level Required	
	Shared Autonomy	Full Autonomy
Sensor Robustness[2]	Good	Exceptional
Mapping[23]	Good	Exceptional
Localization[17]	Good	Exceptional
Scene Perception[7]	Good	Exceptional
Motion Control[4]	Good	Exceptional
Behavioral Planning[21]	Good	Exceptional
Safe Harbor	Good	Exceptional
External HMI[14]	Good	Exceptional
Teleoperation*[9]	Good	Exceptional
Vehicle-to-Vehicle*[16]	Good	Exceptional
Vehicle-to-Infrastructure*[19]	Good	Exceptional
Driver Sensing[13]	Exceptional	Good
Driver Communication	Exceptional	Good
Driver Collaboration	Exceptional	Good
Personalization	Exceptional	Good

图 7-3-3 麻省理工学院对自动驾驶层级的划分❶

---

❶ 参见：self-driving cars：state-of-the-art（2019），https://deeplearning.mit.edu.

人机共驾和全自动驾驶这两种路径中涉及的技术，包括用于大规模量产时对每项技术表现的等级要求。其中 Good 和 Exceptional 用来表示解决 1% 极端案例的优先级顺序。通过上述划分，在自动驾驶中，将人和机器融为一体，跳出 SAE 标准中人和机器控制权的转移，从而避免了切换这个过程带来的不确定性。

7.3.2 人机共驾技术和产业发展现状

自动驾驶系统通过对数据处理，使机器模拟人类行为作出判断并执行相应驾驶动作以控制车辆。根据上述过程，可以分为感知层、决策层和控制层（也称"执行层"）。如图 7-3-4 所示，在一辆车上，感知、决策、控制共同构成了自动驾驶系统，缺一不可。而通过测试平台的测试是实现自动驾驶进行功能完善的必备过程。所以，自动驾驶的技术包含了感知层、决策层和控制层和测试平台四个分支。人机共驾是自动驾驶的中间阶段，所以在技术分支上的划分与自动驾驶完全相同。

图 7-3-4　自动驾驶车辆的结构示意图[1]

如图 7-3-5 所示，展示了感知、控制、决策三层次之间的信息交互过程。感知层的各类硬件，包括传感器、雷达等捕捉车辆的各种信息以及外部环境信息，解决的是"我在哪？""周边环境如何？"的问题。决策层的硬件（芯片等）和软件（操作系统、算法等）作为大脑基于感知层输入的信息进行环境建模（基于当前数据预测下一步的可能性行为），形成对当前认知环境的理解并作出决策判断，发出车辆执行的信号指令（加速、超车、减速、刹车等），解决的是判断"预测下一步会如何发展""我该怎么做"的问题。最后，控制层进行车辆控制，将机器的决策转换为实际的车辆行为，其中还包含了对控制权的转移，将决策层的信号转换为车辆的实际动作行为（加速、超车、减速、刹车等）。

---

[1] PARK M, LEE S, HAN W. Development of steering control system for autonomous vehicle using geometry-based path tracking algorithm [J]. ETRI Journal, 2015, 37 (3): 617-625.

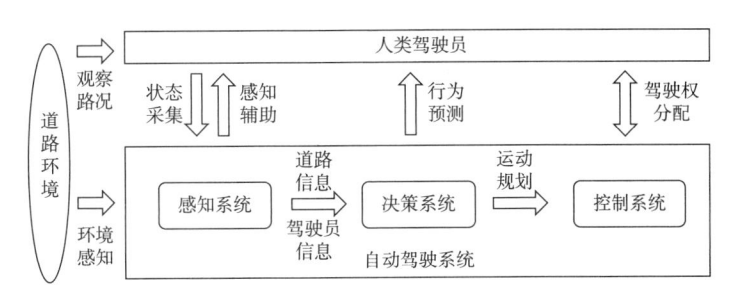

图 7-3-5 人机共驾信息交互示意图

但是值得注意的是，上述流程是自动驾驶完成工作的整个流程。但是驾驶行为并不是单纯的技术实现，它还涉及了安全、伦理、政策、标准要求等其他非技术因素，所以每个技术参与者在研发过程中，实现上述流程的路线都不一样，侧重点也不同。

自动驾驶的测试平台，包含了路测平台和仿真平台。但是路测受限于现实条件的限制，难以真正发挥其优化训练的作用，仿真测试成为大多数公司的选择。而仿真测试，就是利用计算机模拟重构各种现实场景，让自动驾驶算法在虚拟道路上作自动驾驶测试。模拟重构的各种现实场景可以包括各种静态的道路设施、建筑物、交通标志等，也可以是各种行人和动态的突发状况等。而且随着人工智能的发展，大数据训练优化模型具有了技术基础和实现途径，仿真测试会成为测试平台主要的发展方向。

7.3.3 人机共驾各分支专利布局对比

（1）美国、日本等国家生态链企业分布多，中国的整体实力较弱，在人机共驾产业链上布局不完整

由于汽车工业的历史原因，在全球主要申请人的排名中以日本、德国、美国申请人为主。但是，随着中国在汽车工业、信息技术和人工智能领域的快速进步，中国申请人也在加快专利布局。

如图 7-3-6 所示，从全球排名前 50 位申请人的分布来看，中国和日本申请人最多，都为 15 位申请人；韩国申请人数量为 7 位，位居第三。排名第四位、第五位的为德国和美国，数量分别为 6 位、5 位。虽然中国申请人的数量位居第一，但是在第一梯队（排名前 20 位申请人）中，中国申请人仅有中科院和国家电网两位，其余 13 位申请人都位于第二梯队（排名第 21～第 50 位申请人）。日本申请人在第一梯队中占据了 8 位。美国申请人总数只有 6 位，但是在第一梯队中就占了 3 位。可见，中国申请人整体在自动驾驶领域的实力还弱于美国、日本等强国。

人机共驾产业化程度高，生态产业链完整。从公司类型来看，科技厂商共 17 个，汽车整车厂商共 15 个，汽车零部件厂商共 10 个，科研机构共 8 个，说明随着人工智能的发展，人机共驾产业的结构正在转型，以科技厂商为导向的产业链正在逐步形成。以美国为例，有罗伯特·博世这样的知名汽车零部件厂商，还有传统汽车整车厂商——通用，科技厂商 IBM、谷歌、微软，各个产业链都有优势企业分布。以日本为例，有传统汽车整车厂商——丰田、三菱、日产、本田等公司，也有日本电装、松下、日立等汽车

零部件厂商，还有诸如富士通、东芝、索尼等科技厂商，因此，日本也形成了完整产业链。韩国的企业在人机共驾产业链上也覆盖了所有类型，例如现代、三星、现代摩比斯等。德国的大众、宝马、西门子等知名厂商也具有较强实力。而中国申请人的实力相对较弱，仅有中科院和国家电网两家，位居第16位和第19位，其余位于第二梯队的申请人大多数为高校申请人，仅有百度、奇瑞、吉利等几家公司。

总体而言，美国、日本、韩国、德国都有各自的优势企业，产业链布局完整。但

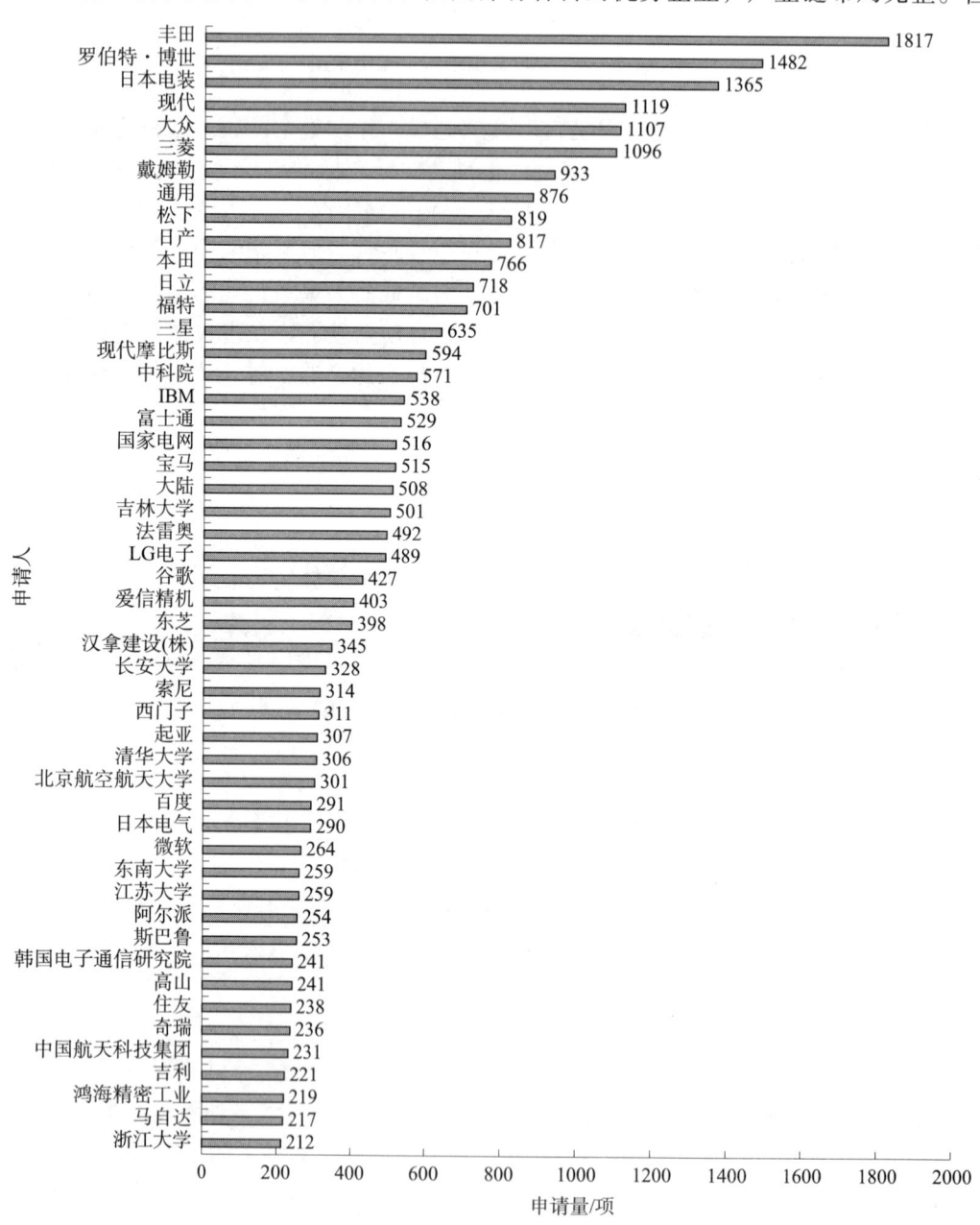

申请人	申请量/项
丰田	1817
罗伯特·博世	1482
日本电装	1365
现代	1119
大众	1107
三菱	1096
戴姆勒	933
通用	876
松下	819
日产	817
本田	766
日立	718
福特	701
三星	635
现代摩比斯	594
中科院	571
IBM	538
富士通	529
国家电网	516
宝马	515
大陆	508
吉林大学	501
法雷奥	492
LG电子	489
谷歌	427
爱信精机	403
东芝	398
汉拿建设(株)	345
长安大学	328
索尼	314
西门子	311
起亚	307
清华大学	306
北京航空航天大学	301
百度	291
日本电气	290
微软	264
东南大学	259
江苏大学	259
阿尔派	254
斯巴鲁	253
韩国电子通信研究院	241
高山	241
住友	238
奇瑞	236
中国航天科技集团	231
吉利	221
鸿海精密工业	219
马自达	217
浙江大学	212

图 7-3-6 人机共驾全球申请人排名前 50 位

第7章 关键技术分支分析

是中国的整体实力较弱，在人机共驾产业链上布局不完整。

（2）感知技术成熟，突破难度大，决策技术分支中国有所表现

从图7-3-7可以看出，感知技术分支申请量占比最大，为48%，决策技术分支位居第二，为23%，第三为测试平台（20%），控制技术分支数量最少，为9%。人机共驾技术的感知层面，包括车辆传感器和对传感数据处理技术。车辆传感器作为汽车电子控制系统的信息源，是汽车电子控制系统的关键部件，也是汽车电子技术领域研究的核心内容之一，因此，感知技术分支的申请量占比最大。决策技术分支包括路径、导航、驾驶员状态检测、路况检测、环境检测以及交通标识识别等，涉及驾驶辅助的内容。控制技术分支主要涉及了驾驶权的转换，属于自动驾驶的未来发展方向之一。

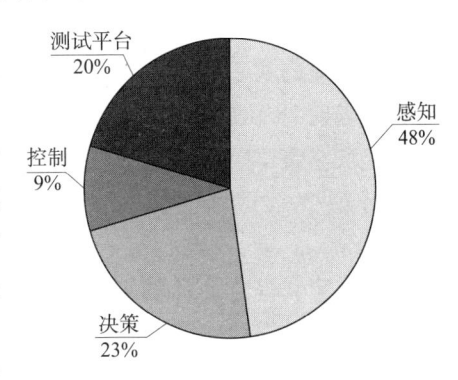

图7-3-7 人机共驾各分支全球申请量占比

如图7-3-8所示，加黑部分为感知技术分支下全球排名前20位申请人中汽车零部件厂商分布情况，有罗伯特·博世、日本电装、现代摩比斯、松下、日立、法雷奥、大陆共7家企业。其中，罗伯特·博世位居第一，拥有完善的产业链布局，掌控了相

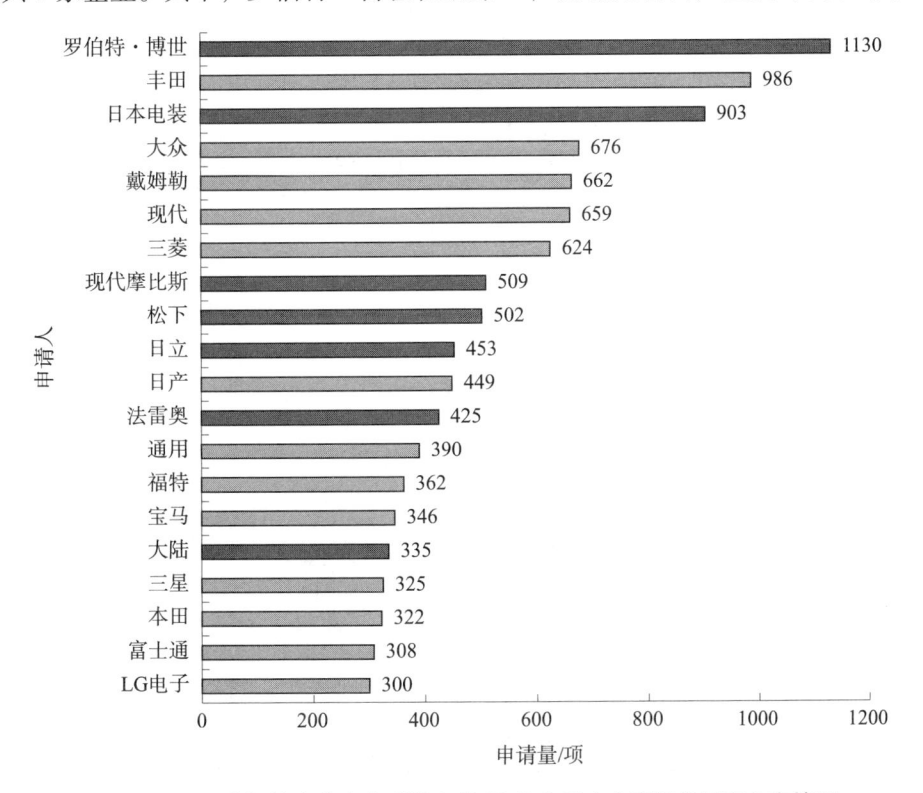

申请人	申请量/项
罗伯特·博世	1130
丰田	986
日本电装	903
大众	676
戴姆勒	662
现代	659
三菱	624
现代摩比斯	509
松下	502
日立	453
日产	449
法雷奥	425
通用	390
福特	362
宝马	346
大陆	335
三星	325
本田	322
富士通	308
LG电子	300

图7-3-8 感知技术分支全球排名前20位申请人中零部件厂商分布情况

当大的话语权，成为该领域不可忽视的巨头。零部件厂商中位居第二的是日本电装，是全球最大的汽车系统汽车零部件制造商之一。而其他汽车零部件制造企业，现代摩比斯、松下、日立、法雷奥、大陆，实力也不容小觑。另外，在该技术分支下，传统汽车整车厂商的实力也很强劲，例如丰田、大众、戴姆勒等公司。但是，中国申请人并没有排进前 20 位中。因此，在感知技术分支下，既有实力强劲的汽车零部件厂商，又有传统汽车整车厂商的竞争，中国突破难度较大。

如图 7-3-9 所示，加黑部分为决策技术分支下全球排名前 20 位申请人中科技公司分布情况，三星、IBM、富士通三家科技公司都排进了前 20 位。2017 年 5 月，三星成为韩国首家获得自动驾驶汽车测试牌照的公司，宣布正式进军自动驾驶领域。IBM 利用人类的认知设计使用传感器和人工智能来动态地确定潜在安全问题的模型，如果自主车辆遇到某种故障，IBM 这套系统会自动将控制权交给人类操作者。富士通一直致力于汽车与移动领域的研究，许多汽车整车厂商和移动供应商都在使用富士通的服务。中国的百度排到了第 16 位，百度不仅开展了自动驾驶领域的技术研究，而且还打造了使用自动驾驶技术的真车试验平台，更是在 2017 年将其自动驾驶平台 Apollo 开放给世界使用。从上述可以看出，科技公司正在紧紧跟随汽车整车厂商巨头的脚步，中国百度有不俗表现。

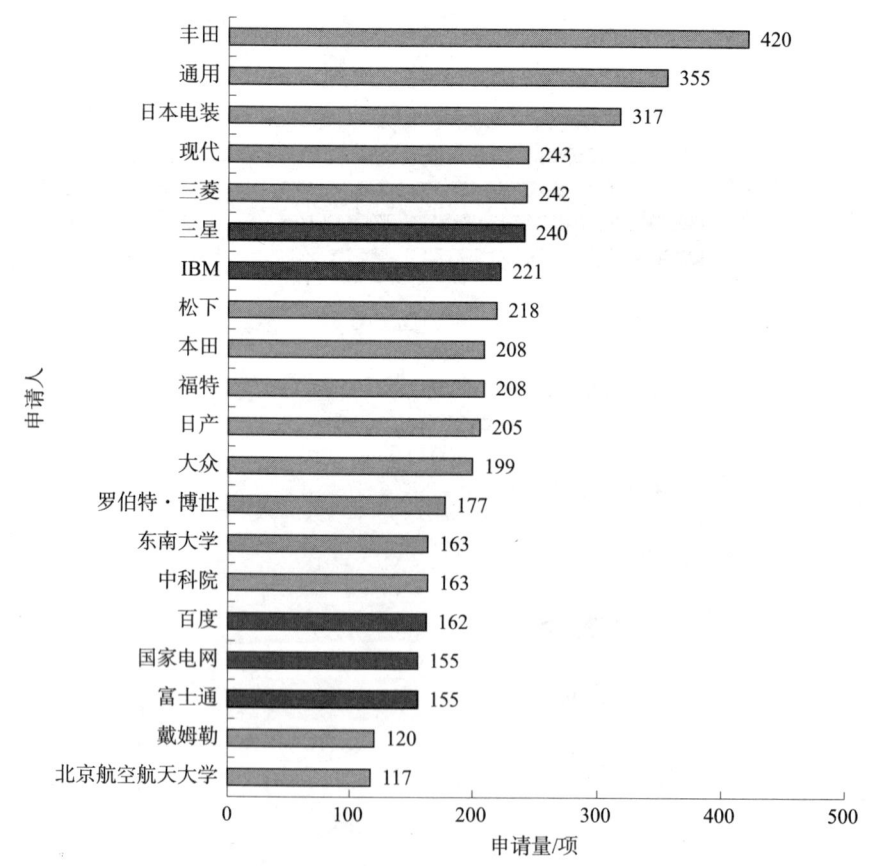

申请人	申请量/项
丰田	420
通用	355
日本电装	317
现代	243
三菱	242
三星	240
IBM	221
松下	218
本田	208
福特	208
日产	205
大众	199
罗伯特·博世	177
东南大学	163
中科院	163
百度	162
国家电网	155
富士通	155
戴姆勒	120
北京航空航天大学	117

图 7-3-9 决策技术分支全球排名前 20 申请人中科技公司分布情况

如图7-3-10所示，在控制技术分支，以谷歌为首的科技公司打破了汽车整车厂商的垄断格局。谷歌的自动驾驶汽车项目已经达到了一个发展里程碑，在2020年之前，已经在公共道路上行驶了200万英里（320万公里）。负责开发谷歌自动驾驶汽车项目的团队Alphabet Inc.表示，其车辆每周继续行驶4万公里，并不断更新该车辆的算法，以应对复杂的情况，例如预计骑车人和其他车辆行驶时会意外错方向移动。

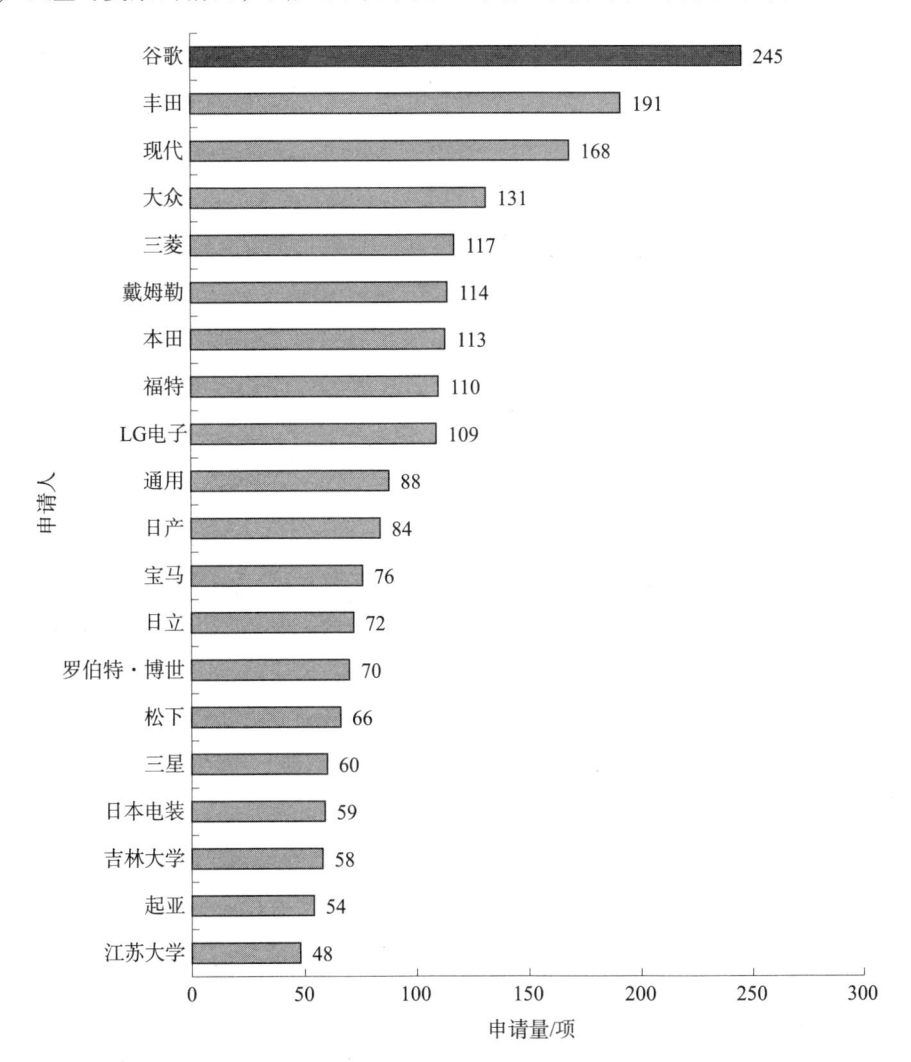

申请人	申请量/项
谷歌	245
丰田	191
现代	168
大众	131
三菱	117
戴姆勒	114
本田	113
福特	110
LG电子	109
通用	88
日产	84
宝马	76
日立	72
罗伯特·博世	70
松下	66
三星	60
日本电装	59
吉林大学	58
起亚	54
江苏大学	48

图7-3-10 控制技术分支全球排名前20位申请人中科技公司分布情况

如图7-3-11所示，加黑部分为中国申请人在测试平台技术分支的分布情况，国内多家高校以及科研院所掌握核心技术，例如吉林大学、中科院、北京航空航天大学、清华大学、长安大学、同济大学，另外中国也有几家企业上榜，例如国家电网、中国航空工业、中国航天科技。在测试平台技术分支下，也有丰田、本田、大众这样的传统汽车整车厂商。整体而言，中国申请人和国外申请人的实力不相上下。

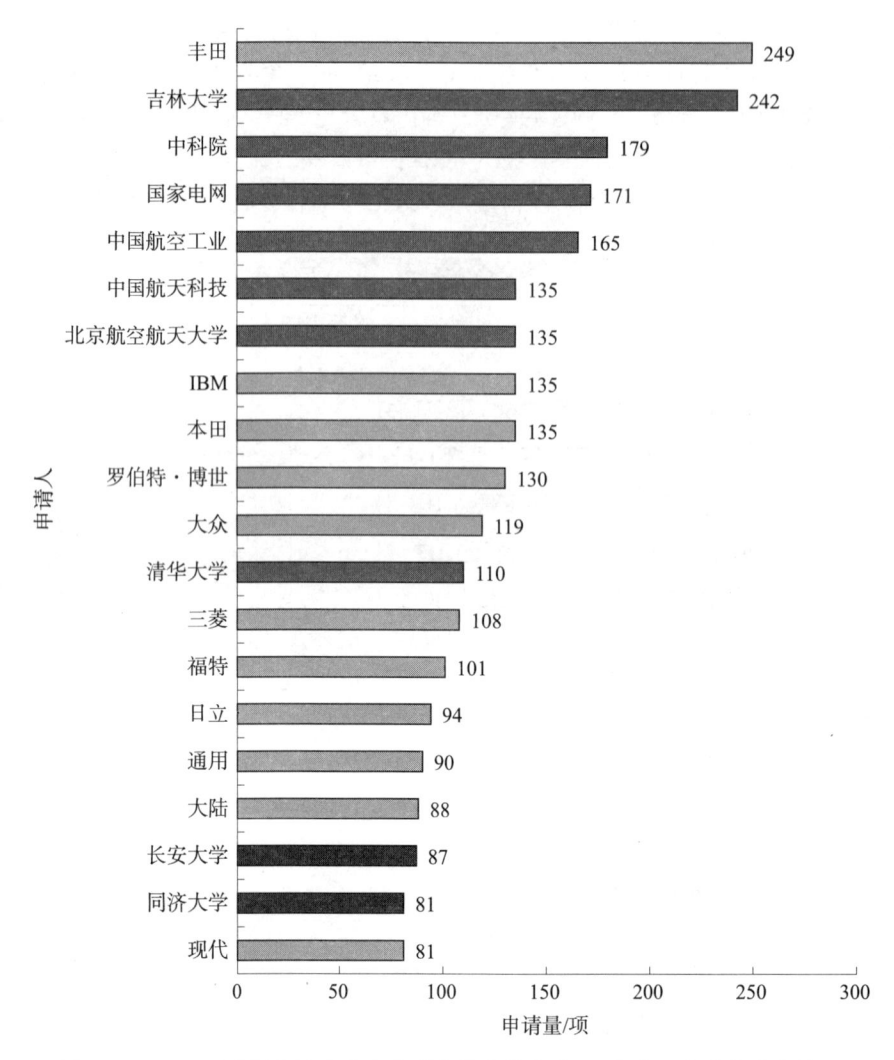

申请人	申请量/项
丰田	249
吉林大学	242
中科院	179
国家电网	171
中国航空工业	165
中国航天科技	135
北京航空航天大学	135
IBM	135
本田	135
罗伯特·博世	130
大众	119
清华大学	110
三菱	108
福特	101
日立	94
通用	90
大陆	88
长安大学	87
同济大学	81
现代	81

图 7-3-11 测试平台技术分支全球申请人排名前 20 位中国申请人分布情况

总体而言，在感知分支下，既有实力强劲的零部件厂商，又有传统汽车整车厂商的竞争，中国突破难度较大。在决策分支下，科技公司正在紧紧跟随传统汽车整车厂商巨头，中国申请人百度有不俗表现。对于控制分支，以谷歌为首的科技公司打破了传统汽车整车厂商的垄断格局。对于测试平台，国内多家高校和科研院所掌握核心技术，和传统汽车整车厂商平分秋色。

(3) 人机共驾热点分支的选择

图 7-3-12 为人机共驾各技术分支的三年占比趋势。从图中可以看出，在全球范围内，感知分支一直具有较高的申请量，但是随着技术的成熟，近年来申请热度已经开始呈现下降趋势。而决策分支虽然起始的申请热度比感知分支低，但是其作为人机共驾中作出判断的大脑，崛起速度比较快，在 2016 年之后开始快速增长。据此预测，在接下来的时间中，有可能超过感知分支，成为人机共驾中的申请热度最高的技术分

支。而控制分支申请量较低，并且随着时间推移，申请热度比较稳定，变化不大。测试平台的申请热度介于控制分支和决策分支之间，并在 2008~2016 年超越决策分支，但是在 2016 年之后又开始低于决策分支。

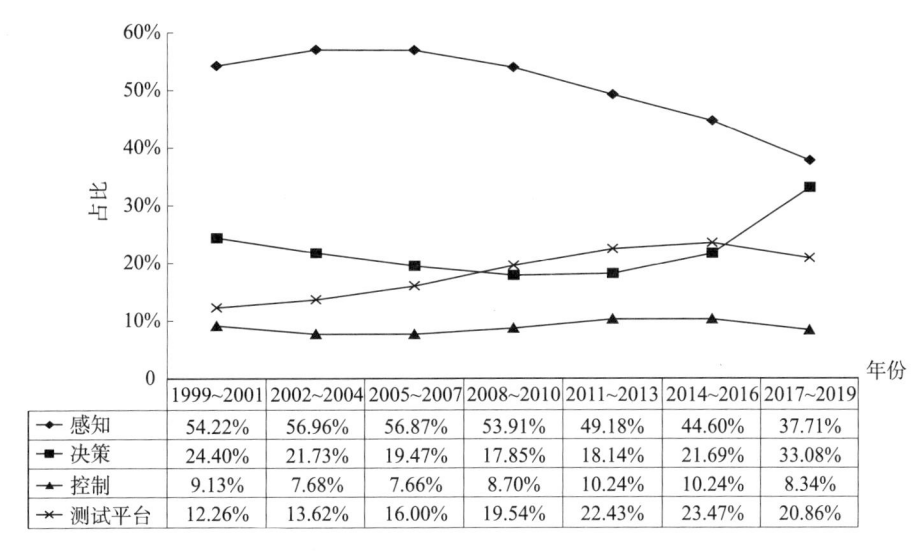

年份	1999~2001	2002~2004	2005~2007	2008~2010	2011~2013	2014~2016	2017~2019
感知	54.22%	56.96%	56.87%	53.91%	49.18%	44.60%	37.71%
决策	24.40%	21.73%	19.47%	17.85%	18.14%	21.69%	33.08%
控制	9.13%	7.68%	7.66%	8.70%	10.24%	10.24%	8.34%
测试平台	12.26%	13.62%	16.00%	19.54%	22.43%	23.47%	20.86%

图 7-3-12 人机共驾各技术分支三年占比趋势

海外布局力度 =（PCT 申请量/本分支申请量）/（本分支申请量/四个分支整体申请量之和）×100%。从图 7-3-13 可以看出，控制分支的海外布局力度最大。而海外布局的力度在一定程度上代表了创新主体在海外进行专利布局的困难度，创新主体对控制分支技术所涉及的产品进行市场推广，尤其是涉及跨国销售等行为时所面临的风险程度比较大。综上，建议各申请人在人机共驾中选择决策分支和控制分支作为热点分支进行进一步研究。

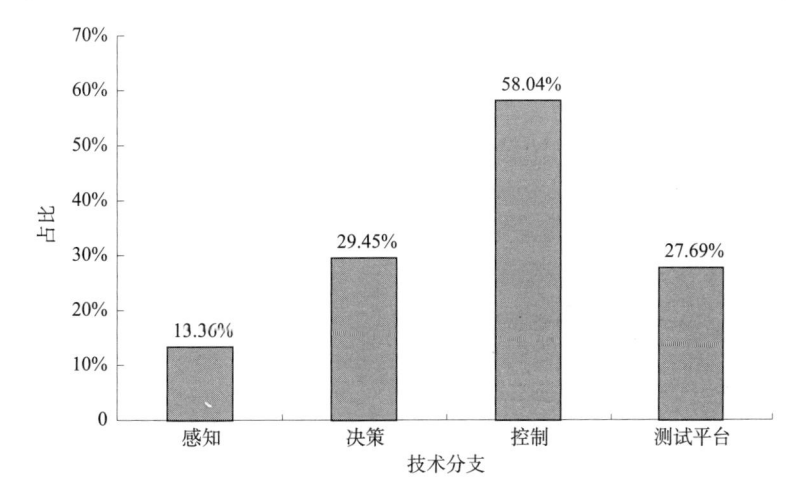

图 7-3-13 人机共驾技术分支海外布局力度

7.3.4 热点分支专利布局情况分析

7.3.4.1 决策分支

图7-3-14展示了人机共驾决策分支的全球前25位申请人,其中传统汽车整车厂商如丰田、通用等具有绝对的优势。这是因为传统汽车整车厂商具有一定的基础和优势,自身的技术积累和对行业内趋势的前瞻性判断,助其成为这一领域的领跑者。并且传统汽车整车厂商除了自身技术研发之外,还积极寻求与科技公司的合作,更加巩固了在这一领域的领先地位。由于决策过程涉及智能判断过程,包括人工智能算法等,这一分支也成为众多科技公司在自动驾驶领域的切入点。科技公司利用平台开发、智能算法的技术优势为汽车整车厂商提供包括操作系统、测试系统、决策算法等在内的解决方案,快速抢占了一席之地。

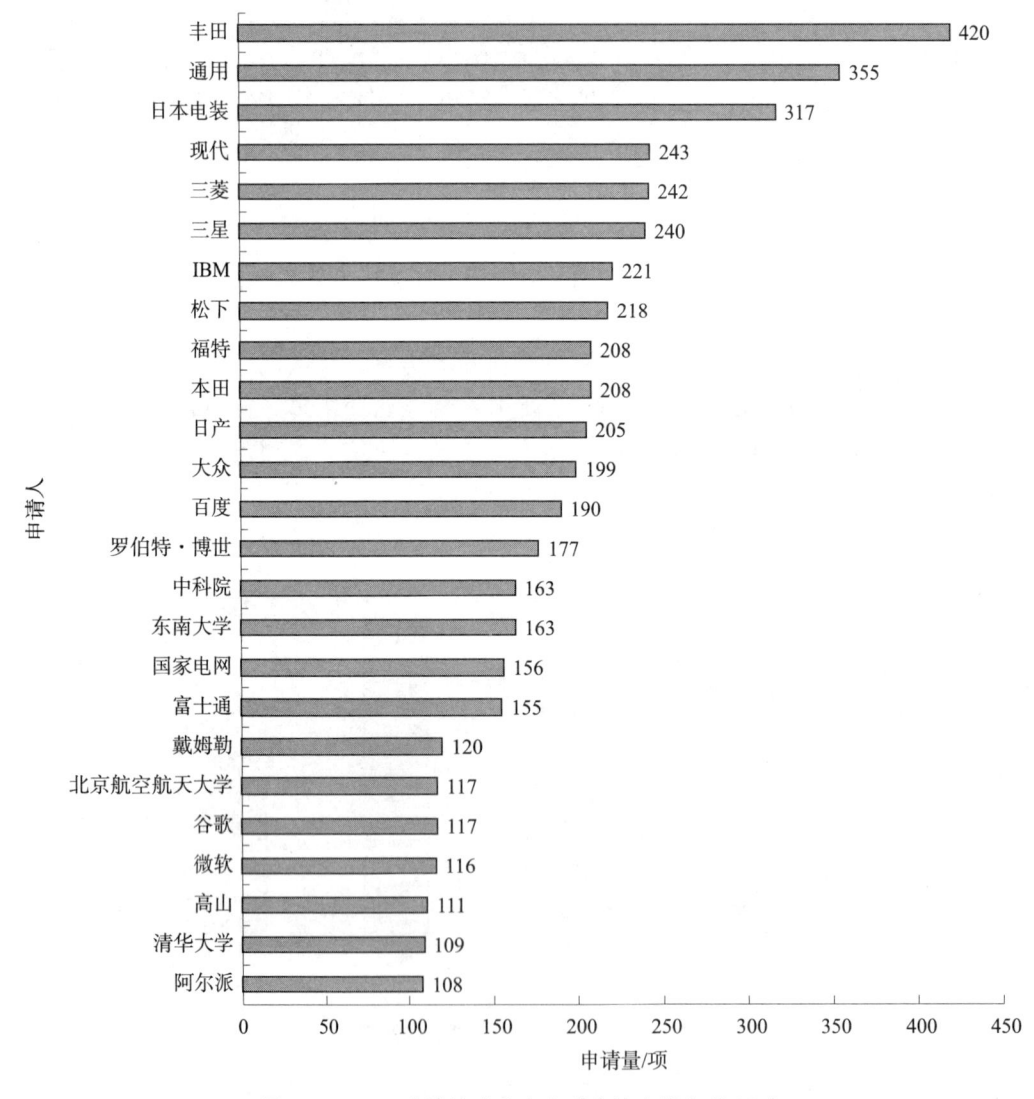

申请人	申请量/项
丰田	420
通用	355
日本电装	317
现代	243
三菱	242
三星	240
IBM	221
松下	218
福特	208
本田	208
日产	205
大众	199
百度	190
罗伯特·博世	177
中科院	163
东南大学	163
国家电网	156
富士通	155
戴姆勒	120
北京航空航天大学	117
谷歌	117
微软	116
高山	111
清华大学	109
阿尔派	108

图7-3-14 决策技术分支全球申请人排名前25名

决策分支的主要方向有：语音识别、图像识别、地图导航、防撞和智能决策。通过对传统汽车整车厂商和科技公司的技术布局进行分析，由图7-3-15可以看出，传统汽车整车厂商重点在于：语音识别。其中，丰田在地图导航、防撞和智能决策分支也有较多布局，通用在地图导航和智能决策也有一定的布局。而科技公司整体上更侧重于：图像识别、地图导航和智能决策。其中，三星、谷歌和百度作为科技公司的代表，分别在不同的方向具有优势。三星在语音识别方向有较多布局，谷歌更加侧重智能决策，百度则侧重图像识别和地图导航。

图7-3-16示出了三星在决策分支的技术发展路线。三星起步很早，且专利布局以语音识别为主，从基本的对话技术，到车内外噪声分离，再到自动驾驶过程中语音屏蔽和提醒，均有全面而详细的布局。近些年，三星对图像领域的关注开始增多，且布局方向日趋多元化，在决策领域的其他分支也有较为均衡的涉及。

图7-3-17示出了谷歌在决策分支的技术发展路线。谷歌的重点研究方向在于智能决策，即智能算法和智能模型在自动驾驶中的使用。在起步期，谷歌从多个方向入手全面发展，对地图、导航、语音识别、底层数据均有布局。随着市场的变化，谷歌渐渐将智能计算模型作为重点发展方向，聚焦于该方向作了非常全面的布局，包括对各类智能算法模型的构建和应用，从而实现车辆的智能决策。近几年来，谷歌开始关注人文方向，研究自动驾驶的操作压力、风险考虑等与驾驶员自身息息相关的因素。

图7-3-18示出了百度在决策分支的技术发展路线。百度起步时间并不早，但追赶速度非常快。初期，百度也是选择了多方向展开的路线，对语音识别、地图导航、车辆控制均有布局，且发展较均衡。中期，百度逐渐调整侧重点，集中研究车辆的轨迹规划和高精度地图方向，且在自己商业地图成果的基础上对高精度地图（包括地图建模以及图像收集处理）作了全面详细的布局。近几年，百度一边继续保持自身在高精度地图方向的优势，对其不断巩固和深挖掘，也开始涉及智能决策的研究，倾向于应用层面的考虑。

百度在决策分支中已经拥有实际产品，包括高精度地图、Apollo平台。下面以这两个方向为例进行专利数据梳理和分析，了解百度面临的竞争态势和探索可能的解围之策。

（1）高精度地图的领先者

百度依托自身研发基础和人才储备，在高精度地图领域取得了亮眼的成绩，已处于领先地位，其拥有的高精度地图相关专利已在数量上超过其他科技公司，成为该领域拥有最多基础专利的科技公司。

如图7-3-19所示，围绕高精度地图，百度作了较为全面的专利布局：从底层的图像信息码、信息点、地图关系表达方法到地图局部、整体的编辑和生成，再到面向应用端的地图获取和更新，形成了完整的专利池。

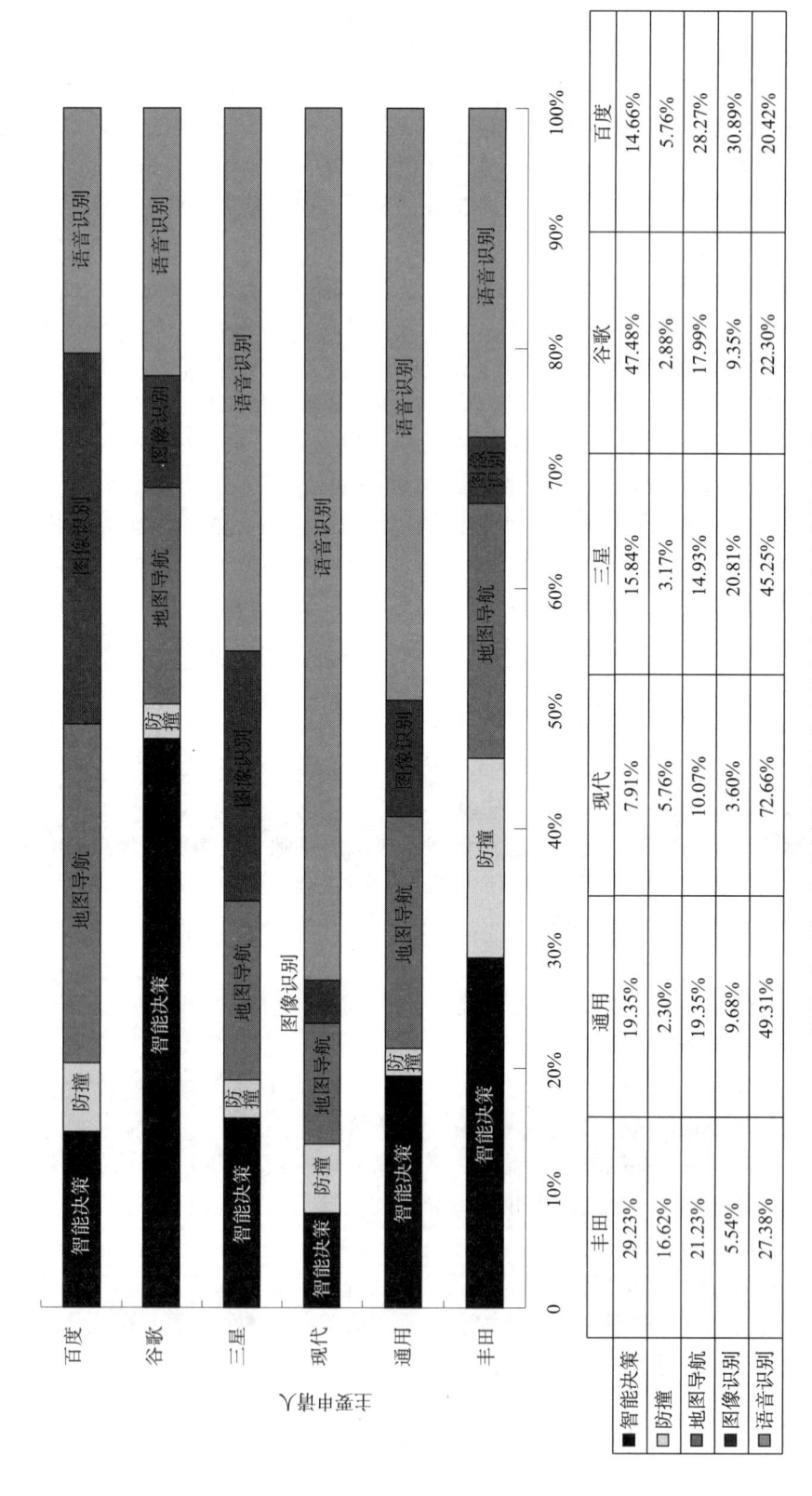

	丰田	通用	现代	三星	谷歌	百度
智能决策	29.23%	19.35%	7.91%	15.84%	47.48%	14.66%
防撞	16.62%	2.30%	5.76%	3.17%	2.88%	5.76%
地图导航	21.23%	19.35%	10.07%	14.93%	17.99%	28.27%
图像识别	5.54%	9.68%	3.60%	20.81%	9.35%	30.89%
语音识别	27.38%	49.31%	72.66%	45.25%	22.30%	20.42%

图 7-3-15 全球主要申请人在决策分支各个分支的技术布局

第7章 关键技术分支分析

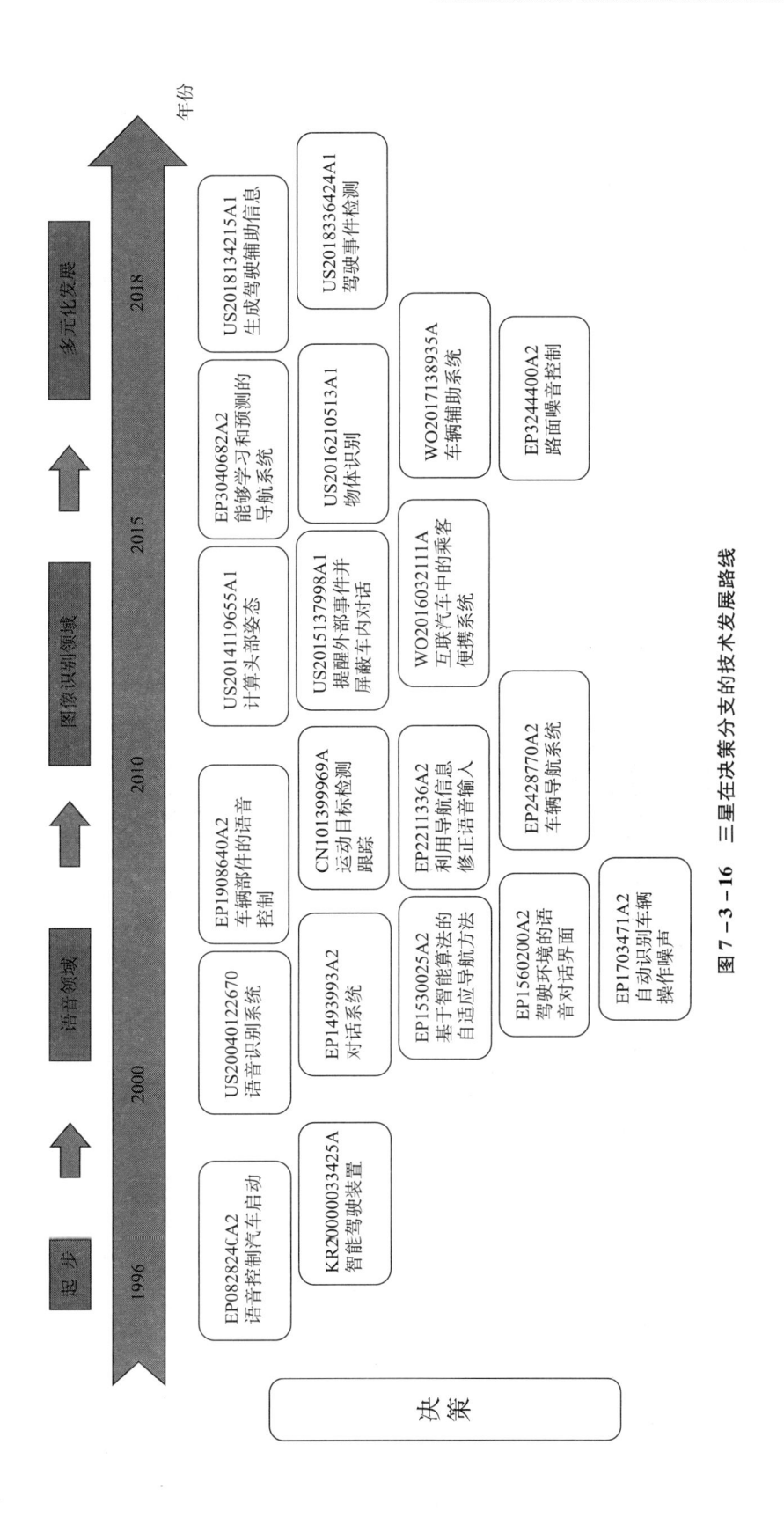

图 7-3-16 三星在决策分支的技术发展路线

阶段	起步	语音领域	图像识别领域	多元化发展
年份	1996	2000	2010	2015 2018

决策分支专利：

- EP082824CA2 语音控制汽车启动
- KR20000033425A 智能驾驶装置
- US20040122670 语音识别系统
- EP1908640A2 车辆部件的语音控制
- EP1493993A2 对话系统
- EP1530025A2 基于智能算法的自适应导航方法
- EP1560200A2 驾驶环境的语音对话界面
- EP1703471A2 自动识别车辆操作噪声
- CN101399969A 运动目标检测跟踪
- EP2211336A2 利用导航信息修正语音输入
- EP2428770A2 车辆导航系统
- US20141119655A1 计算头部姿态
- US20151137998A1 提醒外部事件并屏蔽车内对话
- WO2016032111A 互联汽车中的乘客便携系统
- EP3040682A2 能够学习和预测的导航系统
- US20162105131A1 物体识别
- WO2017138935A 车辆辅助系统
- EP3244400A2 路面噪音控制
- US20181134215A1 生成驾驶辅助信息
- US20183364224A1 驾驶事件检测

325

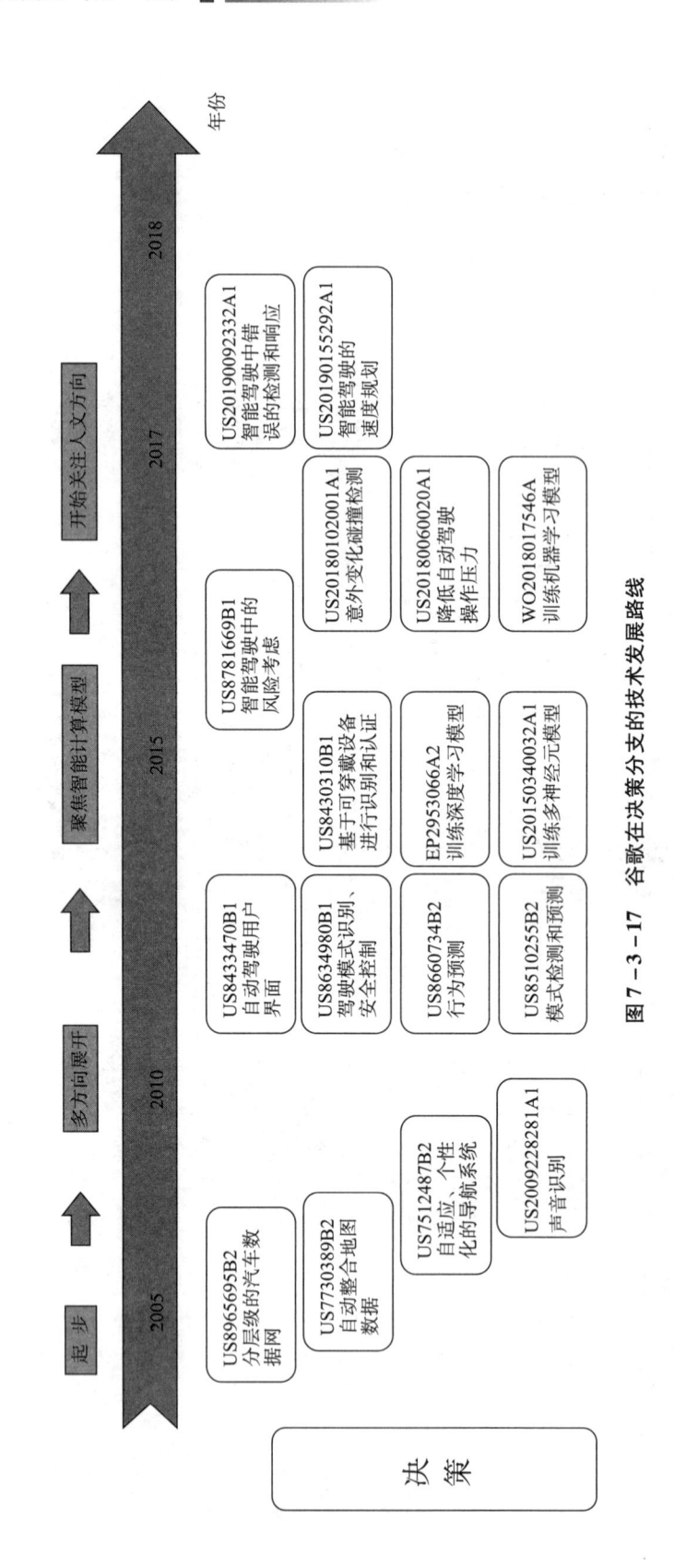

图 7-3-17 谷歌在决策分支的技术发展路线

第7章 关键技术分支分析

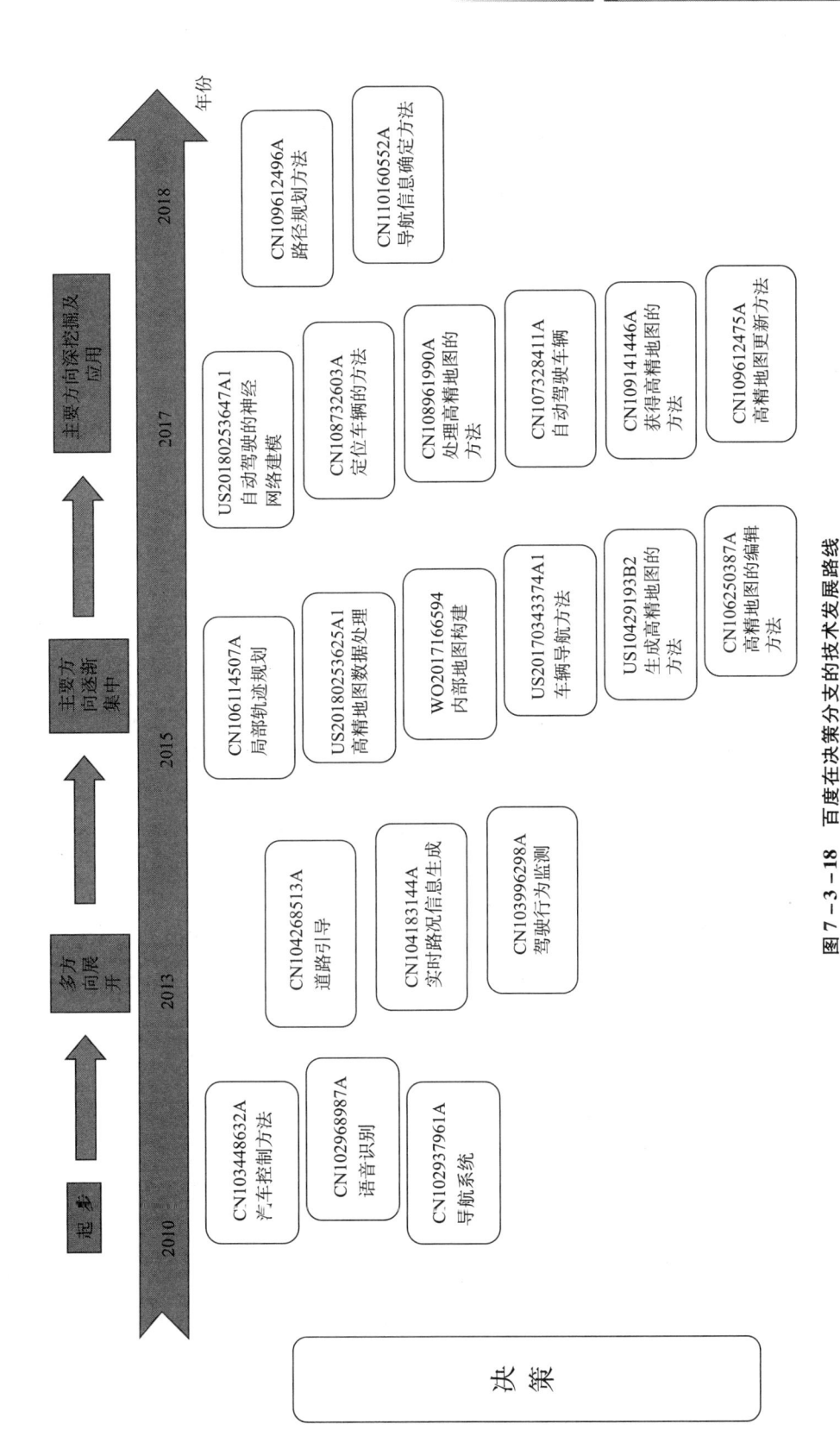

图 7-3-18 百度在决策分支的技术发展路线

图 7-3-19 百度在高精度地图领域布局专利

从表 7-3-1 所示的专利布局情况所示，对于高精度地图，百度的布局较为完备，且与自动驾驶领域的应用密切结合。

表 7-3-1 百度高精地图相关专利列表

公开号	名称	优先权日	申请日	公开日	授权日	国际主分类
US10429193B2	Method and apparatus for generating high precision map	2016-05-30	2016-09-30	2019-09-24	2019-09-24	G01C 21/32
CN110006440A	一种地图关系的表达方法、装置、电子设备及存储介质		2019-04-12	2019-07-12		G01C 21/32
CN109631873A	高精地图的道路生成方法、装置及可读存储介质		2018-11-01	2019-04-16		G01C 21/00
CN109631916A	地图生成方法、装置、设备及存储介质		2018-10-31	2019-04-16		G01C 21/32
CN109612475A	高精度电子地图的更新方法、装置及可读存储介质		2018-10-31	2019-04-12		G01C 21/32

续表

公开号	名称	优先权日	申请日	公开日	授权日	国际主分类
CN109579856A	高精度地图生成方法、装置、设备及计算机可读存储介质		2018-10-31	2019-04-05		G01C 21/32
CN109141446A	用于获得地图的方法、装置、设备和计算机可读存储介质		2018-07-04	2019-01-04		G01C 21/32
CN109064506A	高精度地图生成方法、装置及存储介质		2018-07-04	2018-12-21		G06T 7/521
CN108961990A	用于处理高精地图的方法和装置		2017-05-23	2018-12-07		G09B 29/00
CN107328411A	车载定位系统和自动驾驶车辆		2017-06-30	2017-11-07		G01C 21/16
CN106250387A	一种用于无人驾驶车辆测试的高精地图的编辑方法和装置		2016-07-13	2016-12-21		G06F 17/30
CN103955479A	电子地图的实现方法及装置	2014-04-02	2014-04-02	2014-07-30	2018-01-30	G06F 17/30
CN103514290A	电子地图信息点获取方法、装置及服务器		2013-10-08	2014-01-15		G06F 17/30
CN102937452A	一种基于图像信息码的导航方法、装置和系统		2012-10-26	2013-02-20		G01C 21/34
CN103955479B	电子地图的实现方法及装置	2014-04-02	2014-04-02	2018-01-30	2018-01-30	G06F 17/30

虽然百度在该领域已拥有了明显的优势，但通过与决策分支其他两家科技公司——谷歌和三星比较，在其高精度地图的专利池中仍有一些专利的稳定性可能会受到威胁。

1）与谷歌比较

两家公司具有相似的属性，同为互联网公司，均在商业地图领域和搜索领域有长期的积累，如今都进军人机共驾领域，两家公司之间必然会有激烈的竞争。

如图 7-3-20 所示，对两家公司在该分支的专利布局作反点位分析，发现百度在 G01S 19 卫星无线电信标定位系统（涉及地图底层信息）、G06K 9 和 G06T 3 图形图像转换、识别（涉及地图整体编辑）、B60W 40 涉及周围路况分析（涉及应用端实践）几个方向有较多布局，而谷歌在这几个方向暂时空缺。而这些技术是高精度地图生成、建模的基础，由此可见，百度在该领域具有准确的前瞻力，提前布局，抢占了先机。

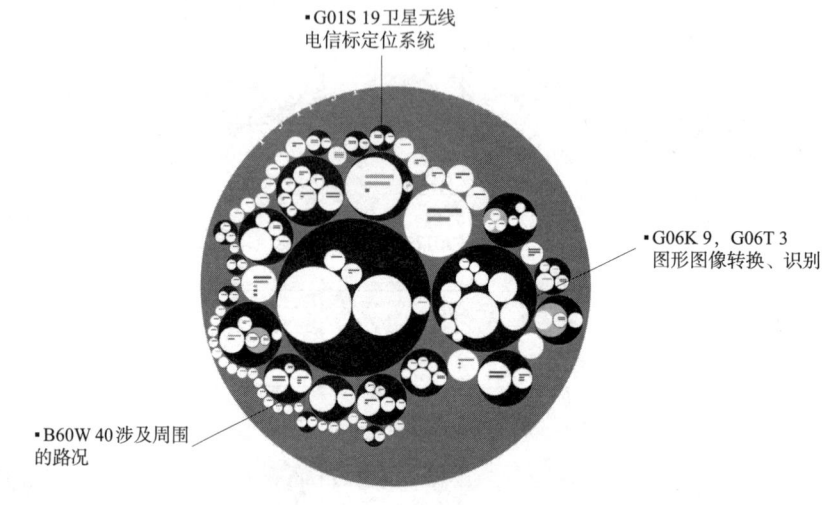

图 7-3-20　百度-谷歌关于高精度地图反点位竞争分析❶

对两家公司在决策分支中涉及高精度地图的专利进行攻防分析，发现百度在高精度地图领域还存在个别的滞后专利，例如公开号为 US20180143647A1 的专利，有一定的侵权可能。

谷歌持有的可能对百度在这一领域构成潜在威胁的专利列表如表 7-3-2 所示。

2）与三星比较

三星历史悠久，且涉及的产业领域非常广泛，无论是技术还是人才，都有长期的积累储备，如今也进军人机共驾领域，与百度之间也会产生竞争。

如图 7-3-21 所示，对两家公司在该分支的专利布局作反点位分析，发现百度在高精度地图绘制基础方面，包括 G01S 17 激光雷达测量、G06T 7 图形处理和分析、G06T 11 根据基本元素绘图几个方向有较多布局，而三星在这几个方向暂时空缺。这些技术是高精度地图绘制的基础，由此可见，百度在该领域具有较强的基础实力，提前周密布局。

---

❶ 反点位竞争：通过 IPC 的比较，确定两者不同的技术领域。

表7-3-2 高精度地图领域谷歌持有的对百度构成潜在威胁专利列表

公开号	名称	优先权日	申请日	公开日
US9201424B1	Camera calibration using structure from motion techniques		2013-08-27	2015-12-01
US9098754B1	Methods and systems for object detection using laser point clouds	2014-04-25	2014-04-25	2015-08-04
US8885151B1	Condensing sensor data for transmission and processing	2012-09-04	2012-09-04	2014-11-11
US8825391B1	Building elevation maps from laser data	2011-08-04	2011-08-04	2014-09-02
WO2009026161A1	Combining road and vehicle sensor traffic information	2007-08-16	2008-08-15	2009-02-26

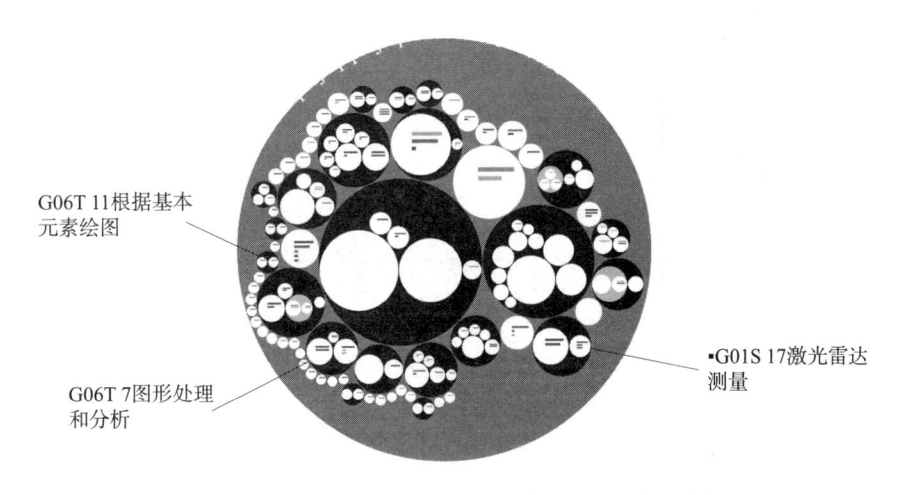

图7-3-21 百度-三星关于高精度地图反点位分析

对两家公司涉及高精度地图领域的专利进行攻防分析发现，百度在高精度地图领域相对于三星也存在个别的滞后专利，例如公开号是CN107328411A的专利，有一定的侵权风险。针对上述专利申请，三星持有的可能对百度在这一领域构成潜在威胁的专利为US2018209802A1（车辆路径导航方法和装置）。

（2）人机共驾技术的平台提供者

Apollo对于百度而言，不仅仅是无人车和软件平台。百度开放此项计划旨在建立一个以合作为中心的生态体系，发挥百度在人工智能领域的技术优势，促进自动驾驶技术的发展和普及。为了使这一套完整的软硬件和服务系统发挥最大的价值，百度还将开放环境感知、路径规划、车辆控制、车载操作系统等功能的代码或能力，并且提供完整的开发测试工具。在以往的合作中，各个创新主体的代码、核心能力对于彼此来说都是"黑盒子"，不可见，而Apollo计划之后，百度的能力和代码合作伙伴都能看见，可以帮助合作伙伴，非常方便、快速地提高自己的自动驾驶能力。

如图 7-3-22 所示，围绕 Apollo，百度作了较多的专利布局，涉及道路建模、图像识别、语音识别、智能决策，覆盖了产业链的几乎每个环节。而通过对主要相关专利的分析，发现在百度为该产品布局的相关专利中，有些专利并不稳定，其优势地位不如高精度地图明显，国外申请人的相关专利会对百度该产品相关专利构成潜在的威胁。

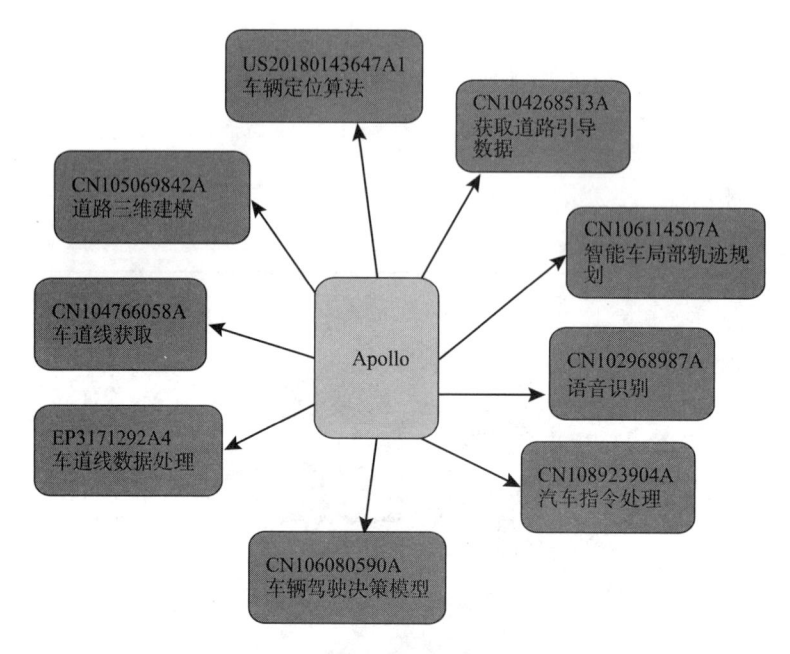

图 7-3-22　百度 Apollo 平台布局专利

1) 与谷歌比较

如图 7-3-23 所示，对两家公司在该分支的专利布局作反点位分析，谷歌在

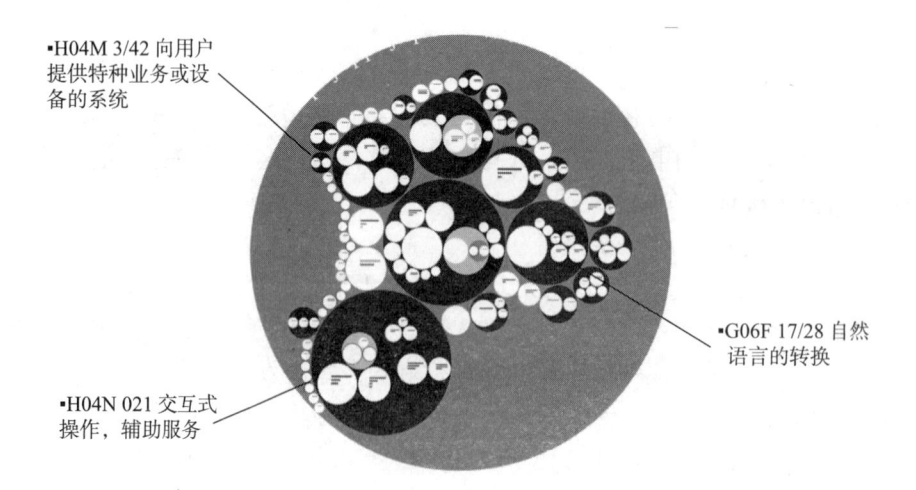

图 7-3-23　百度-谷歌关于人机共驾技术平台反点位分析

G06F 17/28 自然语言转换（涉及语音控制），H04N 021 交互式操作、辅助服务（涉及人机交互），H04M 3/42 向用户提供特种业务或设备的系统（涉及车载系统的智能决策）几个方向有较多布局，而百度在这几个方向暂时薄弱。而这些技术是构成整体平台的基础，由此可见，谷歌很早便开始着手研究智能决策模型和辅助驾驶系统，利用自己科技公司的优势，在这一领域抢先占领了地盘。

对两家公司在涉及平台构建领域的相关专利进行攻防分析，可以看出，百度在该领域存在滞后专利，例如公开号是 US20180143647A1 的专利。谷歌持有的可能对百度在这一领域构成潜在威胁的专利列表如表 7-3-3 所示。

表 7-3-3　人机共驾技术平台领域谷歌持有的对构成百度潜在威胁专利列表

公开号	名称	申请人	优先权日	申请日	公开日
US10037039B1	Object bounding box estimation	Waymo LLC	2012-01-30	2017-05-19	2018-07-31
US10013773B1	Neural networks for object detection	Waymo LLC		2016-12-16	2018-07-03
US20190033085A1	Neural networks for vehicle trajectory planning	Waymo LLC	2017-07-27	2017-07-27	2019-01-31
US9541410B1	Augmented trajectories for autonomous vehicles	Google Inc.	2013-03-15	2015-04-06	2017-01-10
US9336436B1	Methods and systems for pedestrian avoidance	Google Inc.		2013-09-30	2016-05-10
US9255805B1	Pose estimation using long range features	Google Inc.	2013-07-08	2015-05-19	2016-02-09
US9098754B1	Methods and systems for object detection using laser point clouds	Google Inc.	2014-04-25	2014-04-25	2015-08-04
US9062979B1	Pose estimation using long range features	Google Inc.	2013-07-08	2013-07-08	2015-06-23
US9008890B1	Augmented trajectories for autonomous vehicles	Google Inc.	2013-03-15	2013-03-15	2015-04-14
US8996224B1	Detecting that an autonomous vehicle is in a stuck condition	Google Inc.		2013-03-15	2015-03-31

续表

公开号	名称	申请人	优先权日	申请日	公开日
US8949016B1	Systems and methods for determining whether a driving environment has changed	Google Inc.		2012-09-28	2015-02-03
US8885151B1	Condensing sensor data for transmission and processing	Google Inc.	2012-09-04	2012-09-04	2014-11-11
US8849494B1	Data selection by an autonomous vehicle for trajectory modification	Google Inc.		2013-03-15	2014-09-30
US8825391B1	Building elevation maps from laser data	Google Inc.	2011-08-04	2011-08-04	2014-09-02
US8755967B1	Estimating road lane geometry using lane marker observations	Google Inc.	2012-03-23	2012-03-23	2014-06-17
US8736463B1	Object bounding box estimation	Google Inc.	2012-01-30	2012-01-30	2014-05-27
US20130253753	Detecting lane markings	Google Inc.	2012-03-23	2012-03-23	2013-09-26
US20130197736	Vehicle control based on perception uncertainty	Google Inc.	2012-01-30	2012-01-30	2013-08-01
WO2009026161	Combining road and vehicle sensor traffic information	Google Inc.	2007-08-16	2008-08-15	2009-02-26

2) 与三星的比较

如图7-3-24所示，对两家公司在涉及平台构建的专利布局作反点位分析发现，三星在G10L 15/17/25声音信号的分离、特殊语音的识别、辨别噪声（涉及语音控制）等语音信号处理，H04N 021交互式操作、辅助服务（涉及人机交互），H04R传感器电路（涉及车载系统硬件实现电路）几个方向有较多布局，而百度在这几个方向暂时薄弱。通过查看三星在其中布局的专利可以看出，这些技术一部分是三星的传统强项，例如语音信号处理，另一部分是智能决策的基础。由此可见，三星依托自身积累，在语音领域强化了专利池的优势，在智能决策领域也提前抢占了一席之地。

对两家公司在该领域进行攻防分析可以看出，百度在该领域存在滞后专利，例如表7-3-4中涉及语音处理的四项专利申请，有一定的侵权可能。

- H04N 021 交互式操作，辅助服务
- G10L 15/17/25 声音信号的分离，特殊语音的识别，辨别噪声
- H04R 传感器电路

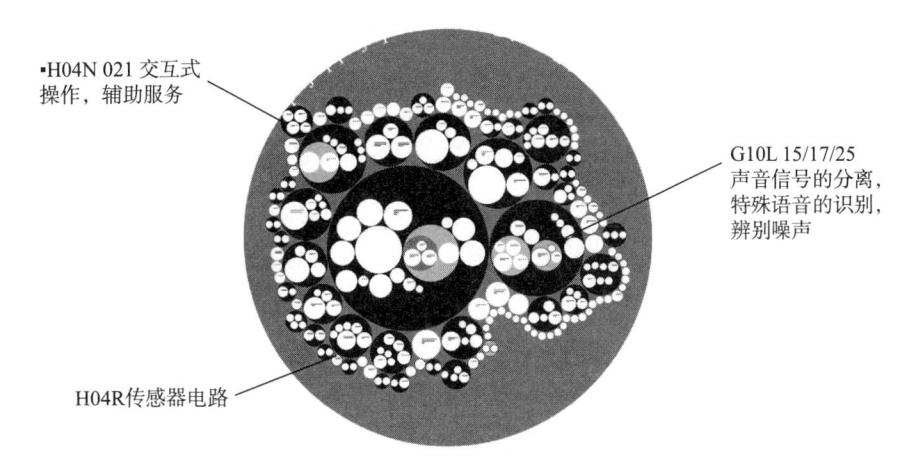

图 7-3-24　百度-三星关于人机共驾技术平台反点位分析

表 7-3-4　人机共驾技术平台领域百度持有的可能不稳定的专利列表

公开号	名称	优先权日	申请日
US20180143647A1	Algorithm and infrastructure for robust and efficient vehicle localization	2016-11-23	2016-11-23
CN104050966A	终端设备的语音交互方法和使用该方法的终端设备	2013-03-12	2014-09-17
CN103971681A	一种语音识别方法及系统	2014-04-24	2014-08-06

相对于上述四项专利申请，三星持有的可能对百度在这一领域构成潜在威胁的专利有：US2019137294A1 以及 CN109346076A。

基于百度在平台构建领域专利布局的现状，在全球合作的大形势下，依靠科技公司单打独斗并不是最优的制胜路线。而在自动驾驶决策分支的全球前 20 位申请人中，中国多家科研机构也有所研究且成绩不俗，例如东南大学、中科院、北京航空航天大学已在该领域拥有较多的专利储备。通过对上述三家科研机构拥有的专利进行研究和梳理，发掘出与百度两个重要方向互补的专利。因此，这种方式能够对上述国外申请人持有的潜在威胁专利形成包围或反诉局面，或对本国企业的专利进行补充以增加其专利的稳定性，成为未来的有效支撑。

综上，通过进一步的专利分析进行挖掘，通过以下方式解决百度存在的问题。

(1) 聚焦百度重点产品：高精度地图

百度本身在高精度地图领域已处于领先地位。在此，将谷歌和三星持有的可能对百度在这一领域构成潜在威胁的专利作为分析目标，挖掘国内三家科研机构在该领域布局的专利，以期找出能够对上述潜在威胁专利形成竞争，并为百度提供优势增强效果的专利（参见表 7-3-5 和表 7-3-6）。

表7-3-5　高精度地图领域国内三家科研机构领先谷歌、三星的专利列表

公开号	名称	申请人	优先权日	申请日	公开日
CN107235044A	一种基于多传感数据实现对道路交通场景和司机驾驶行为的还原方法	北京航空航天大学	2017-05-31	2017-05-31	2017-10-10
CN106840148A	室外作业环境下基于双目摄像机的可穿戴式定位与路径引导方法	东南大学		2017-01-24	2017-06-13
CN106767853A	一种基于多信息融合的无人驾驶车辆高精度定位方法	中国科学院合肥物质科学研究院		2016-12-30	2017-05-31
CN104850834A	基于三维激光雷达的道路边界检测方法	中国科学院合肥物质科学研究院		2015-05-11	2015-08-19
CN103366250A	基于三维实景数据的市容环境检测方法及系统	中国科学院深圳先进技术研究院	2013-07-12	2013-07-12	2013-10-23

表7-3-6　高精度地图领域国内三家科研机构与谷歌、三星专利形成竞争态势的专利列表

公开号	名称	申请人	优先权日	申请日	公开日
CN109737974A	一种3D导航语义地图更新方法、装置及设备	中国科学院深圳先进技术研究院		2018-12-14	2019-05-10
CN109147317A	基于车路协同的自动驾驶导航系统、方法及装置	中国科学院深圳先进技术研究院		2018-07-27	2019-01-04
CN108628324A	基于矢量地图的无人车导航方法、装置、设备及存储介质	中国科学院深圳先进技术研究院		2018-07-12	2018-10-09
CN107315413A	一种车车通信环境下考虑车辆间相对位置的多车协同定位算法	北京航空航天大学		2017-07-12	2017-11-03
CN107235044A	一种基于多传感数据实现对道路交通场景和司机驾驶行为的还原方法	北京航空航天大学	2017-05-31	2017-05-31	2017-10-10

续表

公开号	名称	申请人	优先权日	申请日	公开日
CN106840148A	室外作业环境下基于双目摄像机的可穿戴式定位与路径引导方法	东南大学		2017-01-24	2017-06-13
CN106767853A	一种基于多信息融合的无人驾驶车辆高精度定位方法	中国科学院合肥物质科学研究院		2016-12-30	2017-05-31
CN104850834A	基于三维激光雷达的道路边界检测方法	中国科学院合肥物质科学研究院		2015-05-11	2015-08-19
CN103366250A	基于三维实景数据的市容环境检测方法及系统	中国科学院深圳先进技术研究院	2013-07-12	2013-07-12	2013-10-23

（2）聚焦百度重点产品 Apollo

将谷歌和三星持有的可能对百度在这一领域构成潜在威胁的专利作为分析目标，挖掘国内这三家科研机构在该领域布局的专利，以期找出能够对上述潜在威胁专利形成包围或反诉的专利（参见表7-3-7和表7-3-8）。

表7-3-7 人机共驾技术平台领域国内三家科研机构领先专利列表

公开号	名称	申请人	优先权日	申请日	公开日
CN107346612A	一种基于车联网的车辆防碰撞方法和系统	中国科学院微电子研究所		2016-05-06	2017-11-14
CN104751119A	基于信息融合的行人快速检测跟踪方法	中国科学院大学		2015-02-11	2015-07-01
CN103499337A	一种基于立式标靶的车载单目摄像头测距测高装置	北京航空航天大学	2013-09-26	2013-09-26	2014-01-08
CN103308056A	一种道路标线检测方法	中国科学院自动化研究所	2013-05-23	2013-05-23	2013-09-18
CN103253261A	一种基于车车协同的跟驰辅助控制系统	北京航空航天大学	2013-05-10	2013-05-10	2013-08-21

续表

公开号	名称	申请人	优先权日	申请日	公开日
CN103177596A	一种交叉路口自主管控系统	中国科学院自动化研究所	2013-02-25	2013-02-25	2013-06-26
CN102175227A	一种探测车在卫星图像上的快速定位方法	中国科学院遥感应用研究所	2011-01-27	2011-01-27	2011-09-07
CN101294801A	基于双目视觉的车距测量方法	东南大学		2007-07-13	2008-10-29
CN101226637A	一种车轮与地面接触点的自动检测方法	中国科学院自动化研究所	2007-01-18	2007-01-18	2008-07-23

表 7-3-8 人机共驾技术平台领域国内三家科研机构形成竞争态势的专利列表

公开号	名称	申请人	优先权日	申请日	公开日
CN109579863A	基于图像处理的未知地形导航系统及方法	北京航空航天大学		2018-12-13	2019-04-05
CN109472831A	面向压路机施工过程的障碍物识别测距系统及方法	东南大学		2018-11-19	2019-03-15
CN109272748A	车车通信结合辅助驾驶环境下匝道协同汇入方法及系统	东南大学南京阿尔特交通科技有限公司		2018-09-06	2019-01-25
CN109188459A	一种基于多线激光雷达的坡道小障碍物识别方法	东南大学		2018-08-29	2019-01-11
CN109034018A	一种基于双目视觉的低空小型无人机障碍物感知方法	北京航空航天大学		2018-07-12	2018-12-18
CN109032131A	一种应用于无人驾驶汽车的动态超车避障方法	东南大学		2018-07-05	2018-12-18
CN108960183A	一种基于多传感器融合的弯道目标识别系统及方法	北京航空航天大学		2018-07-19	2018-12-07

续表

公开号	名称	申请人	优先权日	申请日	公开日
CN108628324A	基于矢量地图的无人车导航方法、装置、设备及存储介质	中国科学院深圳先进技术研究院		2018-07-12	2018-10-09
CN106846867A	一种车联网环境下信号交叉口绿色驾驶车速诱导方法及仿真系统	北京航空航天大学		2017-03-29	2017-06-13
CN104850834A	基于三维激光雷达的道路边界检测方法	中国科学院合肥物质科学研究院		2015-05-11	2015-08-19
CN107346612A	一种基于车联网的车辆防碰撞方法和系统	中国科学院微电子研究所		2016-05-06	2017-11-14
CN104751119A	基于信息融合的行人快速检测跟踪方法	中国科学院大学		2015-02-11	2015-07-01
CN103499337A	一种基于立式标靶的车载单目摄像头测距测高装置	北京航空航天大学	2013-09-26	2013-09-26	2014-01-08
CN103308056A	一种道路标线检测方法	中国科学院自动化研究所	2013-05-23	2013-05-23	2013-09-18
CN103253261A	一种基于车车协同的跟驰辅助控制系统	北京航空航天大学	2013-05-10	2013-05-10	2013-08-21
CN103177596A	一种交叉路口自主管控系统	中国科学院自动化研究所	2013-02-25	2013-02-25	2013-06-26
CN102175227A	一种探测车在卫星图像上的快速定位方法	中国科学院遥感应用研究所	2011-01-27	2011-01-27	2011-09-07
CN101294801A	基于双目视觉的车距测量方法	东南大学		2007-07-13	2008-10-29
CN101226637A	一种车轮与地面接触点的自动检测方法	中国科学院自动化研究所	2007-01-18	2007-01-18	2008-07-23

7.3.4.2 控制分支

谷歌在控制分支已取得了绝对优势。图7-3-25示出的控制分支全球前20位申请人中，谷歌排名第一位。

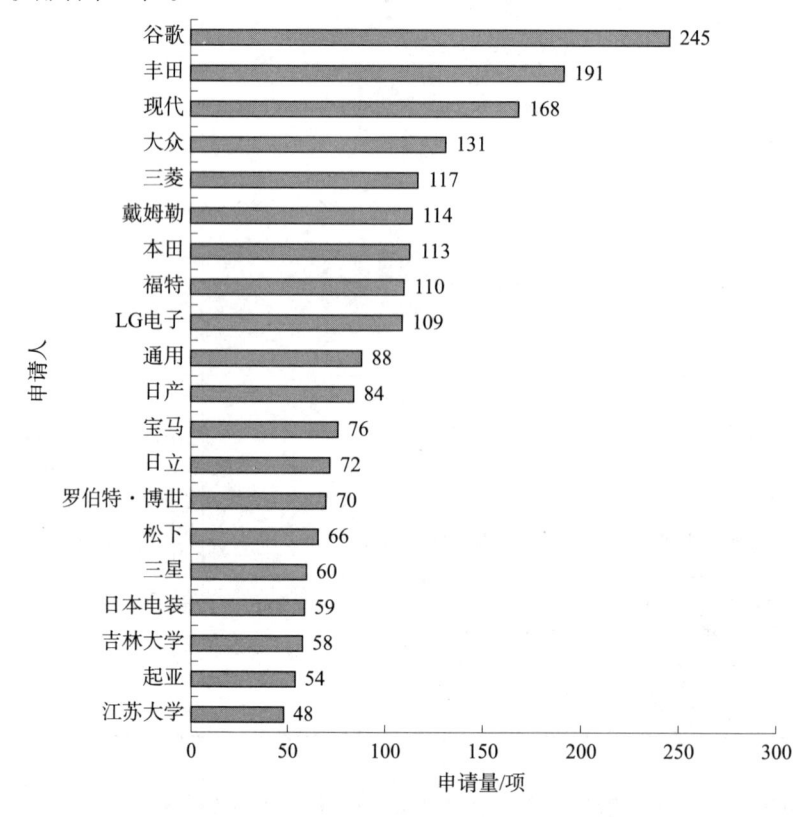

申请人	申请量/项
谷歌	245
丰田	191
现代	168
大众	131
三菱	117
戴姆勒	114
本田	113
福特	110
LG电子	109
通用	88
日产	84
宝马	76
日立	72
罗伯特·博世	70
松下	66
三星	60
日本电装	59
吉林大学	58
起亚	54
江苏大学	48

图7-3-25 控制分支全球前20位申请人

谷歌在该分支拥有大量基础专利，如表7-3-9所示。

表7-3-9 谷歌在控制分支持有的基础专利

公开号	名称	优先权日	申请日	公开日
US20120083960	System and method for predicting behaviors of detected objects	2010-10-05	2011-10-03	2012-04-05
US20140236414	Method to detect nearby aggressive drivers and adjust driving modes	2013-02-21	2013-02-21	2014-08-21
US20140303827	Systems and methods for transitioning control of an autonomous vehicle to a driver	2013-04-05	2013-04-05	2014-10-09

续表

公开号	名称	优先权日	申请日	公开日
US7512487	Adaptive and personalized navigation system	2006-11-02	2006-11-02	2009-03-31
US8954252B1	Pedestrian notifications	2012-09-27	2013-12-03	2015-02-10
US8078349B1	Transitioning a mixed-mode vehicle to autonomous mode	2011-05-11	2011-05-11	2011-12-13
US20140156133	Engaging and disengaging for autonomous driving	2012-11-30	2013-03-11	2014-06-05
US8996224B1	Detecting that an autonomous vehicle is in a stuck condition		2013-03-15	2015-03-31
US8700251B1	System and method for automatically detecting key behaviors by vehicles	2012-04-13	2012-04-13	2014-04-15
US8781669B1	Consideration of risks in active sensing for an autonomous vehicle	2012-05-14	2012-05-14	2014-07-15
US9194168B1	Unlock and authentication for autonomous vehicles	2014-05-23	2014-11-21	2015-11-24
US8634980B1	Driving pattern recognition and safety control	2010-10-05	2011-09-29	2014-01-21
US8433470B1	User interface for displaying internal state of autonomous driving system	2010-04-28	2012-12-07	2013-04-30
US8457827B1	Modifying behavior of autonomous vehicle based on predicted behavior of other vehicles	2012-03-15	2012-03-15	2013-06-04
US20160370194	Determining pickup and destination locations for autonomous vehicles	2015-06-22	2015-06-22	2016-12-22
US20150248131	Remote assistance for autonomous vehicles in predetermined situations	2014-03-03	2014-03-03	2015-09-03

续表

公开号	名称	优先权日	申请日	公开日
US9274525B1	Detecting sensor degradation by actively controlling an autonomous vehicle	2012－09－28	2012－09－28	2016－03－01
US8949016B1	Systems and methods for determining whether a driving environment has changed		2012－09－28	2015－02－03
US8718861B1	Determining when to drive autonomously	2012－04－11	2012－04－11	2014－05－06
US9383753B1	Wide－view LIDAR with areas of special attention	2012－09－26	2012－09－26	2016－07－05
US9188985B1	Suggesting a route based on desired amount of driver interaction	2012－09－28	2012－09－28	2015－11－17
US20140330479	Predictive reasoning for controlling speed of a vehicle	2013－05－03	2013－05－03	2014－11－06
US9381916B1	System and method for predicting behaviors of detected objects through environment representation	2012－02－06	2012－02－06	2016－07－05
US8849494B1	Data selection by an autonomous vehicle for trajectory modification		2013－03－15	2014－09－30
US8965621B1	Driving pattern recognition and safety control	2010－10－05	2013－12－19	2015－02－24
US8527199B1	Automatic collection of quality control statistics for maps used in autonomous driving		2012－05－17	2013－09－03

通过对谷歌的基础专利进行技术和时间脉络梳理，由图7－3－26可以看出，谷歌在这一分支的重点研究方向在于驾驶模式的识别、驾驶权的切换和安全控制。在起步期，谷歌从多个方向入手，模式检测、交互界面、安全控制均有布局。随着市场的变化，谷歌渐渐将驾驶权的切换和动态调整作为布局重点，以提高舒适度为目标。近几年来，谷歌开始更多地关注安全方向，研究风险管控、错误检测及响应等方面的问题。

第7章 关键技术分支分析

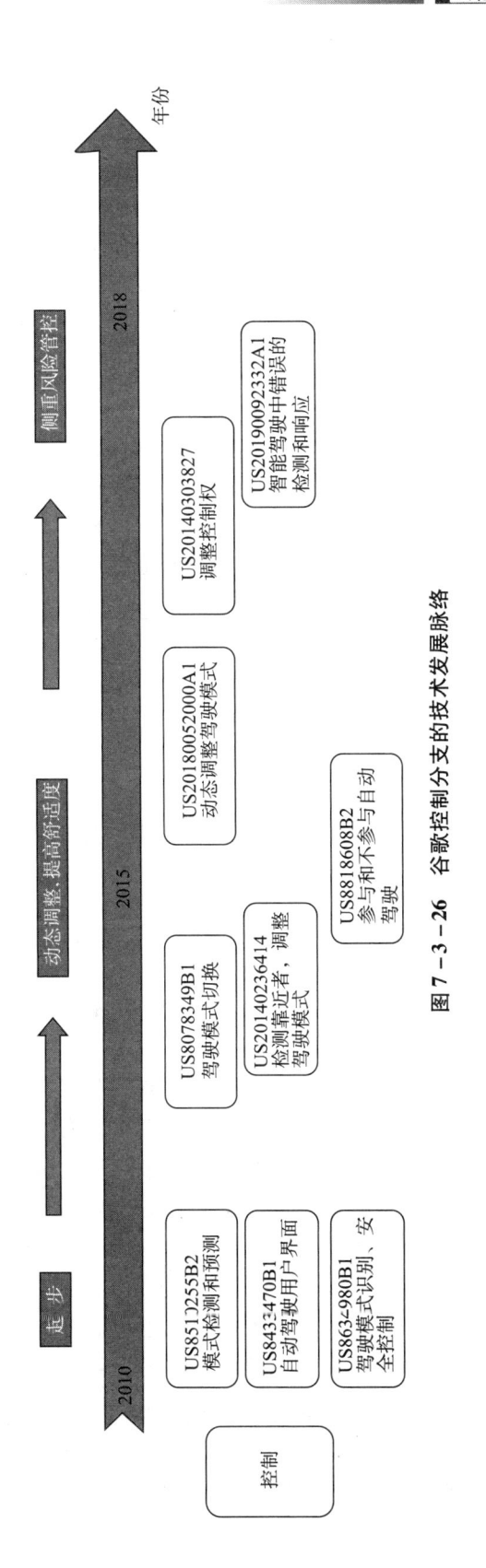

图7-3-26 谷歌控制分支的技术发展脉络

7.3.5 人机共驾专利与标准的关联分析

7.3.5.1 人机共驾标准概况

近年来，美国、欧洲、日本等发达国家或地区将自动驾驶作为交通未来发展的重要方向，在技术研发、道路测试、标准法规、政策等方面为自动驾驶及其载体——智能网联汽车的发展提供政策支持，加快自动驾驶商业化进程。目前，要实现完全的自动驾驶还存在技术、立法、基础设施等多方面的制约，因此，现在普遍以人机共驾的方式实现车辆有限度的自动驾驶。

（1）国际组织加快标准制定，中国积极参与其中

欧盟方面，2014 年 2 月，欧盟十几家整车制造商和零配件供应商共同推出"智能车辆自动驾驶应用和技术"项目，旨在开发能在城市道路和高速公路上行驶的部分或完全自动化汽车。

联合国方面，相关机构自 2016 年初起就在着手对包括《维也纳道路交通公约》在内的一系列国际道路交通安全法规进行调整修改，以适应自动驾驶发展的需要。2016 年 3 月，联合国在最新修订生效的法规中写明，允许驾驶员适时接管车辆的驾驶，不必随时自行驾驶汽车，正式确认自动驾驶的合法身份。同时，在日本和德国提出建议之后，联合国负责车辆管理的机构已经开始起草一套新的国际安全法规，对自动驾驶汽车技术进行规范管理。并且，联合国欧洲经济委员会框架下的部门"世界车辆法规协调论坛"正在为包括日本、欧盟成员国和美国在内的 50 多个国家制定车辆安全标准。

中国也积极参与联合国自动驾驶相关的标准制定事务。2019 年，全国汽车标准化技术委员会在官方平台公布，中国、欧盟、日本和美国共同提出的《自动驾驶汽车框架文件》已在 2019 年 6 月举行的联合国 WP.29 第 178 次全体会议审议通过。框架文件的提出，旨在确立 L3 及更高级别自动驾驶汽车的安全性和相关原则，并为 WP.29 附属工作组提供工作指导。

（2）美国、日本、德国等汽车强国立法先行，标准频出

美国是自动驾驶汽车发展最早的国家之一。2016 年 9 月美国交通运输部发布的自动驾驶汽车 1.0 指导文件，紧接着，2017 年 9 月发布自动驾驶汽车 2.0 指导文件，2018 年 10 月发布了《准备迎接未来交通：自动驾驶汽车 3.0》。美国交通运输部阐明了对自动驾驶汽车未来决策、法规和策略进行评估的基本原则，即优先考虑安全问题。

德国于 2016 年批准了修订后的《维也纳道路交通公约》在德国的适用，允许驾驶人将驾驶任务转移至汽车，2017 年德国联邦参议院通过的道路交通法第八修正案则着眼于为该原则的实施进一步提供国内法律基础。该修正案从上位法的角度对自动驾驶的概念、驾驶人的义务、驾驶数据的记录等进行了原则性规定。在道路测试方面，德国率先开放了 A9 高速公路的部分路段进行自动驾驶技术测试。另外，德国还公布了全球首个针对自动驾驶的道德标准，为自动驾驶系统设计、伦理道德研究提供有力的支撑。

日本一直都在世界车辆法规协调论坛上推动关于安全标准的讨论。在 2017 官民 ITS 构想及线路图中，日本明确了自动驾驶技术的推进时间表：2020 年左右实现高速公路 L3 级别的自动驾驶、L2 级别的卡车编队自动驾驶，以及特定区域 L4 级别的自动驾驶；到 2025 年实现高速公路 L4 级别的自动驾驶。日本汽车制造商原计划在 2020 年东京奥运会和残奥会召开之时，让自动驾驶汽车成为日本高速公路上的常见交通工具。这些新法规的出台将会助它们一臂之力。

（3）我国自动驾驶起步晚，但近两年积极制定政策

由政府主导，我国积极规划中国自动驾驶汽车的发展蓝图并且制定相关技术标准，从而建立统一的系统。2015 年 5 月，首次提出智能网络汽车概念及其发展的战略目标。从此，我国的自动驾驶汽车的官方名称确定为：智能网联汽车。

2016 年 8 月，为落实推动中国创造业升级的部署和要求，原国家质量监督检验检疫总局、国家标准化管理委员会、工业和信息化部会同有关部门共同编制了《装备制造业标准化和质量提升规划》，其中明确了开展智能网联汽车标准化工作，加快构建包括整车及关键系统部件功能安全和信息安全在内的智能网联汽车标准体系。

2017 年 12 月，工业和信息化部联合国家标准化管理委员会发布《国家车联网产业标准体系建设指南（智能网联汽车）》，按照不同行业属性将涉及标准划分为智能网联汽车标准体系、信息通信标准体系、电子产品与服务标准体系等若干部分，为打造自主可控、具有核心技术、开放协同的车联网产业提供支撑。该指南中提出了分阶段建立适应我国国情并与国际接轨的智能网联汽车标准体系：到 2020 年，初步建立能够支撑驾驶辅助及低级别自动驾驶的智能网联汽车标准体系；到 2025 年，系统形成能够支撑高级别自动驾驶的智能网联汽车标准体系。

（4）跨国汽车企业纷纷组建企业联盟，制定自动驾驶相关标准

2019 年，日本丰田、美国通用以及软银集团旗下的英国半导体设计公司（ARM）等八家公司设立了企业联合体"自动驾驶车辆计算联合体"（AVCC）。该联合体旨在集聚各公司的专业知识和技术，加快自动驾驶汽车的实用化，其将确定自动驾驶汽车系统的基本设计结构，目标在于着手统一车身大小、所消耗电力以及安全标准等。

百度、奥迪、宝马、大陆、戴姆勒等汽车及自动驾驶技术领域的 11 位行业领导者联合发布《自动驾驶安全第一》白皮书。这份白皮书旨在共同建立自动驾驶的安全行业标准，同时强调了通过设计、测试与验证，实现安全的重要性。

7.3.5.2 人机共驾标准

（1）技术标准

1）NHTSA 和 SAE 分级标准

目前全球权威较高的分级标准有两个，分别是美国高速公路安全管理局（NHTSA）提出的，分为 L0～L4 的五个级别，另一个是由 SAE 提出的，一共分为 L0～L5 的六个级别。而 NHTSA 和 SAE 两家的前四个分级都是一致的，最高等级区分略有差异，即 NHTSA 的最高级别 L4 已经不限定场景，而 SAE 认为完全实现自动驾驶应该有特定场景差异，因而 SAE 对 NHTSA 的 L4 级别进一步划分为 L4、L5 两个级别（参见表 7 - 3 - 10）。

表 7-3-10 NHTSA 和 SAE 自动驾驶分级示意图

| 自动分级标准 ||名称|驾驶操作|接管|周边监控|应用场景|
NHTSA	SAE					
L0	L0	人工驾驶	驾驶员	驾驶员	驾驶员	无
L1	L1	驾驶辅助	驾驶员和系统	驾驶员	驾驶员	限定场景
L2	L2	部分驾驶辅助	系统	驾驶员	驾驶员	所有场景
L3	L3	有条件自动驾驶	系统	驾驶员	系统	
L4	L4	高度自动驾驶	系统	系统	系统	
	L5	完全自动驾驶	系统	系统	系统	

二者级别划分的依据基本相同：根据车辆需要人类驾驶员参与程度多少进行等级的划分，对驾驶员干预依赖越多的车辆其自动驾驶能力越低，例如，L0 代表传统的人类驾驶，而完全不需要人类驾驶员干预的无人驾驶汽车是自动驾驶技术发展的终极目标，即 L5 级别的完全自动驾驶。我们通常所说的自动驾驶系统（ADS），通常是在 L3~L5 层级，随着层级的提高，对系统的要求也随之提高。

SAE 分级标准即 International J3016 标准，于 2016 年 9 月被美国交通运输部确定为定义自动化/自动驾驶车辆的全球行业参照标准。此后，SAE 分级标准成为业内普遍认可的自动驾驶分级标准。2018 年 SAE 再次对机动车驾驶自动化系统分类与定义重新修订。由此可见，随着自动驾驶技术的发展，自动驾驶分级标准也在与时俱进。

2）我国的自动驾驶分级标准

我国的自动驾驶分级标准《汽车驾驶自动化分级》（征求意见稿）已经于 2019 年 10 月 11 日发布。标准参考 International J3016 标准框架，并结合中国当前实际情况进行调整，增加了对三级驾驶自动化的要求，包括应识别动态驾驶任务的接管用户的接管能力。SAE 分级标准主要表述用户与驾驶自动化系统的关系，其中涉及大量对于用户的要求，但是我国的自动驾驶分级标准面向产品，主要定义驾驶自动化系统的分级以及对于各级系统机型技术要求，不对驾驶自动化系统用户进行要求。

(2) 安全性相关标准

安全性问题一直是汽车行业的核心问题，并且是人机共驾领域中的最重要的问题。对于传统的汽车行业来说，符合质量标准的汽车产品、合格的驾驶人以及道路交通安全法规就能保障交通安全，但是在人机共驾领域，在实现 L4 级别之上的自动驾驶时，驾驶人转变为车辆和人，这就使得我们产生了疑问：实现人机共驾的车辆符合什么标准才是合格的车辆？符合什么标准的"驾驶人"是合格的驾驶人？什么样的道路交通安全法规是适合人机共驾的法规？

1）功能安全标准

目前国际上普遍认可的功能安全标准是道路车辆功能安全国际标准 ISO 26262，其是基于IEC 61508［由国际电工委员会发布的"电气/电子/可编程电子安全相关系统的功能安全"，*Functional Safety of Electrical/Electronic/Programmable Electronic Safety – related Systems*（E/E/PE，or E/E/PES）］适配而来的道路车辆功能安全方面的标准。ISO 26262贯穿于整个车辆的生命周期（概念→规范→设计→测试→验证→成品→维修→销毁），自身形成一个"安全生命周期"（包含管理、开发、生产、运营、服务、退出过程）。该标准对车辆和系统作出了功能性的安全要求，针对故障诊断和故障处理的可靠性，确保系统或产品的可靠性，避免过当设计而增加成本，使安全系统及产品符合所需安全完整性等级。

目前我国已经完成了ISO 26262道路车辆功能安全国际标准的转化，针对其中规定不够详细，对各类系统的规定没有具体的操作这部分。根据工业和信息化部的要求提出了三个标准制定的重点：制动、转向和电池管理系统。

2）信息安全标准

信息安全在人机共驾中必不可缺。为此，我国也提出了自己的信息安全体系。它以车辆为主，既有车，也有车与外界进行通信过程当中的内容，还涉及云端或者是其他设施，主要从评（评价，估计有哪些地方可能会存在风险）、防（采取相应的防护措施）、测（评价这些防护措施是否到位）这三个角度进行标准制定。针对场景调节之下的信息安全评价也有相对的标准，既有通用标准，也有特殊场景标准，还有特定功能与性能标准。

3）道路测试标准

为使车辆在各种道路交通状况和使用场景下都能够安全、可靠、高效地运行，自动驾驶功能需要进行大量的测试、验证工作，经历复杂的演进过程。智能网联汽车在正式推向市场之前，必须要在公共道路上通过实际交通环境的测试，更加全面地验证自动驾驶功能，实现与道路、设施及其他交通参与者的适应与协调。实际道路和真实交通环境下的测试是企业加速技术研发和产品推广的必然需求。

2010年美国加州率先开放路测，同年，谷歌开始了道路测试。传统车企也不甘落后，2013年奥迪在美国开展道路测试，2014年大众在美国开展道路测试，2015年之后，法国、荷兰、韩国、日本等各个国家陆续开放道路供自动驾驶汽车进行测试，汽车行业的领头车企、科技厂商也纷纷都进入道路测试阶段。其中，中国的科技公司百度也于2016年拿到美国加州道路测试牌照，开始在美国进行路测；Pony.ai（小马智行）于2017年6月获得美国加州路测牌照，并在12平方公里的公开市内道路上实现24小时白天黑夜人车混流全自动无人驾驶。我国晚于美国8年，于2018年发放道路测试许可证，开放路测。截至目前，国内已颁发超过200张自动驾驶路测牌照。据《北京市自动驾驶车辆道路测试2018年度工作报告》显示，2018年，54辆自动驾驶汽车在北京的道路上测试了超过15万公里，中国互联网巨头百度独占其中14万公里，余下7家企业每家在北京驻守1~2辆测试车，总共贡献了1.3万公里测试里程，路测过程中未出事故。

下面介绍颇具代表性的道路测试标准。

① 日本道路测相关标准。2016 年 5 月，日本警察厅颁布了《自动驾驶汽车道路测试指南》，明确驾驶人应当坐在驾驶位上，测试车辆和驾驶人均应符合并遵守现行法律法规。其中，为确保测试安全，日本警察厅对组织实验的测试机构（实施主体）、参与实验的驾驶人资质、测试车辆的安全技术等提出了严格的要求，包括以下方面。

对测试机构的要求主要包括：测试机构应采取分阶段测试策略，逐个确认自动驾驶系统功能的安全性；应对测试驾驶人以及乘坐在测试车辆内的相关人员进行相关培训等。

对参与实验的驾驶人资质要求主要包括：持有测试车辆对应类别的驾驶执照，必须乘坐在测试车辆的驾驶位上，并始终观察和监视周围道路交通情况以及车辆状态，在发生系统软/硬件故障等紧急情况时能够进行手动操等。

对测试车辆的安全技术要求主要包括：符合《道路运输车辆安保基准》规定的安全要求，车身上标示"正在进行自动驾驶系统测试"的字样，安装行驶记录仪和交通事故数据记录仪等装置。

2019 年，日本国土交通省首次推出了关于自动驾驶的安全标准。规定的核心是对自动驾驶的切换进行了具体到秒级的规定。例如，在高速公路等上自动行驶时，当司机手离开方向盘超过 65 秒就自动切换为手动驾驶模式；手离开方向盘驾驶 15 秒以上，将向驾驶席发出警告，如继续保持手离开方向盘的状态，50 秒后自动驾驶系统将停止，切换为手动驾驶。

② 德国道路测试相关标准。2017 年德国发布世界首份自动驾驶系统指导原则。这份指导原则同意给予自动驾驶系统的准入，但在安全、人类尊严、个人决策自由以及数字独立方面提出了特别要求。核心要点是财物损失次于人身损失：在危险情况下，保护人类生命始终拥有最高优先权；发生不可避免的事故时，不可根据行车者的个人特征（年龄、性别、身体或精神状况）作出鉴定；所有的驾驶情况必须有清楚的规定，并能明确驾驶责任方是人或电脑，对此必须有记录并存储下来；司机必须能够自己决定驾驶数据的转交和使用。

③ 中国道路测试相关标准。2017 年 12 月，北京率先发布了《北京市自动驾驶车辆道路测试管理实施细则（试行）》。随后，2018 年 3 月，上海和重庆也陆续出台了相关规定。

2018 年 4 月，我国工业和信息化部、公安部、交通运输部联合发布了首个国家级自动驾驶路测文件——《智能网联汽车道路测试管理规范（试行）》，从国家层面表现出对该项技术的高度重视及支持。该管理规范对测试主体、测试驾驶人、测试车辆等提出要求，明确省、市级政府相关主管部门可自主选择测试路段、受理车辆申请和发放测试号牌。主要包括：

关于测试主体：规定提出测试申请、组织测试并承担责任的单位的能力和资质等，当出现紧急情况时，测试车辆的驾驶员能够作出相应的应急措施。

关于测试车辆：必要时即时切换为人工操作模式，同时，车辆还需要实时回传数据，并自动记录车辆事故或失效前 90 秒的数据，储存时间不少于 3 年。

关于测试驾驶人：规定了驾驶人需具备的资格和能力。

测试内容包括：基本交通管理设施检测与响应能力测试、前方车道内动静态目标（机动车、非机动车、行人、障碍物等）识别与响应能力测试、遵守规则行车能力测试、安全接管与应急制动能力测试、综合能力测试等内容。

由此可见，虽然我国在自动驾驶领域起步较晚，相关法律法规出台晚，但是，当前我国的自动驾驶技术已然发展，汽车已经上路测试，这使得安全性相关标准的制定和完善迫在眉睫。

同时，虽然美国、德国、日本等汽车强国针对自动驾驶的安全性较早设置标准，但是道路测试中事故频发，使得它们认识到，必须进一步对自动驾驶汽车设立更加严格的标准。例如全球首例自动驾驶汽车路测撞死行人的交通事故，2018年3月19日晚10点，美国Uber自动驾驶汽车在道路测试时以约65km/h撞上一名推自行车过马路的女性。经过调查，认为当时汽车的传感器探测到正骑着自行车过马路的行人，但是软件决策时为了驾驶的舒适性，有别于Waymo和通用汽车巡航车应对威胁时的那种过激反应，Uber的软件决定汽车不需要马上作出反应。因此，仅仅因为软件决策不同，导致了事故，业界认为，应该对自动驾驶汽车提出一些硬性的要求，设立严格的标准，比如必须具备检测潜在危险的能力，以及让人类驾驶员更好地准备接手汽车的控制权。

就安全性相关的软件决策方面而言，解决方案分类主要包括：驾驶权切换、故障报警和行驶的安全。然而，不同公司解决方案的侧重点不同，这些解决方案由于涉及的技术点非常细致，并不能直接从车辆观察到，也无法从官网、汽车手册等资料中获取，因此，公众很难得知这些汽车厂商如何保证软件决策的安全性。然而，专利为我们打开了一扇窗，透过这扇窗，我们能够了解到各个公司对于安全性的具体解决方案。

由图7-3-27（见文前彩色插图第3页）可知，软件决策的安全性方面，汽车整车厂商、配件厂商、科技厂商和高校及科研院所都有涉及，但以谷歌和百度为首的科技厂商具有明显的优势。

在汽车整车厂商中，特斯拉的专利申请US20190155678A1，公开了一种处理车辆神经网络处理器上错误的系统与方法，即与其因输入数据错误而导致驾驶反应延迟，还不如发送信号，以忽略错误信息，然后让系统像往常一样继续运行。

在高校及科研院所中，广州大学的专利申请CN105922991A，公开了一种基于生成虚拟车道线的车道偏离预警方法及系统，可根据预设车道线条件从图像中检测出车道线，若检测结果不符合预设车道线条件，则根据所述预设车道线条件生成相应的虚拟车道线，进而通过虚拟车道线向驾驶员提供车道偏离报警。吉林大学的专利申请CN108803322A，公开了一种时域变权重的驾驶权柔性接管方法，通过数学建模的方式确定驾驶权如何切换。

谷歌的专利申请CN103786723A，公开了一种控制车辆横向车道定位方法，其模仿人类行为以确定相应的横向距离，例如，当以高速移动的大卡车或汽车横向邻近车辆时，计算设备可以被配量来确定横向距离大于当缓慢移动的车辆横向邻近于车辆时所确定的给定的横向距离。类似地，当摩托车、骑自行车的人和行人通过时可以确定大的横向距离。该专利申请引发伦理道德的讨论，因为，与较小物体相撞是一个伦理选择，保护乘客利益，但是将危险转嫁给了行人或小客车乘客、较小的物体，如果是婴儿车或者儿童呢？

因此，安全性问题，特别是决策问题，不仅是技术问题，更是伦理道德，甚至政治问题，必须待技术和社会发展，在政府的主导下制定政策、法规或标准来解决。目前，美国、德国等率先起步的国家，自动驾驶的路测开展都比我国早8年，在此期间由于事故频频，积累了丰富的路测经验。可以看出，安全标准还远不够完善，我国也应当汲取前人经验尽快制定符合我国国情的安全标准乃至自动驾驶汽车行业的安全标准。

（3）通信标准

随着汽车自动驾驶、网联化发展大潮的到来，"车联网""智能网联汽车"等概念被提起。汽车要实现自动驾驶，网络是其中必不可少的因素。汽车的主机，包括车载系统都已经联网，基于网络，汽车能够实时获取交通信息，实现逐步导航、道路援助、周边环境提示等功能。自动驾驶的汽车需要与网络实时地实现更新及下载，这就对网络的信息交互速度提出了更高的要求。

目前，联网的汽车使用的是基于移动网络的数据通信，也就是车联网，主要实现方式包括蜂窝移动通信系统的C-V2X（Cellular Vehicle to Everything，包括LTE-V2X和5G NR-V2X）以及专用短称通信技术（Dedicated Short Range Communication，DSRC）。如果不同品牌的汽车的通信协议不同，车与车、基础设施、互联网之间就无法进行识别和通信。因此，确立车联网通信标准是车联网普及的重点。目前，全球并无统一的车联网标准。

1）DSRC标准

DSRC是1992年美国材料与试验协会（ASTM）最早提出的，是美国主导的V2X通信协议。随后欧盟、日本也相继推出了自己的DSRC标准。DSRC技术是一种高效、专用的车辆无线通信技术，以IEEE 802.11p为基础的标准。DSRC物理层技术实际是Wi-Fi的扩展，其MAC层与Wi-Fi相同，同样采用载波监听多路访问/碰撞避免CSMA/CA（Carrier Sense Multiple Access with Collision Avoidance）技术控制移动节点接入网络。关键指标：支持车速200km/h，反应时间100ms，数据传输速率平均12Mbps（最大27Mbps），传输范围1km。

目前，DSRC广泛应用在ETC不停车收费、出入控制、车队管理、信息服务等领域，并在车辆识别、驾驶人识别等方面具有优势。欧洲和美国的DSRC实现了物理层和MAC层共享IEEE 802.11p，但它们在处理联网、传输和应用层的方式上有所不同。在丰田、通用的支持下，DSRC标准进一步成为北美和欧洲市场的V2X协议。中国因缺乏核心知识产权及产业基础，在DSRC的技术与应用方面均不具有优势。

2）LTE-V标准

V2V通信标准的另一大阵营是中国主导的LET-V方案。LTE-V是大唐电信在2013年首次公开提出的，现已成为3GPP（The 3rd Generation Partnership Project）的

LTE – V2X（Vehicle to Everything）标准。LTE – V2X 作为面向车路协同的通信综合解决方案，能够在高速移动环境中提供低时延、高可靠、高速率、安全的通信能力，满足车联网多种应用的需求，并且基于 TD – LTE 通信技术，能够最大程度利用 TD – LTE 已部署网络及终端芯片平台等资源，节省网络投资，降低芯片成本。

LTE – V 基于 4.5G 技术实现车与车通信，以 LTE 蜂窝网络为 V2X 基础的车联网专有协议。LTE – V 包括蜂窝方式（LTE – V – cell）和直通方式（LTE – V – direct）两种工作模式。

蜂窝方式：利用基站作为集中式的控制中心和数据信息转发中心，由基站完成集中式调度、拥塞控制和干扰协调等，可以显著提高 LTE – V2X 的接入和组网效率，保证业务的连续性和可靠性。

直通方式：车与车间直接通信，针对道路安全业务的低时延和高可靠传输要求、节点高速运动、隐藏终端等挑战，进行了资源分配机制增强。

关键指标：LTE – V – Cell 传输带宽最高可扩展至 100MHz，峰值速率上行 500Mbps，下行 1Gbps，时延用户面时延 ≤ 10ms，控制面时延 ≤ 50ms，支持车速 500km/h，覆盖范围与 LTE 范围类似。

基于我国在 5G 技术上的领先，未来 LTE – V 可以平滑衍进至 5G 技术，这为我国车联网的发展奠定了基础。目前，国内各行业协会和标准化组织高度重视 LTE – V2X，如中国通信标准化协会（CCSA）、中国智能交通产业联盟（C – ITS）以及车载信息服务产业应用联盟（TIAA）都已积极开展 LTE – V2X 的相关研究及标准化工作。同时，中国移动、上汽集团、长安汽车、华为、大唐移动以及产业链相关合作，正在共同研究推进 LTE – V 技术。2016 年 11 月，工业和信息化部立项 LTE – V2X 频率和兼容性验证研究项目。该项目拟完成一系列测试标准，涉及应用定义及需求、总体技术要求、关键技术、测试规范、频谱需求和兼容性验证、信息安全等多方面，仍需进行各行业协会和标准化组织间的统筹协调，后续需要推进 LTE – V2X 的产业化和在开放道路进行试验。

由此可知，虽然 IEEE 802.11p 有先发优势，但是 LTE – V2X 与 IEEE 802.11p 相比，具有更好的远距离数据传输可达性、更高的非视距（NLOS）传输可靠性、网络建设和维护等优势。

我国在 LTE – V 标准的另一优势在于，中国企业在该领域积累了大量专利，可望通过与车的结合在车联网产业中打破美国的领先地位，实现"弯道超车"。

由图 7 – 3 – 28 所示的 LTE – V2X 领域前 20 位申请人排名可知，中国申请人中只有华为，并且，除了科技企业，汽车厂商也在参与 LTE – V2X 的角逐。可见虽然 LTE – V2X 是中国主导的，由大唐电信首次提出，但是该领域仍然竞争激烈。华为排名第一位，专利数量上具有较大优势，其次是 LG 电子、高通和英特尔。在未列出的排名中，大唐电信排名第 22 位，也是中国军团中的重要角色。

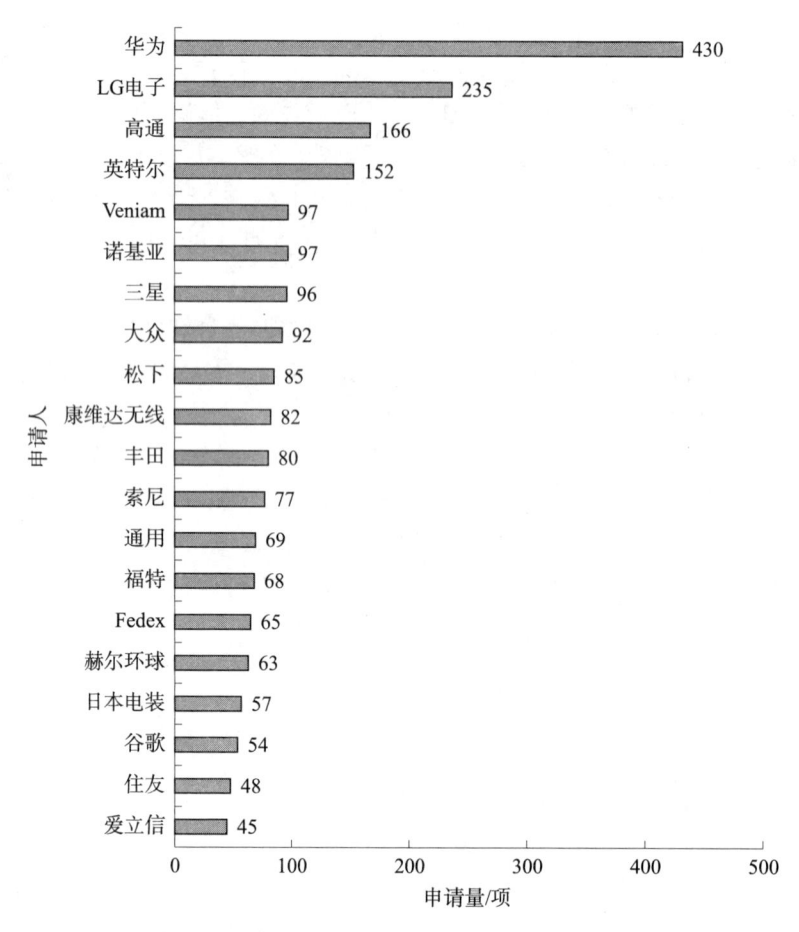

申请人	申请量/项
华为	430
LG电子	235
高通	166
英特尔	152
Veniam	97
诺基亚	97
三星	96
大众	92
松下	85
康维达无线	82
丰田	80
索尼	77
通用	69
福特	68
Fedex	65
赫尔环球	63
日本电装	57
谷歌	54
住友	48
爱立信	45

图 7 - 3 - 28 LTE - V2X 领域前 20 位申请人排名

表 7 - 3 - 11 中列出了华为和大唐电信 LTE - V 相关的标准必要专利。可以看出，在核心专利数量上，华为也具有绝对优势，因此，华为是我国 LTE - V 专利领域中最具实力的申请人。

表 7 - 3 - 11 华为和大唐电信 LTE - V 的标准必要专利表

申请人	申请日/优先权日	公开号	名称
华为	2016 - 01 - 16	CN106982410A	一种切换的方法、基站及终端设备
华为	2015 - 09 - 11	US20180199174A1	Communication device and method for V2X communication
华为	2016 - 09 - 02	US20180070341A1	Co - existence of latency tolerant and low latency communications
华为	2016 - 04 - 01	CN109314910A	用于免授权上行传输的 HARQ 系统和方法

续表

申请人	申请日/优先权日	公开号	名称
华为	2016-08-25	WO2018036545	System and method for co-existence of low-latency and latency-tolerant communication resources
华为	2016-09-02	WO2018041251	Co-existence of latency tolerant and low latency communications
华为	2016-04-01	EP3430838A1	Harq systems and methods for grant-free uplink transmissions
华为	2016-08-25	US20180063865A1	System and method for multiplexing traffic
华为	2016-08-25	US20180063858A1	System and method for co-existence of low-latency and latency-tolerant communication resources
华为	2015-01-29	CN107113558A	用于移动通信网络中的分布式内容预取的系统、设备和方法
华为	2016-01-16	CN109041137A	一种切换的方法、基站及终端设备
华为	2014-12-31	US20170311374	Wireless communications method, apparatus, and system
华为	2013-05-08	US20160066238	Radio network information management method and network device
华为	2016-08-25	US20180063865A1	System and method for multiplexing traffic
华为	2016-08-25	US20180063858A1	System and method for co-existence of low-latency and latency-tolerant communication resources
华为	2016-11-03	US20180123765A1	Harq signaling for grant-free uplink transmissions
大唐电信	2015-03-05	TWI596974B	一种通信系统、通信网路、通信设备和通信方法
大唐电信	2016-12-12	CN108235222A	一种发送数据的方法和设备
大唐电信	2012-02-07	WO2013117092	Drive test method and system
大唐电信	2017-1-24	CN108347781A	一种信息传输方法及装置
大唐电信	2014-4-10	CN104980980A	一种建立连接的方法、系统和设备
大唐电信	2017-03-20	CN108633008A	一种进行车队资源配置的方法及相关设备
大唐电信	2017-02-09	CN108419213A	组变更方法及装置

下面利用 Patentics 将华为专利进行攻防分析,华为的所有专利为攻方,除华为之外的其余专利为防守方,从专利的角度来看我国在 LTE-V 领域的优势和劣势。

① 首先,在主检索中,检索一个结果集合,是华为的所有专利 430 件;

② 进行攻防分析,设置攻防分析参数:rel/95 AND top/10,将华为的专利从整体检索式中去除,得到的除华为之外的其余专利为防守方。rel/95 取相关度在 95(含)以上的,有 10 件 top/10 是从中选取相关度最大的前十位。

攻防分析结果如表 7-3-12 所示。

表 7-3-12 华为专利集与其余专利集攻防分析结果

	领先-A	引用	被引用	同族	专利度	特征度	有效	失效	
华为-M	121	29	4	184	3479	1368	8	0	
	0.742331	0.239669	0.033058	1.520661	28.752066	11.305785	0.066116	0	
其他-S	78	90	20	373	1872	1040	9	0	
	0.666667	1.153846	0.25641	4.782051	24	13.333333	0.115385	0	
	滞后-D	引用	被引用	同族	专利度	特征度	有效	失效	
华为-M	130	34	10	236	3747	1516	6	0	
	0.797546	0.261538	0.076923	1.815385	28.823077	11.661538	0.046154	0	
其他-S	68	66	23	346	1658	1006	2	0	
	0.581197	0.970588	0.338235	5.088235	24.382353	14.794118	0.029412	0	
	原创-O	引用	被引用	同族	专利度	特征度	有效	失效	竞争-T
华为-M	33	6	2	45	892	347	2	0	163
	0.202454	0.181818	0.060606	1.363636	27.030303	10.515152	0.060606	0	
其他-S	49	46	8	302	1120	640	7	0	117
	0.418803	0.938776	0.163265	6.163265	22.857143	13.061224	0.142857	0	

注:"华为-M"代表攻防分析的攻方,"其他-S"代表攻防分析的防方,"领先-A""滞后-D""原创-O""引用""被引用""同族""有效""失效""竞争"第一行数据代表专利申请的件数,"专利度"第一行数据代表统计的专利申请中权利要求项数的总和,"特征度"表格第一行数据代表统计的申请中权利要求 1 的技术特征个数的总和,第二行数据是通过大数据分析计算得到的比例参数。

可知,从整体上看,华为有一定数量的原创专利,在技术上具有一定的领先优势,同时领先率、滞后率均高于对手专利,表明该领域竞争异常激烈。下面我们通过领先专利集、滞后专利集和原创专利集具体分析华为专利的优势和劣势。

由华为领先专利集可知,其领先率、专利度高于对手专利,特征度低于对手专利,说明华为在 LTE-V 领域专利布局意识强,较早就提交了申请,并且专利质量较高;由华为的滞后专利集可知,整体上华为滞后专利度高于对手专利,特征度低于对手专利,说明华为的滞后专利虽然申请日靠后，但是仍然质量较好，可以对对手的领先专利进行防守；由华为原创专利集可知，其专利度低于对手专利，特征度也低，表明原创专利集中技术限制较少质量高，但是权利要求个数少，布局不够全面。

通过对华为的竞争专利集进行申请人分析，得到图7-3-29。由图可知，华为最大的竞争对手是LG电子，其次是NTT通信、三星、高通；而国

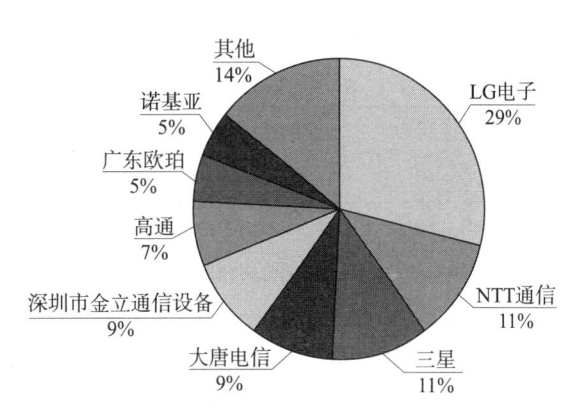

图7-3-29 华为主要竞争对手专利申请占比

内企业方面，华为与大唐电信早已经建立合作，正在共同研究推进LTE-V产业技术；其他企业，如深圳市金立通信设备、广东欧珀是华为可以考虑联合的合作伙伴。

表7-3-13示出了华为原创专利集中涉及的专利。

表7-3-13 华为原创专利列表

申请日/优先权日	公开号	名　称
2017-01-18	US20180206262A1	Systems and methods for asynchronous grant-free access
2016-11-29	US20180152907A1	System and scheme for uplink synchronization for small data transmissions
2016-11-15	US20180139774A1	Systems and methods for grant-free uplink transmissions
2016-11-15	WO2018090861	Systems and methods for grant-free uplink transmissions
2017-08-11	CN109803370A	指示方法、网络设备及用户设备
2017-11-17	CN109803406A	一种中继网络中时域资源的指示方法、网络设备及用户设备
2017-09-30	CN109600770A	通信方法及装置
2017-09-07	CN109474395A	数据传输方法、终端、网络设备和通信系统
2017-09-06	CN109462425A	一种波束扫描指示方法及其装置
2017-07-18	CN109429361A	会话处理方法及装置
2017-08-10	CN109392044A	小区切换的方法和装置
2017-08-11	CN109391986A	一种辅小区激活方法、接入网设备、通信装置以及系统
	CN109392133A	一种无线通信方法及装置
2016-04-01	CN109314910A	用于免授权上行传输的HARQ系统和方法
2017-06-16	CN109245870A	处理无线链路失败方法、终端设备和基站

续表

申请日/优先权日	公开号	名称
2017-06-28	CN109150477A	发送和接收参考信号的方法、网络设备和终端设备
2017-06-16	CN109152036A	上行资源的授权方法、装置及系统
2017-06-16	CN109150464A	无线通信方法和无线通信装置
2017-06-16	CN109151883A	通信方法、装置及存储介质
2017-06-16	CN109152015A	通信方法、基站和终端设备
2017-05-18	CN108964852A	频域资源的处理方法、装置及系统
2017-05-05	CN108811112A	数据传输方法、设备和系统
2017-04-19	CN108737044A	上行参考信号的发送方法及装置
2017-03-24	CN108633094A	一种信息处理方法及相关设备
2017-03-24	CN108633041A	接收信息的方法及其装置和发送信息的方法及其装置
2017-03-24	CN108633027A	通信方法及其终端设备、网络设备
2016-12-30	CN108617025A	一种双连接方法及接入网设备
2017-01-25	CN108347322A	一种用于上行链路传输的方法及装置
2017-01-06	CN108282304A	信息传输方法、终端及网络侧设备
2017-01-05	CN108282282A	传输数据的方法和装置
2016-12-26	CN108243457A	免授权传输的方法、终端和网络设备
2016-09-30	CN107889231A	免授权的传输上行信息的方法、网络设备和终端设备

由此可见，我国以华为和大唐电信为代表的LTE-V阵营在专利层面上已经占据优势。同时，华为正在与各大车企合作，将LTE-V技术应用在人机共驾的路测方面，并且不断积累经验，大唐电信更加积极参与和推动LTE-V通信标准的制定工作。因此，在自动驾驶的通信标准领域，我国在激烈的LTE-V2X与IEEE 802.11p/DSRC的竞争中，已经扭转之前的劣势，有望转守为攻。

(4) 人机共驾标准体系

现阶段，人机共驾标准繁多。政府、企业联盟、技术联盟等各种组织纷纷出台自己的标准，国内企业不知道每个领域都有什么标准、如何跟进标准。通过现有对人机共驾相关标准的收集与整理，根据各个标准的功能、用途，和工业和信息化部发布的《2018年智能网联汽车标准化工作要点》中指出的标准制定重点工作，我们将人机共驾标准划分为基础通用标准、安全相关标准、通信标准和其他标准，如图7-3-30所示，

第7章 关键技术分支分析

图 7-3-30 人机共驾标准体系

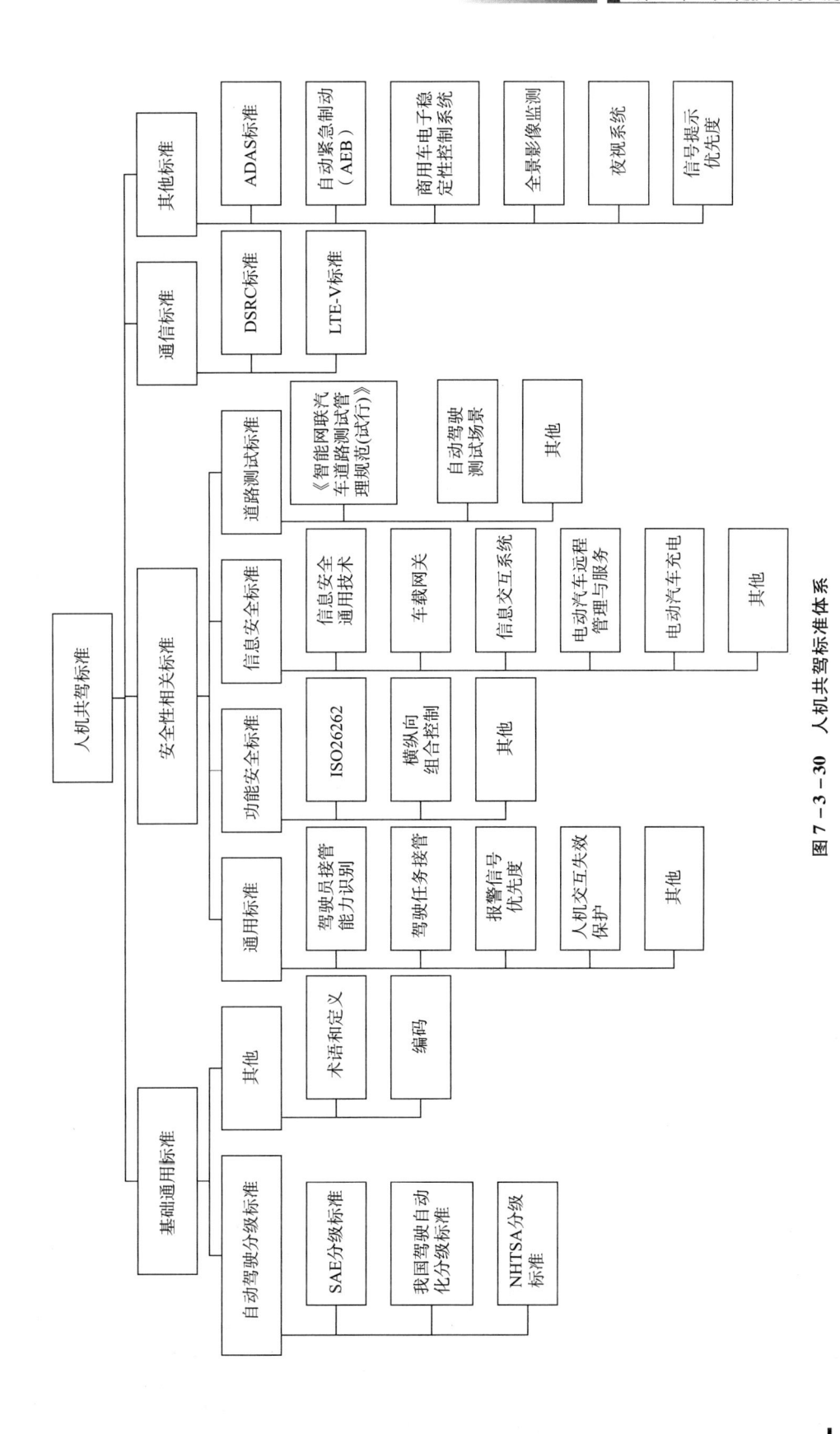

这些标准包括驾驶自动化分级标准、自动驾驶测试场景、横纵向组合控制、报警信号优先度、驾驶员接管能力识别、驾驶任务接管和通信标准，提供相应的标准相关专利，如表7-3-14所示，以期为国内企业提供相应参考。

由于不同的厂商具有不同的技术方案，专利可以为标准的制定提供参考，如表7-3-14所示，列出了标准相关专利。

表7-3-14 各个标准对应的专利列表

所属标准	申请日/优先权日	公开号	申请人
驾驶任务接管	2018-05-30	CN108803322A	吉林大学
报警信号优先度	2009-06-26	CN201427553A	长安大学
横纵向组合控制	2016-05-27	CN105922991A	广州大学
驾驶任务接管	2016-11-15	CN106502248A	百度
驾驶员接管能力识别	2016-11-21	CN106740853A	百度
驾驶员接管能力识别	2016-11-21	CN106774289A	百度
驾驶任务接管	2017-01-17	CN108025742A	百度
驾驶任务接管	2017-03-08	CN108974009A	百度
驾驶任务接管	2017-08-18	CN108073168A	百度
驾驶员接管能力识别	2017-08-18	CN108205830A	百度
驾驶任务接管	2017-07-04	CN109229102A	百度
驾驶员接管能力识别	2017-09-13	CN107985313A	百度
驾驶任务接管	2018-09-07	CN109367544A	百度
驾驶任务接管	2013-02-21	US20140236414	谷歌
横纵向组合控制	2012-10-30	CN103786723A	谷歌
驾驶任务接管	2012-11-30	CN104837705A	谷歌
驾驶任务接管	2013-04-05	CN105264450A	谷歌
驾驶任务接管	2017-10-02	US20190100135A1	谷歌
自动控制	2016-10-07	CN109789777A	谷歌
驾驶任务接管	2013-04-10	CN107976200A	谷歌
辅助控制	2012-09-28	US9188985B1	谷歌
人机界面	2017-10-27	US20190126937A1	谷歌
报警信号优先度	2017-11-17	US20190155678A1	特斯拉
报警信号优先度	2018-09-26	US20190138018A1	特斯拉
报警信号优先度	2016-12-26	JP6500887B2	丰田

续表

所属标准	申请日/优先权日	公开号	申请人
报警信号优先度	2017-01-11	US10290210B2	丰田
驾驶任务接管	2016-03-11	JP2017162406A	丰田
驾驶员接管能力识别	2006-11-03	CN101535079A	博世
横纵向组合控制	2018-10-18	US20180299890A1	博世
报警信号优先度	2015-03-20	US9505413B2	三星
决策预警	2011-12-16	US8853946B2	福特
驾驶员接管能力识别	2013-07-09	CN104276180A	福特
报警信号优先度	2013-03-07	CN103303306A	大众
报警信号优先度	2018-11-29	US20180339656A1	通用
决策预警	2018-07-10	KR20180078972A	现代
自动控制	2017-11-15	KR101786352B1	现代
辅助控制	2013-07-17	CN103204163A	福特
辅助控制	2017-12-28	US2017/0371339	福特

截至目前，我国智能网联汽车的大部分标准都处于预研阶段，2019年在高级驾驶辅助系统方面已经有6项标准完成了标准审查，进入报批阶段，还有9项标准正在立项，编制相关的标准草案，通信标准预计将于2020年公布。

7.3.6 小 结

通过上述分析可以看出，国内高校和科研机构在前沿技术领域的实力不容小觑，其持有的专利中有不少居于国际领先地位，可能在未来形成对同领域有实力公司的威胁或包围，可以为国内科技公司提供补充，构成较为稳定的专利池。科技公司在人机共驾领域起步较晚，存在不少薄弱之处，可以通过与国内的高校和科研机构展开合作，形成产业联盟，以巩固自己的优势，弥补自身的不足。

在国家层面，需要政府出台政策并提供资金扶持，鼓励国内创新型主体积极参与其中，尤其是持有价值度较高专利的创新主体，鼓励它们继续保持研发热情，充分发挥高价值专利的作用。同时，鼓励所有的创新型主体寻找新的研发布局热点或在原有热点周围以改进的形式进行全面布局。

在高校、科研机构和企业层面，需要加强合作关系，互通有无，形成行业内的阵营或联盟。横向上，与从事类似领域研究的合作伙伴一起，对研究人才和资金进行整合，扬长避短，构建稳固的专利圈；纵向上，与该领域各个环节的合作伙伴一起，搭建产业生态圈，从底层到应用，互相配合，优势互补，在降低成本的同时提高效率。

智能网联汽车是一个全球的热点，作为信息通信技术未来一个重要的平台，是汽车产业的未来。美国、日本、欧洲、中国都在加强布局，而且是从国家层面、战略层面进行布局。智能网联汽车相关的标准法规协调，也正在成为全球标准法规相关国际组织的工作重点，而且以竞争性的姿态展开。

技术标准涉及的范围最广，虽然自动驾驶分级标准框架已经形成，但是进一步细化的工作还很多，我国还需要积极参与国际标准的制定工作，并加快制定符合中国需求的技术标准。

对于安全性相关的标准，由于我国的道路测试才刚刚起步，因此，对于涉及伦理道德的具体标准，应该在积累一定数量的路测经验的基础上，鼓励多方交流，与相关立法联动，谨慎往前推进。而其他涉及技术的标准，例如技术相关的基础标准可以联合业内企业快速建立。

人机共驾的通信标准领域已经提早开战，虽然美国主导的 DSRC 标准已经提出十余年，但随着我国主导的 LTE－V2X 技术解决了实时性问题，在 LTE－V2X 专利方面已经提早布局，专利质量占优。这使得我国的产业基础、业界态势都已全面高速发展，十分有利于 LTE－V2X 的胜出。因此，在 LTE－V2X 通信标准方面，建议在积极进行专利布局同时，进一步鼓励汽车厂商与科技厂商在 LTE－V2X 领域深化产业化合作，加速 LTE－V 产业落地和应用实施。而对于除伦理道德和通信之外的其他标准，则需要根据我国目前发展的实际需求步步为营开展相应的标准制定工作。

7.4 在线智能学习

7.4.1 在线智能学习技术概述

在线智能学习、智慧教育（Intelligent Education）的目的是"任何人可以在任何地点以任何方式传授或获取知识"。随着人工智能的快速发展，在线教育进入智能学习时代，产生了更加智能化、服务个性化、形式多样化、资源开放化的在线智能学习。

主要技术构成：

（1）教育数据挖掘、知识构建和场景教育构建。

① 教育数据挖掘＋机器学习：预测、聚类和关联；大数据处理；

② 知识图谱：知识表示、知识获取、知识推理、知识集成和知识存储、谱自动构建和更新、基于知识图谱的知识发现；

③ 知识点追踪（Knowledge Tracing，KT）：深度学习、神经网络。

（2）学习过程评估和学习状态评估。

① 学习数据收集：人工智能技术、大数据技术；

② 学生学习过程数据收集：语音识别、语义识别（问答系统）、自然语言处理、情感检测、情绪检测、情感计算、情感分析、面部识别、兴趣程度、集中度、满意度（通过传感器获取生理数据，对清晰、知识点兴趣度评估）；

③ 性能因素分析模型（Performance Factors Analysis Model，PFA）；

④ 画像技术：学习者画像技术。

（3）学习方案个性化推荐：基于学习过程数据生成个性化学习方案。

（4）虚拟现实学习场景：将 AR/VR 应用于教育，带来学生在视觉学习上的深度体验。

7.4.2 在线智能学习技术发展现状

图 7-4-1 为在线智能学习技术分支的占比趋势。可以看出各技术分支每四年的技术发展趋势。整体来看，学习过程评估、学习方案个性化、教育数据挖掘、虚拟现实学习场景这四个分支的研究热度呈上升趋势。学习过程评估的增长最快，学习过程评估技术包括语音识别、口语评测、文本识别等，目前在产业上的应用，例如语言类口语考试、智能阅卷、拍照搜题和在线答疑等应用场景已经全面落地。以科大讯飞为例，英文和中文字符的识别率 96%~97%，负责公式的混合图文识别准确成果已经达到 92%。可以预测未来一段时间，学习过程评估仍将是研究的热点。

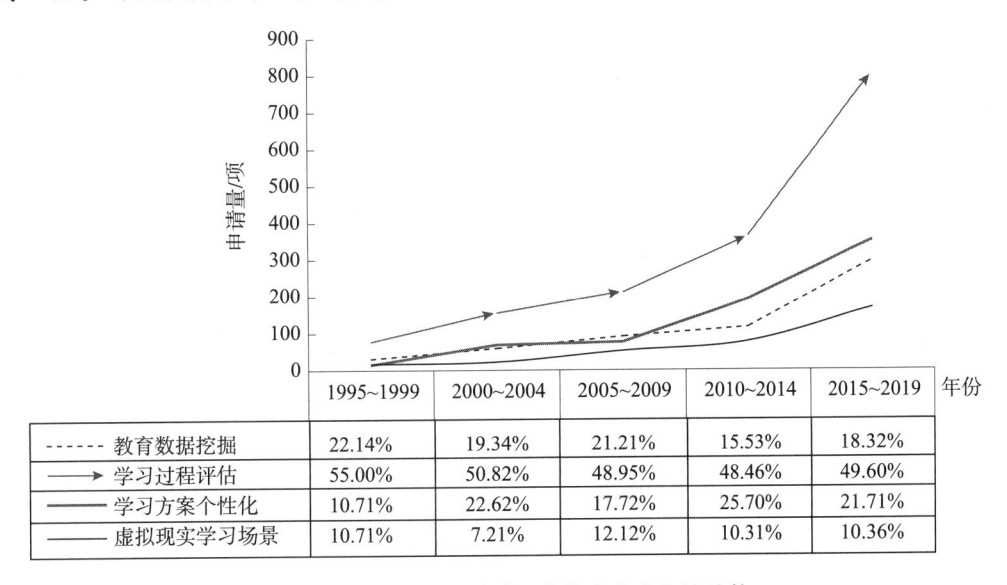

	1995~1999	2000~2004	2005~2009	2010~2014	2015~2019
教育数据挖掘	22.14%	19.34%	21.21%	15.53%	18.32%
学习过程评估	55.00%	50.82%	48.95%	48.46%	49.60%
学习方案个性化	10.71%	22.62%	17.72%	25.70%	21.71%
虚拟现实学习场景	10.71%	7.21%	12.12%	10.31%	10.36%

图 7-4-1　在线智能学习各技术分支占比趋势

但是上述应用场景只停留在学习过程的辅助环节上，并且，传统的教育模式由于优质教育资源稀缺，难以满足个性化学习和因材施教的目的，随着新一代人工智能技术的不断进步，完全的个性化学习成为可能。基于大数据、知识图谱和算法模型，将真正实现定制化教育和个性化学习。在教育数据挖掘、学习方案个性化这两个分支上，研究热度也逐年攀升。这两个分支充分体现了人工智能和教育的深度结合，势必引起教育领域深层次的变革。

而对于虚拟现实学习场景这一技术分支，虽然申请量最小，增长幅度相对于其他三个分支也不大，但是这个领域的技术对人工智能教育有深远的影响。很多一线城市的优质教育资源就能以非常低的成本倾斜到三四线等教育欠发达地区，让偏远的山区小学也能享受到名师的亲自指点。2016 年 1 月 15 日，国内首次基于 AR 增强现实技术的远程教育平台实现的远程互动试验教学在北京和海南三亚之间进行。这次 AR 课程打破地域限制，将千里之外的北京优秀师资力量通过 AR 技术引进到海南。从这角度来看，基于教育的虚拟现实学习场景的研究也是在线智能学习的研究热点。

总体而言，随着新一代人工智能技术在教育领域的深度应用，最终实现真正的教学相长。一方面利用图像识别、自然语言处理、语音识别等多元化技术的能力，实现拍照答题、智能阅卷、语言教学互动等教育智能辅助；另一方面则借助大数据挖掘和知识图谱的计算能力，未来将逐步满足学习的个性化需求。而在提高教师教学质量方面，通过利用深度学习和知识图谱的技术，发现知识点之间的关联，将汇总学习资料后自动生成教学内容，全面打开教师个性化教学的思考空间。在教学互动的应用方面，利用人脸识别技术对课堂过程数据化，辅助教师教学，帮助教师随时掌握学生情绪、学习行为、学习学情，以充分正视学生的差异性。将虚拟现实或增强现实引入课堂，真正实现了优质教育资源的融合，为教育的普惠性带来契机。

7.4.3 全球主要申请人技术格局

图 7-4-2 示出了在线智能学习主要申请人各分支布局，选取了在线智能教育领域最具代表性的申请人，分别是 IBM、培生教育、科大讯飞和广东小天才。由图可知，IBM 在在线智能学习的四个二级分支领域都有布局，而且布局最早。从 1997 年就开始在学习过程评估、学习方案个性化领域布局，2002 年开始在教育数据挖掘领域布局，相比较于其他三位申请人，IBM 在教育数据挖掘领域的专利申请数量最多，并且具有持续性。而传统教育企业培生教育布局时间较晚，从 2012 年开始布局，但是在同一年对教育数据挖掘、学习过程评估和学习方案个性化都进行了数量可观的申请。国内申请人科大讯飞和广东小天才布局时间较晚，科大讯飞 2007 年开始布局学习过程评估领域，并一直在该领域持续布局和发展，广东小天才起步更晚，2015 年开始在学习方案个性化领域布局，刚开始申请量较少，2016~2017 年出现了断层，2018 年开始进行大量布局，同年，在教育数据挖掘领域开始大量布局。在四位申请人中，只有 IBM 在虚拟现实学习场景领域进行了布局。

（1）教育数据挖掘

随着人工智能技术的发展，知识图谱技术表达和构建知识体系成为各个领域知识构建的热点。如表 7-4-1 所示，在教育领域，IBM 和科大讯飞都有布局。IBM 的申请偏重对教育数据的挖掘和体系构建；科大讯飞依托其先进的语音识别技术依据关键词及知识图谱确定音频或视频所属的学科及知识点，实现标签自动标注，减少了人工参与量。其中，科大讯飞结合国内教育系统的特点，布局了关于构建结构化题库，进而结合学生的学习历史生成个性化诊断报告和推荐资源的相关申请，在知识点预测时加入知识点的教研经验，有助于进行领域知识融合，提高知识点预测的准确率。

第7章 关键技术分支分析

年份	IBM 教育数据挖掘	IBM 学习过程评估	IBM 学习方案个性化	IBM 虚拟现实学习场景	年份	培生教育 教育数据挖掘	培生教育 学习过程评估	培生教育 学习方案个性化	培生教育 虚拟现实学习场景	年份	科大讯飞 教育数据挖掘	科大讯飞 学习过程评估	科大讯飞 学习方案个性化	科大讯飞 虚拟现实学习场景	年份	广东小天才 教育数据挖掘	广东小天才 学习过程评估	广东小天才 学习方案个性化	广东小天才 虚拟现实学习场景
1997		①	①		1997					1997					1997				
1998					1998					1998					1998				
1999			②		1999					1999					1999				
2000					2000					2000					2000				
2001					2001					2001					2001				
2002	③				2002					2002					2002				
2003	①		②		2003					2003					2003				
2004					2004					2004					2004				
2005	①	①			2005					2005					2005				
2006	①			①	2006					2006					2006				
2007		①			2007					2007		①			2007				
2008			①		2008					2008		①			2008				
2009					2009					2009					2009				
2010					2010					2010					2010				
2011					2011					2011		④			2011				
2012	①				2012		④	②	③	2012					2012				
2013	②	①			2013		②		⑧	2013		①			2013				
2014	①	③	①		2014		③	①		2014	①				2014				
2015		②	①		2015		②			2015		①	②		2015		①		
2016	②			①	2016					2016	①	②	④		2016				
2017	④	①	②	②	2017	①	①			2017	①	②			2017			①	
2018					2018					2018					2018	④	⑦		
2019					2019					2019					2019	⑥	①	①	

图 7-4-2 在线智能学习领域主要申请人各分支布局赛道图

注：图中数字表示申请量，单位为项。

363

表 7-4-1 教育数据挖掘分支核心专利

申请人	申请日/优先权日	公开号	名称	技术方案
IBM	2017-10-30	US20160133162A1	从书面文本数据中提取原始想法的方法	通过将表达式捕获为书面文本数据，获得表示概念和概念之间关系的知识图自动对书面文本数据进行主题建模，以确定思想单元并识别思想单元的各个概念，映射思想单元到知识图
科大讯飞	2014-07-07	CN104090955A	一种音视频标签自动标注方法及系统	预先抓取各学科知识点和学科词汇，构建学科知识图谱；将学科词汇作为热词资源，将待标注的音频或视频提取出的音频转写成文本；提取关键词，根据关键词与知识图谱的关联
科大讯飞	2017-10-31	CN107967254A	知识点预测方法及装置、存储介质、电子设备	利用预先构建的知识点预测模型确定待预测试题含有的知识点，通过注意力机制获得相似度，得到教研经验对所述待预测试题的重要程度，预测待预测试题含有的知识点

（2）学习过程评估

由于学生对知识的理解能力评估可以通过回答问题来进行，确定学生正确回答的问题或需要提示的数量，能够像考试一样，得到分数从而反映学习效果。因此，IBM和培生教育都倾向于通过问答系统，通过获取学生的答题结果来评估学生对知识的理解（参见表 7-4-2）。

表 7-4-2 学习过程评估分支核心专利

申请人	申请日/优先权日	公开号	名称	技术方案
IBM	2014-10-06	US20160098638A1	生成问题和答案对，以评估对社交学习播放列表中关键概念的理解	使用自然语言处理来识别关键概念，用户从关键概念列表中选择一个概念，以及用于评估对所选关键概念的理解的一类问题，通过生成适当的问题和答案对，将问题在播放列表中的选定位置插入，播放列表的创建者能够评估参与者是否理解播放列表中的关键概念
培生教育	2012-12-24	US8755737B1	一种确定问卷响应模式并对其作出反应的方法	问答系统；响应于用户和问题数据的收集、问题的发送、答案的接收、答案正确性的评估
培生教育	2017-12-20	US20180114458A1	学习指导和评估系统	通知响应于用户和问题数据的收集、问题的发送、答案的接收、答案的正确性的评估、响应度量的生成、响应度量与阈值的比较，并生成报告或通知
科大讯飞	2016-12-23	CN108241625A	预测学生成绩变化趋势的方法及系统	预先构建学生成绩变化趋势预测模型，获取用于预测学生成绩变化趋势的历史数据；基于所述历史数据及预先构建的学生成绩变化趋势预测模型，预测学生成绩变化趋势，得到预测结果
科大讯飞	2017-11-27	CN108171358A	成绩预测方法及装置、存储介质、电子设备	获取学生的历史做题记录以及待预测试题，将历史做题记录和所述待预测试题作为输入，经由成绩预测模型，得到学生的预测成绩

国内在学习过程评估方面，融合了我国教育体制的特色，对成绩预测方面进行了专利布局。科大讯飞的两件专利 CN108241625A 和 CN108171358A 都是关于预测学习成绩的。现有的学生成绩变化趋势预测方法，需要基于大量的历史数据或者基于人工标注，在难以获取大量历史数据的情况下或者人工标注不准确的情况下，预测学习成绩的准确性也难以保障。在预测学习成绩方面，国外尚没有检索到相关专利，说明该领域是我国教育特征，科大讯飞在预测学生学习成绩领域处于领先地位。

（3）学习方案个性化

学习方案个性化主要是基于学生的学习过程，推荐最适合的学习方案。如表 7-4-3 所示，在学习路径规划方面，培生教育、IBM 和科大讯飞都有专利布局。培生教育和 IBM 具有相似的方案，比如培生教育的 US20160071019A1、US20150179078A1 与 IBM 的 US20160133162A1 都是通过学习过程，推荐学习路径。科大讯飞的两件专利 CN107665472A 和 CN107665473A 也是关于学习路径规划的。随着人工智能在教育领域的深化，传统的教育方式正在逐渐向在线教育方向转变，从而使得一对多的教育方式得到了更加深入的应用，"一"指在线教育平台，"多"指在线教育平台的用户或学生，这种教育模式由于学习的人数众多，如何做到结合用户自身学习情况进行学习路径规划，提高个人学习能力显得尤为重要。IBM 的 US20180315327A1 和广东小天才的 CN109766450A 都是关于学习的激励措施，IBM 这篇件请侧重一种判定规则的建立，权利要求请求保护的范围较大，而广东小天才侧重结合知识图谱的具体技术，在该技术上建立奖励措施。

表 7-4-3 学习方案个性化分支核心专利

申请人	申请日/优先权日	公开号	名称	技术方案
培生教育	2013-12-20	US20160071019A1	生成单独的基于网络概率的教育路径的方法	经由先决条件关系互连并标识学习目标的多个节点；检索边界规则内节点的完成状态的指示符；基于用户与完成的节点的交互来计算用户在所述边界规则内成功完成未完成的节点的可能性；基于用户成功的可能性的比较来推荐下一个节点
培生教育	2013-12-20	US20150179078A1	学习路径推荐方法	识别事件学习对象与目标学习对象之间的学习路径，针对学习路径计算量值。比较学习路径的大小，并根据学习路径的比较来选择学习路径之一并提供给学生

续表

申请人	申请日/优先权日	公开号	名称	技术方案
IBM	2014-11-10	US20160133162A1	学生特定学习图表	接收与学生相关的熟练度输入；接收目标知识节点，基于确定的技能要求来识别所述熟练度输入与所述目标知识节点之间的路径；计算路径上的熟练度输入与目标知识节点之间的差距。推荐至学习内容模块
IBM	2017-04-26	US20180315327A1	教育奖励制度与方法	利用认知计算系统的机器学习来评估用户信息，以确定用户奖励学习成果的增加的奖励协议
科大讯飞	2016-07-27	CN107665472A	学习路径规划方法和装置	根据做题记录，构建学生学习的知识图谱；根据所述知识图谱，规划以知识点为基本单元的学习路径
科大讯飞	2016-07-27	CN107665473A	学习路径规划方法和装置	根据所述做题记录，构建学生学习的知识图谱；根据所述知识图谱，获取每个学生对每个知识点的应该掌握程度和实际掌握程度；根据所述应该掌握程度和所述实际掌握程度，规划每个学生对应的以知识点为基本单元的个性化学习路径
广东小天才	2019-01-08	CN109766450A	一种学习激励方法	构建各个学科的知识点的知识图谱；在所述知识图谱中设置并显示各个知识点的积分奖励；根据所述学习记录信息，在所述知识图谱的灰色区域中，将用户掌握的知识点对应的区域点亮，并给予用户对应的积分奖励

（4）虚拟现实学习场景

在虚拟现实学习场景方面，将 AR/VR 应用于教育，带来学生在视觉学习上的深度体验，是人工智能与教育结合的发展趋势。目前，仅有 IBM 进行了专利布局，科大讯飞、广东小天才都没有相关的专利申请（参见表7-4-4）。这是国内申请人需要引起重视的。

表7-4-4 IBM 增强虚拟现实学习场景核心专利

申请日/优先权日	公开号	名称	技术方案
2006-10-23	US20080111832A1	生成虚拟图像的系统和方法	生成虚拟图像并将其叠加到现有图像上以显示特殊效果的方法，应用于教育、学习
2016-11-04	US20180130365A1	使用可穿戴设备进行手持式家庭监控	可穿戴设备使用传感器信息识别由学生执行的一系列活动，确定所述一系列活动是否对应于具有与所述学生类似的简档的参考学生的作业风格；如果有，则提供从作业风格到用户偏离的通知

7.4.4 全球主要申请人技术发展路线及核心基础专利分析

如图7-4-3所示，在线智能学习的全球专利申请人中，选择最具代表性的申请人进行进一步分析，即排名第一的 IBM 和老牌教育企业培生教育。

（1）IBM

经过多年的转型发展，IBM 已经从一家硬件公司或软件公司，转变为一家认知解决方案云平台公司，涉及各个领域。在在线智能教育领域，IBM 研发了电脑问答（Q&A）系统 Watson——一个集高级自然语言处理、信息检索、知识表示、自动推理、机器学习等开放式问答技术的应用。IBM 在教育领域主要依托 Watson 与教育企业合作，将 Watson 的自然语言处理、模式识别等认知计算技术应用到教育领域。

图7-4-4示出了 IBM 在在线智能教育的技术发展路线，主要分为四个方面：教育数据挖掘、学习过程评估、学习方案个性化推荐和虚拟现实学习场景。在这四个方面，IBM 都有核心技术专利，教育数据挖掘、学习过程评估、学习方案个性化都布局较早且系统性好，虚拟现实学习场景布局晚且申请少，不成系统，因而该领域不是 IBM 在教育领域的发展重点。

在教育数据挖掘方面，初期教学数据按照现有体系直接录入系统，新增加的数据无法和原来的数据结合成体系，随着数据量的增加，不成体系或者分类不规范的弊端就显露出来。随着数据处理技术的发展，IBM 在早期利用算法对知识数据进行聚类和表达（US5799292A），在大数据技术发展阶段利用数据挖掘技术对知识/教育数据挖掘

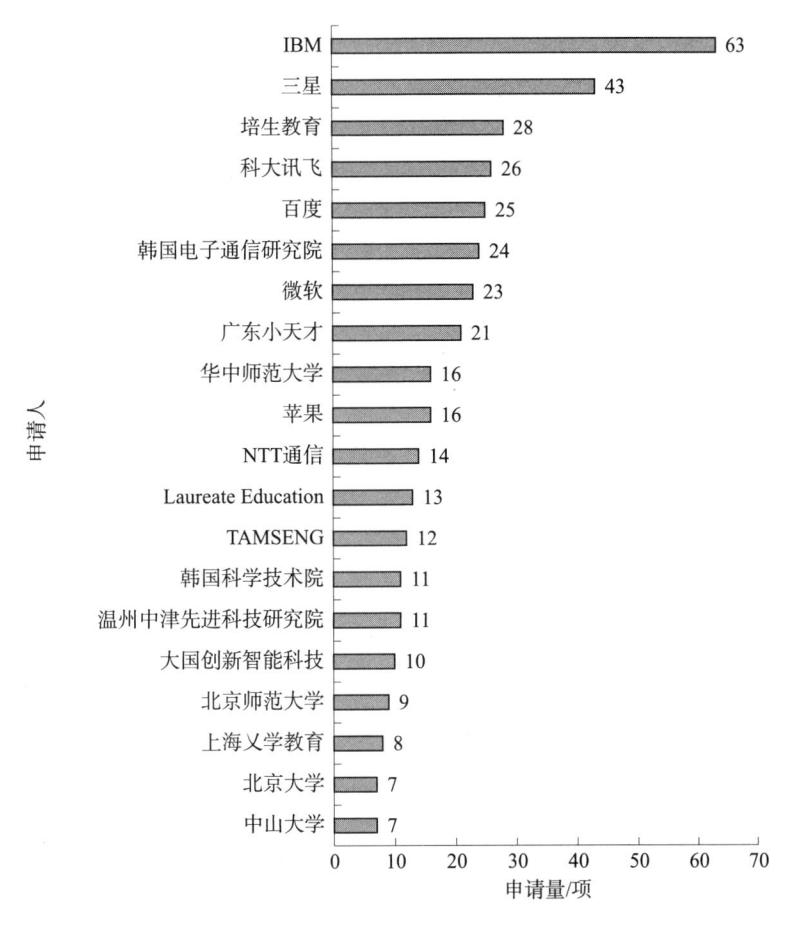

申请人	申请量/项
IBM	63
三星	43
培生教育	28
科大讯飞	26
百度	25
韩国电子通信研究院	24
微软	23
广东小天才	21
华中师范大学	16
苹果	16
NTT通信	14
Laureate Education	13
TAMSENG	12
韩国科学技术院	11
温州中津先进科技研究院	11
大国创新智能科技	10
北京师范大学	9
上海乂学教育	8
北京大学	7
中山大学	7

图7-4-3 在线智能学习领域全球主要申请人前20位排名

和分类（US20030212675A1），在人工智能技术发展阶段利用知识图谱构建知识体系（US20190130289A1）。

在学习过程评估方面，主要是通过获取学习过程数据，对学生的学习效果进行评估。2010年之前，主要通过系统的交互功能获取学习数据，包括：US7270546B1通过对话交互可变地控制学生朗读的材料数量，帮助学生浏览相应的教学数据；US20090063478A1辅助正在学习语言的用户，基于获取的单词使用频率顺序优先考虑要学习的单词。2010年之后，随着语音识别技术的发展，交互功能更青睐以对话的方式进行，US20160098638A1生成问题和答案对，以评估对社交学习播放列表中关键概念的理解。2015年之后，随着人工智能技术的发展，US20160343367A1注入具有习惯特征的人工智能系统的方法，在虚拟课堂识别最佳响应的学生。

在学习方案个性化方面，通过获取学习过程中的反馈数据，为学习者生成定制的学习方案，是最能体现学习系统智能化的领域。IBM的早期申请就已经体现了这样的思想，US6017219A提出交互式阅读和语言教学的系统和方法，利用计算机教师通过为学习者建模任务来分享阅读或语言学习的任务；US1999329128A基于网络参与者提高

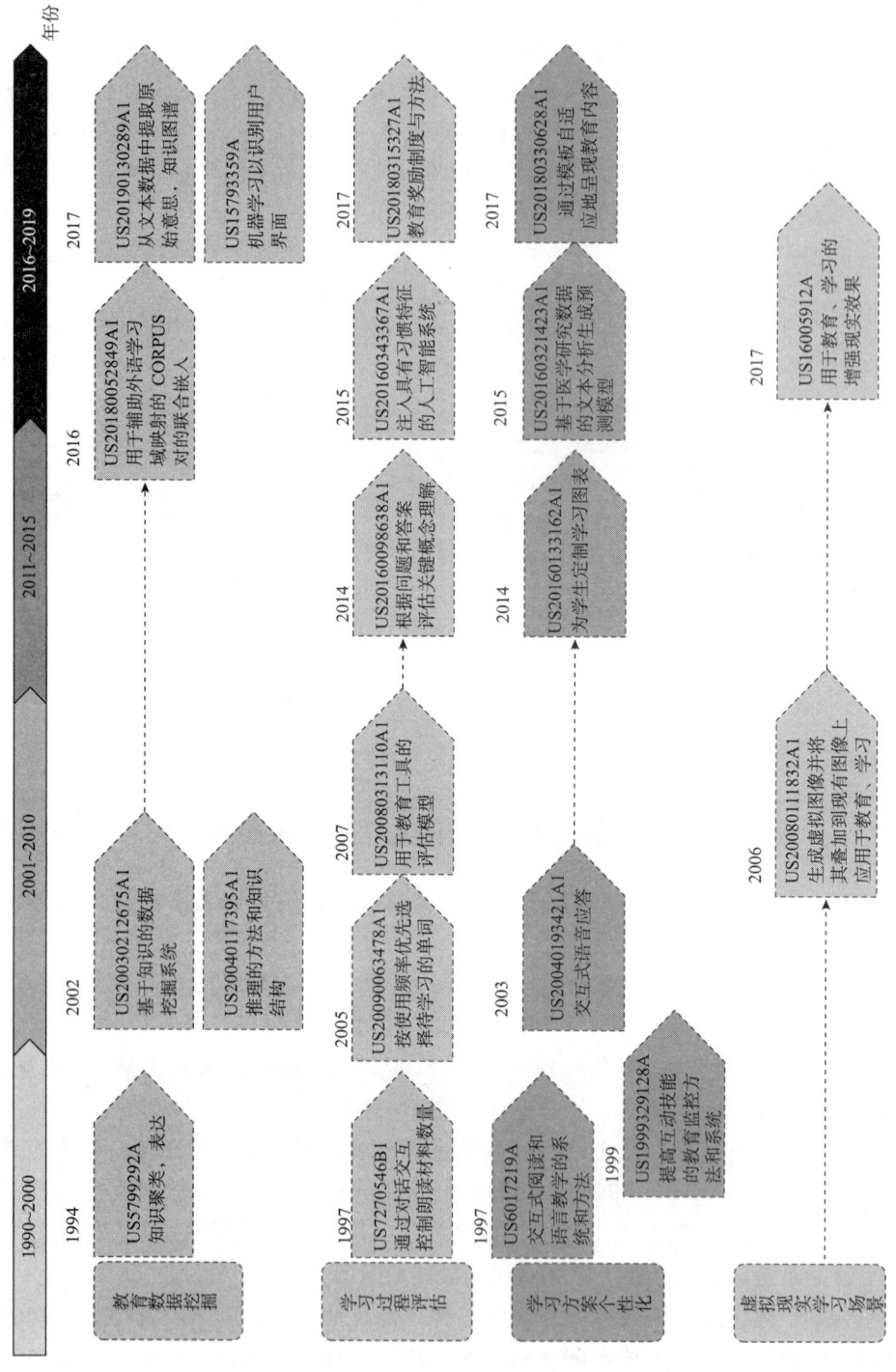

图 7-4-4 在线智能学习领域 IBM 技术发展路线及核心基础专利

互动技能的教育监控方法和系统；US20160133162A1 为学生定制学习图表，计算识别知识路径上的熟练度输入与目标知识节点之间的差距，基于所计算的差距来推荐至少一个学习内容模块；US20180330628A1 提出个性化教学的交互式学习系统，通过识别学生的用户模型确定主题的内容模型，自适应呈现教育内容。

在虚拟现实学习场景方面，IBM 的申请较少。US20080111832A1 生成虚拟图像并将其叠加到现有图像上以显示特殊效果。由此可见，随着技术的发展，虚拟现实越来越多地应用到各个领域以达到增强视觉的效果。虚拟现实技术本身是各个申请人布局的重点，但是虚拟现实技术的应用型专利并不容易得到授权，因此，IBM 在虚拟现实学习场景仅仅是早期布局，不是 IBM 教育领域的发展重点。

从图 7-4-5 可以看出，IBM 从 1994 年开始在线智能教育领域的布局，特别是学习过程评估、学习方案个性化和教育数据挖掘方面都紧跟技术发展进行了专利布局。在推出 Watson 系统之后，基于 Watson 系统的技术优势与合作教育企业的资源优势，评估学生的学习过程，为学生提供个性化学习方案将是 IBM 在智能教育领域的持续发展重点。

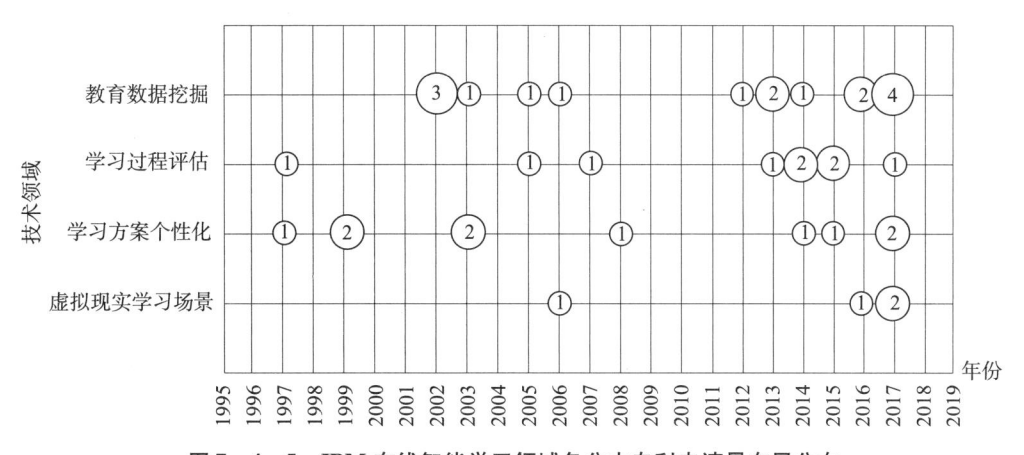

图 7-4-5　IBM 在线智能学习领域各分支专利申请量布局分布

注：图中数字表示申请量，单位为项。

从图 7-4-6 可以看出，IBM 在学习过程评估和学习方案个性化的布局最多，占比分别为 32%、31%，其次是教育数据挖掘（23%），最后是虚拟现实学习场景（14%）。

通过对 IBM 在在线智能教育领域的核心专利分析和布局分析可以看出，相比于 IBM 在其他技术领域的申请量，在线智能教育领域的专利申请数量并不大。但是技术性强的核心专利布局全面，应用型的专利布局少，这与 IBM 在教育领域的发展策略息息相关。IBM 主要依托其研发的 Watson 系统，采用和传统教育企业合作的方式，推进其在教育领域的发展，包括：IBM 与苹果合作上线的应用 IBM Watson Element for Educators，使用人工智能为个别学生定制学习内容；IBM 与芝麻工作室的儿童早期教育专业知识相结合，以开发富有创意的课程，并提供个性化的学习体验；IBM 与 Edmodo、

Schellar 合作，都旨在提供个性化学习方案；在高等教育领域，IBM 与皮尔森集团合作，将 Watson 的认知能力及皮尔森的数字教学产品相结合，帮助大学生轻松简单地获取课程学习辅导，并辅助教师管理学生的学习情况。

由此可见，IBM 在布局核心技术专利的同时，认识到教育行业应用性强的特点，通过企业合作的方式，将应用与产业结合，以为教育企业提供解决方案的方式，发挥其技术优势，实现了灵活、快速的产业扩张。

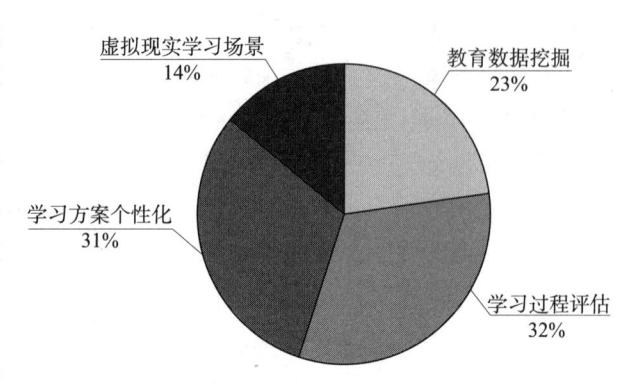

图 7-4-6 IBM 在线智能学习领域各分支专利申请占比

表 7-4-5 是经过筛选，以期提供参考的 IBM 核心专利列表。

表 7-4-5 在线智能学习领域 IBM 核心专利列表

申请日/优先权日	公开号	名称
2003-03-25	US20040193421A1	交互式语音应答
2002-12-11	US20040117395A1	关于概念、关系和规则推理的方法和知识结构
2007-06-13	US20080313110A1	用于为套装软件应用自行校准项目评估模型的方法和系统，应用于教育工具的评估模型
1999-12-16	US6463412B1	高性能语音转换设备和方法
2006-10-23	US20080111832A1	生成虚拟图像并将其叠加到现有图像上以显示特殊效果的方法，应用于教育、学习
1999-06-09	US6505208B1	基于网络参与者提高互动技能的教育监控方法和系统
2002-05-08	US20030212675A1	基于知识的数据挖掘系统
1997-06-18	US7270546B1	一种阅读或语言交互系统，通过对话交互可变地控制学生朗读的材料数量，帮助学习者浏览教学应用程序
2005-01-13	US20090063478A1	一种用于辅助正在学习语言的用户按照使用频率的顺序优先考虑要学习单词的系统
2014-10-06	US20160098638A1	生成问题和答案对，以评估对社交学习播放列表中关键概念的理解
2015-03-27	US20160343367A1	一种注入具有习惯特征的人工智能系统的方法，识别最佳响应的学生
2014-11-10	US20160133162A1	学生特定学习图表

续表

申请日/优先权日	公开号	名称
2014-10-06	US20160098937A1	生成问答对以评估对社交学习播放列表中关键概念的理解
2015-04-28	US20160321423A1	基于医学研究数据的文本分析生成预测模型
2017-04-26	US20180315327A1	教育奖励制度与方法
2017-05-10	US20180330628A1	通过模板自适应地呈现教育内容
2017-10-30	US20190130289A1	从书面文本数据中提取原始想法

(2) 培生教育

培生教育是国际知名的教育集团，距今已有150多年的历史，致力于为教育工作者和各年龄层的学生提供优质的教育内容、教育信息技术、测试及测评、职业认证等教育相关的服务。培生教育旗下拥有诸多教育品牌包括：朗文集团、Scott Foresman、Addison-Wesley等。作为一个传统的教育企业，培生教育的专利布局和技术发展路线有自己的特征，并且体现了大数据技术、人工智能技术的发展对教育产品的影响。

图7-4-7示出了培生教育在在线智能教育的技术发展路线，主要分为三个方面：教育数据挖掘、学习过程评估、学习方案个性化。在这三个方面培生教育都有核心技术专利。其中，学习过程评估和学习方案个性化的专利最多，系统性好，但是布局较晚，从2012年开始布局。而在虚拟学习场景方面，培生教育虽然没有布局，但是其通过与其他虚拟企业的合作来拓展虚拟学习场景方面的产品。

在教育数据挖掘方面，培生教育的申请较少，2012年申请了US20160055410A1一种用于在神经网络中生成改进数据对象请求的机器学习系统，从而建立知识网络；直至2017年再次申请了US20190096016A1职业技能可视化、跟踪和指导。

在学习过程评估方面，主要是通过获取学习过程数据，对学生的学习效果进行评估。培生教育从2012年开始进行专利布局，而且专利申请量较大，包括通过问答系统，获取学生的答题状况，从而评估学生的学习效果。2012年申请的US8755737B1响应于用户和问题数据的收集，问题的发送、答案的接收，答案的正确性的评估，从而生成报告；US20150228198A1在课堂学习或在线或计算机化学习中生成动态评估数据；CA2838119A1通过创建模型以评估学生的风险；US20150317906A1通过捕获媒体文件进行分析，从而对学习进行评估；US20160300135A1基于从客户端设备接收的反馈数据来确定与用户相关联的情绪分数，从而评估教学。

在学习方案个性化方面，也是培生教育的申请重点。US20140295397A1学习系统用于提供教育和评估资源；在学习路径的生成和推荐方面，US20170193837A1为学生生成基于网络概率的教育路径的方法，US2015006454A1学习路径推荐方法；US20180277010A1基于APP学习的动态和个性化调度引擎，根据学生答案的准确性来评估学习状态并生成学习方案。

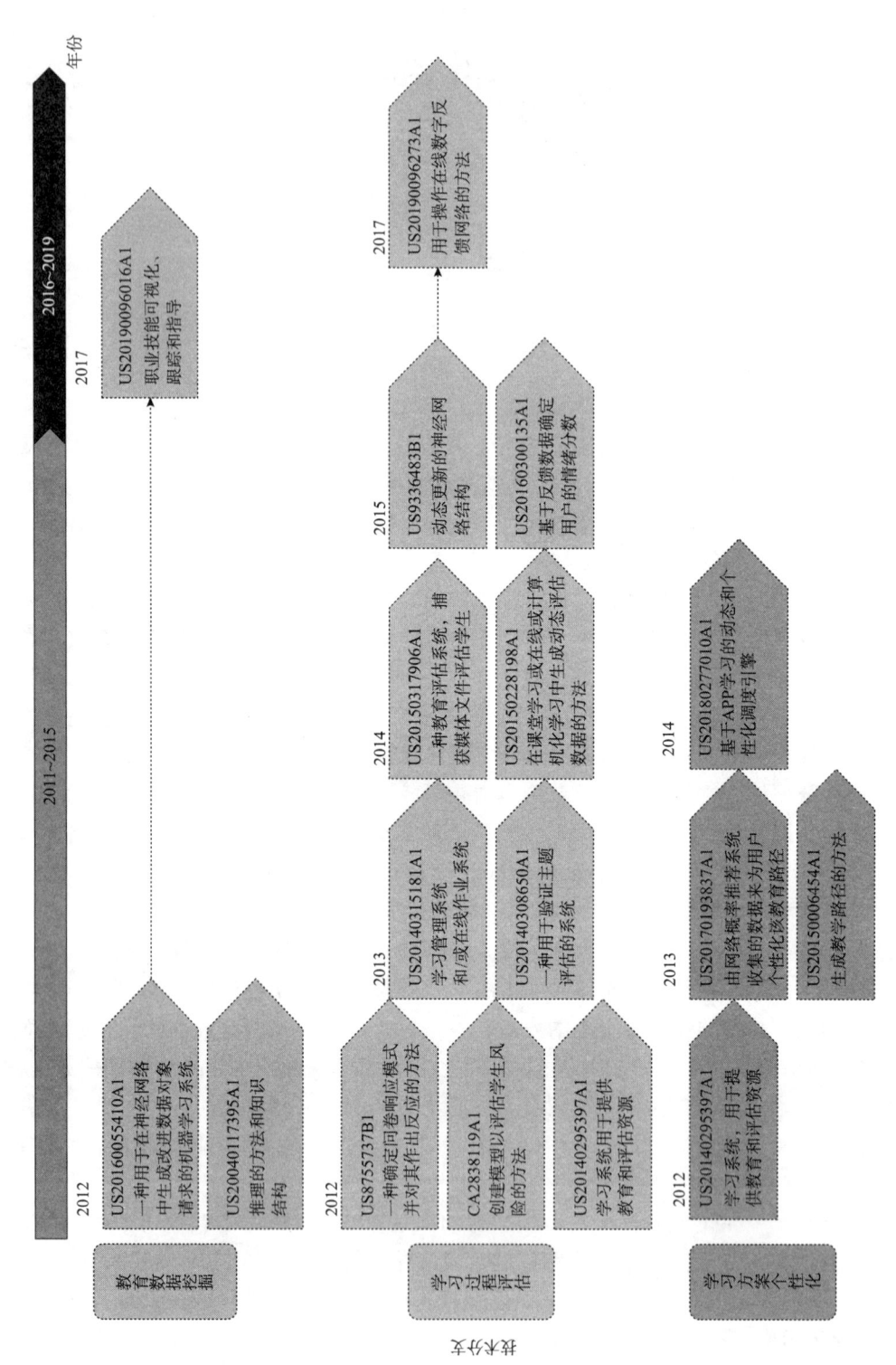

图 7-4-7 培生教育在线智能教育技术路线

虚拟现实学习场景方面，培生教育没有进行专利申请。

从图7-4-8可以看出，培生教育从2012年开始在线智能教育领域布局，特别是在学习过程评估、学习方案个性化方面都紧跟技术发展进行了专利布局。这与其作为传统教育企业的先天优势是密切相关的，对于教育方法、学生反馈方面培生教育有自己的积累。但是，在虚拟现实学习方面，培生教育虽然没有研发自己的产品，但是认为借助虚拟现实，用户将会沉浸在一个模拟的世界中，是教育领域的重要应用。因而，其通过与专业技术企业合作的方式开展虚拟现实学习业务，包括与微软展开合作，利用微软的HoloLens增强现实头部装置，以北美的大学为试点，让学生们在课程中使用HoloLens，以增强教学效果。在中国，培生教育携手网龙深化虚拟现实教育方面的合作，共同研发沉浸式教育应用产品，软件课程内容将涉及K12教育、医护培训、建筑工程培训、远程教育与协作等多个领域。同时也将推进虚拟现实教育全球化，打造虚拟现实大平台、大生态。

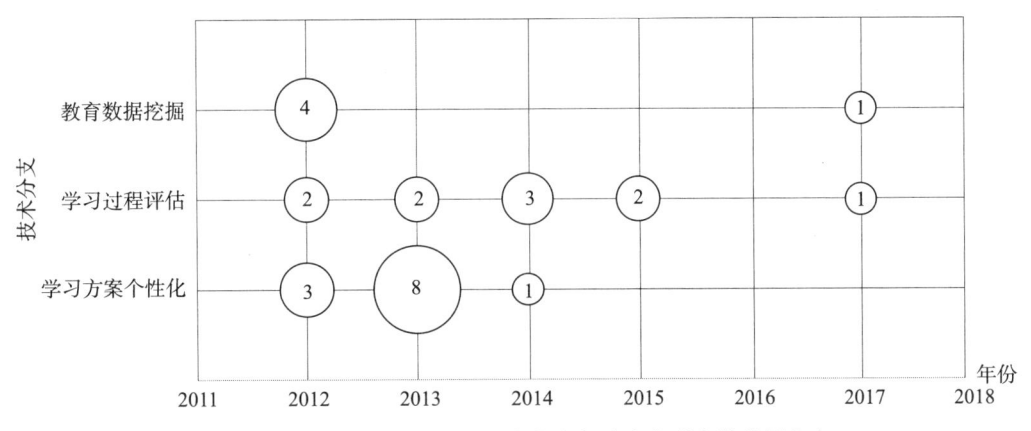

图7-4-8 培生教育在线智能教育各分支专利申请总量分布

注：图中数字表示申请量，单位为项。

从图7-4-9可以看出，培生教育在学习方案个性化和学习过程评估的布局较多，占比分别为44%、37%，其次是教育数据挖掘（19%）。由此可知，作为传统的教育企业，教育内容是其发展的重点，这方面以版权保护为主。因此，在教育数据挖掘的专利布局方面投入并不多，而学习方案个性化和学习过程评估作为教育效果的评价的重

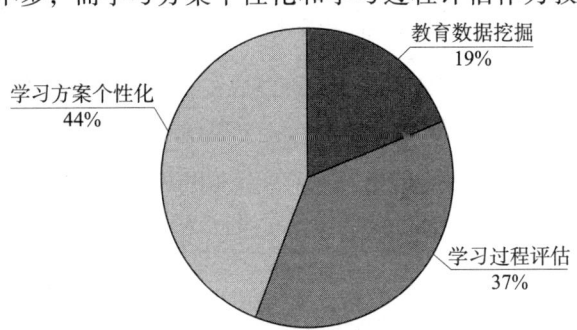

图7-4-9 培生教育在线智能教育分支专利申请占比

要指标，现在以及将来都是培生教育的专利布局重点。

表7-4-6是经过筛选，以期提供参考的培生教育核心专利列表。

表7-4-6 培生教育在线智能教育核心专利列表

申请日/优先权日	公开号	名称
2012-10-19	US20160055410A1	一种用于在神经网络中生成改进数据对象请求的机器学习系统，建立知识网络
2012-12-24	US8755737B1	一种确定问卷响应模式并对其作出反应的方法
2012-12-24	US20140295397A1	学习系统用于提供教育和评估资源
2012-12-24	US20170011646A1	一种基于响应度量的用于教育干预的方法
2012-12-24	US20180114458A1	学习指导和评估
2012-12-27	CA2838119A1	一种创建模型以评估学生风险的方法
2013-02-01	US8753200B1	评估和整改系统
2013-02-01	US20140295957A1	一种更新学习DNA的方法
2013-03-12	US20140272911A1	基于教育网络的干预
2013-04-12	US20140308650A1	一种用于验证主题评估的系统
2013-04-19	US20140315181A1	学习管理系统（LMS）和/或在线作业系统
2013-07-01	US20150006454A1	一种用于基于与先决条件图内的节点和相关联的任务的用户交互来生成推荐的方法
2013-07-01	US20160071019A1	为学生生成基于网络概率的教育路径的方法
2013-07-01	US20170193837A1	由网络概率推荐系统收集的数据来为用户个性化该教育路径
2013-10-25	US20150119120A1	基于矢量的游戏内容管理
2013-11-25	US20150147741A1	学习系统自我优化
2013-12-20	US20150179078A1	学习路径推荐
2014-02-12	US20150228198A1	在课堂学习或在线或计算机化学习中生成动态评估数据的方法
2014-02-19	US20180277010A1	基于APP学习的动态和个性化调度引擎
2014-02-28	EP2913814A1	教育测试问题的分发系统
2014-05-01	US20150317906A1	一种教育证和评估系统，通过捕获媒体文件评估学生
2015-04-03	US9336483B1	动态更新的神经网络结构或内容分发网络
2015-04-08	US20160300135A1	相对情绪分析，基于从客户端设备接收的反馈数据来确定与用户相关联的情绪分数

续表

申请日/优先权日	公开号	名称
2017-09-25	US20190096273A1	用于操作在线数字反馈网络的方法
2017-09-25	US20190096016A1	职业技能可视化、跟踪和指导。为所选择的职业提供一组图表的三维模型，以帮助或增强用户在确定用户有资格获得的不同职业的职业技能以及哪些职业技能需要通过额外培训进行额外开发的经验

7.4.5 国内主要申请人技术发展路线及核心基础专利分析

如图7-4-10所示，在线智能学习领域中国专利申请中，国内申请人申请量排名靠前的以公司为主，排名前三的国内企业分别是：科大讯飞、百度和广东小天才，之后将进一步研究它们在在线智能学习的布局特点。

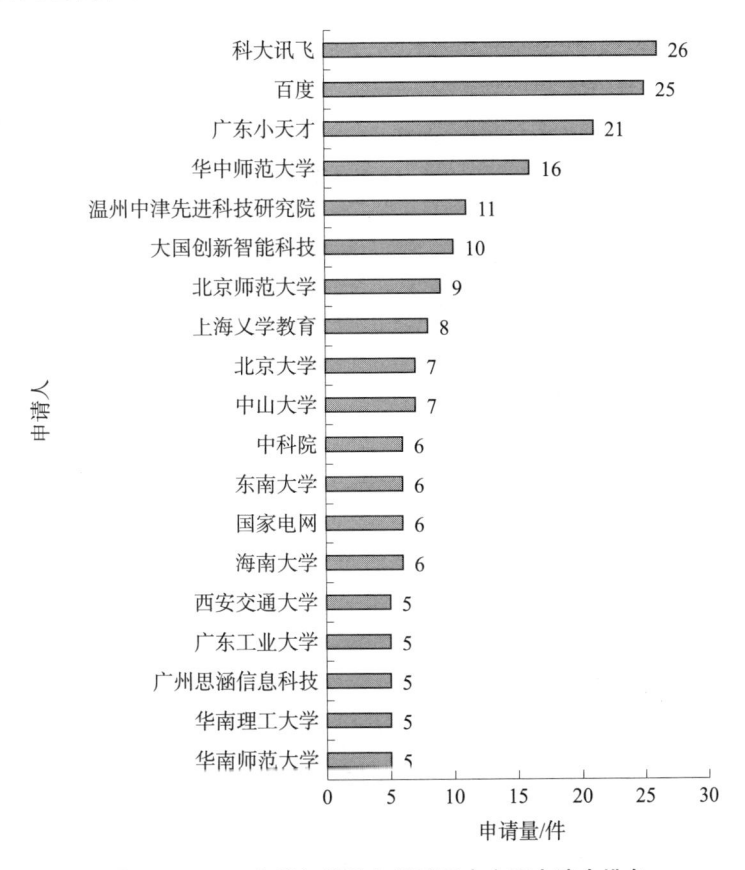

图7-4-10 在线智能教育领域国内主要申请人排名

7.4.5.1 科大讯飞

图7-4-11示出了科大讯飞在线智能教育的技术发展路线。在学习过程评估方

面，CN106250822A 提出基于人脸识别的学生专注度监测系统及方法，人脸采集模块每隔一定采样时间采集学生的人脸图像；人脸匹配模块将采集的人脸图像与学生人脸数据库中人脸图像匹配，确定人脸图像属于哪个学生，确认学生身份；专注度监测模块判断采集到的身份已确认学生的人脸图像是否为完整人脸图像。CN108022057A 提出学习行为分析方法及系统，采集学习行为数据；根据所述学习行为数据，基于预设的多重最小支持度关联规则挖掘算法，分析得到学生的学习行为规则。

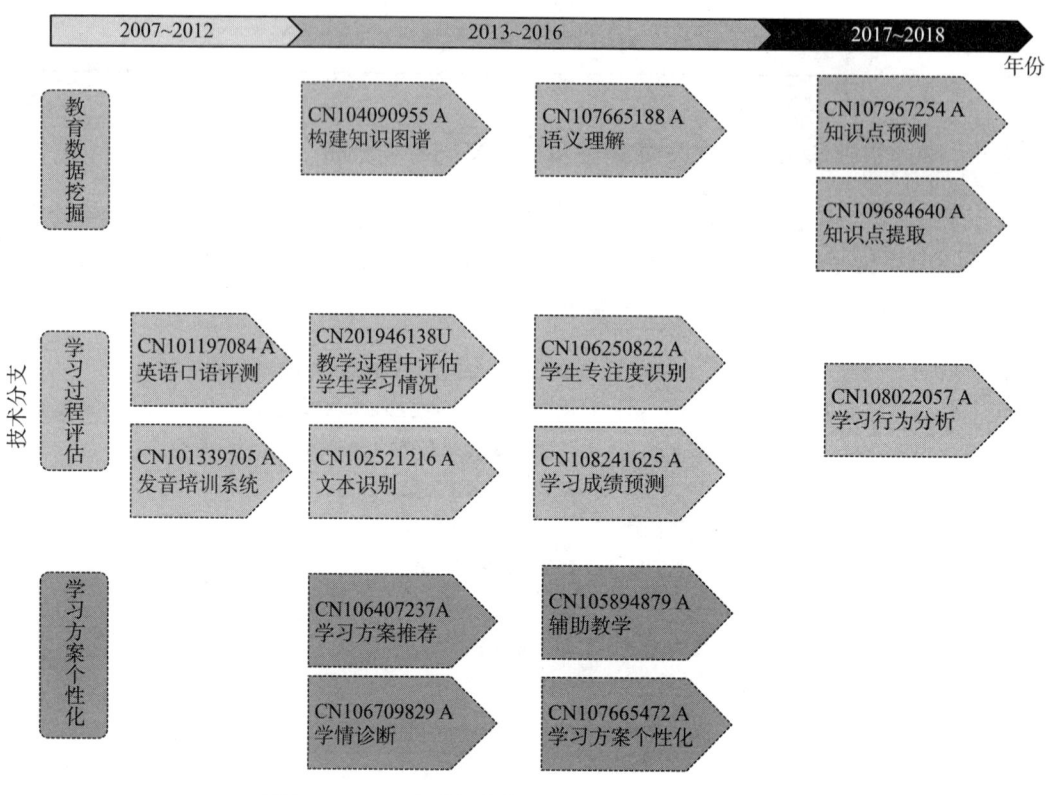

图 7-4-11 在线智能教育科大讯飞技术发展路线

在教育数据挖掘方面，科大讯飞着重对知识图谱的构建以及知识点的预测。CN104090955A，一种音视频标签自动标注方法及系统，预先抓取各学科知识点和学科词汇，构建学科知识图谱；将学科词汇作为热词资源，将待标注的音频或视频提取出的音频转写成文本；提取关键词，根据关键词与知识图谱的关联关系确定音频或视频所属的学科及知识点；建立对应音频或视频的标签。CN107967254A 提出知识点预测方法及装置、存储介质、电子设备，通过提取预测试题的深层语义信息以及知识点的深层语义信息，提高知识点预测的准确率。

在学习方案个性化方面，CN107665472A 提出学习路径规划方法和装置。该学习路径规划方法包括：收集学生对每个知识点的做题记录；根据所述做题记录，构建学生学习的知识图谱；根据所述知识图谱，规划以知识点为基本单元的学习路径。该方法能够以知识点为粒度，对学习路径进行规划，从而保证了学生从易到难的学习顺序，更有效地提升学生的学习能力。CN106709829A 提出基于在线题库的学情诊断方法及系统，基于在线题库，获取历史答题信息；通过建模方式得到基于历史答题信息的学情信息，所述学情信息包括：试题参数及用户参数；在接收到新的答题信息后，基于滑动窗口技术，更新所述试题参数及用户参数；将更新后的试题参数及用户参数作为学情诊断结果输出。利用该发明，可以简单方便地得到精准的学情诊断结果。

从图 7-4-12 我们可以看出，科大讯飞最早在 2007 年开始布局，并且每年都有申请量。科大讯飞是中国最大的智能语音技术提供商，基于智能语音技术的在线智能教育仍是发展的重点。从 2014 年、2015 年开始，科大讯飞开始在教育数据挖掘和学习方案个性化开始专利布局。科大讯飞正在依托大数据分析打造个性化学习，将传统的讲授式教学转变为以学生为中心的个性化教学。

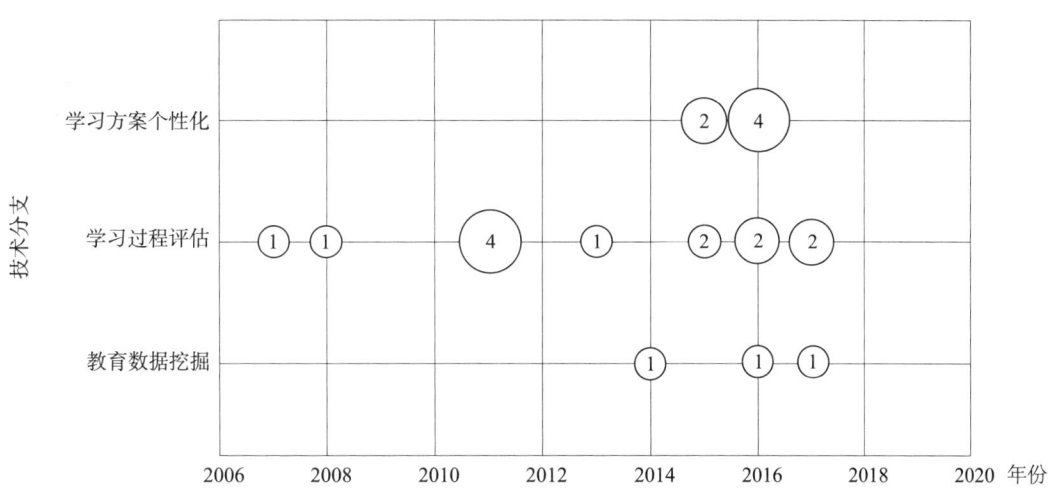

图 7-4-12 在线智能教育科大讯飞各分支专利申请总量分布

注：图中数字表示申请量，单位为项。

从图 7-4-13 可以看出，科大讯飞在学习过程评估领域的布局最多，占比为 55%，例如语音识别、语音评测、学生学习行为评测、学生情绪评测。其次为学生方案个性化占比（27%），教育数据挖掘占比 18%。目前语音识别、语音测评已经深度商业化应用，全国包含北京、上海、广东等已开展中高考英语听说考试的 10 余省市已正式使用科大讯飞口语评测技术，累计考生数突破 1700 万人次。但是，未来

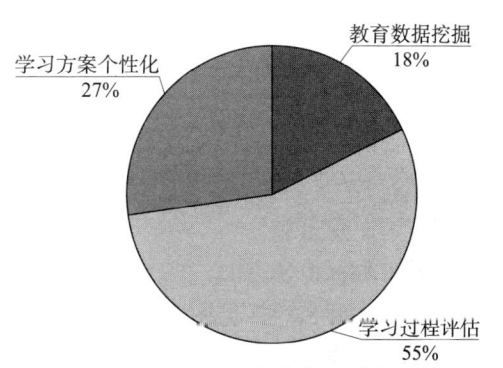

图 7-4-13 在线智能教育科大讯飞各分支专利申请占比

的教育方式灵活多样，强调不受时间和空间约束的个性化、定制化。随着新一代人工智能技术的不断进步，完全的个性化学习逐渐成为可能，基于大数据分析、知识图谱和算法模型，将真正实现定制化教育和个性化学习。

从表7-4-7科大讯飞的核心专利布局情况可以看出，科大讯飞也在学生方案个性化和教育数据挖掘两个分支进行布局，正在打造以学生为中心的课堂，对每一个学科，构建学科知识图谱；通过学科的知识图谱分析每一位学生的学习情况，例如学生的学情检测、学习行为分析，最后给学生推荐个性化的学习方案。

表7-4-7 科大讯飞核心专利列表

申请日/优先权日	公开号	名称
2017-07-07	CN104090955A	一种音视频标签自动标注方法及系统
2016-07-27	CN107665188A	一种语义理解方法及装置
2017-10-31	CN107967254A	知识点预测方法及装置、存储介质、电子设备
2018-12-26	CN109684640A	一种语义提取方法及装置
2007-11-06	CN101197084A	自动化英语口语评测学习系统
2008-08-13	CN101339705A	一种智能发音训练学习系统的构建方法
2011-01-17	CN201946138U	一种交互式教学装置
2011-12-20	CN102521216A	一种应用于交互式多媒体设备的对象标记方法
2016-07-21	CN106250822A	基于人脸识别的学生专注度监测系统及方法
2016-12-23	CN108241625A	预测学生成绩变化趋势的方法及系统
2017-12-29	CN108022057A	学习行为分析方法及系统
2015-08-03	CN106407237A	在线学习试题推荐方法及系统
2015-08-03	CN106709829A	基于在线题库的学情诊断方法及系统
2016-06-30	CN105894879A	一种辅助教学系统及方法
2016-07-27	CN107665472A	学习路径规划方法和装置

7.4.5.2 广东小天才

广东小天才品牌专注于中国儿童市场，将优秀的儿童教育理念与现代科技进行创新应用，致力于提供引领儿童时尚潮流的智能产品。图7-4-14示出了广东小天才的在线智能教育的技术发展路线，图7-4-15示出了广东小天才的在线智能教育的各分支专利申请总量分布。

在教育数据挖掘方面，广东小天才从2016年才开始布局，属于在该领域布局较晚的申请人，主要是指知识图谱的构件、语音语料的理解。

CN109635096A，一种听写提示方法以及电子设备。根据生字的关联知识点以及词语的关联知识点建立字词知识图谱；具有听写功能的教育电子产品一般只能单向报读听写内容，无法在用户有疑惑时辅助用户准确理解听写内容，该专利能够智能辅助用户准确理解听写内容，进而提升用户体验。

第7章 关键技术分支分析

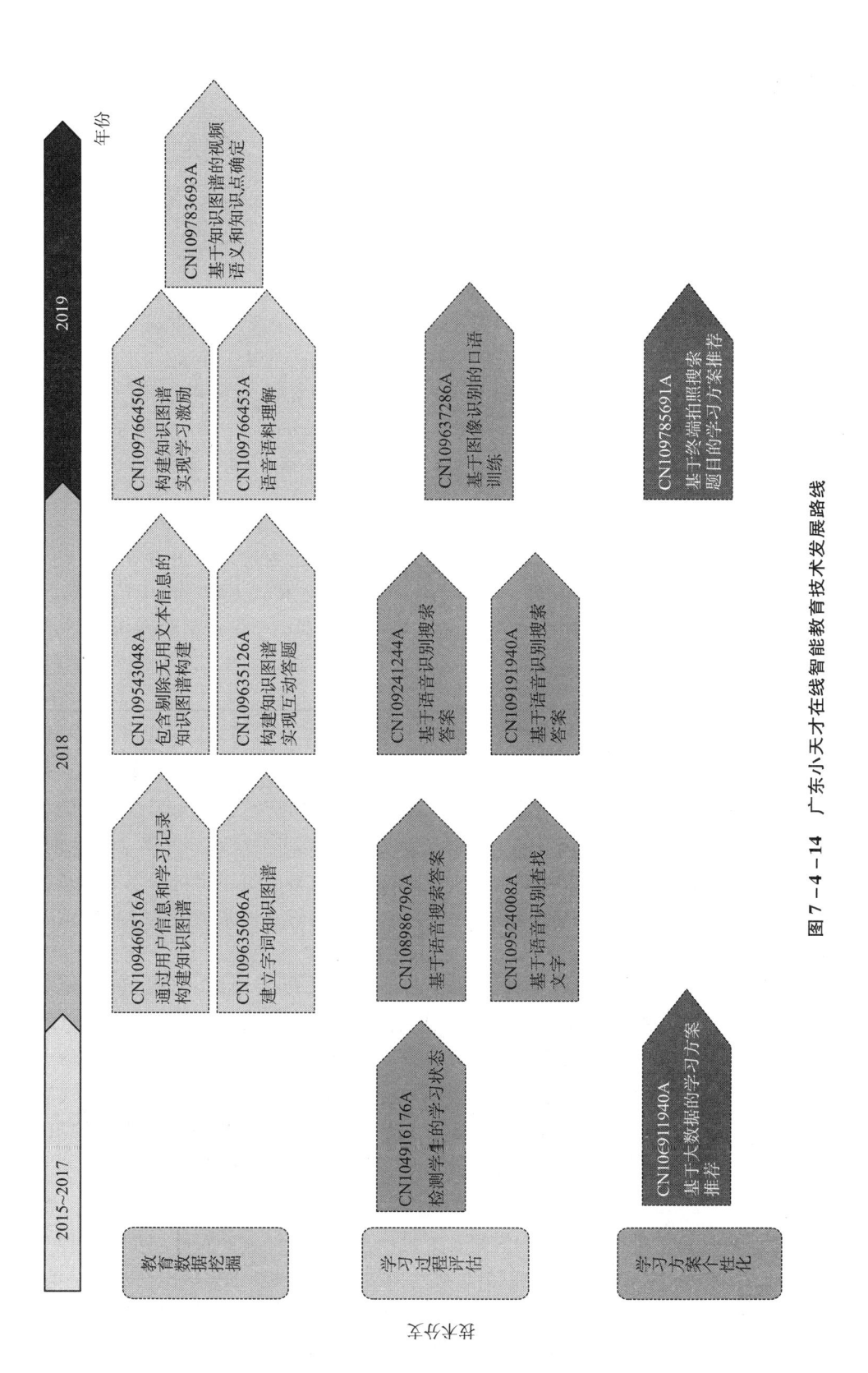

图7-4-14 广东小天才在线智能教育技术发展路线

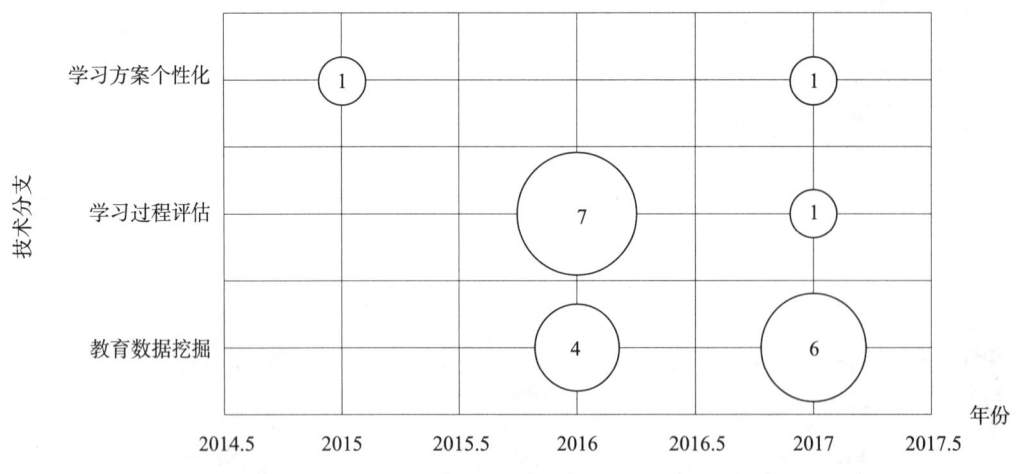

图 7-4-15　广东小天才在线智能教育各分支专利申请总量分布

注：图中数字表示申请量，单位为项。

CN109635126A，一种互动答题的实现方法及系统。通过构建知识图谱来为用户准备匹配学习过相同知识点的竞赛对手。现有的学习产品答题模式更加倾向于单人答题，即学习产品提供试题，单个学生进行作答，在作答完成之后，学习产品给到作答得分。这种模式局限于个人答题思路，无法进行思维扩散，而该系统能够实现互动竞赛答题，能提高学生学习积极性。

CN109766450A，一种学习激励方法以及系统。构建各个学科知识点的知识图谱；在所述知识图谱中设置并显示各个知识点的积分奖励；获取用户的学习记录信息；根据所述学习记录信息，在所述知识图谱的灰色区域中，将用户掌握的知识点对应的区域点亮，并给予用户对应的积分奖励。现有的试卷测试方式不仅过程乏味、不全面，而且也无法激励学生学习新的知识点。该系统通过知识图谱诊断用户对知识点的掌握情况与水平，并在知识图谱上点亮相关知识点，以趣味化的方式激励学生学习新的知识点。

CN109783693A，一种视频语义和知识点的确定方法以及系统。通过训练建立知识点语义与知识点的对应关系，生成语音模型，将获取视频信息的语音信息和语音模型进行对比，从而确定视频信息对应的知识体系。传统的视频学习依赖大量学习类视频资源，需要借助文本讲义和用户标记的知识点标注才可以定位视频讲解的具体内容点，效率低下，而该系统能够清晰明确地表明知识点的体系构成，便于用户理解。从上述分析可以看出，广东小天才在教育数据挖掘上面正加大力度进行布局。

在学习过程评估方面，CN108986796A，一种语音搜索方法。其检测用户语音输入的搜索信息，识别所述搜索信息获得分析信息，所述分析信息至少包括用户基本信息、声音参数和待搜索内容；根据所述用户基本信息和所述声音参数，从预先建立的口音数据库中查找与所述待搜索内容相匹配的答案信息并输出。

CN109524008A，一种语音识别方法，包括：接收用户输入的语音，提取所述语音所对应的拼音；获取用户的年级信息，根据所述年级信息查找所述拼音对应的文字以及文字对应的权重表；根据所查找的文字及其对应的权重表对所查找的文字生成列表进行排序显示。

CN109637286A，一种基于图像识别的口语训练方法。在家教设备开启口语训练模式的状态下，获取定位区域对应的目标图像，所述定位区域为根据学生用户放置于指定拍摄区域上的学习资料载体中的定位获得；检测所述学生用户输入的口语训练语音；提取所述目标图像所记载的目标练习内容；获取所述目标练习内容相匹配的预设标准发音信息；识别所述口语训练语音与所述标准发音信息的匹配度；根据所述匹配度生成所述学生用户的口语训练结果并输出。可见，广东小天才在基于语音识别搜索答案、文本上面布局较多。

在学习方案个性化方面，广东小天才仅有2件专利申请。

CN106911940A，一种基于大数据的学习视频播放控制方法及视频服务器，包括：接收学生用户通过学习终端发送的学习视频点播请求，确定学生用户所属的当前年级；并且根据该学习视频点播请求从存储的视频库中选择与该当前年级及该当前学科相匹配的目标学习视频，并基于大数据分析从该视频库中选择与该当前年级、该当前学科相匹配且播放次数最多的目标视频片头，作为该目标学习视频的视频片头；将该目标视频片头以及该目标学习视频发送至学习终端，以供学习终端的学生用户观看，能够提高学习终端播放的学习视频中视频片头的灵活性，进而提高学生用户的学习体验。

CN109785691A，一种通过终端辅助学习的方法包括：使用终端拍照搜索题目；对所述终端搜索的题目进行收集分类，得到分类结果；根据所述分类结果，向终端用户推荐学习内容。

从图7-4-16可以看出，学习过程评估这个分支包括基于语音识别搜索答案、文本、口语训练等内容，和广东小天才的产品比较符合，因此，广东小天才在该领域布局较多，占比为43%。而对于教育数据挖掘这个分支，占比最高（48%）。而在学习方案个性化上面，则占比最少，仅为9%。表7-4-8列出了广东小天才在线智能教育领域核心专利列表。

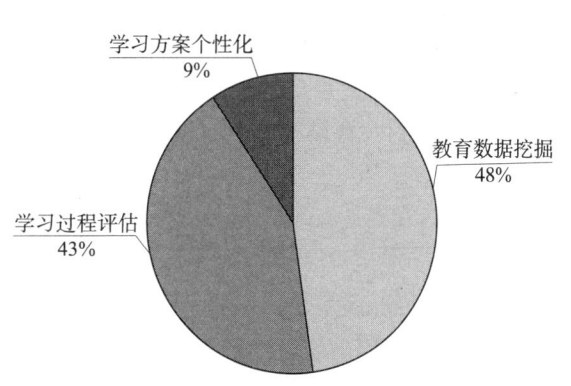

图7-4-16 在线智能教育广东小天才各分支专利申请占比

表 7-4-8 广东小天才核心专利列表

申请日	公开号	名称
2015-07-08	CN104916176A	一种课堂录音设备
2017-03-01	CN106911940A	一种基于大数据的学习视频播放控制方法及视频服务器
2018-06-21	CN108986796A	一种语音搜索方法及装置
2018-08-31	CN109241244A	一种协助用户解决问题的交互方法、智能装置及系统
2018-08-31	CN109192204A	一种基于智能设备摄像头的语音控制方法和智能设备
2018-11-16	CN109460516A	一种学习内容推荐方法及系统
2018-12-12	CN109543048A	一种笔记生成方法及终端设备
2018-12-20	CN109635126A	一种互动答题的实现方法及系统
2019-01-16	CN109637286A	一种基于图像识别的口语训练方法及家教设备
2019-01-18	CN109783693A	一种视频语义和知识点的确定方法及系统
2019-01-23	CN109800301A	一种薄弱知识点的挖掘方法及学习设备

7.4.6 小　结

（1）整体来看，学习过程评估、学习方案个性化、教育数据挖掘、虚拟现实学习场景这四个分支研究热度呈上升趋势。其中，学习过程评估的增长趋势最快，学习过程评估技术包括语音识别、口语评测、文本识别等，而目前产业上的应用，语言类口语考试、智能阅卷、拍照搜题和在线答疑等应用场景已经全面落地，可以预测未来一段时间，学习过程评估仍将是研究的热点。

（2）传统的教育模式由于优质教育资源稀缺，难以实现个性化学习和因材施教的目的。随着新一代人工智能技术的不断进步，完全的个性化学习成为可能。基于大数据、知识图谱和算法模型等技术的发展，将真正实现定制化教育和个性化学习。

（3）在在线智能教育领域，国外申请人 IBM 研发了电脑问答（Q&A）系统 Watson，一个集高级自然语言处理、信息检索、知识表示、自动推理、机器学习等开放式问答技术的应用。IBM 在教育领域主要依托 Watson 与教育企业合作，将 Watson 的自然语言处理、模式识别等认知计算技术应用到教育领域。国内代表申请人以科大讯飞为龙头企业，以语音识别技术领跑全国，将人工智能融入教育，实现了教育主流业务的场景全覆盖、终端全覆盖、数据全贯通。

第 8 章　重要创新主体分析

8.1　重要创新主体综合评价

重要创新主体是通过市场占有和专利布局情况两个因素的结合筛选出的，市场份额能够体现该创新主体在产业内的实际地位，而特定领域的专利申请量能够反映创新主体的研发能力以及其对该技术相关的市场判断。

结合市场份额、专利申请态势以及产业实际量产情况，在脑机协作的人机智能共生技术领域，确定专利申请在中国处于领先地位的天津大学作为重要创新主体；在人机共驾技术领域，确定全球布局意识及市场份额在中国处于领先地位的百度作为重要创新主体；在新型混合计算框架领域，确定三星和 IBM 为重要创新主体。下面将对上述的重要创新主体进行详细的分析。

8.2　天津大学

天津大学始建于 1895 年 10 月 2 日，其前身为北洋大学，是中国第一所现代大学。天津大学的神经工程团队是国内最先从事神经工程领域研究的团队之一，致力于包括神经传感与成像、神经接口与反馈、神经刺激与调控、神经仿生与智能等在内的神经工程基础机理与前沿技术。

经检索，天津大学在全球共申请了 137 项脑机协作的人机智能共生技术相关的专利，其申请量在国内仅次于中科院。本节将对这些脑机协作的人机智能共生相关的专利进行分析。

8.2.1　专利态势分析

图 8-2-1 是天津大学在脑机协作的人机智能共生领域的全球专利申请趋势。在全球范围内，天津大学虽从 2004 年开始就有相关专利的申请，但直到 2015 年申请量都非常低。从 2016 年开始，天津大学在该领域的申请量出现明显增长，并在此后保持了较好的增长趋势。近年来，相关领域的专利申请呈现快速增长的局面。

图 8-2-2 是天津大学在脑机协作的人机智能共生领域的国内专利申请趋势。相比于其在全球范围内的申请趋势，两者历年的申请量和增长趋势相同，这表明天津大学的相关专利申请多集中在国内，在国外的申请比较少。

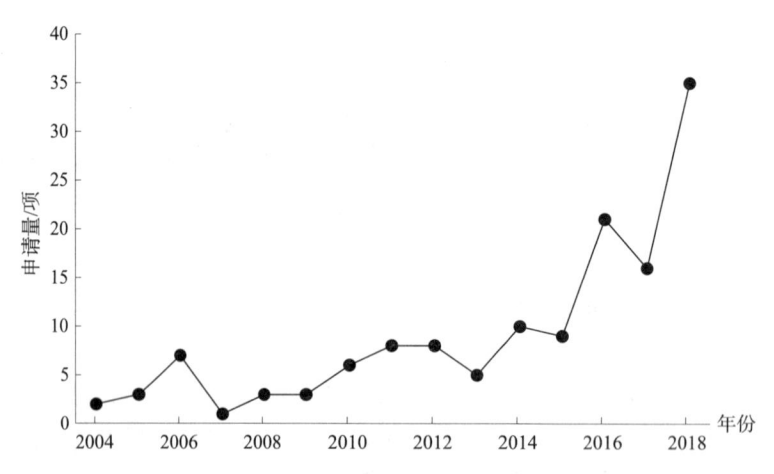

图 8-2-1 天津大学在脑机协作的人机智能共生领域的全球申请趋势

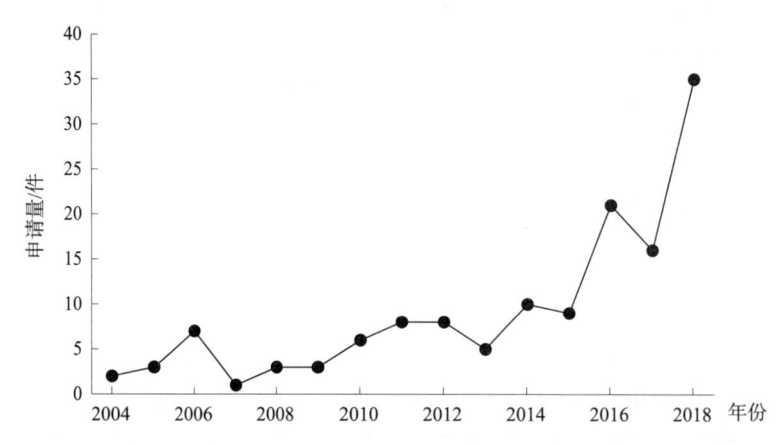

图 8-2-2 天津大学在脑机协作的人机智能共生领域的国内申请趋势

更详细地，图 8-2-3 示出了天津大学在脑机协作的人机智能共生领域相关专利申请所进入的国家或地区。可以看出，天津大学该领域 99% 的申请都在国内，只有 1% 的 PCT 申请。在脑机协作的人机智能共生领域，天津大学的布局重点仅在国内，在国外的布局竞争中并没有优势。

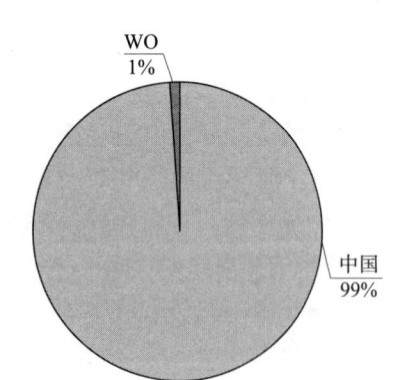

8.2.2 技术布局分析

脑机协作的人机智能共生的三个技术分支包括脑电信号采集、脑电信号处理和设备控制，其中，脑电信号采集分支又包括侵入式脑电信号采集和非侵入式脑电信号采集。图 8-2-4 是天津大学在脑机协作的人机智能共生领域的专利申请的技术布局。由于天津大学在该领域的专利申请主要集中在国内，因此这里仅对国内的相关申请进行分析。如

图 8-2-3 天津大学在脑机协作的人机智能共生领域专利申请目标市场分布

图 8-2-4 所示，天津大学在脑电信号处理技术领域的申请量最高，占到 43%；占比次之的是非侵入式脑电信号采集技术分支，占到 24%，天津大学发布的卒中人工神经康复机器人系统"神工一号"、"神工二号"、脑控智臂机器人"哪吒"均采用非侵入式脑电信号采集方式。申请量占比较少的分

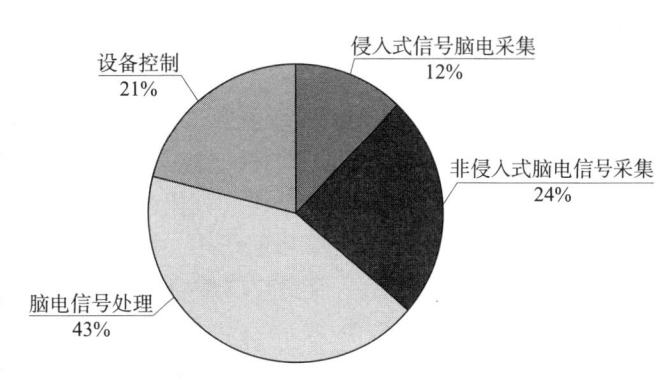

图 8-2-4 天津大学在脑机协作的人机智能共生领域国内申请的各分支占比

支是侵入式脑电信号采集技术，占到 12%。由此可见，天津大学的研究主要集中在脑电信号处理和非侵入式脑电信号采集技术。近年来，将虚拟现实技术与脑机协作的人机智能共生技术融合，成为天津大学研究的新热点。

8.2.3 技术路线分析

8.2.3.1 脑电信号采集核心基础专利

在脑电信号采集技术方面，天津大学的申请数量为 102 项，初期主要涉及侵入式脑深部刺激器，近期主要涉及非侵入式脑电帽领域，主要改进点在于减少电极数量。下面将介绍天津大学在脑电信号采集技术分支中的核心基础专利，如表 8-2-1 所示。

表 8-2-1 脑电信号采集分支核心基础专利列表

序号	公开号	发明名称	申请日
1	CN1597011A	外置式脑深部刺激器	2004-07-27
2	CN1939552A	外置式脑深部刺激器及其自对准装置	2006-10-08
3	CN101853070A	前额脑电与血氧信息融合的人机交互装置	2010-05-13
4	CN103691058A	帕金森病基底核-丘脑网络的深度脑刺激 FPGA 实验平台	2013-12-10
5	CN106345056A	基于机器学习的深度脑刺激电极阵列优化系统	2016-09-21
6	CN108388345A	基于小波多分辨率复杂网络脑电极优化方法及其应用	2018-02-28

▶ 公开号：CN1597011A
申请日：2004 年 07 月 27 日
发明名称：**外置式脑深部刺激器**
技术方案：一种外置式脑深部刺激器，包括植入人体皮下的内置感应线圈和刺激

电极以及位于人体外的外置式控制器。外置式控制器由电能转换器、微处理器以及与外部微处理器连接的键盘、显示器和间歇振荡器构成，电能转换器由整流滤波电路、谐振回路和外置感应线圈子依次连接组成。外置式控制器用于设定刺激脉冲的幅值、频率和宽度，以高频共振电磁场的形式通过外置感应线圈耦合到植入头皮下的所述内置感应线圈，供给刺激电极。该专利具有使用寿命长，成本低，不需更换体内的控制刺激器及其电池，安装手术简单和创伤小，维护容易等优点，可用于帕金森病、扭转痉挛、痉挛性斜颈、舞蹈病、强迫症、癫痫等疾病的治疗。

▶ 公开号：CN1939552A

申请日：2006年10月08日

发明名称：外置式脑深部刺激器及其自对准装置

技术方案：一种用于外置式脑深部刺激器的对准装置，该外置式脑深部刺激器利用设置于体外的激励线圈和设置于体内的感应输出线圈进行体内外的信号耦合，对准装置包括设置在体外并靠近激励线圈的永磁体、设置在激励线圈内的磁芯和设置在感应输出线圈内的磁芯。其可以在10mm范围内自动找准，具有较高的耦合效率。

▶ 公开号：CN101853070A

申请日：2010年05月13日

发明名称：前额脑电与血氧信息融合的人机交互装置

技术方案：前额脑电与血氧信息融合的人机交互装置，包括：近红外光光源、光电探测器、滤波和后级放大电路、脑电电极、脑电放大器、计算机，计算机用于信号变换、处理得到结果。该方案主要应用于前额脑电与血氧信息融合的人机交互装置的设计制造。

▶ 公开号：CN103691058A

申请日：2013年12月10日

发明名称：帕金森病基底核-丘脑网络的深度脑刺激FPGA实验平台

技术方案：一种帕金森病基底核-丘脑网络的深度脑刺激FPGA实验平台，该实验平台包括有相互连接的FPGA开发板和上位机，其中FPGA开发板用来实现基底核-丘脑神经元网络模型和深度脑刺激控制器，上位机用来设计上位机软件界面并与FPGA开发板进行通信。作为生物神经网络的无动物实验、基于高速运算的FPGA神经元网络实验平台实现了对复杂的帕金森病灶区神经元网络的建模，并且能够达到在时间尺度上与真实生物神经元的一致性。该平台为研究帕金森疾病的放电机制，和深度脑刺激控制基底核-丘脑神经元网络的异常放电模式提供了更加接近真实神经网络的可视化研究平台，对帕金森疾病治疗的研究有重要的实用价值。

▶ 公开号：CN106345056A

申请日：2016年09月21日

发明名称：基于机器学习的深度脑刺激电极阵列优化系统

技术方案：一种基于机器学习的深度脑刺激电极阵列优化系统，利用ANSYS软件仿真深度脑刺激电极阵列，并根据神经影像数据构建三维的神经组织电导模型，然后通过有限元分析求解特定组织位置的刺激电场强度；将刺激电场结合时变的脉冲序列作用于 NERUON 软件仿真的帕金森病灶区的单神经元多间室模型及神经网络模型，寻找电极附近神经元被影响的空间范围；应用机器学习分类算法寻找有效特征并进行分类建模，实现依据帕金森疾病的刺激靶点特征选择刺激配置的优化。将机器学习分类算法应用于生理信号特征的分类建模，提出了深度脑刺激电极阵列最优刺激配置的方案，有效地解决传统临床应用中的反复试验方法存在的耗时久、不能得到最优刺激配置的缺陷。

▶公开号：CN108388345A

申请日：2018 年 02 月 28 日

发明名称：基于小波多分辨率复杂网络的脑电极优化方法及其应用

技术方案：一种基于小波多分辨率复杂网络的脑电极优化方法及其应用，通过便携式 EEG 脑电采集设备获取刺激图片诱发的 SSVEP 脑电信号，使用小波多分辨率复杂网络优化关键电极，并用实验脑电信号构建 SVM 支持向量机，用此支持向量机进行分类识别。上述方法基于小波多分辨率复杂网络分析理论，找到起关键作用的电极，提高脑电数据的传输、处理效率；能够实现 16 自由度的控制，使得用户的控制更加精细、多样化；采用高频 SSVEP，会产生闪烁融合效应使得使用者主观上感觉不到闪烁，但在脑电信号中仍可检测到 SSVEP 高频响应，大大降低了视觉疲劳，实现智能轮椅控制。

8.2.3.2 脑电信号处理核心基础专利

在脑电信号处理技术方面，天津大学的申请数量为 120 项，初期主要涉及基于 P300 信号的特征提取，近期主要是基于多信息融合的混合范式的信号处理。下面将介绍天津大学在脑电信号处理技术分支中的核心基础专利，如表 8 - 2 - 2 所示。

表 8 - 2 - 2 脑电信号处理分支核心基础专利列表

序号	公开号	发明名称	申请日
1	CN1744073A	利用小波神经网络提取想象动作电位方法	2005 - 09 - 26
2	CN101391129A	基于 P300 信号脑机接口智能化上肢康复训练器及信号处理方法	2008 - 07 - 21
3	CN101833669A	视听联合刺激产生事件相关电位的特征提取方法	2010 - 05 - 13
4	CN102778949A	SSVEP 阻断和 P300 双特征的脑 - 机接口方法	2012 - 06 - 14
5	CN103699226A	一种基于多信息融合的三模态串行脑 - 机接口方法	2013 - 12 - 18
6	CN105843377A	基于异步并行诱发策略的混合范式脑 - 机接口	2016 - 03 - 17
7	CN107656612A	基于 P300 - SSVEP 的大指令集脑 - 机接口方法	2017 - 09 - 06

▶ 公开号：CN1744073A

申请日：2005年09月26日

发明名称：利用小波神经网络提取想象动作电位方法

技术方案：利用小波神经网络提取想象动作电位的方法，涉及脑-机接口装置中想象动作电位的提取方法，具体讲是涉及利用小波神经网络提取想象动作电位的方法。为提供利用大脑在进行想象动作思维时所引发的ERD现象作为思维活动对刺激事件有效应答的标志，以ERD估算公式，对提取的脑电特征信息进行小波变换；以Bayes神经网络通过统计推断过程实现对观测数据的分析；A为想象动作事件发生后的功率谱密度，R为想象动作事件发生前的功率谱密度。该方案主要用于在人脑和计算机或其他机电设备之间建立能直接"让思想变成行动"的对外信息交流和控制新途径。

▶ 公开号：CN101391129A

申请日：2008年07月21日

发明名称：基于P300信号脑机接口智能化上肢康复训练器及信号处理方法

技术方案：一种基于P300信号脑机接口智能化上肢康复训练器及信号处理方法，训练器有：依次相连的P300信号采集电极、前置放大器、A/D转换卡、信号处理装置、D/A转换卡、控制器以及电刺激器，其中，电刺激器的输出端与人的手臂相连，人的手臂还连接接收反馈信号的传感器，传感器的输出连接电刺激器向其传送人手臂的反馈信号，人的头部带有采集P300信号的电极，控制器还通过显示部件给人以提示，人以闭眼产生的α波信号对控制器进行控制选择。信号处理方法，包含对P300的触发左手和右手命令的信号进行相干平均处理方法和对α波信号的提取处理方法。该专利使患者可以达到随时随地训练的效果，在不影响使用者其他日常行为活动的前提下，仅需自己便可完成全部过程，方便简单，安全性高。

▶ 公开号：CN101833669A

申请日：2010年05月13日

发明名称：视听联合刺激产生事件相关电位的特征提取方法

技术方案：涉及脑-机接口领域。该专利提供具有超灵敏度和高时空分辨测量性能，继而实现高质量的多组分、多参数成像功能的视听联合刺激产生事件相关电位的特征提取方法。采集实验数据后，进行下列步骤：首先利用CZ导联处P300信号的时域信息作为已知的先验知识确定P300信号出现的时间，并将其作为时域约束来构造参考信号；然后对采集到的脑电数据进行受时域信息约束的独立分量分析，提取出最能体现信号特征的一个信源。该方案主要应用于视听联合刺激产生事件相关电位的特征提取。

▶ 公开号：CN102778949A

申请日：2012年06月14日

发明名称：基于SSVEP阻断和P300双特征的脑-机接口方法

技术方案：基于SSVEP阻断和P300双特征的脑-机接口方法，包括下列步骤：视觉刺激诱发双特征，采集存储所产生脑电信号并进行预处理，提取相应的 SSVEP 阻断和 P300 特征信号，使用线性判别分析进行分类，从而将这些特征应用于实验任务的模式识别。该方案主要应用于医疗器械的设计制造。

▶ 公开号：CN103699226A

申请日：2013 年 12 月 18 日

发明名称：一种基于多信息融合的三模态串行脑－机接口方法

技术方案：一种基于多信息融合的三模态串行脑－机接口方法，包括以下步骤：采用两种视觉刺激范式对被试者进行刺激；提取被试者的脑电数据；设置相关参数，读取脑电数据，对脑电数据进行预处理、特征提取和模式识别，获取最终模式识别结果；将最终模式识别结果转换为控制指令，通过执行控制指令完成特定的任务。该混合范式脑－机接口引入了除脑电信号之外的电生理控制信号，在某种程度上拓展了脑－机接口的适用环境和对象。该方案具有稳定性较高、多选择项以及适用范围广等优点，为脑－机接口尽快步入大范围时间应用阶段奠定基础。

▶ 公开号：CN105843377A

申请日：2016 年 03 月 17 日

发明名称：基于异步并行诱发策略的混合范式脑－机接口

技术方案：基于异步并行诱发策略的混合范式脑－机接口，利用现场可编程门阵列 FPGA 产生信号控制 LED 闪烁刺激模块产生视觉刺激，采集被试者的脑电信号，经由脑电放大器放大，同时结合 FPGA 产生的信号，通过 USB 传递到计算机进行脑电分类识别，其中，FPGA 控制若干 LED 闪烁刺激模块，FPGA 产生信号为 SSVEP 信号，SSVEP 信号使各闪烁刺激模块按各自频率异步诱发 SSVEP－B 特征和阻断，且与 P300 并行诱发，在计算机上融合、进行脑电分类识别。该方案主要应用于脑－机接口设备设计制造场合。

▶ 公开号：CN107656612A

申请日：2017 年 09 月 06 日

发明名称：基于 P300－SSVEP 的大指令集脑－机接口方法

技术方案：基于 P300－SSVEP 的大指令集脑－机接口方法，步骤包括：搭建实验平台，平台具体包括脑电电极和脑电放大器以及计算机，设计新范式进行刺激，采集 P300、SSVEP 数据，在计算机中进行数据处理，并输出分类正确率，最后计算信息传输速率，其中数据处理阶段是通过逐步线性判别分析和典型关联分析法进行识别分类。涉及脑－机接口，为提出一种混合脑－机接口新范式，能同时诱发 SSVEP 信号和 P300 信号，并且首次提出了 108 个指令集的诱发策略，达到了提高指令集和高信息传输率的目的。

8.2.3.3 设备控制核心基础专利

在设备控制技术方面，天津大学的申请数量为 59 项，其拥有众多脑机接口产品，从 2004 年起对产品进行持续更新，初期主要涉及瘫痪病人的神经恢复、行走，此后主要涉及脑电鼠标控制；近期主要涉及虚拟现实技术与脑机协作的人机智能共生技术融合，更加偏向娱乐、民用。下面将介绍天津大学在设备控制技术分支中的核心基础专利，如表8-2-3所示。

表8-2-3 设备控制分支核心基础专利列表

序号	公开号	发明名称	申请日
1	CN1977997A	瘫痪病人辅助神经信道恢复系统	2006-12-05
2	CN101057795A	采用肌电和脑电协同控制的假肢手及其控制方法	2007-05-18
3	CN101571747A	一种多模式脑电控制的智能打字的实现方法	2009-06-12
4	CN101776981A	脑电与肌电联合控制鼠标的方法	2010-01-07
5	CN102284137A	一种功能性电刺激多源信息融合控制方法	2011-05-20
6	CN103955269A	一种基于虚拟现实环境的智能眼镜脑机接口方法	2014-04-09
7	CN106774847A	基于虚拟现实技术的三维视觉P300-Speller系统	2016-11-24
8	CN108958620A	一种基于前臂表面肌电的虚拟键盘设计方法	2018-05-04

▶ 公开号：CN1977997A

申请日：2006年12月05日

发明名称：瘫痪病人辅助神经信道恢复系统

技术方案：一种瘫痪病人辅助神经信道恢复系统，包括依次连接的脑电采集装置、脑-机接口控制装置、功能电刺激信号发生器和多导联刺激电极。其中，脑电采集装置采集和处理脑电信号，产生数字化脑电信号；脑-机接口控制装置，对数字化的脑电信号进行谱分析和模式识别，产生功能电刺激开关控制信号；功能电刺激信号发生器，根据接收到的功能电刺激开关控制信号，产生功能电刺激驱动信号，驱动多导联刺激电极；多导联刺激电极，安装在患者下肢上，用来驱动腿部肌肉的周边运动神经，刺激肌肉收缩，产生腿部运动。该专利可以实现截瘫患者凭借自主运动意识驱动下肢步行的残疾人康复训练目的，可让下肢瘫痪但头脑功能正常的截瘫患者有效恢复下肢运动功能，也适用于中风后的偏瘫患者康复训练。

▶ 公开号：CN101057795A

申请日：2007年05月18日

发明名称：采用肌电和脑电协同控制的假肢手及其控制方法

技术方案：采用肌电和脑电协同控制的假肢手包括肌电脑电拾电电极、肌电脑电信号处理模块、A/D转换数据采集、肌电信号运动模式识别和轨迹预测模块、电动假肢手、触滑觉一体化传感器、系统反馈刺激装置、力量及速度调节模块。采用肌电和脑电协同控制假肢手的方法，包括下列步骤：肌电信号进行采集和放大；特征提取和模式识别；检测被抓物体的抓取情况；当被抓物没有抓取好，给操控者一定形式的物理刺激信号；检测脑电信息；输出到力量及速度调节模块；输出信号完成对电动手的进一步控制。该方案有效地克服了仅以肌电信号为信号源的局限性。

▶ 公开号：CN101571747A

申请日：2009 年 06 月 12 日

发明名称：一种多模式脑电控制的智能打字的实现方法

技术方案：一种多模式脑电控制的智能打字的实现方法，以实现计算机打字的无肢体动作遥控过程，让全身性重症瘫痪但头脑功能正常的残疾人自行实现对计算机的打字功能操作，让使用者根据计算机屏幕光标循环控制指示进行选择从而产生含有相关控制信息的脑电信号。该信号先经脑电放大器放大、滤波，然后输入计算机；然后在计算机内 Vc++ 平台上完成信号处理工作包括去噪、功率谱分析、与门限电压比较、产生控制脉冲；最后通过计算 P300 的值确定选择的字母并调用函数输出该字母。该方案主要用于无法进行肢体动作人和计算机交互。

▶ 公开号：CN101776981A

申请日：2010 年 01 月 07 日

发明名称：脑电与肌电联合控制鼠标的方法

技术方案：一种脑电与肌电联合控制鼠标的方法：选择适当的头皮导联电极采集操作者的脑电和肌电信号数据，并将其输入计算机鼠标控制接口系统，操作者根据计算机屏幕光标循环控制指示显示的运动方向，通过想象手部运动来确定方向，模拟光标移动过程；当光标移动到目标时，咬牙确定选择，模拟鼠标点击过程。该专利实现无肢体动作控制计算机鼠标过程，可让全身性重症瘫痪但头脑功能正常的残疾人自行实现对计算机屏幕鼠标光标运动的智能控制操作，依托于脑 - 机接口这个平台并结合头皮肌电，可以显著提高控制速率和正确率。

▶ 公开号：CN102284137A

申请日：2011 年 05 月 20 日

发明名称：一种功能性电刺激的多源信息融合控制方法

技术方案：一种功能性电刺激的多源信息融合控制方法，属于残疾人康复医疗器械技术领域，使用者想象第一特定动作，提取想象动作特征，启动功能性电刺激器；使用者想象第二特定动作或第三特定动作以及第四特定动作或第五特定动作，采集相应的脑电和脑血流信号；通过刺激器刺激，对电刺激时间原始值和电刺激频率原始值进行调整；将误差以及误差变化率作为模糊控制器的输入，将刺激电流强度精确量作为模糊控制器的输出；运用控制规则和隶属度函数，对误差以及误差变化率进行推论处理，得到刺激电流强度模糊量；进行反模糊化处理，获取刺激电流强度精确量；使用者想象第六特定动作，通过相应的脑电和脑血流信号融合特征关闭电刺激系统。

▶ 公开号：CN103955269A

申请日：2014 年 04 月 09 日

发明名称：一种基于虚拟现实环境的智能眼镜脑机接口方法

技术方案：一种基于虚拟现实环境的智能眼镜脑机接口方法。该方法通过短暂的视觉刺激训练，可以通过想象运动控制虚拟现实环境中人物运动，包括训练模式和应用模式。在训练模式中，智能眼镜界面只显示简单刺激诱发范式，实时地采集来自用户的脑电数据和简单视觉刺激传送的事件代码；读取脑电信号和事件代码，对数据进行处理分析，建立合适的模型。在应用模式中，智能眼镜界面呈现活动场景接收指令控制信号并通过界面内人物活动反馈给用户；采集用户的脑电数据，读取脑电数据，经过训练模式中建立的模型分析并将结果发送到指令控制模块；指令控制模块接收结果，并将结果转换为相应的控制指令输入虚拟现实环境中。该方案提高了识别率，增加了实用性。

▶ 公开号：CN106774847A

申请日：2016 年 11 月 24 日

发明名称：基于虚拟现实技术的三维视觉 P300 – Speller 系统

技术方案：一种基于虚拟现实技术的三维视觉 P300 – Speller 系统，包括 VR 刺激模块、脑电采集模块、计算机数据处理模块和指令控制/显示模块，其中：用户注视虚拟眼镜上的刺激范式的变化，在大脑皮层产生脑电信号的相应变化，所述脑电采集模块采集六个通道的脑电信号，并且在该模块由脑电电极探测后经过脑电放大器放大、滤波后，输入所述计算机，经过计算机处理模块对相应的视觉诱发 P300 电位特征信号进行特征提取和分类识别，将这些特征应用于实验任务的模式识别，进而应用于阈值判断指令输出与否。与现有技术相比，该方案突破了传统二维刺激界面枯燥、单一的问题，通过虚拟现实技术与脑 – 机接口技术的结合运用全面提升用户体验。

▶ 公开号：CN108958620A

申请日：2018 年 05 月 04 日

发明名称：一种基于前臂表面肌电的虚拟键盘设计方法

技术方案：一种基于前臂表面肌电的虚拟键盘设计方法，其特征在于，所述方法基于人体电生理信息，借助于表面肌电信号与实际动作之间的关系，建立手指按键动作下的肌电信号特征与不同按键之间的识别模型，包括以下步骤：建立包含不同按键动作下的多通道前臂肌电信号及其按键信息的数据库；对数据库中的多通道肌电信号进行去噪和特征计算，以此提取肌电信号特征；利用肌电信号特征和按键信息训练分类模型，并验证分类模型判断的准确性，该分类模型连同肌电采集设备，实现了基于肌电分析的虚拟键盘的功能。

8.2.4 重要发明人分析

经检索分析，天津大学在脑机协作的人机智能共生技术领域的在华专利数量为 137 件。其中，发明人明东及其团队的专利数量为 86 件，拥有最多的专利申请，是天津大学的重要发明人团队。明东及其团队的专利情况见表 8 – 2 – 4 和表 8 – 2 – 5。虽然明东及其团队作为发明人的专利申请，申请人只是天津大学，但是其中有 6 件授权专利在

2019年发生过专利权转移，从天津大学转移至中电云脑（天津）科技有限公司。中电云脑（天津）科技有限公司是在2018年10月12日，由中电数据、天津大学以及东丽人民政府共同出资成立的，面向健康医疗产业提供数据服务、模型服务和应用服务的综合性平台公司。由此看出，天津具有良好的产学研转化环境，应当进一步加强高校与企业之间的合作，将重点专利转化为产品。

表8-2-4 天津大学明东团队脑机协作的人机智能共生领域专利申请情况

发明人	涉及件数	发明人	涉及件数
明东	86	赵欣	12
綦宏志	53	杨佳佳	11
许敏鹏	42	刘爽	10
万柏坤	36	周鹏	10
何峰	31	安兴伟	10
陈龙	27	奕伟波	9
王仲朋	17	汤佳贝	8
张力新	16	肖晓琳	7
柯余峰	13	程龙龙	6
王坤	12	孙长城	5

表8-2-5 天津大学明东团队脑机协作的人机智能共生领域专利权转移情况

公开号	发明名称	专利权转移
CN102184019A	基于隐性注意的视听联合刺激脑-机接口方法	是，转移至中电云脑（天津）科技有限公司
CN102184018A	一种脑机接口系统及其控制方法	是，转移至中电云脑（天津）科技有限公司
CN102184017A	一种P300脑-机接口导联优化方法	是，转移至中电云脑（天津）科技有限公司
CN101862194A	基于融合特征的想象动作脑电身份识别方法	是，转移至中电云脑（天津）科技有限公司
CN101776981A	脑电与肌电联合控制鼠标的方法	是，转移至中电云脑（天津）科技有限公司

续表

公开号	发明名称	专利权转移
CN101382837A	复合动作模式脑电鼠标控制装置	是，转移至中电云脑（天津）科技有限公司
CN101301244A	基于脑-机接口的智能轮椅控制系统及其脑电信号处理方法	否
CN105468143A	一种基于运动想象脑-机接口的反馈系统	否
CN106484112A	基于运动想象脑-机接口的字符拼写器及测试方法	否
CN106774847A	基于虚拟现实的三维视觉P300-Speller系统	否
CN107656612A	基于P300-SSVEP的大指令集脑-机接口方法	否
CN109589247A	基于脑-机-肌信息环路的助行机器人系统	否
CN109657560A	机械手臂控制在线脑-机接口系统及实现方法	否

明东及其团队聚焦于新一代神经工程学基础理论与关键技术，以脑-机交互为研究主线，重点面向特种医学与人机工程、物理医学与康复工程等重大领域的工程应用，形成了复合神经感知与反馈系列化解决方案和应用系统，重点发明了脑-机交互的神经信息学复合编解码技术、肌-机交互的神经肌骨动力学复合调控技术以及体-机交互的人工神经系统视触觉复合反馈技术。尤其在脑信号深度解码、脑意图精细辨识、脑-机快速通信等方向形成了特色优势，先后发展了混合P300-SSVEP编码、极微弱脑电特征解码、脑-机通讯动态停止、训练型脑-机-体交互等一批自主可控核心技术，创造了脑-机接口领域多项性能指标的国际纪录，包括目前最高识别精度（$0.5\mu V$）、最大控制指令集（108指令）和最快传输速度（模拟在线平均信息传输率353bits/min）。

发明人高忠科及其团队的专利数量为12件，拥有较多的专利申请，是天津大学的重要发明人团队。高忠科及其团队的专利情况见表8-2-6和表8-2-7。从中能够看出，其发明主要涉及脑电信号分析和意念控制的技术以及多种方向的具体应用，例如头戴式智能穿戴设备、机器人意念控制。但是申请人只涉及天津大学，没有发生过专利转移，因此，还需要进一步将其具体在各行业进行转化。

表8-2-6 天津大学高忠科团队脑机协作的人机智能共生领域专利申请情况

发明人	涉及件数	发明人	涉及件数
高忠科	12	冯彦华	1
党伟东	8	刘新睿	1
杨宇轩	6	张俊	1
蔡清	5	李珊	1
曲志勇	3	杜秀兰	1
侯林华	2	王子博	1
李彦里	2	贾浩轩	1
王新民	2		

表8-2-7 天津大学高忠科团队脑机协作的人机智能共生领域专利权转移情况

公开号	发明名称	专利权转移
CN106491083A	用于脑状态监测的头戴式智能穿戴电极数量优化法及应用	否
CN106503799A	基于多尺度网络的深度学习模型及在脑状态监测中的应用	否
CN106473736A	基于复杂网络的脑电信号分析方法及应用	否
CN106491083A	用于脑状态监测的头戴式智能穿戴电极数量优化法及应用	否
CN106503800A	基于复杂网络的深度学习模型及在测量信号分析中的应用	否
CN108388345A	基于小波多分辨率复杂网络的脑电极优化方法及其应用	否
CN108415568A	基于模态迁移复杂网络的机器人智能意念控制方法	否
CN108433722A	便携式脑电采集设备及其在SSVEP和运动想象中的应用	否
CN108445751A	融合递归图与深度学习的多目标SSVEP意念控制法及应用	否

8.2.5 小　　结

天津大学是国内脑机协作的人机智能共生技术领域的重要申请人，是该领域内国内申请量排名第二位的创新主体，其下属的神经工程研究团队持续在该领域进行深入研究，研发出在航空、医疗等领域的脑机协作的人机智能共生技术的多项产品。未来，脑机协作的人机智能共生技术将广泛渗透到社会各个领域并产生生产力的革新，然而我国在该领域无论在研究还是应用方面都面临巨大的人才缺口。为了培养创新型人才和技术应用型人才，天津大学和中国电子信息产业集团签署战略合作协议，深化校企合作和科研成果转化，天津大学研究生院与中国电子信息产业集团签署工程博士培养协议。这将有助于我国在脑机协作的人机智能共生技术领域人才的培养和技术的创新。

8.3 百　　度

国内公司积极跟进研发新一代人工智能开放创新平台，百度、阿里巴巴、腾讯、科大讯飞和商汤科技分别在不同领域推出了智能开放创新平台（参见图8-3-1）。

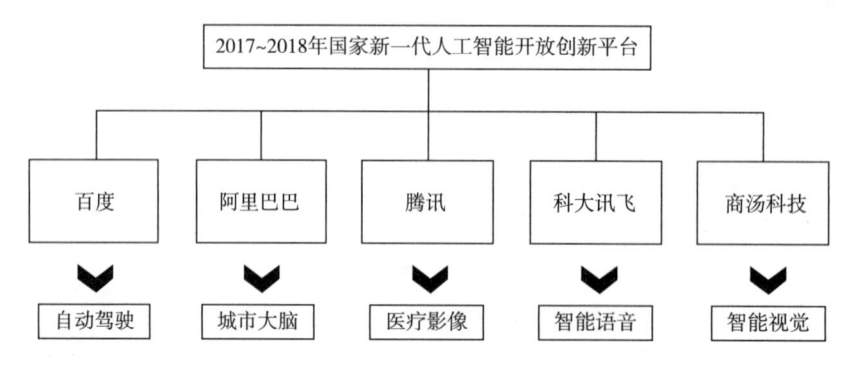

图8-3-1　2017~2018年国家新一代人工智能开放创新平台

在混合增强智能领域中国申请量排名前20位的申请人中，排名最靠前的公司是百度。百度作为中国互联网企业的典型代表，经过21世纪初的飞速发展，已拥有较为强大的人才队伍和资金实力，在这一次的智能化发展大潮中，勇于创新，参与竞争，是国内自动驾驶领域的领跑者。

在人机共驾领域的专利申请中，国内申请人申请量排名靠前的比较少，且以科研机构为主。在人机共驾领域的产业应用方面，由于目前仍处于摸索期，技术不成熟，标准也不完善，上路测试的安全性并不能得到很好的保障，因此产业上还未形成大规模的应用，研究开发出成熟产品的创新主体更是少之又少。而作为一家互联网企业，百度不仅申请量排名靠前，还研发出多种较为成熟的产品，包括高精度地图，Apollo 平台以及基于 Apollo 平台运营的自动驾驶卡车、自动驾驶公交、自动驾驶小型车等。百度能够取得领先优势，得益于其对新技术的敏感、对发展趋势的前瞻性预测和极强的行动力：

① 对新技术的敏感，助力百度开启新征程。早在2012年，百度无人驾驶便开始了；2014年，百度启动了无人驾驶汽车的研发计划；2015年，百度成立了自动驾驶事业部。几乎和全球自动驾驶的研发同步，百度加入了这一场竞争中，提前站到了这一领域的风口。

② 对发展趋势的前瞻性预测，助力百度抢占高地。百度准确地预测了自动驾驶领域的发展趋势，对组织机构和现有资源进行整合，成立智能驾驶事业群组IDG，下设自动驾驶事业部、智能汽车事业部、车联网事业部。在这次大规模调整过程中，百度推出了Apollo计划，宣传开放自动驾驶平台，尝试将这一领域的上下游各类合作伙伴都纳入计划中，打造领域生态圈。这一举措也标志着百度自此开始了自动驾驶的平台战略，这一时期百度在自动驾驶领域的申请量快速增长。

③ 极强的行动力，助力百度推进计划。百度开启了 Apollo 平台后，以极快的速度对平台版本进行迭代，平均每次迭代间隔不超过三个月。为了让自身产品有更广泛的市场，百度作了多方面的运营宣传。不仅如此，百度还积极参与规则标准的探索，寻找全球合作伙伴。2018 年，百度发布了中国首个自动驾驶量产相关的安全报告。该报告是中国首个针对自动驾驶量产的、细分场景与功能的、专业的安全报告，对于推动自动驾驶安全行业统一标准的建立提供了理论支持。近两年百度在该领域申请量的迅速增长也体现了其较强的技术积累和极强的行动速度。

可以看出，百度以自身创新为主，一方面跟进市场，探索开拓运营渠道，开展多家合作，互通有无优势互补；另一方面充分利用科研院所的研发优势，减小人才缺口，充分利用科研院所的研发资源，为科研院所提供与产业紧密对接的平台，整合社会资源，促进共同协调发展。也正是这样的发展机制和合作思路，使得百度得以在新的研究领域稳步前行，在紧跟市场需求的同时培养后备人才。

8.3.1 专利态势分析

图 8-3-2 示出了百度近些年人机共驾领域专利申请态势。可以看出，百度从 2012 年开始出现人机共驾方面的专利申请，2015 年后，出现明显增长。结合百度自 2015 年以来在该领域的一系列措施和成果，以上专利申请增长应是得益于其在该领域的重视、投入以及重点布局。

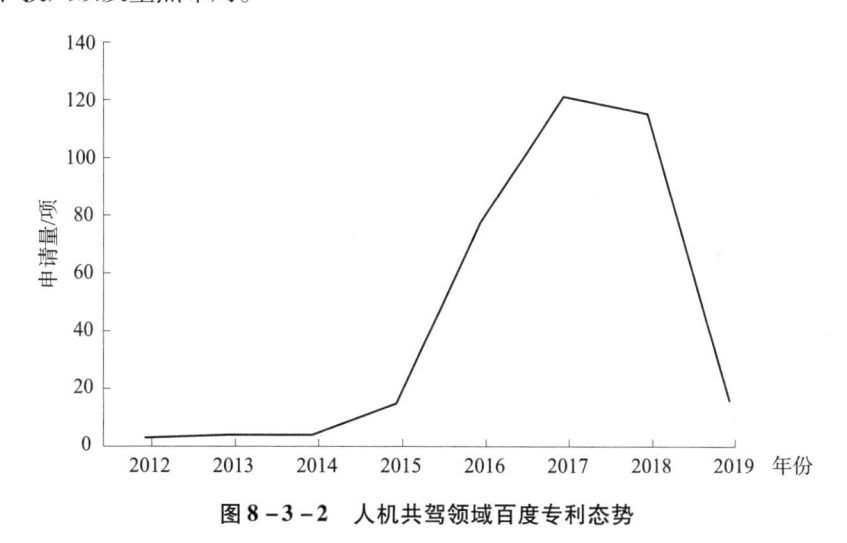

图 8-3-2 人机共驾领域百度专利态势

8.3.2 技术布局分析

图 8-3-3 是百度在人机共驾领域的专利申请技术布局情况。人机共驾的四个技术分支包括感知、决策、控制和测试平台。百度在决策分支的申请量占比最高，占到 49%；次之的是感知技术分支，占比 20%。申请量占比较少的分支是控制技术，占到 10%。百度在人机共驾领域的研究主要集中在决策技术。近年来，将高精度地图、

Apollo 平台与实际应用融合，成为百度研究的新热点。

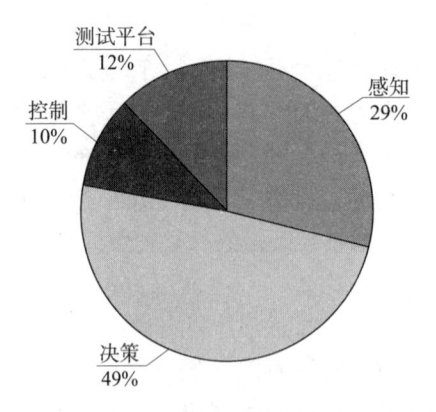

图 8-3-3 百度人机共驾领域技术布局分布情况

8.3.3 技术路线分析

在决策分支方面，百度依托自身较强的技术和应用基础，目前有一部分技术具有领先优势，其技术路线的具体分析如图 8-3-4（见文前彩色插图第 4 页）所示。

百度在高精度地图方向拥有较多核心基础专利，如表 8-3-1 所示。

表 8-3-1 百度高精度地图方向核心基础专利列表

序号	公开号	发明名称	申请日
1	CN102937452A	一种基于图像信息码的导航方法、装置和系统	2012-10-26
2	CN103514290A	电子地图信息点获取方法、装置及服务器	2013-10-08
3	CN103955479A	电子地图的实现方法及装置	2014-04-02
4	US10429193B1	高精地图生成方法和装置	2016-05-30
5	CN106250387A	用于无人驾驶车辆测试的高精地图的编辑方法和装置	2016-07-13
6	CN109141446A	用于获得地图的方法、装置设备和计算机可读存储介质	2019-01-04
7	CN109612475A	高精度电子地图的更新方法、装置及可读存储介质	2019-04-12
8	CN109631873A	高精地图的道路生成方法、装置及可读存储介质	2019-04-16
9	CN110006440A	一种地图关系的表达方法、装置、电子设备及存储介质	2019-07-12

▶ CN102937452A

申请日：2012 年 10 月 26 日

发明名称：一种基于图像信息码的导航方法、装置和系统

技术方案：一种基于图像信息码的导航方法、装置和系统，预先在关键地理位置设置图像信息码，所述图像信息码中包含所在的地理位置信息和在设定基准上的朝向信息；获取用户输入的图像信息码，解析获取的图像信息码并查询图形码数据库后得到用户所在的地理位置 A 和朝向信息 C；查询电子地图数据库确定从所述地理位置 A 到目的地理位置 B 的行动路径 $PathAB$，并进一步利用所述朝向信息 C 和 $PathAB$ 确定用户

的行动方向 *DirCA*。通过该发明能够满足建筑物内的精细导航需求。

▶ CN103514290A

申请日：2013 年 10 月 08 日

发明名称：电子地图信息点获取方法、装置及服务器

技术方案：一种电子地图信息点获取方法、装置及服务器，其中所述方法包括：获取当前用户属性类别；获取显示屏屏幕内地图底图区域中与所述当前用户属性类别相匹配的信息点；对所述相匹配的信息点进行排序，获得排序列表；选择所述列表中预定数量的信息点；根据预设方式展示选择的信息点。该发明中信息点的获取以用户属性类别为基础，以此，为用户提供了准确的信息点及详情页面入口，提高了用户在查看电子地图过程中所获取信息的准确度。

▶ CN103955479A

申请日：2014 年 04 月 02 日

发明名称：电子地图的实现方法及装置

技术方案：一种电子地图的实现方法及装置。该方法包括：获取与电子地图区域范围对应的至少一个影响参数；根据所述影响参数，确定所述电子地图区域范围中的推荐信息点；在所述电子地图上显示所述推荐信息点。该发明实施例提供的电子地图的实现方法及装置，通过至少一个影响参数，确定电子地图区域范围中的推荐信息点，向用户进行推荐，因此能够从多方面向用户提供出行参考信息，为用户推荐适宜出行的地点，并减小了规划的出行地点结果对用户出行的影响。

▶ US10429193B1

申请日：2016 年 05 月 30 日

发明名称：高精地图生成方法和装置

技术方案：一种电子地图的实现方法及装置。该方法包括：获取与电子地图区域范围对应的至少一个影响参数；根据所述影响参数，确定所述电子地图区域范围中的推荐信息点；在所述电子地图上显示所述推荐信息点。该发明实施例提供的电子地图的实现方法及装置，通过至少一个影响参数，确定电子地图区域范围中的推荐信息点，向用户进行推荐，因此能够从多方面向用户提供出行参考信息，为用户推荐适宜出行的地点，并减小了规划的出行地点结果对用户出行的影响。

▶ CN106250387A

申请日：2016 年 7 月 13 日

发明名称：用于无人驾驶车辆测试的高度地图的编辑方法和装置

技术方案：一种用于无人驾驶车辆测试的高精地图的编辑方法和装置，所述方法包括：获取并展示待编辑的高精地图；当接收到针对高精地图上的任一区域的地图元素添加指令时，根据获取到的待添加的地图元素的特征信息，生成待添加的地图元素，并展示到高精地图上；当接收到编辑完成指令时，将当前所展示的高精地图对应的地图数据进行保存。应用该发明所述方案，能够快速地构建出满足无人驾驶车辆测试需求的高精地图。

▶ CN109141446A

申请日：2019 年 01 月 04 日

发明名称：用于获得地图的方法、装置设备和计算机可读存储介质

技术方案：用于获得地图的方法、装置、设备和计算机可读存储介质。一种用于获得地图的方法包括在服务器处获取关于采集区域的基准地图。该方法还包括基于该基准地图将采集区域划分为多个子区域。该方法还包括生成与多个子区域相对应的多个采集任务，多个采集任务中的一个采集任务用于采集关于多个子区域中的相应子区域的地图。此外，该方法还包括将该采集任务分配给相应采集实体，以使得相应采集实体采集关于相应子区域的地图。公开的实施例能够以低成本来实现大规模高精度地图的制作。

▶ CN109612475A

申请日：2019 年 04 月 12 日

发明名称：高精度电子地图的更新方法、装置及可读存储介质

技术方案：高精度电子地图的更新方法、装置及可读存储介质，通过接收请求端上传的对高精度电子地图的更新请求，其中，所述更新请求包括目标物体的更新数据以及更新版本标识；根据预先获得的所述高精度电子地图的多个地图区块，确定存储有所述目标物体的地图数据的目标地图区块；其中，每个地图区块中存储有若干物体的地图数据和各地图数据当前的版本标识；根据所述目标物体的更新数据以及更新版本标识对所述目标地图区块中所述目标物体的地图数据和版本标识进行更新，从而实现了对高精度电子地图的局部更新，进而提高了更新效率。

▶ CN109631873A

申请日：2019 年 04 月 16 日

发明名称：高精地图的道路生成方法、装置及可读存储介质

技术方案：高精地图的道路生成方法、装置及可读存储介质，通过接收待处理的高精地图；对所述待处理的高精地图进行道路数据提取，确定高精地图中每条道路的延伸方向以及组成每条道路的多个直道车道；针对每条道路，将各直道车道按照道路的延伸方向首尾相连，获得高精地图的道路。该专利实现了对高精地图中道路的自动生成，有效降低了人工标注而带来人工成本，也提高了高精地图生成效率和道路质量。

▶ CN110006440A

申请日：2019 年 07 月 12 日

发明名称：一种地图关系的表达方法、装置、电子设备及存储介质

技术方案：一种地图关系的表达方法、装置、电子设备及存储介质。所述方法包括：在道路对应的点云数据中，提取出所述道路对应的各个车道线；将所述道路对应的各个车道线划分到至少一个分片区域中；根据各个车道线对应的至少一个分片区域，表达所述道路与预先确定的各个三维物体对象的地图关系。该专利能够高效准确地表达道路与三维物体对象的地图关系，从而可以提高高精地图的易用性，降低高精地图的维护成本。

8.3.4 小　　结

在全球合作的大形势下，科技公司单打独斗并不是最优的制胜路线。在自动驾驶决策分支的全球前 20 位申请人中，一些中国的科研机构也有所研究且成绩不俗。建议百度，一方面，按照专利布局的短板进行定向挖掘；另一方面，与拥有专利储备的科研机构或高校联合，形成专利储备池，以应对威胁或对国外申请人形成包围之势。

（1）以弱点为导向定向挖掘

在自动驾驶决策分支的全球前 20 位申请人中，一些中国的科研机构也有所研究且成绩不俗。一方面，百度侵权风险最大的是智能决策模型，清华大学、吉林大学等高校和科研院所已在该领域拥有较多的专利储备，它们的专利池中存在一些重点或核心专利，能够对国外申请人持有的潜在威胁专利形成包围或反诉局面。另一方面，按照专利布局的短板进行定向挖掘，比如百度高精度地图的路径规划还存在弱项，而一些排名相对靠后的高校和科研院所，如大连理工大学，其布局重点在于人机共驾中的路径规划、数据处理、距离定位等，可以进行收储或者合作将这些专利作为百度弱点的补充，增加百度专利布局的稳定性，成为未来的有效支撑。

（2）以企业类型为基础的专利运营手段

目前，企业在进行专利运营时，通常仅通过专利申请进行专利布局，忽视了专利运营的其他手段。但是科技公司，尤其是百度这种意图构建全产业链相关平台，在自动驾驶全面布局的企业，具有资金和技术实力，可以尝试进一步丰富专利运营手段。建议百度利用自己的专利布局基础和专利运营的人力、资金、管理经验作为资源进行专利价值的评估分析，尝试适合自己的专利运营管理方式。有以下几点需关注：①在整个产业链中，对于车辆企业、配件企业，科技公司和这两种类型公司专利竞争领域少，并且产品是互相依存的，可以采取互相许可的联合方式，增强自己在这个领域实际使用的广泛度，提高整个平台的依赖度，提升话语权，构建以自己产品为中心的生态圈。②对拥有大量专利但是已经在市场上渐渐减小产业规模的车辆企业、配件企业，积极进行专利的价值评估，通过购买的方式获取其有效的高价值专利从而丰富自己的专利布局，加强技术基础积累。对新兴科技企业的专利进行价值评估，通过购买提升自己技术的全面性。③对于谷歌这种已经在专利实力上已经较强，并且有自己的产品，会构成企业推广障碍的企业，需要针对自己的专利逐一进行风险排查，通过预先的专利价值侵权分析和评估及时规避或者围绕布局，避免未来专利侵权风险。

8.4 三　　星

经检索，在新型混合计算框架领域，三星在全球共申请了 1604 项专利，其中，在中国申请了 564 件。在第 5 章第 5.4.3 节中，在全球主要申请人排名中，三星也位居榜首，并且远超排名第二的 IBM。

8.4.1 专利态势分析

图 8-4-1 示出的是三星在新型混合计算框架领域的全球申请趋势。从图 8-4-1 中可知，在全球范围内，三星自 1990 年开始申请新型混合计算框架领域相关的专利。1990~2000 年，三星在该领域申请的专利数量并不多。从 2000 年开始，三星在该领域的专利申请量开始稳步上升；随着 2006 年人工智能第三次发展浪潮的到来，三星于 2006 年与 2007 年分别在世界上率先研制成功 50 纳米级 DRAM 和 30 纳米级 NAND，三星在存储器领域的占有率超过 30%，成为当时业界的强者，因此在 2006~2007 年进入专利布局高峰期。2008~2014 年，三星的专利申请量出现了回落，并呈现小幅震荡的趋势，在 2015 年又重回上升。2015 年，由于移动设备和服务器对三星的记忆芯片需求很大，三星增加了对生产设备的投资，对专利布局也产生一定的影响。

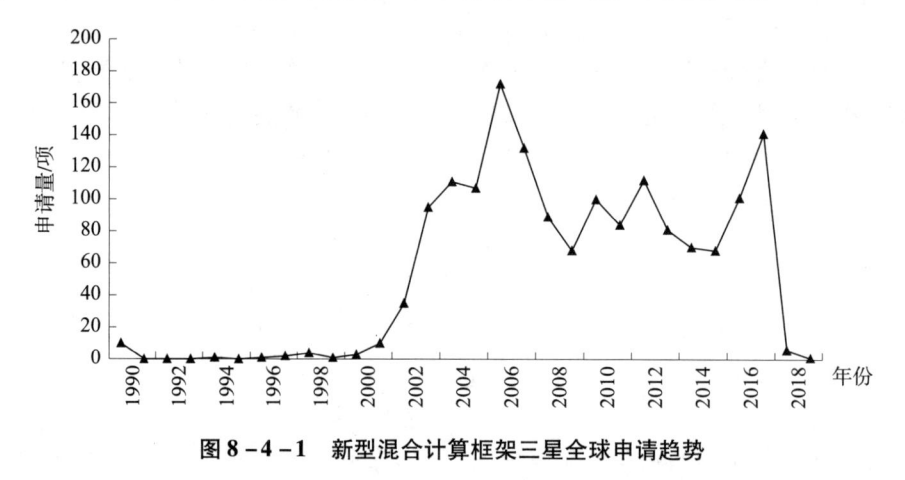

图 8-4-1　新型混合计算框架三星全球申请趋势

三星在中国也进行了新型混合计算框架的专利布局。图 8-4-2 示出的是三星在该领域的中国申请态势。可以看出，与全球申请趋势相比，三星在中国的专利申请时间较晚。与三星在全球的专利布局类似，在 2006~2007 年进入布局高峰期。2008~2014 年，三星在这个领域的申请量回落，并出现小幅震荡，在 2015 年又重回上升趋势。

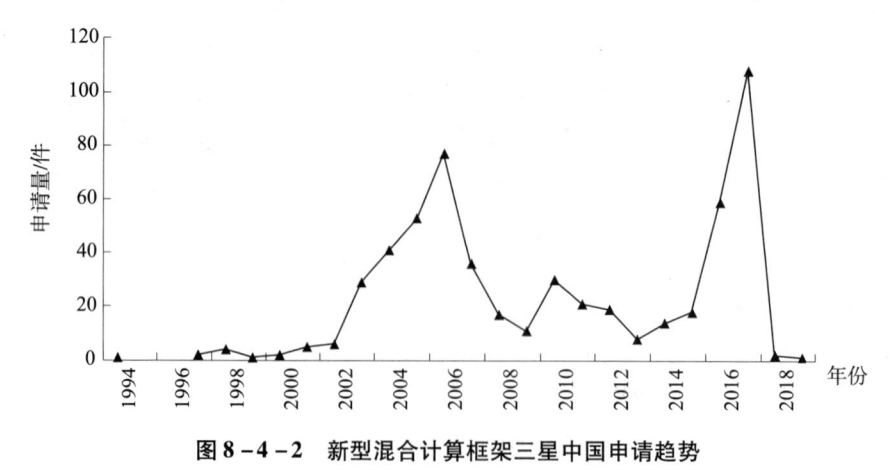

图 8-4-2　新型混合计算框架三星中国申请趋势

8.4.2 原创地和目标市场地分析

图 8-4-3 为新型混合计算框架领域三星全球技术原创国家或地区分布。在该领域，三星在本土（韩国）的专利布局最多，高达 83%，远超其他国家或地区，这说明韩国技术处于领先地位。2017 年，三星终结了英特尔 25 年的霸主地位，成为全球最大的半导体公司。三星在美国的布局仅为 12%，远低于在本土的布局。三星在日本的布局位居第三，为 1%。PCT 申请体现了申请人对技术的海外布局程度，但是三星的 PCT 申请仅占 1% 的比例。

图 8-4-4 为新型混合计算框架领域三星全球目标市场国家或地区的分布。美国占比达到 42%，位列第一，是三星最大的目标市场国；韩国占比为 28%，位列第二。中国、日本、欧洲占比分别为 13%、7% 和 2%，位列第三至第五。美国和韩国占据了该领域目标市场国家或地区专利申请总量的 70%，是最为重要的目标市场国。这说明美国的市场需求较大，具有巨大发展潜力，被三星视为重要的目标市场国家，同时，三星也把本土作为主要的目标市场。中国由于巨大的发展潜力，也是主要的目标市场，受到三星的重视。

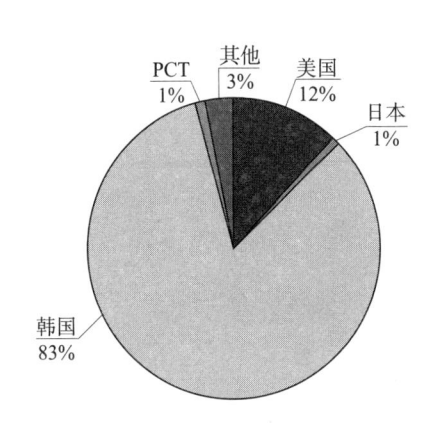

图 8-4-3　新型混合计算框架领域三星全球技术原创国家或地区分布

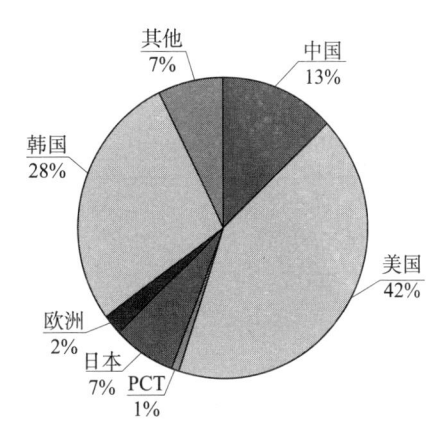

图 8-4-4　新型混合计算框架领域三星全球目标市场国家或地区分布

8.4.3 技术路线分析

经检索，在新型混合计算框架领域，三星在全球共申请了 1604 项专利，其中，在中国申请了 564 件。三星在 1993 年成为半导体存储器市场领域第一，逐渐超越竞争对手成为该领域的龙头企业。2017 年，三星电子超越英特尔，成为全球第一大半导体企业，销售额近 600 亿美元；2018 年三星电子继续保持第一，销售额近 760 亿美元。下面将介绍三星在新型混合计算框架这个分支下的核心基础专利，如表 8-4-1 所示。

表8-4-1 三星在新型混合计算框架领域的核心专利

序号	公开号	发明名称	申请日
1	US7009877B1	一种用于读取和写入数据状态的磁存储器设备	2003-11-14
2	US7502249B1	一种用于提供和利用磁存储器的方法和系统	2006-07-17
3	US6888742B1	利用自旋转移的离轴钉扎层、磁性元件和使用该磁性元件的MRAM器件	2002-08-28
4	US2006118913A1	相变存储单元及其形成方法	2004-12-06
5	US7272035B1	利用自旋转移的磁存储单元的电流驱动切换和使用这种单元的磁存储器	2005-08-31
6	US6958927B1	利用自旋转移和半金属的磁性元件以及使用该磁性元件的MRAM器件	2002-10-09
7	CN101546602A	使用可变电阻元件的非易失性存储器设备	2008-03-27
8	US2004251551A1	包括碳纳米管的相变存储器件及其形成方法	2003-06-11
9	US2010208521A1	操作非易失性存储器件的方法和包括非易失性存储器件的存储系统	2010-08-19
10	US2008136916A	提供磁性元件和能单向写入的磁性存储器的方法和系统	2007-06-12

▶ US7009877B1

申请日：2003-11-14

发明名称：一种用于读取和写入数据状态的磁存储器设备

技术方案：一种用于读取和写入数据状态的磁存储器设备，包括至少三个端子，包括第一、第二和第三端子。该磁存储器件还包括设置在第一端子和第二端子之间的自旋转移（ST）驱动元件，以及设置在第二端子和第三端子之间的读出元件。ST驱动元件包括第一自由层，读出元件包括第二自由层。读出元件中的第二自由层的磁化方向指示数据状态。ST驱动元件内的第一自由层的磁化反转静磁地引起读出元件中的第二自由层的磁化反转，从而记录数据状态。

▶ US7502249B1

申请日：2006-07-17

发明名称：一种用于提供和利用磁存储器的方法和系统

技术方案：一种用于提供和利用磁存储器的方法和系统。该磁性存储器包括多个磁性存储单元。每个磁存储单元包括当写电流通过（一个或多个）磁元件和（一个或多个）选择器件时由于自旋转移而可编程的（一个或多个）磁元件。该方法和系统包括驱动第一电流接近但不通过磁性存储单元的一部分的磁性元件，第一电流产生磁场。该方法和系统还包括驱动第二电流通过该部分磁存储单元的（多个）磁性元件。第一和第二电流优选地都被驱动通过与磁性元件耦合的位线。第一和第二电流在开始时间导通。第二电流和磁场足以对（多个）磁性元件进行编程。

▶ US6888742B1

申请日：2002-08-28

发明名称：利用自旋转移的离轴钉扎层、磁性元件和使用该磁性元件的 MRAM 器件

技术方案：一种用于提供磁性元件的方法和系统，该磁性元件能够在产生高输出信号的同时利用自旋转移效应在减少的时间内被写入，该发明还公开了一种使用该磁性元件的磁性存储器。磁性元件包括铁磁被钉扎层、非磁中间层和铁磁自由层。被钉扎层具有钉扎在第一方向上的磁化。非磁性中间层位于被钉扎层和自由层之间。自由层具有易磁化轴在第二方向的磁化。第一方向与第二方向在同一平面中，并且相对于第二方向以一定角度定向。该角度不同于零度和 π 弧度。磁性元件还被配置为当写电流通过磁性元件时允许自由层的磁化由于自旋转移而改变方向。

▶ US2006118913A1

申请日：2004-12-06

发明名称：相变存储单元及其形成方法

技术方案：一种相变存储单元。该相变存储单元包括形成在半导体衬底上的下层间电介质层和穿过该下层间电介质层的下导电插塞。下导电插塞与设置在下层间电介质层上的相变材料图案接触。相变材料图案和下层间介电层覆盖有上层间介电层。相变材料图案与导电层图案直接接触，导电层图案设置在穿过上层间电介质层的板线接触孔中。还提供了制造相变存储单元的方法。

▶ US7272035B1

申请日：2005-08-31

发明名称：利用自旋转移的磁存储单元的电流驱动切换和使用这种单元的磁存储器

技术方案：一种用于提供磁存储器的方法和系统。该方法和系统包括提供多个磁存储单元。多个磁存储单元中的每一个包括磁元件和选择晶体管。可以使用由驱动通过磁性元件的写电流引起的自旋转移感应切换来对磁性元件进行编程。选择晶体管包括源极和漏极。多个磁存储单元成对分组。该专利用于一对磁存储单元中的一个磁存储单元的选择晶体管的源极与用于该对磁存储单元中的另一个磁存储单元的选择晶体管共享源极。

▶ US6958927B1

申请日：2002-10-09

发明名称：利用自旋转移和半金属的磁性元件以及使用该磁性元件的 MRAM 器件

技术方案：一种可用于具有高密度的存储器阵列中的磁性元件，其包括钉扎层、半金属材料层、间隔件（或势垒）层及自由层。半金属材料层形成在被钉扎层上，并且优选地具有小于约 100 埃的厚度。半金属材料层可以在被钉扎层上形成连续层或不连

续的层。在半金属材料层上形成间隔（或阻挡）层，使得间隔（或阻挡）层是非磁性的和导电的（或绝缘的）。自由层形成在隔离（或阻挡）层上，并具有第二磁化，当写电流通过磁性元件时，该第二磁化基于自旋转移效应改变方向。

▶ CN101546602A

申请日：2008-03-27

发明名称：使用可变电阻元件的非易失性存储器设备

技术方案：一种非易失性存储器设备，包括多个存储器组，每个存储器组包括多个非易失性存储器单元。每个单元包括可变电阻元件，所述可变电阻元件具有根据存储的数据而变化的电阻。该专利包括多个全局位线，每个全局位线被多个存储器组共享。多个主字线对应于多个存储器组中的一个排列。

▶ US2004251551A1

申请日：2003-06-11

发明名称：包括碳纳米管的相变存储器件及其形成方法

技术方案：一种集成电路相变存储器件，包括：集成电路衬底；在集成电路衬底上的第一电极；以及在集成电路衬底上并与第一电极隔开的第二电极。碳纳米管和相可变层串联设置在第一和第二电极之间。绝缘层可以包括接触孔，并且碳纳米管可以设置在接触孔中。此外，相变层也可以至少部分地设置在接触孔中。还可以提供至少部分地围绕接触孔中的碳纳米管的层。

▶ US2010208521A1

申请日：2010-08-19

发明名称：操作非易失性存储器件的方法和包括非易失性存储器件的存储系统

技术方案：操作非易失性存储器件的方法可以包括：对第一地址区域执行读取操作；将第一地址区域的读取时间与参考时间进行比较；以及基于比较结果将从第一地址区域的读取数据存储在第二地址区域中。

▶ US2008136916A

申请日：2007-06-12

发明名称：提供磁性元件和能单向写入的磁性存储器的方法和系统

技术方案：一种用于提供磁性元件的方法和系统以及利用该磁性元件的存储器。磁性元件包括参考层、非铁磁性间隔层和自由层。参考层具有可重置磁化，该可重置磁化通过参考层外部产生的磁场而被设定在选定方向。参考层在工作温度范围内也是磁热不稳定的，并且 KuV/kBT 小于55。间隔层位于参考层和自由层之间。此外，磁性元件被配置为当写电流通过磁性元件时允许自由层被切换到多个状态中的每一个。

8.4.4 小　结

三星是新型混合计算框架的重要申请人，其申请量位于领先位置。三星在克服新材料的复杂挑战后，推出了嵌入式非易失性存储器（eNVM）技术，并通过 EMRAM 与现有成熟的逻辑技术相结合，将继续扩大新兴的非易失存储器工艺产品组合。面对三星在新型混合计算框架的霸主地位，中国企业的突破难度较大。通过本小节的分析可以看到，三星较早在该领域进行技术积累，其申请量经过几年的调整之后目前处于增长态势。在三星的原创国中，本土的专利布局最多，其次为美国。而三星的目标市场国中，美国占比最高，其次为韩国，说明三星将美国和韩国作为主要目标市场国。通过对技术路线分析，三星在新型非易失性存储器领域的实力较强。

8.5 IBM

经检索，在新型混合计算框架技术领域，IBM 在全球共申请了 1263 项专利，其中，在中国申请了 234 件。IBM 是该领域重要的申请人，本节将对 IBM 在该领域的专利申请进行全面的分析。

8.5.1 专利态势分析

图 8-5-1 示出的是 IBM 在新型混合计算框架领域的全球申请趋势。可知，在全球范围内，IBM 自 1990 年开始申请该领域相关的专利。1990~2000 年，申请量并不多，新型混合计算框架领域的研究并未成热点，因此，IBM 在这段时间内形成了初步的技术积累。2001 年开始，IBM 在这一领域的专利申请量开始稳步上升，在 2003 年、2009 年以及 2015 年出现了专利布局的小高峰。整体而言，IBM 在新型混合计算框架领域呈现了整体上升的趋势。这说明 IBM 在新型混合计算框架领域的研究热度一致保持上升趋势。

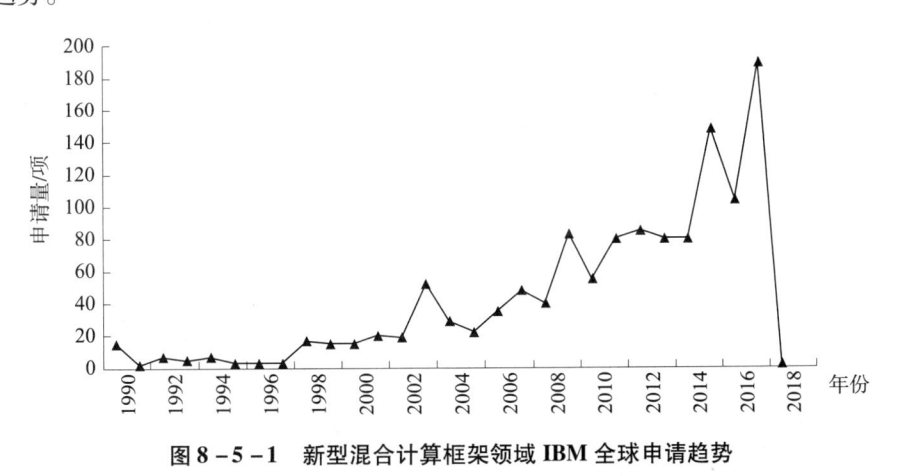

图 8-5-1　新型混合计算框架领域 IBM 全球申请趋势

IBM 在中国也进行了新型混合计算框架的专利布局。图 8-5-2 示出的是 IBM 在该领域的中国申请趋势。可以看出，与全球申请趋势相比，IBM 在中国的专利出现的时间稍晚。与在全球的专利布局不同的是，从 2000 年开始，IBM 在中国的专利布局呈整体上升趋势，但是从 2010 年开始，专利申请量逐年下降，在 2014 年跌入低谷，从 2015 年又有较快增长。

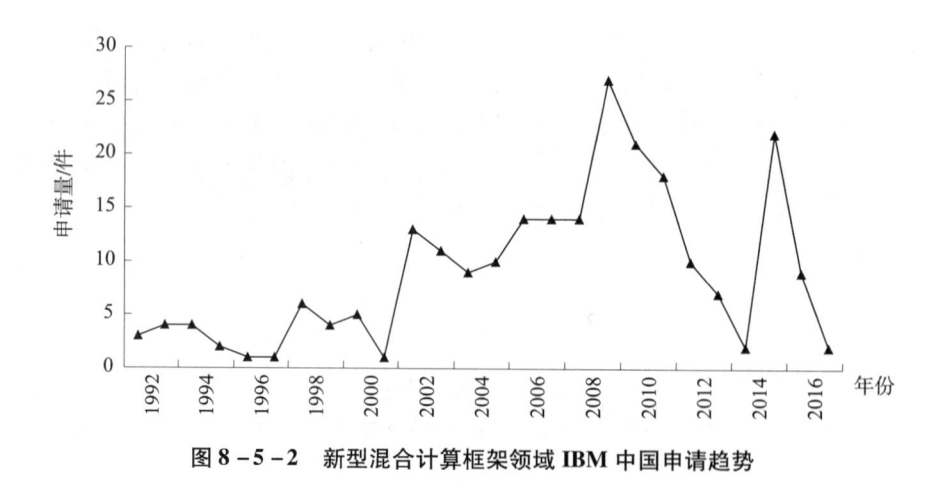

图 8-5-2　新型混合计算框架领域 IBM 中国申请趋势

8.5.2　原创地和目标市场地分析

图 8-5-3 为新型混合计算框架 IBM 优先权国家或地区分布。在新型混合计算框架领域，IBM 在本土的专利布局最多，高达 92%，远超其他国家或地区，这说明 IBM 在该领域有较强研发实力。欧洲、德国、日本分布位居第二、第三、第四，分别为 4%、2%、1%。IBM 也通过 PCT 手段进行专利布局，在这一技术分支中达到了 1% 的比例。

图 8-5-4 为新型混合计算框架领域 IBM 目标市场国家或地区分布。美国在目标市场国家或地区中的占比达到 57%，位列第一，是最大的目标市场国；中国的比例为 9%，位列第二。日本、欧洲、韩国占比分别为 3%、3% 和 2%，位列第三至第五。美国和中国占据了该领域目标市场国家或地区专利申请总量的 66%，这说明美国和中国的市场需求较大，具有巨大发展潜力，被 IBM 视为重要的目标市场国家。同时，IBM 也通过 PCT 的形式进行专利布局，占比为 5%。

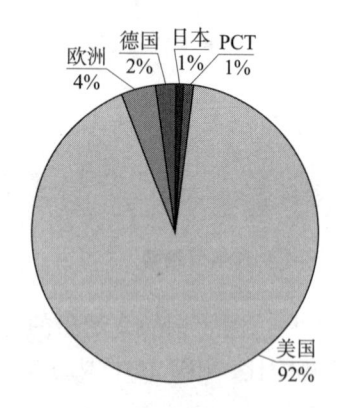

图 8-5-3　新型混合计算框架领域
IBM 全球技术原创国家或地区分布

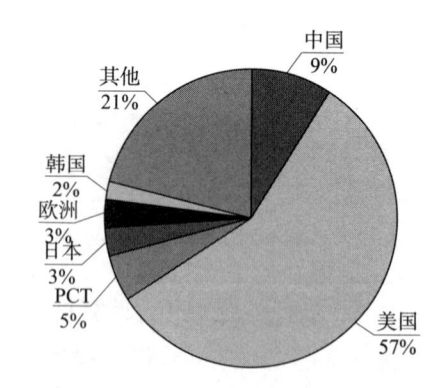

图 8-5-4　新型混合计算框架领域
IBM 全球目标市场国家或地区分布

8.5.3 技术路线分析

经检索，在新型混合计算框架技术领域，IBM 在全球共申请了 1263 项专利，其中，在中国申请了 234 件，下面将介绍 IBM 在新型混合计算框架这个分支下的核心基础专利，如表 8-5-1 所示。

表 8-5-1 IBM 在新型混合计算框架领域的核心专利列表

序号	公开号	发明名称	申请日
1	US2006226409A1	相变存储单元具有宽度小于主要部分宽度的窄沟道的相变材料	2005-04-06
2	US6335890B1	用于写入磁随机存取存储器的分段写入线架构	2000-11-01
3	US2004128470A1	用于数据存储设备和系统的日志结构写高速缓存	2004-07-01
4	US7382647B1	用于基于交叉点的存储器阵列架构的整流元件	2007-02-27
5	US2008191187A1	具有柱状底部电极的相变存储器件的制造方法	2007-02-12
6	US2013073497A1	可缩放神经网络中的神经形态事件驱动的神经计算架构	2011-09-16
7	US2013073493A1	经由尖峰计算的无监督、监督和增强的学习	2011-09-16
8	US2011153533A1	在超密集突触交叉棒阵列中产生尖峰时序相关可塑性	2009-12-22
9	US2005112896A1	多位相变存储单元	2003-11-20
10	US2006098354A1	使用非晶材料作为参考层和自由层的磁性隧道结	2004-11-10

▶ US2006226409A1

申请日：2005-04-06

发明名称：相变存储单元具有宽度小于主要部分宽度的窄沟道的相变材料

技术方案：一种相变存储单元和形成该存储单元的方法。该存储单元包括直接连接到底部接触并通过相变材料的窄沟道连接到顶部接触的相变材料的主体。通道从顶部接触部朝向主体渐缩。沟道的最小宽度小于最小光刻尺寸，并且比主体的宽度窄。因此，沟道为开关电流路径提供了受限区域，并且将相位变化限制在沟道内。此外，存储单元的实施例通过在相变材料和单元壁之间提供空间来隔离相变材料的主体。该空间允许相变材料膨胀和收缩，并且还限制了散热。

▶ US6335890B1

申请日：2000-11-01

发明名称：用于写入磁随机存取存储器的分段写入线架构

技术方案：一种用于选择性地写入磁随机存取存储器（MRAM）设备中的一个或多个磁存储器单元的体系结构，包括至少一个写入线，该写入线包括全局写入线导体和连接到其的多个分段写入线导体，全局写入线导体与存储器单元基本上隔离。该体系结构还包括多个分段组，每个分段组包括多个存储单元，其可操作地耦合到相应的分段写入线导体，以及多个分段组选择开关，每个组选择开关可操作地连接在相应的分段写入线导体和写入线电流返回导体之间，该组选择开关包括用于接收组选择信号的组选择输入，该组选择开关响应于该组选择信号基本上完成了相应的分段写入线导体和写入线电流返回导体之间的电路。多条位线可操作地耦合到磁存储器单元，用于选择性地写入存储器单元的状态。

▶ US2004128470A1

申请日：2004-07-01

发明名称：用于数据存储设备和系统的日志结构写高速缓存

技术方案：一种用于数据存储系统的日志结构写高速缓存和用于改进存储系统的性能的方法。该系统可以是RAID存储阵列、磁盘驱动器、光盘或磁带存储系统。写高速缓存优选地在系统的主存储介质中实现，但也可以在系统的其他存储组件中提供。写高速缓存包括高速缓存线，其中写数据以非易失性状态临时累积，使得它可以在稍后的时间顺序地写到目标存储位置，从而提高系统的整体性能。每个高速缓存行的元数据也被保存在写高速缓存中。元数据包括用于该行中的每个扇区的目标扇区地址和指示数据被发布到高速缓存行的顺序的序列号。为每个高速缓存行提供缓冲器表项。散列表用于在缓冲表中搜索在每次数据读取和写入操作时所需的扇区地址。

▶ US7382647B1

申请日：2007-02-27

发明名称：用于基于交叉点的存储器阵列架构的整流元件

技术方案：一种非对称编程的存储材料（例如固体电解质材料），其用作整流元件，用于驱动交叉点存储结构中的对称或基本对称的电阻性存储元件。固体电解质元件（SE）在OFF状态下具有非常高的电阻，在ON状态下具有非常低的电阻（因为它在ON状态下是金属丝）。这些属性使其成为接近理想的二极管。在存储元件的电流通过期间（在编程/读取/擦除期间），固体电解质材料也编程为低电阻状态。固体电解质材料的最终状态回复到高电阻状态，同时确保存储材料的最终状态是所期望的状态。

▶ US2008191187A1

申请日：2007-02-12

发明名称：具有柱状底部电极的相变存储器件的制造方法

技术方案：一种用于制造蘑菇状单元类型相变存储器的方法是基于在衬底上制造底部电极材料柱，所述衬底包含与存取电路电连通的导电触点阵列。沉积电极材料层，以与导电触点阵列形成可靠的电接触。蚀刻电极材料以在对应的导电触点上形成电极柱的图案。接着，在图案上沉积介电材料并将其平坦化，以提供暴露电极柱的顶表面的电极表面。接着，沉积一层可编程电阻材料，例如硫族化物或其他相变材料，接着沉积一层顶部电极材料。描述了一种包括底部电极柱的器件，所述底部电极柱具有比顶表面大的底表面。

▶ US2013073497A1

申请日：2011－09－16

发明名称：可缩放神经网络中的神经形态事件驱动的神经计算架构

技术方案：一种事件驱动神经网络，包括多个互连的核心电路。每个核心电路包括电子突触阵列，该电子突触阵列具有互连多个数字电子神经元的多个数字突触。突触将突触前神经元的轴突与突触后神经元的树突互连。神经元积分输入尖峰，并响应于超过阈值的积分输入尖峰而产生尖峰事件。每个核心电路还具有调度器，该调度器接收尖峰事件并基于确定性事件递送的调度将尖峰事件递送到突触阵列中的所选轴突。

▶ US2013073493A1

申请日：2011－09－16

发明名称：经由尖峰计算的无监督、监督和增强的学习

技术方案：该发明涉及通过尖峰计算的无监督、监督和增强的学习。神经网络包括多个神经模块。每个神经模块包括多个数字神经元，使得神经模块中的每个神经元具有另一个神经模块中的对应神经元。包括多个边缘的互连网络互连多个神经模块。每个边缘将第一神经模块互连到第二神经模块，并且每个边缘包括在第一神经模块中的每个神经元和第二神经模块中的对应神经元之间的加权突触连接。

▶ US2011153533A1

申请日：2009－12－22

发明名称：在超密集突触交叉棒阵列中产生尖峰时序相关可塑性

技术方案：该发明的实施例涉及在用于神经形态系统的超密集突触交叉棒阵列中产生尖峰时序相关可塑性。该发明的一个方面包括当电子神经元发生尖峰时，从尖峰电子神经元向连接到尖峰电子神经元的每个电子神经元发送警告脉冲。当尖峰电子神经元发送告警脉冲时，从尖峰电子神经元向与尖峰电子神经元相连的各个电子神经元发送选通脉冲。当每个电子神经元接收到所述报警脉冲时，从接收到所述报警脉冲的每个电子神经元向所述尖峰电子神经元发送响应脉冲。响应脉冲是自从接收报警脉冲的电子神经元的最后尖峰以来的时间的函数。此外，选通脉冲和响应脉冲的组合能够增加或减小可变状态电阻器的电导。

▶ US2005112896A1

申请日：2003－11－20

发明名称：多位相变存储单元

技术方案：一种多位相变存储器单元，包括多个导电层和多个相变材料层的堆叠，每个相变材料层设置在对应的一对导电层之间并且具有彼此不同的电阻。

▶ US2006098354A1

申请日：2004－11－10

发明名称：使用非晶材料作为参考层和自由层的磁性隧道结

技术方案：磁性隧道结由 MgO 或 Mg-ZnO 隧道势垒和接近隧道势垒并在其相应侧上的非晶磁性层构成。非晶磁性层优选地包括钴和至少一种选择来使该层非晶化的附加元素，例如硼。由非晶磁性层和隧道势垒形成的磁性隧道结具有高达 200% 或更高的隧道磁致电阻值。

8.5.4 小　　结

IBM 是新型混合计算框架的重要申请人，其申请量在该技术分支位于第二。物理世界网站 2018 年 6 月 25 日公布，IBM 苏黎世研究院与德国亚琛工业大学共同开发出基于玻璃态金属锑的新型单元素相变存储器，解决了传统多元素相变存储器局部组分变化问题，为进一步缩小相变存储器尺寸、增大存储密度奠定了基础。IBM 的类脑芯片、量子"Q"计划，都属于世界较先进的水平。通过本节的分析，IBM 较早在该领域进行技术积累，研究热度一致保持上升态势。IBM 在本土的专利布局较多，说明其具有较强的研发实力；在 IBM 的目标市场国中，也是美国申请量最多。通过对技术路线分析，IBM 在新型非易失存储器、人工神经网络芯片、神经拟态芯片以及量子计算机的研发方面，都有不俗的表现。

第 9 章 空间可视化分析

专利分析逐渐从手工处理走向了使用计算机工具的时代。目前，各种专利分析工具都向着自动化、智能化、网络化、可视化方向发展。❶ 可视化专利分析使得海量的专利数据更容易被人脑接收和理解，可以获取普通专利分析方法不容易发现的结论。混合增强智能领域的数据具有空间分布广、数据维度高、年度变迁大等特点。本章针对上述特点，利用空间可视化分析技术，对混合增强智能领域的原创信息、布局信息、中美对比等进行分析。

空间可视化分析技术是我们针对现有可视化分析技术难以自定义、灵活性不足的问题❷，在支持多源专利数据的专利容器技术❸❹的基础上，研究得到的将多源、多维度信息集成在空间可视化界面的技术。采用空间可视化分析技术对混合增强智能领域进行分析的优势在于：①多维度数据集成在空间地图上，便于用户直观对比发掘线索；②图表随数据自动更新，多个图表之间关联联动，便于用户把握动态变化趋势；③基于 ECharts❺ 图表开源库和开源网络服务器，无版权问题，便于数据管理和更新。

9.1 原创信息的可视化分析

在进行原创信息的可视化分析之前，先将"混合增强智能"的原创信息、布局信息和技术分支信息导入。原创信息包含如下数据：年份、原创国家或地区、申请量。例如某一条原创数据"1980，Argentina，1"的含义是：1980 年阿根廷的专利申请量为 1。布局信息包含如下数据：年份、布局国家或地区、目的地国家或地区，申请量。例如某一条原创数据"1980，United States，Argentina，1"的含义是：1980 年美国在阿根廷的布局专利申请量为 1。再将"混合增强智能"下三个技术分支"基础理论""共性关键技术""支撑平台"的数据导入。这三个分支包含如下数据：技术分支标签、原创国家或地区、申请量。

如图 9-1-1 所示，空间可视化分析的总体页面展示了导入的信息和对导入信息进行自动加工得到的柱状图等信息。

---

❶ 马天旗. 专利分析：方法、图表解读与情报挖掘 [M]. 北京：知识产权出版社，2015.
❷ 刘晓英，文庭孝，杨忠. 专利信息可视化分析系统的现状与技术基础 [J]. 情报理论与实践，2015，38 (3)：1-5.
❸ 陈玉华. 如何玩转专利大数据：智慧容器助力专利分析与运营 [M]. 北京：知识产权出版社，2019.
❹ 专利容器开源代码示例 [EB/OL]. [2020-01-02]. http://github.com/yangdongbjcn/patent-container.
❺ 参见：http://echarts.baidu.com.

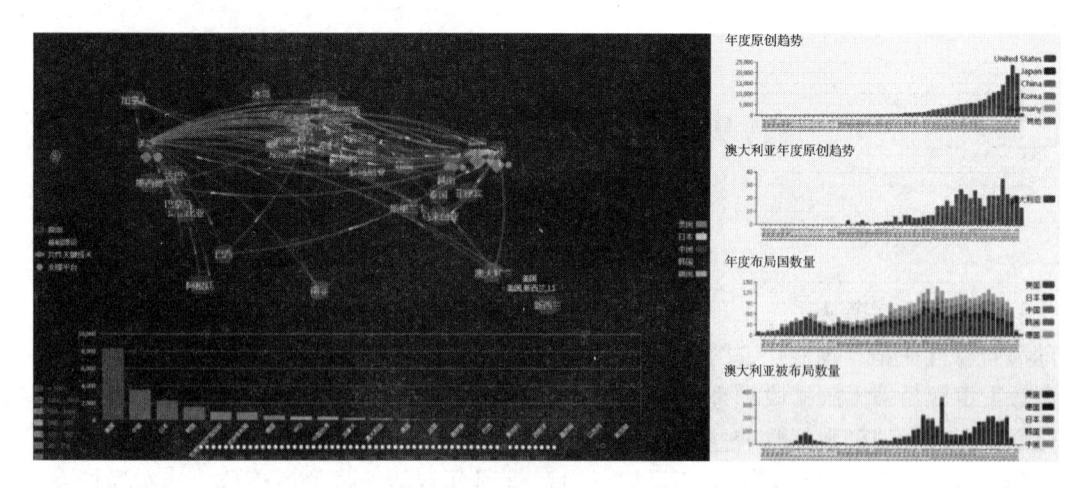

图 9-1-1　空间可视化分析的总体页面示意图

空间可视化总体页面的左侧为"混合增强智能"的所有国家或地区的空间示意图，通过下方的时间轴来切换年份。空间地图中包含 5 种导入的信息：
① 原创信息，由带有国家或地区名称的圆角矩形表示；
② 布局信息，由连接两个圆角矩形的曲线表示；
③ "基础理论"分支，由圆角矩形下方的小矩形表示；
④ "共性关键技术"分支，由圆角矩形下方的小菱形表示；
⑤ "支撑平台"分支，由圆角矩形下方的小圆形表示。

空间示意图的左右两侧是用于对上述数据进行显示和隐藏的标签。下方是时间轴以及与时间轴联动的柱状图，用于反映前若干名的动态年度趋势。该柱状图中的信息属于对导入信息进行自动加工得到的信息。

空间可视化总体页面的右侧是四个柱状图，均属于对导入信息进行自动加工得到的信息。第一个图是全部地区的年度原创趋势。第二个图是用户选择地区的年度原创趋势。第三个图是全部地区的年度布局区域数量。第四个图是用户选择地区的被布局数量。

当用户需要单独对混合增强智能领域的原创信息进行分析的时候，空间可视化系统通过如下操作将原创信息单独凸显出来：选中 Legend 标签"原创"，而去除其他标签的选择。

空间可视化分析原创信息的基本方法包括：①观看时间轴地图的动态变化，在感兴趣的时刻暂停仔细研究；②从右侧的柱状图中查找时间线索，返回到时间轴地图进行研究；③点击某一个国家或地区，在右侧的柱状图中观察该国家或地区的具体信息。

对"混合增强智能"的原创信息进行空间可视化分析，通过空间地图各个国家或地区的原创数量在时间轴上的变化，结合右侧柱状图的年度趋势对比，可以从时间轴上得出该领域发展态势的关键时间点。

① 1963 年，混合增强智能的专利申请开始在美国出现。
② 1966 年，苏联紧跟美国加入了该领域。

③ 1971 年，呈现多点开花态势。德国、日本、英国加入了该领域。

④ 1984 年，美国、苏联、日本、德国的优势逐渐明显。但此时各国的年申请量仍然不足 100 件。

⑤ 1987 年，中国开始加入该领域。

⑥ 2002 年，呈现美国、日本两强态势。中国、德国紧随其后。

⑦ 2008 年，呈现美国、日本、中国三强态势。

⑧ 2016 年，中国申请量位居世界第一。5000 件的年申请量成为区分中国和其他国家的分水岭。

与时间轴联动的柱状图，自动统计出前若干名国家或地区的动态年度趋势。这前若干名国家或地区分别是：美国、中国、日本、韩国、WIPO、欧洲专利局、德国、加拿大、澳大利亚、英国、法国、俄罗斯、巴西、奥地利、西班牙、墨西哥、以色列、新加坡。

通过点选这些国家或地区的圆角矩形，可以对它们的原创信息进行分析。从空间地图、与时间轴联动的柱状图、右侧柱状图中对比发现线索，对这些国家或地区进行具体分析。目前"混合增强智能"领域的前几大原创国家分别是中国、美国、日本、韩国、德国。其他国家或地区的原创数据与这前五名相比都比较少。

美国是混合增强智能领域的开创者和常青树。美国在该领域的原创数据常年保持第一名，直到 2016 年被中国超越。但如图 9-1-2 所示，美国一直仍然保持着原创数据的稳步增长，在 2008 年金融危机期间也没有明显的波动。

日本、韩国、德国近 20 年来的原创数量增速总体稳定，但在该领域的占比偏低。右侧的柱状图标签是可交互的，去掉"中国""美国"这两个标签，剩下"日本""韩国""德国"三个标签。从中可以看出，相对于中美，日本、韩国、德国总体上处于第二梯队；韩国和德国的申请量近年来变化不大，但日本的申请量近年来有下降的趋势。

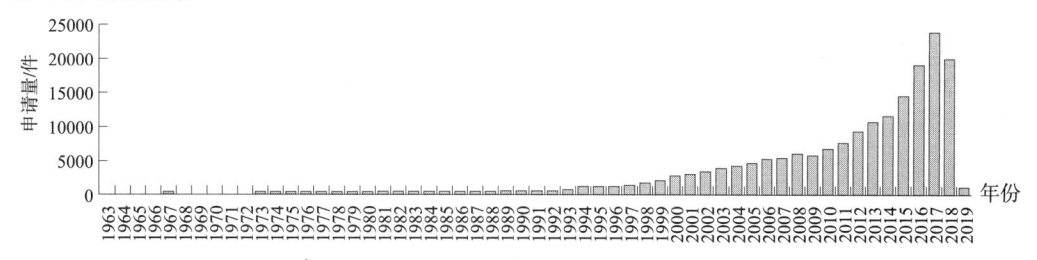

图 9-1-2　美国在混合增强智能领域的年度原创趋势

在上述五个国家之外，加拿大、澳大利亚、英国、法国、俄罗斯、奥地利、西班牙等国家在混合增强智能领域一直排名靠前，但近年来申请量比较稳定。以澳大利亚为例，该国的经济主要依赖农产品和矿产品出口，在专利领域也更多地属于布局目的地而不是原创国。但该国作为发达国家和科学技术强国，从 20 世纪 80 年代开始就在混合增强智能领域开始了布局。如图 9-1-3 所示，除了受 2008 年金融危机影响申请量有小的波动之外，澳大利亚的年均申请量比较稳定。

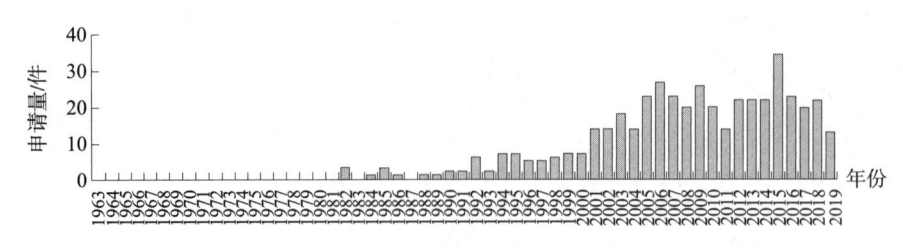

图9-1-3 澳大利亚在混合增强智能领域的年度原创趋势

在新兴市场国家中，中国、巴西、墨西哥、新加坡在混合增强智能领域的进步较快。中国在该领域的发展有目共睹，巴西、墨西哥、新加坡的排名近年来也逐渐靠前，申请量呈现增长势头。这与加拿大、澳大利亚等发达国家增长趋势的区别十分明显。

因此，利用空间可视化技术对原创信息进行分析，不仅可以得到混合增强智能领域原创趋势的关键节点，还可以获取排名靠前的重点国家或地区，并对这些国家或地区的年度发展趋势进行单独分析。早期参与者（主要是目前的发达国家）的先发优势比较明显，使得它们可以保持长期的稳定增长，而新兴市场国家的后发增速也势头迅猛。

9.2 布局信息的可视化分析

在进行布局信息的可视化分析之前，将"混合增强智能"的原创信息、布局信息和技术分支信息导入（导入的过程参见9.1节）。空间可视化系统通过如下操作将布局信息单独凸显出来：选中Legend标签"美国""中国""日本""韩国""德国"，而去除其他标签的选择。对导入信息进行自动加工的信息展示在右侧的柱状图中，体现了跨越整个时间轴的趋势变化，如图9-2-1所示。此时用户可以对混合增强智能领域的上述五国的布局信息进行分析。

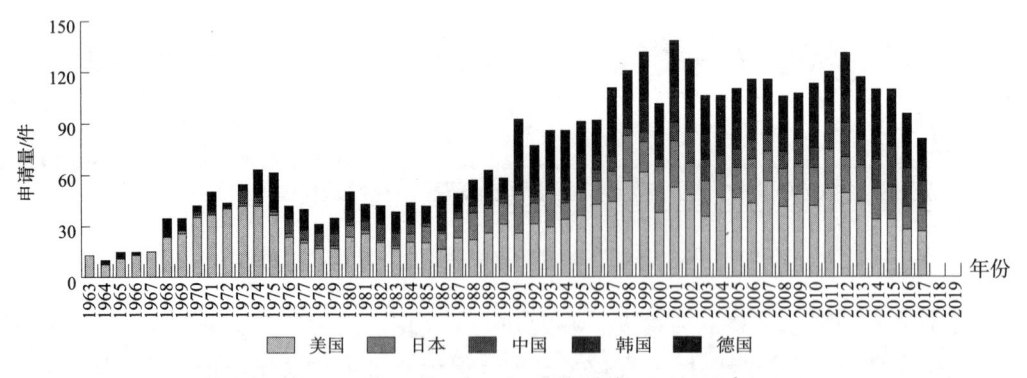

图9-2-1 五国在混合增强智能领域的布局区域数量情况

空间可视化分析布局信息的基本方法包括：①观看时间轴地图中曲线的动态变化。一个小点从曲线的出发点不断运动到终止点，这个过程就表现了专利布局从发出地到目的地。每个曲线的颜色与布局发出地的 Legend 标签颜色相同。②线条的密度体现为布局目的地的数量，观察不同国家或地区的布局目的地的分布特点。通过每次选择两个国家或地区标签，来进行布局模式对比分析。③从右侧的柱状图中查找线索，返回到时间轴地图进行研究；④点击某一个国家或地区，在右侧的柱状图中观察该国家或地区的布局信息。

美国在混合增强智能领域的布局特点是：

① 1963 年，混合增强智能的专利申请开始出现的时候，美国就开始了积极的国际布局。美国的主要布局区域集中在欧洲地区。

② 20 世纪 70 年代，美国布局区域快速扩展到了更多国家或地区，包括苏联、南美洲、澳洲、南非、日本。在 1974 年左右，美国的布局区域数量达到了一个小高峰，几乎扩展到了当时世界上的主要经济体。但随着 20 世纪 70 年代石油危机的到来，美国的布局区域数量有了明显的下降。

③ 20 世纪 90 年代末，美国的布局区域的数量逐渐增长到最大值。其绝对数量几乎是当时第二名的 2 倍。

④ 20 世纪 90 年代之后，美国的布局区域数量呈现较明显的震荡。5 年前开始呈现较为明显的下降趋势。

德国在混合增强智能领域的布局特点是：

① 起步较早，从 20 世纪 60 年代开始，德国几乎和美国同时开始了国际布局。

② 在混合增强智能发展的早期，德国的布局目的地与美国较为相似，但绝对数量少于美国。20 世纪 60 年代，德国与美国都主要在欧洲地区开始了布局；20 世纪 70 年代，德国与美国都开始在欧洲以外地区，如苏联、南美洲等地进行布局，二者的布局区域有相当多的重合，并且德国的布局区域数量也达到了一个小高峰。在 20 世纪 70 年代的石油危机之后，德国的海外布局区域数量有一个断崖式的下降。

③ 20 世纪 90 年代末，德国的布局区域的数量逐渐增长到最大值，此后呈现长期稳定的状态。

日本在混合增强智能领域的布局特点是：

① 起步相对较早。在 20 世纪 70 年代经济开始腾飞，日本也开始了国际布局。

② 早期的布局目的地相对单一，仅仅是美国等少数国家。当 20 世纪 70 年代的石油危机时，日本海外布局区域数量仍然较少，因此也没有明显的下降。

③ 到 20 世纪 90 年代为止，日本的海外布局区域数量长时间地稳步增长，开始与美国、德国的布局目标市场有相当多的重合。此后呈现长期稳定的状态。

韩国在混合增强智能领域的布局特点是：

① 起步于 20 世纪 80 年代。

② 早期的布局目的地相对单一，仅仅是美国、日本等少数国家。

③ 到 20 世纪 90 年代为止，韩国的海外布局区域数量的变化比较明显，某些年份的布局区域数量比肩德国，某些年份的布局区域数量又剧烈减少；此后呈现比较稳定的状态，但绝对数量和德国、日本相比仍然偏少。

中国在混合增强智能领域的布局特点是：

① 起步于20世纪90年代。

② 几年之后就开始在美国、日本、欧洲、澳大利亚等地开始了多点布局。21世纪初达到一个小高峰，中国在美洲、欧洲、非洲、大洋洲开始了全面布局。

③ 在布局区域数量小幅下降之后保持了长期稳定，最近几年开始稳步上升，逐渐超过德国、日本，成为布局区域数量排名第二的国家。在布局区域的分布模式上，中国更接近于日本。

④ 将布局区域数量与申请量图表对比，可以发现虽然中国近年来的申请量增长迅猛，但从布局国数量上并不突出。换言之，中国近年来的申请量增长主要体现在少数布局国中。

在上述五个国家之外，可以利用空间可视化分析某个目标国家的被布局趋势，例如澳大利亚是重要的布局目的地。当点击澳大利亚对应的区域时，空间可视化系统会在地图右侧的第四个图表处，显示澳大利亚的年度被布局趋势，如图9-2-2所示。鼠标移动到澳大利亚所在区域时，会显示其当年的原创数量，例如澳大利亚2016年原创数量仅为几十件。但从澳大利亚被布局数量的图表中可以查到，2016年美国在澳大利亚的布局数量接近200件，而其他国家在澳大利亚的布局相对较少。这种多源数据之间的"碰撞"在空间可视化系统中体现得淋漓尽致，使得专利分析人员获得了更宏观的视角和更多样的分析线索。

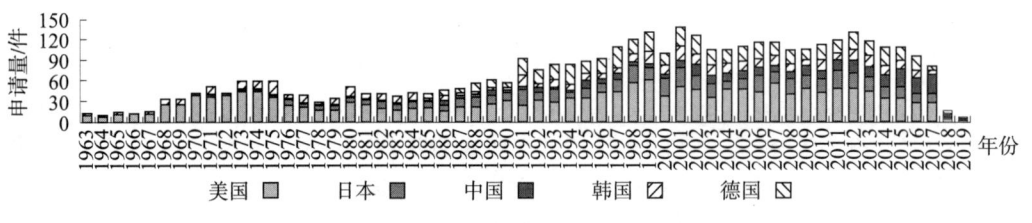

图9-2-2 混合增强智能领域五国在澳大利亚的布局情况

因此，利用空间可视化技术对布局信息进行分析，不仅可以得到混合增强智能领域的总体布局特点，还可以对比两个国家布局模式的异同。可以看出，对世界所有目标市场进行全面布局的模式，仅仅体现在20世纪70年代的美国、德国和20世纪末的美国，并不是五国的普遍选择。从布局早期的增速来看上，中国具有后发国家的特点；在布局区域的分布模式上，中国更接近于日本。

9.3 中美对比的可视化分析

在混合增强智能领域，中美是两个最有特色的国家。从原创信息上说，美国是该领域的创始者和常青树，而中国近年来在原创数量上异军突起。从布局信息上说，美国是该领域中布局最全面的国家，远超其他国家或地区；而中国近年来在布局区域数量上的增长则比较稳健。因此，有必要综合各种信息进行深入的两国对比。

第9章 空间可视化分析

在进行中美对比的可视化分析之前,将混合增强智能的原创信息、布局信息和技术分支信息导入(导入的过程参见第9.1节)。在空间可视化系统的总体页面(如图9-1-1所示)中,先后选择两个国家,就可以双击进入两国对比页面。两国对比页面不仅可以对比中美两国,还可以对比任意两个国家。

两国对比页面具有更多的综合图表展现形式,如图9-3-1所示。左上方是中美两国的原创数据衍生出的对比,该部分图放大后如图9-3-2所示。右上方是中美两国的布局数据衍生出的对比,该部分图放大后如图9-3-3所示。

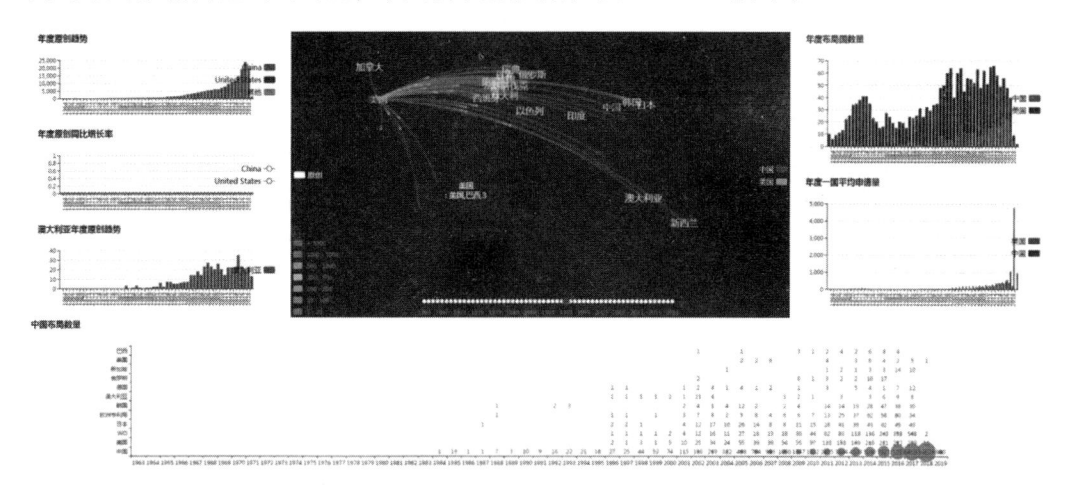

图9-3-1 空间可视化分析的中美两国对比页面示意图

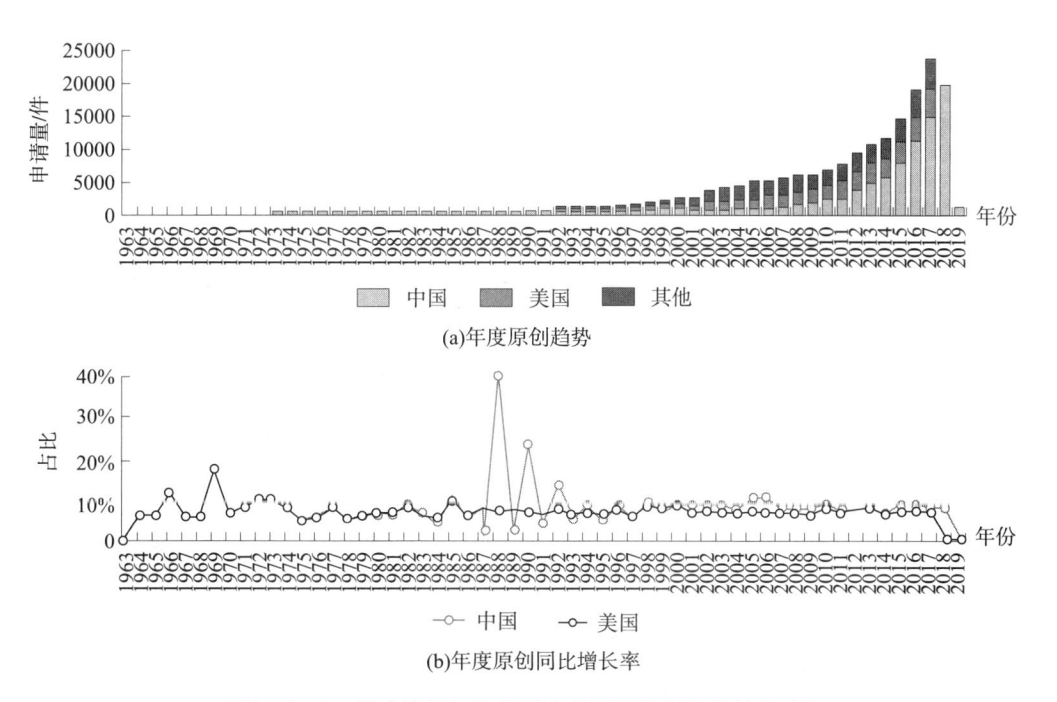

图9-3-2 混合增强智能领域中美两国原创和增长率对比

图 9-3-2 是中美两国的原创和增长率对比。如图 9-3-2 的年度原创趋势所示，中国近年来的原创数量大大增加。而年度原创同比增长率则是对中美两国的同比增长率进行了对比。可以看出，中国自从有了专利制度之后，除了头几年的数据量少而显得增长率高之外，历年的原创增长率和美国是趋同的。两国的原创数量虽然并不相同，但年度原创近年来的增长率是类似的。这也说明近年来中国原创申请总体数量的虽然大增，但其增长率与美国类似，并且已经较为稳定地保持了若干年。

空间可视化分析还支持中国、美国和第三国的对比。用户可以通过单击地图中的某个区域，该区域的原创信息将出现在图 9-3-1 的左侧最下方。例如图中选择澳大利亚的区域（参见图 9-1-3），可以看到澳大利亚的年度原创大概是几十件，与中美两国的原创数量相比少得多。

图 9-3-3 是混合增强智能领域中美两国的布局区域数量和平均申请量对比。如图 9-3-3 的"年度布局国数量"所示，分析时间轴地图上中美两国的布局目标国的变迁，可以发现中国在布局目标国的数量方面追赶美国到一定程度之后就不再增长。这种情况到了 21 世纪时已经有了很大改观，中国的布局目标国在稳步上升（中间偶有震荡），但总体布局国数量与美国相比仍然较少。如图 9-3-3 的"年度一国平均申请量"所示，美国在一个国家的平均申请量是稳步提升的。而中国在一个国家的平均申请量则在近几年有突破性的提升。如图 9-3-4 所示，空间可视化系统自动提取出中国在各布局区域历年布局申请量的情况。可以看出，中国近年来布局的申请量集中在对自身的布局上，与其他布局目的地相比，中国在自身的申请量比较庞大，这种趋势在近十年越发明显。

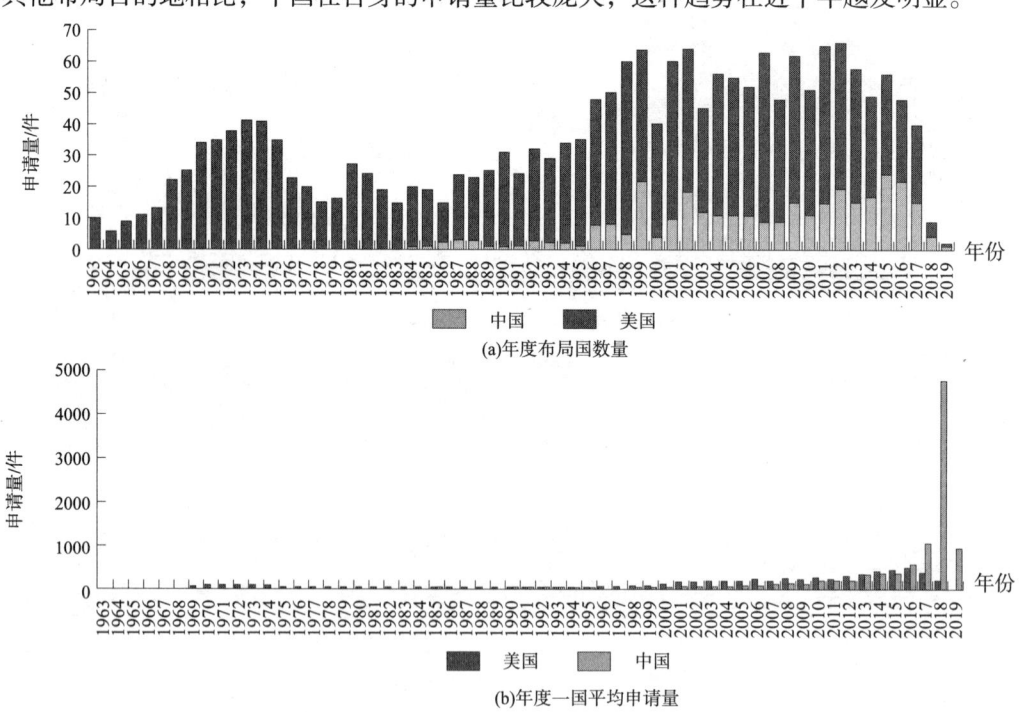

图 9-3-3 混合增强智能领域中美两国的布局区域数量和平均申请量对比

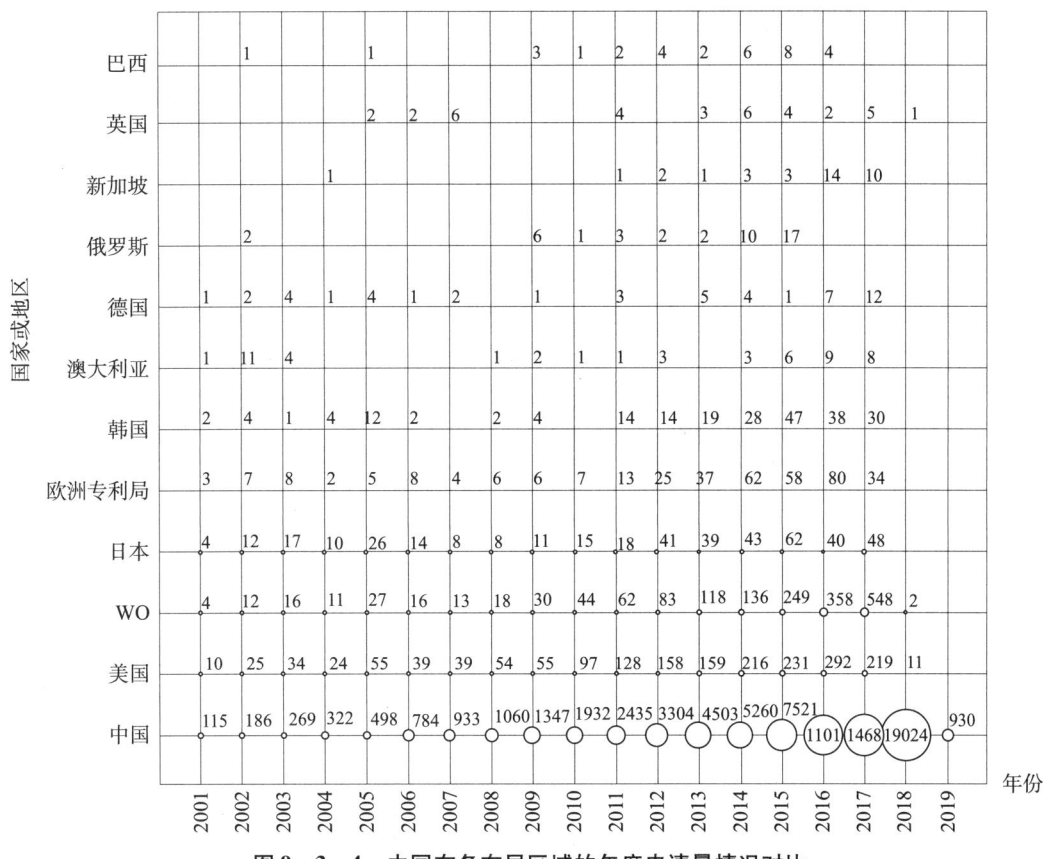

国家或地区	2001	2002	2003	2004	2005	2006	2007	2008	2009	2010	2011	2012	2013	2014	2015	2016	2017	2018	2019
巴西		1		1			3	1	2	4	2		6		8		4		
英国			2	2	6				4		3		6	4	2		5	1	
新加坡				1					1	2		3		3	14	10			
俄罗斯		2					6	1	3	2	2		10	17					
德国	1	2	4		1	4		1	2		1	3		5		4	1	7	12
澳大利亚	1	11	4						1	2			3						
韩国	2	4	1	4	12			2	4			14		19	28	47	38	30	
欧洲专利局	3	7	8	2	5	8	4	6	6	7	13	25	37	62	58	80	34		
日本	4	12	17	10	26	14	8	8	11	15	18	41	39	43	62	40	48		
WO	4	12	16	11	27	16	13	30	44	62	83	118	136	249	358	548	2		
美国		10	25	34	24	55	39	39	54	55	97	128	158	159	216	231	292	219	11
中国	115	186	269	322	498	784	933	1060	1347	1932	2435	3304	4503	5260	7521	(1101)	(1468)	(19024)	930

图 9-3-4　中国在各布局区域的年度申请量情况对比

注：图中数字表示申请量，单位为件。

因此，利用空间可视化技术对中美两国进行对比，将两国相关的多维度数据高效地集中在一起分析，便于用户直观对比发掘线索，把握动态变化趋势。从申请量来看，看似中国迅猛增长，已经在申请量上远超美国，但两国申请量的同比增长率竟然十分相似并且保持了若干年的稳定。这说明了申请量的增长有其内在的持续性。从布局区域数量来看，看似中国的布局区域数量仍然少于美国，但根据第9.2节的研究，在混合增强智能领域的五大国中，对所有目标市场进行全面布局的模式并不是普遍选择，中国的布局模式与日本类似，没有必要片面学习美国。并且根据年度一国平均申请量的统计，中国自 2010～2016 年已经与美国趋同，说明中国对于全球目标市场的总投入是足够的。目前，中国仍存在的问题是，从布局区域的细分来看，申请量近年来过于集中在本国身上，对于本国以外其他布局区域的申请量不足，这也是中国需要思考和努力的方向。

9.4　小　　结

从上述混合增强智能的空间可视化分析中可以看出：

（1）在混合增强智能领域的若干关键节点中，早期参与者的先发优势仍然是比较大的。除了总体专利申请的前五名——美国、中国、日本、韩国、德国之外，加拿大、澳大利亚、英国、法国、俄罗斯、奥地利、西班牙等国家在混合增强智能领域一直排名靠前。在新兴市场国家中，中国、巴西、墨西哥、新加坡在混合增强智能领域的进步较快，增长趋势与上述发达国家的区别十分明显。

（2）美国、中国、日本、韩国、德国在布局模式上有明显的不同。总体来说，美国作为创始国和常青树，布局模式与其在世界经济中的地位有关，在20世纪70年代、20世纪末两次明显地对所有目标市场实行全面布局。德国在混合增强智能发展的早期布局模式与美国比较类似。日本和韩国早期均不追求全面布局，仅对少数主要贸易国家进行布局，而后在长期的发展中根据经济发展需要逐渐扩展布局区域。中国起步虽晚，但几年之内就开始了较为全面的布局，并且布局模式上更类似于日本。

（3）进一步对比中美两国，看似不同申请量增速的背后却是相似的同比增长率；年度一国平均申请量看似逐渐接近，但中国近年来的布局却过于集中在本国身上。近几年中国在本国的布局数量呈现爆发式的增长，从而使得中国的全球布局数量跃居第一，但在其他国家或地区的平均布局数量仍然比较少。这种过于重视本国布局而对外布局不足的现状，容易被全球布局总量第一的假象掩盖，从而给中国的政策制定造成偏差。适当地减少对于国内布局的补贴，避免企业资金和精力过多地被国内布局所占用，而加大对于海外重点区域的布局，例如RCEP国家、"一带一路"沿线国家等，是可以考虑的改进方向。

第 10 章 主要结论及措施建议

10.1 混合增强智能多角度分析结论

我国于 2017 年在全球率先提出新一代人工智能概念，混合增强智能是新一代人工智能五大技术方向中之一，具体参见图 10-1-1（见文前彩色插图第 5 页）。从各个角度和层次看，混合增强智能技术都呈现出了独特的特点。

从技术层面上看，混合增强智能形态可分为两种基本形式：人在回路的混合增强智能和基于认知计算的混合增强智能。人在回路的混合增强智能是指需要人参与交互的一类智能系统。将人的作用引入智能系统中，形成人在回路的混合智能范式。在这种范式中，人始终是这类智能系统的一部分，当系统中计算机的输出置信度低时，人主动介入调整参数给出合理正确的问题求解，构成提升智能水平的反馈回路。基于认知计算的混合增强智能是指通过模仿人脑功能提升计算机的感知、推理和决策能力的智能软件或硬件，以更准确地建立像人脑一样感知、推理和响应激励的智能计算模型，尤其是建立因果模型、直觉推理和联想记忆的新计算框架。

从产业链层面看，中国电子学会于 2018 发布的《新一代人工智能发展白皮书（2017 年）》中将新一代人工智能产业链分为基础层、技术层和应用层，从国内外企业分布以及相关产业规模来看，随着人工智能理论和技术的日益成熟，应用范围不断扩大，专门从事人工智能产品研发、生产及服务的企业迅速成长，从研发到应用的人工智能全产业链已基本形成。

从发展战略角度来看，继美国 2016 年率先提出人工智能的国家战略后，包括中国在内的主要国家相继提出了各自的国家战略，全球范围内竞争逐渐升温。中国虽然出台国家战略稍晚，但新一代人工智能的概念由我国在 2017 年初率先提出，从 2017 年国家战略的发布，到 2019 年国家战略的全新升级，中国目前已经成为全球政策红利最大的国家。

从产业促进角度来看，全球主要国家均关注了脑科学、类人感知、自动驾驶、智能机器人等细分领域，在这些细分技术领域密集出台产业促进政策。以脑机接口技术为例，2013 年美国、欧盟率先推出脑研究计划，2014 年日本推出大脑研究计划，2016 年韩国推出人工智能"BRAIN"计划，而中国大脑计划也一直在规划中，"十三五"时期，脑科学与类脑研究被纳入"科技创新 2030-重大项目"。但中国在类脑计划、自动驾驶、机器人等细分领域制定政策的落地效率和可操作性稍有欠缺。

从产业规范角度来看，欧洲更为关注人工智能对人类社会的影响，研究内容涉及数据保护、网络安全、人工智能伦理道德等社会科学方面，强调人工智能伦理、道德、法律体系研究，积极推进人工智能伦理框架的确立，力争在人工智能发展浪潮中占领道德高地。

从合作制约角度来看，2018~2019 年，美国通过关键技术和相关产品的出口管制框架、"实体清单"等手段限制技术出口。由此可见，在全球人工智能日益激烈的竞争环境下，美国主动收紧了对相关技术的分享，试图通过立法、制定标准、主导全球合作规则、限制技术出口等多方面手段维护其全球领导地位。

从全球竞争格局看，中美成为全球发展核心驱动力。截至 2019 年 3 月底，全球活跃人工智能企业美国拥有 2169 家，排名第一位，中国拥有 1189 家，排名第二位，远高于排名第三位至第五位的英国（404 家）、加拿大（303 家）和印度（169 家）。区分来看，美国基础层领先，应用层重点领域引领，中国局部突出，未来可期。

10.2 混合增强智能专利态势分析主要结论

（1）基础理论分支是研发新热点，美国长期重视，中国近期增速领先全球

从混合增强智能技术分支占比的迁移可以看出，虽然共性关键技术分支长期占据较高比例，但 2015~2017 年基础理论技术分支的申请量以年均 76.5% 的比例高速增长，近期增长率远高于共性关键技术（25.2%）和支撑平台（41.1%）。可以预测在全球范围内或将萌发对于基础理论的研究热潮。

其中，美国基础理论分支年均占比约 17.7%，高于全球平均比例（约 14.2%），远高于日本（约 10.7%）、韩国（约 10.5%）、德国（约 9.3%），且长期保持较稳定的比例。基础理论作为混合增强智能技术发展的支撑，美国已牢牢抓住。中国在基础理论分支中虽然起步较晚，但一直较为重视该分支，年均占比约 14.2%，仅次于美国，高于日本、韩国和德国；近期仍保持良好发展态势，2015~2017 年申请量年均增长率约 100.6%，远高于全球其他国家或地区同期平均增长率，正实现对美国的加速追赶。

（2）中国近年新增高价值专利拥有量超过美国，"大而不强"或成过去

在人们的普遍印象中，中国专利申请总量虽然常年高居全球第一，但专利申请质量不高，被贴上"大而不强"的标签。经分析发现，在混合增强智能技术方面，近些年中国新增高价值专利数量已全面赶超美国。

通过对被引用次数在 10 次以上的高价值专利技术进行分析可以看出，在基础理论方面，中国自 2007 年高价值专利申请量超过日本以后，持续稳步增长，2014 年高价值专利拥有量为 61 件，与美国（63 件）保持同等水平；2015 年中国拥有量为 68 件，美国拥有量为 37 件，中国实现对美国的超越。在共性关键技术方面，中国从 2006 年开始高价值专利拥有量保持快速增长，2009 年超过日本，2014 年中国拥有量为 272 件，美国拥有量为 270 件，中国达到美国同等水平，之后与美国保持同步增长。在支撑平台方面，中国从 2006 年以后保持快速增长，并在 2014 年拥有量达到 165 件，首度超过美

国（157件），此后中国和美国齐头并进。这些高价值专利未来将发挥重要作用，中国专利技术"大而不强"或成为过去。

（3）中美是全球重要原创国和目标市场，巴西、墨西哥等是新兴目标市场

从全球原创技术区域以及布局热点区域迁移分析可以看出，美国长期处于全球重要原创国和目标市场地位。而中国自2003年开始，原创专利技术申请量保持年均约38.2%的高增长率，于2009年申请量达到1338件，超过日本的1032件，并于2012年达到3291件，超过美国的3143件，且在2015年之后仍保持约41%的增长速度，成为全球最大原创国；而在目标市场方面，自2004年开始，布局中国的专利技术申请量保持年均约22%的高增长率，并于2008年达到2818件，超过日本，并于2015年达到12145件，超过美国，此后以年均约19.7%的速度高速增长，成为全球最大目标市场。中国和美国作为引领全球技术发展的两个主要驱动力，从技术创新和市场引领两个方面共同驱动着全球技术进步。

另外，日本、韩国、德国、英国、加拿大、澳大利亚、法国目前处于稳步发展阶段。

进一步分析发现，巴西、墨西哥、以色列和新加坡属于新兴布局目标市场，由于市场的良好预期，吸引以美国为主的五国稳步布局。而混合增强智能主要技术原创五国近期均已减少在俄罗斯、印度、法国、西班牙、丹麦、波兰、菲律宾、匈牙利、挪威、南非以及马来西亚等地的专利布局，这可能与地区经济的停滞甚至衰退，以及各地区相关政策变化有关。

10.3 基础理论分支专利态势分析主要结论

（1）中国与全球发展趋势一致，复杂数据和任务技术是研发新热点

从图10-3-1混合增强智能领域基础理论分支全球技术占比可以看出，虽然联想记忆模型与知识演化技术分支长期占据较高比例，但2017~2019年复杂数据和任务的混合增强智能学习技术分支申请量占比高速增长，近期增长率远高于其他分支的增长率。全球范围内近期的研发热点或将主要集中在复杂数据和任务的混合增强智能学习以及联想记忆模型与知识演化技术分支。

从图10-3-2混合增强智能领域基础理论分支中国技术占比可以看出，中国紧跟全球技术发展步伐，虽然起步略晚，但各分支发展趋势基本与全球一致。联想记忆模型与知识演化方法以及机器直觉推理与因果模型技术分支占比较高，但近期机器直觉推理与因果模型的研究热度呈明显下降趋势；复杂数据和任务的混合增强智能学习方法或将成为近期研究热点；情景理解及人机群组协同与云机器人协同计算方法技术分支始终占比较低，发展缓慢。

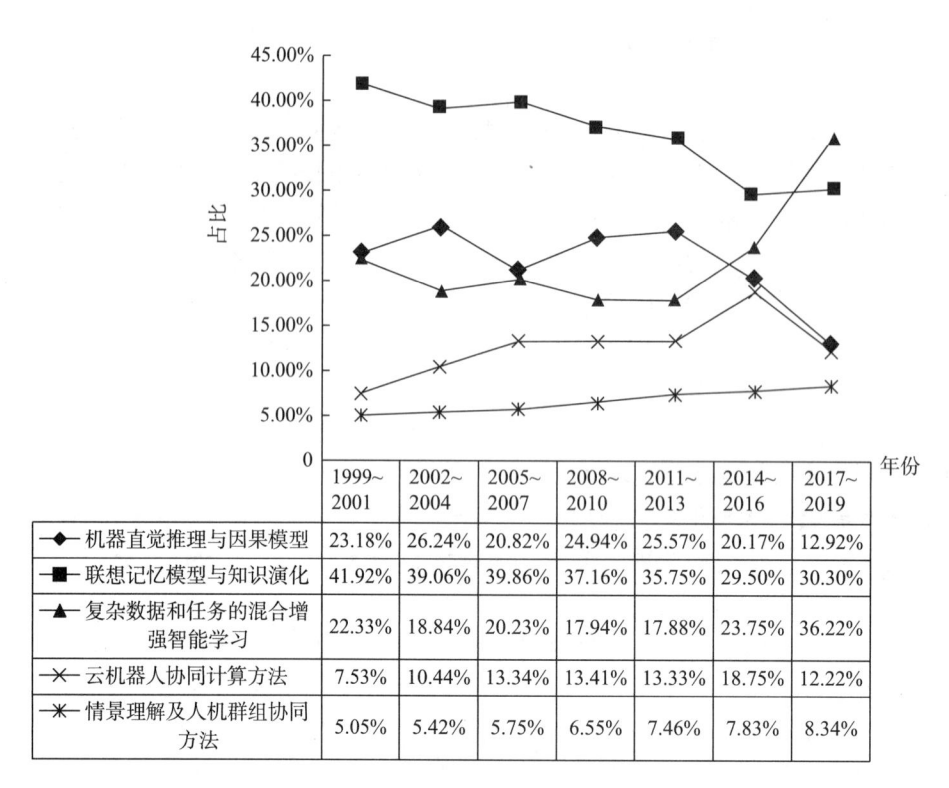

年份	1999~2001	2002~2004	2005~2007	2008~2010	2011~2013	2014~2016	2017~2019
机器直觉推理与因果模型	23.18%	26.24%	20.82%	24.94%	25.57%	20.17%	12.92%
联想记忆模型与知识演化	41.92%	39.06%	39.86%	37.16%	35.75%	29.50%	30.30%
复杂数据和任务的混合增强智能学习	22.33%	18.84%	20.23%	17.94%	17.88%	23.75%	36.22%
云机器人协同计算方法	7.53%	10.44%	13.34%	13.41%	13.33%	18.75%	12.22%
情景理解及人机群组协同方法	5.05%	5.42%	5.75%	6.55%	7.46%	7.83%	8.34%

图 10-3-1 基础理论领域全球技术分支占比

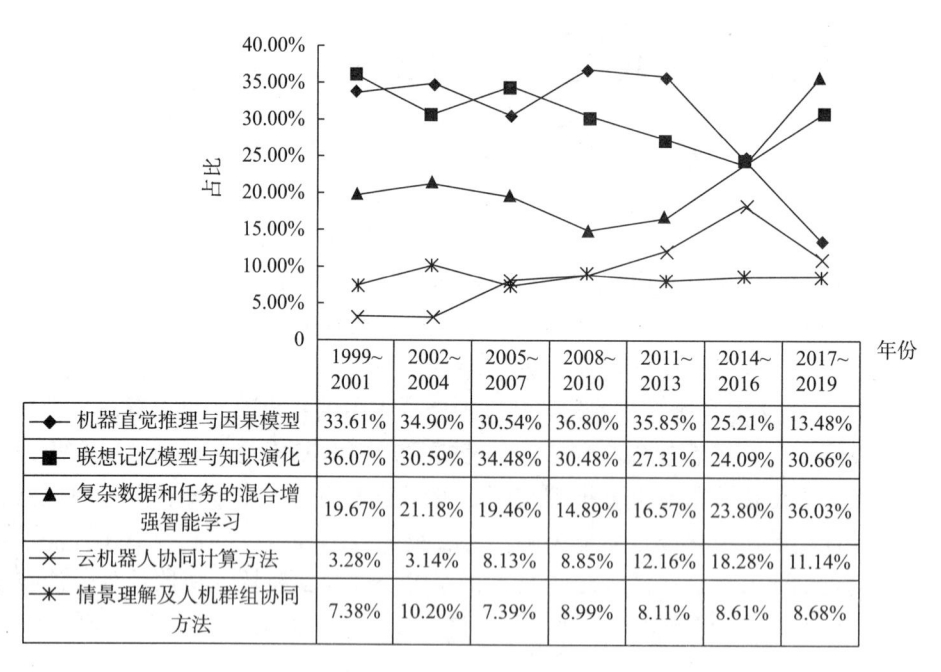

年份	1999~2001	2002~2004	2005~2007	2008~2010	2011~2013	2014~2016	2017~2019
机器直觉推理与因果模型	33.61%	34.90%	30.54%	36.80%	35.85%	25.21%	13.48%
联想记忆模型与知识演化	36.07%	30.59%	34.48%	30.48%	27.31%	24.09%	30.66%
复杂数据和任务的混合增强智能学习	19.67%	21.18%	19.46%	14.89%	16.57%	23.80%	36.03%
云机器人协同计算方法	3.28%	3.14%	8.13%	8.85%	12.16%	18.28%	11.14%
情景理解及人机群组协同方法	7.38%	10.20%	7.39%	8.99%	8.11%	8.61%	8.68%

图 10-3-2 基础理论领域中国技术分支占比

（2）中国申请人海外布局意识弱，仅百度在美国、日本、欧洲、韩国全面布局

从混合增强智能领域全球主要申请人布局区域分布图可以看出，美国、日本等国外申请人在全球范围内广泛布局，并积极通过PCT申请的形式进行专利布局；而中国申请人则多以本国为布局重点，较少进行海外布局，海外布局意识弱。在中国申请人中仅有百度的全球布局意识较好，在美国、日本、欧洲、韩国均有所布局。

（3）基于云端的协作是云机器人协同计算方法中的研发新热点，中国同步全球发展

通过对云机器人协同计算方法领域全球技术分支占比分析发现，基于云端的计算和存储分支一直以来具有较高的申请量，但近年来该分支的申请量占比逐渐降低。特别是进入2017年以后，申请量占比更低，表明其专利布局已成熟，研究热度呈下降趋势。基于云端的协作分支的申请量持续居于第二位，该分支在很长一段时间内保持平稳，在波动中略有上升；近年来，该分支呈现了迅猛增长的趋势，几乎快要追平基于云端的计算和存储分支。预测未来一段时间，该技术分支将变为研究的热点。基于云端的学习长期以来居于最末位，呈现出缓慢下降后逐渐升高的趋势。该技术分支的国内外研究都比较少，可能是该领域的技术难点，也可能是云机器人的应用从该技术分支中获益相对较少的缘故。中国在该领域的发展略晚于全球，但在各个技术分支的投入和发展趋势上与全球相似，紧跟全球发展潮流。

10.4 共性关键技术分支专利态势分析主要结论

（1）中国同步全球发展，专利申请量处于高速发展期

通过对共性关键技术领域全球及中国申请态势分析发现，中国和全球的发展趋势基本相同，1963~1993年，两者的申请量处于低位；从1995年开始申请量缓慢增加，但总体申请量仍然较少。直到2000年左右，专利申请量开始缓步增加，进入2010年之后增长速度明显加快，特别是2014年之后呈现爆发式增长的趋势。这可以归因于2006年深度学习理论的产生、2010年大数据时代的到来、计算机计算能力的飞速提升、互联网技术的快速普及以及各国政府对人工智能的重视。

（2）人机共驾为重点布局方向，脑机协作的人机智能共生是热点方向

共性关键技术领域下共分为六个分支，脑机协作的人机智能共生、认知计算框架、新型混合计算架构、人机共驾、在线智能学习以及平行管理与控制的混合增强智能。人机共驾、新型混合计算架构的全球申请量为86313项、26239项，在整个分支中数量分别位居第一、第二，占比分别为64%、19%；同时在中国申请量中，这两个分支的申请量也是位居前列的，分别为39236件、11942件。由此可以看出，人机共驾、新型混合计算架是主要国家或地区申请人重点布局的两个方向。另外，脑机协作的人机智能共生在全球申请量和中国申请量的排名都位居第三，也是共性关键技术布局的热点（参见图5-1-8）。

（3）国外车企和半导体企业占据半壁江山，全球申请人仅中科院一家上榜

通过对共性关键技术领域全球和中国主要申请人分析发现，在全球前20名申请人

中，丰田、日本电装、日产、罗伯特·博世、大众、戴姆勒、通用、现代属于传统整车企业或汽车零部件和解决方案企业。这些企业大都属于汽车工业中排名靠前的跨国汽车巨头。而目前汽车产业迈入了智能化时代，人机共驾技术属于各大跨国汽车巨头竞相研发的先进技术。这些企业的申请量在整个混合增强智能的共性关键技术中占比较高，也说明人机共驾作为一项前景比较明朗的人工智能技术，得到了产业界申请人的高度重视和重大投入。另外，三星、美光科技、海力士为半导体行业的巨头公司，呈现寡头垄断态势。IBM、英特尔涉足前沿技术，各自推出神经拟态芯片、TrueNorth 芯片和 Loihi 芯片，凸显了在该分支下的地位。

中科院作为唯一上榜全球前 20 位的国内申请人，具有庞大的研究专家团队，在该领域具有深入的研究。同时，其他高校，包括清华大学、吉林大学、北京航空航天大学、东南大学、浙江大学、长安大学，在该领域的理论研究也发展迅速。而在企业申请人中，国家电网作为国有企业，基于对先进技术与产业的融合需求，在混合增强智能共性关键技术领域具有较为广泛的研究；百度推出 Apollo 平台，旨在建立一个以合作为中心的生态体系，发挥百度在人工智能领域的技术优势，促进自动驾驶技术的发展和普及。

（4）人机共驾产业处于产业风口，中国抓住时机快速发展

自动驾驶成为目前人工智能相关产业中最为瞩目的焦点，而人机共驾是自动驾驶主要阶段，并且是目前研发所处的阶段。人机共驾处于自动驾驶产业甚至是人工智能产业的风口。

谷歌、百度、各大型车企以及新创企业纷纷加入这个市场。而人机共驾是自动驾驶的中间阶段，并且根据目前技术发展趋势以及目前市场产品的进展，自动驾驶将会长期处于人机共驾阶段。

在传统车辆制造方面，中国已经落后，而且随着技术的成熟，想从传统的车辆制造技术进行突破的可能性很低。但是自动驾驶给了中国创新主体新的机会，从人机共驾主要五个国家或地区的授权对比来看（参见图 5-5-2），中国发展速度最快，在 2010 年中国授权量就已经和美国持平，在 2011 年保持了这个趋势；并且随着美国专利申请量在 2011~2013 年趋于缓和，中国授权量有了突飞猛进的发展，大幅度超越美国授权。中国紧紧抓住了这个"弯道超车"的机会，意图在自动驾驶方面抢占技术高地，从而寻找提振未来车辆等相关行业发展的新突破口。

10.5 支撑平台分支专利态势分析主要结论

（1）美国授权专利前期优势大，中国厚积薄发追赶迅速

参见图 6-1-2 可以看出，支撑平台分支欧洲、日本、韩国的授权量不大，并且一直很平稳，增速也不高。

具体来看，美国前期进行了专利布局，且授权量比较大；连续多年的专利申请授权量都处于领先地位，2013 年达到顶峰，为 736 件，这对于其他国家或地区进入美国会造成一定的阻碍。之所以取得这样的优势是因为，美国在 20 世纪末开始对人工智能

技术进行了一定程度的应用，且研究主体较多，互相之间的交流为共同搭建运算和验证平台创造了良好的条件，使得产业崛起迅速，迅速部署了大量核心专利。

中国自2006年意识到支撑平台的困境，便启动快速追赶的步伐，并于2013年首次超越美国授权量，达到759件，比美国多出23件，之后一直保持快速增长的领先态势。这与国内近些年良好的发展环境是分不开的，尤其是高新企业和高校，经过21世纪初的积累和发展后，在2010年左右开始逐步有实力追赶最前沿技术，加上国家政策层面的大力支持，发展势头迅猛。

（2）超级计算国外技术封锁紧，中国自主创新求突破

美国在超级计算中心及支撑环境方面，通过禁运和禁售的方式对中国进行技术封锁。尤其是2015年，美国政府禁止英特尔出售快速计算芯片给中国，以防止中国利用这种芯片升级天河二号。

2015年之后，为了突破这种技术封锁，中国超级计算中心及支撑环境方面的专利申请出现了突增；2016年，中国在这一方向的申请量与上年同期相比，几乎翻了一番（参见图6-2-1）。也是在这一时期，中国在超级计算中心及支撑环境方面的授权量达到284件，比美国多出14件，首次超越了美国，并在之后的几年继续保持领先地位。这与中国国内各主体的自主创新密不可分，中科院在这一领域起步较早且后续保持着稳定的增长趋势，浙江大学、北京航空航天大学、清华大学等高校则努力跟进，不断加大研发力度，寻找突破口。

（3）产业发展复杂性分支美国授权相对宽松，业务和技术匹配助力创新

从获得的专利授权和申请量对比来看，美国授权量高于中国授权量。这主要是因为美国申请人借助于良好的技术基础，起点较高，布局早，而中国申请人基本都是近年来才开始发力，授权量相对较少。而从全球原创分布看，中国已经占据一半比例的原创技术；从全球申请人分布看，中国申请人数量也远超美国申请人数量，中国的科研院所和新创企业勇敢"试水"，在这一领域靠业务和技术匹配来助力创新：国家电网和中科院在这一领域保持一贯的技术研发进度；在新创企业中，旷视科技、商汤科技等围绕着人脸识别的核心技术进入金融领域，融360等一批金融科技公司聚焦垂直领域打造金融服务的入口。

（4）核电人机协同分支，美国、日本技术力量强，中国突破难度大

在核电人机协同分支，申请力量主要是核电或电力公司。在这一领域中，美国、日本起步早，前期市场布局和专利布局都较多，技术力量强。美国在这一方向的原创技术达到34%，比中国多出8%，技术力量较强，但申请力量并不是特别集中。日本原创技术也较强，虽占比低于中国，但是从全球申请人的分布看，日本申请人在前20名申请人中占比较多。这说明日本技术主要掌握在几个专业的大型申请人手中，如东芝、日立、三菱和横河电机，技术集中度高。中国在这一领域起步较晚，但中国广核和中国核工业作为这一领域的专门机构，追赶速度非常快，已跃居全球申请人前五位。国家电网和中科院也在这一领域有一定研究。考虑到核电安全与国家安全关系重大，中国政府有较大的政策支持，相信未来中国在核电人机协同领域大有可为。

10.6 重要技术分支专利技术及风险分析结论

（1）中国申请人授权专利维持年限远低于同领域美国申请人

对脑机协作的人机智能共生领域前30名无效数量最高的申请人进行中美专利付费期对比发现，美国申请人的专利维持年限大多在15年以上，普遍高于中国；中国仅有中科院的平均专利维持年限超过10年，其余均低于8年，尤其是在该领域申请量排名靠前且拥有重要产业应用的天津大学，专利平均维持年限仅有5.4年（参见图7-1-9和图7-1-10）。

（2）中国申请人缺乏专利价值意识，专利价值和维持年限没有相关性

对脑机协作的人机智能共生领域前30名无效数量最高的申请人，进行专利被引次数与专利维持年限的相关性分析发现：美国申请人的专利被引用次数与专利维持年限之间存在一定的相关性，专利权人对于被引用次数高的高价值专利更加重视，专利维持年限相对较长；而中国申请人的专利被引用次数与专利维持年限之间不存在相关性，专利维持年限普遍较短，并且其中不乏一些高价值专利，我国专利权人的部分重要知识产权资产无故流失。

（3）脑机接口全球侧重侵入式采集，中国侧重非侵入式采集，信号处理是共同研发热点

通过对脑机协作的人机智能共生领域全球、中国各技术分支申请占比趋势分析发现：在全球范围内，侵入式信号采集分支在研究初期具有较高的申请量，但近年来申请量占比降低，研究热度呈明显下降趋势；而具有明显上升趋势的是非侵入式信号采集和信号处理分支，其中，信号处理分支已发展为申请量占比最高的技术分支，可以预测未来一段时间，信号处理技术分支或将成为研究热点。在中国范围内，侵入式信号采集分支的申请量占比始终最低；具有明显上升趋势的是非侵入式信号采集分支；而设备控制和信号处理分支申请量占比始终较高。可以预测，与全球发展趋势类似，中国范围内信号处理或将成为研究热点。综上，全球以侵入式信号采集研究为主，中国以非侵入式信号采集研究为主，信号处理分支或将成为全球和中国共同的研发热点。

（4）脑机接口领域中国热点跟踪好，技术布局覆盖全面

通过对脑机协作的人机智能共生领域全球前20位申请人中的中美申请人技术分布情况分析发现，中科院在脑电信号采集技术分支实力强劲，对侵入式、非侵入式脑电信号采集均有所研究，主要以侵入式脑电信号采集研究为主；近期的柔性三维神经电极植入属于较为领先的技术。天津大学在设备控制技术分支实力强劲，拥有众多脑机接口产品，研究初期主要涉及瘫痪病人神经恢复、行走技术，此后主要涉及脑电鼠标控制技术；近期主要涉及虚拟现实技术与脑机融合，更加偏向娱乐、民用。华南理工大学在设备控制技术分支实力强劲，主要涉及光标位置控制、轮椅控制；近期主要涉及虚拟现实交互与虚拟驾驶。清华大学在脑电信号采集技术分支实力强劲，主要对侵入式脑电信号采集有所研究；近期的柔性起搏器属于较为领先的技术。可以看出，在

这领域，中国重点申请人热点跟踪好，技术布局各有特色，覆盖全面。

(5) 脑机接口领域美国专利申请质量优于中国

对于中美两国在脑机协作的人机智能共生技术领域的专利，从专利度、特征度、同族数和被引用数几个反映专利质量的指标角度进行对比，不难发现，我国申请的专利度普遍低于美国申请专利度，我国申请的特征度明显高于美国申请特征度，保护范围和保护的维度均落后于美国。并且，我国申请同族数、同族国家数和被引用数普遍低于美国申请，差距较大。中国申请人PCT申请占比远低于美国申请人，中国企业、高校和科研院所海外布局意识均较弱。

(6) 中国高校研究内容与产业相差甚远，美国高校研究与产业结合紧密

从前面针对各个技术分支的分析可以发现，在很多技术领域中，高校和科研院所掌握大量先进技术，但是和产业上的合作并不紧密，专利的价值也没有得到发挥。课题组以脑机接口领域为切入口，对中科院和天津大学在该领域的专利申请进行攻防分析。科研机构在排名前20位的申请人中占据了近半的席位。中科院和天津大学专利申请的竞争对手均是我国高校和科研院所，可见中国高校和科研院所的研究内容与产业研究内容相差较远。而美国加利福尼亚大学在该领域专利申请的竞争对手中公司占比高达六成，其中不乏一些知名企业，例如MED-EL、美敦力、Pacesetter等公司，美国高校研究内容与产业研究内容结合紧密。

(7) 云机器人协同计算方法领域创新主体以企业为主，产业化程度高

从云机器人协同计算方法领域全球主要申请人分布可见，国外申请人除了韩国有一家科研院所之外，其余全部是企业申请人；而在中国申请人中，颠覆了以往以科研院所和高校为主要研发力量的格局，企业申请人与科研院所和高校类申请人各占半壁江山。由此可见，云机器人协同计算方法领域可能是混合增强智能中产业化程度较高的领域。

(8) 云机器人协同计算方法领域中国企业产业地位高，海外布局意识强

从图7-2-9显示的云机器人协同计算方法领域中美主要申请人全球布局情况可见，iRobot在全球布局的国家最多，科沃斯作为服务型机器人生产商中的佼佼者，同样在全球多个国家进行布局，新兴企业达闼科技也有较高占比的PCT申请。企业要做大做强，必然会走出国门，走向世界，那么在全球范围内的专利布局是不可避免的。在云机器人协同计算方法领域，中国申请人中无论是行业领先者还是新兴企业，都已经意识到了这一趋势，积极进行海外布局，抢占全球市场。

(9) 人机共驾企业分类明显，主机和配件布局阻碍大，科技企业有突破机会

如图10-6-1（见文前彩色插图第6页）所示，人机共驾技术领域中全球前35名申请人分类为三种类型申请人，包括：以车企为主的主机厂商，以传感器等相关器件为主的配件厂商，以人机共驾相关实现平台、相关算法等为主的科技厂商。这三种厂商分布明显，在第一梯队中，主要就是主机厂商、配件厂商，第二梯队中开始出现谷歌、IBM、百度等科技企业。从三种类型申请人的分布看，主机厂商依靠长时间累积的技术，仍然在人机共驾领域占据主导地位。而配件厂商是实现人机共驾数据处理的前端，是人机共驾发展的硬件实现基础，申请量也较多，并且新型传感器如激光传感器、

毫米波雷达等也开始有所发展。科技厂商实现人机共驾的软算法，在前两项得到技术保证的前提下，也逐渐发力，申请量开始上升，攀升到第二梯队。并且根据技术发展的趋势，随着车辆整机、传感器等相关技术成熟，人机共驾的实现软平台作为人机共驾的"大脑"会逐渐开始突破上升，在整个生态里占据一定地位。

目前在主机厂和配件厂商作为人机共驾的主要力量，汽车整车方面以及人机共驾的相关传感器等核心技术都已经被国外所占据，在申请量和技术优势差距大的情况下，国内创新主体想要突破限制有很大难度。但是，美国的谷歌、IBM等科技企业还处于第二梯队，还未完成全面布局。并且，虽然美国科技公司占优势，但是优势差距还没有达到难以突破的地步，所以中国科技公司在人机共驾的布局还有突破的空间。如果能抓住决策这一环节，在未来自动驾驶产业链中翻身的机会很大。

中国的申请人包含高校、科研院所以及国家电网、百度等企业，都处于第二梯队。未来人机共驾的趋势是实现平台，软科技会成为未来车辆行业的最关键一环，中国的申请人已经开始意识到并且进行了布局，尤其是我国以百度为首的科技公司已经意识到且能够在人机共驾领域有所作为，并积极地进行了布局，在一些技术，例如，地图导航领域中占据优势。我国科技企业应当抓住这些关键技术进行重点突破，或能在打破当前固定的车辆行业生态链布局趁机占据优势地位。中国应该抓紧制定标准、鼓励政策以引领整个行业的健康快速发展，通过科技公司的技术优势突破未来车辆行业生态链布局。

（10）人机共驾感知技术成熟度高，热点为决策分支，控制分支海外布局多

人机共驾包括四个分支，其中感知、决策、控制是人机共驾信息交互的必要过程，而测试平台是保证人机共驾产业应用的充分条件。通过三年占比的分布，可以看出近三年感知、控制、测试平台的增长速度要弱于决策分支。在感知、控制分支占比下降，测试平台企稳的时段，决策保持了上升的势头。包含人工智能算法的决策分支是产业链中新崛起的一环，已经成为近年最热的分支。并且根据这一趋势预测，决策将继续保持增长态势，成为未来人机共驾中技术研发的热点。

（11）人机共驾领域美国领跑标准制定，中国加速追赶，部分领域在国际上初具话语权

如图10-6-2所示可知，国际机构和各国政府应时而动：美国确保引领地位，日本、德国、韩国紧随其后，国际机构贯彻"技术发展，标准先行"积极修法、立法，中国加速追赶，积极参与国际立法，标准体系初步建成。

美国在自动驾驶标准制定方面走在了前列。一方面是基于美国汽车行业的深远发展和技术积累；另一方面SAE一直致力于机动车相关标准的制定，其已经颁布的机动车技术标准，几乎涵盖了维修技师每天接触的每一个元件和工具，并且这些标准得到了业内普遍认可，包括2014年发布的自动驾驶分级标准。另外，美国政府提出一系列自动驾驶汽车相关议案，迅速为自动驾驶立法，也为自动驾驶的发展保驾护航。

德国、日本作为拥有大众、戴姆勒、宝马、丰田、三菱、本田等全球知名汽车厂商的国家，也是较早开始推进自动驾驶的国家之一，快速地推出了自动驾驶相关标准和法规。

第10章　主要结论及措施建议

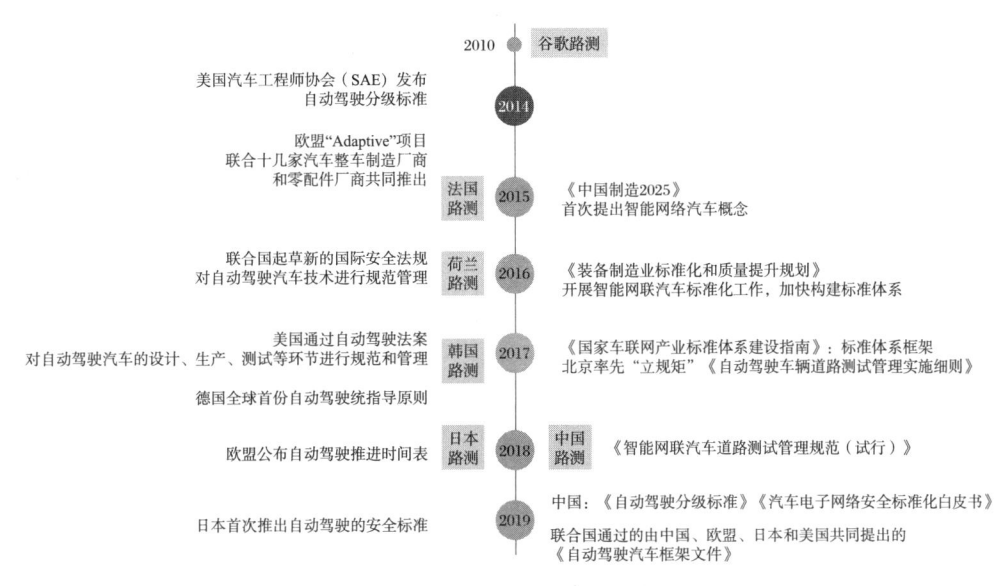

```
美国汽车工程师协会（SAE）发布         2010 ● 谷歌路测
自动驾驶分级标准
                                    2014
欧盟"Adaptive"项目
联合十几家汽车整车制造厂商              法国
和零配件厂商共同推出                    路测  2015  《中国制造2025》
                                              首次提出智能网络汽车概念
联合国起草新的国际安全法规              荷兰
对自动驾驶汽车技术进行规范管理          路测  2016  《装备制造业标准化和质量提升规划》
                                              开展智能网联汽车标准化工作，加快构建标准体系
美国通过自动驾驶法案                    韩国
对自动驾驶汽车的设计、生产、测试等环节进行规范和管理  路测  2017  《国家车联网产业标准体系建设指南》：标准体系框架
                                              北京率先"立规矩"《自动驾驶车辆道路测试管理实施细则》
德国全球首份自动驾驶统指导原则          日本  中国
欧盟公布自动驾驶推进时间表              路测  2018 路测 《智能网联汽车道路测试管理规范（试行）》

日本首次推出自动驾驶的安全标准              2019  中国：《自动驾驶分级标准》《汽车电子网络安全标准化白皮书》
                                              联合国通过的由中国、欧盟、日本和美国共同提出的
                                              《自动驾驶汽车框架文件》
```

图 10-6-2　国际机构和各国政府主要政策和路测时间分布

观之中国，汽车行业发展晚于美国、日本、德国、韩国等，缺乏自主技术，技术积累和沉淀不足，自动驾驶技术起步也晚于美国。自动驾驶汽车道路测试的时间晚于美国 8 年，自动驾驶标准的建立晚于美国 5 年。因此，自动驾驶技术领域的落后同时造成了标准建立的滞后。但是，自 2015 年《中国制造 2025》颁布之后，中国开始加速前进，建立自动驾驶汽车相关标准体系的工作被提上日程。直至 2019 年，我国已经建立起自己的车联网产业标准体系，已有多项标准进入报批阶段。同时，我国积极参与联合国的自动驾驶相关国际标准制定，联合国通过的由中国、欧盟、日本和美国共同提出的《自动驾驶汽车框架文件》表明，中国在自动驾驶的国际舞台上已经有了一定话语权。

（12）人机共驾领域安全性标准制定工作最重要，中国路测开始时间落后美国 8 年

如表 10-6-1 所示，自 2010 年谷歌的自动驾驶汽车开始在美国加州路测以来，自动驾驶汽车的交通事故频发，并且，每一起事故都是引人注目的焦点。

表 10-6-1　2016~2018 年自动驾驶道路交通事故统计

公司	时间	自动驾驶级别	事故原因	伤亡情况
Uber	2018 年 3 月	L4	自动驾驶系统软件未识别行人	1 人死亡
Uber	2017 年 3 月	L3	普通汽车过错	无人员伤亡
Waymo	2018 年 5 月	L4	普通汽车过错	1 人轻伤
Waymo	2017 年 8 月	L4	自动驾驶车安全员错误干预	无人员伤亡
Waymo	2016 年 2 月	L2	自动驾驶设计缺陷	无人员伤亡

续表

公司	时间	自动驾驶级别	事故原因	伤亡情况
Tesla	2018年3月	L2	驾驶员未按系统要求操作	1人轻伤
Tesla	2016年5月	L2	自动驾驶设计缺陷	2人轻伤
Tesla	2016年1月	L2	驾驶员未按系统要求操作	3人轻伤

资料来源：亿欧，根据公开资料查询（截至2018年6月）。

自动驾驶汽车的交通事故涉及人、车、软件系统等多方面因素，特别是涉及软件系统未识别、设计缺陷、决策等新问题，已经不是现有的标准和交通法规能够评价的。美国，在经历的"血的教训"的基础上，加快完善自动驾驶标准和相关立法。我国2018年刚刚开始自动驾驶汽车的道路测试，公里数的累计远不如美国，并且还未发生交通事故，因此，在安全性标准建立方面缺乏经验。要制定服务自动驾驶技术发展的安全性相关标准，我国还需要积累真实道路测试数据，同时，吸取美国道路交通事故经验，立法与标准相互配合建立。

（13）人机共驾领域通信标准领域提前开战，中国有望打破垄断并拥有主动权

自动驾驶的通信标准已经提前开战。美国主导的DSRC标准经过十年磨砺，已经得到了丰田、通用汽车主机厂的支持，并且已经成为北美和欧洲市场的V2X通信协议。中国主导的LTE-V标准虽然提出较晚，但是已经成为国际上致力于移动通信标准化的第三代伙伴计划组织3GPP的LTE-V2X标准。由于LTE-V能够平滑演进到5G技术，基于我国在5G技术领域的优势，目前国内标准组织已经着手与开展5G NR V2X的相关研究。

通过对LTE-V2X领域排名前20位申请人分析发现，中国申请人中只有华为，可见LTE-V2X领域竞争仍然激烈。但是，华为位列第一，且申请领域远高于排名第二位的LG电子；在未列出的排名中，排名第22位的大唐电信，作为LTE-V2X标准的提出者，也具有一定数量的高价值专利。可以看出，我国在LTE-V2X技术领域已经拥有核心自主知识产权积累，基于此，在华为、大唐电信等产业链相关企业已经联合，共同推进LTE-V2X技术前景下，我国有望打破国外产业在V2X通信技术垄断，减少在知识产权方面的限制。

10.7 面向政府的措施建议

（1）加强国家战略层面引领，推动基础理论研究深入；借助消费升级、制造业升级，加快基础理论产业化转化

混合增强智能强调了人脑在人工智能中的参与。其中，脑科学是其中重要的基础理论研究部分，对混合增强智能技术的发展有重要的引领作用。

美国和欧洲率先于2013年推出国家以及地区层面的整体脑科学研究计划，对其脑科学研究具有整体的指引作用。超过15个国家参与欧洲脑计划，计划为期10年。美国

于2014年将"脑计划"预算提高4倍；到了2017年，财政年度预算中脑计划的预算已增至4.34亿美元，是2014年的4倍多；与2016财年相比，增幅也达到近45%。截至2019年4月19日，在美国脑计划的框架下，美国共发表论文341篇。总体看来，美国脑计划有效支持了一大批前沿探索类课题，大大提升了美国在神经科学方面的科研实力，使其继续在神经科学领域领跑全球。

反观我国，自2014年3月在题为"我国脑科学研究发展战略研究"的香山特别会议上，中国"脑计划"正式破题之后，经历5年的酝酿，国家层面的统一的脑科学计划却迟迟未推出。我国有相关的脑科学研究项目基础，如"973计划"先后启动了42项脑科学与脑疾病相关的课题，总投入近11.5亿元；国家自然科学基金委启动了178项重大、重点课题，总投入近3.3亿元；中科院启动的"脑功能联结图谱"先导科技专项在10年中也投入了6个亿；《"十三五"规划纲要》已将"脑计划与类脑研究"列为重大项目，整体上形成了以上海、北京为代表的一南一北两个脑科学研究中心，2018年3月，北京脑科学与类脑研究中心正式成立，成为中国脑科学研究项目的首批具体项目之一。但目前我国投入与发达国家仍有较大差距，且研究团队力量、研究方向以及研究内容均较为分散，具有引领效应的创新内容不多，整体研究水平还有相当差距。更重要的是缺乏对"大科学"整体规划的宏观设计、操作经验，缺乏系统性宏观思维和整体、长远性的规划思维。因此，为推动中国脑科学的研究，亟待从国家发展战略的高度统筹协调国内脑科学研究资源，对脑认知模型、脑模拟等关键技术在战略层面引领基础研究，重点突破。

值得注意的是，基础理论研究通常与产业研究较远，市场驱动力不足，但是其对混合增强智能技术的发展有重要的引领作用，因此更需要国家层面的统一规划。我国正值消费升级、制造业升级的关键时机，急需国家战略层面的政策引领，才能发挥中国产业链应用层相对繁荣的特点，以基础理论研究热点兴起为契机，借助支撑平台的快速发展，带动共性关键技术产业化落地，推动混合增强智能整体技术进步。借助脑认知模型等基础理论的最新研究成果，在消费市场、制造业市场积极探索最新理论研究的转化，以市场孵化技术落地，以技术引领市场发展，创造高技术含量、高附加值的创新型产品，借助消费升级和制造业升级，加速市场驱动的理论研究成果产业化落地。

（2）重点突破我国具备竞争实力的关键技术分支中的关键技术点，争取局部突破

对被引用次数在10次以上的重点专利技术进行筛选可以看出，美国长期处于领跑者的地位，经过长时间的积累，在混合增强智能技术中掌握着大量的重要专利技术。2000年以前，混合增强领域中美国的核心专利数量远远超过中国的核心专利数量，而在2000年以后，中国在该领域中的核心专利数量逐年增长，并于2014年达到478件，超过美国的456件。这和中国在混合增强领域中几个关键技术分支的不俗表现密不可分。可以看出，美国多年来的技术领先为其打下了夯实的技术，积累下大量的核心专利，中国近年创新能力快速提升，在多个技术分支对美国逐渐形成有效竞争力。

在基础理论方面，中国自2007年重要技术申请量超过日本以后，持续稳步增长，

2014 年重要技术拥有量为 61 件，与美国（63 件）保持同等水平；2015 年美国拥有量为 37 件，中国拥有量为 68 件，超过美国。在共性关键技术方面，中国在 2006 年开始保持快速增长，2009 年超过日本，并在 2014 年超过美国，中国拥有量为 272 件，美国拥有量为 270 件，之后与美国保持同步增长。在支撑平台方面，中国从 2006 年以后持续快速增长，并在 2014 年拥有量达到 165 件，首度超过美国（157 件），此后中国和美国同步发展。

而美国已经意识到了这些威胁，也试图通过多种手段（如技术封锁等）试图维持其领先地位。2018 年 11 月，美国商务部工业安全署（BIS）出台了一份针对关键技术和相关产品的出口管制框架，同时开始对这些新兴技术的出口管制面向公众征询意见。在清单中，人工智能和深度学习被列为一大类（参见表 10-7-1）。

表 10-7-1　美国商务部工业安全署（BIS）针对关键技术和相关产品的出口管制框架

关键技术分支	脑机接口	人机共驾	在线智能教育	云机器人
关键技术点	设备控制	决策（基于人工智能的驾驶模型、高精度地图）	教育数据挖掘	基于云端的协作
	侵入式脑电信号采集	感知（激光雷达）	学习过程评估	基于云端的计算与存储
		测试平台（虚拟仿真）	学习方案个性化	
		控制（基于安全的驾驶权切换）	虚拟现实学习场景	

面对美国的压制政策，课题组认为中国应重点关注近期有可能突破甚至超越美国的重点关键技术，特别是全球热点技术脑机协作、人机共驾等混合增强智能中的热点技术分支，重点突破这些关键技术中中国具有竞争实力的关键技术点。为此，对关键技术分支中的关键技术点进行了梳理。在脑机协作方面，对于近年来的热点技术脑电信号处理和非侵入式信号采集技术，相较国外主要申请人，中国主要申请人研究较多，具有一定技术优势。在人机共驾方面，决策分支作为人机共驾中作出判断的大脑，未来有可能成为人机共驾中的热点技术。百度等科技公司在图像识别、地图导航和高精度地图等方面具有一定的优势。上述关键技术分支中的关键技术点均可以作为我国突破国外技术封锁的重点分支。

（3）建立以产业需求为主体的联合平台，让政府的引导成为指挥棒，以企业的资金为推动力，使得高校和科研院所的研究能够主动地向产业靠拢

在混合增强智能领域中，我国的专利申请数量已经占据优势，但其中各类基础技术的主要申请人仍然集中在高校和科研院所。高校和科研院所掌握大量以理论研究为基础的技术和专利，而企业拥有市场需求的敏锐嗅觉和明确的应用目标；虽然高校和科研院所掌握了大量的科研成果和专利，但是得到转化的数量却屈指可数，没有面向社会需求并且和企业联合而转换为生产力。这种现象在混合增强智能领域中已经凸显

出来，主要是因为高校和科研院所的研究与产业脱节。

以脑机协作的人机智能共生技术为例，我国高校和科研院所在这方面的研究实力有长足进步，科研成果丰硕。中科院、天津大学、华南理工大学、浙江大学、清华大学等均已经完成多个相关的国家科研项目并随之积累了大量的专利。但是通过分析发现，这些高校和科研院所领先专利的竞争专利多是高校和科研院所的专利，也就是说我国产学研内容相差较远，联系不紧密。部分高校和科研院所拥有和产业密切相关的专利，但是因缺乏专利运维氛围而没有对这些专利加以利用。

利用高校和科研院所已经拥有的技术积累快速地与产业需求结合，是缩短国内外差距的一条捷径。针对上述现状，建议一方面政府建立以产业需求为主体的联合平台，让政府的引导成为指挥棒，以企业的资金为推动力，使得高校和科研院所的研究能够主动地向产业靠拢。另一方面，能够针对重点技术，提供定向专利服务，主动为高校和科研院所找出其研究内容最贴近的企业，让高校和科研院所拥有的和产业密切相关的专利能够"走出去"并发挥其价值。我们以天津大学和华南理工大学为例，针对其核心专利找到对口的多家相关企业。这些高校可以将这些企业作为专利输出的候选列表。或者反过来说，这些企业可以将这些高校作为后备研发支撑。

（4）关注创新主体海外布局情况，根据领域和创新主体现状差异化助力

课题组以基础理论技术分支为例，对全球主要申请人的专利布局情况进行分析发现，美国、日本等国外申请人均在全球范围内广泛布局，并积极通过PCT形式进行专利布局；而中国申请人则多以本国为布局重点，较少进行海外布局，海外布局意识弱。在脑机协作的人机智能共生技术方面，通过中美布局策略对比，发现中国申请人PCT申请占比远低于美国申请人。其中，高校和科研院所的申请人基本上不进行海外布局。

可见，我国大部分专利并未走出国门，企业内斗激烈，在国外的布局意识差。即使是布局意识较强的百度，也仅集中布局当前市场需求较大的发达国家，对具有成长潜力的发展中国家和地区重视不够，缺乏全球性战略格局。反观美国则将专利战略作为争夺国际市场和获取财富的利器，不仅重视在发达国家专利战略布局，对发展中国家也实施超前布局。通过专利技术提前布局实现行业垄断地位，压制发展中国家新兴产业并瓜分市场。

高海外布局成本成为抑制我国创新主体国际专利申请动机的重要原因。海外专利申请和维护费用较高。国家需要对企业在海外布局、提交PCT申请、进入外国国家阶段的过程提供资金资助及奖励支持。此外，课题组以云机器人协同计算方法领域为例，对我国主要企业申请人的海外布局分析发现，不同企业随着其发展阶段的不同、在行业中地位的不同、市场规模的不同，海外布局情况存在明显的差异。例如，具有市场影响力的中国企业科沃斯已经意识到了全球专利布局的重要性，其专利布局的区域广度和专利数量已经与行业内龙头企业iRobot相差不多，在"走出去"的过程中基本不需要政府的引导。而达闼科技作为新兴企业虽有全球意识，进行了PCT申请，但是可能是经济压力或者是尚未明确如何"走出去"，其申请均没有进入国家阶段。这个阶段的企业可能需要政府在引导政策和资金上作双重支持。

因此，建议政府关注企业专利海外布局，根据企业的行业地位和已有海外布局情况差别使用支持策略。

（5）将针对重点技术领域的资金支持由前端转移到后端，普遍性地提高授权专利的维持年限，引导创新主体提高核心专利维持年限

课题组对以脑机协作为例，对创新主体的专利维持年限分析发现，国外申请人的授权专利维持年限普遍高于中国，在中国重点申请人中，仅有中科院一家的平均专利维持年限超过 10 年，其余均低于 8 年，尤其是在该领域申请量排名靠前，并且有重要产业应用的天津大学，授权专利平均维持年限仅有 5.4 年。

进一步分析专利维持年限和专利被引用次数之间的关系发现，在脑机协作的人机智能共生技术领域，美国申请人授权专利被引用次数与专利维持年限存在一定的相关性，专利权人对于被引用次数高的高价值专利更加重视，专利维持年限相对较长。而中国申请人在该领域的授权专利申请，维持年限较短，并且其中不乏一些被引用次数很高的高价值专利，专利权人的重要知识产权资产会无故流失。

当前，国内创新主体已普遍具有知识产权保护意识，但是缺乏专利价值意识。建议国家针对重点技术领域，将当前的专利申请资助模式由前端资助向后端资助转移，从而普遍性地提高授权专利的维持年限。进一步地，对于核心专利以及拥有核心专利的创新主体，给予更多的关注，进行后端资助，避免高价值专利被主动放弃。

（6）关注自动驾驶的标准相关专利，规避国外厂商的已有布局

我国自动驾驶相关的大部分标准都处于预研状态，但是，行业和技术的发展急需标准的加速制定。根据 2018 年、2019 年工业和信息化部发布的自动驾驶标准制定工作重点，我们从专利角度出发，对自动驾驶测试场景标准、横纵向组合控制标准、报警信号优先度标准、驾驶员接管能力识别标准、驾驶任务接管标准、人机交互失效保护标准的制定提出下列建议：

① 自动驾驶测试场景标准的相关专利共 78 件。如表 10-7-2 所示，百度排名第一名，吉林大学、同济大学分别位列第三、第四，说明国内企业和高校掌握了该领域的核心技术。国家在引导进行标准制定时可以让百度、东风汽车等企业，吉林大学、同济大学、长安大学等高校参与制定。

表 10-7-2　自动驾驶测试场景申请量排名

主要申请人	申请量/项	主要申请人	申请量/项
百度	5	长安大学	3
Tusimple	4	东风汽车	2
吉林大学	3	北京理工大学	2
同济大学	3	商汤科技	2
福特	3	罗伯特·博世	2

② 横纵向组合控制标准的相关专利 582 件。如表 10-7-3 所示，主要技术掌握在

丰田、大众、通用、罗伯特·博世等汽车整车厂商和配件厂商手中，而江苏大学位居第三，具有一定实力。科技厂商百度、谷歌也有少量专利，其中谷歌的申请CN103786723A模仿人类行为以确定相应的横向距离，行驶的时候靠近低速的较小的物体，引发了伦理道德问题的讨论。因此，在制定标准时，可以让江苏大学、百度参与标准制定，并且应谨慎对待可能引起舆论关注的技术问题。

表10-7-3 横纵向组合控制申请量排名

主要申请人	申请量/项	主要申请人	申请量/项
丰田	29	戴姆勒	15
大众	26	罗伯特·博世	14
江苏大学	26	福特	14
宝马	22	日产	12
通用	21	本田	12

③ 驾驶员接管能力识别标准、驾驶任务接管标准、报警信号优先度标准是自动驾驶中最核心的部分，标准相关专利较多，共3843件，不同的厂商具有不同的方案。核心技术主要由谷歌掌握，国内企业中百度在这方面最强，高校的专利较少，但也有一些核心专利。因而，在制定标准时，应重点规避如谷歌技术方案，优先考虑如百度、吉林大学等国内厂商和科研机构的方案。

④ 人机交互失效保护标准缺乏具体定义，也没有对应专利申请。因此，政府在制定标准时应当联合学术界和企业，尽快确定其内涵，国内申请人应抢先进行国内/外专利布局。

（7）推进LTE-V2X标准转升为国家标准，构建专利池以抗通信标准垄断

针对智能网联汽车通信标准一直存在美国主导的DSRC标准和我国主导的LTE-V2X标准之间的争夺，DSRC标准的应用场景已经落地，而LTE-V2X正在兴起阶段。在通信标准方面具有垄断地位的高通也在力推LTE-V2X，并且在5G和LTE-V2X领域都积累了一定的标准必要专利，同时，凭借着通信专利与芯片结合、严苛的专利许可协议，"高通税"或仍然不可避免。对此，我们提出如下建议：

① 推进LTE-V2X标准转升为国家标准，并引导其成为国际标准。可参考美国对于车辆通信系统必须搭载DSRC标准的规定，统一中国车辆通信系统为LTE-V2X。

② 进一步积累标准必要专利。国家政策支持鼓励高校、企业联合，组成专利池，积极进行标准必要专利布局，提高谈判实力；合理利用"公平、合理和非歧视性条款"（FRAND），拉长谈判周期，压低高通专利许可费。

③ 积极推进5G、LTE-V的应用推广。建议政府进一步扩大道路测试范围，加快基于5G-V2X的自动驾驶对道路配套设施建设，加快场景落地。国际上推动5G普及和5G网络的部署，促进韩国、日本甚至美国转向V2X，因为这些国家均积极部署5G网络，破除DSRC根深蒂固的立场。

10.8 面向企业及高校和科研院所的措施建议

（1）提高海外布局意识，立足国内市场，敏锐地进行全球专利布局

可以看出，虽然我国在原创技术申请总量排名第一，企业申请人已经普遍具有专利申请意识，但是海外布局意识仍然不强，PCT 申请总量在原创前五国中排名第四位，且总量远落后于美国。这更进一步增加了国内企业在走出国门的难度，同时也使得在我们掌握核心技术的情况下，却因为没有及时地进行海外布局而失去了主动权（参见图 10-8-1）。

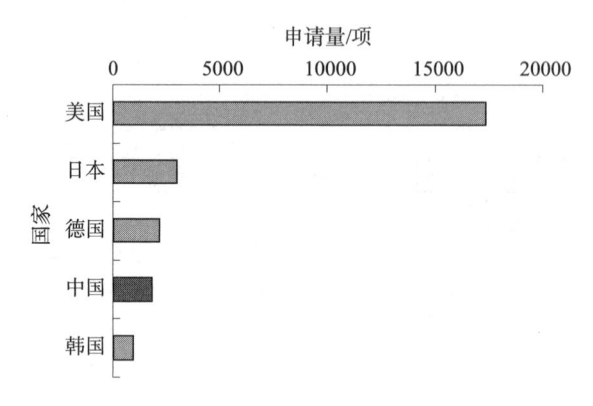

图 10-8-1　全球主要国家 PCT 申请数量

从全球布局随年份的迁移情况来看，第一梯队的中国和美国一直是全球范围内的重点布局区域。因此，我国的创新主体应当利用这一先天优势，一方面，立足国内市场通过快速国内布局来形成有效的专利保护圈，抵御外部竞争；另一方面，应积极参与全球布局，重点布局以美国为首的国际市场，早布局早抢占先机。位于第二梯队的日本、韩国、德国、英国等国家，专利布局热度也仍在保持。应注意到一些新兴热点布局国家，如新加坡、墨西哥以及巴西等，国内的创新主体应战略性地适当布局，为以后发展留好空间，保留机会。

（2）保持专利申请意识，提升专利申请质量，形成专利价值意识，建立专业运维体系

通过对混合增强智能技术涉及的三大方向进行全面分析发现，在多个技术领域，中国企业、高校和科研院所申请人都榜上有名，占有了一定的专利申请数量。可见我国申请人已经具有一定的专利申请意识，在此基础上，需要继续保持专利申请意识。

此外，通过分析发现，我国在混合增强智能技术领域的主要创新主体仍集中在高校和科研院所。近年来，高校和科研院所虽然在专利申请方面的积极性很高，申请了数量庞大的专利，但是这些申请的专利价值并不乐观。课题组以脑机协作的人机智能共生技术分支中的重要申请人为例，进行了中美专利度和特征度的专利价值评估。我国申请的专利度普遍低于美国申请专利度；我国申请的特征度明显高于美国申请特征

度，保护范围和保护的维度均落后于美国。并且，我国申请同族数、同族国家数和被引用数普遍低于美国申请，差距较大。可见，对高校和科研院所而言，专利质量提升迫在眉睫。

中国申请人已具有一定的专利申请意识。然而，通过对中美授权专利被引用次数和专利维持年限分析发现在脑机协作的人机智能共生技术领域，美国专利权人对于被引用次数高的高价值专利更加重视，专利维持年限相对较长；而中国授权专利被引用次数与专利维持年限之间不存在相关性，不仅维持年限较短，而且放弃了一些被引用次数很高的高价值专利，专利权人的重要知识产权资产会无故流失，专利的真正经济价值无法体现。可见，我国申请人需要形成专利价值意识，对高价值专利进行重点关注，持续追踪。

针对我国专利申请质量略低、专利价值意识较弱的问题，我们认为专利价值的高低一方面和技术创新有关，另一方面也和专利撰写、管理的水平密切相关。科研院所往往具有长时间积累的技术创新基础，但相对而言，专利撰写、管理水平较低。科研院所可以通过在和企业的技术联合过程中，交由企业进行专利运维，也可以通过专门组建或委托高水平的专利团队来进行专利运维。

（3）坚持自主创新为主线的专利布局，拓宽科研院所和企业合作模式

在对云机器人领域进行分析的过程中，我们发现云机器人的重要申请人 iRobot 因为利润问题于 2017 年 4 月向美国国际贸易委员会提起了"337 调查"，指控全球 11 家企业侵犯其 6 项专利，其中包括深圳市智意科技有限公司、苏州莱宝电器有限公司、深圳银星 3 家中国企业。多家企业最终的结局相当惨烈，有的最终退出美国市场，有的支付巨额赔偿。但是，耐人寻味的是，iRobot 没有对与其同在第一梯队，市场占有率较大的科沃斯发难，而是针对了在市场中列在第二梯队的深圳银星发起诉讼。深入分析科沃斯的专利布局情况，不难看出无论是在专利数量还是专利布局上，科沃斯均可与 iRobot 比肩。正是科沃斯坚持自主创新为主线的专利布局，使得 iRobot 对于科沃斯束手无策。可以看出，企业在发展过程中，坚持自主创新为主线才能以专利作为工具，在全球市场中跑马圈地，建立起技术壁垒，在拓展全球市场时有备无患。

同样卷入这场诉讼的中国台湾企业松腾实业采取了不同的应对策略。松腾实业买下了"工研院"一项与 VSLAM（一种侦察位置建构地图的技术）相关的专利。这项发挥了关键作用的 VSLAM 专利，是"工研院"2009 年为研发服务机器人在中国和美国申请的专利，是路径规划中的一项基础专利。这次在"工研院"的协助下，松腾实业在美国马萨诸塞州起诉 iRobot 专利侵权的同时在中国发起针对 iRobot 的侵权诉讼，诉讼结果可能会使得 iRobot 被勒令停止生产侵权产品。松腾实业这样的应对策略最后使这场诉讼双方和解，相互不发起侵权诉讼，松腾实业在这场专利战中最早全身而退，仍保留美国市场。同时，松腾实业的客户 Bissel 也被移出诉讼清单。可见，科研院所通常研究基础技术，而企业主要针对单一产品进行研发，在关键时刻，科研院所的专利申请可以为企业提供有力支撑。企业可以通过专利评价体系、攻防分析等专利分析手段以及在市场上有过买卖受让经历专利的周边专利中寻找具有高价值的专利，提前收

储，应对潜在专利风险。

（4）把握专利布局最佳时机，结合近期市场情况与长期市场规划进行海外布局

课题组对云机器人分支中的重点申请人的专利布局情况分析发现，专利布局时机非常重要，不仅和企业的研发状况和近期市场情况相关，更是与企业长期的目标市场规划相关。以 iRobot 为例，2011 年 iRobot 在中国设立了经销商，标志着其正式进军中国市场。但是正是由于没有注重企业的长期市场规划，iRobot 进入中国的专利很少，特别是关于扫地机器人的很多核心专利在中国并未得到保护，因此 iRobot 在中国没有建立起专利优势，在拿起专利武器时显得非常无力。当 2017 年由于销售额和利润问题而提起专利侵权诉讼时，iRobot 却没有敢于对与同在第一梯队，市场占有率较大的科沃斯发难，并且在与深圳银星的专利诉讼中没有占到便宜。

可以看出，专利的区域布局不仅要先于产品先行，还要先于市场先行；不仅要重视在已开拓市场的专利战略布局，还要对潜在的市场也实施超前布局。这不仅可以避免在后期进入该市场时，没有专利保驾护航可能产生的利益损失，也可以通过专利技术提前布局实现行业龙头地位，在行业内更具有话语权，更容易占领市场。企业需结合近期市场情况与长期市场规划进行海外布局，把握专利布局的关键时机。

图 索 引

图 1-1-1　人工智能的发展历程 (3)
图 1-1-2　人工智能 2.0 研究内容概况 (4)
图 2-1-1　全球人工智能市场规模 (15)
图 2-1-2　全球人工智能校企合作论文情况 (31)
图 3-1-1　混合增强智能技术分解表 (彩图 1)
图 3-2-1　混合增强智能领域全球和中国专利申请态势 (44)
图 3-3-1　混合增强智能领域全球目标市场占比 (45)
图 3-3-2　混合增强智能领域全球原创国或地区占比 (45)
图 3-3-3　混合增强智能领域中国申请原创国或地区占比 (45)
图 3-4-1　混合增强智能领域全球主要技术分支申请态势 (46)
图 3-4-2　混合增强智能领域中国主要技术分支申请态势 (47)
图 3-4-3　混合增强智能领域全球/中国主要技术分支申请量分布 (47)
图 3-5-1　混合增强智能领域全球主要申请人 (48)
图 3-5-2　混合增强智能领域中国主要申请人 (52)
图 3-6-1　混合增强智能领域全球原创技术区域迁移 (54)
图 3-6-2　混合增强智能全球重点布局热点迁移 (55)
图 3-6-3　混合增强智能全球重点布局近期热点迁移 (56)
图 3-6-4　混合增强智能领域全球技术热点迁移 (59)
图 3-6-5　混合增强智能领域中国技术热点迁移 (60)
图 3-6-6　混合增强智能领域全球其他主要国家技术热点迁移 (61)
图 3-6-7　混合增强智能领域全球重要技术原创区域迁移 (62)
图 3-6-8　基础理论重要技术主要技术原创国迁移 (63)
图 3-6-9　共性关键技术重要技术主要技术原创国迁移 (64)
图 3-6-10　支撑平台重要技术主要技术原创国迁移 (65)
图 4-1-1　基础理论领域全球/中国申请态势 (81)
图 4-1-2　基础理论领域主要国家或地区授权态势 (82)
图 4-1-3　基础理论领域主要国家或地区申请和授权量 (82)
图 4-1-4　基础理论领域全球申请人排名 (83)
图 4-1-5　基础理论领域中国申请人排名 (84)
图 4-1-6　基础理论领域全球目标市场占比 (85)
图 4-1-7　基础理论领域全球原创国家或地区占比 (85)
图 4-1-8　基础理论领域全球/中国主要技术分支 (86)
图 4-1-9　基础理论领域全球主要申请人布局区域分布 (彩图 2)
图 4-1-10　基础理论领域中国主要申请人申请量国家或地区分布 (89)
图 4-2-1　机器直觉推理与因果模型全球/中国申请态势分布 (93)
图 4-2-2　机器直觉推理与因果模型主要国家或地区授权态势分布 (93)
图 4-2-3　机器直觉推理与因果模型主要国家或地区申请和授权量 (94)

445

图4-2-4	机器直觉推理与因果模型全球主要申请人情况（95）
图4-2-5	机器直觉推理与因果模型中国主要申请人情况（95）
图4-2-6	机器直觉推理与因果模型原创技术区域分布（96）
图4-2-7	机器直觉推理与因果模型目标市场区域分布（96）
图4-2-8	机器直觉推理与因果模型全球主要申请人布局区域分布（98）
图4-2-9	机器直觉推理与因果模型中国主要申请人布局区域分布（99）
图4-3-1	联想记忆模型与知识演化方法技术全球/中国申请态势（100）
图4-3-2	联想记忆模型与知识演化方法技术主要国家或地区授权态势（100）
图4-3-3	联想记忆模型与知识演化方法技术主要国家或地区申请量和授权量（101）
图4-3-4	联想记忆模型与知识演化方法技术全球重要申请人情况（102）
图4-3-5	联想记忆模型与知识演化方法技术中国重要申请人情况（102）
图4-3-6	联想记忆模型与知识演化方法技术全球目标市场国家或地区占比（103）
图4-3-7	联想记忆模型与知识演化方法技术全球首次申请国家或地区占比（103）
图4-4-1	复杂数据和任务的混合增强智能学习方法全球/中国申请态势（108）
图4-4-2	复杂数据和任务的混合增强智能学习方法主要国家或地区授权态势（109）
图4-4-3	复杂数据和任务的混合增强智能学习方法主要国家或地区申请和授权量占比（110）
图4-4-4	复杂数据和任务的混合增强智能学习方法全球申请人排名（111）
图4-4-5	复杂数据和任务的混合增强智能学习方法中国申请人排名（111）
图4-4-6	复杂数据和任务的混合增强智能学习方法全球目标市场占比（112）
图4-4-7	复杂数据和任务的混合增强智能学习方法全球原创国或地区占比（112）
图4-4-8	复杂数据和任务的混合增强智能学习方法全球主要申请人申请量国家或地区分布（116）
图4-4-9	复杂数据和任务的混合增强智能学习方法国内主要申请人申请量国家或地区分布（117）
图4-5-1	云机器人协同计算方法全球/中国申请态势（118）
图4-5-2	云机器人协同计算方法主要国家或地区申请态势（119）
图4-5-3	云机器人协同计算方法主要国家或地区申请和授权量占比（120）
图4-5-4	云机器人协同计算方法全球申请人排名（120）
图4-5-5	云机器人协同计算方法中国申请人排名（121）
图4-5-6	云机器人协同计算方法全球目标市场占比（122）
图4-5-7	云机器人协同计算方法全球原创国/地区占比（122）
图4-5-8	云机器人协同计算方法全球主要申请人申请量国家或地区分布（126）
图4-5-9	云机器人协同计算方法国内主要申请人申请量国家或地区分布（127）
图4-6-1	真实世界环境下的情景理解及人机群组协同方法全球/中国申请态势分布（128）
图4-6-2	真实世界环境下的情景理解及人机群组协同方法主要国家或地区授权态势分布（129）
图4-6-3	真实世界环境下的情景理解及人机群组协同方法主要国家或地区申请量和授权量占比（129）
图4-6-4	真实世界环境下的情景理解及人机群组协同方法全球主要申请人（130）
图4-6-5	真实世界环境下的情景理解及人机群组协同方法中国主要申请人（131）
图4-6-6	真实世界环境下的情景理解及人机

图索引

群组协同方法原创技术区域分布 (132)

图4-6-7 真实世界环境下的情景理解及人机群组协同方法目标市场区域分布 (132)

图4-6-8 真实世界环境下的情景理解及人机群组协同方法全球主要申请人布局区域分布 (134)

图4-6-9 真实世界环境下的情景理解及人机群组协同方法中国主要申请人布局区域分布 (135)

图5-1-1 共性关键技术领域全球/中国申请态势 (137)

图5-1-2 共性关键技术领域全球主要国家或地区授权态势 (138)

图5-1-3 共性关键技术领域全球主要国家或地区申请量/授权量占比 (138)

图5-1-4 共性关键技术领域全球主要申请人排名 (139)

图5-1-5 共性关键技术领域中国主要申请人排名 (140)

图5-1-6 共性关键技术领域全球原创国家或地区占比 (141)

图5-1-7 共性关键技术领域全球目标国家或地区占比 (141)

图5-1-8 共性关键技术领域全球/中国主要技术分支占比 (142)

图5-1-9 共性关键技术领域全球主要申请人布局国家或地区分布 (145)

图5-1-10 共性关键技术领域中国主要申请人申请量国家或地区分布 (147)

图5-1-11 共性关键技术领域全球主要申请人技术分布 (148)

图5-1-12 共性关键技术领域中国主要申请人技术分布 (149)

图5-2-1 脑机协作的人机智能共生技术全球/中国申请态势 (150)

图5-2-2 脑机协作的人机智能共生技术主要国家或地区授权态势 (151)

图5-2-3 脑机协作的人机智能共生技术主要国家或地区申请量和授权量 (151)

图5-2-4 脑机协作的人机智能共生技术全球重要申请人申请量 (152)

图5-2-5 脑机协作的人机智能共生技术中国重要申请人申请量 (153)

图5-2-6 脑机协作的人机智能共生技术领域全球目标市场或地区占比 (154)

图5-2-7 脑机协作的人机智能共生技术全球首次申请国家或地区占比 (154)

图5-3-1 认知计算框架领域全球和中国申请态势 (159)

图5-3-2 认知计算框架领域主要国家或地区授权态势 (159)

图5-3-3 认知计算框架领域主要国家或地区授权态势 (160)

图5-3-4 认知计算框架领域全球主要申请人分析 (161)

图5-3-5 认知计算框架领域中国主要申请人分析 (162)

图5-3-6 认知计算框架领域全球技术原创国家或地区分布 (163)

图5-3-7 认知计算框架领域全球目标市场国家或地区分布 (163)

图5-3-8 认识计算框架领域全球主要申请人布局重点国家或地区分布 (165)

图5-3-9 认知计算框架领域中国主要申请人布局重点国家或地区分布 (167)

图5-4-1 新型混合计算架构领域全球/中国申请态势 (168)

图5-4-2 新型混合计算架构领域主要国家或地区授权态势 (169)

图5-4-3 新型混合计算架构领域主要国家或地区申请量和授权量情况 (169)

图5-4-4 新型混合计算架构领域全球主要申请人 (170)

图5-4-5 新型混合计算架构领域中国主要申请人 (171)

图5-4-6 新型混合计算架构领域原创国家或地区分布 (173)

图5-4-7 新型混合计算架构领域目标市场国家或地区分布 (173)

图5-4-8 新型混合计算架构领域全球主要申

447

图 5-4-9 新型混合计算架构领域中国主要申请人布局区域分布 （177）
图 5-5-1 人机共驾领域全球/中国申请态势 （179）
图 5-5-2 人机共驾领域全球主要国家或地区授权量态势 （180）
图 5-5-3 人机共驾领域全球主要国家或地区申请量和授权量情况 （180）
图 5-5-4 人机共驾领域全球申请人排名 （181）
图 5-5-5 人机共驾领域在华申请人排名 （183）
图 5-5-6 人机共驾领域全球原创国家或地区占比 （184）
图 5-5-7 人机共驾领域全球目标国家或地区占比 （184）
图 5-5-8 人机共驾的技术分支 （185）
图 5-5-9 人机共驾的算法流程示例 （186）
图 5-5-10 人机共驾领域全球/中国主要技术分支占比 （187）
图 5-5-11 感知分支的全球/中国申请态势 （188）
图 5-5-12 感知分支的全球主要国家或地区授权态势 （188）
图 5-5-13 感知分支的主要国家或地区申请量和授权量占比 （189）
图 5-5-14 感知分支全球申请人排名 （190）
图 5-5-15 感知分支在华申请人排名 （191）
图 5-5-16 感知分支全球原创国家或地区占比 （192）
图 5-5-17 感知分支全球目标国家或地区占比 （192）
图 5-5-18 决策分支全球/中国申请态势 （193）
图 5-5-19 决策分支的全球主要国家或地区授权态势 （194）
图 5-5-20 决策分支的主要国家或地区申请量和授权量占比 （194）
图 5-5-21 决策分支全球申请人排名 （195）
图 5-5-22 决策分支在华申请人排名 （196）
图 5-5-23 决策分支全球原创国家或地区占比 （197）
图 5-5-24 决策分支全球目标国家或地区占比 （197）
图 5-5-25 控制分支的全球/中国申请态势 （198）
图 5-5-26 控制分支的全球主要国家或地区授权态势 （199）
图 5-5-27 控制分支的主要国家或地区申请量和授权量占比 （199）
图 5-5-28 控制分支全球申请人排名 （200）
图 5-5-29 控制分支在华申请人排名 （201）
图 5-5-30 控制分支全球原创国家或地区占比 （202）
图 5-5-31 控制分支全球目标国家或地区占比 （202）
图 5-5-32 研发测试平台全球/中国专利申请态势 （203）
图 5-5-33 研发测试平台全球主要国家或地区专利授权态势 （203）
图 5-5-34 研发测试平台全球主要国家或地区专利申请量和授权量占比 （203）
图 5-5-35 研发测试平台全球专利申请人排名 （204）
图 5-5-36 研发测试平台在华专利申请人排名 （205）
图 5-5-37 研发测试平台全球专利原创国家或地区占比 （206）
图 5-5-38 研发测试平台全球专利目标国家或地区占比 （206）
图 5-5-39 研发测试平台全球主要专利申请人布局国家或地区分布 （209）
图 5-5-40 研发测试平台中国主要专利申请人布局国家或地区分布 （210）
图 5-6-1 在线智能学习领域全球/中国申请态势 （217）
图 5-6-2 在线智能学习领域主要国家或地区授权态势分析 （217）
图 5-6-3 在线智能学习领域主要国家或地区申请量和授权量对比 （218）
图 5-6-4 在线智能学习领域全球申请人排名 （219）
图 5-6-5 在线智能学习领域中国申请人排名 （220）

图 5-6-6 在线智能学习领域全球目标市场占比 (221)
图 5-6-7 在线智能学习领域全球原创国家或地区占比 (221)
图 5-6-8 在线智能学习领域全球主要申请人布局重点地区分布 (225)
图 5-6-9 在线智能学习领域中国主要申请人布局重点地区分布 (226)
图 5-7-1 平行管理与控制领域全球/中国申请态势 (227)
图 5-7-2 平行管理与控制领域中国申请人排名 (228)
图 6-1-1 支撑平台技术三大应用行业全球/中国专利申请态势 (230)
图 6-1-2 支撑平台技术三大应用行业全球主要国家或地区专利申请授权量态势 (231)
图 6-1-3 支撑平台技术三大应用行业全球主要国家或地区专利申请量和授权量情况 (232)
图 6-1-4 支撑平台技术三大应用行业全球专利申请人排名 (232)
图 6-1-5 支撑平台技术三大应用行业在华专利申请人排名 (233)
图 6-1-6 支撑平台技术三大应用行业全球专利原创国家或地区占比 (234)
图 6-1-7 支撑平台技术三大应用行业全球专利目标国家或地区占比 (234)
图 6-1-8 支撑平台技术三大应用行业全球/中国主要技术分支占比 (234)
图 6-1-9 支撑平台领域三大应用行业全球主要专利申请人国家或地区分布 (238)
图 6-1-10 支撑平台领域三大应用行业中国主要专利申请人国家或地区分布 (239)
图 6-1-11 支撑平台领域三大应用行业全球主要专利申请人技术分布 (240)
图 6-1-12 支撑平台领域三大应用行业中国主要专利申请人技术分布 (240)
图 6-2-1 超算中心领域全球/中国专利申请态势 (241)
图 6-2-2 超算中心领域全球主要国家或地区专利授权态势 (241)
图 6-2-3 超算中心领域全球主要国家或地区专利申请量和授权量情况 (242)
图 6-2-4 超算中心领域全球专利申请人排名 (243)
图 6-2-5 超算中心领域在华专利申请人排名 (243)
图 6-2-6 超算中心领域全球专利原创国家或地区分布 (244)
图 6-2-7 超算中心领域全球专利目标国家或地区占比 (244)
图 6-2-8 超算中心领域全球主要专利申请人布局国家或地区分布 (247)
图 6-2-9 超算中心领域中国主要专利申请人国家或地区分布 (248)
图 6-3-1 复杂性分析系统领域全球/中国专利申请态势 (249)
图 6-3-2 复杂性分析系统领域全球主要国家或地区专利授权量态势 (249)
图 6-3-3 复杂性分析系统全球主要国家或地区专利申请量和授权量情况 (250)
图 6-3-4 复杂性分析系统全球专利申请人排名 (251)
图 6-3-5 复杂性分析系统在华专利申请人排名 (251)
图 6-3-6 复杂性分析系统领域全球专利原创国家或地区分布 (252)
图 6-3-7 复杂性分析系统领域全球专利目标国家或地区占比 (252)
图 6-3-8 复杂性分析系统全球主要专利申请人布局国家或地区分布 (255)
图 6-3-9 复杂性分析系统中国主要专利申请人布局国家或地区分布 (256)
图 6-4-1 核电安全全球/中国专利申请态势 (257)
图 6-4-2 核电安全全球主要国家或地区专利授权态势 (257)
图 6-4-3 核电安全全球主要国家或地区专利申请量和授权量情况 (258)
图 6-4-4 核电安全全球专利申请人排名 (259)

图6-4-5	核电安全在华专利申请人排名（259）
图6-4-6	核电安全全球专利原创国家或地区分布（260）
图6-4-7	核电安全全球专利目标国家或地区分布（260）
图6-4-8	核电安全领域全球主要专利申请人国家或地区分布（263）
图6-4-9	核电安全领域中国主要专利申请人国家或地区分布（264）
图7-1-1	脑机协作的人机智能共生全球各技术分支申请占比趋势（267）
图7-1-2	脑机协作的人机智能共生中国各技术分支申请占比趋势（267）
图7-1-3	脑机协作的人机智能共生领域中国国内重点申请人申请量（269）
图7-1-4	脑机协作的人机智能共生领域中科院技术发展路线（270）
图7-1-5	脑机协作的人机智能共生领域天津大学技术发展路线（272）
图7-1-6	脑机协作的人机智能共生领域华南理工大学技术发展路线（274）
图7-1-7	脑机协作的人机智能共生领域全球排名前20名中的美国申请人专利布局情况（278）
图7-1-8	脑机协作的人机智能共生领域全球排名前20名中的中国申请人专利布局情况（278）
图7-1-9	脑机协作的人机智能共生领域全球无效数量前30名中美国申请人的专利付费期（282）
图7-1-10	脑机协作的人机智能共生领域全球无效数量前30名中中国申请人的专利付费期（282）
图7-1-11	脑机协作的人机智能共生领域美国申请人授权专利被引用次数与专利维持年限的关系（283）
图7-1-12	脑机协作的人机智能共生领域中国申请人授权专利被引用次数与专利维持年限的关系（283）
图7-2-1	云机器人协同计算方法技术全球各技术分支占比趋势（289）
图7-2-2	云机器人协同计算方法技术中国各技术分支占比趋势（289）
图7-2-3	云机器人协同计算方法技术全球申请人排名（290）
图7-2-4	iRobot公司云机器人协同计算方法技术发展路线（293）
图7-2-5	科沃斯云机器人协同计算方法技术发展路线（294）
图7-2-6	达闼科技云机器人协同计算方法技术发展路线（295）
图7-2-7	中美主要申请人云机器人协同计算方法在机器人相关申请中占比情况（296）
图7-2-8	中美主要申请人云机器人协同计算方法技术分支占比（297）
图7-2-9	云机器人协同计算方法中美主要申请人全球布局（298）
图7-2-10	云机器人协同计算方法领域中美主要申请人逐年布局热点图（298）
图7-2-11	iRobot的专利区域布局与上市产品（299）
图7-2-12	科沃斯的专利区域布局与上市产品（301）
图7-2-13	iRobot逐年营业收入与净利润（303）
图7-2-14	深圳银星与iRobot的专利诉讼过程（306）
图7-2-15	中国台湾松腾实业与iRobot的专利诉讼过程（307）
图7-2-16	iRobot与国内专利攻防分析结果（308）
图7-2-17	高校及科研院所相对iRobot的优势专利（309）
图7-2-18	针对iRobot引用的失效再运营的专利（310）
图7-3-1	SAE自动驾驶的分级（311）
图7-3-2	在SAE分级标准下人机共驾的定义（313）
图7-3-3	麻省理工学院对自动驾驶层级的划分（313）
图7-3-4	自动驾驶车辆的结构示意图（314）
图7-3-5	人机共驾信息交互示意图（315）

图 索 引

图7-3-6 人机共驾全球申请人排名前50位（316）

图7-3-7 人机共驾各分支全球申请量占比（317）

图7-3-8 感知技术分支全球排名前20位申请人中零部件厂商分布情况（317）

图7-3-9 决策技术分支全球排名前20申请人中科技公司分布情况（318）

图7-3-10 控制技术分支全球排名前20位申请人中科技公司分布情况（319）

图7-3-11 测试平台技术分支全球申请人排名前20位中国申请人分布情况（320）

图7-3-12 人机共驾各技术分支三年占比趋势（321）

图7-3-13 人机共驾技术分支海外布局力度（321）

图7-3-14 决策技术分支全球申请人排名前25名（322）

图7-3-15 全球主要申请人在决策分支各个分支的技术布局（324）

图7-3-16 三星在决策分支的技术发展路线（325）

图7-3-17 谷歌在决策分支的技术发展路线（326）

图7-3-18 百度在决策分支的技术发展路线（327）

图7-3-19 百度在高精度地图领域布局专利（328）

图7-3-20 百度-谷歌关于高精度地图反点位竞争分析（330）

图7-3-21 百度-三星关于高精度地图反点位分析（331）

图7-3-22 百度Apollo平台布局专利（332）

图7-3-23 百度-谷歌关于人机共驾技术平台反点位分析（332）

图7-3-24 百度-三星关于人机共驾技术平台反点位分析（335）

图7-3-25 控制分支全球前20位申请人（340）

图7-3-26 谷歌控制分支的技术发展脉络（343）

图7-3-27 安全标准相关专利的技术脉络（彩图3）

图7-3-28 LTE-V2X领域前20位申请人排名（352）

图7-3-29 华为主要竞争对手专利申请占比（355）

图7-3-30 人机共驾标准体系（357）

图7-4-1 在线智能学习各技术分支占比趋势（361）

图7-4-2 在线智能学习领域主要申请人各分支布局赛道图（363）

图7-4-3 在线智能学习领域全球主要申请人前20位排名（369）

图7-4-4 在线智能学习领域IBM技术发展路线及核心基础专利（370）

图7-4-5 IBM在线智能学习领域各分支专利申请量布局分布（371）

图7-4-6 IBM在线智能学习领域各分支专利申请占比（372）

图7-4-7 培生教育在线智能教育技术路线（374）

图7-4-8 培生教育在线智能教育各分支专利申请总量分布（375）

图7-4-9 培生教育在线智能教育分支专利申请占比（375）

图7-4-10 在线智能教育领域国内主要申请人排名（377）

图7-4-11 在线智能教育科大讯飞技术发展路线（378）

图7-4-12 在线智能教育科大讯飞各分支专利申请总量分布（379）

图7-4-13 在线智能教育科大讯飞各分支专利申请占比（379）

图7-4-14 广东小天才在线智能教育技术发展路线（381）

图7-4-15 广东小天才在线智能教育各分支专利申请总量分布（382）

图7-4-16 在线智能教育广东小天才各分支专利申请占比（383）

图8-2-1 天津大学在脑机协作的人机智能共生领域的全球申请趋势（386）

451

图8-2-2	天津大学在脑机协作的人机智能共生领域的国内申请趋势（386）	图9-1-1	空间可视化分析的总体页面示意图（416）
图8-2-3	天津大学在脑机协作的人机智能共生领域专利申请目标市场分布（386）	图9-1-2	美国在混合增强智能领域的年度原创趋势（417）
图8-2-4	天津大学在脑机协作的人机智能共生领域国内申请的各分支占比（387）	图9-1-3	澳大利亚在混合增强智能领域的年度原创趋势（418）
图8-3-1	2017~2018年国家新一代人工智能开放创新平台（398）	图9-2-1	五国在混合增强智能领域的布局区域数量情况（418）
图8-3-2	人机共驾领域百度专利态势（399）	图9-2-2	混合增强智能领域五国在澳大利亚的布局情况（420）
图8-3-3	百度人机共驾领域技术布局分布情况（400）	图9-3-1	空间可视化分析的中美两国对比页面示意图（421）
图8-3-4	百度人机共驾领域决策分支技术路线（彩图4）	图9-3-2	混合增强智能领域中美两国原创和增长率对比（421）
图8-4-1	新型混合计算框架三星全球申请趋势（404）	图9-3-3	混合增强智能领域中美两国的布局区域数量和平均申请量对比（422）
图8-4-2	新型混合计算框架三星中国申请趋势（404）	图9-3-4	中国在各布局区域的年度申请量情况对比（423）
图8-4-3	新型混合计算框架领域三星全球技术原创国家或地区分布（405）	图10-1-1	混合增强智能技术（彩图5）
图8-4-4	新型混合计算框架领域三星全球目标市场国家或地区分布（405）	图10-3-1	基础理论领域全球技术分支占比（428）
图8-5-1	新型混合计算框架领域IBM全球申请趋势（409）	图10-3-2	基础理论领域中国技术分支占比（428）
图8-5-2	新型混合计算框架领域IBM中国申请趋势（410）	图10-6-1	人机共驾领域全球前35名申请人情况（彩图6）
图8-5-3	新型混合计算框架领域IBM全球技术原创国家或地区分布（410）	图10-6-2	国际机构和各国政府主要政策和路测时间分布（435）
图8-5-4	新型混合计算框架领域IBM全球目标市场国家或地区分布（410）	图10-8-1	全球主要国家PCT申请数量（442）

表 索 引

表 2-2-1 人工智能领域美国政策大事件 (32~34)
表 2-2-2 人工智能领域中国政策大事件 (34~37)
表 3-1-1 混合增强智能领域专利数量 (43)
表 3-6-1 混合增强智能领域重要技术全球申请量排名前 20 位主要申请人 (66)
表 3-6-2 基础理论重要技术全球申请量排名前 20 位主要申请人 (67~68)
表 3-6-3 共性关键技术重要技术全球申请量排名前 20 位主要申请人 (68~69)
表 3-6-4 支撑平台重要技术全球申请量排名前 20 位主要申请人 (69~70)
表 3-6-5 混合增强智能重要技术近期全球主要申请人 (71)
表 3-6-6 基础理论重要技术近期全球主要申请人 (72)
表 3-6-7 共性关键技术重要技术近期全球主要申请人 (72~73)
表 3-6-8 支撑平台重要技术近期全球主要申请人 (73~74)
表 3-6-9 混合增强智能潜在重要技术近期全球主要申请人 (75)
表 3-6-10 基础理论潜在重要技术近期全球主要申请人 (76~77)
表 3-6-11 共性关键技术潜在重要技术近期全球主要申请人 (77~78)
表 3-6-12 支撑平台潜在重要技术近期全球主要申请人 (78~79)
表 4-1-1 基础理论领域全球主要申请人申请量年度分布 (86~87)
表 4-1-2 基础理论领域中国主要申请人申请量年度分布 (88)
表 4-1-3 基础理论领域全球主要申请人技术分布 (90~91)
表 4-1-4 基础理论领域中国主要申请人技术分布 (91~92)
表 4-2-1 机器直觉推理与因果模型全球主要申请人年度分布 (96~97)
表 4-2-2 机器直觉推理与因果模型中国主要申请人年度分布 (97~98)
表 4-3-1 联想记忆模型与知识演化方法技术全球主要申请人申请量年度分布 (104)
表 4-3-2 联想记忆模型与知识演化方法技术中国主要申请人申请量年度分布 (105)
表 4-3-3 联想记忆模型与知识演化方法技术全球主要申请人申请量区域分布 (106)
表 4-3-4 联想记忆模型与知识演化方法技术中国主要申请人申请量区域分布 (107)
表 4-4-1 复杂数据和任务的混合增强智能学习方法全球主要申请人申请量年度分布 (114)
表 4-4-2 复杂数据和任务的混合增强智能学习方法中国主要申请人申请量年度分布 (115)
表 4-5-1 云机器人协同计算方法全球主要申请人申请量年度分布 (124)
表 4-5-2 云机器人协同计算方法中国主要申请人申请量年度分布 (125)
表 4-6-1 真实世界环境下的情景理解及人机群组协同方法全球主要申请人申请量年度分布 (132~133)
表 4-6-2 真实世界环境下的情景理解及人机

453

群组协同方法中国主要申请人申请量年度分布 （133～134）

表5-1-1 共性关键技术领域全球主要申请人申请量年度分布 （143）

表5-1-2 共性关键技术领域中国主要申请人申请量年度分布 （144）

表5-2-1 脑机协作的人机智能共生技术领域全球主要申请人申请量年度分布 （155）

表5-2-2 脑机协作的人机智能共生技术领域中国主要申请人申请量年度分布 （156）

表5-2-3 脑机协作的人机智能共生技术领域全球主要申请人申请量国家或地区分布 （157）

表5-2-4 脑机协作的人机智能共生技术领域中国主要申请人申请量国家或地区分布 （157～158）

表5-3-1 认知计算框架领域全球主要申请人申请量布局年度分布 （164）

表5-3-2 认知计算框架领域中国主要申请人布局年度分布 （166）

表5-4-1 新型混合计算架构技术全球主要申请人申请量年度分布 （174）

表5-4-2 新型混合计算架构领域中国主要申请人申请量年度分布 （176）

表5-5-1 研发测试平台全球主要专利申请人布局年度分布 （207）

表5-5-2 研发测试平台中国主要专利申请人布局年度分布 （208）

表5-5-3 人机共驾全球主要申请人布局年度分布 （211）

表5-5-4 人机共驾中国主要申请人布局年度分布 （212）

表5-5-5 人机共驾全球主要申请人布局国家或地区分布 （213）

表5-5-6 人机共驾中国主要申请人布局国家或地区分布 （213～214）

表5-5-7 人机共驾全球主要申请人技术分支分布 （214～215）

表5-5-8 人机共驾中国主要申请人技术分支分布 （215～216）

表5-6-1 在线智能学习领域全球主要申请人布局年度分布 （222）

表5-6-2 在线智能学习领域中国主要申请人布局年度分布 （224）

表5-7-1 平行管理与控制领域中国主要申请人申请量年度分布 （229）

表6-1-1 支撑平台领域三大主要应用行业全球主要专利申请人布局年度分布 （236）

表6-1-2 支撑平台领域三大主要应用行业中国主要专利申请人布局年度分布 （237）

表6-2-1 超算中心领域全球主要专利申请人布局年度分布 （245）

表6-2-2 超算中心领域中国主要专利申请人布局年度分布 （246）

表6-3-1 复杂性分析系统领域全球主要专利申请人布局年度分布 （253）

表6-3-2 复杂性分析系统领域中国主要专利申请人布局年度分布 （254）

表6-4-1 核电安全领域全球主要专利申请人布局年度分布 （261）

表6-4-2 核电安全领域中国主要专利申请人布局年度分布 （262）

表7-1-1 脑机协作的人机智能共生领域全球前20位申请人中的中美申请人技术分布 （268）

表7-1-2 脑机协作的人机智能共生全球排名前20位中的美国申请人专利质量情况 （276～277）

表7-1-3 脑机协作的人机智能共生全球排名前20位中的中国申请人专利质量情况 （277）

表7-1-4 脑机协作的人机智能共生领域美国重要申请人高价值专利布局策略 （278～279）

表7-1-5 脑机协作的人机智能共生领域中国重要申请人高价值专利布局策略 （279～280）

表7-1-6 脑机协作的人机智能共生领域高价

值专利被引用情况 （280）

表 7-1-7 脑机协作的人机智能共生领域中国被引用次数大于 14 次的有效高价值专利 （283~284）

表 7-1-8 脑机协作的人机智能共生领域与中国科学院研究方向一致的申请人 （285）

表 7-1-9 脑机协作的人机智能共生领域与天津大学研究方向一致的申请人 （285）

表 7-1-10 脑机协作的人机智能共生领域与加利福尼亚大学研究方向一致的申请人 （285）

表 7-1-11 脑机协作的人机智能共生领域天津大学有效专利的潜在合作公司 （286）

表 7-1-12 脑机协作的人机智能共生领域华南理工大学有效专利的潜在合作公司 （286~287）

表 7-2-1 云机器人协同计算方法全球排名前 20 位申请人技术分布 （290~291）

表 7-2-2 云机器人协同计算方法领域中美主要申请人的共同申请人 （302）

表 7-2-3 扫地机器人中国产业竞争格局 （303）

表 7-2-4 iRobot 提起"337 调查"的涉案专利 （304）

表 7-2-5 iRobot 发起的 337 调查结果 （305）

表 7-2-6 高校相对 iRobot 的优势专利 （309）

表 7-3-1 百度高精地图相关专利列表 （328~329）

表 7-3-2 高精度地图领域谷歌持有的对百度构成潜在威胁专利列表 （331）

表 7-3-3 人机共驾技术平台领域谷歌持有的对构成百度潜在威胁专利列表 （333~334）

表 7-3-4 人机共驾技术平台领域百度持有的可能不稳定的专利列表 （335）

表 7-3-5 高精度地图领域国内三家科研机构领先谷歌、三星的专利列表 （336）

表 7-3-6 高精度地图领域国内三家科研机构与谷歌、三星专利形成竞争态势的专利列表 （336~337）

表 7-3-7 人机共驾技术平台领域国内三家科研机构领先专利列表 （337~338）

表 7-3-8 人机共驾技术平台领域国内三家科研机构形成竞争态势的专利列表 （338~339）

表 7-3-9 谷歌在控制分支持有的基础专利 （340~342）

表 7-3-10 NHTSA 和 SAE 自动驾驶分级示意图 （346）

表 7-3-11 华为和大唐电信 LTE-V 的标准必要专利表 （352~353）

表 7-3-12 华为专利集与其余专利集攻防分析结果 （354）

表 7-3-13 华为原创专利列表 （355~356）

表 7-3-14 各个标准对应的专利列表 （358~359）

表 7-4-1 教育数据挖掘分支核心专利 （364）

表 7-4-2 学习过程评估分支核心专利 （365）

表 7-4-3 学习方案个性化分支核心专利 （366~367）

表 7-4-4 IBM 增强虚拟现实学习场景核心专利 （368）

表 7-4-5 在线智能学习领域 IBM 核心专利列表 （372~373）

表 7-4-6 培生教育在线智能教育核心专利列表 （376~377）

表 7-4-7 科大讯飞核心专利列表 （380）

表 7-4-8 广东小天才核心专利列表 （384）

表 8-2-1 脑电信号采集分支核心基础专利列表 （387）

表 8-2-2 脑电信号处理分支核心基础专利列表 （389）

表 8-2-3 设备控制分支核心基础专利列表 （392）

表 8-2-4 天津大学明东团队脑机协作的人机智能共生领域专利申请情况 （395）

表 8-2-5 天津大学明东团队脑机协作的人机智能共生领域专利权转移情况 （395~396）

表 8-2-6 天津大学高忠科团队脑机协作的人机

455

		智能共生领域专利申请情况 （397）
表8-2-7		天津大学高忠科团队脑机协作的人机智能共生领域专利权转移情况（397）
表8-3-1		百度高精度地图方向核心基础专利列表 （400）
表8-4-1		三星在新型混合计算框架领域的核心专利 （406）
表8-5-1		IBM在新型混合计算框架领域的核心专利列表 （411）
表10-6-1		2016~2018年自动驾驶道路交通事故统计 （435~436）
表10-7-1		美国商务部工业安全署（BIS）针对关键技术和相关产品的出口管制框架 （438）
表10-7-2		自动驾驶测试场景申请量排名 （440）
表10-7-3		横纵向组合控制申请量排名 （441）

参考文献

[1] PAN Y H. Heading toward artificial intelligence 2.0 [J]. Engineering, 2016, 2 (4): 409-413.

[2] 庄越挺, 吴飞, 陈纯, 等. 挑战与希望: AI2.0 时代从大数据到知识 [J]. Frontiers of Information Technology & Electronic Engineering, 2017, 18 (1): 3-14.

[3] 李未, 吴文峻, 王怀民, 等. AI 2.0 时代的群体智能 [J]. Frontiers of Information Technology & Electronic Engineering, 2017, 18 (1): 15-43.

[4] 彭宇新, 朱文武, 赵耀, 等. 跨媒体分析与推理: 研究进展与发展方向 [J]. Frontiers of Information Technology & Electronic Engineering, 2017, 18 (1): 44-57.

[5] 田永鸿, 陈熙霖, 熊红凯, 等. AI2.0 时代的类人与超人感知: 研究综述与趋势展望 [J]. Frontiers of Information Technology & Electronic Engineering, 2017, 18 (1): 58-67.

[6] 南郑宁, 刘子熠, 任鹏举, 等. 混合-增强智能: 协作与认知 [J]. Frontiers of Information Technology & Electronic Engineering, 2017, 18 (2).

[7] 张涛, 李清, 张长水, 等. 智能无人自主系统发展趋势 [J]. Frontiers of Information Technology & Electronic Engineering, 2017, 18 (1): 68-85.

[8] 李伯虎, 侯宝存, 于文涛, 等. 人工智能在智能制造领域的应用研究 [J]. Frontiers of Information Technology & Electronic Engineering, 2017, 18 (1): 86-96.

[9] 德勤研究. 全球人工智能发展白皮书 [EB/OL]. (2019-10-09) [2020-02-24]. https://www.sohu.com/a/345921126_680938.

[10] 中国信息通信研究院数据研究中心. 全球人工智能产业数据报告 (2019Q1) [R/OL]. [2020-02-26]. http://www.199it.com/archives/880678.html.

[11] 中国信息通信研究院数据研究中心, GARTNER. 2018 世界人工智能产业发展蓝皮书 [R/OL]. [2020-02-26]. http://www.199it.com/archives/776122.html.

[12] 科技部新一代人工智能发展研究中心, 中国科学技术发展战略研究院. 中国新一代人工智能发展报告 2019 [R/OL]. [2020-02-26]. http://www.chinairn.com/hyzx/20190527/162712210.shtml.

[13] 中国电子学会. 新一代人工智能发展白皮书 (2017 年) [EB/OL]. (2019-02-08) [2020-02-24]. http://www.qianjia.com/html/2018-02/26_285790.html.

[14] 清华大学中国科技政策研究中心. 中国人工智能发展报告 2018 [R/OL]. (2018-09-27) [2019-10-08]. https://www.tsinghua.edu.cn/publish/thunews/10303/2018/20180930145520135314310/20180930145520135314310_.html

[15] 工业和信息化部发布《促进新一代人工智能产业发展三年行动计划 (2018—2020 年)》[J]. 功能材料信息, 2017 (6): 9-9.

[16] 人工智能产业形势分析课题组. 2018 中国人工智能产业展望 [J]. 高科技与产业化, 2018 (2): 22-28.

[17] 王德生. 全球人工智能发展动态 [J]. 竞争情报, 2017 (4).

[18] 朱巍，陈慧慧，田思媛，等. 人工智能：从科学梦到新蓝海［J］. 科技进步与对策，2016，33（21）：66－70.

[19] 黄文鸿. 我国人工智能产业发展形势分析［J］. 港口经济，2018（2）.

[20] 杜传忠，胡俊，陈维宣. 我国新一代人工智能产业发展模式与对策［J］. 经济纵横，2018，389（04）：2，47－53.

[21] HINTON G E. Learning multiple layers of representation［J］. Trends in Cognitive Sciences，2007，11（10）：428－434.

[22] RAINA R，MADHAVAN A，NGA Y. Large－scale deep unsupervised learning using graphics processors［C］//International Conference on Machine Learning. ACM，2009.

书　号	书　名	产业领域	定价	条　码
9787513006910	产业专利分析报告（第1册）	薄膜太阳能电池 等离子体刻蚀机 生物芯片	50	
9787513007306	产业专利分析报告（第2册）	基因工程多肽药物 环保农业	36	
9787513010795	产业专利分析报告（第3册）	切削加工刀具 煤矿机械 燃煤锅炉燃烧设备	88	
9787513010788	产业专利分析报告（第4册）	有机发光二极管 光通信网络 通信用光器件	82	
9787513010771	产业专利分析报告（第5册）	智能手机 立体影像	42	
9787513010764	产业专利分析报告（第6册）	乳制品生物医用 天然多糖	42	
9787513017855	产业专利分析报告（第7册）	农业机械	66	
9787513017862	产业专利分析报告（第8册）	液体灌装机械	46	
9787513017879	产业专利分析报告（第9册）	汽车碰撞安全	46	
9787513017886	产业专利分析报告（第10册）	功率半导体器件	46	
9787513017893	产业专利分析报告（第11册）	短距离无线通信	54	
9787513017909	产业专利分析报告（第12册）	液晶显示	64	
9787513017916	产业专利分析报告（第13册）	智能电视	56	
9787513017923	产业专利分析报告（第14册）	高性能纤维	60	
9787513017930	产业专利分析报告（第15册）	高性能橡胶	46	
9787513017947	产业专利分析报告（第16册）	食用油脂	54	
9787513026314	产业专利分析报告（第17册）	燃气轮机	80	
9787513026321	产业专利分析报告（第18册）	增材制造	54	

书 号	书 名	产业领域	定价	条 码
9787513026338	产业专利分析报告（第19册）	工业机器人	98	
9787513026345	产业专利分析报告（第20册）	卫星导航终端	110	
9787513026352	产业专利分析报告（第21册）	LED照明	88	
9787513026369	产业专利分析报告（第22册）	浏览器	64	
9787513026376	产业专利分析报告（第23册）	电池	60	
9787513026383	产业专利分析报告（第24册）	物联网	70	
9787513026390	产业专利分析报告（第25册）	特种光学与电学玻璃	64	
9787513026406	产业专利分析报告（第26册）	氟化工	84	
9787513026413	产业专利分析报告（第27册）	通用名化学药	70	
9787513026420	产业专利分析报告（第28册）	抗体药物	66	
9787513033411	产业专利分析报告（第29册）	绿色建筑材料	120	
9787513033428	产业专利分析报告（第30册）	清洁油品	110	
9787513033435	产业专利分析报告（第31册）	移动互联网	176	
9787513033442	产业专利分析报告（第32册）	新型显示	140	
9787513033459	产业专利分析报告（第33册）	智能识别	186	
9787513033466	产业专利分析报告（第34册）	高端存储	110	
9787513033473	产业专利分析报告（第35册）	关键基础零部件	168	
9787513033480	产业专利分析报告（第36册）	抗肿瘤药物	170	
9787513033497	产业专利分析报告（第37册）	高性能膜材料	98	
9787513033503	产业专利分析报告（第38册）	新能源汽车	158	

书　号	书　　名	产业领域	定价	条　码
9787513043083	产业专利分析报告（第39册）	风力发电机组	70	
9787513043069	产业专利分析报告（第40册）	高端通用芯片	68	
9787513042383	产业专利分析报告（第41册）	糖尿病药物	70	
9787513042871	产业专利分析报告（第42册）	高性能子午线轮胎	66	
9787513043038	产业专利分析报告（第43册）	碳纤维复合材料	60	
9787513042390	产业专利分析报告（第44册）	石墨烯电池	58	
9787513042277	产业专利分析报告（第45册）	高性能汽车涂料	70	
9787513042949	产业专利分析报告（第46册）	新型传感器	78	
9787513043045	产业专利分析报告（第47册）	基因测序技术	60	
9787513042864	产业专利分析报告（第48册）	高速动车组和高铁安全监控技术	68	
9787513049382	产业专利分析报告（第49册）	无人机	58	
9787513049535	产业专利分析报告（第50册）	芯片先进制造工艺	68	
9787513049108	产业专利分析报告（第51册）	虚拟现实与增强现实	68	
9787513049023	产业专利分析报告（第52册）	肿瘤免疫疗法	48	
9787513049443	产业专利分析报告（第53册）	现代煤化工	58	
9787513049405	产业专利分析报告（第54册）	海水淡化	56	
9787513049429	产业专利分析报告（第55册）	智能可穿戴设备	62	
9787513049153	产业专利分析报告（第56册）	高端医疗影像设备	60	
9787513049436	产业专利分析报告（第57册）	特种工程塑料	56	
9787513049467	产业专利分析报告（第58册）	自动驾驶	52	

书号	书名	产业领域	定价	条码
9787513054775	产业专利分析报告（第59册）	食品安全检测	40	
9787513056977	产业专利分析报告（第60册）	关节机器人	60	
9787513054768	产业专利分析报告（第61册）	先进储能材料	60	
9787513056632	产业专利分析报告（第62册）	全息技术	75	
9787513056694	产业专利分析报告（第63册）	智能制造	60	
9787513058261	产业专利分析报告（第64册）	波浪发电	80	
9787513063463	产业专利分析报告（第65册）	新一代人工智能	110	
9787513063272	产业专利分析报告（第66册）	区块链	80	
9787513063302	产业专利分析报告（第67册）	第三代半导体	60	
9787513063470	产业专利分析报告（第68册）	人工智能关键技术	110	
9787513063425	产业专利分析报告（第69册）	高技术船舶	110	
9787513062381	产业专利分析报告（第70册）	空间机器人	80	
9787513069816	产业专利分析报告（第71册）	混合增强智能	138	
9787513069427	产业专利分析报告（第72册）	自主式水下滑翔机技术	88	
9787513069182	产业专利分析报告（第73册）	新型抗丙肝药物	98	
9787513069335	产业专利分析报告（第74册）	中药制药装备	60	
9787513069748	产业专利分析报告（第75册）	高性能碳化物先进陶瓷材料	88	
9787513069502	产业专利分析报告（第76册）	体外诊断技术	68	
9787513069229	产业专利分析报告（第77册）	智能网联汽车关键技术	78	
9787513069298	产业专利分析报告（第78册）	低轨卫星通信技术	70	